RHS

ROYAL HORTICULTURAL SOCIETY

DIE NEUE GARTEN-SCHULE

RHS

ROYAL HORTICULTURAL SOCIETY

DIE NEUE GARTEN-SCHULE

Planen, pflanzen, pflegen, ernten

DK

INHALT

DER NUTZGARTEN

GARTENPFLEGE

PROBLEME

PFLANZENVERZEICHNIS

GRUNDLAGEN

Sie haben noch nicht viel gegärtnert? Dann sollten Sie als Erstes dieses Kapitel lesen. Hier erfahren Sie die wichtigsten Grundlagen: wie Pflanzen wachsen und sich vermehren, wie man Böden verbessert, woran man gesunde Pflanzen erkennt, wie man die geeignetsten Gewächse für sein Grundstück auswählt und welche Werkzeuge man braucht. Pflanzennamen werden ebenso entschlüsselt wie das gängige Fachchinesisch.

WAS PFLANZEN BRAUCHEN

Alle Pflanzen benötigen für gesunden Wuchs Wasser, Nährstoffe, Sonne und geeignete Temperaturen – wie viel, hängt aber ganz vom natürlichen Lebensraum ab, aus dem sie stammen.

▼ WASSER

Wasser ist für Pflanzen lebenswichtig. Sie benötigen es für die Fotosynthese (*siehe nächste Seite*) und um feste, aufrechte Blätter und Sprosse bilden zu können. Daher haben sie die verschiedensten Strategien entwickelt, Wasser aufzunehmen und zu speichern. Die meisten Gewächse absorbieren Wasser über mikroskopisch kleine Wurzelhaare und geben es über das Laub wieder ab. Dieser Kreislauf macht den Transport von Zucker und Nährstoffen erst möglich.

Wasserliebende Sumpfpflanzen wie *Gunnera manicata* und einige Schwertlilien brauchen feuchte Standorte, etwa am Rand von Gartenteichen.

▶ TEMPERATUR

Pflanzen werden auch nach ihren Temperaturansprüchen unterschieden. Es gibt kälteempfindliche Arten und Sorten, die schon unter 5 °C Schaden nehmen und im Winter frostfrei stehen müssen, Pflanzen, die bis –5 °C vertragen und daher bei strengem Frost Schutz brauchen, und voll winterharte Arten, die in unseren Breiten ganzjährig im Freien überleben. Jungpflanzen sind besonders empfindlich und brauchen in der Regel etwas Schutz. Unter Glas herangezogene Sämlinge sollte man langsam an Freilandbedingungen gewöhnen, also abhärten.

Empfindliche Exoten wie Kakteen, Aloen und Agaven brauchen einen warmen, trockenen Standort und müssen vor Minusgraden geschützt werden.

◄ LICHT

Die Sonne spendet Pflanzen Energie für die Fotosynthese und damit für ihr Wachstum. Grüne Pflanzenteile enthalten den Farbstoff Chlorophyll, der Licht absorbiert. Mit seiner Hilfe wandeln Pflanzen Kohlendioxid und Wasser in Zucker und Stärke um. Daraus entsteht Zellulose, die dem Pflanzengewebe Festigkeit verleiht. Triebe und Blätter versuchen, Licht so effizient wie möglich einzufangen. Steht ihnen zu wenig oder nur ein begrenzter Teil des Lichtspektrums zur Verfügung, werden sie blass und lang – sie »vergeilen«.

An Hitze und viel Licht angepasste Pflanzen haben oft kleine oder schmale, ja sogar nadelartige Blätter. Sie schützen sich vor der Sonne, indem sie zum Beispiel dunkle Pigmente oder eine silbergraue Behaarung entwickeln. Schattengewächse tragen großes oder in Blättchen unterteiltes Laub, um so viel Licht wie möglich einzufangen. In der prallen Sonne verbrennen sie.

Bananenblätter absorbieren dank ihrer großen Blattoberfläche viel Licht.

▲ NÄHRSTOFFE

Pflanzen brauchen für einen gesunden Wuchs drei Hauptnährstoffe und eine ganze Reihe von Spurenelementen. Stickstoff (N) fördert das Wachstum von Blättern und Trieben, Kalium (K) ist für die Entwicklung von Blüten und Früchten nötig und Phosphor (P) regt das Wurzelwachstum an. Ungünstige Wuchsbedingungen wie ein unpassender pH-Wert oder zu wenig Wasser hemmen die Aufnahme der Nährstoffe. Typische Mangelerscheinungen sind ein verkrüppelter Wuchs und verfärbtes Laub. Kaliumreiche Dünger eignen sich für die meisten Pflanzen.

Schnell wachsende Pflanzen wie Rosa 'The Fairy' haben einen höheren Nährstoffbedarf als Pflanzen, die an magere oder trockene Böden angepasst sind.

Samenstände gereichen Pflanzen durchaus zur Zier – etwa dem Mohn (*Papaver*). Er besiedelt rasch ganze Flächen, wenn man nicht verhindert, dass er seine Samen verbreitet. Wer das Aussäen nicht dem Zufall überlassen will, entfernt die Samenkapseln und sammelt die Samen ein.

PFLANZEN VERSTEHEN

Suchen Sie Sommerblumen für eine Saison oder Sträucher und Stauden als dauerhaftere Elemente? Ein grundlegendes Verständnis für Pflanzen ist bei der Gartengestaltung sehr hilfreich. Wenn Sie wissen, wie sich eine Pflanze vermehrt, erhöht das ihren Wert für den Garten.

LEBENSZYKLUS

Einjährige Pflanzen vollenden ihren Lebenszyklus in einer einzigen Saison. Innerhalb eines Jahres blühen sie, setzen Samen an und sterben ab. Entfernt man verwelkte Blüten, regt man sie dazu an, weitere Blüten auszubilden anstatt ihre Kraft in die Produktion von Samen zu stecken.

Winterharte Einjährige wie Ringelblumen und manche Schleifenblumen keimen im Freiland. Wenn man sie im Herbst aussät, überwintern sie als Jungpflanzen und blühen im Frühsommer. In der Regel sät man sie aber im Frühjahr aus, sobald die Bedingungen dies zulassen. Nicht winterharte Einjährige bringt man dagegen im Haus zum Keimen. Wenn keine Spätfröste mehr drohen, siedelt man sie nach draußen um. Zu dieser Gruppe gehören Petunien, Salbei und Studentenblumen.

Zweijährige Pflanzen wie Fingerhut und Vergissmeinnicht brauchen für ihren Lebenszyklus zwei Jahre. Ihre Sämlinge erscheinen im Sommer, überwintern, blühen im Frühjahr oder Frühsommer des zweiten Jahres, setzen Samen an und sterben schließlich.

Was ist eine Staude?

Stauden sind nicht verholzende, krautige mehrjährige Pflanzen wie Rittersporn, die im Winter einziehen und im Frühjahr neu austreiben. Nicht winterharte Vertreterinnen wie Pelargonien halten ebenfalls mehrere Jahre durch, sofern man sie frostfrei durch den Winter bringt.

Einjährige wie manche Kapuzinerkresse-Arten (*Tropaeolum*) setzen vor dem Absterben am Ende ihres Lebenszyklus Samen an. Diese werden gesammelt und im darauffolgenden Jahr neu ausgesät (*siehe S. 326–329*).

Zweijährige, etwa Fingerhut (*Digitalis*), bilden erst im zweiten Jahr Blüten und Samen. Knospen, die schon im ersten Jahr erscheinen, sollte man abzwicken, damit die Pflanzen in der nächsten Saison schön blühen.

Stauden bilden ein Wurzelsystem, das drei oder mehr Jahre Bestand hat. Sie ziehen meist ein, was nichts anderes heißt, als dass ihre oberirdischen Teile im Winter absterben und im Frühjahr neu austreiben. Einige wenige Arten sind immergrün.

VERMEHRUNG

Die Bestäubung mit anschließender Samenbildung ist die mit Abstand häufigste Vermehrungsart bei Blütenpflanzen. Die meisten Zier-, Obst- und Gemüsearten werden durch Insekten, vor allem Bienen, bestäubt. Viele Gräser, Koniferen, Sträucher und Bäume mit Kätzchen sowie Nutzgewächse wie Mais pflanzen sich aber auch durch Windbestäubung fort.

Bei der Bestäubung handelt es sich um eine geschlechtliche Vermehrung, die eine Vielzahl genetischer Kombinationen ermöglicht, sodass sich die Nachkommen voneinander unterscheiden. Manche Blütenpflanzen sind zwar selbstbestäubend, doch nur die Fremdbestäubung gewährleistet eine gute Mischung des Erbguts und erhöht so die Anpassungsfähigkeit an die Umgebung.

Pflanzenzüchtern sind Variationen willkommen. Sie ermöglichen die Selektion von Sorten mit erwünschten Eigenschaften. Bei der gewerblichen Produktion von Saatgut wird dagegen sehr darauf geachtet, dass genetische Abweichungen auf ein Minimum beschränkt bleiben, um ebenjene erwünschten Eigenschaften zu bewahren. F1-Samen (*siehe S. 328–329*) liefern die einheitlichsten Pflanzen, sind aber auch am teuersten, während F2-Saatgut schon wesentlich stärker variiert. Noch preiswerter sind Samen von offen bestäubten Exemplaren.

Ungeschlechtliche Vermehrung

Neben der Aussaat können sich Pflanzen ungeschlechtlich bzw. »vegetativ« vermehren. Sie bilden Ausläufer, Rhizome, Brutknöllchen und Kindel *(siehe rechts)*. Diese Art der Fortpflanzung ist sehr nützlich, denn die Nachkommen sind in der Regel identisch mit der Elternpflanze und reifen schnell und problemlos heran.

Ausläufer sind Seitensprosse, die aus einer Mutterpflanze wachsen. Sie wurzeln bei Berührung der Bodenoberfläche ein und können abgetrennt werden. Erdbeeren und Grünlilien (*Chlorophytum*) vermehren sich durch Ausläufer.

Rhizome sind spezialisierte Sprosse, die unterirdisch aus der Mutterpflanze wachsen und unweit von ihr ein Büschel neuer Triebe entwickeln. Viele Rhizomstauden können wuchern, vor allem in leichten Böden.

Brutknöllchen sind zwiebelartige Organe, die sich an den Trieben mancher Pflanzen bilden, etwa an Lauchgewächsen. Sie fallen irgendwann ab und bilden Wurzeln. Man kann sie aber auch abnehmen und einpflanzen.

Kindel sind Miniaturversionen einer Mutterpflanze. Sie werden oft von alpinen oder sukkulenten Pflanzen gebildet und wachsen in bodendeckenden Kolonien. Man kann sie abnehmen und eintopfen. Bei Bodenkontakt wurzeln sie meist bereitwillig ein.

Die Bestäubung durch Insekten hängt oft von bestimmten Insektengruppen ab. Wenn Bienen nicht fliegen, etwa bei kaltem, nassem Wetter, werden Blüten manchmal nicht bestäubt. Dies beeinträchtigt den Samen- und Fruchtansatz.

Bestäubung durch Wind kommt besonders bei Gräsern und Pflanzen mit Kätzchen oder Zapfen vor. Sie produzieren deshalb keine bunten oder duftenden Blüten, um Insekten anzulocken. Ihre Pollenkörner sind leicht, damit der Wind sie fortträgt.

Pflanzennamen enthalten mitunter hilfreiche Informationen über den natürlichen Lebensraum einer Art. *Cryptostegia madagascariensis* etwa ist in Madagaskar beheimatet.

GÄRTNERSPRACHE

Für Neueinsteiger mögen die Fachbegriffe aus Gartenbau und Botanik abschreckend wirken. Gerade lateinische Namen aber werden weltweit verwendet. Schon Grundkenntnisse dieser Nomenklatur helfen enorm weiter.

Viele, aber nicht alle Pflanzen haben Trivialnamen wie »Rose« oder »Lavendel«. Doch etliche teilen sich ein und denselben Namen oder heißen in anderen Regionen anders. Botanische Namen sind dagegen auf der ganzen Welt gleich, was Verwechslungen ausschließt.

Ein botanischer Name für eine bestimmte Pflanze setzt sich aus zwei lateinischen Wörtern zusammen. Das erste Wort (etwa *Ilex*) benennt die Gattung, das zweite, Epitheton genannt (zum Beispiel *aquifolium*), spezifiziert die Art. Zusammen bilden sie den wissenschaftlichen Namen für eine Art, also *Ilex aquifolium*, die Gewöhnliche Stechpalme. Weitere Arten derselben Gattung bekommen unterschiedliche Epitheta und heißen etwa *Ilex crenata* oder *Ilex serrata*. Auf diese Art lässt sich das gesamte Pflanzenreich in weltweit anerkannte »Familienstammbäume« unterteilen (*siehe Seite gegenüber*).

Manche Familien bestehen nur aus einer Gattung – Eucryphia etwa ist die einzige Gattung der Familie *Eucryphiaceae*. Andere setzen sich aus vielen Gattungen zusammen: Die Korbblütlerfamilie, Asteraceae, umfasst mehr als 1000 Gattungen. In Gattungen, etwa Eichen (*Quercus*), sind verwandte

SPRECHENDE NAMEN

Jede Pflanze hat einen zweiteiligen lateinischen Namen. Er liefert häufig nützliche Hinweise auf die geografische Herkunft und den natürlichen Lebensraum, ermöglicht aber auch eine Gruppierung verwandter Arten.

Der zweite Bestandteil benennt die Art (*siehe Seite gegenüber*) und gibt oft Auskunft über ihre physischen Besonderheiten. *Cyanus* etwa beschreibt eine blaue Pflanze wie *Centaurea cyanus* (rechts), während *octopetala* (wie in *Dryas octopetala*) »mit acht Kronblättern« bedeutet. Mitunter offenbart der Name auch den Entdecker (*Magnolia wilsonii*), den natürlichen Lebensraum (*pratensis* heißt »auf Wiesen wachsend«) oder das Ursprungsland (*sinensis* bedeutet »aus China stammend«).

Centaurea cyanus – Kornblume

Magnolia wilsonii – Wilsons Magnolie

Cardamine pratensis – Wiesen-Schaumkraut

Hibiscus rosa-sinensis – Hibiskus

Viele Sommerblumen stammen aus Südafrika. *Ursinia cakilefolia* mit orangefarbenen Blüten oder die blaublütige *Heliophila arenaria* wachsen in der westlichen Karoo in freier Natur.

Arten zusammengefasst, die mehrere Merkmale teilen. Eine Gattung kann eine oder viele Arten enthalten. Mit *Lilium* ist irgendeine Lilie gemeint, aber *Lilium candidum* bezeichnet eine ganz bestimmte Lilie – die Madonnen-Lilie. Die Pflanzen einer Art können sich auf natürliche Art und Weise vermehren und bringen Populationen mit ähnlichen Eigenschaften hervor.

FACHCHINESISCH

Sprechen Sie Gärtnerisch?

In diesem Buch finden Sie immer wieder Kästen wie diesen, in dem ein möglicherweise verwirrender Fachbegriff erklärt wird.

Sie müssen also nicht jedes Mal das Register am Ende des Buchs durchsuchen, sondern haben die Information genau dort zur Hand, wo sie gebraucht wird – ob Sie nun einen Garten entwerfen, bepflanzen oder pflegen.

DIE PFLANZENKLASSIFIKATION IM ÜBERBLICK

In der Botanik ordnet man Pflanzen in eine Hierarchie ein und benennt sie nach einem binominalen System, also mit dem Gattungsnamen, gefolgt von dem Artnamen, dem Epitheton. Die Schautafel zeigt dieses Prinzip anhand der Familie Rosaceae. In ihr sind alle Ebenen der Klassifikation aufgeführt.

Familie Eine Gruppe aus mehreren Gattungen, die sich bestimmte Eigenschaften teilen. Familiennamen enden in der Regel mit -aceae. Oft ist umstritten, was eine Familie ausmacht.

Gattung Eine Gruppe von Pflanzen, die sich klar definierte Eigenschaften teilen. Mehrere Gattungen (selten auch nur eine) bilden eine Familie. Jede Gattung umfasst eine oder mehrere Arten. Gattungsnamen werden kursiv und mit großem Anfangsbuchstaben geschrieben.

Art Eine Gruppe von Pflanzen, innerhalb der eine Vermehrung auf natürliche Weise möglich ist. Ihre Nachkommen teilen ähnliche Eigenschaften, die sie von anderen Arten unterscheiden. Jede Art hat einen zweiteiligen Namen, der kursiv gedruckt wird.

Unterart Eine natürlich vorkommende, klar unterscheidbare Variante innerhalb einer Art, die durch eine oder mehrere Eigenschaften von anderen Vertretern der Art abgegrenzt werden kann. Unterarten werden durch den Zusatz »subsp.« oder »ssp.«, gefolgt von einem weiteren kursiv gedruckten Epitheton, gekennzeichnet.

Varietäten und Formen Eine Varietät (var.) unterscheidet sich nur durch eine geringfügige Abweichung der botanischen Struktur von anderen Vertretern der Art. Eine Form (fo.) ist eine Gruppe, die sich lediglich durch ihre Blütenfarbe oder ihren Wuchs von anderen Vertretern der Art abhebt.

Sorte Durch züchterische Selektion oder künstliche Eingriffe entstandene Spielart einer Art, Unterart, Varietät, Form oder Hybride. Sorten tragen einen beliebigen nicht wissenschaftlichen Namen, der nicht kursiv gedruckt, aber durch einfache Anführungszeichen hervorgehoben wird.

Woher stammt eine Pflanze? Wenn Sie das wissen, können Sie Ihre Blütenarrangements gleich viel besser planen und für jedes Exemplar einen Platz finden, an dem es optimal gedeiht.

STANDORTWAHL

Die Auswahl an Gartenpflanzen ist riesig. Nicht allen aber kann man den passenden Lebensraum bieten. Doch ein Garten wird nur dann gut aussehen, wenn man Pflanzen wählt, die sich für die Bedingungen vor Ort eignen.

Wenn Pflanzen am falschen Ort wachsen, leiden sie unter Stress, werden schneller durch widrige Wetterbedingungen geschädigt und sind anfälliger für Schädlinge und Krankheiten. Zum Glück gibt es Arten, denen selbst extreme Verhältnisse nichts ausmachen. In freier Natur hat die Flora fast jede Nische erobert. Weil Wildpflanzen in den unterschiedlichsten natürlichen Lebensräumen rund um den Globus gesammelt werden, stammen unsere heutigen Gartengewächse von Hochgebirgshängen und Küsten, aus Wäldern, Prärien, Sümpfen und Wüsten. Kein Wunder, dass man genug Anwärter findet, die selbst mit problematischsten Gartenbereichen zurechtkommen – ganz gleich, ob es sich um staunasse Böden, trockene, schattige Winkel, zugige Stellen oder in der prallen Sonne liegende Areale handelt.

Warme Plätzchen

An pralle Sonne und ausgetrocknete Böden angepasste Pflanzen sind die erste Wahl für alle, die Besitzer eines offenen Gartens mit stark durch-

NÜTZLICH

Bei sorgfältiger Auswahl können Pflanzen einen Standort enorm aufwerten. Ein hässlicher Schuppen lässt sich mit einem wüchsigen Kletterer wie *Clematis montana* oder einer Rambler-Rose kaschieren. Für kleine Holzbögen sind solche Pflanzen allerdings zu groß – hier eignen sich kompakte, großblütige *Clematis*-Hybriden oder eine moderne, mehrmals blühende Kletterrose besser.

Unter Bäumen empfehlen sich selbst aussäende Stauden, Zwiebeln und Bambusse mit Rhizomen als Bodendecker – in einer Blumenrabatte dagegen benehmen sich dieselben Gewächse wie Unkraut. Ziehen Sie bei der Planung von Rabatten zudem die endgültigen Dimensionen der Pflanzen in Betracht (*siehe S. 116–117*).

Verdecken Sie Unansehnliches mit Kletterpflanzen.

Zwiebelpflanzen gereichen Rasenflächen zur Zier.

Bambus kaschiert Zäune und hässliche Ausblicke.

Spalierartig gezogene Sträucher werten Wände auf.

MIKROKLIMA

In der Region, in der Sie leben, herrscht ein bestimmtes Großklima. Alle Gärten haben aber obendrein ein Mikroklima, das von ihrer Lage beeinflusst wird. In kühleren Gegenden liegen die Temperaturen an geschützten Südlagen höher als im lokalen Durchschnitt. Selbst an Nordhängen können hausnahe Winkel so abgeschirmt sein, dass die Temperaturen im Winter kaum unter die Nullgradgrenze sinken. Schatten von Mauern und Zäunen verursachen mitunter Frostlöcher, während große Baumkronen etwas vor Kälte schützen.

lässigem Erdreich sind. In Gegenden mit relativ milden Wintern gedeihen an solchen Standorten sogar Sukkulenten, silbrig und grau behaarte Gewächse, mehrjährige Kräuter und an das Mittelmeerklima angepasste Zwiebelpflanzen.

Feuchter Schatten

Feuchte, schattige Standorte findet man oft auf undurchlässigen Tonböden neben Gebäuden. Im klammen Dunkel solcher Winkel fuhlen sich eher Pflanzen wohl, die aus Wäldern stammen. An solchen Stellen begrenzt in wärmeren, geschützteren Gegenden nur das Nährstoff- und Lichtangebot die Auswahl – mit einigen großlaubigen Farnen beispielsweise ist man dort gut beraten. Sie wachsen hier zu üppigen Pflanzengestalten heran.

In den meisten Gärten findet man eines oder mehrere der folgenden vier Hauptbiotope (*von links oben im Uhrzeigersinn*): tief gelegene, feuchte Areale, in denen z. B. Gunnera gedeihen, aride Bereiche für Gewächse, die Trockenheit vertragen, tiefer Schatten unter Baumkronen sowie sonnige Rabatten für farbenfrohe Exoten.

Vergleichen Sie Pflanzen vor dem Kauf. Sofern Sie keine bestimmte Blütenfarbe suchen, sollten Sie die Finger von blühenden Exemplaren lassen.

GESUNDE PFLANZEN KAUFEN

Ein schöner Garten ist nur möglich mit kräftigen, gesunden Pflanzen, die rasch einwachsen und gut aussehen. Suchen Sie im Handel nach den besten Exemplaren und nehmen Sie sie vor dem Kauf genau in Augenschein.

WORAUF IST ZU ACHTEN?

Die gesündesten Pflanzen findet man, indem man mehrere Exemplare einer Art oder Sorte miteinander vergleicht. Kaufen Sie keine kümmernden Pflänzchen mit abgebrochenen Trieben, schwachem Wuchs oder Anzeichen von Schädlings- und Krankheitsbefall. Stehen lassen sollten Sie auch Exemplare, die nicht frisch wirken, alte Pflanzenteile tragen, in ausgelaugtem Substrat wachsen und ausgebleichte bzw. gar keine Etiketten tragen (*siehe unten rechts*).

Stauden, Sträucher und Bäume kauft und pflanzt man am besten im Herbst oder im Frühjahr. Gerade in dieser Zeit lässt sich ihr genereller Zustand allerdings nur schwer einschätzen. Wenn Sie nicht sicher sind, warten Sie lieber bis zum Austrieb im Frühjahr. Immergrüne Stauden sollte man in der zweiten Frühjahrshälfte setzen, damit sie sich bis zum Winter an die Freilandbedingungen gewöhnen. In Töpfen herangezogene Exemplare, sogenannte Containerware, kann man jederzeit – außer bei Frost – pflanzen.

Gesunde Stauden erkennt man daran, dass sie reichlich Triebe besitzen. Man kann sie wie Sträucher während der Blüte pflanzen, doch wachsen sie dann langsamer ein. Greifen Sie lieber zu knospenden oder gerade verblühten Exemplaren. Bei Gehölzen sind ausgewogene, gut verzweigte Exemplare mit viel frischem Wuchs und reichlich Knospen ideal.

BLICK AUFS ETIKETT

Man lässt sich im Gartencenter nur zu leicht zum Kauf schöner Pflanzen verleiten. Geben Sie dem Kaufimpuls aber nicht gleich nach, sondern sehen Sie zuerst auf das Etikett: Ist das Exemplar überhaupt für Ihren Boden und Standort geeignet?

Noch Fragen? Wenn Sie nach dem Lesen des Etiketts noch nicht ganz sicher sind, fragen Sie das Personal um Rat.

CHECKLISTE

Pflanzen in Töpfen sollten Sie vor dem Kauf genau in Augenschein nehmen. Das dauert nicht lange, erspart Ihnen jedoch viele Probleme und kostspielige Enttäuschungen.

Haben Sie keine Hemmungen, sich ein Gewächs gut anzusehen, bevor Sie damit an die Kasse gehen. Renommierte Gartencenter und Gärtnereien wollen nur gesunde Pflanzen verkaufen, denn sie geben oft eine 12-Monats-Garantie. Heben Sie den Kassenzettel für eventuelle Reklamationen gut auf.

Achten Sie darauf, ob eine Pflanze gut gepflegt wurde. Man erkennt das an fachmännisch angebrachten Stützen, sauber angebundenen Trieben und frischem Substrat. Um struppige, verwahrloste Exemplare macht man einen Bogen.

▲ **Wurzelnackte** Sträucher, etwa für Hecken, werden bis zum Pflanzen »eingeschlagen«.

◀ **Topfpflanzen** halten einige Tage im Gefäß durch, sofern man sie regelmäßig wässert.

AUFBEWAHRUNG

Neu erstandene Gartenschönheiten pflanzt man am besten gleich nach dem Kauf. Manchmal aber ist das nicht möglich, etwa bei nassem Wetter oder weil der Garten gerade frisch angelegt wird. In Töpfen gekaufte Exemplare halten durchaus einige Zeit in Wartestellung aus, sofern man sie gut wässert. Allerdings sollten sie die Zeit bis zur Pflanzung an einem wind- und sonnengeschützten Standort verbringen. Falls sich die Wartezeit hinzieht, siedelt man sie in einen größeren Topf um, damit ihr Wuchs nicht beeinträchtigt wird.

Wurzelnackte Exemplare, die im Herbst oder Frühjahr in den Handel gelangen, trocknen leichter aus als Topfgewächse und werden schneller durch Frost geschädigt. Man schlägt sie vorübergehend ein, bedeckt also ihre Wurzeln in einem Graben oder Loch mit Erde und wässert sie gut. Ideal ist ein geschützter Standort mit stark durchlässigem Erdreich. Bevor sie im Frühjahr austreiben, müssen sie allerdings an ihren endgültigen Standort kommen.

Wer nicht sicher ist, wann wurzelnackte Exemplare gepflanzt werden müssen, topft sie ein und stellt sie an einen geschützten Standort. Gut gewässert und gedüngt halten sie so bis in den Sommer hinein durch.

Kaufen Sie keine Pflanzen in Gefäßen, in denen sich schon Unkraut breitgemacht hat – es deutet auf mangelhafte Pflege hin. Außerdem wollen Sie ja keine Unkräuter in Ihren Garten einschleppen. Finger weg auch von vermoosten Topfballen.

Aufschlussreich ist ein Blick unter den Topf, um zu sehen, ob Wurzeln aus den Abzugslöchern wachsen. Sind es wenige, ist das Wurzelsystem gesund, sind es hingegen viele, ist der Ballen verdichtet und ein Kauf nicht mehr ratsam.

Prüfen Sie die Wurzeln, um zu sehen, ob sie gesund sind. Ein gutes Zeichen sind blasse, kräftige Wurzeln und viel frischer Wuchs. Schlecht sind verdichtete, abgestorbene, hohle oder schwarze Wurzeln, die aus dem Substrat fallen.

Regenwürmer ersparen Ihnen viel Arbeit: Sie arbeiten organische Substanz in den Boden ein und schaffen Wasserabzugskanäle.

BODEN

Wenn man weiß, wie man den Boden wirkungsvoll verbessert, kann man in seinem Garten wahre Wunder bewirken – selbst wenn es sich um problematische Fälle wie schwere Ton- oder Kalkböden handelt.

MIT DEM BODEN ARBEITEN

Um seinen Boden kennenzulernen, muss man zunächst dessen pH-Wert (*siehe S. 66*), den Anteil organischer Substanz und den Nährstoffgehalt bestimmen. Wenn Sie ein Loch graben, werden Sie feststellen, dass auf dunklen, nährstoffreichen Oberboden hellerer, magererer Unterboden und darunter das Muttergestein folgt. Manche Böden sind sehr flachgründig und schwer zu bearbeiten. Andere, die über viele Jahre hinweg mit Mist angereichert wurden, können dagegen ausgesprochen tiefgründig sein. Der farbliche Unterschied zwischen Ober- und Unterboden ist auf den geringeren Anteil an Humus bzw. organischer Substanz in der tiefer gelegenen Schicht zurückzuführen, in der keine Regenwürmer mehr aktiv sind. Bei tonigen Böden ist der Unterboden orange, färbt sich bei Staunässe aber wegen Sauerstoffmangels mitunter auch blaugrau. Mischen Sie nie Ober- und Unterboden: Die tiefere Schicht kann für Pflanzen sogar giftig sein.

Karge, flachgründige Böden können das Wachstum von Zier- und Nutz-

WAS IST EIN BODEN?

Böden bestehen aus Gesteinspartikeln, organischer Substanz bzw. Humus, zahllosen Mikroorganismen und winzigen Wirbellosen. In gesunden, durchlässigen Böden bilden die Gesteinspartikel Klumpen, zwischen denen Luft und Wasser Platz hat. Regenwürmer mögen diese krümelige Struktur. Sie graben ein Netzwerk aus Kanälen, das auch Pflanzenwurzeln nutzen. Überhaupt sind Regenwürmer sehr aktive »Gärtner«: Sie ziehen Laubreste und anderen organischen Abfall ins Erdreich, wo er von Bakterien, Pilzen und weiteren Bodenorganismen zersetzt wird, was wiederum Nährstoffe freisetzt. Die Fruchtbarkeit des Erdreichs bewahrt man am besten, indem man Bedingungen schafft, in denen sich die Bodenbewohner wohlfühlen.

Sandböden zeichnen sich durch eine grobkörnige Struktur und einen geringen Anteil organischer Substanz aus, weshalb sie sehr durchlässig sind. Sie lassen sich leicht umgraben und ganzjährig bearbeiten. Im Frühjahr erwärmen sie sich rasch und man kann sie früh einsäen. Unkräuter lassen sich aus Sandböden leicht herausziehen.

Lehmböden sind ideal für Gärten. Sie haben einen ausgewogenen Tonanteil und speichern Feuchtigkeit sowie Nährstoffe. In der Regel enthalten sie eine gesunde Wurmpopulation. Die meisten Pflanzen gedeihen in ihnen ohne zusätzliche Düngergaben. Toniger Lehm erwärmt sich im Frühjahr langsamer als sandiger Lehm.

Verbessern Sie die Bodenstruktur durch Einarbeiten von reichlich gut verrotteter organischer Substanz wie Stallmist (*siehe S. 303*).

pflanzen stark beeinträchtigen. Abhilfe schaffen hier Hochbeete mit einem hohen Anteil Oberboden.

Umgraben oder nicht umgraben?

Böden können auf verschiedene Weise Schaden nehmen. Eine Verdichtung presst Luft heraus, beeinträchtigt die Durchlässigkeit und verringert die Aktivität von Regenwürmern. In solchen Fällen und vor dem Bepflanzen muss das Erdreich bearbeitet werden. Manche Böden lassen sich problemlos ganzjährig umgraben, bei anderen – etwa schwerem Lehm – gibt es ein schmales Zeitfenster für Aussaat und Bepflanzung.

Gut gepflegte Gartenböden muss man kaum lockern: Das erledigen die Würmer. Bei flachgründigen Böden darf kein nährstoffarmer Unterboden nach oben gebracht werden. Außerdem hemmt das Bearbeiten nützliche Bodenorganismen. Das Umgraben von trockenem Ton zerstört sogar die offene Struktur, sodass er nach Regen hart wie Beton wird. Auch sollte man nicht auf nassen Tonböden herumlaufen. Wer Ton partout umgraben muss, erledigt es im Herbst oder Frühjahr.

SUBSTRATE

Blumenerde mit Tonanteil, oft schlicht Pflanzerde genannt, ist ideal, wenn man Stauden, Kletterpflanzen, Sträucher und Bäume in Gefäßen langfristig gesund halten will. Verglichen mit Substraten ohne Tonanteil bewahrt sie ihre Struktur besser und sackt nicht mit der Zeit zusammen.

Universalerde ist ideal für die kurzfristige Bepflanzung etwa von Gefäßen mit Sommerblumen für Terrassen. Sie speichert Feuchtigkeit und Nährstoffe gut und wiegt wesentlich weniger als Blumenerde mit Tonanteil. Wählen Sie am besten ein torffreies Produkt.

Moorbeet- oder Rhododendronerde kommt vor allem bei Sträuchern wie Kamelien und Azaleen zum Einsatz, die saure Böden brauchen.

Tonböden gehören zu den fruchtbarsten Böden, denn ihre Partikel binden Nährstoffe. Allerdings lässt ihre Durchlässigkeit oft zu wünschen übrig. Um sie aufzubrechen, arbeitet man am besten grobe organische Substanz wie gut verrotteten Stallmist oder Kompost ein.

Kalkböden haben einen hohen pH-Wert und eignen sich daher nicht für Pflanzen, die saure Böden brauchen. Weil sie oft gröbere Steine enthalten, sind sie zwar stark durchlässig, trocknen aber auch rasch aus. Im Frühjahr erwärmen sie sich bald und lassen sich leicht umgraben, sind über dem hartem Muttergestein jedoch oft nur flachgründig.

PROBLEMBÖDEN

Die Struktur und Durchlässigkeit schwerer Tonböden lässt sich verbessern, indem man reichlich grobe organische Substanz einarbeitet – etwa zwei Eimer pro Quadratmeter. Das verändert den Ton chemisch und sorgt dafür, dass die feinen Partikel verklumpen. Dadurch entstehen Hohlräume, was die Durchlässigkeit verbessert. Das Umgraben und Begehen von nassem Tonboden zerstört seine Struktur und sollte vermieden werden. Ist er hingegen sehr trocken, lässt er sich kaum bearbeiten – möglich ist es bestenfalls mit einer Grabgabel.

Sandböden sind sehr durchlässig, weshalb Nährstoffe aus dem Oberboden ausgewaschen werden können. Man verbessert sie mit gut verrotteter organischer Substanz, die Nährstoffe und Feuchtigkeit speichert.

Organische Substanz verbessert die Bodenstruktur, fördert Mikroben und reichert die Erde mit Nährstoffen an. Das alles hält Pflanzen gesund.

DEN BODEN VERBESSERN

Damit Ihnen Ihre Nutz- und Zierpflanzen viel Freude bereiten, müssen Sie manchmal den Nährstoffgehalt und die Wasserspeicherfähigkeit Ihres Gartenbodens verbessern. Das geht mit natürlichen, biologischen Methoden ebenso wie mit künstlichen Mitteln.

NÄHRSTOFFGEHALT

Strauch- und Zwergrosen, Fuchsien sowie Petunien und viele weitere Sommerblumen sind ausgesprochen »hungrig«. Sie müssen vor allem in kargen Böden regelmäßig gedüngt werden, damit sie gut wachsen und blühen. Man kann ihnen durch Einarbeiten von gut verrotteter organischer Substanz und Komposterde in ihrer Nähe Nährstoffe zur Verfügung stellen oder sie mit Langzeit- bzw. Flüssigdünger »füttern«.

Waldbewohner wie Fächer-Ahorn, Farne und sommergrüne Azaleen kommen mit weniger Nährstoffen zurecht, doch sollte ihr Wurzelraum ausreichend Feuchtigkeit speichern und daher einen Anteil Laubhumus oder organische Substanz enthalten.

Manche Pflanzen sind an nährstoffarme Böden angepasst – verabreicht man ihren Wurzeln ein konzentriertes Düngergranulat, versengen sie buchstäblich und sterben ab. Ein solcher Asket ist der Buchsbaum (*Buxus*

Laubhumus ist ein ausgezeichneter Bodenverbesserer. Man sammelt einfach abgefallenes Laub in einem Drahtkäfig oder in schwarzen Kunststoffsäcken, feuchtet es an und kompostiert es zwei Jahre lang.

Pferde- und anderer Stallmist muss vor dem Einarbeiten gut verrottet sein, sonst versengt er die Wurzeln. Außerdem wird Stickstoff verbraucht, wenn die Bodenorganismen den strohigen Dung zersetzen, sodass das das Laub gelb werden kann.

Kompost besteht idealerweise aus 25–50 Prozent weichen grünen Gartenabfällen (als Nahrung für Mikroorganismen), der Rest ist holziges Material (*ausführliche Informationen über die Kompostierung von Garten- und Küchenabfällen auf S. 303*).

sempervirens), der mit gut verrottetem Stallmist oder Flüssigdünger in hoher Verdünnung vollauf zufrieden ist. Auch winterharte Einjährige sowie Kräuter und Sträucher aus dem Mittelmeerraum gedeihen am besten in nährstoffarmem Erdreich wie Sand-, Kies- und Kreideböden.

Düngermischungen

Sofern Sie den Boden nicht biologisch bzw. mit organischer Substanz düngen, müssen Sie verloren gegangene Nährstoffe mit einem geeigneten künstlichen Dünger ersetzen. Das ist vor allem bei Blüten- und Nutzpflanzen wichtig. Die Verpackung von chemischen Präparaten gibt Auskunft über das NPK-Verhältnis, also den Anteil an Stickstoff (N), Phosphor (P) und Kalium (K). Meist sind auch noch Spurenelemente enthalten. Ein kaliumreiches Präparat, etwa Tomatendünger, tut allen Pflanzen gut. Es kann empfindliche Pflanzen für den Winter abhärten. Für eine genauere Empfehlung sollte man eine Bodenprobe zur Analyse an ein darauf spezialisiertes Labor schicken.

Mulchen mit Komposterde verbessert die Struktur des Erdreichs und reichert es mit Nährstoffen an. Setzen Sie keinen handelsüblichen Bodenverbesserer ein, ohne vorher den pH-Wert zu bestimmen. Die meisten Böden sind alkalisch.

Die Dosis machts

Halten Sie sich genau an die Dosieranleitung, denn zu viele Nährstoffe sind ebenso schädlich wie zu wenige. Auch mit dem falschen Präparat kann man Schaden anrichten. Düngt man etwa Blüten- und Obstgewächse mit einer stickstoffreichen Mischung, fördert man den Blattwuchs auf Kosten der Blüte – die Pflanzen treiben hohe Stängel aus, die anfälliger für Windbruch sind. Weiche, saftige Triebe locken außerdem Schädlinge wie Blattläuse an. Ein zu stark gedüngter Rasen leidet schneller unter Frost und Pilzbefall (*Mehr auf S. 302–303*).

MULCHEN

Unter Mulchen versteht man das Bedecken des Bodens mit organischen Materialien wie Rindenschnipseln, Komposterde, Stallmist und Kokosschalen. Am wirksamsten ist eine 5–10 cm dicke Schicht. Verwendwerden können auch Kunststofffolien, Kiesel oder Karton.

Mulch hilft dem Boden, Feuchtigkeit zu speichern, und unterdrückt Unkraut. Organische Substanzen geben bei der Zersetzung Nährstoffe frei und düngen die Pflanzen auch noch. Holziges Material wie Hackschnitzel oder Rindenmulch hält lange und entzieht dem Boden keinen Stickstoff.

Mulch wird nicht eingearbeitet, sondern auf den Boden aufgetragen. Das verhindert Wurzelschäden, entzieht Unkräutern Licht und nährt Bodenmikroben sowie Regenwürmer knapp unter der Oberfläche, wo die positivste Wirkung zu erwarten ist (*Mehr über Mulch bei der Unkrautbekämpfung auf S. 350*).

GRÜNDÜNGER

Gründünger setzt sich aus Nutzpflanzen zusammen, die vor dem Samenansatz in den Boden eingearbeitet werden, um ihn zu verbessern. Man kann Gründünger auch ernten und in Wasser einweichen, um Flüssigdünger herzustellen. Er verbessert die Wasserspeicherfähigkeit leichter Böden, bricht schweren Ton auf, holt Nährstoffe aus tieferen Schichten und reichert den Boden mit Stickstoff aus der Luft an.

Klee reichert den Boden mit Stickstoff an.

Luzernenwurzeln brechen schwere Tonböden auf.

Winterroggen verbessert leichte Böden.

Gebrauchtes Werkzeug hat sich schon bewährt. Wenn Sie sich neue Utensilien anschaffen, kaufen Sie das Beste, was Sie sich leisten können.

WICHTIGE WERKZEUGE

Für die Gartenpflege braucht man Werkzeuge. Schon mit einer Grundausstattung vielseitig einsetzbarer Geräte lassen sich die meisten Arbeiten erledigen. Nach und nach können Sie sich ein umfangreicheres Arsenal zulegen.

BODENPFLEGE

Gute Bodenpflege ist das A und O in jedem Garten und unerlässlich, wenn man seine Pflanzen gesund halten will. Das Umgraben des Erdreichs vor dem Bepflanzen belüftet den Boden, mischt Nährstoffe und bricht harte Klumpen auf. Man verwendet dazu entweder einen Spaten oder eine Grabgabel. Doch es lohnt sich, beides anzuschaffen. Grabgabeln eignen sich vor allem für schwere und steinige Böden, während Spaten eher für das reine Bewegen von Erde gedacht sind. Für kleinere Arbeiten und das Bepflanzen sowie Lockern des Bodens reichen Handspaten und -gabeln.

Ebenfalls zur Gartenpflege gehört das Jäten. Am leichtesten tut man sich mit einer langstieligen Hacke, die die Unkräuter an der Basis kappt. Sie ist ideal für größere Beete, da man mit ihr gut zwischen Pflanzen arbeiten kann. Zudem lassen sich mit Hacken Samenrillen ziehen.

Zum Lockern der Bodenoberfläche und Entfernen von Pflanzenresten ist dagegen ein Rechen wie geschaffen.

SAUBER HALTEN

Werkzeug bleibt in gutem Zustand und ist einfacher zu verwenden, wenn man es nach der Benutzung reinigt. Bürsten Sie daher Erd- und Pflanzenreste ab. Schnittwerkzeug muss desinfiziert werden, damit sich keine Krankheiten ausbreiten können.

Klingen und Spaten bleiben scharf und rostfrei, wenn man sie mit Öl einreibt.

Spaten und Grabgabeln dienen zum Bearbeiten des Bodens und sind in verschiedenen Größen erhältlich. Sie sollten nicht zu schwer sein und einen ausreichend langen Stiel haben.

Handwerkzeug ist sinnvoll bei leichten Tätigkeiten und zur Bearbeitung des Bodens an schwer zugänglichen Stellen. Man verwendet es zum Pflanzen oder Jäten.

Pflanzenpflege

Wasser ist für Pflanzen lebenswichtig, daher kommt kein Gärtner ohne Gießkanne aus. Für eingewachsene Rabatten empfiehlt sich ein Wasserschlauch, doch Neupflanzungen, Töpfe und Blumenampeln sowie Gewächshäuser wässert man besser mit der Kanne. Zum Gießen von Sämlingen gibt es Aufsätze mit besonders feiner Brause.

Damit Pflanzen gesund bleiben, müssen sie immer wieder in Form gebracht und auf eine bestimmte Größe zurückgestutzt werden. Für den Schnitt dünner holziger Triebe eignen sich Gartenscheren – es zahlt sich aus, in ein hochwertiges Fabrikat zu investieren. Wachsen in Ihrem Garten größere Bäume oder Sträucher, brauchen Sie vielleicht sogar eine Astschere mit langen Griffen und eine Astsäge. Scheren setzt man beim Zurückschneiden von laubigem Wuchs und zum Trimmen von Rasenkanten ein.

Wie alle Pflanzen benötigen auch Rasenflächen Pflege. Mäher kommen den ganzen Sommer über zum Einsatz. Die Auswahl ist groß, doch bevor Sie sich das größte und leistungsstärkste Gerät anschaffen, überlegen Sie erst, ob Sie Platz dafür haben. Bei kleinen Flächen tut es vielleicht auch ein Handmäher. Sinnvoll ist ferner die Anschaffung eines Fächerbesens zum Entfernen von Moos und Aufsammeln von Laub.

Aufbewahrung

Werkzeuge und Geräte brauchen einen Platz zum Lagern. Sie halten länger, wenn man sie sauber und trocken aufbewahrt. Dazu reicht schon ein Gartenschrank. Wer genügend Platz hat, kann auch ein Gartenhäuschen errichten, um teure Geräte und all den Kleinkram, der sich im Lauf der Jahre ansammelt, sicher aufzubewahren und Kinder sowie Haustiere von Chemikalien fernzuhalten.

Die Aufbewahrung von Werkzeugen in Schuppen ist empfehlenswert, denn wettergeschützt halten sie länger. Ein Schloss sichert wertvolle Geräte vor Diebstahl.

Gießkannen sind dazu da, Wasser dorthin zu bringen, wo es gebraucht wird. Es lohnt sich, verschieden große Exemplare zu haben, etwa für das Wässern von Blumenampeln und zum Düngen.

Schneidewerkzeug sollte man das ganze Jahr griffbereit haben, um Pflanzen zu stutzen und schwachen oder kranken Wuchs zu entfernen, sobald man ihn entdeckt.

Fächerbesen machen das Säubern von Rasenflächen und Rabatten zum Kinderspiel. Man verwendet sie auch zum Sammeln von Laub. Mit einem Gartenrechen wird der Boden bearbeitet.

GÄRTEN GESTALTEN

Bevor Sie zum Spaten greifen, sollten Sie sich Gedanken darüber machen, wie Ihr Garten aussehen soll und wie Sie ihn nutzen möchten. Soll er schön, praktisch, produktiv oder alles zugleich sein? In diesem Kapitel können Sie sich von einer Vielzahl von Stilen, Gestaltungsvorschlägen und Bauanleitungen inspirieren lassen.

IHR WUNSCHGARTEN

Wie sieht Ihr Traumgarten aus? Stellen Sie ihn sich vor und lassen Sie sich dabei von Anlagen inspirieren, die Ihnen gefallen. Würde er zu Ihrem Lebensstil passen? Wie viel Zeit haben Sie, um ihn anzulegen? Wie wollen Sie ihn nutzen? Was hat Vorrang: Pflanzen, Menschen oder Tiere?

▸ ZIMMER IM FREIEN

Sie brauchen einen Garten, der sich als einladender Lebensraum unter freiem Himmel zum Essen, Trinken und Entspannen allein oder mit Freunden nutzen lässt? Dann schaffen Sie draußen eine heimelige Wohnatmosphäre mit farbenfrohen Kissen, weicher Beleuchtung und einer Feuerstelle. Eine Kombination aus Küche und Esszimmer macht das Essen auf der Terrasse unkompliziert und genussreich. Und wenn Sie zudem Eigenes im Garten heranziehen, ist der Weg vom Beet zum Teller angenehm kurz. Wer es ganz luxuriös mag, kann sich sogar eine Badelandschaft mit Sauna und Liegen anlegen.

◂ SELBSTVERSORGUNG

Ganz gleich, ob Sie Platz für einen ausgewachsenen Nutzgarten haben oder einfach nur einen Topf mit Paprika auf eine sonnige Fensterbank stellen, Sie werden mit wohlschmeckendem Obst und Gemüse oder duftenden Krautern belohnt. Weiterer großer Vorteil des Eigenanbaus: Man kann exakt diejenigen Sorten ziehen, die einem am besten schmecken – sogar ungewöhnliche Köstlichkeiten, die man nicht überall im Handel findet. Zudem wissen Selbstversorger ganz genau, wie alles herangezogen und gedüngt wurde.

▸ FÜR DIE GANZE FAMILIE

Die gemeinsame Zeit mit der Familie wird noch schöner, wenn man den Garten so gestaltet, dass Erwachsene und Kinder möglichst viel Freude am Aufenthalt im Freien haben. Dabei bietet das eigene Grün noch viel mehr als nur frische Luft und Bewegung: Es ist auch ein Ort der Begegnung mit der Natur und fördert fantasievolles Spielen. Richten Sie den Kleinen daher Plätze für kleine Abenteuer ein. Man kann diese Bereiche sowie nicht sonderlich dekorative Spielgeräte mit Pflanzen kaschieren oder aber offen gestalten, damit man den Nachwuchs immer im Blick hat.

◂ RÜCKZUGSGEBIET

Nutzen Sie Ihren Garten als Rückzugsort vom Alltagsstress. Unter freiem Himmel stellt sich, inmitten von Vogelgezwitscher und Blätterrascheln ein Gefühl von Freiheit ein – vor allem, wenn der Sitzbereich vor neugierigen Blicken geschützt ist. Wasserelemente sorgen für Ruhe und Entspannung. Verwöhnen Sie Ihre Sinne mit dem Plätschern eines Brunnens oder Lichtreflexen auf einem stillen Teich. Ein einzelner Blickfang schafft eine Atmosphäre der inneren Einkehr.

▲ REFUGIUM FÜR TIERE

Tieren ein Zuhause zu bieten ist Ihnen so wichtig wie die Bepflanzung? Dann entscheiden Sie sich für eine naturnahe, nicht zu aufgeräumte Anlage. Wählen Sie farbenfrohe, stark duftende Blütenpflanzen, die Schwebfliegen, Bienen und Schmetterlinge anlocken. Ein waldähnliches Ambiente ist für menschliche Besucher ebenso interessant wie für Käfer, Igel und Mäuse. Teiche rufen Vögel und Amphibien auf den Plan, und in einem Holzstoß finden Nützlinge Unterschlupf.

▸ PFLEGELEICHT

Sie haben keine Zeit, sich groß um Ihren Garten zu kümmern? Deshalb kann er trotzdem schön aussehen. Es gibt keinen Grund, hässliche Pflasterwüsten anzulegen, nur weil man sich das Leben einfacher machen will. Aus Kies, Holzschwellen und Pflanzen, die nicht ständig geschnitten, gedüngt und gewässert werden müssen, lassen sich einnehmende Gartenlandschaften zaubern.

◂ EIN PLATZ FÜR PFLANZEN

Wenn bestimmte Pflanzengruppen Sie mehr interessieren als andere, gestalten Sie Ihren Garten doch mit diesen! Bei sorgfältiger Planung kann man selbst anspruchsvolle Arten wie nicht winterharte Exoten aufnehmen, solange man ihnen einen Platz in der Sonne zuweist und sie im Winter nach drinnen bringt. Lassen Sie sich dabei nicht vom bestehenden Grundriss einengen: Wenn Ihnen danach ist, legen Sie ruhig einen Teich, eine Gehölzpartie oder einen Steingarten an!

LASSEN SIE SICH INSPIRIEREN

Lassen Sie Ihrer Fantasie freien Lauf. Entscheidend sollten Ihre Vorlieben sein und nicht die Beschränkungen, die Ihnen Ihr Garten auferlegt. Vielleicht schwebt Ihnen ja ein bestimmter Stil vor oder es gibt Elemente, auf die Sie nicht verzichten möchten. Ein Moodboard aus Zeitschriften, Stoffen und Farbmustern dient als Orientierung. Auch Pinterest und Instagram sind unerschöpfliche Ideenquellen.

Geometrische Gärten setzen sich aus Formschnittpflanzen zusammen, die in bestimmten Mustern angeordnet sind.

Natürliche Lebensräume mit ihrer wilden, vielfältigen Flora können Sie auch in Ihrem Garten nachempfinden.

Schaugärten lenken oft die Aufmerksamkeit auf zeitgenössische Entwürfe und interessante Pflanzungen.

Mosaiken und andere Kunstwerke dienen als Vorlage für geometrische und farbthematische Pflanzungen.

Exoten sind tropische Gäste. Wenn sie unser Klima nicht vertragen, muss man ihnen den nötigen Schutz bieten.

Plastiken sind ein vortrefflicher Blickfang. Man bringt sie von Reisen mit nach Haus oder gestaltet sie selbst.

ZIMMER IM FREIEN

Erweitern Sie Ihre Wohnung nach draußen – etwa mit einer stilvollen Freiluftküche, einem lauschigen Essbereich für ein Candle-Light-Dinner unterm Sternenhimmel oder sogar mit einer Ecke mit Hängematte zum Relaxen.

Elemente für die Einrichtung Ihres Wohnambientes im Grünen sind unschwer zu bekommen, angefangen von Fliesen und Holzdecks bis hin zu Wänden aus dekorativen Paneelen oder Hecken aus Bambus in Töpfen. »Zimmerdecken« lassen sich aus einer Pergola mit nachts duftendem Jasmin oder einer Segelmarkise ziehen. Inzwischen gibt es wetterfeste Sofas und Sessel, die ausgesprochen stilvoll wirken. Als improvisierte Sitzgelegenheiten um Feuerstellen eignen sich Hochbeete.

Stimmen Sie Kissenbezüge und Geschirr auf den Anstrich von Holz und Wänden ab. Auch Formschnittpflanzen und strukturbetonte Laubschmuckgewächse in modernen Gefäßen stehen Ihrem Lebensraum unter freiem Himmel gut zu Gesicht. Tüpfelchen auf dem »i«: stilvolle Gartenleuchten.

WICHTIGE GESTALTUNGSELEMENTE

Wetterfester Belag
Schiebe- und Falttüren heben die Barriere zwischen Drinnen und Draußen auf. Greifen Sie draußen den Bodenbelag der Wohnung auf – etwa mit fußfreundlichen Fliesen, glattem Pflaster oder Holzdecks.

Beleuchtung
Viel Wirkung erzielt man mit in den Boden eingelassenen Neonleuchten und Wandstrahlern, die nackte Wände in moderne Kunstwerke verwandeln. Sehr stimmungsvoll: Kerzen, Laternen und Lichterketten.

Essecke
Ein Essen mit Freunden abends bei Kerzenschein oder mittags im Schatten einer rebenberankten Pergola kann zum Erlebnis werden. Stellen Sie für abendliche Empfänge das beste Geschirr bereit.

Schutz und Privatsphäre
Sie brauchen mittags Schatten? Spannen Sie ein Segeltuch. Wichtig ist auch Schutz vor Wind oder den neugierigen Blicken der Nachbarn, wenn man in der Hängematte oder auf einem Sofa dösen will.

▼ **Farbenfrohe, robuste Möbel** lassen sich zu einem vielseitigen Wohnambiente im Freien kombinieren.

Gartenmöbel
Sie sollten nicht nur bequem und praktisch sein, sondern auch das Gartendesign bereichern. Wählen Sie Möbel und Stoffe, die den Luxus der Inneneinrichtung aufgreifen – ob traditionell oder modern.

Freiluftküche
Draußen zu kochen und zu essen ist ein lukullischer Genuss. Statten Sie Ihre Gartenküche mit pflegeleichten Flächen, einem Herd und vielleicht einem Kamin aus. Kräuter sollten griffbereit in der Nähe wachsen.

Feuerstelle
Offenes Feuer bringt Menschen zusammen und ist ein Blickfang. Es gibt sehr sichere Modelle und solche, mit denen sogar gekocht werden kann. Stellen Sie bequeme Sitzgelegenheiten daneben.

WEITERE TIPPS

Kunstwerke
Verwandeln Sie Ihren Garten in eine Galerie – mit Werken, die ihn unterstreichen.

Wasser
Sehr effektvoll: ein Teich mit nächtlicher Beleuchtung oder ein Springbrunnen.

Weich sitzen
Verwandeln Sie Treppen, Mauern und Hochbeete mit Kissen in bequeme Sitzgelegenheiten.

TREFFPUNKT GARTEN

Durch Ausweitung des Interieurs in den Garten schaffen Sie zusätzlichen Wohnraum mit einer Kulisse aus Blüten, Laub, Düften und den Geräuschen der Natur. Richten Sie draußen eine Küche, eine Essecke oder eine Lounge ein.

▼ Vom Topf zum Teller
Wenn Kräuter und Salate in Griffweite wachsen, kommen sie erntefrisch auf den Tisch. Säumen Sie Ihre Gartenküche mit Hochbeeten und Reihen aus Salat– eine solche Kulisse ist praktisch, sieht gut aus und verwöhnt mit aromatischen Düften. Ideal: eine Kombination verschiedener Farben, Formen und Texturen.

▲ Sommerpavillon
Pavillons und Lauben sind eine romantische Bereicherung. Hier vermittelt ein von dichten Rabatten gesäumter Weg das Gefühl der Abgeschiedenheit. Statten Sie Ihren Pavillon mit gemütlichen Möbeln, Beleuchtung und einem Wasserkocher aus, damit Sie nicht zu oft zum Haus laufen müssen.

► Café Chic
Ein kleiner Tisch mit Schirm im Kolonialstil in einer beschaulichen Ecke verbreitet Eleganz. Privatsphäre ist durch eine hohe dichte Bepflanzung gewährleistet. Für Glamour sorgt ein Paar stilvoller, spiralförmig geschnittener Formschnittgehölze, die den Zugang flankieren.

▲ Zuflucht in der Wildnis
Durch einen filigranen Vorhang aus Blüten betrachtet wirkt dieser gemauerte Sitzbereich abgeschieden und wild. Tagsüber kann man sich hierher flüchten und von der Alltagshektik erholen, nachts die Sterne betrachten.

▲ Die neue Offenheit
Die offene Architektur neuer Häuser hat auch im Garten ihre Vorteile. Mit einer überdachten Veranda oder einer Terrasse unter einem berankten Gerüst schafft man einen Übergangsbereich zwischen dem Haus und dem Essplatz mit Kochecke und Sitzbereich. Leuchten und Lichterketten verbreiten eine anheimelnde Atmosphäre und heben Ihre Lieblingspflanzen hervor. Und falls das Wetter umschlägt, sind Sie im Nu drinnen und können dort weiterfeiern.

◄ Grünes Zimmer
In größeren Gärten kann man einen Sitzbereich sogar ein gutes Stück weg vom Haus anlegen – als ruhige, beschauliche Oase. Eine zu den Seiten offene Pergola schützt vor leichtem Regen und spendet im Sommer wilkommenen Schatten. Platzieren Sie Pergolapfosten, Kletterpflanzen und Solitäre so, dass sie eine hübsche Aussicht einrahmen. Eine leicht erhöhte Plattform hebt das Ensemble hervor, und ein breiter, von Blüten und Laub flankierter Weg lenkt den Blick zu ihm hin.

GESTALTUNGSVORSCHLAG

Wenn Sie den Platz optimal nutzen wollen, müssen Sie Ihren Garten sorgfältig planen. Lassen Sie sich vom Grundriss unten inspirieren, verändern Sie ihn aber nach Ihrem Gusto. Ess- und Kochbereich werden in Hausnähe angelegt, zusätzliche Sitzgelegenheiten schafft man mit Hochbeeten. Trennen Sie Rasen und Terrasse mit einer Reihe hoher Topfpflanzen.

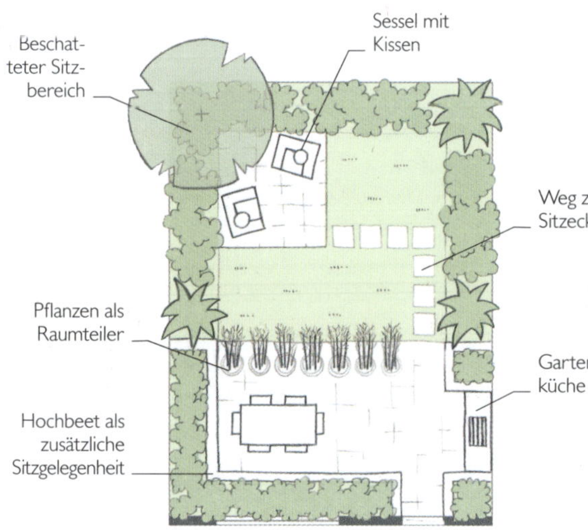

Zimmer im Freien

DER NUTZGARTEN

Am Anfang ziehen Sie vielleicht nur ein paar Topfkräuter oder Tomaten im Gewächshaus. Aber der Eigenanbau kann zur Passion werden. Zum Glück gibt es Kniffe, wie man selbst in kleinen Gärten große Erträge erntet.

Sie haben keinen eigenen Gemüsegarten? Dann bringen Sie Ihre Nutzpflanzen doch einfach in Blumenrabatten unter. Manche schmecken nicht nur vortrefflich, sondern sehen auch gut aus. Stangenbohnen tragen zarten Flor, und sogar Äpfel, Kirschen oder Erdbeeren brauchen sich mit ihren Blüten und Früchten vor Ziergewächsen nicht zu verstecken. Ebenso dekorativ: Rote Johannisbeeren und das Herbstlaub der Heidelbeeren.

Küchengärten und Kräuter-Knotengärten sind strenge, fast theatralische Arrangements. Auch Hochbeete mit dekorativer Umrandung setzen Zeichen. Nutzen Sie den Platz, indem Sie Spalierobst an Wänden, Reben an Stützen und Gemüse an Gittern hochklettern lassen. Viele Nutzpflanzen kann man sogar in Töpfen ziehen.

WICHTIGE GESTALTUNGSELEMENTE

Schmackhaftes in Töpfen
Selbst im kleinsten Garten ist Platz für ein paar Töpfe, Kultursäcke oder Kästen mit Gemüse und Kräutern. Wählen Sie kleinwüchsige Sorten. Empfindliche Arten bringen Sie im Winter nach drinnen.

Dekorative Sorten
Augenweide und Gaumenschmaus schließen sich nicht aus: Es gibt Gemüse mit bunten Blättern, Früchten und Blüten. Kopf- und Grünkohl oder Stielmangold machen im Beet viel her und schmecken.

Hühner
Hühner sind exzellente Haustiere. Man weist ihnen einen abgetrennten Bereich zu, denn sie produzieren viel Mist und kratzen den Boden auf der Suche nach Würmern auf. Übrigens: Eier legen sie auch ohne Hahn.

Obst an Wänden
Spaliergehölze bringen reichere Ernte als frei stehende Exemplare und sehen auch noch gut aus. Man kann sie an allen senkrechten Flächen kultivieren: Sie sind ideal für Arten, die Wärme brauchen.

▼ **Lockern Sie rein grüne Flächen** mit einem Defilee violetter Kohlköpfe oder einer farbenfrohen Blumenrabatte auf.

Körbe voll Köstlichkeiten
Hängen Sie Mischpflanzungen aus Kräutern, Gemüse und Hängeerdbeeren oder -tomaten griffbereit neben die Tür zum Garten. Besonders originell: Siebe und andere zweckentfremdete Gefäße.

Hochbeete
Auf schweren oder steinigen Böden richtet man mit guter Gartenerde gefüllte Hochbeete ein. Arbeiten Sie in die Oberfläche Humus oder Stallmist ein – so bekommen Sie gesunde Böden mit vielen Würmern.

Abdeckungen
Mit Abdeckungen und Frühbeeten verlängert man die Saison, schützt empfindliche Pflanzen vor Frost und bietet ihnen ein wärmeres Mikroklima. Ratsam: Vlies oder Netze zum Schutz vor Schädlingen.

WEITERE TIPPS

Essbare Blüten
Blütenblätter von Sonnenblumen, Rosen und Ringelblumen oder ganze Veilchenblüten.

Kräutergarten
Geometrische Kräuterbeete, gesäumt von Formschnitthecken, Heiligenkraut oder Lavendel.

Kletterpflanzen
Kürbisse, Zucchini und Stangenbohnen an Rankgittern, Bögen und Pergolen.

REICHE ERNTE

Es gibt viele Möglichkeiten, Nutzpflanzen im eigenen Garten zu ziehen: Manchen reicht ein Topf mit Salat auf der Terrasse oder Gemüse an einem Rankgitter, andere wandeln gleich ihren ganzen Garten in Gemüsebeete um.

► **Recycling**
Man kann fast jedes Gefäß als Lebensraum für Nutzpflanzen zweckentfremden, solange es sich mit Erde füllen lässt und ein Abzugsloch hat. Wässern Sie kleine Töpfe häufig.

▼ **Reihenweise**
Warum nicht gleich das ganze Grundstück in einen Nutzgarten verwandeln? Lockern Sie die langen geraden Reihen mit Blumen auf.

► **Auf der Terrasse gereift**
Selbst auf winzigen befestigten Flächen ist Platz für eine erstaunliche Auswahl an Obst, Gemüse und Kräutern. Kombinieren Sie verschiedene Größen, Farben und Texturen zu einem lebhaften Ensemble und stimmen Sie auch die Gefäße aufeinander ab.

▲ **Im Zaum gehalten**
Manche Nutzpflanzen nehmen eine Menge Platz in Anspruch, wenn man sie nicht in ihre Schranken weist. Kürbisse und Kletterbohnen zieht man deshalb in einem niedrigen Hochbeet an Zäunen oder Rankgittern.

▲ **Traditionelle Beetlandschaft**
Nutzgärten sind strukturierte Pflanzungen und setzen Gemüse und Kräuter ansprechend in Szene – vor allem in traditionellen Anlagen. Entwerfen Sie zunächst die Beete und säumen Sie die einzelnen Abschnitte anschließend mit Kieswegen, Minihecken oder immergrünen Kräutern wie Heiligenkraut. Hier geben Formschnitthecken die Struktur des Gemüsegartens vor. Dazwischen: alte Rhabarbertöpfe als Dekor. Alternativ könnten Lorbeer- und Rosmarin-Hochstämmchen die Pflanzung auflockern.

◄ **Nicht nur wohlschmeckend**
Sparen Sie Platz durch die Kombination von Nutz- und Zierpflanzen. Sorten wie violetter Kopfkohl, Grünkohl, Salbei und Stielmangold bilden einen reizvollen Kontrast zu farbenfrohen Stauden oder gold- und silberblättrigen Kräutern. Tomaten, Zucchini und Erdbeeren setzen weitere Farbtupfer. Umgekehrt haben viele Ziergewächse essbare Blütenblätter, mit denen sich Salate originell garnieren lassen.

GESTALTUNGSVORSCHLAG

Bevor Sie einen detaillierten Plan entwerfen, verlegen Sie Unansehnliches und »Anrüchiges« wie den Kompost oder den Hühnerhof an das Ende des Gartens. Besetzen Sie eine Reihe von Hochbeeten mit farbenfrohen Nutzpflanzen und flankieren Sie sie mit Rabatten, in denen dekorative, essbare Pflanzen wachsen. Dann wird der Blick von der Gartenbank begeistern!

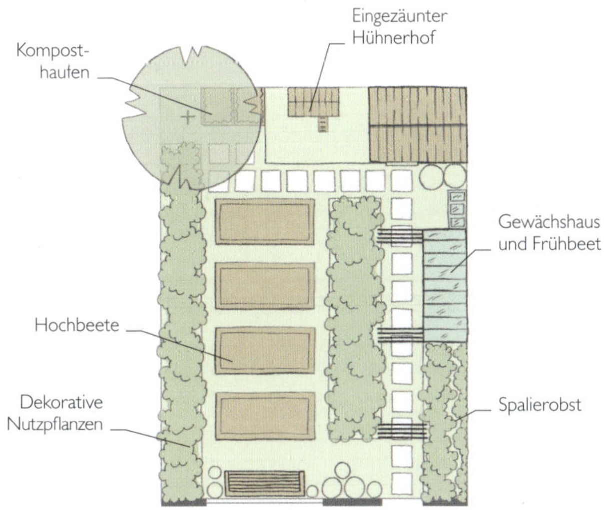

Nutzgarten

DER FAMILIENGARTEN

Ein Garten kann die Bedürfnisse einer ganzen Familie erfüllen, ohne dass man ihn gleich in eine Spielwiese verwandelt. Dank guter Gestaltung fühlen sich hier auch Erwachsene wohl und behalten trotzdem die Kinder im Auge.

Sichern Sie zunächst die Begrenzungen und schließen Sie Gefahren aus. Werkzeuge und Chemikalien sollte man wegsperren, giftige, hautreizende und stachelige Pflanzen verbannen. Kinder müssen herumtollen dürfen – säen Sie deshalb einen strapazierfähigen Rasen. Legen Sie Wege mit weichen Belägen an, die breit genug für Dreiräder und Roller sind. In »geheimen« Winkeln dürfen die Kleinen Häuschen bauen und ihrer Fantasie freien Lauf lassen. Kinder mögen Wasser: Kieselbrunnen faszinieren sie und sind ungefährlich. Auch ein Sumpfgarten ist recht sicher und wirkt trotzdem wie ein richtiger Teich.

Von einer erhöhten Terrasse aus hat man den Überblick. Sie bietet außerdem Platz zum Entspannen oder für einen Esstisch.

WICHTIGE GESTALTUNGSELEMENTE

Hochbeete
Setzt man Pflanzen in erhöhte Beete, sind sie vor Kindern, Spielzeug und Rädern geschützt. Hundebesitzer bewahren ihr Gemüse in Hochbeeten davor, zertrampelt oder verschmutzt zu werden.

Robuster Rasen
Säen Sie strapazierfähige Rasenmischungen mit Weidelgras aus. Belüften Sie die Fläche regelmäßig und säen Sie kahl gewordene Stellen nach. Spielgeräte sollte man gelegentlich verschieben.

Spielräume
Bei der Investition in Spielgeräte sollte man eines nicht vergessen: Kinder werden größer. Installieren Sie z.B. Sandkästen so, dass Sie sie später in ein Hochbeet oder einen Teich umfunktionieren können.

Breite Wege
Wege sollten breit und frei von Stufen sein, sodass Kinder gut mit dem Dreirad fahren können. Das schützt Pflanzen, die über Rabatten hinauswachsen, und Graswege werden nicht so schnell abgenutzt.

▼ **Trennen Sie** Sitzbereich und Rasenfläche mit einer Rabatte aus hohen, dichten Pflanzen.

Zwanglose Sitzplätze
Bänke sollte man auch in »wilderen« Bereichen aufstellen, in denen Kinder der Natur näherkommen können. Zum Verweilen laden auch Schaukeln, Hängematten oder Sitzsäcke ein. Tipp: Kissen bereithalten.

Stauraum
Verstauen Sie Spielzeug und andere Utensilien, damit sie nicht im Garten herumliegen. Am besten aufgehoben sind sie in aufklappbaren Sitzkisten oder wetterfesten Schränken in begrünten Ecken.

Rückzugsgebiete
Erwachsene mögen vielleicht ein Gartenhäuschen, aber Kinder lieben einen einfachen Unterschlupf – ob Zelt, Weidenwigwam oder alter Schuppen. Baumhäuser sind ein aufregender Ausguck.

WEITERE TIPPS

Allwetter-Spielräume
Ein geschützter Bereich, in dem Kinder auch bei schlechtem Wetter draußen sein können.

Naturpfade
Schmale Pfade durch Wildblumenpflanzungen oder Zickzackstege über Sumpfgärten.

Kinderpflanzen
Gewächse, die Schmetterlinge und Bienen anlocken, duften, farbenfroh oder groß sind.

EIN PLATZ FÜR ALLE

Einen Garten einzurichten, der für die ganze Familie etwas bietet, ist leichter, als man meint. Man muss nicht einmal Abstriche bei der Gestaltung machen. Ein fantasievolles Design zaubert selbst aus winzigen Gärten Großes.

► Mittendrin
Halten Sie den Nachwuchs bei der Stange, indem Sie Spielzeug, leuchtende Blüten und lustiges Dekor in den Nutzgarten integrieren.

▼ Freiräume
Gut gesicherte Begrenzungen haben einen Vorteil: Kinder und Haustiere können ungestört herumlaufen. Richten Sie an der Grenze Komposthaufen und Verstecke für Kinder ein.

► Aufgepasst
In einer solchen stillen Ecke können Sie sich erholen, gleichzeitig jedoch die Kleinen im Auge behalten. Setzen Sie in benachbarte Rabatten duftende Pflanzen in zarten Farben und stellen Sie ein Vogelbad oder ein Wasserspiel als Blickfang auf.

▲ **Für Forscher und Entdecker**
Legen Sie zwischen Rabatten mit hohen Bauerngartenpflanzen und Kräutern einen gewundenen Weg an. So schaffen Sie abgeschiedene Verstecke, die Kinder erkunden dürfen, während Erwachsene das Grün genießen.

▲ **Spielen und ernten**
So nutzt man den Platz auf einem kleinen Grundstück optimal. Privatsphäre schafft man eher mit hohen Zäunen als mit platzraubenden Rabatten. Integrieren Sie Hochbeete, die man gleichzeitig als Sitzgelegenheit nutzen kann, und bepflanzen Sie sie mit aromatischen Kräutern. Eine einfache Gliederung schafft verschiedene Gartenzonen, etwa zum Spielen oder für Gemüsebeete. Begrenzt werden sie mit Materialien wie Holzdecks, die eine klare optische Trennlinie bilden.

◄ **Familienraum**
Wer genügend Platz hat, kann sich ein Sommerhäuschen als »Zweitheim« einrichten. Installieren Sie einen Kocher und einen Kühlschrank, damit Sie heiße und kalte Getränke immer zur Hand haben. Wichtig sind bequeme Sessel und Tische, die man bei Bedarf ins Freie holen kann. Ideal für Familien mit Kleinkindern: weiche Teppiche oder ein, zwei Sitzsäcke. Planen Sie Stauraum für Spielzeug und Schlechtwetterspiele ein, außerdem Regale für Bücher und Magazine.

GESTALTUNGSVORSCHLAG

Entscheiden Sie zunächst, welche Elemente Sie weit weg vom Haus platzieren möchten, etwa Verstecke. Ratsam ist ein Sitzbereich auf einem erhöhten Deck mit Blick auf den ganzen Garten oder eine Bank, von der aus man ein beruhigendes Wasserspiel genießen kann. Praktische Aufbewahrungsschränke sollten gut erreichbar in Hausnähe stehen.

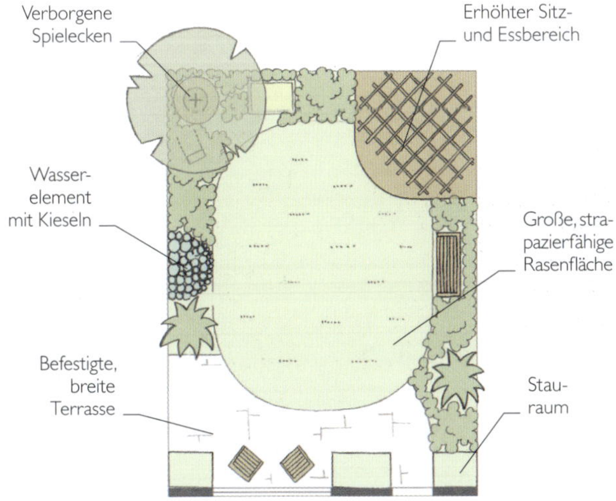

Familiengarten

RÜCKZUGSOASEN

Selbst im Herzen einer Großstadt lässt sich ein Garten als Oase der Ruhe und Beschaulichkeit einrichten. In einem Kokon aus üppigem Laub und Blüten in zarten Farben kann man dem Druck des Alltags entfliehen und aufatmen.

Der erste Schritt zur Einrichtung eines solchen Refugiums ist es, den Garten abzuschirmen. Legen Sie tiefe, geschwungene Rabatten an und bestücken Sie sie mit mindestens mannshohen Pflanzen – erstaunlicherweise wirkt der Garten dadurch sogar größer. Dichtes Grün dämpft Geräusche aus der Umgebung. Auch Glockenspiele, raschelnde Gräser oder Wasserspiele sind angenehme Hintergrundmusik. Auf beengtem Raum schützen Bambus, günstig platzierte Bäume oder überwucherte Pergolen vor neugierigen Blicken.

Zu einer beschaulichen Atmosphäre passen Blau- und Violetttöne vor grünem Hintergrund. Einfache Linien sind wichtig, überladene Räume sollte man vermeiden. Setzen Sie ein schlichtes, großes Gefäß als Kontrast oder eine Statue als Blickfang in Szene.

WICHTIGE GESTALTUNGSELEMENTE

Einfache Gefäße
Postieren Sie große Töpfe mit ungewöhnlicher Form, Farbe oder Textur. Gut passt verwitterter Ton, rostiges Metall oder teilglasiertes Material. Als Bepflanzung eignen sich Formschnittgehölze oder Gräser.

Spirituelle Elemente
Ein Buddha oder Engel lädt zum Nachdenken ein, ebenso Tafeln mit Sinnsprüchen und Symbolen. Platzieren Sie die Werke im Streuschatten, wo Licht und Schatten ständig wechseln, oder neben einem Teich.

Zarte Klänge
Hängen Sie Klangspiele auf oder hören Sie meditative Musik über Außenlautsprecher. Wem die Geräusche der Natur genügen, der pflanzt raschelnde Gräser und Bambus oder lockt Vögel und Bienen an.

Beruhigendes Wasser
Naturteiche und Wasserbecken tragen zu einem beschaulichen Ambiente bei. Wasserspiele sollten zart plätschern und nicht laut rauschen. Regulieren Sie den Wasserfluss, bis er beruhigend wirkt.

▼ **Auf einer runden, niedrigen Mauer** in einer abgeschiedenen Gartenecke lässt man sich gern nieder.

Zauberhafter Blickfang
Natürliche Elemente wie ein knorriges Stück Olivenholz oder ein Findling geben einen idealen Blickfang ab. Verwitterte Spiegel, Metallkugeln und ein Springbrunnen haben etwas Magisches an sich.

Gemütliches Ambiente
Statt Hightechstahl und Glas wählt man besser Flechtwerk und rustikale Holzstühle. Auch eine Bank aus Stein oder roh behauenem Holz eignet sich. Ideal sind Möbel mit fließender, organischer Form.

Effektvoller Sichtschutz
Bambus zieht mit seiner Struktur und Farbe die Aufmerksamkeit auf sich. Entfernen Sie die Blätter vom untersten Abschnitt der Halme. Bambus raschelt schon beim leichtesten Windhauch.

WEITERE TIPPS

Angenehme Erdung
Müden Füßen tut es gut, über Wege aus Rasen, Stein oder Holz zu laufen.

Wohltuende Farben
Weiche Grau-, Grün- und Rosatöne haben eine beruhigende Wirkung.

Himmlische Düfte
Bringen Sie die Düfte von Rosen, Jasmin, Geißblatt und aromatischen Kräutern ins Spiel.

ENTSPANNUNG

Jeder Garten, ob groß oder winzig klein, lässt sich in eine Oase mit fließenden Formen und gedämpften Farben verwandeln. Wo Platz knapp ist, integriert man einen dominierenden Blickfang und kaschiert äußere Störfaktoren.

▼ Aufatmen in der Natur
In größeren Anlagen ist vielleicht Platz für einen naturnahen Teilgarten wie eine Wildblumenwiese oder Gehölzgruppe. Dort fühlt man sich der Natur näher und kann das Summen der Bienen, das Rascheln des Laubs und den Gesang der Vögel genießen – ideal, um eine Hängematte zu spannen oder eine Laube einzurichten.

▲ Einfache Ansichten
Bei der Planung eines Meditationsgartens verfehlt minimalistische Gestaltung nie ihre Wirkung. Hier kommt eine Palette aus drei Farben zum Einsatz: Birken mit weißer Borke wurden mit zartgrünen Farben und fiederlaubigen, kräftig rosavioletten *Astilben* unterpflanzt.

► Zen-Philosophie
In Japan heißt es, ein Garten sei erst dann fertig, wenn man nichts mehr daraus entfernen könne. Diese Anlage aus Kies und Stein, *karesansui* genannt, ist schlicht und stilvoll zugleich. Die Formen und Texturen entfalten selbst auf kleinstem Raum Wirkung.

▲ **Stille Wasser**
Ein naturnaher Teich ist ein einnehmendes, beruhigendes Gartenelement und lockt zuhauf Tiere an. Die üppige Uferbepflanzung in vielerlei Farben und Texturen spiegelt sich reizvoll im Wasser.

▲ **Kühle Abgeschiedenheit**
Tiefe, großzügig bepflanzte Rabatten mit hohen Pflanzen lassen einen Garten größer erscheinen, als er in Wirklichkeit ist, und schotten ihn nach außen ab. Richten Sie teils verdeckte Bereiche ein – das vergrößert den Raum optisch. Vorteilhaft ist auch eine organische Anordnung mit natürlichen Materialien wie Stein, Kies und Holz sowie eine begrenzte Farbpalette aus beruhigenden grünen, braunen und graublauen Tönen.

◄ **Meditationsgarten**
Weiß, mit Reinheit assoziiert, lässt sich vielfältig einsetzen – hier etwa beim Bodenbelag. Integrieren Sie einen Blickfang und richten Sie den Garten danach aus. Die grünen Querbänder dienen auf dem Weg als Marker. Symmetrie entsteht durch das Miteinander aus rundlichen grünen Pflanzen und Kieselskulpturen, denen als Kontrast die Stämme der Sträucher und das schwertartige Laub des Neuseelandflachs (*Phormium*) gegenüberstehen. Die Farbpalette bleibt auf Grün, Blau und Violett beschränkt.

GESTALTUNGSVORSCHLAG

Das Auge lässt sich durch den Garten lenken. So führen fließende, runde Formen den Blick zu einem Punkt in der Ferne. Legen Sie dazu tiefe, geschwungene Rabatten an und bepflanzen Sie sie mit Bäumen und Sträuchern oder Blumen in weichen Farben. In kleinem Maßstab sind auch prägnante Elemente wie eingetopfter Bambus oder ein kleiner runder Teich sinnvoll.

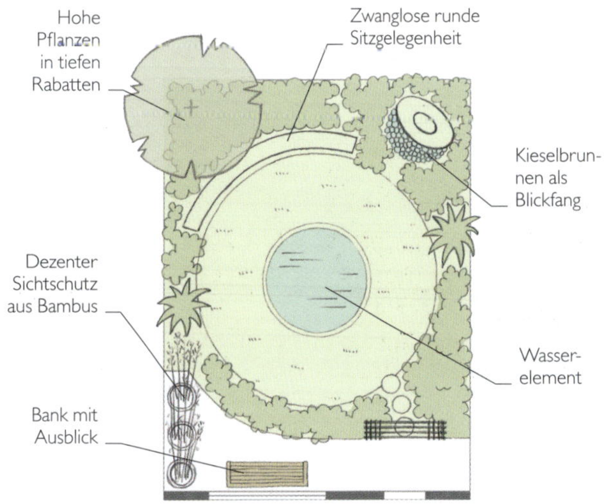

Oase der Beschaulichkeit

REFUGIUM FÜR TIERE

Gärten sind ein wichtiger Lebensraum für Insekten, Vögel und Amphibien. Eine Oase für Wildtiere einzurichten, ohne Abstriche bei der Ästhetik und dem Nutzen zu machen, ist überall möglich – in der Stadt ebenso wie auf dem Land.

Viele Bauerngartenpflanzen locken mit pollen- und nektarreichen Blüten Bienen an. Etwas schwieriger ist es, den Garten attraktiv für Schmetterlinge zu machen. Wer einheimische Arten pflanzt, darf damit rechnen, dass Falter ihnen einen Besuch abstatten und ihre Eier darauf ablegen. Vögel werden vor allem von den Beeren von Ziersträuchern auf den Plan gerufen. Die Samenstände von Stauden sind im Winter unter anderem für Finken eine Futterquelle. Große Sträucher und immergrüne Kletterpflanzen bieten Nistplätze, kleine Bäume sichere Beobachtungsposten für Vögel.

Teiche dienen Fröschen und Libellen als Lebensraum. Wer wenig Platz hat, stellt ein Gefäß zum Trinken und Baden auf. Hohes Gras, Komposter und Holzstöße bieten Wirbellosen ein Zuhause – und versorgen damit auch Vögel mit Nahrung.

WICHTIGE GESTALTUNGSELEMENTE

Nahrung für den Winter
Pflanzen Sie fruchtende Gehölze für die einheimische Fauna und Zugvögel auf der Durchreise. Stechpalmen, Vogelbeeren, Geißblatt und Zieräpfel sind aber auch für uns ein Genuss – wenn auch nur optisch.

Vogelfutter
Der Platz für die Bewirtung von Vögeln sollte vor Raubvögeln und lauernden Katzen geschützt sein. Altes, schimmeliges Futter sollten sie unbedingt rasch wegwerfen. Halten Sie die Behälter sauber.

Höhlen und Ritzen
Trockensteinmauern und Haufen aus Ästen und Zweigen sind wertvolle Lebensräume für eine ganze Reihe von Tieren. Lassen Sie sie im Winter ungestört, denn hier überwintern Igel und Hummeln.

Grünes Dach
Machen Sie Dächer zu wertvollem Wohnraum für Insekten. Es gibt vorbepflanzte Matten, doch kann man die Fläche auch selbst begrünen. Das Dach muss wasserdicht sein und das Gewicht aushalten.

▼ **Kunterbunte Wiesen** mit verlockenden Blüten sind ein Schlaraffenland für Insekten.

Wasser
Selbst winzige Teiche bieten Platz für Frösche, größere beherbergen eine reiche Fauna. Wichtig: eine dichte Bepflanzung zum Verstecken und flache Ufer, damit der Teich nicht zur Falle wird.

Unterschlupf für Insekten
Mit hohlen Bambushalmen gefüllte Töpfe sind einladende Nester für Mauerbienen sowie Winterquartiere für Marienkäfer und Florfliegen. Deponieren Sie das Tierhotel an warmen, geschützten Plätzen.

Nistkästen
Vögel finden oft keine Nistplätze – über ein paar im Garten verteilte Kästen sind sie froh. Man befestigt sie an Bäumen, begrünten Wänden oder unter Dachvorsprüngen von Schuppen im kühlen Schatten.

WEITERE TIPPS

Hohes Gras
Lassen Sie Gras hoch werden – Schmetterlinge und viele andere Tiere danken es Ihnen.

Miniwälder
Ein schattiges Wäldchen aus eng gepflanzten Hängebirken wächst rasch heran.

Sumpfgarten
Feuchtigkeitsliebende Sumpfpflanzen locken Insekten und Amphibien an.

NATURNAH

Sie brauchen weder einen großen Garten, noch müssen Sie auf dem Land wohnen, um eine naturnahe Oase anzulegen. Gestaltung und Pflanzenwahl beeinflussen die Art der Tiere, die dem Garten einen Besuch abstatten.

▸ Vorstadtglück
Hecken, Rasen, Ziersträucher und Bäume bieten Vögeln Nahrung, Nistplätze und Ausgucke, von denen aus man Fressfeinde im Blick hat.

▾ Wiesenwelt
Hohes Gras ist der Lebensraum vieler Nützlinge, darunter auch Schmetterlinge. Nachts hört man Mäuse rascheln – und sieht mit etwas Glück sogar Fledermäuse und Eulen über den grünen Teppich fliegen.

▸ Mauerflor
Steingärten und Hochbeete aus locker gestapelten Brocken haben reichlich Ritzen und Höhlungen, in denen Nützlinge wie Laufkäufer, Hummeln und Hundertfüßer Unterschlupf finden. Zudem rufen sie Kröten auf den Plan, die sich über Schnecken hermachen.

▲ **Wohlüberlegte Wildnis**
Legen Sie eine Wiese oder ein Gebüsch an. In Birken finden Vögel Nist- und Rastplätze, während das hohe Gras von insektenfreundlichen Gänseblümchen und Wildstauden wie der Witwenblume (*Knautia*) durchsetzt ist.

▲ **Wasserwelten**
Ein naturnaher Teich übt eine magische Anziehungskraft auf Insekten aus. Sie wiederum locken Libellen und Fledermäuse an, aber auch Vögel, die das Wasser zum Trinken und Baden nutzen. Ihr Minigewässer sollte mindestens einen flachen Uferbereich haben, damit Tiere gefahrlos ins Wasser gelangen. Ufer- und Wasserpflanzen filtern das Nass, während ein paar schwimmende Blätter den Lichteinfall und damit die Erwärmung des Teichs reduzieren. Für Amphibien und Insektenlarven ist das Wasser Lebensraum.

◄ **Winterliche Gartenpracht**
Farbenfrohe Beeren und Samen werten einen Garten im Winter nicht nur optisch auf, sie bieten auch ein reichhaltiges Angebot an Leckereien, mit denen Vögel und Säugetiere sich im Herbst die nötigen Fettreserven anfressen. Die Farbpalette der Beeren ist groß und reicht von Gelb bis zu Schwarzviolett. Ziergräser und andere Pflanzen mit Samenständen sind ebenfalls eine wertvolle Nahrungsquelle.

GESTALTUNGSVORSCHLAG

Wie viele Tiere Sie auf Ihr Grundstück locken können, hängt von der Gartenplanung ab. Teiche und Nistkästen sollten sich in einiger Entfernung vom Haus befinden. Das Grün darf ruhig ein gewisses Eigenleben entwickeln – lassen Sie zu, dass der Rasen am Gartenende sich allmählich in eine Wiese verwandelt. Blüten neben einer Sitzecke ziehen Schmetterlinge an.

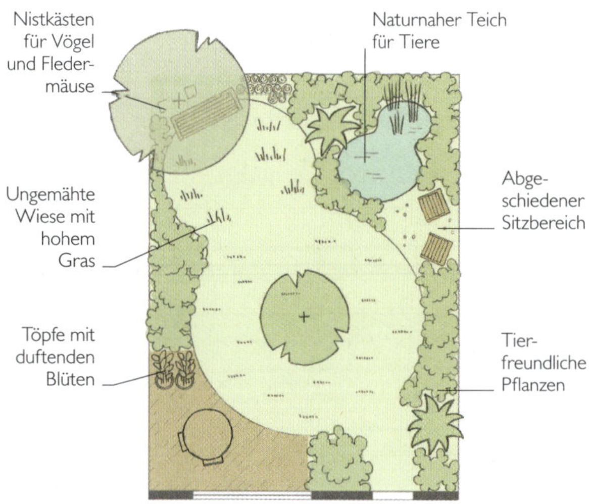

Refugium für Tiere

GARTENLEIDENSCHAFT

Die meisten Hobbygärtner schätzen Pflanzen, für manche aber sind sie eine echte Passion. Sie sehen es als Herausforderung an, Exoten geeignete Bedingungen zu bieten oder eine Anlage ganzjährig attraktiv zu gestalten.

Beschaffen Sie sich Informationen über das Mikroklima und den Boden in Ihrem Garten (*siehe S. 66–67*), damit Sie verschiedene Lebensräume anlegen können. Rabatten bieten Platz für ansprechende Arrangements, und selbst Mauern und Zäune lassen sich nutzen, indem man Stützen, Töpfe und Körbe an ihnen befestigt. Solitäre und Pflanzensammlungen wirken noch eindrucksvoller, wenn man sie mit Blattschmuck- und Blütenpflanzen kombiniert.

Richten Sie sich eine Sitzecke ein und lassen Sie Duftpflanzen an einer Pergola wachsen. Arbeitsbereiche kaschiert man mit Sichtschutzpflanzen oder von Reben überwucherten Gittern. Schmale, laubgesäumte Pfade sollen zu offenen Flächen führen, die Abwechslung in den Garten bringen und Raum für weitere Bepflanzung lassen.

WICHTIGE GESTALTUNGSELEMENTE

Vertikales Gärtnern
Dank Drähten und Rankgittern können Pflanzen selbst vertikale Flächen erobern. Ziehen Sie Kletterpflanzen und Sträucher an Bögen oder Pergolen. Hier lassen sich Pflanzen auch wirkungsvoll kombinieren.

Ungewöhnliche Arten
Optimale Bedingungen für ganz besondere Pflanzen zu schaffen ist nicht immer einfach. Mitunter braucht man für empfindliche Exoten ein ganz bestimmtes Mikroklima und einen speziellen Boden.

Spezialsammlungen
Sind Sie erst einmal vom »Sammelvirus« befallen, konzentrieren Sie sich vielleicht auf ganz bestimmte Gattungen oder Gruppen wie Sukkulenten. Man kann sie auf Regalen oder Stellagen präsentieren.

Frischer Wind
Wenn der Platz für neue Schätze nicht mehr reicht, entfernen Sie wüchsige Exemplare und verschenken, was Sie nicht mehr brauchen. Mit Topfgewächsen lassen sich Lücken in Rabatten füllen.

▼ **Säumen Sie die Ufer** flacher Teiche mit einem Mix aus Laubschmuck- und Blütenpflanzen.

Nischen

Manche Pflanzen eignen sich nicht für herkömmliche Rabatten. Sie fordern ganz bestimmte Bedingungen, wie sie z.B. an Wasser- und Sumpfgärten oder in Gehölzgruppen herrschen.

Schutz

Exoten und andere empfindliche Arten brauchen geschützte Bedingungen, etwa im Warmhaus oder im Wintergarten. Alpinpflanzen sind in Frühbeeten, Farne in feuchten, schattigen Winkeln gut aufgehoben.

Empfindliche Exemplare

In den warmen Monaten dürfen Kakteen, Palmen und Zitruspflanzen draußen stehen – sie verbreiten mediterranes Flair auf der Terrasse. Andere pflanzt man den Sommer über in Rabatten.

WEITERE TIPPS

Hinter den Kulissen

In einem Gewächshaus oder Frühbeet kann man Pflanzen »zwischenparken«.

Fast wie zu Hause

Stellen Sie Pflanzen aus bestimmten Regionen zu naturnahen Gruppen zusammen.

Formschnitt

Zeigen Sie mit Formschnittgehölzen, Spalieren und Hochstämmen Ihre Schneidekünste.

EINE BÜHNE FÜR PFLANZEN

Indem Sie Sümpfe, Wälder oder Geröll wie im Gebirge nachempfinden, schaffen Sie verschiedenste Lebensräume. Solche Gärten sollten Sie sorgfältig planen, um Ihre Lieblingspflanzen optimal in Szene zu setzen.

► Tropenparadies
Wenn Sie empfindliche Pflanzen im Winter ins Warme stellen können, bietet sich ein Dschungelgarten an. Bananen, Baumfarne und das Blumenrohr (*Canna*) verbreiten exotisches Flair.

▼ Skulpturengarten
Schon einfache Formen wie Kugeln oder Pyramiden machen Eindruck, besonders wenn sie in ein abstraktes Design eingebunden sind.

► Showtime
Bringen Sie Ihre Pflanzen mit einem Topfarrangement zur Geltung. In Regalen und auf Mauern lassen sie sich effektvoll präsentieren. Weiterer Vorteil der Gefäßkultur: Sie können die Töpfe im Saisonverlauf umgruppieren, sodass sich das Ensemble immer von seiner besten Seite zeigt.

▲ **Wasserwelten**
In Wasserbecken oder Sumpfgärten herrschen ganz besondere Bedingungen. Nur Wasser- und Uferpflanzen kommen damit zurecht. Obwohl sie hoch spezialisiert sind, brauchen sie meistens recht wenig Pflege.

▲ **Hochgestellt**
In keinem Garten kann man jeder Pflanze optimale Bedingungen bieten. Wesentlich leichter lassen sich die verschiedenen Ansprüche – z. B. an die Durchlässigkeit des Bodens oder den pH-Wert – in Hochbeeten oder hinter Trockenmauern befriedigen. Kombinieren Sie nach Lust und Laune, etwa indem Sie Zierlauch (*Allium*) zwischen Stauden und Alpinpflanzen setzen. Mit Lilien, Dahlien und anderen Blühern in Töpfen füllen Sie nicht nur Lücken, sondern präsentieren Ihre schönsten Exemplare »mittendrin«.

◄ **Wie in freier Natur**
Man kann die natürlichen Lebensräume von Pflanzen nachempfinden, indem man sie in Kolonien pflanzt, wie hier Fackellilien (*Kniphofia*) und Gräser. Diese Gestaltung macht sich besonders gut in größeren, ländlichen Gärten. Statt geometrische Beete oder Rabatten mit geraden Kanten anzulegen, lassen Sie organische, fließende Forme entstehen. Die Kombination von Stauden und Gräsern wird oft als Präriegarten bezeichnet.

GESTALTUNGSVORSCHLAG

Stellen Sie Rankgitter oder Sichtschutzwände auf, um Schuppen, Gewächshäuser und Arbeitsbereiche zu kaschieren. Mit einem gewundenen Weg trennen Sie Zonen wie Sumpf- und Kiesgärten optisch. Ihre Lieblingspflanzen postieren Sie am besten als Blickfang an prominenter Stelle, sodass man sie von einer Sitzecke aus gut sehen und genießen kann.

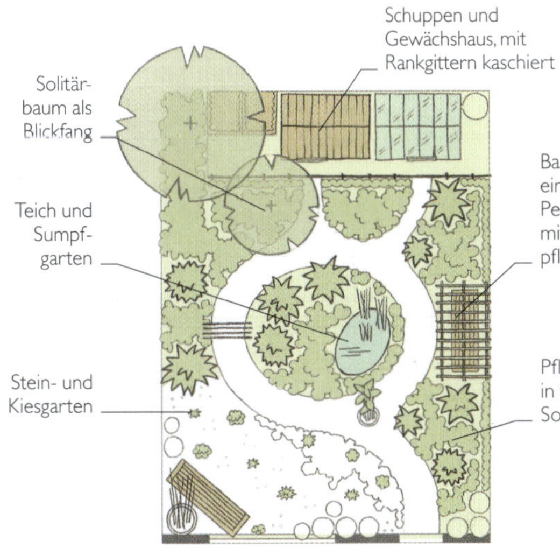

Garten für leidenschaftliche Gärtner

PFLEGELEICHTE GÄRTEN

Sie brauchen nicht auf einen schönen Garten zu verzichten, nur weil sie wenig Zeit haben. Es gibt jede Menge pflegeleichter Pflanzen, mit denen Sie Wirkung erzielen, ohne viel Geld in die Anlage des Gartens investieren zu müssen.

Mit einigen simplen Gestaltungstricks halten Sie Ihren Garten ohne großen Aufwand ansehnlich. Pflanzen Sie Arten und Sorten, die gegen Schädlings- und Krankheitsbefall unempfindlich sind, und unterdrücken Sie Unkraut mit Mulch (*siehe S. 23*). Ideal sind Gewächse, die mit wenig Wasser auskommen – alle anderen bewässert man automatisch. Statt Sommerblumen jährlich neu zu pflanzen, greift man lieber auf farbenfrohe immergrüne Gehölze und lang blühende Stauden zurück. Manche Sträucher müssen gar nicht, andere nur einmal im Jahr geringfügig geschnitten werden.

Ersetzen Sie Rasenflächen durch einen Kiesgarten oder eine Wiese. Pflegeleichte Elemente wie ein Brunnen machen Ihre private Grünanlage auch im Winter interessant.

WICHTIGE GESTALTUNGSELEMENTE

Bunt und immergrün
In Gärten liegt der Schwerpunkt oft auf blühenden Einjährigen und Stauden. Immergrüne Sträucher, Kräuter und Gräser aber bleiben länger schön und sind oft genauso farbenfroh.

Topfpflanzen ohne Durst
Ein Defilee aus Strukturpflanzen macht so viel Eindruck wie ein Meer pflegeintensiver Beetschönheiten. Mit automatischer Bewässerung und trockenheitsverträglichen Arten halten Sie den Gießaufwand gering.

Hochbeete
Hochbeete können Sie mit Alpinpflanzen, Kräutern und kompakten Stauden besetzen. Sogar ein Teich lässt sich integrieren. Sie machen die Gartenarbeit leicht und lassen sich zudem als Sitzgelegenheit nutzen.

Lebender Teppich
Alpine Pflanzen und Sukkulenten überstehen nicht nur längere Trockenheit, sie sind auch sonst hart im Nehmen. Viele trotzen Schädlingen und müssen weder regelmäßig gedüngt noch geschnitten werden.

▼ **Kies als Bodenbelag** auf Flächen und Wegen sieht gut aus und braucht wenig Pflege.

Dekorative Bodendecker
Farbige Kiesel und andere lose Bodenbeläge über Folien lassen Unkräutern keine Chance und sehen in Kombination mit kreativen Pflanzungen ausgesprochen attraktiv aus.

Feste Bodenbeläge
Natur- und Pflastersteine bringen saubere Linien und Flächen in den Garten. Backsteine lassen sich als Muster und Einfassung verlegen. Mischen Sie Materialien: Kiesel mit Holz oder Sandstein mit Backstein.

Zierelemente
Skulpturen und große Gefäße verfehlen als architektonische Elemente oder Teil einer farbthematischen Pflanzung nie ihre Wirkung. Bringen Sie Möbel als Blickfang und Bodenbeläge wie z.B. Mosaike ins Spiel.

WEITERE TIPPS

Stauraum
Verstauen Sie Gartenmöbel, Geräte und Spielzeug griffbereit in Schuppen und Schränken.

Wildwuchs
Viel Zeit spart man, wenn man Ecken verwildern lässt oder Rasen in Wiesen umwandelt (*siehe S. 340*).

Beleuchtung
Solarleuchten sind rasch installiert (*siehe S. 76–77*).

MINIMALER AUFWAND

Durch den kreativen Einsatz baulicher Elemente können Sie den Arbeitsaufwand in Ihrem Garten reduzieren. Deren Oberflächenstrukturen und Farben bilden eine Kulisse für Brunnen, Vasen und Strukturpflanzen.

▼ Nasse Elemente
Wasserspiele mit verstecktem Reservoir und Tauchpumpe sehen gut aus und plätschern wohltuend. Sie brauchen weniger Pflege als Teiche, da das Wasser in Bewegung ist und nicht von Algen oder Unkräutern erobert wird. Kombinieren Sie Wasserspiele mit Laub, das einen Kontrast zur Form des Gefäßes bildet.

► Rasen zu Wiesen
Große Rasenflächen zu pflegen kann leicht zu viel werden, vor allem wenn man stark eingespannt ist. Gehen Sie es locker an. Kolonien aus Frühlingszwiebelblumen wie Schneeglöckchen sind schnell angelegt. Mähen Sie bis September nur Wege ins Gras. Danach kann man flächendeckend mähen, um Horstbildung zu vermeiden.

▲ Strukturpflanzen
Sie reduzieren Ihren Arbeitsaufwand im Garten, indem Sie pflegeleichte, immergrüne Sträucher, Gräser und kompakte Bambusse pflanzen und dafür die Zahl der Blumen begrenzen. Als Ersatz für die Blütenpracht positioniert man auffällige Solitäre an Schlüsselstellen wie der Ecke eines Beets neben einer Pflasterfläche oder einem Holzdeck.

▲ **Im Zentrum der Aufmerksamkeit**
In pflegeleichten Gärten kann man eine breite Palette von Deko-Elementen zum Einsatz bringen. Die einfachen, bildhauerischen Formen von Einzelstücken wie modernen Liegen, schlichten Gefäßen oder großen Steinen ziehen die Aufmerksamkeit auf sich. Hier steht eine Amphore im Mittelpunkt des Gartens. Sie wird zusätzlich durch Kiesel und mediterrane Ziegel aus Ton hervorgehoben.

◄ **Kiesgarten**
Wenn man den Boden mit Folie abdeckt, hat man kaum noch Probleme mit Unkraut. Die Pflanzen setzt man durch Schlitze in der Folie und kaschiert die Plane mit dekorativen Belägen wie Kies, Kieseln oder Schiefersplitt. Größere Flächen sollte man jedoch auflockern, damit sie nicht öde wirken. Hier lenken Holzschwellen das Auge zum Gefäß, das auf einem von Pflastersteinen gesäumten Schiefermosaik steht. Ergänzt wird die Kiesfläche durch Pflanzen unterschiedlicher Höhe, Farbe und Textur.

▲ **Stilvoll**
Dieser elegante Hof mit fest eingebauter Sitzbank und Schieferpflaster lässt sich als stilvolles Zimmer im Freien nutzen. Bei automatischer Bewässerung braucht die ungewöhnliche Bepflanzung fast überhaupt keine Pflege mehr.

GESTALTUNGSVORSCHLAG

Ein schlichtes Design entsteht, indem man den Garten mit pflegeleichten Hochbeeten und Rabatten einrahmt und das restliche Areal in einen Kiesgarten und eine Terrasse unterteilt. Dekorative Objekte und ein Teich am Ende des Gartens ziehen die Blicke auf sich. Die Sitzecke gehört in die Nähe des Hauses. Eine immergrüne Hecke dient der Raumgliederung.

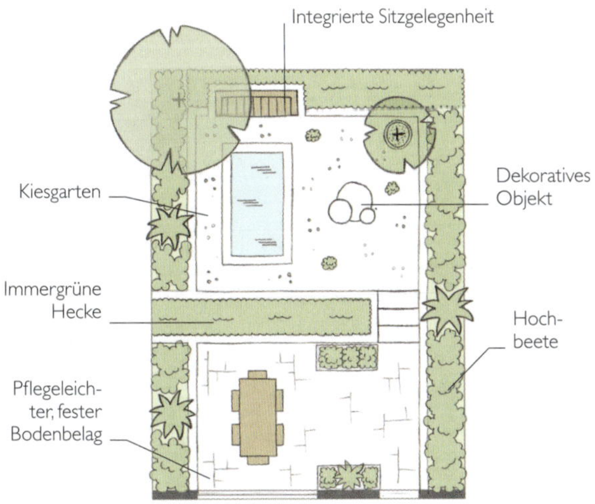

Pflegeleichter Garten

WAS IST MÖGLICH?

Nur zu leicht ist man versucht, einen schön gestalteten Garten zu Hause nachzugestalten. Doch bleiben Sie realistisch und überlegen Sie, ob er sich tatsächlich verwirklichen lässt und wie gut er zu Ihrem Lebensstil passt.

▼ SETZEN SIE PRIORITÄTEN

Bei der Wahl eines Gartenstils sollten Sie Ihre Lebensweise ebenso berücksichtigen wie Ihre finanziellen Mittel. Anlage, Erhaltung und Pflege sind immer mit Kosten verbunden. Nicht unwichtig ist ferner Ihr gärtnerisches Können und die Zeit, die Sie investieren wollen. Eine Strauchrabatte mit dekorativem Mulch über einer Unkrautfolie braucht langfristig wesentlich weniger Pflege als ein Sommerblumenbeet. Ganz wichtig: Wählen Sie ein Design, das zu Ihrem Grundstück passt. Der Bodentyp und pH-Wert bestimmen größtenteils, welche Pflanzen wachsen. Bei der Anlage von Sitzbereichen sollten Sie die Ausrichtung und Exponiertheit berücksichtigen. Weitere wichtige Faktoren sind Hangneigung, Dränage und Zufahrtsmöglichkeiten für Geräte sowie Materialtransporte.

Formschnittflanzen wie diese Flechtlinden und Hecken brauchen regelmäßige Pflege, um gut auszusehen.

EINE ÜBERLEGUNG WERT

Zeitaufwand
Wie lange dauert es, bis der Garten angelegt ist, und wie viel Zeit müssen Sie in seine Pflege investieren? Der Erhalt eines Beets mit Formschnittpflanzen ist eine aufwendige Sache.

Budget
Vergleichen Sie die Preise für Materialien und holen Sie sich Angebote von Gartenarchitekten und Geräteverleihern ein. Hochbeete aus Holz sind preiswerter als solche aus Backstein.

Machen oder machen lassen?
Trauen Sie es sich zu, den Garten selbst anzulegen? Oder brauchen Sie einen Profi? Das Verlegen eines Ziegelwegs ist einfach – schwieriger wird es, wenn er aus Beton sein soll.

DIE BEDINGUNGEN VOR ORT

Das Gelingen eines Gartens hängt stark davon ab, wie sehr man die örtlichen Gegebenheiten berücksichtigt, allen voran Bodentyp, Wuchsbedingungen und Mikroklima. Wenn Sie die Gegend noch nicht kennen, werfen Sie einen Blick über den Zaun: Was gedeiht beim Nachbarn? Finden Sie heraus, wie ausgeprägt die Jahreszeiten an Ihrem Standort sind. Schon geringe Vorkehrungen wie das Anlegen geschützter Stellen erhöhen die Auswahl an Pflanzen.

▲ Boden und Lage

Viele Pflanzen brauchen ein bestimmtes Bodenmilieu, etwa saures, alkalisches, feuchtes oder durchlässiges Erdreich. Doch auch die Lage beeinflusst die Auswahl, denn manche Arten verlangen viel Sonne, während andere sich eher im Schatten wohlfühlen. Wichtig ist die Ausrichtung ferner bei Sitzecken. Sie gehören an warme, sonnige Plätze. Beobachten Sie den Sonnen- und Schattenfall im Tageslauf und richten Sie Ihren Plan danach aus.

Durch Pflanzung großer Sträucher schafft man beschattete Bereiche für Pflanzen, die keine direkte Sonne vertragen.

▲ Exponiertheit und Schutz

Exponierte Gärten sind oft heftigem Wind ausgesetzt, der Pflanzen beschädigt und sogar die Standfestigkeit von Gartenhäuschen mitunter auf eine harte Probe stellt. Selbst Stadtgärten sind nicht davor gefeit, denn zwischen Gebäuden kann es stark ziehen. An geschützten Stellen hingegen ist es häufig wärmer, was die Bandbreite der Pflanzen erweitert und eine offenere Gestaltung zulässt. Wo es windstill ist, müssen bauliche Elemente nicht so stabil sein.

Ein geschützter Standort ist ideal für großblättrige Arten, deren Laub leicht vom Wind zerfleddert wird.

◄ Zugang und Hindernisse

Ganz gleich, wie Sie Ihren Garten planen: Achten Sie darauf, dass man Material hinein- und hinausschaffen kann. Bei ebenerdigen Wohnungen heißt das nicht selten, dass alles den Weg durch das Wohnzimmer nehmen muss. Wo können Sie Container aufstellen und Baustoffe lagern? Oder lässt Sie vielleicht Ihr Nachbar durch seinen Garten?

Meist kann man nicht alles hundertprozentig nach dem eigenen Geschmack anlegen. Nicht immer dürfen Bäume gefällt und bauliche Elemente verändert werden.

Schwere Materialien transportiert man am besten mit Schubkarren, sofern man von außen Zugang zum Garten hat.

VORBEREITUNGEN

Beim Einzug in ein Haus übernimmt man in der Regel einen Garten, der die Handschrift mindestens eines Vorbesitzers trägt. Für Gartennovizen kann die Übernahme eines dicht bepflanzten Areals so faszinierend wie schwierig sein. Sie vermeiden Fehler, wenn Sie sich schon vorab gut informieren.

▲ Lagebewertung

Ein gut eingewachsener Garten enthält vermutlich größere Bäume und Sträucher, feste Bodenbeläge und andere bauliche Elemente. Eine Bestandsaufnahme fördert Problemzonen zutage und offenbart, was man behalten oder gar betonen sollte. Führen Sie eine Bodenanalyse durch. Was muss geschnitten, verjüngt oder entfernt werden, was passt nicht zusammen?

Machen Sie über zwölf Monate hinweg Fotos, um die jahreszeitlichen Veränderungen der Pflanzen festzuhalten.

▼ ABWARTEN

Verschieben Sie die radikale Umgestaltung eines reifen Gartens um ein Jahr. Vielleicht gibt es ja Pflanzen, die beim Einzug noch gar nicht zu sehen sind. Nur zu leicht beschließt man, einen unansehnlichen Strauch zu entfernen, der sich womöglich im Frühjahr in ein Blütenmeer verwandelt und den ganzen Garten belebt. Der Aufschub verschafft Ihnen nicht nur Zeit, in Ihrem Garten die Jahreszeiten zu erleben, sondern gibt Ihnen auch Gelegenheit, die farblichen Zusammenhänge zu erkennen, den Lichteinfall zu beobachten und einzuschätzen, wie gut die Pflanzen Ihre Privatsphäre schützen. Außerdem sehen Sie so, was noch gesund und produktiv ist oder besser entsorgt wird. Markieren Sie im Herbst den Standort von Zwiebelpflanzen und Stauden, die Sie behalten möchten. Idealerweise hält man den Status quo in einem Plan fest, bevor man mit der Umgestaltung beginnt. Örtliche Gartenvereine oder Gärtnereien und soziale Medien helfen vielleicht beim Bestimmen unbekannter Pflanzen.

Im Frühjahr beginnt alles auszutreiben.

Im Sommer suchen Sie eventuelle Lücken in den Beeten.

Selbst im Herbst haben Pflanzen einiges zu bieten.

Im Winter schön: Strukturpflanzen und Samenstände.

PROVISORIEN

Während Sie noch über den Einzelheiten einer Radikalrenovierung brüten, verpassen Sie Ihrem Garten doch eine einstweilige Frischzellenkur, indem Sie verwitterte Bodenbeläge auf Vordermann bringen und Beete sowie Rabatten verjüngen. Es gibt genug Kniffe, die sofort Wirkung zeigen und nur wenig kosten. So können Sie sich heruntergekommene Schuppen und schlecht geschnittene Bäume vornehmen, aber auch Terrassen und Innenhöfe aufpeppen, sobald der Sommer naht.

▲ Neue Form, neues Glück

Schon eine klar definierte Form reicht, um aus einer öden Rasenfläche ein dekoratives Gartenelement zu zaubern. Wer es modern mag, schafft geometrische Formen wie sich überschneidende Rechtecke, Quadrate oder Kreise. Ersetzen Sie unruhig mäandernde Rabattenränder durch markante Schwünge, die das Auge zu einem Blickfang lenken. Eine Einfassung aus Backstein oder Platten erleichtert das Mähen und verleiht der grünen Fläche Designerflair.

Ein neuer Umriss mit Einfassung hat diesem Rasen ein frisches Aussehen gegeben. Davon profitieren auch die Rabatten.

► Make-up

Peppen Sie bauliche Elemente auf. Müssen Mauern neu gestrichen werden, kratzt man vorher abblätternde Farbe ab und bürstet Algen weg. Alte Zäune braucht man nicht gleich zu ersetzen: Unpassende oder fehlende Latten kann man mit Flechtwänden oder Rankgittern kaschieren. Dächer und Fenster von Gartengebäuden werden repariert, zerbrochene Pflastersteine ausgetauscht.

Frisch gestrichen sieht besser aus.

► Säuberungsaktion

Sofortige Wirkung erzielen Sie, wenn Sie überflüssiges Grün ausreißen, Unrat wegräumen und generell Klarheit schaffen. Jäten Sie Wege und Terrassen. Mit einem Dampfstrahler frischt man Pflaster auf. Ungenutzte Stützen, tote Triebe und Unkrautbeete müssen weg. Mähen Sie den Rasen, ziehen Sie seine Kanten nach und säen Sie kahle Stellen neu ein.

Hochdruckreiniger entfernen Schmutz.

► Rückschnitt

Überlässt man Sträucher ein paar Jahre lang sich selbst, können sie weit über den ihnen zugewiesenen Platz hinauswuchern. Schnell wachsende Arten werden obendrein zu dicht, was ihre Form und Blühwilligkeit beeinträchtigt. Ein Rückschnitt bringt wieder Ausgewogenheit in Rabatten und macht Platz für Neues. Das gilt auch für Kletterpflanzen.

Zu große Sträucher gehören gestutzt.

AUS ALT MACH NEU

Am einfachsten lässt sich der eigene Gartentraum auf einem völlig leeren Areal verwirklichen. Eine solche Situation findet man oft in Neubaugebieten, doch wenn man einen bestehenden Garten übernimmt, muss man ihn erst frei räumen. Als Faustregel gilt: Behalten Sie das Beste und entfernen Sie den Rest.

► WEG MIT UNRAT

Beim Abräumen eines Areals fallen reichlich Materialien an, die entsorgt werden müssen. Einige Pflanzenreste lassen sich kompostieren oder man wirft sie in die Biotonne. Für holziges Material können Sie einen Schredder mieten, um es in hervorragenden Mulch zu verwandeln. Trockenes darf vielleicht sogar verbrannt werden – vorher sollten Sie sich aber sicherheitshalber bei den Behörden erkundigen und die Nachbarn warnen.

Was nicht verwertbar ist, kommt in einen Mietcontainer oder wird zum örtlichen Wertstoffhof gebracht.

Tragen Sie beim Abräumen eines Grundstücks Handschuhe als Schutz.

Das Fällen von Bäumen muss genehmigt werden.

◄ PFLANZEN ENTFERNEN

In älteren Gärten stehen oft Pflanzenexemplare, die man nicht unbedingt behalten möchte. Statt Zwiebelpflanzen, Stauden und kleine Sträucher aber einfach wegzuwerfen, kann man sie ausgraben und verschenken oder anderswo neu pflanzen. Die meisten Bäume und Sträucher lassen sich dagegen nur mit viel Aufwand versetzen und werden am besten zersägt und ausgegraben. Bei älteren Vertretern braucht man die Hilfe einer Gartenfirma. Größere Wurzelstöcke entfernt man mit einer Fräse, die man leihen kann. Erkundigen Sie sich vor dem Fällen eines Baums bei den Behörden, ob eine Genehmigung erforderlich ist. Hecken dürfen in Deutschland von 1. März bis 30. September nicht radikal geschnitten werden. Beim Abräumen einer Pflanzung merzt man Unkräuter gleich mit aus, verlegt anschließend eine Unkrautfolie und fixiert sie gut.

Unkrautvernichter sind nur im äußersten Notfall eine Lösung.

▸ NEUBAU

Beim Bau eines neuen Hauses hat man anstelle eines fertigen Gartens meist ein völlig unbewachsenes Areal zur Verfügung. Das sieht zwar nicht sehr einladend aus, hat aber den Vorteil, dass man seinen Traumgarten praktisch von Grund auf verwirklichen kann. Außer unverzichtbaren Elementen wie einem Weg gibt es wenig, was die Wahl der Gartenelemente beeinträchtigt. Wer eine solche »leere Leinwand« vor sich hat, kann mit der Gestaltung und dem Anlegen beginnen, sobald das Wetter es zulässt. Auch ist in Neubaugebieten meist die Zufahrt zum Garten für Maschinen oder Lkw mit Baustoffen einfacher. Der Nachteil von gerade erst erschlossenen Grundstücken: Es kann mehrere Jahre dauern, bis ein Garten halbwegs eingewachsen wirkt und eine gewisse Privatsphäre gewährt. Mitunter entdeckt man erst im Nachhinein, dass der Boden nicht ideal ist (*siehe unten*) und es Verordnungen für die Siedlung gibt, die vor allem in Vorgärten die Bandbreite dessen, was gepflanzt und gebaut werden darf, einschränken.

In Neubaugärten fehlen zwar Pflanzen und bauliche Elemente, dafür hat man viele Freiheiten bei der Gestaltung.

▾ Bodenbestimmung

Die Böden von Neubaugrundstücken sind oft sehr schlecht. Gehen Sie nicht automatisch davon aus, dass Schutt und anderer Unrat entsorgt wurden. Graben Sie Testlöcher und prüfen Sie bei dieser Gelegenheit gleich, ob es verdichtete Stellen und andere heikle Bereiche gibt (*siehe rechts*). Markieren Sie Problemzonen, damit Sie sich später mit ihnen befassen oder um sie herumplanen können. Bestimmen Sie die Tiefe des Oberbodens, seinen pH-Wert und die Zusammensetzung – wenn nötig, mithilfe eines Labors (*siehe S. 20–21*).

Graben Sie Testlöcher zur Bestimmung des Bodens.

▾ Bodenverdichtung

Nicht selten entdeckt man auf einem frisch bebauten Areal, dass durch schwere Baumaschinen verdichteter Grund mit einer dünnen Schicht Oberboden geschönt wurde. Stark zusammengepresstes Erdreich enthält wenig Luft und hat einen schlechten Wasserabzug, was das Pflanzenwachstum beeinträchtigt. Gefährdet sind vor allem schwere Tonböden. Kratzen Sie die oberste Schicht weg, um verdichtete Stellen zu finden, graben Sie sie um und arbeiten Sie möglichst viel organische Substanz ein.

Pfützen deuten oft auf verdichtetes Erdreich hin.

▾ Weitere Überlegungen

Wenn Sie ein älteres Haus kaufen: Gibt es in alten Urkunden und Verträgen Klauseln zur Bepflanzung des Grundstücks? In Neubaugebieten müssen alte Bäume oft stehen bleiben. Manche Gemeinden untersagen vielleicht Trennzäune und Hecken in Vorgärten oder geben vor, welche Areale mit Rasen besät werden müssen. Prüfen Sie, wo Kanal-, Wasser- und Gasrohre sowie Stromkabel verlaufen, bevor Sie mit der Arbeit beginnen, um Beschädigungen zu vermeiden.

Prüfen Sie bei der Anlage eines Gartens die Baupläne.

LAGEBESTIMMUNG

Eine Erfassung und Analyse der wichtigsten Merkmale eines Grundstücks ist bei der Anlage eines Gartens äußerst hilfreich. Wer die Probleme kennt, kann sich bei der Auswahl der Pflanzen und baulichen Elemente darauf einstellen.

▸ BODEN

Den Typ und die Struktur des Bodens zu kennen hat oberste Priorität. Ein Garten gelingt nur, wenn man Pflanzen auf die Bedingungen abstimmt. Diese lassen sich manchmal zwar geringfügig verbessern, doch sollte man keine Wunder erwarten: Ein flachgründiger, kalkreicher Boden über kalkigem Muttergestein hat einen hohen pH-Wert und ist ideal für Lavendel, aber tödlich für Lavendelheide und Rhododendren sowie weitere Kalkflieher, die tiefgründiges, saures, humoses Erdreich brauchen. Durch Torf oder andere Zusätze kann man das Problem zwar kurzfristig lösen, aber das aufsteigende Grundwasser wird den Boden immer wieder in seinen Urzustand versetzen. Arrangieren Sie sich am besten mit dem bestehenden pH-Wert. Die Beschaffenheit und Durchlässigkeit des Bodens kann sich auch nachteilig auf Teiche und Fundamente auswirken.

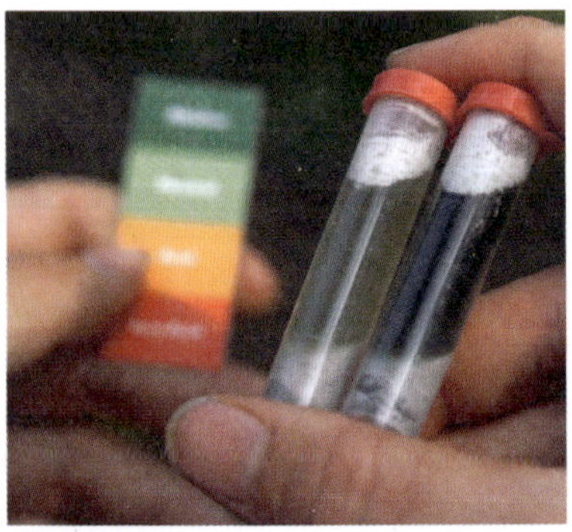

pH-Wert

Bestimmen Sie den pH-Wert Ihres Bodens mit Testsets. Die meisten Pflanzen bevorzugen einen Wert um 6,5. Aber Vorsicht: Lavendelheide mag es sauer mit einem pH von etwa 5,5. Alkalische Böden verhindern Kohlhernie.

Schwere Böden

»Schwere« Tonböden lassen sich oft auch schwer umgraben. Trocknen sie aus, werden sie hart und rissig. Wegen ihrer geringen Durchlässigkeit können sie bei Nässe sehr klebrig werden. Arbeiten Sie organische Substanz ein.

Sandböden

Sandige, steinige und kiesige Böden sind gut durchlässig. Daher enthalten sie meist wenig wasserlösliche Nährstoffe. Harken Sie Dünger ein oder tragen Sie eine 5–10 cm dicke Mulchschicht aus Mist oder Kompost auf.

▼ AUSRICHTUNG UND EXPONIERTHEIT

Einen wesentlichen Einfluss auf die Gartengestaltung und die Auswahl der Pflanzen haben Faktoren wie die Ausrichtung des Grundstücks, wie viel Sonne es bekommt, wo die Hauptwindrichtung verläuft und wie geschützt das Areal generell liegt. Durch Beobachtung der Sonne im Tagesverlauf findet man unschwer die besten Standorte für Terrassen heraus. So kann man eine für das Frühstück und eine andere für ein abendliches Essen anlegen. Der Sonneneinfall ist ferner wichtig für die Positionierung von Kräuter- und Gemüsebeeten sowie Kiesgärten, die alle möglichst viel Licht brauchen. Bei der Wanderung der Sonne über den Himmel können das Haus, benachbarte Gebäude, Bäume und Hecken zu unterschiedlichen Tageszeiten Schatten werfen. Hinzu kommt, dass der Schattenfall mit den Jahreszeiten variiert: Im Sommer steht die Sonne höher und erreicht daher mehr Pflanzen.

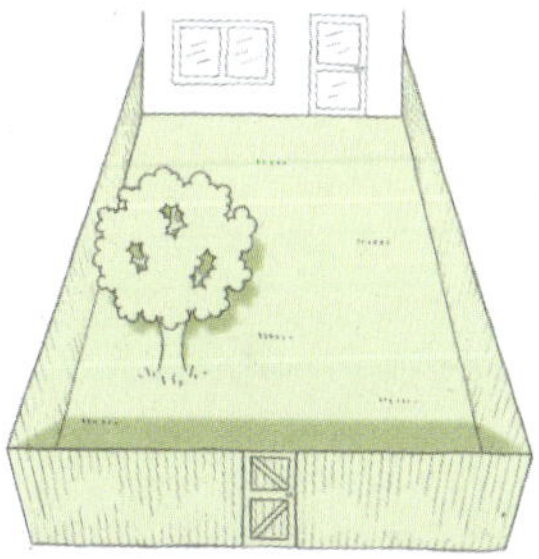

Garten mit Südausrichtung (Mittag)

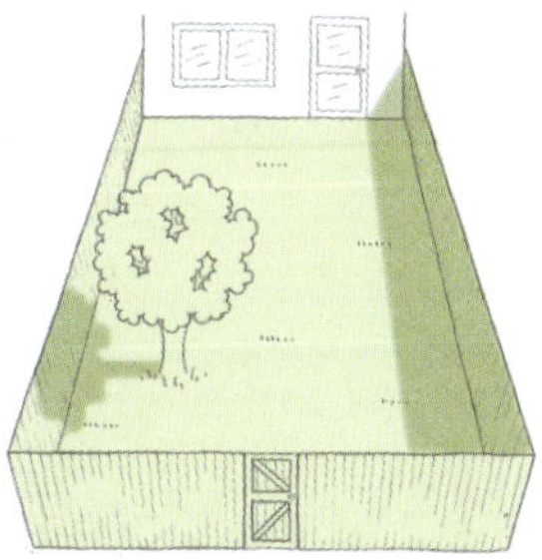

Garten mit Westausrichtung (Mittag)

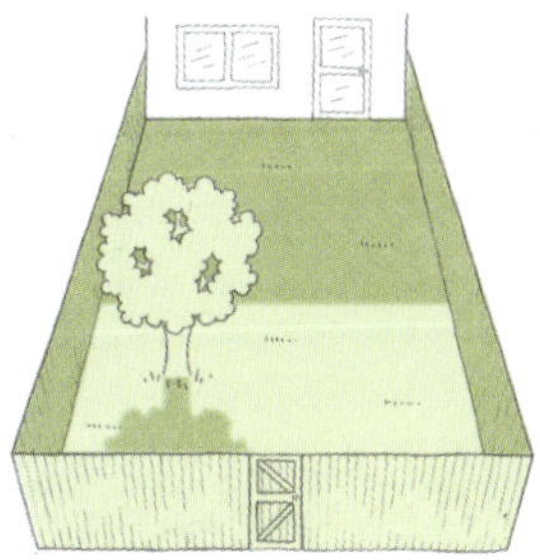

Garten mit Nordausrichtung (Mittag)

Garten mit Ostausrichtung (Mittag)

▲ Frostsenken

In Gärten mit Gefälle sinkt die kalte Luft zum Fuß des Hangs. Staut sie sich dort vor einer dichten Hecke oder Wand, bilden sich Frostsenken. Wählen Sie die Pflanzen für solche Kältefallen gut aus, denn nicht völlig winterharte oder auch frisch gepflanzte und insbesondere immergrüne Arten überleben sonst die kalten Wintermonate nicht.

Wenn Sie Ihren Garten im Auge behalten, werden Ihnen bald Frostsenken auffallen. Hier haben Pflanzen um eine Kombination aus *Sambucus*, *Acanthus* und Gräsern nicht überlebt.

▼ Exponierte Küstenstandorte

Kräftige Winde trocknen Laub aus und verletzen schwache Triebe. Je geschützter Ihr Garten liegt, desto besser gedeiht das Grün. An Küsten kann man mit wind-, salz- und kälteverträglichen Gewächsen einen »Schutzgürtel« pflanzen, der Winde etwas abbremst, sodass die Kultur empfindlicherer Arten an geschützten Stellen möglich ist.

Hart im Nehmen an exponierten Küstenlagen sind Neuseelandflachs und Pampasgras. Dank ihrer Höhe und ihres Laubs stehen sie anderen Pflanzen an Attraktivität nicht nach, doch selbst ihnen tut ein Schutzwall gut, der den Wind bremst.

HÄNGE

Hanggärten sind besonders interessant, denn man kann sie in mehrere Ebenen gliedern. Gleichzeitig erschwert ein Gefälle die Gestaltung, da man Erde bewegen, Stützmauern errichten und eine Dränage anlegen muss.

▾ MEHRERE EBENEN

Ein sanft abfallendes Gelände hat den Vorteil, dass man es durch interessante Wege, Treppen und Räume auflockern kann. Die einzelnen Ebenen lassen sich entweder durch Hangeinschnitte und Rückhaltemauern oder durch Errichten von Hochdecks und -terrassen anlegen. Auf einem größeren Grundstück, das in mehrere Richtungen verläuft, kann man verschiedene Ebenen zu einem vielstufigen Garten verknüpfen. Ein leichtes Gefälle können Sie oft alleine oder mit geringfügiger Unterstützung gestalten. Größere Erdbewegungen hingegen sind schwer zu bewältigen und teuer. Steile Areale lässt man besser unabgestuft und arbeitet stattdessen mit den natürlichen Bodenkonturen. Fragen Sie Fachleute, was zu welchem Preis möglich ist.

Eine Terrasse wie diese besteht aus mehreren Ebenen, die miteinander in Verbindung stehen.

▾ RÜCKHALTEMAUERN

Ein Hangeinschnitt zum Anlegen einer ebenen Fläche ist nur von Dauer, wenn man ihn mit einer Rückhaltemauer sichert. An sanft geneigten Böschungen tut es eine niedrige Mauer oder eine Reihe von Holzschwellen, steilere Grundstücke indes erfordern stabilere Konstruktionen, die dem Gewicht der Erde und dem Wasser darin standhalten. Wird die Mauer höher als einen Meter, ziehen Sie am besten eine Gartenfirma oder einen Baustatiker zurate.

Sanfte Hänge untergliedert man mit Holzschwellen.

Steile Hänge erfordern stabile Stützmauern.

▸ VERSETZTE EBENEN

Ganz wichtig bei Hanggärten: Man muss sicher und bequem von einer Ebene zur anderen gelangen. Dazu legt man in erster Linie Rampen und Treppen an, die allerdings sorgfältig geplant werden müssen. Sie sollten breit und tief genug sein, um sicher darauf gehen zu können, aber auch relativ flach, damit der Aufstieg nicht zu anstrengend ist. Das Material darf bei Regen nicht rutschig werden. Eventuell braucht man Abflüsse und Geländer. An sanften Hängen kann man fast alles selbst bauen, bei steilen, schwierigen Grundstücken indes sollte man die Hilfe des Fachmanns in Anspruch nehmen.

Einfache Stufen kann man selbst anlegen. Lassen Sie Platz für Töpfe. **Flache Rampen** sind am sichersten. Hier wurden sie mit Planken gedeckt.

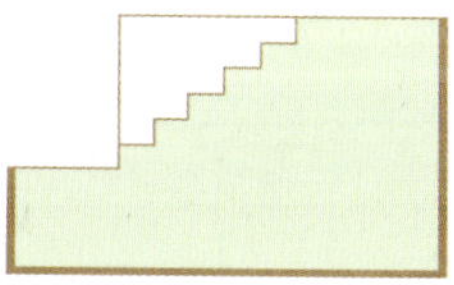

Steile Treppen sind dort sinnvoll, wo der Platz knapp ist. Ohne Geländer ist das Besteigen aber anstrengend und gefährlich.

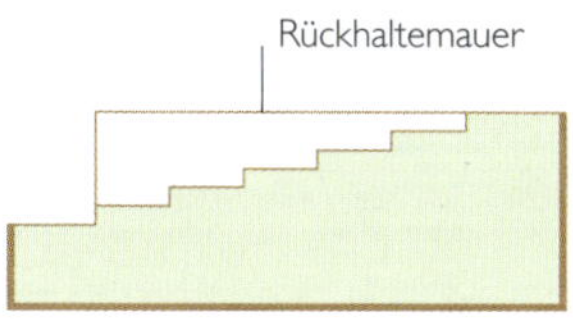

Flache Treppen sind sicherer und leichter zu begehen, brauchen aber mehr Platz und eignen sich daher eher für etwas größere Gärten.

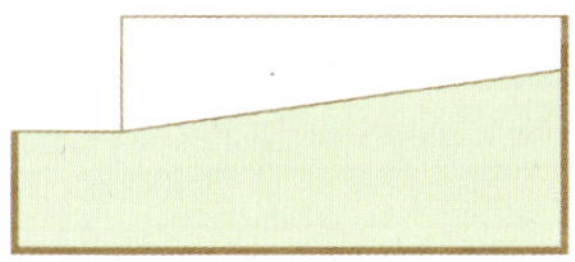

Barrierefreie Rampen sind ideal für Rollstuhlfahrer und Fahrräder, müssen aber flach und daher lang genug sein. Sie nehmen viel Platz in Anspruch.

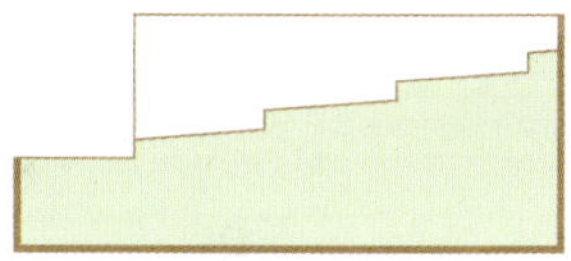

Abgestufte Rampen verbrauchen weniger Platz als durchgehende und lassen sich mit Schubkarren und Rollstühlen gerade noch bewältigen.

▸ DRÄNAGE

Dränageeinrichtungen an Hängen leiten Boden- und Regenwasser in die gewünschte Richtung. Fehlen sie, fließt das Wasser ober- oder unterirdisch nach unten und kann sich überall sammeln – sogar im Haus. Besonders wichtig ist eine Drainage bei schweren Böden und in Stadtgärten, wo Wasser von Dächern, Wegen und Straßen hinzukommt. Schrägen Sie versiegelte Oberflächen so ab, dass sie Wasser von Gebäuden weg zu kiesgefüllten Sammelbecken oder Sickerschächten leiten. Hochbeete bewahren Pflanzen oft vor nassen Böden. Ziehen Sie bei Bedarf Fachleute hinzu.

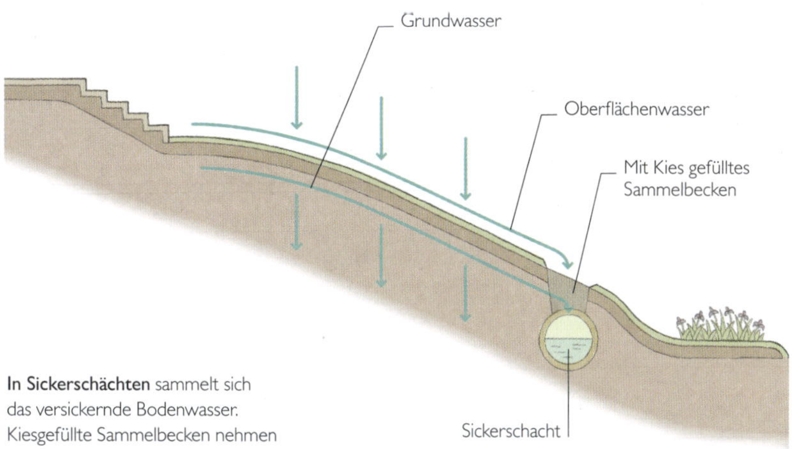

In Sickerschächten sammelt sich das versickernde Bodenwasser. Kiesgefüllte Sammelbecken nehmen dagegen Oberflächenwasser auf.

BEGRENZUNGEN

Begrenzungen definieren Räume – dies gilt für das ganze Grundstück ebenso wie für einen Teilbereich. Sie haben vielfältige Funktionen. So gewährleisten sie Privatsphäre und bilden das Rückgrat des ganzen Gartendesigns.

▲ RÄUME DEFINIEREN

Ein Areal wirkt untergliedert oft größer – vor allem wenn die einzelnen Teilräume für einen bestimmten Zweck eingerichtet werden, etwa als gepflegter Essbereich oder als Spielgärtchen für Kinder. Dafür brauchen Sie allerdings keine hohen Barrieren: Als Abgrenzung reichen schon niedrige Mauern, Flechtwände und durchsichtige Pflanzreihen. Mit ihnen soll lediglich eine gewisse Trennung und Zweckbindung suggeriert werden. Paneele lassen sich beliebig verschieben.

Kräftige Farben und eine niedrige Mauer begrenzen diesen Sitzbereich.

▼ GRENZEN SETZEN

Gartenbegrenzungen haben eine ganz wesentliche Funktion: Sie markieren das Grundstück und schützen vor Eindringlingen, neugierigen Blicken und der Witterung. In den meisten Gärten sind sie allgegenwärtig und bilden die Kulisse für alles andere. Bei der Gestaltung hat man zwei Möglichkeiten: Man integriert sie oder hebt sie hervor. Sind sie einmal errichtet, lassen sich Material und Stil nur noch schwer korrigieren. Gestalten Sie sie also mit Bedacht.

Eine üppige Begrünung macht diese Mauer weicher.

Markante moderne Paneele geben hier den Ton an.

◂ JENSEITS DER GRENZEN

Gartengrenzen müssen nicht völlig blickdicht oder durchgehend sein. Man kann sie auch nutzen, um das Auge zu bestimmten Elementen hinzulenken. In Hecken geschnittene Nischen sind hervorragende »Vitrinen« für Statuen, während Rankgitter, die in Zäune eingefügt wurden, einen Blickfang in der Umgebung ins Bild rücken können. Verändern Sie die Höhe der Begrenzungen in deren Verlauf, um die Abgeschlossenheit bzw. Offenheit zu variieren.

Lassen Sie auch innerhalb des Gartens Lücken in Trennelementen, um anzudeuten, dass sich etwas dahinter verbirgt. So können Sie einzelne Gartenelemente aus unterschiedlichen Perspektiven sichtbar machen und dadurch doppelt zur Geltung bringen. Seien Sie kreativ bei der Gestaltung Ihres Gartens und überlegen Sie sich, wie und von welcher Warte aus Sie seine Elemente genießen wollen.

Ein mondförmiges Tor umrahmt den Blick in den Garten.

▸ MATERIALIEN

Bei der Wahl der Materialien für Begrenzungen berücksichtigt man zunächst den Stil von Haus und Garten. Natürliche Baustoffe sind eher für traditionelle Anlagen geeignet und können in modernen Gärten fehl am Platz wirken – umgekehrt ist es nicht anders. Denken Sie außerdem praktisch: Wie haltbar ist ein Material und wofür ist die Begrenzung gedacht? Soll sie Leute fernhalten oder als Windschutz dienen, brauchen Sie etwas Solides. Liegt Ihr Grundstück exponiert, müssen vielleicht sogar interne Begrenzungen standfest sein. Auch die Pflege ist ein Thema: Hecken brauchen regelmäßigen Schnitt und Zäune halten länger, wenn sie jährlich frisch gestrichen werden. Selbst Mauern sind nicht ganz wartungsfrei.

Ziegelmauern sind eine traditionelle Variante.

Zäune und Sichtschutzwände sind im Nu aufgestellt.

Traditionelle Hecken sind erst nach Jahren groß genug.

Rankgitter eignen sich vor allem als interne Gliederung.

BODENBELÄGE

Beläge gehören zu den wichtigsten Gartenelementen: Sie bilden buchstäblich die Basis für fast alles andere. Mitunter sind sie teuer und aufwendig zu verlegen. Hat man aber die richtige Wahl getroffen, halten sie ein Leben lang.

▼ MATERIALIEN

Bei der Auswahl des Belags spielen viele Faktoren eine Rolle – in erster Linie Kosten und Aussehen, aber auch praktische Erwägungen. Wie wird das Areal genutzt? Stark frequentierte Flächen wie Wege brauchen strapazierfähige Beläge, eine Hangbasis durchlässiges Material wie Kies. Gibt es keine Zufahrt, entscheidet man sich am besten für leichte Baustoffe, die sich gut transportieren lassen.

Die Beläge sind der sichtbare Teil eines Wegs oder einer Terrasse, aber vergleichsweise einfach zu verlegen. Höhere handwerkliche Fähigkeiten erfordert dagegen das Fundament. Holzdecks kommen fast ohne Fundament aus, während Steinfliesen eine tragfähige Basis brauchen, deren Bau man am besten Fachleuten überlässt. Das ist zwar teurer, doch Decks sind nach zehn bis 15 Jahren morsch, Fliesen hingegen fast unbegrenzt haltbar.

Feste Bodenbeläge eignen sich vor allem für Terrassen. Wo Kinder spielen, ist ein Rasen die erste Wahl.

DRÄNAGE

Wasser muss von festen Belägen kontrolliert ablaufen können, damit es sich nicht in Gebäuden sammelt oder Pfützen bildet. Man schrägt die Fläche leicht ab und integriert Dränagekanäle, die den Regen ableiten. Eine gute Dränage verhindert, dass glatte Flächen wie Fliesen und Betonsteine bei Nässe rutschig werden.

Begrünte Ritzen absorbieren bei undurchlässigen Belägen überschüssiges Wasser. Die Pflanzen werden bei Bedarf gestutzt.

▸ FESTE BELÄGE

Feste Beläge bestehen aus Backstein, Blöcken, Platten und Fliesen, die aus natürlichen oder künstlichen Materialien hergestellt wurden. Sie bilden eine tragfähige und strapazierfähige Oberfläche. Erhältlich sind sie in den verschiedensten Materialien. Kleinere Einheiten wie Backstein eignen sich für schräge oder winkelige Flächen und solche, zu denen man das Material tragen muss. Platten werden bei größeren Arealen eingesetzt und lassen sich einfach verlegen. Allerdings sind sie oft teuer und brauchen je nach Material ein festes Fundament sowie eine Dränage.

◂ KIES

Kies ist vielseitig und in den verschiedensten Farben und Körnungen verfügbar. Man kann ihn ungeachtet des Geländes fast überall einsetzen. Als Fundament reicht eine Unkrautfolie. Kies lässt sich in Taschen zum Verlegeort transportieren. Größere Mengen sind mitunter recht preiswert. Selbst als Übergangslösung taugt er. Das Verlegen erfordert weder besondere Geräte noch handwerkliches Geschick. Nachteil: Er bildet keine feste Fläche, sodass das Gehen und Fahren auf ihm schwierig ist. Zudem kann sich mit der Zeit Unkraut auf ihm ansiedeln.

▸ HOLZDECKS

Holzdecks kommen häufig in modernen Gärten zum Einsatz. Sie bestehen meist aus witterungsbeständigem Holz, das regelmäßig behandelt werden muss, und lassen sich an vielerlei Gegebenheiten anpassen, sogar an abfallendes oder ungünstig geformtes Gelände. Ideal sind sie an sonnigen Stellen. Der Bau ist einfach, mit wenig Werkzeug zu bewerkstelligen und relativ preiswert. Man kann Decks sogar umgestalten und erweitern. Die Nachteile: Bei Nässe wird das Holz oft rutschig. Obendrein hält es nicht ewig. Haltbarer sind Decks aus Holz-Kunststoff-Verbundmaterialien.

◂ RASEN

Rasen ist der traditionellste Belag. Wie Kies bietet er sich vor allem an Hängen und ungünstig geformtem Gelände an. Der Samen lässt sich leicht transportieren und ausbringen, falls der Boden sich für die Aussaat eignet. Für Familien mit Kindern ist Gras eine sichere Spielfläche. Schäden kann man leicht reparieren. Ein großer Nachteil ist der Arbeitsaufwand: Rasen muss im Sommer gemäht und im Herbst gepflegt werden. Er wächst nicht im tiefen Schatten und kann in heißen Sommern vertrocknen, wenngleich er sich meist wieder erholt.

GARTENGEBÄUDE

Selbst ein bescheidener Geräteschuppen mutiert zum ansehnlichen Gartenelement, wenn man den Standort mit Bedacht auswählt und sein Äußeres dekorativ gestaltet. Besonders wichtig bei Schuppen, Gewächshäusern und anderen Nutzgebäuden: Sie müssen gut erreichbar sein.

▸ STANDORTWAHL

In Schuppen lassen sich Gartengeräte, Blumenerde, Spielzeug und Fahrräder zweckmäßig aufbewahren. Für kleinere Grundstücke gibt es sogar Gartenschränke und -kisten. Sichern Sie das Häuschen mit einem guten Schloss und fragen Sie bei der Hausratversicherung nach, ob sich der Schutz auch darauf erstreckt. Wichtig ist die sorgfältige Wahl des Standorts: Platzieren Sie das Gebäude nicht direkt im Blickfeld, sondern möglichst an einem seitlichen Durchgang oder hinter Gehölzen.

Achten Sie beim Kauf auf die Qualität der Scharniere, Rahmen und Beschläge von Türen und Fenstern. Das Dach braucht einen Überstand, einen stabilen Dachstuhl und eine dicke, gut dichtende Dachpappe.

Holzschuppen sehen gut aus, müssen aber lackiert oder gebeizt werden, damit sie nicht faulen. Edelstahl und Glasfaser brauchen weniger Pflege.

◂ Zugang

Wenn Sie größere Geräte wie Rasenmäher oder Schubkarren im Schuppen unterbringen wollen, brauchen Sie eine Ausführung mit breiter Tür. Ideal sind geräumige Zugangswege ohne Stufen – gegebenenfalls ebnet man sie ein, legt eine Rampe an oder integriert in Kiesflächen Pflastersteine. Bei Freizeitgebäuden wie Gartenbüros und Studios hingegen sind Stufen und Treppen durchaus erwünscht – sie unterstreichen die Architektur des Gebäudes. Säumen Sie den Schuppen aber mit Pflanzen, damit er sich harmonisch in den Garten einfügt. Grundsätzlich gilt: Das Fundament muss eben sein, während man befestigte Flächen und Wege leicht vom Gebäude weg abschrägt, damit kein Wasser hineinfließt.

Außenbüros und Studios profitieren optisch von einer Wendeltreppe.

▸ GEWÄCHSHÄUSER

Glashäuser gibt es für jeden Gartenstil. Ihr Rahmen ist meist aus Metall, etwa Aluminium, oder fäulnisresistenten Hölzern wie Zeder. Man weist ihnen einen geschützten Standort zu – nicht zu nah neben Schatten werfenden Mauern, Hecken und Bäumen. Wenn sie nicht direkt an der Grundstücksgrenze stehen, sinkt die Gefahr einer mutwilligen Beschädigung.

Was soll im Gewächshaus wachsen? Für eine Farnsammlung ist ein Anlehnhaus an einer Nordwand ideal, für Weintrauben aber braucht man einen sonnigen Standort. Frei stehende Häuser für das Heranziehen von Sämlingen im Frühjahr und zum Überwintern von Pflanzen stellt man am besten in Ost-West-Richtung auf. Wählen Sie eine Ausführung mit Fenstern und Belüftungsklappen, damit es den Pflanzen im Sommer nicht zu heiß wird.

Ein traditionelles Glashaus sieht in ländlichen Gärten gut aus. Die Bepflanzung rundum mildert seine Konturen.

Beachten Sie örtliche Bauvorschriften.

Sieht besonders gut aus: Häuschen mit Buntglasfenster.

Spielhäuschen mit Brücke sind bei Kindern der Hit.

Stilvoll arbeiten: Gartenbüro mit begrüntem Dach.

◂ GEBÄUDEARTEN

Das Angebot an Gartenhäuschen ist groß. Wer das Gewünschte trotzdem nicht auftreibt, kann sich Sonderanfertigungen bauen lassen oder bestehende Häuschen umbauen. Je nach Größe, Höhe und Nähe zur Grundstücksgrenze benötigen Sie allerdings eine Genehmigung.

Ein Holzgebäude wird mit Farbe, Lack, Beize oder einem Buntglasfenster aufgepeppt, doch kann man es auch in einer natürlichen Tönung belassen, damit es sich in die Umgebung einfügt. Für ein begrüntes Dach braucht man vorbepflanzte Sedum-Matten, doch muss die Dachkonstruktion dafür eventuell verstärkt werden. Beheizte Gartenbüros, Werkstätten und ähnliche Gebäude sollten isoliert sein. Heizung und Stromanschlüsse werden von Fachfirmen installiert.

BELEUCHTUNG

Eine Gartenbeleuchtung hat viele Vorteile. Sie gibt Sicherheit und verbreitet eine entspannte Atmosphäre. Licht verändert aber auch das Aussehen einer Anlage in der Nacht. Überlegen Sie daher gut, welche Pflanzen oder Blickfänge Sie in den Mittelpunkt rücken möchten, und wählen Sie die passende Beleuchtung entsprechend aus.

▲ SICHERHEIT

Wenn Sie Ihren Garten nachts nutzen wollen, sollten Wege und Treppen aus Sicherheitsgründen beleuchtet sein. Ziehen Sie auch potenzielle Gefahrenquellen wie Teiche, Stufen und Böschungen an Wegen in Betracht. Lichtpfosten, bodennahe Ministrahler oder in den Belag versenkte Leuchten markieren Pflaster- und Deckränder. Wählen Sie ein Design, das zum Stil Ihres Hauses und Gartens passt. Versenkte Deckbeleuchtungen sind relativ leicht zu installieren und markieren den Rand der Fläche sowie eventuelle Geländestufen. Dabei muss das Licht nicht die ganze Zeit brennen: Es gibt Bewegungssensoren, die es automatisch ein- und ausschalten. Zusätzlich kann man die Gartenbeleuchtung mit einer Fernbedienung oder dem Smartphone regeln.

LED-Leuchten werden über Trafos betrieben. Inzwischen gibt es sogar von Solarzellen gespeiste Ausführungen.

▼ SCHUTZ VOR DIEBEN

Die Beleuchtung eines Eingangs wirkt einladend und dekorativ, schreckt aber gleichzeitig Einbrecher ab. Erhellen Sie nach Möglichkeit den gesamten Weg bis zur Straße. LED-Wandleuchten lassen sich so einstellen, dass sie sich in der Abenddämmerung einschalten und morgens wieder ausschalten, die Lichtverschmutzung allerdings ist für Tiere nicht gut. Umweltfreundlicher sind Leuchten mit Bewegungsmelder, die nur angehen, wenn sich jemand nähert. Stellen Sie sie nicht zu empfindlich ein, damit nicht jede streunende Katze eine nächtliche Lightshow veranstaltet. Auch sollten nahe Pflanzen gut geschnitten werden, denn bei Wind können sie ebenfalls den Mechanismus auslösen. Achten Sie darauf, dass Nachbarn nicht durch das Licht belästigt werden.

Sind Wege ausgeleuchtet, haben ungebetene Gäste keine Versteckmöglichkeit.

◂ DEKOR UND STIMMUNG

Durch eine wohlplatzierte Beleuchtung kann man einem Garten nachts ein völlig anderes Ambiente geben als bei Tag. Mit Minileuchten sowie nach oben oder unten gerichteten Wandstrahlern rückt man Plastiken, dekorative Wandpaneele, Gartengebäude und bauliche Elemente wie Pergolen ins rechte Licht. Sparsam eingesetzt werten Farbleuchten kahle Wände auf, während versenkte Lampen Treppen und Stützmauern hervorheben. Stimmungsvoll sind beleuchtete Wasserspiele und moderne, mit Unterwasserlampen in Szene gesetzte Teiche.

Von unten angestrahlte Strukturpflanzen wie Neuseeländer Flachs werfen interessante Schatten. Viel Flair verbreitet eine schwache Beleuchtung hinter durchlässigen Strukturen wie Gräsern. Sehr romantisch wirken Lichterketten, die durch Kletterpflanzen und Wandsträucher geflochten werden.

Versenkte Leuchten erhellen Sitzbereiche und unterstreichen Solitärpflanzen.

▸ LEUCHTEN

Die Auswahl an Lampen ist groß, weshalb man sich genau das aussuchen kann, was optimal zum Gartenstil passt.

LED-Strahler werden an einen wasserdichten Trafo angeschlossen oder direkt mit dem Hausanschluss verbunden. Mit Unterwasserleuchten kann man Teiche und andere Wasserelemente in Szene setzen.

Erhältlich sind ferner Akku-Leuchten, die sich über USB-Stecker aufladen lassen. Solarleuchten sind umweltfreundlich und funktionieren auch im Winter, falls sie dort stehen, wo sie genug Sonne bekommen.

Besonders stimmungsvoll und preiswert sind die guten alten Kerzen und Laternen, allerdings dürfen sie nicht in der Nähe brennbarer Materialien und Pflanzen stehen.

Laternenleuchten bringen ein stimmungsvolles Licht in den Garten.

Solarleuchten sind leicht und schnell aufgestellt.

Kerzen dürfen nicht neben Brennbarem stehen.

LED-Lampen nur von Fachleuten installieren lassen.

GESTALTUNG: DIE GRUNDLAGEN

Ob elegant-modern, natürlich-entspannt oder stark traditionell und strukturiert: Legen Sie den Gartenstil fest und richten Sie Ihren Plan danach aus. Ziehen Sie dabei verschiedene Wegvarianten in Betracht. Ebenso wichtig: Wo wollen Sie die einzelnen Gartenelemente platzieren, und wo verläuft die Hauptsichtachse?

◂ RÄUME UND FORMEN

Ein gelungener Garten lebt vom ausgewogenen Verhältnis zwischen ebenen, offenen Räumen wie Rasenflächen, Decks und Terrassen und aufrechten Elementen, also Bäumen, Rabatten und Gebäuden. Vertikale Elemente kontrastieren mit horizontalen und helfen, den Raum zu gliedern. Überlappende geometrische Formen vereinen sich zu einem einfachen, aber ungewöhnlichen Design.

Zeichnen Sie die wichtigsten Zonen grob in einen Plan ein. Probieren Sie mehrere Gestaltungsideen aus. Jeder Raum sollte ausreichend groß sein. Geraten Terrasse oder Rasen im Vergleich zu den Rabatten zu dominant, wirkt der Garten nüchtern und ungemütlich offen. Hat er zu wenig offene Flächen, wirkt er vollgestopft.

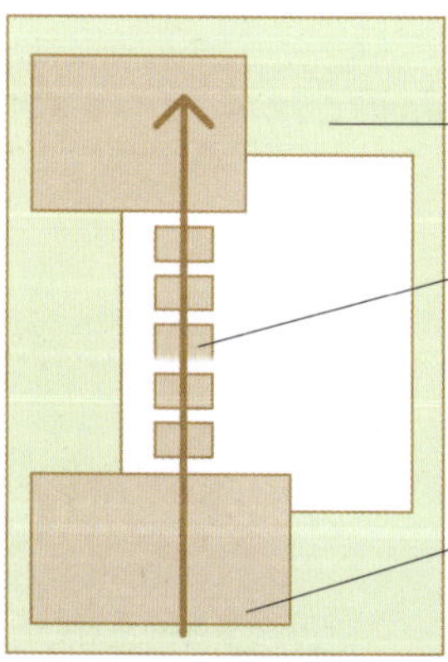

Rechte Winkel Rechteckige Formen lassen einen Garten größer erscheinen. Mittige Ausrichtung macht ihn länger, seitliche breiter.

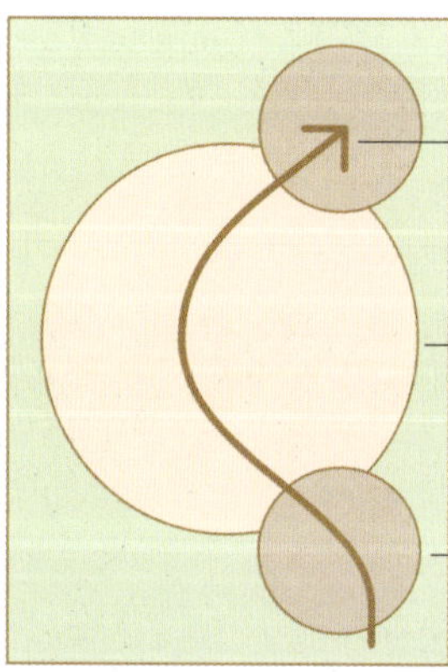

Kreise Mit runden Flächen schafft man ein organisches, natürlich wirkendes Design. Hier wird das Auge über die Mitte in die rechte Ecke geführt.

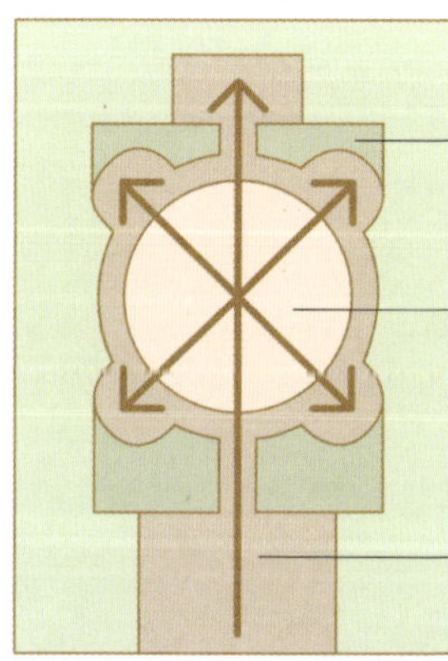

Formenmix Bei der Kombination von geraden und geschwungenen Linien hält man das Design schlicht, da sonst seltsame Formen entstehen.

▾ WEGE UND WEGFÜHRUNG

Die Zugänge zum Garten und seine Wege ergeben das Grundgerüst, auf dem das Gesamtdesign aufbaut. Ein gerader Pfad, der die Hauptroute durch die Mitte bildet, bedingt einen geometrischen Grundriss. Diese Achse kann man zusätzlich durch einen Blickfang am Ende betonen. Ein Pfad, der sich durch den Garten schlängelt, verlangt dagegen nach einer natürlicheren Gestaltung und animiert dazu, verborgene Winkel zu erkunden. Ein Rundweg macht alle Gartenbereiche leicht erreichbar und verbindet verschiedene Elemente wie Terrassen und Arbeitsflächen.

Formschnittgehölze unterstreichen die Symmetrie.

Wie ein Fluss mäandert der Schieferweg durch das Grün.

Ein Rundweg macht alle Bereiche bequem erreichbar.

▾ BLICKPUNKTE

Auf einem kleinen Areal setzt man markante Elemente wie diese Schiefervase als Blickfang ein. Am Ende eines geraden Wegs platziert, verbreitet sie traditionelles Flair. Stellt man sie in eine Ecke, verschiebt sich der Fokus auf eine diagonale Achse, was kurze Gärten verlängert. Wählen Sie interessante Formen, Texturen und Farben als Kontrast zur Umgebung.

Wählen Sie Pflanzen, die eine passende Kulisse bilden.

▾ PLANSPIELE

Die beiden Pläne veranschaulichen, wie gleich große Gärten durch einfaches Verändern des Standorts und der Form wesentlicher Elemente ein ganz anderes Aussehen bekommen. Jeder Vorschlag enthält eine Rasenfläche, Rabatten, einen Teich und eine Terrasse, der linke ist jedoch geometrisch und sehr geordnet, der rechte fließend, entspannt und dynamisch. Legen Sie ein Gittermuster über den Plan – durch Ausrichtung der Linien an den Papierrändern wird es für Sie einfacher, die geradlinige Anordnung des ersten Vorschlags zu übertragen. Durch Drehen des Gitters um 45° wiederum arrangieren Sie die Elemente wie im zweiten Vorschlag: Verbinden Sie sie durch Anordnen auf einer geschwungenen Linie.

Durch einen rechteckigen Grundriss mit parallelen Reihen aus Bäumen und Hecken als Sichtschutz entstehen lauschige Bereiche.

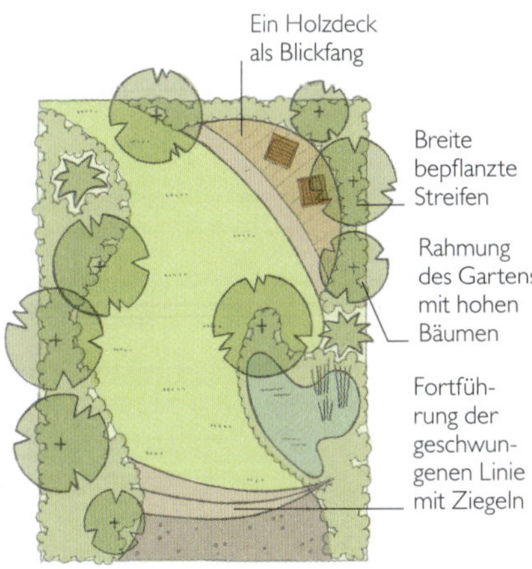

Beschränken Sie sich auf organische Formen und wenige Materialien. Sie fügen sich zu einem beruhigenden, pflegeleichten Garten zusammen.

EINFACHE PLÄNE ZEICHNEN

Sobald Sie Boden und Lage Ihres Gartens genauer in Augenschein genommen und sich für bestimmte Elemente entschieden haben, können Sie sich einen Plan erstellen. Nehmen Sie sorgfältig Maß, denn er muss genau sein.

▸ REGELMÄSSIGE FORM

Zeichnen Sie zunächst auf einen A4- oder A3-Bogen einen etwa maßstabsgetreuen Umriss des Gartens. Liegt er neben einem Gebäude oder liegt dieses in seiner Mitte, dient es wie folgt als Hauptbezugspunkt der Planung.

Bestimmen Sie mit einem langen Maßband die exakte Form und Größe des Gebäudes einschließlich seiner Fenster und Türen und halten Sie die Abstände zwischen dem Gebäude und der Grundstücksgrenze fest. Als Nächstes sind Länge und Winkel der Gartengrenzen an der Reihe. Auch das Bestimmen der Abstände von Ecke zu Ecke hilft Ihnen, die Form und Lage des Areals im Verhältnis zum Haus zu ermitteln.

Als Letztes vermessen Sie die übrigen Elemente, etwa bestehende Gebäude, die Sie behalten möchten. Tragen Sie deren Standort im Verhältnis zur Grundstücksgrenze und zum Haus ein.

Sobald die Grenzen eingezeichnet sind, kommen die verschiedenen Gartenelemente an die Reihe.

Die Länge jeder Seite muss genau erfasst werden.

Wichtig ist die Entfernung zwischen Haus und Grenze.

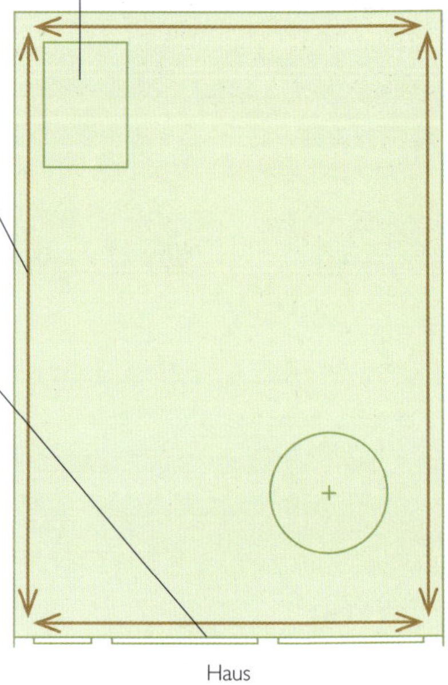

▸ Grenzen Messen Sie alle vier Seiten des Gartens, dann das Haus und seinen Abstand zum Grundstücksrand aus.

Messen Sie die Diagonalen, um sicherzugehen, dass der Umriss stimmt.

Tragen Sie die Position von Türen und Fenstern im Haus ein.

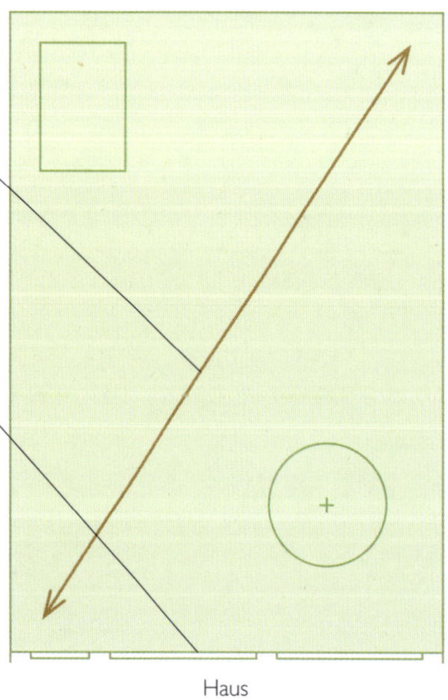

▸ Diagonalen helfen Ihnen, einen genauen Plan des Grundstücks zu erstellen, falls es nicht exakt quadratisch oder rechteckig ist.

Bestimmen Sie Elemente, die erhalten bleiben, so genau wie möglich.

Tragen Sie den Standort der wichtigen Pflanzen in Bezug zum Haus ein.

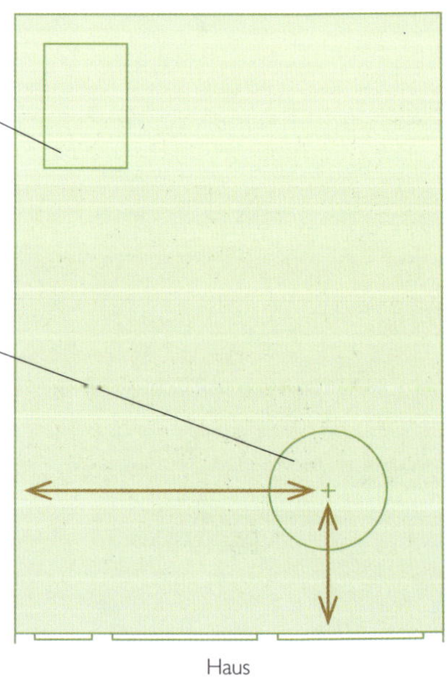

▸ Elemente Zeichnen Sie die Lage der jeweiligen Elemente ein, die Sie behalten möchten. Orientieren Sie sich dabei am Haus.

▼ MESSEN

Wenn Sie alle Maße genommen haben, übertragen Sie sie in einen maßstabsgetreuen Plan auf Millimeterpapier. Der Maßstab muss zur Größe des Grundstücks und der Detailliertheit des Plans passen. Für kleine Gärten reicht ein Maßstab von 1:25 (1 cm auf dem Papier entsprechen 25 cm im Garten) oder 1:50. Beim Übertragen leisten ein Lineal und ein Zirkel gute Dienste. Verwenden Sie einen Stift mit dünnem Strich und machen Sie Fotokopien vom Plan, damit Sie verschiedene Ideen ausprobieren können.

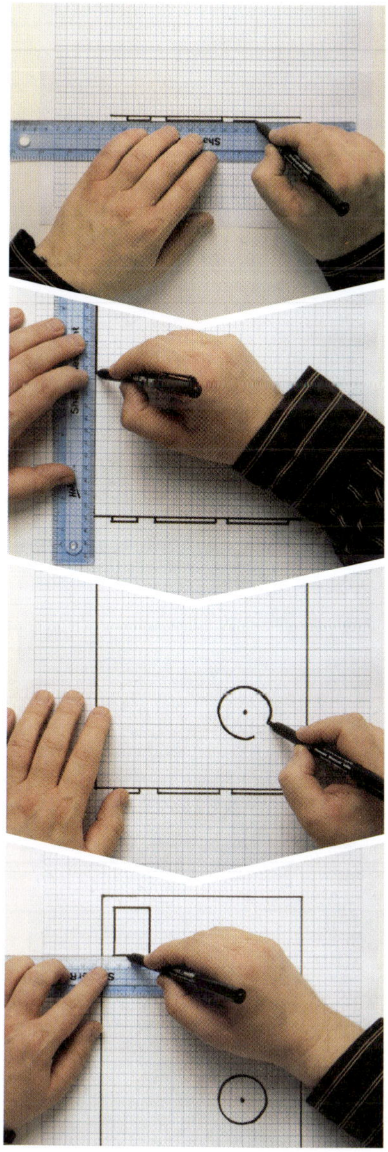

1 Zeichnen Sie zunächst an einer Seite die Hausfassade ein. Mit Stift und Lineal markieren Sie die Größe und Lage von Türen und Fenstern.

2 Dann sind die Grundstücksgrenzen und die Diagonalen an der Reihe. Passen die Linien nicht zusammen, justieren Sie die Grenzen.

3 Zeichnen Sie die Bäume und ihren Kronendurchmesser ein. Die Entfernung zum Haus und zu den Grenzen haben Sie ja schon bestimmt.

4 Zum Schluss werden Schuppen, Teiche, Terrassen usw. eingetragen. Verschwenden Sie keine Zeit mit Elementen, die Sie sowieso loswerden wollen.

▼ UNREGELMÄSSIGE FORM

Beim Erstellen eines Plans für einen unregelmäßig geformten Garten müssen Sie die Abstände zu einer zentralen Linie erfassen. Legen Sie dazu als Erstes ein Maßband im 90°-Winkel zum Haus über die gesamte Gartenlänge. Mit einem zweiten Maßband messen Sie nun im 90°-Winkel zum ersten Maßband die Abstände zur Grenze auf jeder Seite sowie zu den Elementen, die Sie behalten möchten. Rechnen Sie die Abstände maßstabsgetreu um und zeichnen Sie anhand dieser Maße die Umrisse ein.

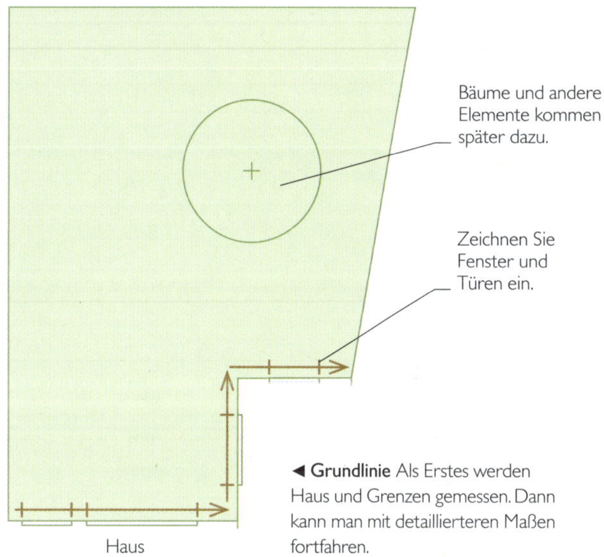

◀ **Grundlinie** Als Erstes werden Haus und Grenzen gemessen. Dann kann man mit detaillierteren Maßen fortfahren.

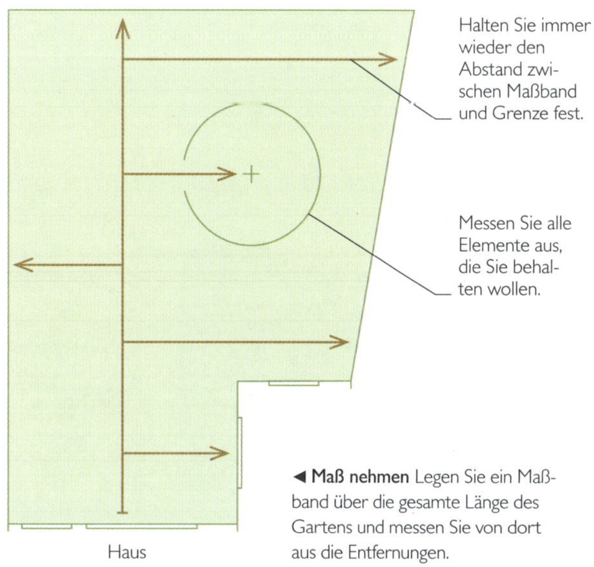

◀ **Maß nehmen** Legen Sie ein Maßband über die gesamte Länge des Gartens und messen Sie von dort aus die Entfernungen.

EINE GESTALTUNG PLANEN

Es gibt allerlei Tricks, mit denen Sie Ihre Gestaltungsideen und die verschiedenen Phasen der Entwicklung Ihrer Pläne festhalten können. Nehmen Sie eine Skizze oder ein Foto und tragen Sie darauf Ihre Vorstellungen ein. Praktisch sind auch mehrere Kopien eines maßstabsgetreuen Plans, um bei Bedarf beliebig viele Varianten auszuprobieren.

1 ROHSKIZZE

Recht viel einfacher kann man seine Ideen nicht zu Papier bringen. Rohskizzen helfen, die besten Plätze für funktionelle Bereiche und dekorative Bestandteile zu finden. Sie verdeutlichen das Größenverhältnis zwischen Elementen wie Rasen, Rabatten, Sitzecken und Spielgeräten. Die als Ovale eingezeichneten Bereiche können sich überschneiden oder zusammenhängen, man kann ihre Größe und Lage verändern. Hilfreich ist es manchmal auch, mit mehreren Farben zu arbeiten.

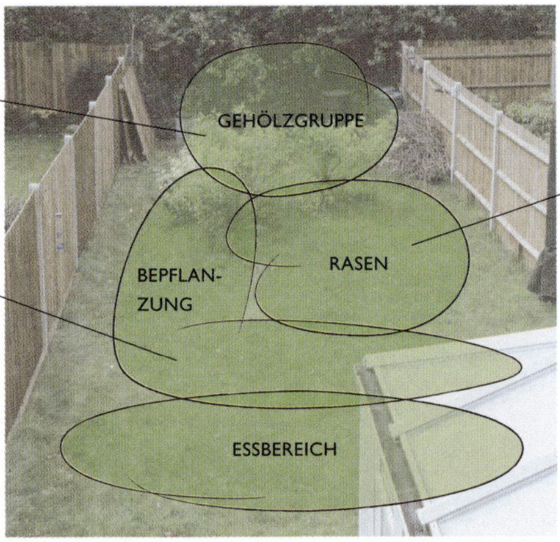

◄ Überblick
Mit einer Rohskizze veranschaulicht man das Verhältnis einzelner Bereiche zueinander. Sie ist ideal, um herumzuprobieren, ohne ins Detail zu gehen.

► Perspektiven
Durch Skizzieren von Elementen auf Fotos erhält man eine dreidimensionale Ansicht, wie sie auf einem leeren Blatt Papier kaum möglich ist.

2 FOTOSKIZZE

Fotografieren Sie Ihren Garten aus möglichst vielen Blickwinkeln. Versuchen Sie ihn aus einer gewissen Höhe abzulichten, damit Sie einen guten Überblick über das Areal haben. Beim Herumprobieren mit verschiedenen Designs legen Sie Pauspapier über die Bilder und skizzieren darauf Ihre Vorstellungen. Die Begrenzungen und Bäume dienen dabei als Orientierung, damit die Elemente realistisch groß geraten. Nicht beeinflussen lassen sollten Sie sich hingegen von bestehenden Bestandteilen wie Terrassen und Rabatten.

Solche Skizzen sind sehr nützlich, wenn man anderen seine Ideen zeigen will, denn viele Menschen haben Schwierigkeiten, sich den Garten nur anhand eines Plans aus der Vogelperspektive vorzustellen.

3 GRUNDRISSPLAN

Fertigen Sie einen maßstabsgetreuen Plan an, der die exakte Größe und Lage aller Bestandteile aus der Vogelperspektive zeigt. Eingezeichnet werden vertikale Elemente wie Zäune, Hecken und Bäume, horizontale Flächen und möglichst auch Einzelheiten des Belags oder die Planken von Decks. Mit solchen detaillierten Plänen können Sie bessere Kostenrechnungen erstellen. Hänge und größere Abstufungen werden markiert oder gleich mit einem Querschnittsplan dargestellt. Für noch genauere und komplexere Pläne brauchen Sie womöglich einen Gartenarchitekten oder Landvermesser.

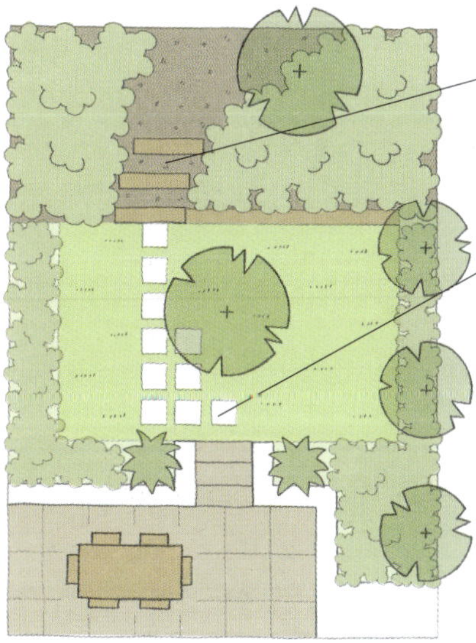

◄ Blick von oben
Zeichnen Sie den Plan möglichst exakt und detailliert. Auch Möbel und andere Elemente gehören hinein.

4 PFLANZPLAN

Wenn Sie einen Plan für eine Gärtnerei erstellen, müssen Sie exakt arbeiten, damit ersichtlich ist, wie viele Pflanzen für welche Areale nötig sind. Markieren Sie Reihen und Gruppen ein und derselben Pflanzen mit Symbolen, Zahlen oder Farbcodes (*siehe S. 116–117*). Zeigen Sie auch, wo Gehölze bodennahe Pflanzungen überlappen.

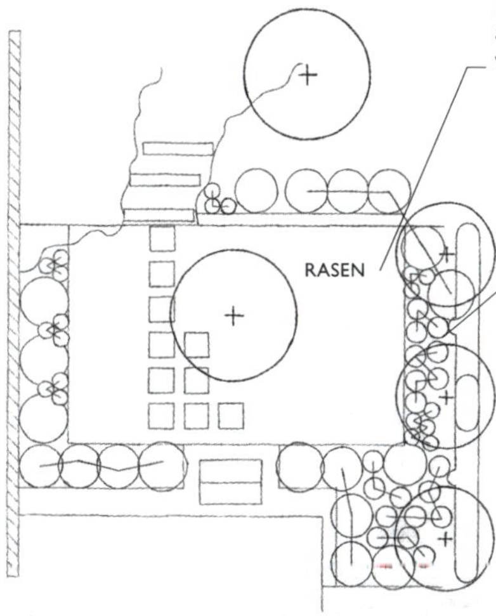

◄ Exakte Angaben
Zeichnen Sie ein, wie viel Platz große Pflanzen einnehmen dürfen. Das ermöglicht eine genaue Planung und hilft spätere Probleme zu vermeiden.

5 SCHLUSSPHASE

Ist ein Entwurf maßstabsgetreu festgehalten, die Lage und Größe aller Elemente angegeben und der Verlauf elektrischer Kabel und Dränageschächte sowie der Standort von Lampen eingezeichnet, kann der Plan umgesetzt werden. Er ist eine wertvolle Orientierung, ganz gleich, ob Sie die Arbeit selbst erledigen oder an eine Gartenbaufirma vergeben. Laminieren Sie ihn oder machen Sie mehrere Kopien, denn er wird ziemlich strapaziert werden.

6 DER FERTIGE GARTEN

Hält man sich an einen festen Plan, sind die Chancen eines reibungslosen Ablaufs am größten. Sobald die Bau- und Pflanzarbeiten abgeschlossen sind, kann man den Feinschliff erledigen, der den Gartenstil unterstreicht. Im Bild rechts wurden mit den Möbeln die klaren Linien und rechteckigen Formen der baulichen Elemente aufgegriffen.

ZAUNPFOSTEN AUFSTELLEN

▶ **Ein neuer Zaun** ist eine dekorative Kulisse für Pflanzungen. Korrekt aufgestellt hält er viele Jahre.

Jeder Zaun ist nur so stabil wie seine Pfosten. Wählen Sie kesseldruckimprägnierte Balken mit 75 × 75 mm Querschnitt und verankern Sie ihre Basis in schnell härtendem Beton oder stützen Sie sie mit Betonpfosten.

BASICS

Graben Sie zunächst ein tiefes Loch und füllen Sie es zum Teil mit Schotter, der als Fundament dient. Stecken Sie dann den Pfosten senkrecht hinein und füllen Sie das Loch mit schnell härtendem Beton. Er ist binnen einer Stunde fest. Stimmen Sie das Errichten des Zauns mit den Nachbarn ab und befestigen Sie die Bretter mit der schönen Seite zu Ihnen.

SIE BRAUCHEN

Tischlerhammer oder Schraubenzieher
Maßband, Wasserwaage, Schnur
Ziegel, Bauholz, Schotter
Spaten
Zaunpfosten oder -stange
Einschlag-Bodenhülse
Holzlatten
Beton, schnell härtend

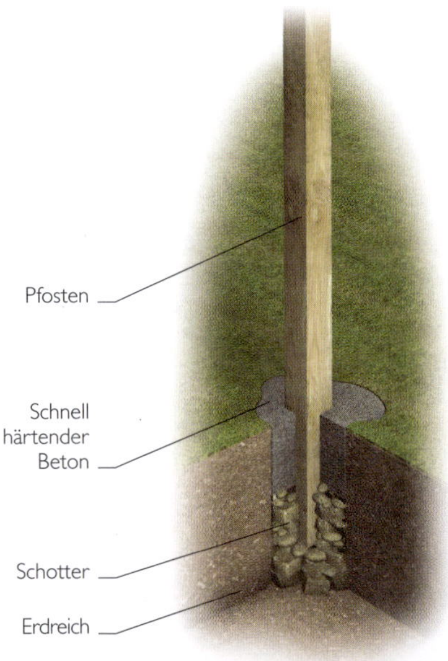

1 Wenn Sie einen bestehenden Zaun ersetzen, graben Sie zunächst schadhafte Pfosten aus. Sind sie in Beton gegossen, hebelt man sie aus dem Boden.

2 Den Standort der neuen Pfostenlöcher markieren. Ein 30 cm breites Loch graben. Seine Tiefe: ein Drittel der Länge des Pfostens – in windigen Lagen auch mehr.

3 Den Grund des Lochs mit Schotter bedecken und den Pfosten daraufstellen. Pfosten vertikal halten und mehr Schotter einfüllen, bis das Loch zur Hälfte gefüllt ist.

4 Den Schotter mit einer schweren Metallstange feststampfen. Mehr Schotter einfüllen und erneut feststampfen. Das Loch muss zum Schluss halb mit Schotter gefüllt sein.

5 Mit einer Wasserwaage prüfen, ob der Pfosten genau senkrecht steht, und gegebenenfalls justieren. Der Pfosten muss die passende Höhe für den Zaun haben.

6 Pfosten (hier mit provisorischer Stützlatte an einem Pflock in der Erde) gerade halten. Latte an der Seite annageln, an der keine Paneele befestigt werden.

7 Loch mit Wasser füllen und versickern lassen, damit der Schotter sich setzt. Das verbessert auch die Haftung des Betons. Senkrechten Stand noch einmal prüfen.

8 Beton in das Loch füllen und aushärten lassen, bevor die Holzpaneele befestigt werden. Am oberen Ende hölzerne Endstücke zum Schutz vor Regen befestigen.

BODENHÜLSEN

Wer festen, steinfreien Boden im Garten hat, kann auch mit Bodenhülsen aus Metall arbeiten. Hülse an ihren Standort stellen und einen kurzen Platzhalter in die Fassung stecken. Mit einem Holzhammer auf diesen Platzhalter schlagen, sodass die Hülse in die Erde getrieben wird. Wichtig: Die Hülse muss exakt senkrecht stehen. Platzhalter herausnehmen und Pfosten in die Fassung stecken.

ZAUNTYPEN

Begrenzungen prägen den Gesamteindruck eines Gartens maßgeblich. Sie können als Kulisse für die Pflanzungen dienen oder Gestaltungselemente für sich sein. Wählen Sie daher die hochwertigsten, schönsten und dauerhaftesten Materialien, die Sie sich leisten können. Beton oder Kiesbretter als Basis verlängern die Lebensdauer der Begrenzung.

Weidenmatte
Eine gerahmte, geölte Weidenmatte ist eine saubere, natürliche Kulisse für Pflanzen.

Flechtzaun
Die überraschend robusten, handgeflochtenen Paneele eignen sich für Bauerngärten.

Holzpaneele
An Paneelen mit Gittereinsätzen kann man vorzüglich Kletterpflanzen wachsen lassen.

Stülpschalung
Einer der preiswertesten und beliebtesten, nicht jedoch dauerhaftesten Zäune.

Palisadenzaun
Mit den Paneelen aus senkrechten Hölzern lassen sich Grundstücke vorzüglich einzäunen.

Lattenzaun
Dieser simple Holzzaun hat rustikalen Charme, passt aber auch zu einem modernen Haus.

WEGE VERLEGEN

Wegbeläge können aus den verschiedensten Materialien bestehen. Am vielseitigsten und haltbarsten sind Backstein, Betonblöcke und andere kleine Einheiten. Das Verlegen eines einfachen Wegs erfordert nur wenige Werkzeuge.

▶ **Die höheren Randsteine** verhindern, dass Erde auf Wege gelangt, die an Rabatten entlangführen. Sie verhindern außerdem, dass Regen Schmutz auf die Fläche schwemmt.

BASICS

Wege aus Betonsteinen kann man auf einem simplen Fundament verlegen. Es besteht aus verdichtetem Boden, Schotter und Sand. Darauf legt man die Steine. Kies und Sand in den Ritzen sorgen dafür, dass sie fest liegen.

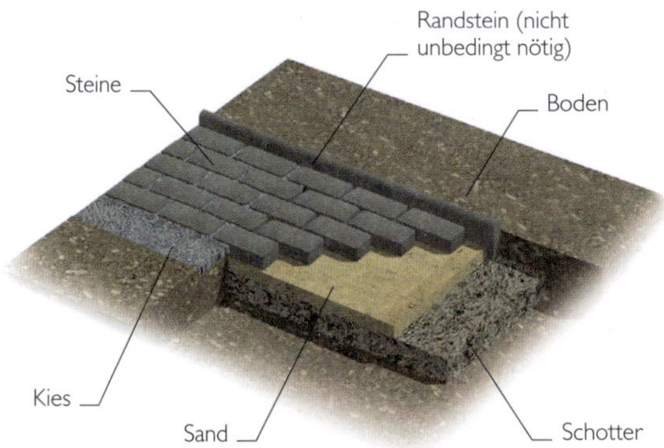

SIE BRAUCHEN

Maßband, Wasserwaage
Pflöcke und Schnur
Hammer und Nägel
Spaten, Kelle
Schalbretter
Schotter
Pflaster- bzw. Brechsand, Kies
Stampfer
Pflaster- oder Backsteine
Gummihammer
Gartenbesen

1 Weg abmessen und mit Schnüren und Pflöcken im Abstand von 1,5 m markieren. Für Schalbretter und Zierränder genügend Platz lassen.

2 Zwischen den gespannten Schnüren genügend Erde für den Schotter und Sand sowie die Steine ausheben. Den ebenen Verlauf mit der Wasserwaage prüfen.

3 Der Weg muss leicht zu einer Seite geneigt sein, damit Wasser ablaufen kann – möglichst weg vom Haus oder von Gartenmauern, um Nässeschäden zu vermeiden.

4 Die Schalbretter an die Pflöcke nageln, um den Weg einzugrenzen. Erneut ebenen Verlauf mit der Wasserwaage überprüfen. Justiert werden kann über die Pflöcke.

5 In das Wegbett eine 8–10 cm dicke Schicht Schotter streuen und mit einem Stampfer oder gemieteten Bodenverdichter gut feststampfen.

6 Eine Schicht Sand auf den Schotter streuen. Die Fläche durch Abziehen entlang des Wegverlaufs mit einem Brett einebnen. Löcher mit Sand auffüllen.

7 Hier werden flache Betonsteine, die auf dem Sand aufliegen, verlegt. Hohe Klinker stampft man in den Sand, sodass sie nur noch 2 cm herausragen.

8 Verbundsteine verlegt man eng aneinander, andere Pflastersteine aber brauchen mehr Platz. Nach dem Verlegen und Feststampfen kehrt man Fugensand in die Lücken.

9 Nach dem Verlegen eventuell ein, zwei Steine für Pflanzlöcher entfernen. Niedrige alpine Pflanzen einsetzen – sie lockern die Strenge des Belags auf.

10 In die Lücken zwischen den Betonsteinen Deko-Kies kehren. Bei Betonklinkern ist dies nicht möglich, da die Blöcke eng aneinanderliegen.

MATERIALIEN

Die Auswahl an Belägen für diese Verlegemethode ist groß. Es gibt Natur- und Kunststeine in den verschiedensten Größen und Ausführungen. Bei der Auswahl spielen naturgemäß der Preis und das Aussehen die größte Rolle, doch sollte man sich auch Gedanken darüber machen, wie schwer, haltbar und leicht verlegbar die Steine sind.

Granitsteine
Robuste Natursteine, auf denen man nicht rutscht. Ideal für strapazierte Flächen.

Klinker
Preiswert, leicht zu verlegen, in verschiedensten Farben und Stilen erhältlich.

Gemischt
Ein kreativer Mix aus Blöcken, Platten und Steinen für zwanglose Gartenstile.

Betonsteine
Die preiswerte Alternative zu Granitsteinen mit ähnlicher Oberflächenstruktur.

Holz
Wege müssen nicht gepflastert sein. Als Belag eignen sich auch Holzbalken.

Bruchplatten
Naturstein- bzw. Bruchplatten werden in Kies, Sand oder Mörtel eingebettet.

TERRASSEN ANLEGEN

Fliesen und Pflastersteine sind in allerlei Formen, Größen und Materialien erhältlich. Wichtig ist eine saubere, praktische Oberfläche. Große Platten lassen sich leicht verlegen – am schwierigsten ist das Fundament.

▶ **Diese Terrasse** bildet die Basis des ganzen Designs. Ihre dezente Farbe, die glatte Oberfläche und die fein verfugten Ritzen passen zum allgemeinen Ambiente.

BASICS

Platten und Pflastersteine werden auf einem simplen, leicht abgeschrägten Fundament aus verdichteter Erde, Schotter und Sand verlegt. Die Steine oder Platten setzt man jeweils auf fünf »Kleckse« Mörtel und klopft sie gerade. Zum Schluss kommt nasser oder trockener Mörtel in die Fugen. So entsteht eine solide, wetterfeste Fläche.

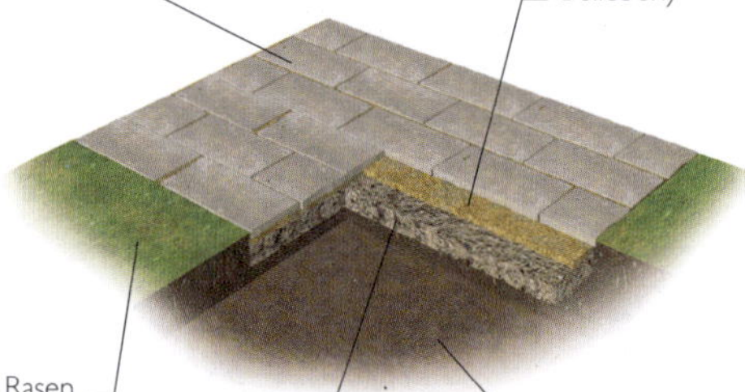

SIE BRAUCHEN

Pflöcke und Schnur
Maurerwinkel
Spaten oder Kantenstecher
Rechen
Maurer- und Fugenkelle
Stampfer
Wasserwaage
Pflastersteine oder -platten
Schotter, Pflastersand
Fertigmörtel
Gummihammer
Abstandhalter
Harte Bürste

1 Den zu pflasternden Bereich mit Pflöcken abgrenzen. Schnur auf Höhe der geplanten Fläche spannen. Winkel mit dem Winkeleisen in einen 90°-Winkel bringen.

2 Rasen mit dem Spaten entfernen oder für größere Flächen einen Kantenstecher mieten (Rasen und Erde wiederverwenden). Tiefe: die Dicke des Pflasters plus 15 cm.

3 Mit einem Handstampfer bzw. Bodenverdichter den Boden verfestigen. Pflöcke ggf. justieren, damit die Fläche leicht geneigt ist und Wasser ablaufen kann.

4 10 cm dicke Schotterschicht verteilen, eben harken (unter Berücksichtigung der Neigung) und schließlich manuell oder mit einem Motorgerät (*siehe oben*) feststampfen.

5 Schotter ggf. mit einer Sandschicht einebnen. Die erste Reihe Platten entlang der gespannten Schnur verlegen. Jede Platte auf je fünf Kleckse nassen Mörtel legen.

6 Jede Platte mit einem Gummihammer oder dem Stiel eines Fäustels festklopfen. Abstandhalter in die Fugen klemmen. Äußeren Rand der Fläche mit Mörtel fixieren.

7 Abstandhalter nach zwei Tagen herausziehen und Lücken sorgfältig mit Fugenmörtel füllen. Der Mörtel braucht ein paar Tage, um auszuhärten.

8 Besonders saubere Fugen bekommt man, indem man den Mörtel mit einer Maurerkelle in die Ritzen streicht und anschließend mit einer Fugenkelle (*siehe oben*) glättet.

MATERIALIEN

Das Angebot an Terrassenbelägen ist enorm – für jeden Stil und Geldbeutel gibt es das Passende. Da das Verlegen zeitaufwendig und teuer ist, sollte man das Material sorgfältig aussuchen. Manche Beläge sind strapazierfähiger als andere. Naturstein wiederum muss regelmäßig gepflegt werden. Denken Sie bei der Auswahl langfristig, denn: Moden ändern sich.

Betonplatten
Sie sind in diversen Ausführungen von natürlich über modern und schlicht erhältlich.

Naturstein
Schön, aber teuer. Manche Materialien müssen jährlich behandelt werden.

Fliesen
Fliesen können nicht wie Pflaster verlegt werden, sondern brauchen ein Betonfundament.

Dekorplatten
Sie beleben mit ihrer ungewöhnlichen Struktur die Fläche – aber sparsam einsetzen.

Fertigpflaster
Motive wie diese Sonne sind als Bausatz erhältlich. Man fügt sie wie ein Puzzle zusammen.

Antike Beläge
Alte, wiederverwertete Steine sind ausgesprochen stilvoll, aber meist auch sehr teuer.

BELÄGE SCHNEIDEN

Die letzten Platten oder Steine muss man eventuell mit einem Winkelschneider (*siehe rechts*) zuschneiden. Als Erstes den erforderlichen Schnitt ausmessen und auf der Platte markieren. Platte auf eine Sandschicht legen. Mit dem Winkelschneider entlang der Linie schneiden. Aus Sicherheitsgründen beim Schneiden Schutzbrille, Handschuhe, Gehörschutz und Staubmaske tragen.

HOLZDECKS VERLEGEN

Flächen aus Holzplanken sind sehr variabel und können an fast alle Gegebenheiten angepasst werden. Sie fügen sich in traditionelle wie moderne Gartenstile ein. Verwendung findet meist kesseldruckimprägniertes Holz.

► **Holzdecks** sind die Ideallösung für ungünstig geformte, schwer erreichbare oder abfallende Areale. Sie bilden eine Ebene, auch wenn der Untergrund nicht eben ist, und sind relativ leicht.

BASICS

Holzdecks bestehen aus einem Bohlengerüst, das von Pfosten in gleichmäßigem Abstand getragen wird. Die Pfosten werden in Schotter und Beton verankert und gekürzt. Auf das Gerüst kommen Holzplanken, die eine ebene, erhöhte Plattform bilden.

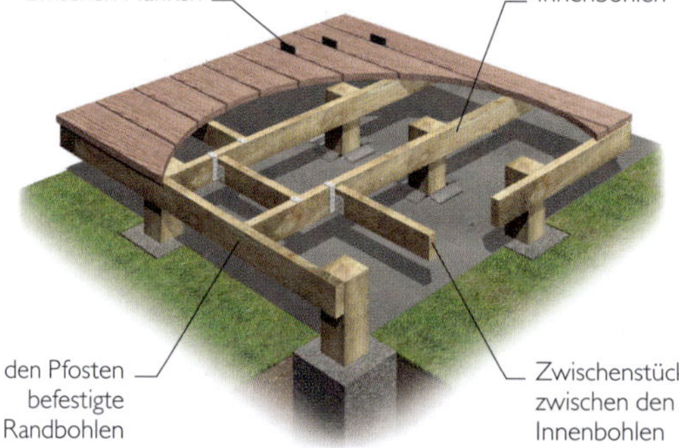

SIE BRAUCHEN

- Pflöcke und Schnur, Maßband
- Maurerwinkel, Wasserwaage
- Unkrautfolie
- Spaten
- Schotter
- Pfosten 75 × 75 mm
- Schnell härtender Beton
- Holzbohlen 100 × 50 mm
- Bohrer
- Verzinkte Schrauben, Muttern, Beilagscheiben, Nägel, Winkeleisen
- Hammer und Säge
- Holzplanken
- Abstandhalter

1 Deckfläche mit Pflöcken und Schnüren abstecken. Mit dem Maurerwinkel überprüfen, ob die Ecken exakt im 90°-Winkel sind. Gras ganz kurz mähen.

2 Fläche mit Unkrautfolie abdecken. Bahnen 40 cm überlappen lassen. Folie beim Aufstellen der Außenpfosten zurückschlagen, für innere Pfosten aufschneiden.

3 Einen Pfosten für jede Ecke aufstellen, die Innenpfosten in Abständen von 1,2 m gleichmäßig verteilen. 40 cm tiefe Löcher graben und 10 cm hoch Schotter einfüllen.

4 Loch mit Wasser füllen, um Schotter zu durchfeuchten. Abziehen lassen. Pfosten hineinstecken und mit schnell härtendem Beton füllen (*siehe S. 84*). Justieren und aushärten lassen.

5 Bohlen zurechtschneiden und Schraublöcher in sie und auch in die Pfosten bohren. Ein Ende der Bohle mit Schrauben und Muttern locker befestigen.

6 Bohle waagrecht ausrichten und mit Schrauben und Muttern befestigen. Enden bündig absägen. Alle drei Seiten mit Bohlen versehen und festschrauben.

7 Löcher vorbohren und die Innenbohlen mit je 40 cm Abstand zwischen den Randbohlen befestigen. Sie müssen alle exakt waagrecht ausgerichtet sein.

8 Kurze Bohlen oder Bretter als Zwischenstücke zurechtschneiden und in je 1,2 m Abstand mit langen Nägeln oder Winkeleisen zwischen den Innenbohlen befestigen.

MATERIALIEN

Decks werden in erster Linie aus Holz gefertigt und sind auch als Bausatz erhältlich. Sie lassen sich gut an die Gegebenheiten anpassen und individuell gestalten, obwohl es auch vorgefertigte Elemente im Handel gibt. Vorteil der Decks: Man kann sie leichter erneuern als traditionelle Beläge, sodass man mehr Gestaltungsfreiheiten hat.

Holzplanken
Das häufigste Material für Decks ist Holz. Es muss kesseldruckimprägniert sein.

Kunststoff
Plastik ist ideal für pflegeleichte Gärten, denn es fault nicht und ist witterungsbeständig.

Holzfliesen
Sie werden aus leichtem Nadelholz gemacht und lassen sich problemlos austauschen.

Holzschutz
Vorbehandeltes Holz kann naturbelassen sein oder mit Farbbeize getönt werden.

Geländer
Manche Decks benötigen ein Sicherheitsgeländer, das aber sehr dekorativ sein kann.

Abschlüsse
Dekorative Aufsätze für das obere Ende von Pfosten sind in allerlei Varianten erhältlich.

9 Eine Planke zuschneiden. Löcher in der Planke vorbohren, dann mit verzinkten Dekornägeln oder Senkschrauben an jeder Bohle festnageln.

10 Restliche Planken zuschneiden und auf den Bohlen befestigen. 5-mm-Abstandhalter dazwischenklemmen, um den Brettern einen Ausdehnungsspielraum zu lassen.

RASEN ANLEGEN

Am schnellsten zaubert man eine Grasfläche durch Verlegen von Rollrasen im Frühherbst oder Frühjahr, damit das Gras Zeit hat einzuwachsen. Bei größeren Flächen ist die Aussaat preiswerter. Ganz wichtig: Gut wässern.

► **Ein gepflegter Rasen** gibt einem Garten Raum und setzt einen Kontrapunkt zu den Blumenrabatten.

BASICS

Kaufen Sie Rollrasen von einem renommierten Händler und prüfen Sie die Matten nach Möglichkeit vor dem Kauf, um sicherzugehen, dass sie frei von Unkraut und Krankheiten sind. Vor dem Verlegen muss der Boden gut vorbereitet werden. Achten Sie darauf, dass die Kanten eng aneinander anliegen. Sind die Streifen verlegt, wird der Rand des Rasens geschnitten.

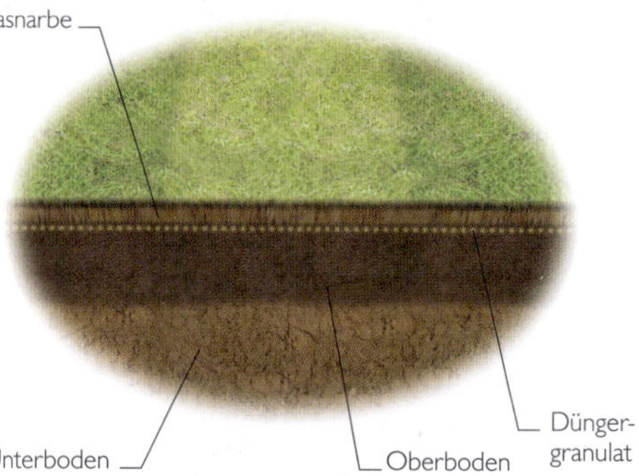

SIE BRAUCHEN

- Spaten oder Grabgabel
- Rechen
- Hacke
- Langzeitdüngergranulat
- Gesiebter Oberboden, gemischt mit Gartensand
- Holzbrett
- Besen
- Schlauch
- Kantenstecher

1 Zwei Monate vor der Anlieferung des Rollrasens die Fläche gründlich jäten. Etwas organische Substanz in den Boden einarbeiten.

2 Fläche mit einem Rechen einebnen und Volldünger ausbringen. Dann Boden zunächst der Länge nach, später zusätzlich der Breite nach mit den Füßen feststampfen.

3 Boden erneut harken, um Unebenheiten zu beseitigen. Erde fünf Wochen lang setzen lassen, dann mit einer Hacke Unkräuter jäten und einen Volldünger ausbringen.

4 Rollrasen vom Rand aus ausrollen. Ganze Bahnen verlegen. Sich dabei auf ein Brett stellen, um das Gewicht zu verteilen. Grasnarbe mit dem Rechen andrücken.

5 Bahnen ausrollen. Kanten wie bei einer Ziegelmauer versetzt verteilen – so entsteht eine kräftigere Struktur. Ggf. Bahnen mit einem alten Messer schneiden.

6 Kanten der Grasnarben dicht zusammenstoßen lassen, sodass sie sich fast überlappen. Dann mit dem Daumen fest zusammendrücken.

7 Sodenreste nicht am Rand anfügen – sie würden dort vertrocknen und schrumpfen. Stattdessen in die Mitte der Fläche legen. Mit einem Rechen gut andrücken.

8 Die Kante der Rasenfläche mit einem Schlauch oder einer Schnur abzirkeln. Dann mit einem Kantenstecher oder scharfen Spaten entlang der Linie stechen.

9 Damit zusammenstoßende Soden besser zusammenwachsen und einwurzeln, eine Mischung aus gesiebtem Oberboden und Gartensand einkehren.

10 Rasen bei Trockenheit (vor allem im Sommer) gut wässern, damit die Soden nicht schrumpfen. Im Winter nicht zu viel wässern, sonst gehen die Gräser ein. Bilden sich Risse, Erde einkehren.

RASEN ANSÄEN

Bei größeren Arealen ist Aussaat die preiswerteste Lösung. Es dauert zwar bis zu einem Jahr, bis man das Gras strapazieren kann, doch wird die Fläche schon nach einem Monat angenehm grün. Die ideale Aussaatzeit ist das späte Frühjahr oder der Frühherbst, wenn der Boden warm und feucht ist.

1 Fläche für die Aussaat vorbereiten. Jäten und düngen. Samenmenge pro Quadratmeter abwiegen und in einen Papierbecher geben. Füllhöhe für einen Quadratmeter im Becher anzeichnen.

2 Boden eben harken und Steine sowie andere Fremdkörper entfernen. Mit Ruten oder einer Schnur einen Quadratmeter markieren und die entsprechende Menge Rasensamen in einen Papierbecher füllen.

3 Die Hälfte der Samen im Becher auf dem Quadratmeter in einer Richtung aussäen, dann die andere Hälfte im rechten Winkel dazu. Den nächsten Quadratmeter markieren und besäen.

4 Samen in den Boden harken und dünn mit Erde bedecken. Mit feiner Brause oder vorsichtig mit dem Gartenschlauch wässern. Fläche zum Schutz vor Vögeln mit Vlies abdecken. Nach 14 Tagen sollten die ersten Grassämlinge erscheinen.

EINE PERGOLA BAUEN

Eine Pergola besteht aus einem Gerüst mit einer Reihe von Querbalken als einer Art Baldachin über einem Weg und ist die ideale Stütze für Kletterpflanzen. Es gibt sie als Bausatz, der sich ganz einfach zusammenfügen lässt.

▶ **Eine von Kletterpflanzen** berankte Pergola ist eine herrliche, schattige Zuflucht. Zusätzlich können Sie Drähte als Rankhilfe spannen.

BASICS

Jeder Bogen einer Pergola besteht aus einem Querbalken, der von zwei aufrechten Pfosten gestützt wird. Meist enthält das Gerüst noch weitere Querbalken entlang der Längsbalken, die das Dach und den Bereich zwischen zwei Pfosten verstärken, allerdings nicht direkt von Pfosten getragen werden.

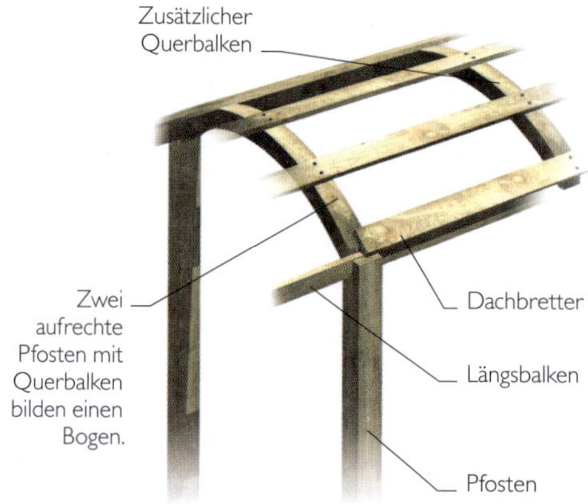

SIE BRAUCHEN

Pergola-Bausatz
Pflöcke und Schnur, Maßband
Maurerwinkel, Wasserwaage
Bohrmaschine, Schraubenzieher
Verzinkte Schrauben und Muttern
Hammer
Evtl. Holzlatten
Sprühfarbe
Spaten
Schotter
Stampfer
Schnell härtender Fertigbeton

1 Bausatz auspacken und ordnen. Mit Pflöcken und Schnur Verlauf der Pergola am Boden abstecken. Mit dem Maurerwinkel alle 90°-Winkel überprüfen.

2 Jedes Ende eines Querbalkens an einem Pfosten befestigen. Latten zwischen die Pfosten nageln, damit sie sich nicht spreizen und die Verbindung splittert.

3 Mit Sprühfarbe den Standort des ersten Bogens markieren. Etwa 60 cm tiefe und 30 cm breite Löcher graben. Eine 10 cm hohe Schicht Schotter in jedes Loch füllen.

4 Schotter mit dem Stampfer gut verdichten. Pfosten in die Löcher stellen und mit der Wasserwaage prüfen, ob sie exakt senkrecht stehen.

5 Die Pfosten exakt senkrecht stellen, fixieren (ggf. mit Holzlatten) und den ersten Bogen einbetonieren (*siehe S. 84*).

6 Zweiten Bogen aufstellen. Pfostenlöcher graben und den korrekten Abstand zwischen den Bogen prüfen, indem Sie einen Längsbalken auf die Pfosten legen.

7 Vor dem Einbetonieren der Pfosten mit einer Wasserwaage prüfen, ob die Längsbalken waagrecht und die Pfosten senkrecht sind. Schritt 3–7 für alle Bögen wiederholen.

8 Nach dem Aushärten des Betons alle Seitenbalken mit Schrauben und Muttern befestigen. Die Löcher sollten vorgebohrt werden, damit das Holz nicht splittert.

9 Die zusätzlichen Querbalken zwischen den Pfosten festschrauben. Prüfen, ob alle Befestigungen des Gerüsts fest sitzen.

10 Löcher für die Dachbretter vorbohren und Bretter auf den Querbalken befestigen. Stützlatten so lange an den Pfosten belassen, bis der Beton ausgehärtet ist.

STANGENZELTE

Stangenzelte aus Holz fügen sich in fast jeden Gartenstil ein, ob streng geometrisch oder bäuerlich und naturnah. Man zieht an ihnen bevorzugt *Clematis* oder andere blühende Kletterpflanzen. Stangenzelte geben einer Rabatte Höhe, flankieren Eingänge oder bilden einen Blickfang am Ende eines Wegs.

Handwerklich Geschickte können ein Stangenzelt selbst basteln oder Bausätze kaufen, doch gibt es auch preiswerte Fertiggerüste in den verschiedensten Materialien und Farben. Für eine Kombination aus Kletterrosen und *Clematis* wählt man eine moderne Metallstruktur, für farbenfrohe Duftwicken (*Lathyrus*) eher ein Geflecht aus Weidenruten.

Geflochten
Rustikal: ein geflochtenes Stangenzelt für Bohnen in einem Nutzgarten.

Metall
Reizvoller Kontrast: zart blühende Kletterpflanzen an einem modernen Metallgerüst.

TEICHE ANLEGEN

Teiche lassen sich dank EPDM-Kautschuk- oder PVC-Folien in allen erdenklichen Größen und Formen anlegen. Den Rand der Folie kaschiert man mit Steinen auf einem Bett aus wasserfestem Mörtel.

▶ **Begrünen Sie** Ihren Teich mit Seerosen und Uferpflanzen, sobald der wasserfeste Mörtel völlig ausgehärtet ist.

BASICS

Teiche haben meist eine Tiefwasserzone. Hier sollte das Wasser mindestens 80 cm tief sein, damit es im Winter nicht ganz zufriert. Die Grube wird mit Folienunterlage (Vlies) ausgekleidet. Wie viel Folie man braucht, errechnet man, indem man die zweifache Tiefe zur Länge und Breite der Folie hinzuaddiert.

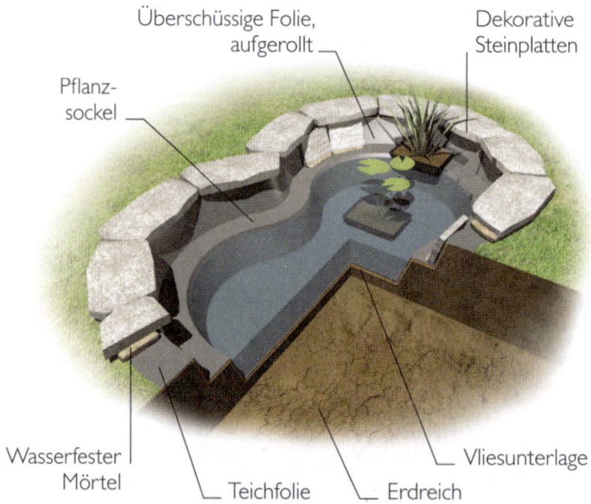

SIE BRAUCHEN

Gartenschlauch
Spaten
Spitzhacke
Wasserwaage, Latte
Sand
Vliesunterlage
Teichfolie
Wasserfester Mörtel, Eimer, Kelle
Scharfes Messer
Dekorsteine

1 Mit einem Schlauch die Kontur des Teichs legen. Da der Schlauch relativ unflexibel ist, entsteht eine sanft geschwungene Form.

2 Grasnarbe abnehmen und aufheben, da sie vielleicht noch gebraucht wird. Oberboden separat vom Unterboden aufhäufen. Unterboden mit Spitzhacke lockern.

3 Gesamte Teichfläche 40–50 cm tief ausgraben. Am Rand einen Sockel in 40–50 cm Tiefe lassen. Dann in der Mitte bis mindestens 80 cm Gesamttiefe graben.

4 Mit einer Latte und Wasserwaage prüfen, ob der Boden um den Teichrand eben ist. Lockere Erde und große oder kantige Steine entfernen.

5 Grund und Seiten mit Vliesunterlage auskleiden. Auf steinigen Böden zusätzlich eine 5 cm dicke Sandschicht auf dem Grund ausbringen.

6 Folie mittig über das Loch legen und durch das Eigengewicht hineinrutschen lassen. Folie so falten, dass sie sich an die Form der Grube anpasst. Mit Wasser füllen.

7 Ist der Teich voll mit Wasser, Folie so zuschneiden, dass nur noch 50 cm überstehen. Überstehende Folie so falten, dass sie flach aufliegt. Ränder vergraben. Mörtelbett legen.

8 Randsteine in den Mörtel legen und 5 cm überstehen lassen, damit die Folie verdeckt wird. Vor überschüssiger, aufgerollter Folie Steine hochkant stellen.

9 Ist der Mörtel ausgehärtet, Pflanzen einsetzen. In Körben eine Schicht Flusskies auf die Erde geben, damit sie nicht weggeschwemmt wird.

10 Falls Fische eingesetzt werden, Beutel ins Wasser legen und öffnen, damit mehr Luft ins Innere kommt. Nach 20 Minuten Fische freilassen.

WASSERSPIEL

Wasserspiele wie diese Vase passen selbst in den kleinsten Garten und bringen Leben in eine Minianlage. Man reguliert den Wasserfluss so, dass die Flüssigkeit über den Rand der Vase quillt und die Seiten hinunterläuft. Sie brauchen dazu einen Gartenstromanschluss, den Sie von einem Fachmann installieren lassen müssen, und einen FI-Schutzschalter.

1 Ein Loch graben, das größer als der Wasserbehälter ist, den man unter der Vase vergräbt. Wasserdichten Stromanschluss installieren lassen.

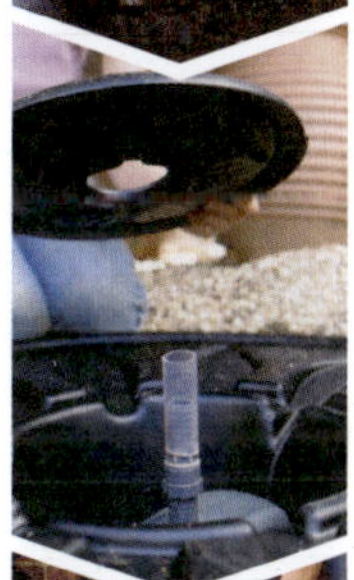

2 Boden des Lochs mit Sand abdecken, Wasserbehälter daraufstellen und die Lücken zwischen Behälter und Erde mit Sand füllen. Pumpe aufstellen und Behälter verschließen.

3 Vase so auf den Wasserbehälter stellen, dass das Pumpenrohr durch ein Loch im Vasenboden ins Innere ragt. Mit Silikon versiegeln und trocknen lassen.

4 Anschlussrohr mit dem Wasserflussregler verbinden, beides an das Pumprohr in der Vase anschließen. Das Anschlussrohr sollte unter dem Rand der Vase verlaufen. Unterirdischen Wasserbehälter und Vase mit einem Schlauch füllen.

HOCHBEETE BAUEN

Ein Hochbeet aus Holz zu bauen ist ein Kinderspiel, vor allem wenn die Seitenteile bereits zurechtgeschnitten sind. Verwenden Sie am besten unbehandeltes Holz. Für Beete neben Rasenflächen ist ein Mährand ratsam.

▶ **Ein sauberer Mährand** ist die ideale Einfassung für ein Hochbeet und nicht nur praktisch, sondern auch dekorativ.

BASICS

Für ein Hochbeet stellt man Balken so aufeinander, dass sie sich an den Ecken überlappen. Das Innere wird zum Teil mit Schutt wie Steinen und Tonscherben aufgefüllt – das verbessert den Wasserabzug. Dann kommen 15 cm Oberboden und zum Schluss eine Lage Mulch hinein.

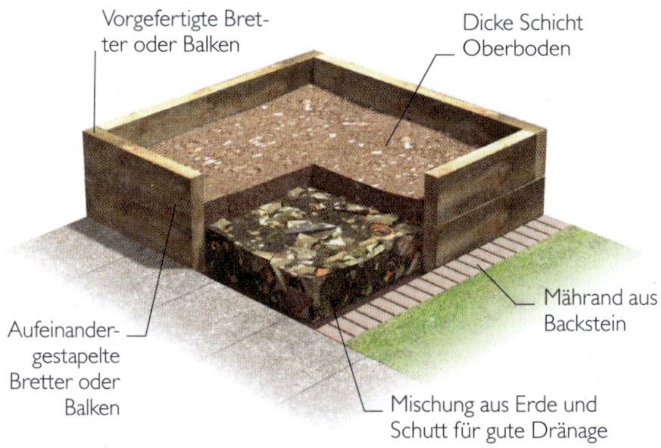

SIE BRAUCHEN

Spaten
Zurechtgeschnittene Balken
Wasserwaage
Maßband
Gummihammer
Bohrmaschine
Schraubenzieher
Schwellenschrauben
Schutt und Oberboden (am besten gemischt mit reifem Kompost oder Stallmist)
Rindenmulch

1 Grasnarbe so weit entfernen, dass die Balken hineinpassen. Wirtschaftlich sinnvoll sind kesseldruckimprägnierte oder gebrauchte Hölzer.

2 Balken verlegen und mit der Wasserwaage sowie gegebenenfalls einer Latte prüfen, ob sie exakt waagrecht liegen. Auch diagonal prüfen.

3 Durch Messen der Diagonalen prüfen, ob der Sockel im Winkel verläuft. Vorgefertigte Hölzer gewährleisten, dass das Hochbeet exakt quadratisch oder rechteckig ist.

4 Mit einem Gummihammer das Holz in die passende Position klopfen. Sie müssen mit den angrenzenden Balken abschließen und eben sein. Eventuell Erde herausnehmen.

5 Löcher in die Enden der Balken bis in den anliegenden Balken bohren. Beide mit langen, hochfesten Schwellen- bzw. Holzschrauben verbinden.

6 Auf den Sockel eine weitere Lage Balken legen. Die Balken müssen an den Ecken versetzt werden, damit die Fugen nicht direkt übereinander liegen.

7 In höheren Hochbeeten Dränage durch Einfüllen von Schutt verbessern. Dann mit einer mindestens 15 cm dicken Schicht unkrautfreiem, gutem Oberboden bedecken.

8 Erde bis 8 cm unter den Rand auffüllen, dann mit einer Lage Rindenmulch oder Kies bedecken. Zier- oder Nutzgewächse pflanzen und gut wässern.

MATERIALIEN

Wählen Sie das Material für Ihr Hochbeet mit Bedacht aus: Aus Gartenschwellen lässt sich zwar ein großes Beet bauen, doch sollte es für Personen mit normaler Größe nicht mehr als 1,2 m Durchmesser haben, sonst kann man nicht mehr bis zur Mitte greifen. Schmaler hingegen kann es durchaus sein. Je höher es ist, desto leichter lässt es sich bearbeiten.

Schwellen
Holzbalken lassen sich beliebig hoch zu Beetwänden stapeln.

Stein
Ideal für Bauerngartenrabatten mit kriechenden Zierpflanzen. Loses Aufschichten reicht.

Korb
Ein ausgeschlagener Flechtkorb als vorübergehendes Hochbeet mit Bauerngartenflair.

Backstein
Für Hochbeete jeder Größe. Es müssen jedoch Dränagekanäle gelegt werden.

Bausätze
Die einfachste Option. Vorgefertigte Bausätze gibt es in den verschiedensten Größen.

Schiefer
Niedrige, provisorische Beete aus hochkant in die Erde gesteckten Schieferziegeln.

MÄHRÄNDER ANLEGEN

Einen Bodenstreifen ausheben, der so tief ist, dass die Back- bzw. Pflastersteine darin Platz finden. Eine Schicht Mörtel hineingeben, auf den die Steine mit einer schmalen Fuge Abstand gesetzt werden. Prüfen, ob die Steine waagrecht abschließen, und gegebenenfalls mit dem Gummihammer justieren. Nach dem Härten Fugenzement zwischen die Steine kehren und mit einer Kelle einarbeiten.

GÄRTEN BEPFLANZEN

Ob aufwärts strebende Kletterpflanzen oder majestätischer Bambus, in diesem Kapitel finden Sie eine breite Palette von Schönheiten für jeden Garten – ungeachtet seiner Bodenbeschaffenheit, Größe und Ausrichtung. Mit Zwiebelpflanzen im Frühjahr, Wildblumenwiesen im Sommer, Beerensträuchern im Herbst und bunter Borke im Winter bleibt Ihr grünes Reich das ganze Jahr schön.

PFLANZENGRUPPEN

Pflanzen lassen sich je nach Beschaffenheit und Wuchs in Gruppen einteilen. Informieren Sie sich über ihre Vor- und Nachteile sowie ihre Ansprüche, bevor Sie die Bepflanzung Ihres Gartens planen.

BÄUME

Die großen, verholzten, sommer- oder immergrünen Pflanzen bilden meist eine Krone über einem nackten Stamm. Viele Nadelbäume sind jedoch von oben bis unten mit Ästen besetzt. Bäume geben einem Garten Höhe und werfen Schatten. Einmal gepflanzt lassen sie sich nur schwer umsiedeln, wählen Sie ihren Standort daher mit Bedacht.

STRÄUCHER

Sie bilden zusammen mit Bäumen das Rückgrat eines Gartens. Es gibt sommer- wie immergrüne Arten in den verschiedensten Formen und Größen, alle aber haben ein dauerhaftes Gerüst aus holzigen Trieben. Man kultiviert sie wegen ihres Laubs, ihrer Blüten und Triebe. Sie bringen ganzjährig Farbe und Leben in den Garten.

STAUDEN

Stauden werden mindestens drei Jahre alt. Es gibt einige immergrüne Arten, die meisten aber sind sommergrün. Sie ziehen im Winter ein und treiben im Frühjahr neu aus. Ihre Triebe sind in der Regel nicht holzig. Viele bilden große Horste. Gezogen werden sie vor allem wegen ihrer Blüten, manchmal aber auch wegen ihres Laubs.

GRÄSER UND BAMBUSSE

Gräser wachsen horstig und treiben schmales Laub aus. Es gibt einjährige und mehrjährige, immergrüne und sommergrüne Arten. Ihre Blüten werden vom Wind bestäubt. Seggen ähneln Gräsern sehr stark, sind aber meist immergrün. Auch Bambusse gehören zu den Gräsern, doch bilden sie holzige Halme.

ZWIEBELPFLANZEN

Zwiebelpflanzen haben ein Speicherorgan, das die Energie für das Wachstum liefert, sobald optimale Bedingungen herrschen. Zu dieser Gruppe zählen Zwiebeln (Narzissen), Knollen (Krokusse), Wurzelknollen (Dahlien) und Rhizompflanzen (Schwertlilien, *siehe S. 160*). Man kultiviert sie meist wegen ihrer Blüten.

EIN- UND ZWEIJÄHRIGE

Wächst, blüht und vergeht eine Pflanze innerhalb eines Jahres, nennt man sie einjährig. Wenn sie im ersten Jahr Triebe und Blätter bildet und im zweiten blüht und abstirbt, ist sie zweijährig. Mit winterharten Arten bringt man Leben in Rabatten, während nicht winterharte, lang blühende Exemplare die Idealbesetzung für Töpfe sind.

KLETTERPFLANZEN

Im Streben nach Licht ziehen Kletterpflanzen sich an Wirtsgewächsen, etwa Bäumen und Sträuchern, oder an künstlichen Stützen wie Rankgittern und Drähten hoch. Manche haben biegsame, krautige Triebe, andere verholzen. Sie halten sich auf unterschiedliche Art und Weise an ihrer Stütze fest (*siehe S. 144*).

WASSERPFLANZEN

Die im und am Wasser lebenden Pflanzen lassen sich in vier Unterkategorien einteilen: Schwimmpflanzen, die z.B. Algen unterdrücken, Wasserpflanzen wie z.B. Seerosen, die im Teichboden wurzeln, Uferpflanzen, die im Seichtwasser wachsen, und Sumpfpflanzen, die in feuchtem Erdreich in Gewässernähe gedeihen.

DER PASSENDE GARTEN FÜR IHREN LEBENSSTIL

Der Pflegeaufwand, den Sie für Ihren Garten betreiben müssen, hängt von der Auswahl der Pflanzen und ihrer Verwendung ab. Wer ein »wartungsarmes« Grün bevorzugt, entscheidet sich für robuste, winterharte und anspruchslose Gewächse, die sich Jahr für Jahr von ihrer besten Seite zeigen.

Viel Aufwand

Sie sind gern draußen und die Arbeit im Garten macht Ihnen Spaß? Dann haben Sie die Wahl zwischen zahlreichen Gartenstilen und Bepflanzungsstrategien. Legen Sie einen Rasen an, falls Ihnen das Mähen nichts ausmacht. Selbst an heiklen Gewächsen, die im Winter im Warmhaus oder in der Wohnung kultiviert werden möchten, kann man sich versuchen. Passionierte Hobbygärtner säen Einjährige oder ziehen Zwiebelpflanzen wie Dahlien und Gladiolen, die man im Herbst aus dem Boden nehmen und nach drinnen bringen muss. Nicht ganz winterharte Bäume mit schöner Blüte, etwa Magnolien, schützt man bei strengem Frost mit Vlies.

Mittlerer Aufwand

Wer sich gern im Garten beschäftigt, aber leider wenig Zeit dafür hat, kann sich durchaus eine Rasenfläche und Bäume, Sträucher oder Stauden gönnen. Sogar Pflanzgefäße sind möglich. Allerdings brauchen Gewächse in Töpfen mehr Pflege als solche im Freiland, wo das Angebot an Nährstoffen und Wasser größer ist. Empfehlenswert sind daher große Gefäße, da der Ballen dort mehr Volumen hat. Weiterer Tipp für Gestresste: Kletterpflanzen wie *Clematis* müssen lediglich einmal im Jahr gestutzt werden und winterharte Zwiebeln kann man in der Erde lassen.

Wenig Aufwand

Kleine Bäume und Sträucher machen Gartenbesitzern das Leben leicht. Die meisten brauchen an einem geeigneten Standort wenig Pflege. Sträuchern reicht ein Rückschnitt alle paar Jahre, Bäume müssen nur von totem bzw. krankem Holz befreit werden. Auch an winterharten Stauden muss man nur im Herbst oder Frühjahr abgestorbene Pflanzenteile entfernen.

Für pflegeintensive Gärten mit Einjährigen, empfindlichen Sommerzwiebelpflanzen und einem Rasen braucht man viel Zeit.

Pflegeleichte Gärten gestaltet man am besten mit anspruchslosen Stauden wie Fetthennen (*Hylotelephium*, syn. *Sedum*), Gräsern, Sträuchern und Kies.

GESTALTEN MIT PFLANZEN

Ein ansprechendes Arrangement lebt von Pflanzen mit kontrastierenden Strukturen, Texturen und Formen. Man kann sich auf einen Stil festlegen und etwa eine moderne Anlage oder einen Bauerngarten schaffen. In jedem Fall muss man dafür bestimmte Pflanzen stilgerecht kombinieren.

FUNKTION VON PFLANZEN

Vor dem Planen einer Pflanzung sollten Sie sich die Zeit nehmen, eine Liste Ihrer Lieblingspflanzen zusammenzustellen. Werfen Sie einen Blick in andere Gärten und suchen Sie in Büchern, Magazinen oder Katalogen nach Anregungen. Anschließend können Sie einen einfachen Plan entwerfen (*siehe S. 116–117*). Den gewählten Arten müssen aber die Bedingungen auf Ihrem Grundstück behagen.

Als Erstes sollten Sie Bäume und Sträucher platzieren – sie geben Pflanzungen Höhe und Struktur. Dann werden die Zwischenräume mit Stauden bzw. Bodendeckern gefüllt. Sorgen Sie mit Pflanzen, die ihre Vorzüge zu unterschiedlichen Jahreszeiten zeigen, für Abwechslung. Spannung wiederum entsteht, indem man auffällige Leitpflanzen einfügt.

Ein Mix aus Formen, Farben und Texturen wirkt lebendig und ansprechend.

Strukturpflanzen
Bäume und Sträucher prägen die Struktur des Gartens. Beispiele sind Hecken, ein blühender Sichtschutz, eine Allee oder eine Gehölzpflanzung als Kulisse für ein Blumenbeet.

Mittelhohe Pflanzen
Dazu gehören die meisten Stauden, außerdem einige kleine Sträucher. Sie werden zwischen Strukturpflanzen eingefügt oder mit Gräsern zu einem Meer aus Farben und Texturen kombiniert.

Leitpflanzen
Auffallend gefärbte oder geformte Pflanzen ziehen die Aufmerksamkeit auf sich und lenken den Blick. Sie markieren das Ende eines Wegs oder dienen auf Terrassen als Blickfang.

Bodendecker
Sowohl Sträucher als auch Gräser und Stauden können dichte Matten bilden. Sie unterdrücken Unkraut und füllen schwer begrünbare Flächen unter Bäumen oder neben sonnigen Terrassen.

Saisonpflanzen
In allen wichtigen Pflanzengruppen gibt es Arten, die sich zu bestimmten Jahreszeiten von ihrer schönsten Seite zeigen – manche mit Blüten, andere durch ihre Herbstfärbung.

PFLANZEN GRUPPIEREN

Pflanzungen sollten in einem bestimmten Stil gehalten sein. In einer traditionellen Rabatte arrangiert man die Pflanzen der Größe nach, wobei die höchsten in den Hintergrund und die kleinsten in den vorderen Bereich kommen. Ähnlich funktioniert es mit Beeten: Die höchsten Pflanzen platziert man in der Mitte, die übrigen werden nach außen hin der Größe nach gestaffelt. Moderne Gartendesigner arbeiten dagegen wie in kubistischen Gemälden mit Blöcken einer einzigen Art. In Bauerngärten wiederum erzielt man mit rautenförmigen Staudengruppen einen naturnahen Effekt. Moderne Staudenarrangements sind zwar ebenfalls an die Natur angelehnt, doch kombiniert man dabei breite Bänder aus Stauden und Gräsern zu einer wellenförmigen Pflanzung aus Blüten und Blättern.

Traditionelle Gruppen
Für traditionelle Rabatten pflanzt man Hecken oder hohe Gräser als Hintergrund, vor dem man Stauden mit kontrastierenden Blattformen und Blüten arrangiert. Zierlauch (*Allium*) mit seinen kugeligen Blütenköpfen passt zu wogenden Gräsern, die flachen Körbchenblüten der Schafgarbe (*Achillea*) machen sich gut neben Ähren. Den vorderen Rand säumt man mit Bodendeckern, niedrigen Gräsern und Einjährigen.

Moderne Formen
Von moderner Kunst beeinflusste Blockpflanzungen ergeben ein klares, minimalistisches Design. Man kann dafür z.B. eine einzige Art verwenden, etwa das Chinaschilf (*Miscanthus*) – seine im Wind raschelnden Blätter liefern eine zusätzliche, dynamische Komponente. Doch auch Horste aus Zwiebelpflanzen oder Stauden bzw. Blöcke aus Formschnitt-Buchs und Eiben sind möglich. Ideal ist ein asymmetrisches Gittermuster.

Waldähnliche Pflanzungen
Selbst in kleinen Gärten lässt sich eine waldähnliche Atmosphäre verwirklichen, etwa indem man eine kleine Baumgruppe mit Schatten liebenden Sträuchern, Gräsern, Farnen und anderen Stauden unterpflanzt. Setzen Sie aber nicht zu viele verschiedene Pflanzen, sonst wirkt das Ganze nicht mehr natürlich. In offeneren, helleren Arealen sät man ein paar Wiesenblumen aus, um eine Art Lichtung anzulegen.

Naturnahe Gärten
Sehr modern sind Prärie- oder Steppenpflanzungen mit winterharten Stauden und Gräsern. Am besten wirken sie auf größeren Flächen, doch kann man sie auch in Kleingärten anlegen, wenn man Zahl und Vielfalt der Pflanzen reduziert. Ideal sind Stauden wie Sonnenhut (*Rudbeckia*), Fetthenne (*Hylotelephium*, syn. *Sedum*) und Wasserdost (*Eupatorium*), kombiniert mit Gräsern wie Federgras (*Stipa*), Chinaschilf (*Miscanthus*) und Reitgras (*Calamagrostis*).

STANDORTWAHL

Bei der Auswahl von Pflanzen für Ihren Garten sollten Sie zunächst die Gegebenheiten des Areals sorgfältig analysieren (*siehe S. 66–67*). Denn wenn Sie an schattigen Stellen Sonnenanbeter platzieren, die im Kampf um Licht hoch und langbeinig werden, oder Schattengewächse in die Sonne setzen, sind Enttäuschungen vorprogrammiert.

Testen Sie außerdem den pH-Wert des Bodens, um teure Fehlkäufe zu vermeiden. Azaleen, Rhododendren, Kamelien und Lavendelheide (*Pieris*) etwa gedeihen nur in sauren Böden und leiden unter basischen Bedingungen.

Beachten Sie, dass Standorte in der Nähe von Gebäuden oder Mauern wesentlich trockener sind als andere Gartenbereiche, da sie im Regenschatten liegen.

Rosen blühen im Schatten schlecht oder gar nicht und bilden dort lange, dünne Triebe. Sie brauchen offene, sonnige Standorte in nährstoffreicher, feuchter, aber durchlässiger Erde.

Farne gedeihen im Schatten und versengen in der Sonne. Die meisten brauchen zudem feuchte Böden, wenngleich einige Arten mit trockeneren Bedingungen zurechtkommen.

GARTENSTILE

Pflanzen definieren und unterstreichen einen Gartenstil. So verbreiten geometrisch angelegte Beete mit symmetrischem Muster eine streng formale Atmosphäre, während minimalistische Pflanzungen typisch für moderne Anlagen sind. Rabatten aus Gräsern und einheimischen Blumen wiederum wirken naturnah.

▸ FORMALE GÄRTEN

Die Kontrolle über die Natur steht in formalen, geometrischen Gärten im Vordergrund. Einen guten Eindruck davon vermittelt der Garten von Versailles. Die Beete sind symmetrisch angelegt, von niedrigen Buchsbaumhecken gesäumt und mit farbigem Kies, Rosen oder Lavendel gefüllt. Hochstämme mit kugeliger Krone oder Formschnittgehölze geben den Pflanzungen Höhe und Struktur. Blütenstauden und Einjährige kommen in quadratisch bzw. rechteckig eingefasste Beete. Formale Gärten sind pflegeleicht: Hecken und Gehölze muss man nur zweimal jährlich schneiden.

Formale Strenge entsteht hier durch Symmetrie, Springbrunnen und Spiegel.

◂ BAUERNGÄRTEN

Bauerngärten beflügeln seit Langem die Fantasie von Gartengestaltern mit einer Leidenschaft für Pflanzen. Sie beschwören ein ländliches Idyll herauf und entspringen im Wesentlichen romantischen Vorstellungen von bäuerlichen Gärten im 19. Jahrhundert, die zum großen Teil aus Nutzpflanzen mit einigen Blüten dazwischen bestanden.

Heute dominieren eher Blüten die Bauerngärten. Stauden und Einjährige werden in Gruppen kombiniert. Einzelne Struktursträucher wie Lorbeer bereichern die Beete. Ebenfalls typisch für den Stil sind mit Rosen oder Clematis berankte Bögen, die dem Garten Höhe und Struktur geben. Duftrosen und Lavendel werden vor allem wegen ihres Wohlgeruchs gepflanzt. Bauerngärten sind pflegeintensiv und ideal für Pflanzenliebhaber.

Typisch für Bauerngärten sind Kombinationen aus Rittersporn, Lupinen, Flockenblumen, Frauenmantel und Knöterich, die in die Kies- oder Backsteinwege ragen dürfen.

▸ STADTGÄRTEN

Stadtgärten sind meist klein und müssen ganzjährig gut aussehen, weil man sie ständig im Blick hat. Oft kann man sie auch von außen einsehen, dann ist eine hohe Bepflanzung nötig, um etwas Privatsphäre zu gewährleisten. Farbe bekommen sie durch gestrichene Wände, die einen ausgezeichneten Hintergrund für immergrüne Blattschmuckpflanzen wie Bambus und Neuseelandflachs (*Phormium*) bilden. Aber auch Pflanzen wie Purpurglöckchen (*Heuchera*), Taglilien (*Hemerocallis*) und Fetthenne (*Sedum*) bringen Farbe. Sinnvoll sind auch Pflanzen, die wenig Platz brauchen. Bäume entlang der Grenzen (*siehe S. 118–119*) bieten Sichtschutz, Kletterpflanzen schaffen grüne Wände aus Blüten und Laub. Für Dachgärten ideal sind leichte Töpfe mit windverträglichen Gräsern, Storchschnabel und Lavendel.

Die Farben und Formen von Bambus, Gräsern, Buchs und Purpurglöckchen kontrastieren mit den lackierten Flächen.

◂ MEDITERRANE GÄRTEN

Lassen Sie sich von sonnenverwöhnten Mittelmeerlandschaften inspirieren und gestalten Sie Ihren Garten mit Pflanzen, wie sie in ländlicher Umgebung oder dem Hof eines südländischen Cafés wachsen würden. In mittelgroßen bis großen Anlagen erinnern mit Mohnblüten durchsetzte Pflanzungen aus Lavendel an südfranzösische Felder. Wer dafür keinen Platz hat, präsentiert das Mittelmeerkraut schlechthin zumindest in großen Tontöpfen auf der Terrasse. Olivenbäume in Kübeln spenden in Land- und Stadtgärten Schatten, müssen aber im Winter vor starkem Frost geschützt werden. Terrassen mit Zistrosen und verwilderten Einjährigen als Einfassung verbreiten eine zwanglos-natürliche Atmosphäre. Heiligenkraut (*Santolina*) duftet bei Berührung moschusartig.

Kies- und Geröllbeete auf einer Unkraut unterdrückenden Folie sind ein pflegeleichter Lebensraum für Lavendel und Mohn.

▲ NATURGARTEN

Die beliebten Naturgärten bieten einen ansprechenden, naturnahen Lebensraum für Mensch, Tier und Pflanze. Wesentlicher Bestandteil ist ein Teich, auf den man allerdings verzichten sollte, wenn man kleine Kinder hat. Er lässt sich mit den verschiedensten Wasser- und Uferpflanzen begrünen (*siehe S. 176–177*). Nicht fehlen sollte außerdem ein Bereich mit hohem Gras und nektarreichen Blüten, die Insekten anlocken. Eine Attraktion für Nützlinge sind Schmetterlingssträucher (*Buddleja*), Mahonia, Thymian, Lavendel, Astern und Fingerhut. In gemischten Hecken und Obstbäumen finden Vögel Nistplätze und Nahrung für den Winter.

Holzstege, gesäumt von Schwertlilien und Bach-Kratzdistel (*Circium rivulare*) ermöglichen eine genaue Beobachtung der Wasserwelt.

▶ MODERNE GÄRTEN

Elegante, gut durchdachte Gärten in modernem Design werden nach dem Grundsatz »Weniger ist mehr« angelegt. Skizzieren Sie die Anlage zunächst auf einem asymmetrischen Gittermuster und reduzieren Sie die Bepflanzung auf Schlüsselbereiche und einige wenige Arten. Pflanzen mit strukturbetontem Wuchs unterstreichen den Stil. Arrangieren Sie kugelförmig geschnittene Buchsbäume in Reihen oder als Blöcke geschnitten. Auch Bartiris, in gerader Linie angeordnet, entfalten vorzügliche Wirkung. Viele Gartenarchitekten setzen in modernen Gärten geometrisch geschnittene Hecken zur Rahmung des Raums und Abgrenzung verschiedener Bereiche ein.

Bambushalme sind in diesem minimalistischen Garten in Grün und Weiß mit Pfingstrosen über Marmorwürfeln unterpflanzt.

◂ FAMILIENGÄRTEN

Gärten für Erwachsene und Kinder müssen entspannend und anregend zugleich sein. Eine solch multifunktionelle Anlage unterteilt man, sofern sie groß genug ist, am besten in einzelne Räume, also etwa Sitzecken für die Großen, Spielflächen für die Kleinen. Wählen Sie als Bepflanzung belastbare Gewächse, die es vertragen, wenn sie hin und wieder getreten werden oder einen Ball abbekommen. Besonders empfehlenswert sind Gräser und Stauden, denn ein abgebrochener Blütenstängel regt sie nur zu noch stärkerer Blüte an.

Setzen Sie neben Schaukeln und Sandkästen unverwüstliche Pflanzen wie Aukube, Ölweide und Spindelstrauch.

GESTALTEN MIT TÖPFEN

Schwung bringen Sie in Ihren Garten nicht nur mit Beeten und Rabatten, sondern auch mit Gefäßen. Wählen Sie aber Töpfe, die zum Stil Ihrer Anlage passen, und bestücken Sie sie mit Blüten- und Blattschmuckpflanzen.

Töpfe aus Metallen wie Zink und anderen künstlichen Materialien eignen sich für ein zeitgenössisches Design, vor allem wenn sie eine schlichte, geometrische Form haben. Verwenden Sie ein Set aus drei großen, gleich aussehenden Töpfen, die mit Neuseelandflachs (*Phormium*) oder Formschnittgehölzen besetzt sind. Ebenfalls modern wirken gedrungene Gefäße mit Dachwurz (*Sempervivum*) oder *Aeonium*.

Klassische Anlagen und Stilgärten lassen sich mit Gefäßen aus Ton oder Naturstein bzw. ähnlichen Materialien aufpeppen. In einem traditionellen Ambiente sind Patio-Rosen die Idealbesetzung für große Vasen. Für Bauerngärten bieten sich alte Tröge mit Kräutern, Stauden oder alpinen Pflanzen an, für naturnahe Gärten rustikale Gefäße aus Holzresten.

Rustikal
Gebrauchte Obstkisten, alte Töpfe und Holzgefäße sind erste Wahl in Bauern- oder Naturgärten.

Tropisch
Farbige Gefäße eignen sich für Tropenpflanzen, Blattschmucksträucher und Formschnittsolitare.

Modern
Metallgefäße mit Strukturpflanzen bringen einen Hauch von Eleganz auf Terrassen und in Gärten.

Traditionell
Tontöpfe sind ideal für traditionelle Gärten. Ihre erdigen Töne passen zu Bauerngartenpflanzen.

FARBEN UND TEXTUREN

Farben können anregen und Energie spenden oder eine ruhige, beschauliche Atmosphäre verbreiten. Kombinieren Sie kräftige Rosa-, Rot- und Orangetöne dort, wo Sie Rabatten zum Leuchten bringen wollen, und kühles Blau, Violett, Grün und Weiß neben Sitz- und Essbereichen.

FARBKREIS

Viele Künstler und Designer arbeiten mit einem Farbkreis, wenn sie Wert auf angenehme Kombinationen legen. Er setzt sich aus den Primärfarben Blau, Rot und Gelb sowie den Sekundärfarben Grün, Orange und Violett zusammen. Die Sekundärfarben entstehen durch Mischen der angrenzenden Primärfarben. So ergibt sich aus Blau und Rot die Farbe Violett und aus Rot und Gelb die Farbe Orange. Das gilt auch für die Tertiärfarben, die durch Mischen der angrenzenden Primär- und Sekundärfarbe entstehen.

Sie können den Farbkreis bei der Zusammenstellung von Farben im Garten einsetzen. Durch Kombination direkt gegenüberliegender Tönungen, z. B. Gelb und Violett, ergeben sich spannungsreiche Kontraste, die eine Pflanzung beleben, während durch das Nebeneinander benachbarter Farben ein subtileres Arrangement entsteht.

Violett- und Grüntöne geben einer Pflanzung Eleganz.

AUSWAHL

Farben sind nicht nur bei der Umsetzung von Pflanzideen wichtig, sie beeinflussen auch das eigene Empfinden des Raums. Warme Töne wie Rot, Gelb und Orange ziehen den Blick auf sich, weshalb man sie als Blickfang in Rabatten oder Töpfen einsetzt. Zudem verkürzen sie einen Raum, sodass ein Garten kleiner wirkt, wenn man sie am hinteren Ende platziert.

Kühle Farben wie Blau, Grün und Rosalila haben die gegenteilige Wirkung, verlängern also einen Raum. Blau- und Rosalilatöne wirken angenehm gedämpft, doch eine Pflanzung nur mit diesen Tönen kann langweilig wirken und sollte mit wärmeren Farben belebt werden.

VERWENDUNG VON FARBEN

Mischen und kombinieren Sie Farben in Ihrem Garten mithilfe des Farbkreises. Wenn Sie die folgenden Tipps beachten, sehen Ihre Pflanzungen immer gut aus. Sie können die Farben auch ins Helle oder Dunkle variieren. Dunklere Töne enthalten einen höheren Schwarzanteil, hellere dagegen mehr Weiß.

Ein- oder zweifarbige Arrangements wirken ausgefeilt und edel. Der berühmte weiße Garten im englischen Sissinghurst hat viele Gartenbesitzer zu monochromen Pflanzungen mit weißen Blüten und silbrigem oder panaschiertem Laub inspiriert. Eine Alternative sind Rabatten in nur zwei Farben wie zum Beispiel Violett und Gelb oder Rosa und Rosalila.

Farben, die sich auf dem Farbrad gegenüberliegen, lassen sich erfolgreich kombinieren. Viele erstklassige Gartenarchitekten setzen diese sogenannten Komplementärfarben mit Vorliebe ein. Kombinieren Sie beispielsweise violetten Salbei mit gelber Gämswurz (*Doronicum, links*) oder kastanienbraunen Lauch (*Allium*) mit lindgrüner Wolfsmilch (*Euphorbia*).

Dreierkombinationen enthalten Tönungen, die im Farbkreis gleichmäßig verteilt sind. Wie Komplementärfarben bringen sie Spannung in eine Pflanzung, da sie sehr gegensätzlich sind. Zusammenstellungen mit drei Farben sind dann sinnvoll, wenn kühle Töne wie Violett und Blau eingesetzt werden, die als Gegengewicht einen kräftigen Farbton brauchen.

Mit benachbarten Farben lassen sich harmonische Arrangements schaffen. Weiche Violett- und Blautöne nebeneinandergestellt haben beruhigende Wirkung. Besondere Akzente setzen in solchen Fällen hellere Tönungen, die das Licht stärker reflektieren. Wer mehr wagen will, kann sich auch an einem feurigen Mix aus kräftigen Schattierungen wie Rot und Orange vor dunklerer Kulisse versuchen.

TEXTUREN

Gelungene Pflanzungen leben nicht nur von Farben, sondern auch von Texturen. Glänzende Blätter, Beeren und Früchte etwa bringen Leben in dunkle Ecken. Platzieren Sie weiches, flaumig behaartes Laub im Vordergrund von Beeten und Rabatten, wo man es anfassen kann. Bäume mit strukturierter oder abblätternder Borke sind in winterlichen Gärten ein Blickfang.

Kombinieren Sie Pflanzen mit kontrastierenden Texturen, etwa Gräser und Pflanzen mit filzigem oder farnartigem Laub. Auch die Blütentextur sollte eine Rolle spielen: Die seidigen Blütenblätter der Rosen etwa bilden ein auffallendes Gegengewicht zu den spitzen Hochblättern und rauen, stacheligen Blütenständen des Mannstreus (*Eryngium*) oder den bürstigen der Fackellilien (*Kniphofia*).

Stachelig
Die Triebe von Rosen und Mannstreublüten (*siehe oben*) kontrastieren mit seidigen Rosenblüten.

Seidig
Eine seidige Textur zeichnet die Blütenblätter von Teerosen (*siehe oben*), Kamelien und Hibiskus aus.

Glänzend
Die Blätter von Aralien und Kamelien bringen wie Beeren und Früchte Glanz in einen Garten.

Matt
Mit glanzlosen Blättern warten *Gunnera, Judasbaum*, Hortensien (*siehe oben*) und weitere Pflanzen auf.

Weich
Wollziest (*Stachys byzantina, siehe oben*) und Silber-Königskerze haben flaumig behaartes Laub.

Hart
Die Stämme von Bäumen wie Streifen-Ahorn (*Acer pensylvanicum, siehe oben*) kontrastieren mit ihrer Krone.

IM WANDEL DER JAHRESZEITEN

Eine ansehnliche Pflanzung, die ganzjährig etwas hermachen soll, erfordert sorgfältige Planung. Anregungen liefern Gärten, die zur Besichtigung offenstehen. Man stattet ihnen zu verschiedenen Jahreszeiten einen Besuch ab, notiert, wann welche Pflanzen am besten aussehen, und fügt sie dem eigenen Arrangement hinzu.

▸ WINTER

Jetzt ist von den meisten Stauden nichts zu sehen. Trotzdem gibt es Pflanzen mit robusten Stängeln und Samenständen, die im Verbund mit Gräsern und Immergrünen ein dekoratives Ensemble ergeben. Hartriegel (*Cornus*) bringt mit leuchtend roten oder gelben Trieben Leben in winterliches Gartengrau. Die niedrig stehende Sonne rückt weiße Birken, goldgelben Bambus und die roten Stämme der Mahagoni-Kirsche (*Prunus serrula*) ins rechte Licht. Einige Sträucher wagen es sogar zu blühen, darunter die Japanische Mahonie (*Mahonia japonica*), Zaubernuss (*Hamamelis*) und duftende Fleischbeeren (*Sarcococca*). Nadelgehölze steuern im Winter Grün, manche Formen sogar goldgelbes oder bläuliches Laub bei.

Frost verzaubert Gärten und lässt Koniferen, Gräser und Sträucher funkeln.

◂ FRÜHJAHR

Den Beginn der Wachstumssaison feiert der Frühling mit einem Feuerwerk aus Farben. Angefacht wird es von der Sonne, die den Boden wärmt und die Knospen sprießen lässt. Zarter Flor ziert Äste wie Rüschen und sogar einige Sträucher geben bereits eine Blütenvorstellung. Die KöniginnEn der Frühlingsgärten sind Magnolien: Mit ihren Prachtblüten an eleganten Zweigen werfen sie sich ganz groß in Schale. Auch Stauden leisten ihren Beitrag zur Frühlingsshow, allen voran Christrosen und Tränendes Herz (Lamprocapnos).

Kirschblüten sind die Stars in diesem Frühlingsgarten. Als Fußvolk steht ihnen ein farblich passendes Heer aus Tulpen zur Seite.

► SOMMER

An langen, sonnigen Frühsommertagen erreicht der Garten seinen Höhepunkt. In jeder Ecke buhlen Pflanzen um Aufmerksamkeit. Die Auswahl ist groß, doch darf man nicht zu viele pflanzen, sonst wirkt das Ganze überladen und wirr. Mit dabei sein sollten Blattschmuckpflanzen als Gegengewicht zu Stauden und Blütensträuchern. Bäume erfüllen eine ähnliche Funktion und regulieren zudem Temperaturschwankungen. Gegen Sommerende wirken Beete und Rabatten manchmal etwas mitgenommen, weshalb man am besten späte Blüher wie Herbstastern (*Symphyotrichum*) und andere Astern, Sonnenhut, Montbretien und Ziergräser dazugesellt.

Sommerliche Farbenpracht garantieren Dahlien, Salbei, Bechermalve, Begonien und Studentenblume.

◄ HERBST

Der Herbst trumpft mit feurig buntem Laub und fruchtbeladenen Zweigen auf. Zu den Bäumen und Sträuchern, die man wegen ihrer Herbstlivree und ihres Beerenschmucks schätzt, gehören Eberesche (*Sorbus*), Zwergmispel (*Cotoneaster*), Perückenstrauch (*Cotinus*) und Schneeball (*Viburnum opulus*). Auch die Schönfrucht (*Callicarpa bodinieri*) mit violetten Früchten verdient einen Platz im Garten. Blumen wie Patagonisches Eisenkraut (*Verbena bonariensis*), Astern und Abelia lassen sich durch sinkende Temperaturen nicht vom Blühen abhalten. Die dekorativen Samenstände von Hortensien, Fetthennen und Gräsern halten oft bis in den Winter aus. Einen Platz im Vordergrund einer sonnigen Rabatte räumt man im Herbst blühenden Zwiebelpflanzen wie Nerinen oder Krokussen ein.

Das feurige Laub des Fächer-Ahorns (*Acer palmatum*) und die roten Beeren der Zwergmispel bringen den Garten im Herbst zum Leuchten.

OPTIMALE PFLANZENWIRKUNG

Stellen Sie sich Ihren Garten als ein Zimmer unter freiem Himmel mit Wänden aus Laub und einer Decke aus Baumkronen sowie baulichen Elementen vor. Sie können das Areal so bepflanzen, dass es wie ein abgeschirmter Raum wirkt oder die Bepflanzung auf Schlüsselbereiche beschränken, um einen offenen Raum zu gestalten.

▶ RÄUME EINRICHTEN

Ein Stück Garten, in dem man isst oder entspannt, kann man mit einem begrünten Rankgitter, einer Hecke oder einem Sichtschutz aus Bambus umschließen. In kleinen Gärten nutzt man hohe, lockere Stauden und Einjährige als Einfassung, doch bieten sie nur im Sommer Schutz.

Niedrige Pflanzen lassen Licht durch und ermöglichen einen Blick auf den Garten – allerdings auch auf Begrenzungen, was das Areal optisch verkleinert. Soll der Raum größer erscheinen, pflanzt man hohe Sträucher und Bäume zum Kaschieren von Zäunen und Wänden oder platziert eine niedrige Hecke mit Durchgang bzw. außen herumführendem Pfad an das Gartenende – sie suggeriert, dass der Garten dahinter weitergeht.

Die dichten Eiben im Hintergrund garantieren Privatsphäre, während niedrige Hecken auf dem Weg zum Sitzbereich den Entdeckergeist beflügeln.

◀ WÄNDE AUS BLÜTEN UND BLÄTTERN

Begrenzungen sind oft nützliche vertikale Lebensräume und tragen zur dreidimensionalen Raumwirkung bei. Man behandelt sie wie die Wände im Haus, indem man sie mit Kletterpflanzen »tapeziert«, z.B. mit Efeu, Rosen, *Clematis* und Jasmin. Sichtschutzwände innerhalb des Gartens grenzen Räume ab, etwa einen Essplatz oder eine Lounge. Sie können kreativ eingerichtet werden und erzeugen unterschiedliche Mikroklimata, wodurch sich die Palette an Pflanzen erweitert. Gemischte Hecken bilden Wände aus dekorativen Blüten, Blättern und Beeren.

Eine Sitzecke in der Mauernische kann man mit Kletterpflanzen und Wandsträuchern auskleiden.

▼ EINGÄNGE

Machen Sie mit einem dekorativen Eingang das Betreten Ihres Gartens zum Erlebnis. Sie können aus Hainbuchen, die biegsame Zweige haben und einen Schnitt vertragen, einen Bogen über einem Tor bilden. Stilgärten und formale Anlagen verlangen eher einfache Lösungen, etwa ein Rundtor in einer Eiben- oder Buchshecke.

Moderne Gärten dagegen brauchen das Besondere, z. B. einen von Andeniris (*Libertia*) vor Stahlplatten flankierten Eingang oder einen Metallbogen, den ein Sternjasmin (*Trachelospermum*) mit duftenden weißen Blüten erobert hat. Beide sind bei uns jedoch nur im Weinbauklima winterhart.

Diese rustikale Pergola mit Duftrosen und Geißblatt stimmt Besucher beim Durchschreiten auf den Bauerngarten ein.

BEPFLANZUNG KLEINER RÄUME

Füllen Sie Höfe, Balkone oder Dachterrassen mit Pflanzen in Wandtöpfen und Blumenampeln. Mit grünen Dächern erweitern Sie den Gartenraum und bieten Tieren einen Lebensraum. Das gelingt auch mit ausgewählten Kletterpflanzen an kahlen Mauern oder »lebenden Wänden«, wie vertikale Pflanzenträgersysteme oft genannt werden.

Platzsparer

Die Bepflanzung winziger Räume erfordert Einfallsreichtum. Wände lassen sich nicht nur mit Kletterpflanzen begrünen, sondern auch mit Sommerblumen und Blattschmuckpflanzen in Töpfen und Fensterkästen. Ein Spalierbaum (links) an Drähten vor einer Wand oder einem Zaun lässt Raum für kleinere Blütenstauden oder Sträucher davor. Säulenkoniferen und fächerförmig erzogene Bäume nehmen kaum Platz in Anspruch und geben einen vorzüglichen Blickfang ab.

Leichtgewichte

Das Gewicht von Pflanzen und Gefäßen kann auf Balkonen und Dachterrassen zum Problem werden. Für sie wählt man daher am besten leichte Töpfe aus Metall oder Recyclingkunststoff. Ton-, Blei- und Steinimitate sehen nach dem Bepflanzen täuschend echt aus. Bäume auf einer schwach wachsenden Unterlage geben einem Minigarten Höhe, während Gräser, Zwiebelpflanzen und Stauden ihn ganzjährig interessant aussehen lassen. Selbst immergrüne Kleinsträucher wie *Lonicera nitida* sind als schlanker grüner Sichtschutz in einem langen, hohen Gefäß möglich.

Grüne Dächer

Zur Auswahl steht eine ganze Reihe von Begrünungssystemen, vor einer Anschaffung aber sollte man erst prüfen, wie belastbar das Dach ist. Man kann sich für pflegeleichte Sukkulenten oder ausgeklügeltere Gras- und Blumenpflanzungen entscheiden, falls das Gebäude die dafür nötige dickere Substratschicht trägt. Grüne Dächer sehen gut aus und sind auch ein ausgezeichneter Lebensraum für Vögel und Insekten. Sie isolieren das Gebäude, absorbieren Regenwasser und dämpfen den Lärm in der Nähe von Flughäfen und Autobahnen.

EINFACHE PFLANZPLÄNE ERSTELLEN

Pflanzpläne sind keine Hexerei. Sie helfen Ideen zu konkretisieren und die Standorte einzelner Pflanzen festzulegen. Gleichzeitig bekommt man mit ihnen einen besseren Überblick über den verfügbaren Raum und die Zahl der Gewächse, die für die Bepflanzung des Areals notwendig sind.

◄ **Anschaulich**
Mit Gartenutensilien als Platzhalter finden Sie heraus, was gut aussehen könnte und was nicht.

RABATTEN ABSTECKEN UND PLANEN

Vor dem Erstellen eines Plans verschafft man sich zuerst einen generellen Überblick über das Grundstück: Wie viel Sonne bekommt es ab und welcher Bodentyp herrscht vor (*siehe S. 66–67*)? Dann misst man die zu bepflanzende Fläche ab und zeichnet den Umriss maßstabsgetreu auf Millimeterpapier (*siehe S. 80–81*). Gehen Sie die Liste der ausgewählten Pflanzen durch: Vertragen alle die Bedingungen am Standort? Tragen Sie ihre Höhe und Breite ein, um den Platzbedarf errechnen zu können.

Viele haben Schwierigkeiten, sich anhand eines zweidimensionalen Plans vorzustellen, wie das dreidimensionale Arrangement aussieht. Verschaffen Sie sich daher mit Platzhaltern wie Stangenzelten, Eimern und Töpfen von der Größe der anvisierten Pflanzen einen Eindruck – selbst berühmte Gartenarchitekten probieren ihre Ideen auf diese Weise aus.

ERSTELLEN EINES PLANS

Einen Bepflanzungsplan erstellen Sie entweder mit Symbolen, wie sie Profis verwenden (*siehe unten*), oder einer Rohskizze, die ungefähr zeigt, wo welche Arten wachsen sollen (*siehe S. 82*). Der Vorteil maßstabsgetreuer Pläne: Sie ermöglichen eine genauere Schätzung der Zahl der erforderlichen Pflanzen. Bäume und Sträucher lassen sich leicht mit einem Zirkel einzeichnen. Aber Vorsicht: Junge Exemplare haben noch nicht die endgültigen Dimensionen, weshalb man den leeren Raum dazwischen anfangs mit Sommerblumen und Stauden füllen sollte, die man, wenn die Gehölze größer werden, problemlos umsiedeln kann. Stauden und Zwiebelpflanzen zeichnet man am besten als Gruppe statt als einzelne Exemplare ein.

Pflanzensymbole
Diese Symbole werden in Bepflanzungsplänen am häufigsten verwendet und von allen Fachleuten verstanden.

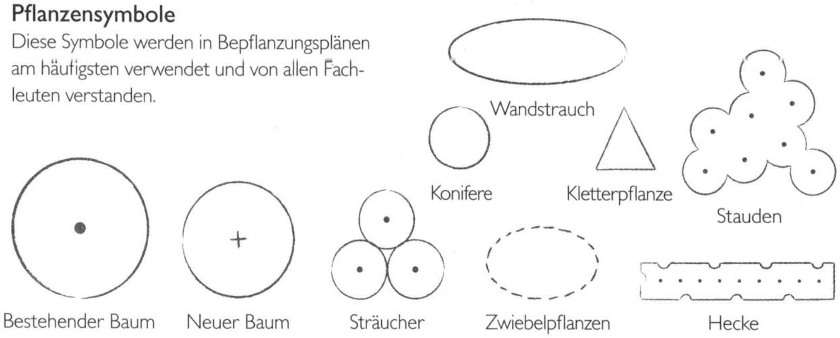

ERRECHNEN VON PFLANZENMENGEN

Die Zahl der benötigten Bäume und Sträucher geht aus Plänen normalerweise klar hervor, die Menge der Stauden aber lässt sich nicht so leicht bestimmen. Markieren Sie für eine Schätzung einen Quadratmeter Bodenfläche, kaufen Sie ein, zwei reife Pflanzen und stellen Sie sie in das Quadrat. Wenn Sie dazwischen ein bisschen Platz lassen, da die Pflanzen noch etwas wachsen werden, können Sie die Anzahl, die in das Quadrat passt, und damit die notwendige Menge abschätzen. Zwiebelpflanzen kann man recht eng setzen. Falls Sie größere Pflanzungen planen, erkundigen Sie sich bei Anbietern nach Mengenrabatten.

DER FERTIGE PLAN

Diese Pflanzung mit drei Weißen Himalaja-Birken (*Betula utilis* var. *jacquemontii*) wurde vom bekannten britischen Gartenarchitekten Chris Parsons gestaltet. Um einen ähnlichen Plan zu erstellen, zeichnen Sie als Erstes die Bäume als Kreise ein und berechnen die Fläche unter den Kronen, die mit Schatten liebenden Pflanzen wie Elfenblumen (*Epimedium*) bepflanzt werden können. Hohe Gräser brauchen Sonne und gehören dorthin, wo die Bäume wenig oder keinen Schatten werfen. Die auffällige Stinkende Nieswurz (*Helleborus foetidus*) oder das violette Christophskraut (*Actaea simplex*) kommen als Solitäre zum Einsatz, während der Frauenmantel (*Alchemilla mollis*) den Raum dazwischen füllt und in die Kiesfläche hineinwächst.

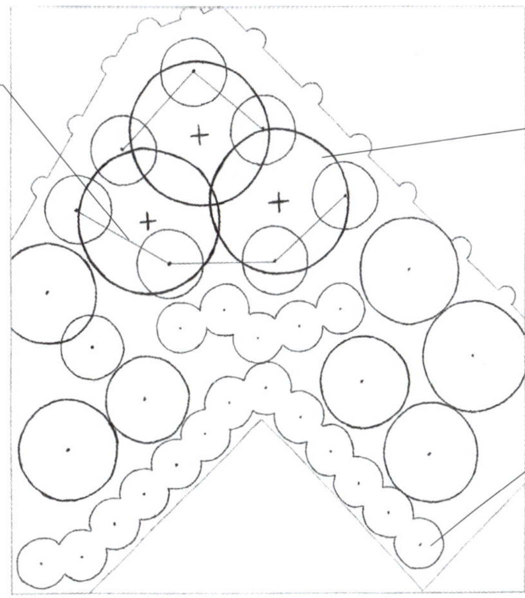

SIE BRAUCHEN:

1 *Betula utilis* var. *jacquemontii*
2 *Actaea simplex* 'Brunette'
3 *Alchemilla mollis*
4 *Helleborus foetidus* Wester-Flisk-Gruppe
5 *Epimedium* × *versicolor* 'Sulphureum'
6 *Calamagrostis* × *acutiflora* 'Karl Foerster'

BÄUME

Bäume geben einer Pflanzung das ganze Jahr über Farbe und Struktur und sind ein wesentliches Element jedes Gartens. Darüber hinaus werfen sie kühlenden Schatten, binden Treibhausgase und bieten Tieren Nahrung und Unterschlupf.

▸ GEHÖLZGRUPPEN PLANEN

Schon mit wenigen Solitärbäumen können Sie in kleinen Gärten ein waldähnliches Ambiente schaffen. Halten Sie Ausschau nach Arten mit ungewöhnlichen Stämmen, die auch dann noch gut aussehen, wenn das Laub im Winter längst gefallen ist. Der Streuschatten unter den Kronen bietet genügend Licht für Schatten liebende Gewächse, bei denen man ebenfalls darauf achten sollte, dass sie das ganze Jahr über etwas zu bieten haben. Auf größeren Grundstücken kann man sich seinen Privatwald sogar aus einer größeren Auswahl von Gehölzen zusammenstellen.

Bäume mit interessanter Borke flankieren, unterpflanzt von Rhododendren, Funkien, Farnen und Efeu, diese Treppe zu einem Teich. Ihre Strukturen kontrastieren mit der papierartigen »Haut« der Birken. Ein – bei uns leider nicht winterharter – Laternenbaum bringt Farbe sogar ins Kronendach.

▴ HÖHE UND SICHTSCHUTZ

Mit Bäumen erweitert man einen Garten nach oben. Um ihm aber stärkere Konturen zu geben, muss man die Gehölze zusätzlich mit Schatten liebenden Gewächsen unterpflanzen. Die imposante Statur von Bäumen lässt sich zudem als Sichtschutz nutzen. Zum Abschirmen eines Sitzbereichs nutzt man Arten mit lichter Krone. Man platziert sie jedoch nicht am Grundstücksrand – hier braucht man höhere Exemplare –, sondern pflanzt sie neben die Sitzgarnitur. Eine Alternative sind Bäume, deren Kronen ineinander übergehen: Sie bilden ein Spalier aus Stämmen mit einem Schutzwall aus Laub obenauf.

Eine Hainbuchenreihe mit ineinandergreifenden Kronen bildet einen Sichtschutz in luftiger Höhe – so schafft man auch ohne dichte Hecken Privatsphäre.

▼ BÄUME ALS BLICKFANG

Bei der Auswahl eines Baums als zentralem Element wählt man eine Art, die zu jeder Jahreszeit etwas zu bieten hat. Kirschbäume und Zieräpfel trumpfen im Frühjahr mit Blüten auf, sorgen im Sommer mit ihrer Krone für Schatten und erreichen im Herbst mit schöner Laubfärbung einen strahlenden Höhepunkt. In modernen und formalen Gärten aber ist manchmal ein immergrüner Baum oder ein Formschnittgehölz vorzuziehen. Man platziert das Exemplar in die Mitte einer Rasenfläche, an ein Wegende oder in eine Rabatte. Kleine Bäume in Töpfen wiederum setzen auf Pflasterflächen Zeichen.

Das rötliche Sommerlaub dieses Fächer-Ahorns sticht aus der ansonsten überwiegend grünen Pflanzung wohltuend heraus.

◂ RAHMENDE ELEMENTE

Eine lange Allee macht als Zugang zu einem Haus Eindruck. Doch auch in Kleingärten lässt sich mit weniger Bäumen ein ähnlicher Effekt erzielen. Pflanzen Sie sechs bis zehn Bäume auf jede Seite eines Wegs und erziehen Sie ihre Äste zu Laubbögen. Mit derselben Methode lässt sich übrigens auch eine einladende Laube einrichten.

Unterstreichen Sie einen Blickfang wie diese Skulptur durch Positionierung am Ende einer von Kronen überdachten Allee.

◂ FARBE UND TEXTUR

Bevor man einen Baum allein wegen seiner Färbung kauft, schaut man besser nach Alternativen, die mehr als nur ein attraktives Merkmal bieten. Frühlingsblüten sind zwar schön, doch kann man sie nur wenige Wochen genießen, während die tiefrote Borke einer Mahagoni-Kirsche den Garten ganzjährig ziert. Wenn Blüten Ihre Leidenschaft sind, dehnen Sie die Blütezeit aus – etwa mit einer Kirsche und dem im Frühsommer blühenden Blumen-Hartriegel (*Cornus kousa*).

Die Auswahl an Bäumen mit schöner Herbstfärbung ist groß. Sie verlängern die Farbsaison bis in den Frühwinter, denn ihre Blätter zieren nach dem Laubfall sogar den Boden. Als zusätzliche Komponente arbeitet man mit Texturen, etwa dem gefältelten Laub von Hainbuchen oder den spitzen Nadeln der Kiefern.

Kombinieren Sie Zierkirschen mit tiefrotem Laub und immergrünen Koniferen.

ZIERBÄUME AUSWÄHLEN UND PFLANZEN

Raum für einen Baum ist in jedem Garten, sei es eine majestätische Eiche in einem großen Areal oder eine winzige Konifere auf der Terrasse. Kaufen Sie nur gesunde Bäume, pflanzen Sie sie mit Sorgfalt und wässern Sie sie gut.

Die meisten Bäume werden in Töpfen verkauft. Es gibt sie auch mit Stoffsäcken um den Wurzelballen und in sogenannten Airpots, die ein gesundes Wurzelwachstum und schnelles Einwurzeln fördern. Weil Bäume eine langfristige Investition sind, kauft man sie am besten von Spezialgärtnereien, die sie unter Idealbedingungen heranziehen und eine Einwachsgarantie geben. Dies bedeutet, dass man Ersatz bekommt, wenn sie eingehen.

Hecken- und Obstbäume sind vom Spätherbst bis zum Spätwinter auch wurzelnackt erhältlich. Sie werden als Jungpflanzen aus dem Boden genommen, kommen ohne Topfballen in den Handel und sind daher preiswerter. Allerdings müssen sie gleich nach dem Kauf gepflanzt werden.

Die Auswahl an Bäumen ist normalerweise am größten, wenn man sie in Töpfen kauft. Ältere Exemplare bekommt man in der Regel nur im Kübel.

WAHL DER GRÖSSE UND FORM

Lesen Sie vor dem Kauf das Pflanzenetikett gut durch und fragen Sie das Personal, um ganz sicher zu sein, dass die Dimensionen und der Wuchs des Baums zum Stil und zur Größe Ihres Gartens passen. Wählen Sie den Platz für Ihre Neuerwerbung immer mit Bedacht: Nach dem Einwachsen lässt sich ein Gehölz nur noch schwer umsiedeln.

Ausladend Solche Bäume können groß oder klein sein, haben aber immer horizontal wachsende Äste und sind oft breiter als hoch. Sie eignen sich vorzüglich als Solitäre in einem Rasen oder Kiesgarten, nehmen in kleineren Anlagen jedoch manchmal zu viel Platz in Anspruch.

Hängend Zu Bäumen mit hängendem Wuchs zählen Trauerweiden, aber auch viele kleinere Gehölze wie Zierkirschen. Mit ihrer eleganten Silhouette bieten sie sich als Blickfang in einem Garten an, doch kann man sie dank ihrer lichten Krone auch in eine gemischte Rabatte integrieren.

Säulenförmig Bäume mit hohem, schmalem Wuchs haben oft Äste, die stammnah nach oben streben. Sie sind wie geschaffen für kleine Gärten und beengte Räume. Kegelförmige Gehölze dagegen tragen am ganzen Stamm horizontale Äste, die nach oben zu immer kürzer werden.

Rundkronig Viele Bäume wie diese Hainbuche (*Carpinus betulus* 'Variegata') bilden eine rundliche Krone an einem nackten Stamm. Sie finden oft als Solitäre Verwendung. Meist kann genug Licht für eine Unterpflanzung auf den Wurzelraum fallen. Bei manchen kann man die kugelige Form durch einen Schnitt betonen.

PFLANZZEIT UND STANDORT

Bäume pflanzt man am besten im Spätherbst. Exemplare in Containern können sogar ganzjährig ins Freiland gesetzt werden, sofern der Boden nicht gefroren, staunass oder knochentrocken ist. Wurzelnackte Gehölze dagegen müssen von Herbst bis Frühjahr gepflanzt werden – in genau der Tiefe, in der sie auch in der Baumschule standen. Diese erkennt man an der dunklen Bodenmarke am Stamm. Analysieren Sie den Bodentyp und die Lage Ihres Gartens (*siehe S. 66–67*) und wählen Sie nur Arten, die sich für diese Bedingungen eignen, sonst droht schiefer oder kümmerlicher Wuchs. Nicht vergessen: Bäume werfen Schatten und entziehen dem Erdreich große Mengen Feuchtigkeit und Nährstoffe, was sich nachteilig auf Pflanzen in der Nähe auswirkt. Ihre Wurzeln können zudem Fundamente beschädigen. Wo genug Platz ist, sollte man einen Solitärbaum mit kräftiger Struktur als Blickfang pflanzen.

Eine Reihe Hängebirken auf einer Rasenfläche dient als zwangloser Raumteiler zwischen verschiedenen Gartenbereichen. Sie gibt dem Garten aber auch Höhe und dient im Sommer als Schattenspender.

Mit einem blühenden Baum wie diesem Chinesischen Blumen-Hartriegel (*Cornus kousa* var. *chinensis*) in der Mitte einer Rasenfläche oder am Ende einer Sichtachse setzt man ein unübersehbares Zeichen.

GARTENWISSEN

Nicht zu tief pflanzen

Werden Bäume zu tief gepflanzt, wurzeln sie schlecht ein oder sterben ab, weil ihr Stamm fault. Gehölze müssen so tief in das Erdreich kommen, dass sich die Stelle zwischen Wurzelstock und Stamm auf Höhe der Bodenoberfläche befindet. Ggf. muss bei Topfgewächsen etwas Erde weggekratzt werden, um diese Stelle freizulegen.

Ein Stab als Anhaltspunkt

CONTAINERWARE PFLANZEN

Durch gute Vorbereitung des Bodens vor dem Einpflanzen verhilft man dem neuen Gehölz zu einem optimalen Start. Lockern Sie zunächst das Erdreich mit einer Grabgabel, um die Durchlässigkeit zu verbessern. Dann jätet man Unkraut und arbeitet etwas organische Substanz sowie Volldünger bis in zwei bis drei Meter Entfernung um den Stamm herum ein. Große Bäume stützt man nach dem Einpflanzen (*siehe S. 122*), um Windschäden zu vermeiden.

1 Topfballen gründlich anfeuchten. Ein Pflanzloch graben, das so tief wie der Wurzelballen hoch und bis zu dreimal so breit ist. Verdichtete Erde am Rand der Grube mit einer Grabgabel aufbrechen.

2 Baum in das Loch stellen und die Pflanztiefe mit einem darüber gelegten Stock oder Bambusstab prüfen (*siehe Kasten Gartenwissen unten*). Dazu den Ballen am besten vorher aus dem Gefäß ziehen.

3 Nach dem Entfernen des Topfs überschüssige Erde vom Stammansatz kratzen und Wurzeln lockern, die am Rand des Ballens verdichtet gewachsen sind.

4 Den Baum in das Loch zurückstellen und Wurzeln ausbreiten. Gut wässern und Wurzeln gründlich einweichen. Eine zweite Person sollte den Stamm gerade halten, während der Aushub zurückgefüllt wird.

5 Grube mit dem Aushub wieder auffüllen. Erde mit den Füßen gut festdrücken, um Lufteinschlüsse zu vermeiden, aber nicht zu stark verdichten. Gut wässern. Eine Mulchschicht daraufstreuen. Der Stamm muss jedoch frei bleiben.

PFLEGE

Die meisten frisch gesetzten Bäume brauchen die ersten zwei Jahre nach dem Pflanzen eine zusätzliche Bewässerung. Trockenheitsstress kann dauerhafte Schäden verursachen, daher sollte man häufig und reichlich gießen, um den Wurzeln genügend Wasser zur Verfügung zu stellen.

Im Winter gepflanzte, sommergrüne Exemplare brauchen erst ab dem zeitigen Frühjahr Wasser, wenn sie zu knospen beginnen, immergrüne Arten hingegen sollte man auch in trockenen Wintern etwas gießen. Vom Frühjahr bis zum Herbst wässert man ein- bis zweimal wöchentlich gründlich mit dem Schlauch. Dabei dreht man den Hahn nur halb auf und tränkt eine Fläche mit bis zwei Meter Radius rund um den Stamm, damit die Wurzeln der Feuchtigkeit folgen. Diese Fläche hält man unkrautfrei, damit keine Nährstoffkonkurrenz entsteht.

Gutes tut man dem Baum nach dem Pflanzen ferner mit einer dicken Mulchschicht, die Unkräuter unterdrückt und das Verdunsten von Feuchtigkeit verhindert. Halten Sie aber den Stamm frei, damit er nicht fault.

Stützen

Große Bäume müssen gestützt werden, damit der Wind sie nicht lockert und neue Wurzeln abreißen. Nach drei Jahren sind sie so gut verankert, dass der Pfahl entfernt werden kann.

In der Regel treibt man die Stütze im 45°-Winkel zur Windrichtung gelehnt in die Erde, bei wurzelnackten Exemplaren kann man sie auch vertikal einschlagen. Mit einem dehnbaren Band wird der Stamm am Pfahl befestigt. An sehr windigen Standorten sind zwei vertikale Stützen mit dem Stamm in der Mitte empfehlenswert. Prüfen Sie das Band alle paar Monate und lockern Sie es gegebenenfalls.

Bewässerungssäcke geben ihren Inhalt langsam ab und sind effizienter als Oberflächenbewässerung.

Beim Stützen verwendet man justierbare Baumbänder, die man nach und nach lockern kann.

BÄUME FÜR TIERE

Bäume locken eine Vielzahl von Tieren in den Garten. Vögel nisten in den Zweigen und ernähren sich von Knospen und Beeren, doch auch Insekten findet man an allen Pflanzenteilen.

Beeren sind nicht nur dekorativ, sondern im Winter, wenn Futter knapp ist, obendrein eine wertvolle Nahrungsquelle für Tiere. Wer genügend Platz hat, pflanzt zu unterschiedlichen Zeiten fruchtende Bäume, damit eine Versorgung über lange Zeit hinweg garantiert ist. Gute Beerenlieferanten sind Weißdorn (*Crataegus*), Cotoneaster × watereri 'John Waterer', Ebereschen (*Sorbus*), der Schwarze Maulbeerbaum (*Morus nigra*), Holunder (*Sambucus*) und Kirschen (*Prunus*). Auch Fallobst, das der Wind von den Zweigen rüttelt, erfreut Vögel, Kleinsäuger und Insekten.

Weitere ausgezeichnete Lebensräume für Tiere sind dornige Gehölze, die Schutz vor Fressfeinden bieten, etwa Weißdorn und Stechpalme (*Ilex*). Bäume mit nektarreichen Blüten wie Zieräpfel (*Malus*) rufen Bienen und andere Insekten auf den Plan. Die Haselnuss (*Corylus*) wiederum erleichtert überwinternden Tieren das Überleben in der Kälte.

Sambucus nigra – Holunder

Corylus avellana – Haselnuss

Crataegus persimilis

Ilex aquifolium 'Madame Briot'

PFLANZVORSCHLÄGE

PARADIESISCHE INSEL

Baumfarne (*Dicksonia*) verbreiten tropisches Flair. Einige Arten vertragen zwar geringe Minustemperaturen, trotzdem müssen sie in Töpfen gezogen und im Winter nach drinnen gebracht werden. Besonders gut passen sie zum violetten Laub von diversen Ahorn-Arten und Wurmfarn (*Dryopteris*). Auch *Astilben* steuern Farbe zu dieser Kombination bei.

1 Im Herbst den zu bepflanzenden Bereich umgraben. Einige Wochen vor dem Setzen des Baums gut verrotteten Stallmist einarbeiten. Den Ahorn nach der Anleitung auf S. 121 pflanzen.

2 Wenn Sie *Astilben* pflanzen, können Sie auch die Farne nach draußen stellen (*zum Pflanzen von Stauden siehe S. 137*). Die Farne kommen zwischen die Bäume, die *Astilben* in die Sonne.

3 Zur Frühjahrsmitte Baumfarne in Töpfen in den hinteren Bereich stellen. Nicht den Ballen, sondern nur die Krone wässern. Ballen mit einer Mulchschicht aus organischer Substanz bedecken.

SIE BRAUCHEN

1 *Dicksonia antarctica*
2 *Acer palmatum* var. *dissectum* Dissectum Atropurpureum-Gruppe
3 *Astilbe* 'Köln'
4 *Dryopteris affinis*

LEUCHTENDE WINTERRABATTE

Weiden (*Salix*) zeichnen sich durch eleganten Wuchs, mitunter auch durch auffallend gefärbte Triebe aus. Die schönste Tönung entwickeln junge Zweige, weshalb man die Gehölze im Winter auf den Stock setzt, indem man alle Äste oberhalb des unverzweigten Stamms abschneidet. Auch Hartriegel (*Cornus*) fallen durch ihre leuchtende Winterfärbung ins Auge.

SIE BRAUCHEN

1 *Salix alba* var. *vitellina* 'Britzensis'
2 *Cornus sericea* 'Flaviramea'
3 *Cornus alba* 'Sibirica'
4 Zwergkoniferen
5 *Erica carnea*
6 Panaschierter Efeu

1 Bäume und Sträucher im Herbst nach dem Umgraben pflanzen. Zunächst viel gut verrottete organische Substanz einarbeiten. Pflanzen probeweise in ihren Töpfen arrangieren.

2 Weide in den hinteren Bereich der Rabatte setzen, davor die Efeupflanzen, aber nicht zu nah am Stamm. Hartriegel in der Mitte der Pflanzung platzieren.

3 Koniferen in die Lücken pflanzen. Die niedrigen *Erica* kommen an den vorderen Rand. Organischen Mulch verteilen. Pflanzen zwei Jahre gut wässern.

Prunus padus 'Colorata'

ZIERKIRSCHEN

Mit ihrer Blütenpracht gehören Zierkirschen zu den Stars des Frühlings. Viele haben jedoch noch andere Vorzüge zu bieten, etwa eine dekorative Borke, eine schöne Herbstfärbung, eine einnehmende Struktur und glänzende Früchte, die auch von Tieren geschätzt werden. Zierkirschen gibt es in allen Größen.

Die Auswahl an Zierkirschen, die jedes Frühjahr mit einer spektakulären Blütenshow auftrumpfen, ist enorm. Manche Formen haben gleich mehrere Vorzüge zu bieten, etwa kupferrote Jungblätter und strahlende Herbstfärbung. Wählen Sie daher Sorten, die nicht nur im Frühjahr etwas hermachen. Unten finden Sie einige besonders attraktive Arten und Sorten. Wer nur einen kleinen Garten hat, fragt Anbieter nach kompakten oder zwergigen Sorten.

► **Ein Frühlingsspektakel der Superlative** veranstalten Sie mit den Zierkirschen *Prunus* 'Kanzan' und *P. triloba* sowie einer blütenreichen Unterpflanzung aus Veilchen, Tulpen und Schaumblüte (*Tiarella*).

EMPFEHLENSWERTE KIRSCHEN

Prunus avium Die Vogelkirsche ist ein hoher Baum für große Gärten. Sie trägt im Frühjahr weiße Blüten, wartet aber auch mit Früchten und schöner Herbstfärbung auf.

Prunus padus Für Stadtgärten ist die Traubenkirsche wie geschaffen. Ihre Blütentrauben werden von grünem Laub unterstrichen, das sich im Herbst einnehmend färbt.

Prunus rufa Die Himalaja-Kirsche zieht mit einer auffallenden rot- und bernsteinbraunen Borke die Blicke auf sich, doch trägt der kleine Baum auch blassrosa Blüten.

Prunus serrula Trotz der dekorativen weidenartigen Blätter und kleinen Blüten schätzt man die Mahagoni-Kirsche vor allem wegen ihrer rotbraunen, abblätternden Rinde.

Prunus sargentii Die Berg-Kirsche öffnet im Frühjahr ungefüllte rosa Blüten und hat eine braune Borke. Sie begeistert mit oft strahlender Herbstfärbung und wirft einen lichten Schatten.

Eine Zierkirsche gereicht jedem Garten zur Zier – ganz gleich, in welchem Stil er gehalten ist. Die Auswahl ist groß und reicht von einfachen bis hin zu gefüllten Blüten in Weiß und Rosatönen. Vor dem Kauf sollte man sich aber nach der endgültigen Höhe und Breite der Sorte erkundigen, um keine unliebsamen Überraschungen zu erleben. Manche Zierkirschen haben einen hängenden Wuchs, etwa *Prunus* 'Spire', deren überhängende Zweige dicht mit gefüllten rosa Blüten besetzt sind, andere wachsen eher aufrecht. Zu den kompakten Züchtungen für kleinere Gärten gehören *Prunus* 'Accolade', 'Kanzan' und 'Pandora' mit rosa Blüten, außerdem die zarte Sorte *Prunus* 'Shimidsu-zakura' mit weißem Flor.

Eingesetzt werden Zierkirschen gern in der Mitte einer Rasenfläche oder eines Hofs, doch sind sie auch in gemischten Rabatten ein Blickfang. Mit einer ganzen Gruppe lassen sich japanische Gärten während des Kirschblütenfests nachempfinden. Als Unterpflanzung eignen sich Zwiebelpflanzen, die im Frühjahr zur selben Zeit blühen wie die Kirschen, etwa Traubenhyazinthen oder Schachblumen. Spät blühende Arten wie Herbstanemonen passen gut zur Laubfärbung der Zierkirschen am Saisonende.

Zierkirschen brauchen durchlässige Böden und sonnige Standorte, manche Formen vertragen auch Halbschatten (*siehe* Pflanzhinweise auf *S. 121*). Viele haben einen schönen Wuchs und müssen kaum geschnitten werden – falls doch, setzt man die Schere im Sommer an, um Infektionen mit dem Violetten Knorpelschichtpilz zu vermeiden.

***Prunus × subhirtella* 'Autumnalis'** Eine beliebte Sorte, die ihre zarten Blüten sporadisch im Herbst und Winter öffnet und jedem Kleingarten zur Zier gereicht.

***Prunus* 'Taihaku'** Die begehrte japanische Züchtung steht als Ziergehölz hoch im Kurs. Ihre Vorzüge sind große weiße Blüten, kupferbraunes Junglaub und eine schöne Herbsttönung.

***Prunus × yedoensis* 'Somei Yoshino'** Die weißen Blüten der Tokio-Kirsche öffnen sich in der Frühjahrsmitte und verströmen köstlichen Mandelduft. Im Herbst reifen dunkelrote Früchte.

KIRSCHEN EINTOPFEN

Selbst wenn Platz knapp ist, muss man nicht auf die herrlichen Frühlingsblüten der Zierkirschen verzichten: Setzen Sie die Bäume einfach in einen Topf. Wurde das Gehölz auf eine schwachwüchsige Unterlage wie M26 veredelt, bleibt es klein. Wählen Sie als Gefäß einen großen, wetterfesten Kübel mit Abzugslöchern.

1 Tonscherben auf den Grund des Gefäßes legen. Darüber eine Lage Blumenerde mit Tonanteil geben und Langzeitdünger in der vom Hersteller empfohlenen Dosierung daruntermischen.

2 Wurzelballen vor dem Pflanzen gründlich in einem Eimer wässern. Verdichtetes Wurzelwerk am Ballenrand lockern. Bäumchen aufrecht in das Gefäß stellen.

3 Baum in derselben Tiefe pflanzen wie zuvor im gekauften Topf. Gefäß mit Substrat auffüllen. Erde festdrücken und 5 cm Abstand zwischen Rand und Substrat lassen, um gut wässern zu können.

4 Den gepflanzten Baum gründlich wässern. Im Sommer alle paar Tage gießen und jährlich im Frühjahr Langzeitdünger verabreichen. Das Gefäß durch Unterpflanzung mit Sommerblühern aufwerten.

STRÄUCHER

Sträucher sind eine vielfältige Pflanzengruppe: Die Auswahl reicht von stattlichen Gehölzen bis zu breitwüchsigen Bodendeckern. Mit von der Partie sind aber auch immergrüne Arten, farbenfrohe Blattschmuckpflanzen und Blütenschönheiten.

▸ FÜR PROBLEMATISCHE STANDORTE

Viele Sträucher eignen sich auch für schwierige Standorte. Skimmie (*Skimmia*) und Seidelbast (*Daphne*) gedeihen im tiefen Schatten, Sonnenanbeter wie der Zylinderputzer (*Callistemon*) kommen längere Zeit ohne Wasser aus und Asketen wie Sommerflieder (*Buddleja*) fühlen sich in kargen Böden wohl. Breitwüchsige Arten wie Fächer-Zwergmispel (*Cotoneaster horizontalis*) begrünen Böschungen. Sanddorn (*Hippophae*) und Tamariske (*Tamarix*) vertragen sogar salzige Luft.

Die auffälligen Blütenstände des Karminroten Zylinderputzers bringen Farbe und Textur in enge Gartenecken.

▴ LAUBSCHMUCKSTRÄUCHER

Als Laubschmuckpflanzen sind Sträucher unverzichtbare Gartenelemente. Immergrüne Arten geben einer Pflanzung dauerhaft Farbe, während ihre sommergrünen Gegenstücke im Frühjahr frisches Laub und im Herbst feurige Töne beisteuern. Farbiges Laub akzentuiert rein grüne Pflanzungen ebenso wie panaschierte immergrüne Sträucher, die dunkle Winkel aufhellen. Auch Gehölze mit auffälligen Laubformen ziehen die Aufmerksamkeit auf sich, etwa *Fatsia japonica* mit großen, handförmigen oder *Yucca* mit langen, spitzen Blättern.

Mischen Sie das dornige, rote Laub einer *Berberis* in Rabatten mit Gräsern und Stauden zu einem kontrastreichen, lange attraktiven Ensemble.

◄ TOPFSTRÄUCHER

Viele Sträucher geben ausgezeichnete Topfpflanzen ab und sind meist auch recht pflegeleicht, sofern man ihnen ausreichend große Gefäße zuweist. Kompakte immergrüne Formen bestechen das ganze Jahr durch ihre Struktur und können als Solitäre oder in Saisonpflanzungen eingesetzt werden. Als Alternative bietet sich eine kleine Konifere mit texturiertem Laub und statuesker Form an, etwa ein Säulenwacholder oder die runde Berg-Kiefer *Pinus mugo* 'Mops'. Wer Blüten bevorzugt, ist schon mit der enormen Palette an Patio-Rosen in fast jeder Farbe außer Blau reichlich bedient. Auch die monatelang blühenden neuen Hortensien-Hybriden setzen als elegante Topfgewächse Zeichen.

Die Hortensie *Hydrangea serrata* 'Blue Deckle' ist als Topfpflanze eine echte Schönheit und verwöhnt Blütenliebhaber mit ihrem blauen Flor mehrere Monate lang.

▲ STRUKTURIERUNG UND SICHTSCHUTZ

Mit Sträuchern gliedert man jeden Garten. Buchsbaum und andere Arten mit dichtem Laub eignen sich als Hecken, Arten mit elegantem Wuchs, etwa Strauchveronika (*Hebe*) und Himmelsbambus (*Nandina*), wirken in Rabatten wie Statuen. Sträucher mit überhängenden Trieben wie der Sommerflieder (*Buddleja alternifolia*) werten offene Areale auf. Große Blattschmucksträucher finden als Kulisse für Rabatten Verwendung.

Perfekt geschnittene immergrüne Hecken aus Buchsbaum bilden in diesem Frühsommergarten einen formal-strengen Kontrast zur weichen, romantischen Pflanzung.

◄ BLÜTENSTRÄUCHER IM LAUF DER SAISON

Der Fundus an Blütensträuchern ist riesig und reicht von Arten mit unscheinbaren Winterblüten bis hin zu Formen mit großem, zerzaustem Flor. Die meisten blühen nur kurz, aber da für jeden Monat genug Anwärter vorhanden sind, kann man fast ganzjährig ununterbrochen Blüten genießen. Den Anfang macht die duftende Zaubernuss (*Hamamelis*) im Winter. Auf sie folgt ein Heer an Frühlings- und Frühsommerblühern wie der duftende Pfeifenstrauch (*Philadelphus*). Im Sommer gehört Schönheiten wie Fuchsien, Rosen und Hortensien der Garten und im Herbst lässt Heidekraut die Saison ausklingen.

Rhododendron mucronulatum bringt mit seinen rosa Blüten willkommene Farbenpracht in den winterlichen Garten, vor allem im Verbund mit dem gelben Flor der Zaubernuss.

STRÄUCHER AUSWÄHLEN UND PFLANZEN

Die meisten winterharten Sträucher brauchen kaum Pflege und sind bestens für Grundstücksbesitzer mit wenig Zeit geeignet. Empfindliche Arten gehören in Töpfe und werden im Winter nach drinnen gebracht.

Schon allein wegen ihrer Vielfalt sind Sträucher für Hobbygärtner sehr attraktiv. Vor einem Kauf sollte man sich mithilfe der Etiketten über die endgültige Höhe und Breite informieren, um keine Überraschungen zu erleben. Azaleen wie etwa die Pontische Azalee (*Rhododendron luteum*) erreichen stattliche vier Meter Höhe, während die kompakte immergrüne Sorte *Rhododendron* 'Rosebud' nicht größer als 90 Zentimeter wird.

Holen Sie sich nur gesunde Sträucher in Ihren Garten. Ziehen Sie sie vor dem Kauf aus ihrem Gefäß und prüfen Sie die Wurzeln: Exemplare mit verdichtetem Ballen wachsen schlecht ein. Auch kümmernde Pflanzen mit schwachem Wurzelsystem lässt man besser stehen.

Prüfen Sie Pflanzen vor dem Kauf sorgfältig. Sie müssen gesund und unbeschädigt sein.

DIE STANDORTWAHL

Gutes Gedeihen ist garantiert, wenn man Sträucher pflanzt, die mit den örtlichen Gegebenheiten zurechtkommen. An falschen Standorten würden Laub und Blüte sichtlich leiden.

Beim Kauf sollte man immer den angestammten Lebensraum einer Pflanze in Betracht ziehen. Arten aus warmen Regionen brauchen stark durchlässiges Erdreich an sonnigen Plätzen und tragen oft kleine Blätter, die Licht reflektieren. Waldbewohner hingegen bevorzugen Schatten und sind an ihrem großen, dunkelgrünen Laub zu erkennen, das an lichtarme Bedingungen angepasst ist. Teure Fehlkäufe vermeidet man, indem man vorab prüft, ob ein Strauch saure oder alkalische Böden bevorzugt. Die meisten kommen mit beiden Typen zurecht, doch gibt es Ausnahmen.

Sonne Sträucher mit kleinem, silbrigem oder graugrünem Laub wie Zistrosen (*Cistus, siehe oben*), Lavendel und *Perovskia* brauchen Sonne. Auch Arten mit nicht grünem Laub, etwa *Berberis thunbergii* und violette *Cotinus*-Formen, mögen es hell.

Schatten Viele großlaubige Arten und einige Blütensträucher wie Hortensien (*siehe oben*) ziehen Schatten vor. Einige wenige panaschierte Formen, etwa *Elaeagnus*, halten zwar Schatten aus, brauchen aber etwas Licht für optimale Färbung.

Saure Böden Kamelien (*oben*), Rhododendren und Lavendelheide (*Pieris*) akzeptieren nur saure Böden, ebenso wie Haselsträucher, Heidekräuter, Prachtglocke (*Enkianthus*), Traubenheide (*Leucothoe*) und Bärentraube (*Arctostaphylos*).

Alkalische Böden Die meisten Pflanzen mögen alkalische Böden. Zu ihnen gehören Sonnenanbeter wie Säckelblume (*Ceanothus, oben*), Besenginster (*Cytisus*) und Strauchveronika (*Hebe*), aber auch *Deutzia*, *Sarcococca* und *Viburnum tinus*.

STRAUCHRABATTEN PLANEN

Viele Sträucher bilden ein dichtes Astwerk und damit einen soliden Farbblock im Garten. Daher sollte man sie der Größe nach anordnen und die kleinsten Arten vorne platzieren. Kombinieren Sie zudem unterschiedliche Strukturen und behandeln Sie die Gehölze wie lebende Skulpturen. So kann man den Hartriegel *Cornus controversa* 'Variegata' mit seinen horizontalen Blütentrieben hinter kompakten Sträuchern mit kontrastierenden lanzettlichen oder rundlichen Blättern arrangieren (*siehe unten*).

Manche kleinlaubigen Sträucher sind eher unscheinbar, werden aber als Formschnitt zu wahren Statuen. Dazu zählen Buchsbäume oder auch die Glänzende Heckenkirsche (*Lonicera nitida*). Besonders geschätzte Exemplare kann man in einem großen Topf in den vorderen oder mittleren Teil einer Rabatte stellen. Arten mit dekorativem bzw. ungewöhnlichem Laub setzen mit auffallender Textur oder Farbe Kontrapunkte. Im Verbund mit Gräsern, Seggen und Stauden wie Rudbeckien und Astern bereichern sie Rabatten im Spätsommer und Herbst.

***Cornus controversa* 'Variegata'** empfiehlt sich mit seinen zarten weißen Blüten als Partner für silbrigen *Pittosporum* und *Atriplex hortensis* var. *rubra*.

GARTENWISSEN

Schwergewichte

Sträucher mit statueskem Wuchs, etwa Formschnitt-Buchsbäume, Palmen und Aralie (*Fatsia*), sind als Topfpflanzen echte Hingucker. Größere Exemplare allerdings werden mit Gefäß recht schwer. Daher pflanzt man sie am besten an ihrem endgültigen Standort in ihr Gefäß oder stellt sie auf fahrbare Untersätze. Dekorative Handwagen aus Schmiedeeisen peppen jedes Topfarrangement auf.

Arrangement mit Gewicht

STRÄUCHER PFLANZEN

Sehr schwere oder leichte Böden sollten vor dem Bepflanzen verbessert werden (*siehe S. 66*). Dazu gräbt man das Areal einige Wochen vorher um und arbeitet etwas organische Substanz in das Erdreich ein. Planen Sie die Bepflanzung sorgfältig und platzieren Sie Sträucher so, dass sie noch genügend Platz haben, um zu voller Größe heranzuwachsen. Die unvermeidlichen Lücken können vorübergehend mit Sommerblumen und Stauden gefüllt werden.

1 Abstände zwischen benachbarten Pflanzen messen, damit jeder Strauch genug Platz zum Wachsen hat. Pflanzlöcher ausheben, die so tief wie der Topf, aber doppelt so breit sind.

2 Strauch im Topf so in das Pflanzloch stellen, dass die Substratoberfläche mit der Bodenoberfläche abschließt; die Pflanze muss im Freiland so tief stehen wie im Topf. Gründlich wässern.

3 Aushub mit Langzeitdüngergranulat anreichern. Strauch aus dem Topf holen und in die Grube stellen. Die gedüngte Erde um den Ballen herum in das Loch zurückfüllen.

4 Erde rund um den Wurzelballen festdrücken, um Luft und Löcher zu beseitigen. Reichlich wässern und eine Mulchschicht aus gut verrotteter organischer Substanz darübergeben, Stamm jedoch frei halten.

PFLEGE

Viele Sträucher brauchen nach dem Pflanzen kaum noch Pflege, man darf aber nicht darauf verzichten, sie regelmäßig zu wässern, bis die Wurzeln eingewachsen sind. Gießen Sie die jungen Sträucher während der ganzen Wachstumsphase vom Frühjahr bis zum Herbst – immergrüne Arten brauchen mitunter sogar in trockenen Wintern eine Portion Wasser. Auch das Düngen kann man sich bei älteren Sträuchern sparen. Verabreichen Sie ihnen lediglich im Frühjahr eine Mulchschicht aus gut verrotteter organischer Substanz. Sehen Ihre Pflanzen etwas ungesund aus, etwa in kargen Böden, streut man vor dem Mulchen zusätzlich Langzeitdünger.

Kargen Böden tut ein Langzeitdünger gut.

Überwintern

Viele nicht winterharte Sträucher, darunter auch die Keulenlilie (*Cordyline australis*), überleben den Winter im Freiland nicht. Das sollte Sie aber nicht davon abhalten, die schöne Pflanze für Ihren Garten zu ziehen. Als einfachste Lösung bietet sich die Kultur kleiner Züchtungen in Töpfen an, die man im Winter nach drinnen bringt. Sind Pflanze oder Topf zu groß für einen Umzug, wickelt man sie in eine doppelte Lage Gartenvlies. Packen Sie auch das Gefäß gut ein, damit die Wurzeln isoliert sind, vor allem wenn sie in einem Tontopf stecken, der bei Frost springen kann. Sträucher im Freiland kann man auch mit einem Käfig in Form eines um Stäbe gespannten Maschendrahtgitters schützen. Diesen Käfig stopft man mit Stroh voll und wickelt als Regenschutz eine Folie außen herum. Nehmen Sie die Kunststoffhaut an warmen Tagen ab, damit die Pflanze nicht »schwitzt« und fault.

Empfindliche Topfballen schützt man mit Sackleinen, Vlies oder Luftpolsterfolie vor Frost.

EINFASSUNGEN

Kleine Sträucher sind exzellente Pflanzen für Einfassungen. Man kann sie zu niedrigen Hecken schneiden oder am vorderen Rand von Beeten und Rabatten in Reihen pflanzen.

Thymian empfiehlt sich für sonnige, formale Anlagen oder auch Naturgärten, in denen seine Blüten viele Nützlinge anlocken. Er ist in diversen Farbvarianten erhältlich und sieht als Begrünung von Hängen und Böschungen gut aus, insbesondere wenn man ihn zu verschiedenfarbigen Blöcken gruppiert (*siehe oben links*). Gut zur Geltung kommt er zudem mit anderen Kräutern wie Lavendel.

Erste Wahl für niedrige, formale Hecken oder Einfassungen von Küchengärten sind Buchsbaum (*Buxus sempervirens, oben rechts*) und Sorten des Kletternden Spindelstrauchs (*Euonymus fortunei*) – sie bieten sich für traditionelle Gärten an.

Für saure Böden eignet sich Heidekraut, das einen dichten, immergrünen Teppich bildet. Es wächst polsterförmig (*siehe unten links*) – eine Form, die man durch Schnitt noch betonen kann. Man pflanzt Heidekraut in Reihen, Gruppen oder breiten Streifen (*siehe unten rechts*), was sehr natürlich wirkt. Es blüht je nach Sorte im Frühjahr, Sommer, Herbst oder Winter und kann zu ganzjährig farbenfrohen Einfassungen kombiniert werden.

Duftende Thymiankaskaden

Geometrische Muster aus Buchsbaum

Kompakte Heidekrautpolster

Weich fließende Streifen aus Heidekraut

PFLANZVORSCHLÄGE

KÜHLES, MODERNES ROSENBEET

Widerstandsfähige Rosen wie Winchester Cathedral sind unübersehbare Diven. Dieses monochrome Arrangement fügt sich hervorragend in moderne und formal-geometrische Gärten ein, in denen ihre Blüten eine Aura unterkühlter Eleganz verbreiten. Sie braucht vollsonnige Standorte, während ihre Mitstreiter auch etwas Schatten vertragen.

SIE BRAUCHEN

1 *Actaea simplex* 'Brunette'
2 *Veronica spicata* 'Alba'
3 *Viola* (weiß)
4 *Rosa* Winchester Cathedral
5 *Geranium* (winterhart, weiß)
6 *Alchemilla mollis*

1 Die Rose in die Mitte der Rabatte pflanzen (*siehe S. 133*). Währenddessen die übrigen Pflanzen in einem Eimer gut wässern.

2 Die niedrigen Viola, *Alchemilla* und *Geranium* an den vorderen Rand, die höheren *Actaea* und *Veronica* hinten oder seitlich platzieren.

3 Wässern und eine Schicht organischen Mulch verteilen, die Wurzelhälse müssen aber frei bleiben. Während des Einwachsens gut gießen.

VIELFÄLTIGER MIX

Diese Pflanzung wird vom dunkelvioletten Laub und dem strukturierten Wuchs des Perückenstrauchs (*Cotinus*) dominiert. Ihm bieten diverse Laubfarben und -formen Paroli, etwa der goldgelbe Hopfen, der vor einer Zwergmispel-Hecke (*Cotoneaster*) wächst. Die Buchskugeln bringen eine formale Komponente ins Spiel, während die Stauden die Farbe des Perückenstrauchs aufgreifen. Alle Pflanzen brauchen Sonne oder Halbschatten.

SIE BRAUCHEN

1 *Cotinus* 'Grace'
2 *Cotoneaster* (Hecke)
3 *Humulus lupulus* 'Aureus'
4 *Lysimachia ciliata* 'Firecracker'
5 *Buxus* (Formschnitt)

1 Die ideale Pflanzzeit für dieses Arrangement ist der Herbst. Beet zunächst umgraben und gut verrottete organische Substanz einarbeiten.

2 Sträucher wie auf S. 129 beschrieben pflanzen. Der Hopfen ist ein windender Kletterer und braucht eine Stütze (*siehe S. 145*).

3 Buchsbaum vor Ort zu Kugeln schneiden oder fertig geschnitten kaufen. Organischen Mulch streuen, Wurzelansatz dabei frei halten.

Rosa 'Sunblest'

KLASSISCHE ROSEN

Seit Hunderten von Jahren schon regiert die Königin der Blumen unangefochten im Garten. Nicht ohne Grund: Ihre exquisite Schönheit und Eleganz, aber auch ihr Duft sind ohne Beispiel. Moderne, widerstandsfähige Hybriden gewinnen inzwischen wieder die Aufmerksamkeit von Gartenarchitekten. Die Rose ist aktueller denn je.

Bei einer Auswahl von rund 150 Rosenarten und Tausenden von Hybriden und Sorten kann man sicher sein, seine Traumblüte zu finden. Das Angebot an Schönheiten reicht von eleganten Teehybriden, den klassischen Bestandteilen traditioneller Rosengärten, über dornige Wildrosen mit großen, schönen Blüten und glänzenden Hagebutten bis hin zu kleinen Patio-Rosen für sommerliche Topfarrangements. In beengten Verhältnissen lässt man Rosen Wände und Gerüste hochklettern, die sie mit ihren Blättern und Blüten enorm aufwerten.

ROSENGRUPPEN

Strauchrosen Eine vielfältige Gruppe mit Wildrosen, die meist nur kurz blühen und einfache Blüten tragen. Moderne Strauchrosen blühen länger und haben eine größere Palette an Blütenformen.

Teehybriden Mitunter auch Edelrosen genannt. Sie tragen lange, spitze Knospen, die sich zu großen Blüten von klassischer Form mit Petalen um einen zentralen Kegel öffnen. Einzeln stehende, oft duftende Blüten.

Floribunda-Rosen, auch Polyantha Hybriden genannt, ähneln Teehybriden, wirken jedoch natürlicher. Die Blüten erscheinen in großer Zahl vom Sommer bis zum Herbst. Viele Sorten duften angenehm.

Alte Rosen blühen nur einmal im Sommer und setzen große Hagebutten an. Zu den alten Rosen zählen Gruppen wie Alba-Rosen, Bourbon-Rosen, Damaszenerrosen, Chinarosen und Moosrosen. Reicher Duft.

Patio- und Polyantha-Rosen Patio-Rosen sind zwergige Floribunda-Rosen und werden nur 45–60 cm hoch. Polyantha-Rosen duften selten, haben aber einen robusten, ähnlich großen Busch mit vielen kleinen Blüten.

Miniaturrosen Diese mehrfach blühenden Zwergsträucher wachsen sehr kompakt und breiten sich selten aus. Ihre winzigen, selten duftenden Blüten erscheinen vom Sommer bis zum Herbst in Schüben. Ideal für Töpfe.

Rambler-Rosen blühen im Frühsommer an langen, biegsamen Trieben. Die Kletterrosen tragen kleine bis mittelgroße Blüten. Sie sind sehr wüchsig und daher ideal für die Erziehung an Zäunen, Pergolen und Bäumen.

Kletterrosen Diese Gruppe aus kletternden Rosen umfasst Typen, die starre Triebe haben. Einige von ihnen zählen zu den Teehybriden und Floribunda-Rosen. Sie blühen meist vom Sommer bis zum Herbst.

▲ **Vertikale Flächen** wie nackte Mauern und Grundstücksbegrenzungen werden optimal genutzt, wenn man sie mit wüchsigen Rambler-Rosen begrünt.

So gehören Rosen dank ihrer vielgestaltigen Blüten zu den vielseitigsten Gartenschönheiten. Traditionalisten sehen sie am liebsten in eigenen Beeten, doch sollte man in einem solchen Fall Formen wählen, die widerstandsfähig gegen Krankheiten sind und nicht vom Sternrußtau befallen werden. Genauso gut lassen sie sich jedoch mit anderen Sträuchern und Stauden mischen, die langbeinigen bzw. unbelaubten Wuchs kaschieren.

Hochstamm-Rosen sind ein unübersehbares Element von Parterres und formalen Gärten; besonders gut sehen sie mit einer Unterpflanzung aus Lavendel aus. Man kann sie ferner als zentralen Blickfang einer großen Topfpflanzung inmitten von Sommerblumen einsetzen.

Wildrosen wie *Rosa alba* und *R. rugosa* sowie moderne Hybriden eignen sich bestens für Hecken. Mit ihren dornigen Trieben bieten sie Tieren Schutz und schrecken unerwünschte Gäste ab. Kletter- und Rambler-Rosen lassen sich in Naturgärten einsetzen, nirgendwo aber sind sie mehr zu Hause als in Bauerngärten. Die altbewährte Kombination aus Rosen und *Clematis* an einem Bogen oder Tor verkörpert ein romantisches Idyll, das niemanden kaltlässt.

Topfrosen werden ganzjährig, wurzelnackte Exemplare im Herbst oder Frühjahr gepflanzt. Zuvor weicht man ihre Wurzeln in Wasser ein. Viele Rosen werden vom Sternrußtau befallen, der ihnen zwar nicht völlig den Garaus macht, aber Laubfall und Flecken auf den Blättern verursacht. Kaufen Sie am besten widerstandsfähige Hybriden. Auch einen Befall durch Blattläuse (*siehe S. 360*) überleben ältere Pflanzen, doch schädigen die Tiere Knospen und frische Triebe.

ROSEN PFLANZEN

Rosen gedeihen in nährstoffreichen, feuchtigkeitsspeichernden Böden in der Sonne. Ist die Erde stark durchlässig, arbeitet man einige Wochen vor dem Pflanzen reichlich gut verrotteten Stallmist ein. Ungeachtet des Bodentyps bringt man nach dem Pflanzen eine 5 cm dicke Mulchschicht aus, die aber die Triebe nicht berühren darf.

1 Einen Eimer voll organischer Substanz in den zu bepflanzenden Bereich einarbeiten. Dann ein Loch graben, das etwas tiefer und zweimal so breit wie der Topf ist, in dem die Rose wächst.

2 Topf in das Loch stellen. Mit einem Stab prüfen, ob sich die Veredelungsstelle am Triebansatz unter der Oberfläche befindet (in schweren Böden knapp darüber). In den Aushub Dünger einarbeiten.

3 Rose vor dem Pflanzen gießen. Wasser abtropfen lassen. Mykorrhizapilze nach den Herstellerangaben in den Boden des Lochs einarbeiten – sie fördern das Wurzelwachstum.

4 Rose mit Handschuhen in das Loch stellen. Aushub um den Wurzelballen herum in das Loch zurückfüllen. Erde um den Triebansatz leicht festdrücken. Gut wässern.

STAUDEN

Stauden (*siehe S. 12*) gibt es in schier unendlicher Vielfalt. Die mehrjährigen Pflanzen verlieren nie ihren Reiz und sind heute noch so beliebt wie eh und je. Sie tragen Blüten in allen erdenklichen Farben, Texturen und Formen. Es gibt Stauden für jeden Standort, ob Sonne oder Schatten, und alle Bodentypen.

▸ LÜCKEN FÜLLEN

Stauden sind die idealen Lückenfüller für den Raum zwischen Sträuchern und unter Bäumen in gemischten Rabatten und Gehölzgruppen. Schatten liebende Vertreter wie die Nieswurz (*Helleborus*) eignen sich für Standorte unter größeren Nachbarn, etwa sommergrünen Bäumen. Dort liefern sie schon früh im Jahr eine Blütenschau. Wer es laubreich mag, begrünt dunkle Winkel mit Farnen. An sonnigen Plätzen ist die Auswahl natürlich größer. Dort pflanzt man eher Stauden wie Schafgarben (*Achillea*), die Trockenheit vertragen.

In diese farbneutrale Pflanzung bringen *Alchemilla mollis* und eine violette *Actaea simplex* Farbe und Textur.

▴ TROPENFLAIR

In warmen, sonnigen, geschützten Bereichen sorgt eine Kombination aus empfindlichen und winterharten Stauden mit exotischem Aussehen für tropisches Flair. Dazu stellt man großblättrige Arten in den Mittelpunkt und ergänzt sie mit Pflanzen, die durch farbiges Laub und leuchtende Blüten auffallen. Frostempfindliche Exoten zieht man in Gefäßen und bringt sie vor dem ersten Frost nach drinnen. Ihre winterharten Begleiter können das ganze Jahr über an ihrem Standort bleiben.

Wenn Sie der Japanischen Faserbanane (*Musa basjoo*) Blumenrohr (*Canna*) und violetten *Rhizinus* zur Seite stellen, ist Tropen-Feeling garantiert.

◂ SOMMERLICHE FÜLLE

Wenn es um Blütenpower geht, kann es keine Pflanzengruppe mit den Stauden aufnehmen: Sie sind fraglos die Stars der Sommerrabatten. Zu den traditionellen Gartenpflanzen unter ihnen gehören Rittersporn und Pfingstrosen – Primadonnen, die sich durch ihre Strahlkraft in Szene setzen. Doch gibt es auch verhaltenere Schönheiten wie die pastellfarbene Sterndolde (*Astrantia major*).

In der ersten Sommerhälfte quellen Staudenrabatten vor Blüten förmlich über, doch zum Herbst hin lichten sich die Reihen etwas. Wer auch zu dieser Zeit die Leuchtkraft seiner Pflanzungen erhalten will, holt sich Spätzünder wie Fackellilien (*Kniphofia*) ins Team.

In Bauerngärten mit üppiger sommerlicher Blütenpracht haben Rittersporne, violetter Salbei und klassische Rosen ihren festen Platz.

▴ TROCKENGÄRTEN

Trockenheitsverträgliche Stauden sind wie geschaffen für Kies- und Steppengärten. Man legt sie am besten auf trockenen, sandigen Böden an. Bei sorgfältiger Auswahl der Arten braucht man nach dem Einwachsen der einzelnen Exemplare nicht einmal mehr zu wässern. Kleine Sukkulenten wie *Rhodanthemum* und *Stachys* bilden auf Kies bzw. Geröll dichte Farbteppiche. Man mischt sie am besten mit höheren Gewächsen wie Salbei und Spornblume (*Centranthus*).

Für dieses Ensemble wurden Gräser mit gelb- und orangeblütigen Stauden wie Schafgarbe (*Achillea*) zusammengebracht.

◂ NATURNAH

Präriegärten eignen sich für weitläufige Areale, in denen man Pflanzen zu großen Kolonien zusammenstellen kann. Zu diesem Zweck wählt man eine begrenzte Zahl von Staudenarten aus, denen die Bedingungen vor Ort behagen, und pflanzt sie in Gruppen. Einige Stauden eignen sich auch für Wiesenpflanzungen. Legen Sie dazu kleine, locker verstreute Gruppen an und pflanzen Sie zusätzlich einzelne Exemplare so in deren Nähe, als hätten sie sich selbst ausgesät.

Kombinieren Sie Streifen von *Nepeta racemosa* 'Walker's Low', *Betonica* (syn. *Stachys*) *officinalis* 'Hummelo' und *Salvia nemorosa* 'Amethyst'.

STAUDEN AUSWÄHLEN UND PFLANZEN

Stauden trumpfen viele Monate im Jahr mit großartigen Blüten auf. Einige hohe Arten müssen zwar gestützt werden, die meisten aber kann man sich selbst überlassen. Sie treiben nach der Winterruhe wieder aus.

Fassen Sie Stauden zu Gruppen mit mindestens drei Exemplaren zusammen. Junge Ballenpflänzchen sind preiswerter als reife Vertreter.

VERWIRRENDE VIELFALT

Für jedes Arrangement gibt es die passende Staude, angefangen vom hoch aufragenden Purpur-Wasserdost (*Eupatorium purpureum*) bis hin zur niedrigen Hängepolster-Glockenblume (*Campanula poscharskyana*). Gerade weil Stauden in fast allen Farben erhältlich sind, fällt eine Auswahl oft schwer. Analysieren Sie zunächst Lage und Boden und wählen Sie Arten, die sich für diese Bedingungen eignen (*siehe S. 66*). Für die Planung Ihrer Rabatte suchen Sie die Pflanzen nach ihrer Größe aus. Hohe Arten dienen meist als Hintergrund für mittelgroße und niedrige Stauden, manchen Riesen aber kann man auch einen Platz vorn zuweisen, da sie mit ihrem offenen Wuchs die Sicht auf die Schönheiten dahinter nicht versperren – Patagonisches Eisenkraut (*Verbena bonariensis*) und Trichterschwertel (*Dierama pulcherrimum*) gehören dazu. Nicht minder wichtig ist die geschmackvolle Kombination aus Blütenfarben und Laubformen.

Blütenspektakel

Wer in seiner Rabatte ein Farbenfeuerwerk entfachen will, bringt einige Diven ins Spiel. Pfingstrosen trumpfen mit Blüten in Rosa, Rot oder Weiß auf. Zur selben Zeit im Frühsommer blühen die in vielen Farben erhältlichen Lupinen mit unübersehbaren Kerzen. Im Hochsommer wiederum ist Rittersporn mit seinen hohen Trauben in Blau, Violett, Rosa und Weiß schwer zu schlagen. Schmuggeln Sie einige Exemplare des Türkischen Mohns dazwischen. Sein Flor ist zwar relativ kurzlebig, die dekorativen Samenstände bleiben aber noch lange nach der Blüte ansehnlich.

► **Ein rosa Rhododendron**, umrahmt von Fingerhüten, Roten Spornblumen und *Centaurea montana* (Berg-Flockenblume), bringt im Frühjahr und Frühsommer Farbe in Rabatten.

EINE LANGE SAISON PLANEN

Stauden gibt es für jede Jahreszeit. Den Anfang machen Christrosen (*siehe oben links*), die schon im Winter blühen. Als Nächstes treten Kaukasusvergissmeinnicht (*Brunnera*) sowie Elfenblume (*Epimedium*) und Tränendes Herz (*Lamprocapnos spectabilis*) mit grazilen Blüten auf den Plan, die alle etwas Schatten bevorzugen. Ihnen folgen Akeleien in allerlei Farben und Formen. Schließlich läuten Storchschnabel und Nelkenwurz (*Geum, oben rechts*) den Frühsommer ein.

Im Spätsommer und Herbst setzen Bergastern (*unten links*) und goldene Rudbeckien Farbakzente. Ihre Strahlkraft wird von den weißen Margariten (*Leucanthemum*) etwas gedämpft. Im Herbst schlägt die Stunde der Gold- und Silber-Chrysantheme (*Ajania pacifica, siehe unten rechts*) mit gelben, knopfartigen Blüten und silbrig gerandetem Laub. Der Winter ist die Zeit der immergrünen Stauden: Nun kommen rundlaubige Bergenien, grasartige Andeniris (*Libertia*) und Purpurglöckchen (*Heuchera*) zu ihrem Recht.

Helleborus × *hybridus* 'Pluto'

Geum coccineum

Aster amellus 'Rosa Erfüllung'

Ajania pacifica

GARTENWISSEN

Zur Pflanztiefe

Die meisten Stauden sollten so tief gepflanzt werden, wie sie in ihren Töpfen standen. Zu den Ausnahmen zählen Arten, die keine feuchten Böden am Triebansatz vertragen wie Königskerzen (*Verbascum*), Grasschwertel (*Sisyrinchium*) und *Hylotelephium* (syn. *Sedum*). Man pflanzt sie so, dass sie 2–3 cm über den Boden ragen und schräg die Erde um den Wurzelballen an, damit Wasser ablaufen kann. Feuchtigkeitsliebende Pflanzen wie Funkien stehend dagegen gern tiefer, ihre Wurzeln dürfen nie zu nah an der trockenen Oberfläche sein.

STAUDEN PFLANZEN

Bereiten Sie den Boden vor, indem Sie ihn durch Umgraben durchlüften lockern und jäten. Dann arbeitet man etwas organische Substanz mit reifem Stallmist oder Kompost ein. In sehr schweren Böden muss man vielleicht auch Kies dazumischen, um Staunässe (*siehe S. 66*) zu verhindern. Die meisten Stauden werden im Frühherbst oder Frühjahr gepflanzt. Nicht winterharte Formen, die auf kaltes, nasses Klima allergisch reagieren, etwa das Patagonische Eisenkraut, setzt man im Frühjahr.

1 Ein Loch ausheben, das zweimal so breit wie der Pflanztopf und ein bisschen tiefer als dieser ist. Pflanze so in das Loch stellen und so justieren, dass die Oberfläche des Substrats und die Erdoberfläche des Beets auf gleicher Höhe sind.

2 Boden des Lochs mit einer Grabgabel lockern und etwas Langzeitdünger einharken. Pflanze gut wässern, dann behutsam aus dem Topf ziehen.

3 Kreisförmig wachsende Wurzeln im Ballen lockern und herausziehen. Pflanze in das Loch setzen. Mit dem Aushub die Lücke zwischen Erdwand und Ballen füllen und mit der Hand festdrücken.

4 Pflanze gut wässern und eine Mulchschicht aus Komposterde oder gut verrottetem Stallmist auf dem Wurzelraum verteilen. Um den Wurzelhals von Pflanzen wie Schafgarbe (*Achillea*), Ziest (*Stachys*) und Fetthenne (*Sedum*), die einen trockenen Wurzelhals brauchen, Kies verteilen.

PFLEGE

Pflanzt man Stauden an Standorten, an denen für sie optimale Bedingungen herrschen, müssen sie normalerweise nur in der ersten Saison nach dem Setzen zusätzlich gegossen werden. Nicht wässern sollte man dagegen Pflanzen, die ihre Blätter um die Mittagszeit hängen lassen. Damit verringern sie nur die Verdunstung – am Abend sollte ihr Laub wieder straff geworden sein.

Nach dem Einwachsen brauchen nährstoffhungrige Stauden wie Herbstastern (*Symphyotrichum* syn. *Aster novae-angliae*) jährlich im Frühjahr ein Langzeitdüngergranulat. Gleichzeitig mulcht man sie mit gut verrottetem Stallmist, Komposterde oder Rindenschnipseln.

Hohe Exemplare wie Rittersporn und einige Astern müssen vor allem an exponierten Standorten gestützt werden. Drücken Sie dazu im Frühjahr beim Austrieb Stäbe neben sie in die Erde und binden sie die Triebe daran fest, während sie wachsen. Einzelne Triebe werden mit Bambusstäben gestützt, horstbildende Pflanzen

Horstbildende Pflanzen werden rechtzeitig zu Saisonbeginn gestützt.

hält man aufrecht, indem man um sie herum Haselruten, Zweige oder Stützgitter (*siehe oben*) in die Erde steckt. Das sieht anfangs nicht sonderlich schön aus, doch überwuchern die Pflanzen ihre Stütze bald.

Rückschnitt

Stauden brauchen außer Gießen und Stützen kaum Pflege und kommen die restliche Saison über gut allein zurecht. Manche bilden frisches Laub, wenn man sie nach der Blüte zurückschneidet, etwa winterharte Storchschnäbel. Andere blühen noch einmal, sofern man welke Blüten abzwickt, z. B. Nelken. Im Spätherbst schneidet man alte Triebe bis zum Boden zurück, sofern das Laub oder die Samenstände nicht im Winter ein dekoratives Gartenelement abgeben. Befreien Sie im Frühjahr immergrüne Arten von altem Laub, damit neue Blätter Platz haben.

FACHCHINESISCH

Der »Chelsea Chop«

Im späten Frühjahr, wenn die Chelsea Flower Show der britischen Gartenbaugesellschaft RHS zu Ende geht, kann man den »Chelsea Chop« ausprobieren. Bei dieser Schnitttechnik werden Pflanzen um die Hälfte zurückgestutzt. Das verlängert ihre Blütezeit und regt sie zur Bildung von Blütentrieben an. Sie blühen dann zwar später als gewöhnlich, aber dafür umso reicher. Gut auf den Chelsea Chop reagieren beispielsweise *Sedum*, *Rudbeckia*, *Hylotelephium* (syn. *Sedum*), *Echinacea* und *Helenium*.

STAUDEN FÜR PROBLEMATISCHE STANDORTE

Selbst für schwierige Areale finden sich geeignete Stauden. Planen Sie Ihre Pflanzungen sorgfältig, dann bleibt Ihr Garten das ganze Jahr über ansehnlich.

Ideal für Lücken im Pflaster oder in Trockenmauern sind alpine Pflanzen. Blaukissen (*Aubrieta*, *siehe oben links*), Steinkraut (*Alyssum*) und Gänsekresse (*Arabis*) bringen frühlingsfrohe Farben, Frankenia und Hornkraut (*Cerastium*) haben später ihren Auftritt.

Die immergrüne *Euphorbia rigida* (*siehe oben rechts*) mit bläulich bereiftem Laub ist ideal für Sonnenhänge; ihre gelben Blütenstände erscheinen im Frühjahr. Ebenfalls empfehlenswert: der silbrig belaubte Wermut *Artemisia* 'Powis Castle' für Kiesgärten.

Trockenen Schatten vertragen Immergrün (*Vinca minor*, *siehe unten links*) mit immergrünem Laub und blauen Frühjahrsblüten sowie die Goldnessel (*Lamium*) mit panaschierten Blättern.

Tiefer Schatten macht den meisten Farnen nichts aus. Dies gilt auch für Ysander (*Pachysandra*), Frauenmantel (*Alchemilla mollis*), Kaukasusvergissmeinnicht (*Brunnera*), Bergenia und einige Pfennigkraut-Arten (*Lysimachia*). Feuchten Schatten vertragen Funkien (*siehe unten rechts*), allerdings lieben Schnecken ihr Laub.

Aubrieta – Blaukissen

Euphorbia rigida

Vinca minor – Kleines Immergrün

Hosta 'Francee'– Funkie

PFLANZVORSCHLÄGE

HOCHSOMMERLICHES FARBFEUERWERK

Eine über und über mit Stauden gefüllte Hochsommerrabatte lässt sich mit nichts vergleichen. Dieser Mix aus kontrastierenden Gelb-, Blau- und Violetttönen mit roten Akzenten hat jedoch nicht nur viel Farbe, sondern auch interessante Formen zu bieten. Man legt das Beet an einem sonnigen Standort an und mulcht es jedes Frühjahr.

1 Im Frühjahr umgraben und Kompost einarbeiten. Hohe Kerzen neben Schafgarbe (*Achillea*) mit flachen Blütenköpfen platzieren.

2 Hohe Lupinen (*Lupinus*) und Königskerzen (*Verbascum*) in Gruppen zu mindestens drei Exemplaren im hinteren Bereich pflanzen.

3 Rabatte nach dem Bepflanzen ein Jahr lang gut wässern. Vertrocknete Stängel im Spätwinter zurückschneiden.

SIE BRAUCHEN

1 *Lupinus* 'The Governor'

2 *Pittosporum tenuifolium* 'Silver Queen'

3 *Anchusa azurea* 'Loddon Royalist'

4 *Achillea* 'Moonshine'

5 *Rosa* Rose of Picardy

6 *Verbascum* 'Gainsborough'

PRÄRIEPFLANZUNG

Diese ansprechende Rabatte setzt sich aus größeren Staudengruppen zusammen, die zusammen mit Graskolonien ein spätsommerliches Farbenmeer wogen lassen. Sie ist dank der Samenstände selbst im Herbst nach der Blüte noch ansehnlich. Eindruck machen die strohfarbenen Triebe besonders im Winter, wenn Raureif sie überzieht.

SIE BRAUCHEN

1 *Deschampsia cespitosa*

2 *Hylotelephium* (syn. *Sedum*) *spectabile*

3 *Echinacea purpurea* 'Rubinstern'

4 *Lythrum virgatum*

5 *Eupatorium*

1 Vor dem Pflanzen im Frühherbst oder Frühjahr in den Boden reichlich organische Substanz in die Rabatte einarbeiten, um den Boden zu verbessern.

2 Mindestens zehn Exemplare jeder Pflanze kaufen und zu tropfenförmigen, miteinander verwobenen Gruppen kombinieren. Höhe und Textur variieren.

3 In der ersten Saison gut gießen. Die getrockneten Stängel im Winter stehen lassen und erst im Frühjahr abschneiden.

STAUDEN ALS LAUBSCHMUCK

Blütenkaskaden sehen in Beeten und Rabatten umwerfend aus, doch blühen viele Stauden leider nur kurz. Wer ein länger ansehnliches Arrangement bevorzugt, holt sich Pflanzen in den Garten, die neben ihrer Blüte auch noch schönes Laub zu bieten haben.

Mit Stauden verhält es sich wie mit den meisten Pflanzen: Großlaubige Formen ziehen Schatten vor, solche mit kleinen, silbrigen oder flaumig behaarten Blättern eher sonnige Standorte. Die meisten Formen mit panaschiertem – also weiß oder farbig gemustertem Laub brauchen etwas Sonne, damit sich diese Färbung entwickeln kann, einige panaschierte Arten wie Aronstab (*Arum*) und Lungenkraut (*Pulmonaria*) kommen aber auch mit Schatten zurecht.

Kombinieren Sie Pflanzen mit unterschiedlichen Merkmalen (*siehe rechts*). Große Wirkung erzielt man mit Gruppenpflanzungen.

Dryopteris affinis

LAUBVARIATIONEN

Große Blätter Zu den schönsten Stauden mit auffallend großem Laub gehören Bergenien mit ovalen, ledrigen Blättern und rosa Blütenständen im Frühjahr.

Buntes Laub Die größte Farbvielfalt bieten Purpurglöckchen (*Heuchera, siehe oben*), die in fast allen Böden gedeihen. Funkien bieten sich für schattige Standorte an.

Schwertförmige Blätter Winterharter Neuseelandflachs (*Phormium, siehe oben*) mag Sonne und ist eine gute Leitpflanze. Für schattige Plätze: die ähnliche *Astelia*.

Zeichnung *Brunnera*-Sorten (*siehe oben*) und *Pulmonaria*-Arten, viele davon panaschiert, bringen mit ihrem gemusterten Laub ein Strahlen in schattige Winkel.

Grasiges Laub Schlangenbart (*Ophiopogon, siehe oben*) hat panaschierte, dunkle, grasartige Blätter. Andeniris (*Libertia*) wird höher und eignet sich für Rabatten.

Fingerförmiges Laub Nicht alle *Euphorbia* sind Stauden, aber *E. amygdaloides* 'Purpurea' mit auffallend rotviolettem Laub gehört zu den dekorativsten Vertretern.

Farnartige Blätter Wer eine Kombination aus Blüten und farnartigem Laub sucht, ist mit Schafgarben (*Achillea*) bestens bedient. Farne selbst mögen Schatten.

Weiches, flaumiges Laub Samtweich sind die Blätter des Wollziests (*Stachys byzantina, siehe oben*) und der Silber-Königskerze (*Verbascum bombyciferum*).

◀ **Pflanzen Sie Schattenliebhaber** wie Funkien (*Hosta*) und Tränendes Herz (*Dicentra* 'King of Hearts') unter Bänken – das bereichert den Garten um eine zusätzliche Pflanzenebene.

Blattschmuckstauden sind vielseitige Pflanzen, die sich für Gärten jeder Größenordnung eignen. Kleine Formen lassen sich gut in winzige Räume einfügen, während großspurige Publikumslieblinge wie Neuseelandflachs ausgezeichnete Topfpflanzen für Terrassen und Höfe abgeben. Dazwischen angesiedelt sind mittelgroße Stauden, die man auf größeren Arealen als Gruppenpflanzung einsetzen kann – sie wirken in erster Linie durch ihre Masse und Textur. Kleine Asketen wie die hübsch gezeichnete Gefleckte Taubnessel (*Lamium maculatum*) kommen sogar mit trockenem Schatten unter Bäumen zurecht.

In kleinen Stadtgärten erweisen sich Stauden als wahre Vielseitigkeitskünstler: Schattenpflanzen wie Funkien, Lungenkraut und Farne kann man sogar unter Bänken platzieren oder als Wegsaum einsetzen. In größeren Gärten bereichert man feuchte Ufer mit den riesigen Blättern eines Mammutblatts (*Gunnera manicata*) um ein bizarres Element. Wo nicht so viel Platz ist, kann man mit dem wohlgeformten Laub von Ligularia und Schaublatt (*Rodgersia*) Akzente setzen. Sonnige Areale sind perfekt für eine Einfassung aus Ziest (*Stachys*), Gruppen farbenfroher Sukkulenten, darunter violette Formen der Purpur-Fetthenne (*Hylotelephium* syn. *Sedum telephium*), und Strukturpflanzen wie dem Honigstrauch (*Melianthus major*).

Pflanzen mit dekorativem Laub stammen aus den unterschiedlichsten Lebensräumen. Farne (*siehe rechts*) sind prima Topfpflanzen, doch muss man Stauden in Gefäßen immer gut wässern und düngen, damit ihr Laub schön bleibt.

FARNE IN TÖPFEN

Selbst wenn man nicht viel Platz für Pflanzen hat, kann man doch mit einem Mix unterschiedlicher Farne in einem Gefäß auf einer Terrasse eine üppig grüne Atmosphäre schaffen.

1 Topf mit Abzugsloch wählen, um einen guten Wasserabzug zu gewährleisten. Eine Schicht Blumenerde mit Tonanteil daraufgeben. Etwas Langzeitdüngergranulat hinzufügen.

2 Ballen der Farne mitsamt Topf in einem Eimer Wasser 15 Minuten einweichen. Dann – immer noch im Topf – im großen Gefäß arrangieren, um die optimale Anordnung zu finden.

3 Nun die Farne aus den Töpfen holen und auf das Substrat stellen. Erde um die Wurzelballen herum einfüllen und mit den Fingern leicht andrücken.

4 Farne in derselben Höhe wie im ursprünglichen Topf pflanzen. Zwischen Substrat und Topfrand 5 cm Abstand lassen, um gut wässern zu können. Anschließend gründlich gießen.

KLETTERPFLANZEN UND WANDSTRÄUCHER

Kletterer und Wandsträucher sind vielseitige Pflanzen, vor allem in Kleingärten, in denen Platz Mangelware ist, aber auch dort, wo etwas kaschiert werden soll. Mit ihren Blättern, Früchten und Blüten haben sie gleich mehrere Schokoladenseiten.

▸ DUFTWÄNDE

Wohlriechende Kletterpflanzen haben einen entscheidenden Vorteil: Ihre Duftquelle wächst auf Nasenhöhe. Die Auswahl ist riesig – schon allein Climber- und Rambler-Rosen geben eine enorme Palette an betörenden Düften frei. Aus der sommergrünen Fraktion empfehlen sich Waldgeißblatt (*Lonicera periclymenum*) und Jasmin (*Jasminum*), doch schickt auch die immergrüne Gruppe mit dem Sternjasmin einen überzeugenden Kandidaten ins Rennen. Im Frühjahr erfüllen die weißen und violetten Blütenrispen des Blauregens den Garten mit ihrem reichen Parfüm.

Der Chinesische Sternjasmin (*Trachelospermum jasminoides*) lässt sich an Drähten oder einem Rankgitter ziehen, ist aber bei uns nicht winterhart. Die kleinen Blüten duften betörend.

▴ LAUBVORHÄNGE

An Holz- oder Maschendrahtzäunen bzw. Klettergerüsten hochgezogen, sind Kletterpflanzen eine wüchsige Alternative zu Hecken. Ideal für solche »grünen Vorhänge« sind der Efeu (*Hedera helix*) und die sommergrüne Jungfernrebe (*Parthenocissus*). An schattigen Standorten hat sich die Kletterhortensie bewährt, die ihre Laubkaskaden mit weißen Rispen durchsetzt. Sonnige Standorte mag der Kolomikta-Strahlengriffel (*Actinidia kolomikta*) mit grünem, weißem und rosa Laub.

Das auffällige Laub der Jungfernrebe (*Parthenocissus tricuspidata*) bildet einen dichten Laubwall mit schöner Herbstfärbung.

▲ DEN STÜTZEN ZUR ZIER

Die harten Linien von Pergolen, Bögen, Zäunen oder Schuppen werden weicher, wenn man sie in einen Schleier aus verflochtenen Trieben, Laubtexturen, Blüten und Früchten hüllt. Für windende Kletterpflanzen errichtet man vertikale Stützen, die aber tragfähig genug sein müssen. Möglich ist auch die Kombination zweier verschiedener Kletterpflanzen, doch müssen beide gleich wüchsig sein. Wandsträucher wie Feuerdorn (*Pyracantha*) bilden Wälle aus dornigen Trieben, immergrünem Laub und Beeren im Herbst und Winter.

Diese klassische Kombination aus Rosen und *Clematis* macht das Eisengitter zu einem romantischen Gartenelement im bäuerlichen Stil.

◂ HÖHE FÜR TOPFARRANGEMENTS

Kletterpflanzen eignen sich nicht nur für Beete und Rabatten: Auch auf Höfen und Terrassen kann man mit ihnen Zeichen setzen, etwa indem man die einjährigen Vertreter dort einsetzt. Ideal für Bauerngartenpflanzungen sind traditionelle Blüher wie Wicken an einem Zelt aus rustikalen Stangen. Wer ein modernes Design bevorzugt, setzt Purpurglockenwein (*Rhodochiton*), der bei uns aber nicht winterhart ist. Kompakte *Clematis*-Formen für Töpfe bestechen auf Terrassen mit ihrem reichen Blütenschmuck.

Unübersehbar sind solche Stangenzelte mit Duftwicken (*Lathyrus odoratus*), die in Rabatten aus dem Blütenmeer herausragen.

◂ KLETTERPFLANZEN AN GEHÖLZEN

Sommergrüne Bäume sind die perfekte Stütze für große, wüchsige Kletterpflanzen wie Rosen und früh blühende *Clematis*, die zwar zunächst Kletterhilfen brauchen, sich dann aber ihren Weg selbstständig durch das Geäst suchen. Planen Sie die Kombination aus Gehölz und Kletterern sorgfältig und staffeln Sie die Blühzeiten. Für den Sommer und Herbst sind späte Blüher wie Flammende Kapuzinerkresse (*Tropaeolum speciosum*) zuständig. Sträucher kombiniert man mit kleineren Kletterpflanzen, z.B. Glockenrebe (*Cobaea scandens*). Für Gärten im tropischen Stil eignet sich die Schönranke (*Eccremocarpus*). Alle müssen bei uns im Haus überwintern oder jährlich neu gepflanzt werden.

Eine blassrosa Kletterrose an einem sommergrünen Baum hüllt ihre Stütze in ein Meer aus einnehmenden Blüten. Das Paar macht aus jeder stillen Gartensitzecke eine stimmungsvolle, duftende Oase.

KLETTERER AUSWÄHLEN UND PFLANZEN

Die Auswahl an Kletterpflanzen und Wandsträuchern für sonnige und auch schattige Standorte ist groß. Sie sollten wissen, wie sich die Kletterkünstler festhalten, damit Sie die passende Stütze für sie aufstellen können.

Kletterpflanzen haben unterschiedliche Festhaltestrategien Wenn man sie kennt, kann man ihnen die passende Stütze zur Verfügung stellen. Windende Kletterer wie *Clematis* und Geißblatt brauchen Rankgitter, Drähte oder große Gehölze, an denen sie sich festklammern können. Wüchsige Vertreter wie Blauregen (*Wisteria*) werden mit der Zeit ziemlich schwer und brauchen deshalb eine stabile Stütze.

Selbstklimmer wie Efeu oder Jungfernreben (*Parthenocissus*) erobern Wände ganz ohne Hilfe. Nach dem Einwachsen müssen sie aber gelegentlich zurückgeschnitten werden, sonst kriechen sie in Ritzen und Rinnen und verursachen Schäden.

Kaufen Sie nur Pflanzen mit vielen gesunden Trieben. Klammern, mit denen sie an den Stäben befestigt sind, müssen entfernt werden.

KLETTERSTRATEGIEN

Ob klebrige Haftscheiben, windende Triebe oder Ranken: Kletterpflanzen haben ihre eigenen Methoden, sich an einem Wirt festzuhalten. Lesen Sie beim Kauf das Etikett oder sehen Sie sich die Triebe gut an, damit Sie die passende Kletterhilfe bereitstellen können. Sogar Selbstklimmer brauchen anfangs Stäbe, die sie zu ihrer Stütze führen.

Luftwurzeln Selbstklimmer wie Efeu und Kletterhortensien halten sich mit Luftwurzeln an der Oberfläche ihrer Stütze fest. Efeu überwuchert alles, was ihm in den Weg kommt, von Bäumen und Sträuchern bis hin zu Mauern, Zäunen und Pfosten.

Haken und Dornen Spreizklimmer wie Rosen verankern sich mit Stacheln und Dornen an höheren Pflanzen. Sie wachsen selbstständig an Wirtspflanzen empor, müssen aber an Rankgittern und Drähten vor einer Wand oder an Strukturen wie einer Pergola festgebunden werden.

Haftscheiben Einige Selbstklimmer wie die Jungfernrebe treiben Haftscheiben aus, mit denen sie sich an ihrer Stütze fixieren. Wenn sie dort einmal Halt gefunden haben, brauchen sie keine weitere Unterstützung mehr.

Windende und rankende Triebe Beliebte Kletterpflanzen wie die Passionsblume und das Geißblatt klammern sich mit windenden Trieben oder Ranken an ihren Stützen fest. Man befestigt für sie Drähte oder ein Drahtgitter an einem baulichen Element, etwa einem Zaun oder Bogen.

WANDBEGRÜNUNG

Will man Mauern und Zäune mit Rosen und rankenden Kletterpflanzen begrünen, muss man Drähte spannen oder ihnen eine andere Kletterhilfe bieten. Befestigen Sie zwei Latten an der Fläche und schrauben Sie ein Gitter daran fest. Dadurch bleibt etwas Abstand zwischen Gitter und Wand, sodass Kletterpflanzen sich besser festhalten können.

Um horizontale Drähte zu spannen, bohrt man parallele Lochreihen in Mauern oder Zaunpfosten und drückt Dübel in die Löcher (für Holzpfosten braucht man keine Dübel). Drehen Sie Ösenschrauben in die Löcher und spannen Sie festen, mit Kunststoff beschichteten Gartendraht dazwischen. Damit die Kletterpflanze die Fläche gleichmäßig bedeckt, fächert man ihre Triebe auf und befestigt sie mit Gärtnerschnur an den Drähten oder dem Rankgitter. Rosentriebe blühen besser, wenn man sie horizontal führt.

Werten Sie rustikale Mauern mit *Clematis* an Drähten auf. Die Schrauben und Drähte sind unter dem üppigen Grün nicht zu sehen.

GARTENWISSEN

Drähte an Pfosten

Die Pfosten einer Pergola oder eines Bodens lassen sich einfach mit Drähten bespannen. Jeweils vier Ösenschrauben auf jeder Seite oben und unten in jeden Pfosten drehen, kunststoffbeschichtete Drähte dazwischen spannen und die Schrauben drehen, bis die Drähte straff sind. Man kann die Pfosten aber auch mit Maschendraht umwickeln.

Unkomplizierte Kletterhilfe

KLETTERER PFLANZEN

Vor dem Pflanzen eines Kletterers befestigt man zuerst die Drähte oder Rankgitter (*siehe links*). Dann gräbt man den Boden um und arbeitet organische Substanz wie gut verrotteten Kompost oder Dung in die Erde ein. Pflanzen Sie Kletterpflanzen nicht zu nah an der Wand oder dem Zaun, denn der Boden ist dort sehr trocken. Die meisten winterharten Kletterer werden im Herbst, empfindlichere Formen wie *Solanum* dagegen im Frühjahr gepflanzt.

1 In 50 cm Entfernung von einem Zaun (bei Pfosten etwas näher) ein Pflanzloch graben, das zweimal so breit und geringfügig tiefer als der Topf ist. Topf in das Loch stellen, um die richtige Pflanztiefe herauszufinden.

2 Bambusstäbe fächerförmig in das Loch stecken. Die Stäbe an den gespannten Drähten befestigen, um die Kletterpflanzen zu den Drähten zu führen.

3 Pflanze wässern, dann aus dem Topf ziehen. In das Loch stellen und etwas zum Zaun neigen – der Ballen darf aber nicht über das Bodenniveau hinausragen. In den Aushub Dünger einarbeiten.

4 Aushub wieder um den Ballen herum einfüllen und mit der Hand festdrücken. Um den Ansatz der Kletterpflanze eine runde Vertiefung bilden, in der sich das Wasser sammeln kann.

5 Triebe locker an die Stäbe binden. Pflanze wässern – die Vertiefung leitet die Flüssigkeit direkt zu den Wurzeln. Eine Mulchschicht aus Rindenschnipseln oder anderer organischer Substanz um die Pflanze verteilen, Ansatz aber frei halten.

PFLEGE

Kletterpflanzen brauchen ein paar Jahre, bis sie eingewachsen sind. In dieser Zeit müssen sie immer genug Wasser haben. Bei Trockenheit gießt man sie vom zeitigen Frühjahr bis zum Herbst wöchentlich – immergrüne Formen brauchen manchmal sogar im Winter etwas Flüssigkeit. Drehen Sie den Wasserhahn nur halb auf und weichen Sie den Wurzelballen gründlich ein. Wer von Hand gießt, verwendet eine Brause und leert die ganze Kanne über den Wurzeln.

Jedes Frühjahr verteilt man eine Schicht organischer Substanz – etwa verrotteten Stallmist oder Humus – um die Pflanze, lässt den Wurzelhals aber frei. In normal nährstoffreichen Böden braucht man nach dem Einwachsen nicht noch zusätzlich zu düngen, lediglich bei sehr langsamem oder kümmerlichem Wuchs gibt man im Frühjahr Langzeitdünger. Junge Triebe werden angebunden, damit die Stütze gleichmäßig überwuchert wird. (*Zum Schnitt siehe S. 316–317.*)

BEERENSCHMUCK

Freilich sind die Blüten von Kletterpflanzen ein Hingucker, doch sollte man auch den Zierwert von Beeren zum Ende der Saison nicht unterschätzen. Sehr dekorativ sind die glänzend violetten, roten, rosa oder weißen Beeren von *Billardiera longiflora*, einer eher ungewöhnlichen Gartenpflanze, die bei uns höchstens im Weinbauklima winterhart ist. Die roten Hagebutten von Rambler-Rosen wie *Rosa* 'Seagull' und *R.* 'Albertine' gereichen ihren Trägerinnen noch lange nach der Blüte zur Zier.

Wie Perlen wirken die weißen Beeren der Ussuri-Scheinrebe (*Ampelopsis brevipedunculata*), bevor sie eine satt blauviolette Tönung annehmen. Farbe in dunkle Ecken bringen die orangefarbenen, roten oder goldgelben Früchte von Sträuchern wie dem Feuerdorn (*Pyracantha*).

Billardiera longiflora Auf die grüngelben Blüten folgen farbenfrohe Früchte, die diese hübsche Kletterpflanze im Herbst zieren. Sie verträgt bestenfalls leichte Minusgrade und sollte daher im Winter nach drinnen gebracht oder gut geschützt werden.

Hagebutten Alle Rosen tragen diese dekorativen Früchte – aber nur, wenn man keine welken Blüten abzwickt. Lassen Sie einige Triebe von Rambler-Rosen nach der Blüte ebenso stehen wie die abgeblühten Triebe öfter blühender Climber-Rosen.

GANZJÄHRIG ANSEHNLICHE WANDSTRÄUCHER

Sträucher, die vor Mauern oder Zäunen kultiviert werden, aber keine Klettermöglichkeit haben, heißen Wandsträucher. *Ceanothus* 'Concha' (*siehe oben links*) begeistert mit Blütenkaskaden und auch die Zierquitte (*Chaenomeles*) hält im Frühjahr mit ihrem Prachtflor nicht hinter dem Berg.

Im Sommer bringen die goldgelben Blüten des Flanellstrauchs *Fremontodendron* 'California Glory' (*siehe oben rechts*) sonnige Wände zum Strahlen. Eher filigran wirken die glockenförmigen, hängenden Blüten des immergrünen *Abutilon megapotamicum* (*siehe unten links*) und die duftenden Becher der Baumanemone (*Carpenteria californica*).

Herbstliche Farbtupfer setzen die Beeren von *Pyracantha* und *Cotoneaster*. Im Spätwinter schlägt die Stunde von *Garrya elliptica* (*siehe unten rechts*) mit seidigen Blütenquasten. Wertvoll ist in der kalten Jahreszeit auch das panaschierte immergrüne Laub von *Euonymus-fortunei*-Sorten wie 'Emerald 'n' Gold' und 'Silver Queen'.

Außer *Pyracantha* und *Cotoneaster* sind alle genannten Pflanzen nur im Weinbauklima an geschützten Standorten winterhart bzw. müssen im Haus überwintern.

Ceanothus 'Concha' – Säckelblume

Fremontodendron 'California Glory'

Abutilon megapotamicum

Garrya elliptica – Spalier-Becherkätzchen

PFLANZVORSCHLÄGE

SCHNELLES GRÜN

Einjährige Kletterpflanzen wie die Prunkwinde (*Ipomoea*) oder die Schwarzäugige Susanne (*Thunbergia*) erobern Rankgitter im Nu und sind daher ideal als vorübergehende Kulisse für ein Hochbeet oder Gefäß. Sie brauchen stark durchlässiges Substrat und zum Blühen viel Sonne.

1 *Ipomoea* und *Thunbergia* im Frühjahr in Töpfe säen. Wenn keine Fröste mehr zu erwarten sind, ein Hochbeet oder großes Gefäß mit tonhaltiger Blumenerde füllen. Rankgitter hinter einem Pflanzarrangement aufstellen.

2 Zwei Sämlinge jeder Pflanze an den Fuß des Rankgitters und zusätzlich zu beiden Seiten der Kletterer Taglilien mit farblich dazu passenden Blüten pflanzen. Erde leicht festdrücken.

3 Pflänzchen sofort wässern; während des gesamten Sommers immer gut gießen. Die Kletterpflanzen müssen nicht an das Gitter gebunden werden, doch sollte man dafür sorgen, dass sich die Triebe gleichmäßig verteilen.

SIE BRAUCHEN

1 *Ipomoea* 'Heavenly Blue'

2 *Thunbergia alata*

3 *Hemerocallis* (Taglilie)

KLASSISCHE KOMBINATION

Die Rambler-Rose *R.* 'Minnehaha' und die *Clematis* 'Comtesse de Bouchaud' sind ein wahres Traumpaar. Gerade wenn die duftenden Rosenblüten welken, zeigt die *Clematis*, was sie zu bieten hat, und lässt die Blütenshow mit ihrem pastellrosa Flor bis in den Frühherbst weitergehen. Beide brauchen ein stabiles Rankgitter, einen Baum oder eine mit Draht bespannte Wandfläche. Man unterpflanzt sie mit blauen Stauden wie der hüfthohen Riesendolden-Glockenblume (*Campanula lactiflora*), deren Blüten den ganzen Sommer erscheinen und kahle Triebe am Ansatz der Kletterpflanzen kaschieren. Alle gedeihen an sonnigen bis halbschattigen Standorten in feuchter, aber durchlässiger Erde.

1 Diese Kletterpflanzen mögen nährstoffreiche Erde. Deshalb vor dem Pflanzen reichlich organische Substanz einarbeiten und düngen.

2 *Clematis* und Rose wie auf S. 145 gezeigt in rund 60 cm Abstand pflanzen. Boden um sie herum gut festdrücken und wässern.

3 Glockenblumen (*Campanula*) nur 50 cm vor die Kletterpflanzen setzen. Beet in den ersten beiden Jahren gut wässern.

SIE BRAUCHEN

1 *Clematis* 'Comtesse de Bouchaud'

2 *Campanula lactiflora*

3 *Rosa* 'Minnehaha'

Clematis × durandii

CLEMATIS

Die biegsamen Triebe der Clematis lassen sich im Garten vielfältig einsetzen. Angesichts der enormen Bandbreite an Farben und Formen verwundert es nicht, dass diese Kletterpflanzen so beliebt sind. Für jeden Garten und fast jeden Monat gibt es den passenden Typ, ob man sie an Bäumen hoch wachsen lassen oder in Töpfen ziehen will.

Die Gattung *Clematis* umfasst eine große Gruppe von Kletterpflanzen mit den unterschiedlichsten Blüten- und Wuchsformen. Größere Arten wie *Clematis montana* und *C. tangutica* müssen kaum gestützt werden, wenn man sie an Gehölzen zieht. Nicht ganz so wüchsig sind die großblütigen und spät blühenden Hybriden: Will man sie an vertikalen Flächen hochziehen, braucht man Drähte oder Rankgitter. Spät blühende *Viticella*-Formen ähneln den großen Arten.

Die Auswahl an niedrigen Hybriden, großblütigen Frühsommersorten, spät blühenden Arten mit glockenförmigen Blüten und den im Winter und zeitigen Frühjahr blühenden Formen mit süßem Duft ist so groß, dass man fast das ganze Jahr *Clematis*-Blüten genießen kann. Und für die kurze

CLEMATIS-GRUPPEN

Früh blühende Arten Dazu zählt die hohe, oftmals fein duftende *C. montana* mit offenen Blüten, die man am besten an Bäumen hochklettern lässt, die kleinere *C. alpina* und *C. macropetala*.

Großblütige Hybriden Diese Hybriden mit großen, im Frühsommer erscheinenden Prachtblüten bilden eine vielgestaltige Gruppe mit breiter Farbpalette. Etliche Sorten tragen gestreifte oder mehrfarbige Blüten.

Spät blühende Hybriden Dazu zählen die vielen Formen von *C. jackmanii*. Die Blüten sind kleiner als bei den früh blühenden Hybriden, während sich das Farbspektrum mit dem der großblütigen Hybriden vergleichen lässt.

Gefüllt blühende Hybriden Die sehr gefragten Formen mit gefüllten Blüten werden wegen ihrer rüschigen Blütenblätter um die Blütenmitte geschätzt, die sie voller und runder aussehen lassen.

Zeit im Winter, in der keine Sorte blüht, hellt *C. tangutica* die dunkle Zeit mit laternenförmigen Samenständen auf.

Manche Formen wie *C. montana* und ihre Sorten erreichen an Wirtsbäumen hochgezogen bis zu 10 m Höhe. Blühen die Gehölze auch noch im späten Frühjahr, bringen sie im Verbund mit ihrem »Gast« viele Wochen lang Farbe in den Garten. Auch die spät blühenden *Viticella*-Formen dienen sich als Partner für Bäume und Sträucher an, doch kann man sie auch durch ein Beet kriechen lassen.

Für die Begrünung von Mauern, Zäunen oder Sichtschutzwänden zieht man eine große *Clematis*-Form an Drähten. Wer auf Farbe zum Saisonende Wert legt, ist mit *C.* 'Bill McKenzie' gut beraten: Die Sorte bildet ein Dickicht aus dicht belaubten Trieben und gelben, nickenden Blüten, aus denen hübsche Samenstände reifen. Für Bögen und Pfosten gibt es unzählige Hybriden, die alle ausgesprochen schön anzusehen sind und sich gut mit Kletterrosen, Jasmin oder Prunkwinde (*Ipomoea*) kombinieren lassen.

Pflanzen Sie *Clematis* in feuchter, durchlässiger, nährstoffreicher Erde an sonnige bis halbschattige Plätze. Der Wurzelraum muss kühl bleiben; man beschattet ihn mit Pflanzen oder Steinen. Sie vermeiden einen Befall mit der Clematis-Welke, indem Sie die Pflanzen in tiefe, nährstoffreiche Böden setzen und die Wurzeln nicht austrocknen lassen.

◀ **Lassen Sie eine Clematis** wie 'Perle d'Azur' über Mauern klettern – und herrlich ungezügelte Blütenkaskaden im Spätsommer sind Ihnen sicher!

SCHNITT

Bei *Clematis* gibt es drei Schnittgruppen: Auf Etiketten ist oft angegeben, zu welcher Gruppe die Sorte gehört und wann man am besten schneidet.

Gruppe 1
Sehr wüchsige früh blühende Clematis werden nach der Blüte gestutzt, damit sie ansehnlich bleiben. Schneiden Sie alte, verdichtete Triebe bis fast zum Boden zurück.

Gruppe 2
Im Frühsommer blühende Formen, zu denen auch die großblütigen Hybriden zählen, brauchen wenig Schnitt. Entfernern Sie tote und kranke Triebe und schneiden Sie die verbliebenen auf ein gesundes Knospenpaar zurück.

Gruppe 3
Clematis, die nach dem Hochsommer blühen, werden im Frühjahr vor dem Austrieb kräftig geschnitten. Man kürzt die Triebe bis auf ein kräftiges Augenpaar 15–30 cm über dem Boden ein.

Niedrige *Clematis* Neben kompakten Hybriden wie *C.* 'Bees' Jubilee' (*siehe oben*) zählt man dazu auch die Formen aus der speziell gezüchteten Boulevard®-Serie von Raymond Evison.

Immergrüne Arten *C. armandii* (*siehe oben*) und *C. cirrhosa* sind wegen ihres immergrünen Laubs und der Fülle an Blüten im März und April beliebt. Die Formen von *C. armandii* duften überdies süß.

Kleinblütige Arten Zu dieser Gruppe zählt man die spät blühenden *Viticella*-Formen, die gelb-rote *C. koreana* (*oben*), die gelbe *C. tangutica* und *C. flammula* mit Massen winziger, sternförmiger Blüten.

BAMBUS UND GRÄSER

Ob mit filigranen Kaskaden aus leise raschelnden Blättern oder fiedrigem Laub auf farbenfrohen Halmen: Gräser und Bambusse geben jeder Pflanzung Format und Abwechslung.

▶ FARBE UND FORM

Ein breites Farbspektrum erreicht man in Gärten nicht allein mit Blüten: Auch Bambusse sind mit einnehmend violetten, eisblauen, goldgelben oder schwarzen Halmen erhältlich. *Borinda papyrifera* – bei uns braucht sie einen Winterschutz – mit blauen Halmen und *Phyllostachys* erreichen bis zu 5 m Höhe und bringen Farbe in jeden Garten, sofern man genug Platz hat, um sie gebührend in Szene zu setzen.

Auch Gräser setzen willkommene Farbtupfer – stattlichere Formen eignen sich mitunter sogar als Leitpflanzen. Halten Sie Ausschau nach Züchtungen mit gelben Streifen oder roten Spitzen wie *Miscanthus sinensis* 'Zebrinus' und *Imperata cylindrica* 'Red Baron'.

In diesem Kiesgarten geben schwarzer und gelber Bambus (*Phyllostachys nigra* und *P. aureosulcata* fo. *aureocaulis*) einer Blattschmuckpflanzung Höhe und Farbe.

▲ TOPFARRANGEMENTS MIT TEXTUR

Gräser sind als Topfpflanzen kaum zu toppen. Man präsentiert sie als Solitäre oder kombiniert sie mit Einjährigen sowie Stauden. Struktur und Abwechslung bekommt eine Topfgruppe auf Terrassen durch einen Mix aus hohen Laubfontänen, goldenen fließenden Formen und Gräsern mit langen, weichen Blütenständen sowie bronzerotem bzw. blaugrauem Laub. Auch Bambus macht in Gefäßen eine gute Figur, ist jedoch anspruchsvoll und durstig.

Ein vielfarbiges Ensemble ist hier durch die Kombination von *Stipa tenuissima* und *Carex comans* mit *Eragrostis* gelungen.

▼ HECKEN UND SICHTSCHUTZWÄLLE

Dicht aneinander gepflanzte Bambusse ergeben, ob ins Freiland oder in Gefäße gepflanzt, originelle Hecken und sind obendrein ein hervorragender Windschutz. Man sollte aber Vertreter der Gattung *Fargesia* und *Phyllostachys* verwenden, die sich nicht unkontrollierbar stark ausbreiten.

Manche sommergrünen Gräser wie *Miscanthus sinensis* lassen sich ebenfalls als Sichtschutz einsetzen. Ihre getrockneten Halme und Blüten bilden sogar noch im Winter einen blickdichten Wall. Allerdings muss man sie im Frühjahr einige Wochen vor dem Neuaustrieb abschneiden.

Pflanzen Sie hohen Bambus in große Tongefäße. Die Töpfe lassen sich als frei arrangierbarer Sichtschutz aufstellen, der Sitzbereiche wirkungsvoll abschirmt.

◄ WIESEN

Weiche Gräser sind die perfekten Begleiter einjähriger Wiesenblumen, man kann sie aber auch allein für sich als sommerliche Heuwiese mit fiedrigen Blüten und dekorativen Samenständen gruppieren. Wiesengräser müssen je nach Art nur ein- bis zweimal jährlich gemäht werden und bietet Insekten und anderen Wirbellosen den idealen Lebensraum. Die Gräser sind in der Regel als Samenmischungen erhältlich und lassen sich wie eine normale Wiese aussäen bzw. pflanzen (*siehe S. 340*).

Säen Sie Wiesengräser unter sommergrüne Bäume, deren Silhouette durch das Meer filigraner Blätter weicher wird.

◄ ABWECHSLUNG IN GEMISCHTEN PFLANZUNGEN

Sowohl sommer- als auch immergrüne Gräser setzen einen texturbetonten Kontrapunkt zu Stauden oder bilden eine filigrane Kulisse für Strauchgruppen. Hohe Gräser lassen sich in sonnigen Lagen als Kulisse für Stauden-Pflanzungen nutzen. Das gilt auch für Bambus, sofern er sich nicht zu stark ausbreitet. Es gibt zahlreiche schöne Gras- und Seggenformen für den mittleren Bereich von Beeten – auch solche, die den Blick nicht völlig blockieren. Niedrige *Carex*- und *Festuca*-Vertreter kann man sogar an den vorderen Rand eines Arrangements setzen.

Stipa gigantea gibt einer Pflanzung Höhe, dominiert aber dank der durchsichtigen Blütenstände nicht. Mit der goldgelben Segge *Carex elata* 'Aurea' bringt man Abwechslung in die erste Reihe.

BAMBUSSE UND GRÄSER AUSWÄHLEN UND PFLANZEN

Gräser und Bambusse sind robust und vielseitig. Es gibt Varianten für sonnige und schattige, trockene und feuchte Standorte. Mit ihren Blättern, Blüten, Halmen und Samenständen haben sie ganzjährig etwas zu bieten.

Gräser sind eine facettenreiche Pflanzengruppe. Sie zeichnen sich durch eleganten Wuchs, filigrane Blüten und dekorative Samenstände aus. Die Palette reicht von niedrigem Schwingelgras bis zu Giganten wie *Arundo donax* mit bis zu 4 m Höhe, das bei uns in den ersten Jahren einen Winterschutz braucht. Die meisten Gräser bevorzugen vollsonnige Plätze und stark durchlässige Böden, Honiggras (*Holcus*), Flattergras (*Milium*) und Schlickgras (*Spartina*) gedeihen aber auch in feuchter Erde und im Teilschatten. Auch die meisten Bambusse, immergrüne Carex und andere Seggen kommen mit Schatten und nassen Füßen zurecht.

Eine ausbreitungsfreudige Art zu pflanzen kann ein teurer, nicht mehr zu korrigierender Fehler sein. Lassen Sie sich vor dem Kauf beraten.

BAMBUSSE OHNE EROBERUNGSDRANG

Bambusse sind nichts anderes als Gräser mit holzigen Halmen, vertragen aber eher Schatten als ihre engen Verwandten – *Pleioblastus* und einige andere ziehen sogar tiefen Schatten vor. Feuchte, aber durchlässige Böden sind ihnen am liebsten.

Trotz ihres eleganten Wuchses haben manche Bambusse eine dunkle Seite: ihren Ausbreitungsdrang. Mit ihren invasiven Wurzeln können sie einen ganzen Garten in Beschlag nehmen. Zu diesen Eroberern gehören *Indocalamus*, *Pleioblastus*, *Pseudosasa*, *Sasa* und *Sasaella*. Wer sie kultivieren möchte, sollte ein zügelloses Ausbreiten der Wurzeln verhindern, indem er den Wurzelraum mit einer Sperre begrenzt.

Horstbildende Bambusse wie *Fargesia*, *Chusquea*, *Thamnocalamus*, *Himalayacalamus*, *Phyllostachys* und *Semiarundinaria* benehmen sich artiger, doch ist man auch bei ihnen mit einer Wurzelsperre gut bedient.

Phyllostachys gehört zu den beliebtesten hohen Bambussen. Wählen Sie Formen mit goldenen, schwarzen oder grünen Halmen. Sie alle eignen sich als Sichtschutz oder Solitär.

Thamnocalamus ist ein eleganter Bambus, der sich in Gärten auch als Solitär bewährt. Er treibt blaue, später tiefrote oder bräunlich rosa Halme aus. Bei uns muss er im Haus überwintern.

Fargesia haben einen gemäßigten Ausbreitungsdrang. Sie sind winterhart und vertragen auch trockene Böden. Als Hecke sehen sie ebenso gut aus wie in großen Töpfen.

Borinda ist ein nicht invasiver Bambus und mit Fargesia verwandt. Mit seinem aufrechten Wuchs empfiehlt er sich als Blickfang und Sichtschutz, braucht aber einen Winterschutz.

PFLANZZEIT UND STANDORT

Die meisten Gräser, Seggen und Bambusse gibt es in Töpfen zu kaufen. Sie können wie Stauden (*siehe S. 137*) das ganze Jahr über gepflanzt werden, sofern der Boden nicht gefroren, staunass oder sehr trocken ist, ideal ist jedoch das Frühjahr, da sie dann eine ganze Saison Zeit zum Einwachsen haben. Manche Arten sind auch im Herbst und Frühjahr als wurzelnackte Exemplare erhältlich, müssen dann aber gleich nach dem Kauf gepflanzt werden.

Gräsern behagen gemischte Rabatten in der Sonne und Kiesgärten, doch haben sie sich als Topfpflanzen ebenso bewährt. Bambusse kommen mit sonnigen und halbschattigen Standorten gleichermaßen zurecht und eignen sich bestens als Leitpflanzen, Hintergrund für gemischte Pflanzungen, Hecken und Sichtschutzreihen. Die meisten Gräser und Bambusse vertragen keine Staunässe, weshalb man schwere Böden mit Kies verbessern und einige Wochen vor dem Pflanzen in alle Bodentypen gut verrotteten Dung oder Komposterde einarbeiten sollte.

Gräser bilden Seite an Seite mit Stauden ein kontrastreiches, vielseitiges Ensemble in Beeten.

WURZELNACKTE BAMBUSSE PFLANZEN

Wurzelnackte Bambuspflanzen bekommt man bei Spezialanbietern. Sie sind preiswerter als ihre Pendants in Töpfen und können meist im Versandhandel bestellt werden. Nachteil solcher Bambusse: Sie müssen baldmöglichst gepflanzt werden, da die Wurzeln sonst austrocknen. Stellen Sie die Pflanzen daher gleich nach Erhalt in einen mit Erde oder Moos gefüllten Eimer bzw. großen Topf, in dem sie bis zum Einpflanzen feucht gehalten werden können. Dann graben Sie das Beet um und arbeiten etwas gut verrotteten Stallmist oder Komposterde in den Boden ein.

1 Ein Loch graben, in dem der ganze Wurzelballen Platz hat. Mit einer Grabgabel die Erde am Boden des Lochs lockern und etwas gut verrotteten Stallmist oder Komposterde einarbeiten.

2 Pflanze auswickeln und in das Loch stellen. Die Bodenmarke über dem Halmansatz muss sich beim Einpflanzen exakt auf Bodenhöhe befinden.

3 Pflanze mit einer Hand aufrecht halten und Aushub behutsam in das Loch und zwischen die Wurzeln füllen. Nach dem Auffüllen wässern, um eventuelle Lufteinschlüsse zu beseitigen.

4 Erde mit den Fingern festdrücken und auch zwischen die Halme schieben. Gut wässern und eine Mulchschicht aus verrottetem Stallmist oder kompostierter Rinde um die Pflanze verteilen, die Halme aber frei lassen.

PFLEGE

Gräser müssen nach dem Einwachsen nur selten gegossen werden, denn sie sind an Trockenheit angepasst. Anders Bambus: Er braucht länger eine konstante Wasserzufuhr und muss vor allem in Gefäßen regelmäßig gewässert werden. Mitunter lohnt sich sogar die Anschaffung eines automatischen Bewässerungssystems mit Sickerschlauch oder Einzeltropfern und einem Timer.

Ansonsten brauchen Bambusse und Gräser kaum Pflege. Im Frühjahr kämmt man aus immergrünen Gräsern und Seggen abgestorbenes Laub mit einem Fächerbesen oder einer Gabel heraus. Die vertrockneten Halme sommergrüner Gräser haben im Winter ihren Zierwert, sollten im Frühjahr aber abgeschnitten werden.

Abgestorbene Bambustriebe werden entfernt, sobald man sie entdeckt. Zudem mulcht man die Pflanzen im Frühjahr mit verrottetem Stallmist oder kompostierter Rinde. Lassen Sie welkes Laub um die Pflanzen liegen, denn es enthält Silikate, die sie für die Holzbildung brauchen.

Automatische Bewässerung gewährleistet, dass die Pflanzen genug Flüssigkeit bekommen.

Mit einer Wurzelsperre verhindert man, dass wüchsige Arten den ganzen Garten erobern.

Bambusse im Zaum halten

Bambusse breiten sich über Rhizome aus, die knapp unter der Erdoberfläche wachsen und dabei Triebe bilden. In ihrem Drang, neues Terrain zu erobern, werden sie manchmal lästig. Verhindern lässt sich das, indem man um die Horste einen schmalen Graben aushebt und eine Wurzelsperre bzw. nicht verrottendes Material wie eine dicke Kunststofffolie oder einen Wall aus Schieferplatten eingräbt. Auch kann man die Wurzeln um die Pflanze mit einem scharfen Spaten durchtrennen und ausgraben.

GARTENWISSEN

Aus eins mach zwei

Gräser lassen sich sehr leicht teilen. Wenn man einen großen Horst im Topf kauft, kann man sofort zwei kleinere Exemplare daraus gewinnen und die Hälften beispielsweise nutzen, um eine Rabatte rasch zu füllen. Gräser werden geteilt, indem man sie aus dem Topf holt und den Wurzelballen mit den Händen auseinanderzieht oder mit einer scharfen Astsäge zerteilt. Pflanzen Sie die beiden Hälften umgehend in feuchtes Substrat in getrennten Töpfen oder direkt ins Freiland.

DEKORATIVE SAMENSTÄNDE

Zu den größten Vorzügen von Ziergräsern gehören die Samenstände. Sie können einen Garten vom Hochsommer bis in den Winter schmücken. Als besonders wertvoll erweisen sie sich in der kalten Jahreszeit, wenn der Garten wenig sonst zu bieten hat. Kombinieren Sie mehrere unterschiedliche Formen wie fedrige Rispen und raupenähnliche Bürsten.

Mit den schönsten und interessantesten Samenständen warten unter anderem *Stipa*, *Pennisetum*, Reitgräser (*Calamagrostis*) und größere Vertreter wie das Pampasgras (*Cortaderia*) oder zahlreiche Zierformen von *Miscanthus* auf.

Stipa calamagrostis
Das Alpen-Raugras trumpft im Spätsommer mit attraktiven, fedrigen Rispen aus grünlich weißen Blüten auf. Anschließend bilden sich hellbraune Samenstände, die den ganzen Winter über Bestand haben.

Pennisetum alopecuroides
Im Spätsommer schmückt sich das Japanische Federborstengras mit langen, rosabraunen Ähren, die zu dekorativen Samenständen trocknen. Das Gras übersteht den Winter nur an geschützten Standorten.

Briza Sowohl die einjährige Art *Briza minor* als auch das mehrjährige Große Zittergras (*B. maxima*) tragen lanzettliche Samenstände, die im Sommer und Herbst im Wind tanzen. Sie brauchen Sonne, vertragen aber jeden Boden – auch nassen.

PFLANZVORSCHLÄGE

FARBSPEKTAKEL

Mit unterschiedlichen Texturen und farbenfrohen Gräsern bereichert man Gärten um Tiefe und Spannung. Hier ruht das Auge auf Bändern von Pampasgras 'Pink Feather', *Calamagrostis, Miscanthus* und *Pennisetum*. Höhere Strukturpflanzen im Hintergrund, wie *Arundo donax* (ein hohes Süßgras) und *Stipa gigantea*, geben dem Arrangement Tiefenwirkung.

SIE BRAUCHEN

1 *Stipa gigantea*
2 *Miscanthus* 'Adagio'
3 *Miscanthus* 'Ferner Osten'
4 *Cortaderia* 'Pink Feather'
5 *Calamagrostis* 'Karl Foerster'
6 *Pennisetum villosum*
7 *Calamagrostis brachytricha*
8 *Pennisetum macrourum*
9 *Pennisetum* 'Fairy Tails'

1 Areal im Herbst umgraben, jäten und lockern. Pro Quadratmeter einen Eimer reifer organischer Substanz einarbeiten.

2 Im Frühjahr Pflanzen kaufen und einsetzen. Bänder bilden, die das Auge zu den höheren Pflanzen im Hintergrund lenken.

3 Gräser mit Kies mulchen, der Licht reflektiert und Unkraut unterdrückt. In den ersten beiden Sommern bei Trockenheit wässern.

JAPANISCHES ENSEMBLE

Elegante Bambusse in glasierten Gefäßen geben Topfarrangements fernöstliches Flair. Die meisten brauchen zwar große Kübel, doch wenn man sie regelmäßig umtopft, genügen auch kleinere Gefäße. Selbst ausbreitungsfreudigere Bambusse wie *Pleioblastus* lassen sich einsetzen – der Topf verhindert wirkungsvoll, dass sie wuchern.

1 Einige Töpfe mit Abzugslöchern bereitstellen und eine Schicht Pflanzerde mit Tonanteil bzw. Einheitserde Typ T hineingeben. Etwas Langzeitdünger mit hineinmischen.

2 Pflanzen wässern und anschließend aus dem Topf gleiten lassen. Bambusse in den neuen Topf ebenso tief wie im gekauften Gefäß pflanzen. Erde um den Triebansatz festdrücken.

3 Töpfe im Verlauf der Saison regelmäßig wässern. Jedes Frühjahr die oberste Substratschicht entfernen und durch frische, mit etwas Langzeitdünger vermischte Erde ersetzen. Bei Bedarf umtopfen.

SIE BRAUCHEN

1 *Phyllostachys bambusoides* 'Holochrysa'
2 *Pleioblastus variegatus*
3 *Indocalamus tessellatus*
4 *Pleioblastus variegatus* 'Tsuboii'
5 *Fargesia murielae*

GRÄSER IM BLICKPUNKT

Kombinieren Sie Gräser zu einer Rabatte mit spektakulären Texturkombinationen oder mischen Sie sie mit Stauden zu einem farbenfrohen Reigen aus Blüten- und Laubformen. Weil die grazilen Blätter und Blüten im Gegenlicht einnehmend schimmern, versucht man die Pflanzung so anzulegen, dass die Morgen- oder Abendsonne von hinten auf sie fällt.

Das Repertoire an Gräsern reicht von Giganten mit über 2 m Höhe bis zu kaum knöchelhohen Büscheln. Eine Auswahl großer Formen sollte sich wie ein Band durch die Pflanzung ziehen, in kleineren Gärten kann man die Riesen aber auch ganz nach hinten setzen. Mischen Sie immergrüne und sommergrüne Gräser, damit die Rabatte ganzjährig interessant bleibt. Im Sommer bilden die zarten Blüten in verschiedensten Farben ein Gegengewicht zu den markanten Blattformen. Im Winter verlieren sommergrüne Gräser zwar ihre Farbe, doch die abgestorbenen Halme bleiben ansehnlich und zieren den Garten, wenn sonst wenig um die Aufmerksamkeit des Betrachters buhlt.

▶ **Kombinieren Sie** blaugrünen *Helictotrichon sempervirens* mit gegensätzlichen Formen und Farben, etwa *Euphorbia* und *Leucanthemum*.

Plattährengras: *Chasmanthium latifolium* 'River Mist'

GRÄSER: EINE AUSWAHL

Miscanthus Das immergrüne Chinaschilf wächst aufrecht und verträgt Trockenheit. Meist wird es recht groß. Es blüht im Spätsommer.

Pennisetum Das sommergrüne Federborstengras treibt übergebogenes Laub und lange, weiche Blütenstände aus. Höhe: bis 1 m.

Deschampsia 'Goldtau' ist eine sommergrüne Schmielen-Sorte mit dunkelgrünem Laub und lockeren Rispen aus winzigen goldenen Blüten.

◀ **Im Winter** sehen *Phlomis russeliana*, *Hakonechloa macra* 'Aureola' und *Pennisetum* mit Raureif überzogen großartig aus.

Die meisten Gräser gedeihen nur in der Sonne. Deshalb sollte man ihnen den hellsten Platz zuweisen. Fast alle bevorzugen außerdem stark durchlässige Böden und überstehen nach dem Einwachsen längere Trockenheit. Man pflanzt sie am besten im Frühjahr, sodass ihr Wurzelsystem eine Saison Zeit hat, sich zu entwickeln. Eines der wenigen Gräser, das nicht zu den Sonnenanbetern zählt, ist die Schmiele (*Deschampsia*), die auch etwas Schatten hinnimmt und mit allerlei Bodentypen zurechtkommt.

In großen Rabatten kombiniert man eine Auswahl mittelgroßer und großer Gräser wie *Miscanthus*, *Calamagrostis*, *Deschampsia* und *Panicum* mit kontrastierenden Stauden wie *Eupatorium*, *Symphyotrichum* (syn. *Aster*) und *Verbena bonariensis*.

In Kleingärten oder dem vorderen Bereich großer Rabatten kann man ein Ensemble aus *Calamagrostis brachytricha* mit fedrigen Spätsommerrispen, *Stipa tenuissima* und silberblauen *Helictotrichon* einsetzen. Stellen Sie dem Trio rostorange *Achillea*, cremegelbe *Astrantia major* und *Hylotelephium* (syn. *Aster*) 'Herbstfreude' in Dunkelrot zur Seite. Mit der fließenden Form von *Anemanthele lessoniana*, die am Rand einer Rabatte in einen Weg oder eine Terrasse hineinwächst, bringt man Bewegung in Pflanzungen.

Alle Rabattengräser eignen sich auch für Kiesgärten. Verteilen Sie z.B. die Samen von *Briza minor* mit zarten, hängenden Sommerblüten in einer Kiesrabatte: Sie wird sich ohne weiteres Zutun aussäen, sodass ganz von selbst eine naturnahe Pflanzung entsteht. Weitere lohnende Einjährige sind *Lagurus ovatus* mit flauschigen Pomponblüten und *Setaria macrostachya* mit borstigen Blütenständen.

GRÄSER PFLANZEN

1 Ein Loch graben, das so tief und etwas breiter als der Topf ist. Pflanze hineinstellen, um sicherzugehen, dass Ballen- und Erdoberfläche auf gleicher Höhe sind.

2 Pflanze gut wässern und aus dem Topf holen. Äußere Wurzeln behutsam aus dem Ballen ziehen. Dann stoßen sie nach dem Pflanzen leichter ins Erdreich vor.

3 Pflanze in das Loch stellen und den Aushub um den Ballen herum in das Loch füllen, dabei mit den Fingern festdrücken. Mit feiner Brause wässern. Bis zum Einwachsen weiter gut gießen.

4 Abgestorbene Pflanzenteile von sommergrünen Gräsern kann man im Winter stehen lassen. Totes Laub im Frühjahr aus immergrünen Arten herauskämmen.

Anemanthele Das immergrüne Fasanenschwanzgras mit bogigen Horsten trägt filigrane Blüten mit gelber und roter Tönung im Herbst.

Stipa Beliebte Federgras-Arten sind *S. tenuissima* und *S. gigantea* mit immergrünen Blättern und goldgelben Blüten an hohen Stängeln.

Calamagrostis Viele Reitgräser machen in Rabatten eine gute Figur. Sie tragen sommergrünes, aufrechtes Laub und fedrige Blütenstände.

Helictotrichon Der immergrüne Flaumhafer sticht durch seine blaue Färbung ins Auge. Er eignet sich als Begleitung von Blütenpflanzen.

Panicum Die Rispenhirse trägt Rispen aus winzigen Blüten, die über den breiten Blättern zu schweben scheinen. Es gibt Formen mit graublauem Laub.

ZWIEBELPFLANZEN

Zwiebeln, Knollen, Wurzelknollen und Rhizome rechnet man alle zu den Zwiebelpflanzen. Damit umfasst diese Gruppe winzige Schneeglöckchen ebenso wie stattliche Dahlien. Mit ihrer Vielfalt bereichern sie jeden Garten.

▸ DUFTSPENDER

Viele Zwiebelpflanzen setzen sich mit farbenfrohen Blüten in Szene, manche aber werden auch wegen ihres verlockenden Dufts geschätzt. Man platziert sie daher bevorzugt am vorderen Rand einer Rabatte oder gleich in Töpfen in Hausnähe. Wer sich eine eigene Duftwelt erschaffen möchte, stellt wohlriechende Zwiebelpflanzen aller Jahreszeiten zusammen. Den Anfang machen im Frühjahr *Narcissus jonquilla*, *N. tazetta* und *N. poeticus*, Hyazinthen und Hasenglöckchen. Im Sommer leisten Goldband- und Osterlilien, an schattigen Stellen auch Türkenbund-Lilien (*Lilium martagon*) gute Dienste. Im Herbst beschließt die Hakenlilie (*Crinum* × *powellii*) die Saison.

Am Rande eines Wegs geizen die Blüten der *Lilium*-Gruppe 'Golden Splendour' weder mit Farbe noch mit Duft.

▴ RASENDEKOR

Einen Teppich aus Farben und Texturen rollt man in seinem Garten aus, indem man Frühlingsblüher im Herbst unter die Grasnarbe pflanzt. Eine Rasenfläche mit scheinbar wahllos verstreuten Schachblumen sieht ein bisschen wie eine Wildblumenwiese aus, in formalen Gärten hingegen legt man besser schmale Reihen zarter Blüten an. Experimentieren Sie mit Farbkombinationen, etwa einer begrenzten Palette von Pastelltönen oder einem Feuerwerk kräftiger Farben. Mähen Sie erst, wenn das Laub der Zwiebelpflanzen verwelkt ist.

Geometrische Pflanzungen wirken weicher, wenn man die zarten *Anemone-blanda*-Sorten 'White Splendour' und 'Blue Mist' in Reihen defilieren lässt.

◀ SAISONALE FARBENSHOW

Zwiebelpflanzen bringen Farbe in jahreszeitliche Arrangements. Schneeglöckchen blühen an kühlen Plätzen zuverlässig jedes Frühjahr. Man kann sie gut mit Waldpflanzen wie Farnen und Christrosen kombinieren. Weitere frühe Zwiebeln im Kleinformat, etwa Schwertlilien und Wildtulpen, haben sich in Trögen als Teil einer alpinen Pflanzung bewährt. Wenn Sie Zwergnarzissen und Traubenhyazinthen (*Muscari*) in Kästen und Töpfen mit Purpurglöckchen (*Heuchera*), Veilchen und immergrünen Gräsern kombinieren, ist Farbenpracht im Winter und Frühjahr garantiert. Im Sommer rückt man Dahlien und Blumenrohr (*Canna*) in den Mittelpunkt und säumt sie mit hängenden bzw. kriechenden Begleitern.

Spätsommerliche Pracht garantiert ein Team aus Dahlien, *Pennisetum orientale* mit fedrigen Blütenständen und *Gaura lindheimeri* mit überhängenden Trieben.

▲ TROPENFLAIR

Nicht winterharte Zwiebelpflanzen wie Dahlien, Blumenrohr (*Canna*) und Gladiolen fügen sich perfekt in Pflanzungen ein, mit denen man das exotische Flair des Fernen Ostens oder der Karibik nachempfindet. Weisen Sie ihnen im späten Frühjahr einen Platz in stark durchlässiger Erde oder Töpfen zu und stellen Sie ihren Blüten üppige Blattschmuckpflanzen zur Seite. Auch winterharte Zwiebeln sehen manchmal exotisch aus und können sehr gut in diese Art von Pflanzung integriert werden.

Zu einem tropischen Paradies vereinen sich hier Canna mit flammenden Blüten und farbenfrohen Blättern, Sonnenbraut (*Helenium*) und Sonnenhut (*Rudbeckia*).

◀ WILLKOMMENSGRUSS IM FRÜHLING

Frühe Zwiebelpflanzen eignen sich mit ihren Gelb-, Rosa-, Rot- und Blautönen vorzüglich zum Einläuten des Frühjahrs. Schneeglöckchen machen uns schon zum Winterende ihre Aufwartung – sie werden in rascher Folge von Zwergiris, Krokussen und Narzissen abgelöst. In der Frühjahrsmitte entzünden Hyazinthen, Fritillarien und Tulpen ein Freudenfeuerwerk aus Farben. Hohe Exemplare unterpflanzt man mit Frühlingsblumen in passenden Farbtönen.

Juwelengleiche Farben, wohin man blickt: Zu Töpfen mit leuchtend rosa, roten und gelben Tulpen haben sich hier Veilchen, Steinbrech und Gräser gesellt.

ZWIEBELPFLANZEN AUSWÄHLEN UND PFLANZEN

Zwiebelpflanzen stellen kaum Ansprüche – man steckt sie einfach einige Monate vor der Blüte in die Erde. Die meisten Arten bevorzugen Sonne und stark durchlässige Erde, manche aber gedeihen auch im Schatten unter Bäumen.

Die vielfältige Gruppe kann fast jeden Monat des Jahres Arten in das Rennen um die Gärtnergunst schicken, angefangen von Schneeglöckchen am Winterende bis hin zu Herbstzeitlosen im Herbst. Wer möglichst lange ihre Blüten genießen will, läutet die Saison mit farbenfrohen Tulpen und Märzenbechern ein und mischt einige Lauchgewächse dazu, die auf dem Höhepunkt der neuen Jahreszeit blühen und mit ihren Blütenkugeln Spannung in Beete und Rabatten bringen. Lilien sind die Zwiebelstars des Sommer: Ihre großen, duftenden Blüten leuchten in einem breiten Farbspektrum von kühlem Weiß bis dunklem Kastanienbraun und stehlen etlichen anderen Zierpflanzen die Schau. Ab dem Hochsommer treten Dahlien, Gladiolen, Blumenrohr und Inkalilie (*Alstroemeria*) auf den Plan. Mit Nerinen, Alpenveilchen und Herbstzeitlosen klingt die Saison aus.

Beschriften Sie Zwiebelpflanzen in Töpfen, damit Sie sie vor dem Blühen zuordnen können.

WAS IST EINE ZWIEBEL?

Die Bezeichnung »Zwiebel« wird oft pauschal auf alle Pflanzen mit unterirdischem Speicherorgan angewandt. Neben den eigentlichen, echten Zwiebeln gibt es aber noch drei weitere Formen: Rhizome, eigentliche Knollen sowie Wurzel- und Sprossknollen. Jedes dieser Organe ist an bestimmte Wuchsbedingungen angepasst und ermöglicht den Pflanzen das Überleben während der Ruhephase und unter widrigen Umständen wie längerer Trockenheit.

◂ Echte Zwiebeln

Narzissen, Tulpen und Schopflilie (*Eucomis, links*) haben echte Zwiebeln als Speicherorgane. Sie bestehen aus Schalen bzw. Schuppen, die von einer papierartigen Schutzhülle, der Decke, umgeben sind. Lilienzwiebeln sind lockerer aufgebaut und haben keine Schale. Man pflanzt sie in seitlicher Lage.

◂ Eigentliche Knollen

Sie sind der verdickte Ansatz von Sprossachsen und runder als die echten Zwiebeln. Sie bilden an der Oberseite ein, zwei Knospen und um den Ansatz herum winzige Brutknollen. Typische Knollenpflanzen sind Gladiolen und Krokusse (*siehe links*).

◂ Rhizome

Die gängigsten Rhizompflanzen sind Bartiris (*siehe links*), ihre Verwandten, die Holländische Iris und die Netzblattiris, bilden jedoch echte Zwiebeln. Rhizome sind verdickte Sprossachsen. Sie wachsen knapp unter der Erdoberfläche und bilden Knospen, aus denen neue Pflanzen wachsen.

◂ Wurzel- und Sprossknollen

Wurzelknollen, wie Dahlien sie haben, sind verdickte Wurzeln, während Sprossknollen, etwa von Begonien, verdickte, unterirdische Triebe ähnlich Rhizomen (*siehe links*) sind. Wurzel- und Sprossknollen bilden Knospen bzw. Augen, aus denen jeweils neue Pflanzen wachsen können.

PFLANZZEIT

Frühjahrsblüher
Pflanzen Sie Frühjahrsblüher wie Narzissen, Tulpen, Traubenhyazinthen (*Muscari*), Krokusse und andere winterharte Formen im Herbst, damit sie im Freiland überwintern. Die meisten kann man auch früher pflanzen, Tulpen aber sollte man erst im Spätherbst setzen, damit sie nicht am Tulpenfeuer, einer Pilzinfektion, erkranken.

Sommerblüher
Lauchgewächse blühen im Frühsommer und werden im Herbst gepflanzt, das Gros der anderen Sommerblüher aber sollte im Frühjahr vorgetrieben werden. Dazu werden etwa nicht winterharte Dahlien und Gladiolen zunächst drinnen in Töpfe gepflanzt. Sobald sich die Erde erwärmt hat, siedelt man sie nach draußen um.

Herbst- und Winterblüher
Nerine werden im Herbst an einen warmen, geschützten Platz mit stark durchlässigem Erdreich oder in Töpfe gepflanzt, damit sie im darauffolgenden Jahr blühen. Auch Alpenveilchen und Herbstzeitlose setzt man im Herbst. Eine Ausnahme bilden Schneeglöckchen: Sie werden nach dem Blühen noch mit Laub gepflanzt.

PFLANZTIEFE UND STAFFELUNG

Damit Zwiebeln gut blühen, muss man sie in der richtigen Tiefe pflanzen. Bei den meisten, darunter Narzissen, Traubenhyazinthen und Lauch, gilt als Faustregel, dass sie etwa dreimal so tief gesetzt werden, wie sie hoch sind (*siehe unten*).

Doch es gibt auch Ausnahmen. Tulpen wollen viermal so tief eingegraben werden, während Alpenveilchen mit der Spitze auf oder knapp unter Bodenniveau stehen sollten.

Zwiebeln machen auch als Topfpflanzen eine gute Figur. Durch Staffeln von zwei, drei Zwiebelarten in einem großen Topf erreicht man eine kontinuierliche Abfolge von Blühzeiten oder aber eine gleichzeitige Blüte.

Für ein lange blühendes Arrangement streut man zunächst eine Lage Substrat auf den Grund des Topfs. Dann legt man einige Tulpenzwiebeln darauf, gibt mehr Substrat darüber, legt auf diese Schicht kleine Krokusknollen und bedeckt das Ganze zum Schluss mit etwas Substrat. Stellen Sie den Topf an einen geschützten Platz und im Frühjahr in die Sonne.

► **Pflanztiefe** Tulpenzwiebeln werden rund viermal so tief und Narzissen dreimal so tief, wie sie hoch sind, in die Erde gepflanzt.

► **Staffeln** Kombinieren Sie frühe und späte Blüher wie Krokusse und Tulpen, um eine lange Blüte zu genießen.

IN RABATTEN PFLANZEN

Wählen Sie gesunde, feste Zwiebeln und suchen Sie einen Platz in stark durchlässiger Erde für sie aus. Herrschen schwere Tonböden vor, arbeitet man entweder einen Monat vor dem Pflanzen reichlich Kies bzw. gut verrotteten Stallmist ein oder setzt die Zwiebeln gleich in Töpfe. Man kann sie zu mehreren in einen großen Graben bzw. ein Loch pflanzen oder im Gras verwildern lassen (*siehe S. 162*). Merken Sie sich aber die Pflanzstelle.

1 Ein Loch graben, das drei- bis viermal so tief wie die Zwiebeln hoch ist und breit genug, um alle Zwiebeln in angemessenem Abstand unterzubringen. Boden leicht mit der Gabel lockern.

2 Etwas Langzeitdünger in den Boden des Lochs einarbeiten. Dann Zwiebeln mit der Wuchsspitze nach oben in das Loch legen. Weiche und kranke Exemplare entsorgen.

3 Loch mit Erde füllen, dabei aber die Zwiebelspitzen nicht beschädigen. Erde mit der Hand festdrücken, um Lufteinschlüsse um die Zwiebeln herum zu entfernen.

4 Bepflanztes Areal mit Maschendraht abdecken, den man mit Pflöcken oder Steinen fixiert, damit Tiere die Zwiebeln nicht ausgraben können. Maschendraht entfernen, sobald im Frühjahr die ersten Triebe erscheinen.

NACH DER BLÜTE

Nachdem Frühjahrszwiebelpflanzen verblüht sind, schneidet man ihre Blüten ab, damit sie keine Samen ansetzen, und verabreicht ihnen einen Tomatendünger. Das Laub muss auf natürliche Weise welken, bevor man es abschneidet. Viele Zwiebeln bilden große Kolonien, doch Tulpen blühen oft nicht mehr, wenn man sie nicht jährlich nach dem Einziehen aus der Erde nimmt. Man gräbt sie aus, entfernt kranke Zwiebeln, säubert die gesunden und lagert sie in Papiertüten oder Kisten an einem kühlen, trockenen Ort. Im Spätherbst kann man sie wieder pflanzen. Haben Schneeglöckchen große Kolonien gebildet, kann man sie ebenfalls im Frühjahr nach der Blüte aufnehmen (*mehr zur Teilung auf S. 332–333*). Nicht winterharte Zwiebeln wie Dahlien, Begonien und Gladiolen werden vor dem Frost aufgenommen (*siehe S. 165*).

VERWILDERN

Durchsetzen Sie Ihren Rasen mit farbenfrohen Zwiebelpflanzen, am besten, indem Sie sie in scheinbar wahllos verstreuten Gruppen verteilen oder in geordneten Reihen (*siehe S. 158*) pflanzen. Genauso gut aber kann man sie ringförmig um Bäume oder Sträucher setzen. Wählen Sie robuste Vertreter wie Schneeglöckchen, Narzissen oder Krokusse, die sich vom Gras nicht unterkriegen lassen und mit der Zeit große Farbteppiche bilden.

Vor dem Pflanzen im Herbst jätet man mehrjährige Unkräuter wie Löwenzahn und mäht das Gras. Auf einem großen Areal verteilt man die Zwiebeln weitläufig und setzt sie einzeln – am besten mit einem Pflanzer.

Kleinere Flächen bepflanzt man, indem man die Grasnarbe aufklappt. Schneiden Sie dazu mit einem scharfen Spaten ein »H« in den Rasen und rollen Sie die Stücke vorsichtig beiseite. Streuen Sie etwas Dünger aus und verteilen Sie die Zwiebeln auf der nackten Erde. Größere Zwiebeln wie Narzissen muss man gegebenenfalls tiefer pflanzen. Klappen Sie die Stücke wieder zurück, drücken Sie sie leicht fest und wässern Sie gut.

Die Zwiebeln müssen in der korrekten Tiefe und einem gewissen Abstand zueinander gesetzt werden, damit sie Platz zum Ausbreiten haben.

SELTENERE ARTEN

Warum immer nur das pflanzen, was alle haben? Suchen Sie sich ein paar ungewöhnliche Zwiebelarten und stellen Sie daraus in Rabatten oder Töpfen ein auffallendes Ensemble aus Blüten- und Blattschmuckpflanzen zusammen.

Im Frühjahr kann man es mit der Persischen Kaiserkrone (*Fritillaria persica, siehe unten links*) versuchen, die braune oder cremefarbene Glocken in die Höhe reckt. Im Gegensatz zu ihren winzigen Cousinen wird die Schachblume (*F. meleagris*) bis 1,5 m hoch und setzt damit in jeder Rabatte ein unübersehbares Zeichen. *Triteleia hyacinthina* (*siehe oben links*) bleibt zwar kleiner, beeindruckt mit Dolden aus sternweißen Blüten an schlanken Stängeln aber nicht minder.

Sommerliche Farbtupfer setzt *Dichelostemma* (*siehe oben rechts*) mit röhrenförmigen Blüten in Rot, Rosa und Violett sowie das elegante Türkise Klebschwertel (*Ixia viridiflora, siehe unten rechts*), das zarte sternförmige Blüten aufbietet. Dazu passen ein paar leuchtende Fransenschwertel (*Sparaxis*-Hybriden), die in allerlei feurigen Farben erhältlich sind und während der Sommermonate in Töpfen, Beeten und Rabatten garantiert die Blicke auf sich ziehen.

Triteleia hyacinthina

Dichelostemma ida-maia

Fritillaria persica

Ixia viridiflora

PFLANZVORSCHLÄGE

FRÜHLINGSFEUER

Setzen Sie in Ihren Garten im Spätfrühling feurige Akzente mit Tulpen wie der orangeroten 'Ballerina' oder der rosaroten 'Jimmy' im Verbund mit Wolfsmilch (*Euphorbia*). Als kühlendes Gegengewicht eignet sich das Salomonssiegel (*Polygonatum*) mit zarten weißen Glockenblüten. Pflanzen Sie das Ensemble an einen sonnigen Standort.

SIE BRAUCHEN

1 *Tulipa* 'Ballerina'
2 *Polygonatum × hybridum*
3 *Tulipa* 'Jimmy'
4 *Euphorbia griffithii* 'Fireglow'

1 Rabatte im Frühherbst durch Einarbeiten gut verrotteter organischer Substanz vorbereiten. *Polygonatum* im hinteren Bereich pflanzen.

2 *Euphorbia* 40–60 cm davor setzen und Platz für die Tulpen lassen. Die Tulpen erst im Spätherbst pflanzen.

3 Zwischen den Stauden Gruppen aus *Tulipa* 'Ballerina' platzieren und *T.* 'Jimmy' nach vorn setzen. Sie treiben in der Frühjahrsmitte aus.

FARBKONTRASTE

Kombinieren Sie Frühlingszwiebelblumen in leuchtenden Farbtönen unter einem Kirsch- oder Zierapfelbaum zu einem strahlenden Farborchester. Ergänzt wird das Ensemble mit Blütenstauden wie Primeln und Steinbrech (*Saxifraga*). Dazwischen kann man später blühende Stauden platzieren, deren Laub die welkenden Blätter der Zwiebeln kaschiert. Nach dem Verblühen nimmt man die Tulpenzwiebeln auf und lagert sie ein.

SIE BRAUCHEN

1 *Tulipa* 'Ballade'
2 *Tulipa* 'Golden Apeldoorn'
3 *Hyacinthus*
4 *Muscari*
5 *Saxifraga*
6 Primeln, violett

1 Beet wie oben beschrieben an einem sonnigen Standort vorbereiten. Im Frühherbst *Saxifraga* und Primeln an den vorderen Rand setzen.

2 *Muscari*- und Hyazinthenzwiebeln zur selben Zeit pflanzen wie die Stauden. Ihren Standort markieren und Lücken für die Tulpen lassen.

3 Im Spätherbst Tulpen zwischen die Markierungen für die Hyazinthen und *Muscari* pflanzen. Dann steht die Rabatte im Mai in voller Blüte.

STRAHLENDE DAHLIEN

Dahlia 'Hillcrest Royal'

Man kann sie einfach nicht übersehen: Mit ihren alles überstrahlenden Blüten sind Dahlien die Superstars der Gärten. Man bekommt sie in feurigem Orange und Rot, kühlem Weiß und zartem Rosa. Sie werten Beete, Rabatten und Töpfe vom Hochsommer bis zum Spätherbst auf.

Dahlien sind in so vielen Formen erhältlich, dass für jeden etwas dabei ist. Wer große, eindrucksvolle Leitpflanzen bevorzugt, wird die Sorten mit riesigen, über 25 cm großen Blüten mögen. Liebhaber naturnaher Pflanzungen schätzen wohl eher die kleinen bis mittelgroßen Blüten. Und für Topfgärtner eignen sich die Züchtungen mit kleinen, gerade einmal 10 cm großen Blüten. Dahlien werden nach der Größe, Form und Struktur ihrer Blütenkörbchen in zehn Hauptgruppen eingeteilt (*siehe unten*).

Die meisten Dahlien blühen vom Hochsommer bis zu den ersten Frösten und bereichern Gärten daher lange Zeit mit Farbe und Textur. In jeder Kategorie gibt es bis zu 1,5 m hohe Formen, die sich vorzüglich für den hinteren Bereich einer Rabatte eignen.

DAHLIENKLASSEN

Einfach blühende Dahlien haben offene Blüten mit einer Blütenblattreihe um eine Scheibe. Sie werden in der Regel höchstens 10 cm breit.

Anemonenblütige Formen sind gefüllt und haben zwei Blütenblattreihen um eine dichte Gruppe kürzerer Röhrenblüten in der Mitte.

Ball-Dahlien haben gefüllte, kugelige oder oben leicht abgeflachte Blüten mit dicht stehenden, fast röhrenförmigen Blütenblättern.

Seerosen-Dahlien ähneln mit ihren breiten, überlappenden Blütenblättern tatsächlich Seerosen. Die gefüllten Blüten haben keine Scheibe.

Dekorative Dahlien tragen gefüllte, kuppelförmige Blüten ohne Scheibe. Die Blütenblätter sind oftmals tropfenförmig bis oval.

Indem man sie zwischen andere spät blühende Gräser und Stauden pflanzt, kann man die Stützen, die ihre hohen Stängel brauchen, gut kaschieren.

Für Töpfe oder den vorderen Rand einer Rabatte eignen sich die kompakten Formen. Als »Zwergdahlien« werden im Handel Sorten bis maximal 60 cm Höhe zusammengefasst. Zu dieser Gruppe gehören die Dahlien der Gallery-Serie, benannt nach berühmten Künstlern und Kunstrichtungen, etwa *D.* 'Art Deco' oder *D.* 'Gallery Cézanne'. Vergessen Sie nicht, dass viele Formen mit kleinen bzw. Miniaturblüten an hohen Pflanzen stehen. Daher sollte man sich das Etikett vor dem Kauf gut ansehen.

Suchen Sie sich verschiedene Blütenformen für Ihre Pflanzung aus – das macht sie abwechslungsreicher. So kann man winzige Pompons mit großen Kaktusblüten zu einer kontrastreichen Paarung kombinieren. Neben ihren faszinierenden Blüten liefern viele Dahlien farbenfrohes Laub sozusagen als Dreingabe. Die dunkel bronzeroten Blätter der Bishop-Serie beispielsweise haben in Rabatten und Topfarrangements einen festen Platz.

Dahlien brauchen sonnige Plätze und genügend Raum, damit sie ihr ganzes Potenzial entfalten. Die Knollen kommen einige Wochen vor den letzten Frösten in das Erdreich oder werden drinnen vorgetrieben, ein paar Wochen lang tagsüber draußen abgehärtet und ab Mai ausgepflanzt.

◀ **Bühne frei:** Vor einem Hintergrund aus kühlgrünem Laub trumpfen Dahlien so richtig auf. Die Stars haben ihren großen Auftritt, wenn die meisten Sommerblumen schon verblühen.

KNOLLEN ÜBERWINTERN

Wer Dahlienknollen aufnimmt, sie im Winter drinnen lagert und im Frühjahr wieder ins Freiland setzt, wird viele Jahre lang Freude an ihren Prachtblüten haben.

Man sollte im Winter regelmäßig überprüfen, ob die Knollen an Krankheiten wie Mehltau leiden.

1 Wenn das Laub nach den ersten Herbstfrösten schwarz wird, Triebe bis auf 15 cm zurückschneiden. Knollen mit einer Grabgabel aufnehmen, beschriften und zwei Wochen lang kopfüber lagern.

2 Sind die Knollen getrocknet, wieder umdrehen und in Kisten mit trockenem Vermiculit oder Kokosfasern an einem kühlen, trockenen, frostfreien Ort überwintern.

3 Im Frühjahr die Knollen in Töpfe mit frischem Substrat pflanzen und drinnen vortreiben. Ab Mitte Mai ins Freiland setzen. Für hohe Dahlien beim Einpflanzen eine Stütze in die Erde stecken.

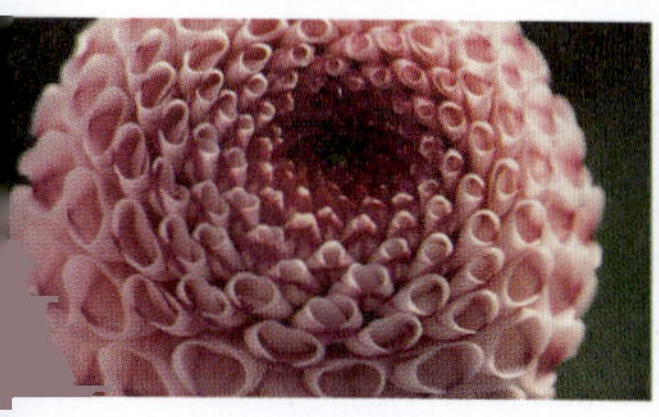

Pompon-Dahlien sind kleine Versionen der Ball-Dahlien, haben aber eine rundere Form. Die Blüten werden nicht breiter als 5 cm.

Halskrausen-Dahlien ähneln mit ihren breiten Blütenblättern einfach blühenden Dahlien, haben aber einen »Kragen« um die Scheibe.

Kaktus-Dahlien öffnen gefüllte Blüten mit schmalen, spitzen, geraden oder einwärts gerollten Blütenblättern, die wie Stacheln wirken.

Semi-Kaktus-Dahlien tragen spitze, außen einwärts gebogene Blütenblätter mit breiterem Ansatz als die von Kaktus-Dahlien.

Diverse Dahlien nennt man eine Klasse mit Formen, die in keine andere Gruppe passen, darunter Päonien-, Liliput- und Orchideenblütige Dahlien.

EIN- UND ZWEIJÄHRIGE

Sie mögen nur kurzlebig sein, doch machen sie ihren flüchtigen Aufenthalt im Rampenlicht mit einer unglaublichen Vielfalt an Blütenschönheiten wett. Manche setzen mit farbenfrohem Laub sogar noch einen weiteren Pluspunkt drauf. Die meisten lassen sich problemlos durch Aussaat drinnen oder im Freiland ziehen.

▸ LÜCKENFÜLLER

Bis junge Sträucher und Stauden eine gewisse Größe erreicht haben, erscheint ein frisch angelegter Garten mitunter etwas kahl. Mit Ein- und Zweijährigen kann man Lücken vorübergehend füllen, ohne den dauerhafteren Gewächsen zu Leibe zu rücken. Winterharte Einjährige entfalten nach der Aussaat binnen Kurzem ihre Wirkung, wenngleich sie mitunter nicht keimen, wenn Sträucher zu nah stehen. Zweijährige haben einen längeren Lebenszyklus und blühen erst im Jahr nach der Aussaat. Viele Ein- und Zweijährige, darunter Jungfer im Grünen (*Nigella*) oder Vergissmeinnicht (*Myosotis*) säen sich selbst aus – man muss sie oft nur einmal ausbringen, um jahrelang Freude an ihnen zu haben.

Sommerblumen wie *Chrysanthemum carinatum* oder die Gartenringelblume (*Calendula officinalis*) wachsen schnell und füllen ein unbewachsenes Stück Garten in kürzester Zeit mit üppiger Pflanzenpracht.

▴ LAUBKULISSE

Obwohl blühende Einjährige in der Regel die Blicke auf sich ziehen, faszinieren Blattschmuckpflanzen nicht minder. Vielfarbige Buntnesseln mit ihren in Violett-, Rot-, Gelb- und Grüntönen gezeichneten Blättern stehen strahlenden Blüten in nichts nach. Die hohe *Perilla frutescens* bildet den perfekten Hintergrund für farbenfrohe Schönheiten. Silbrig belaubte und hängende Einjährige lassen sich in Topfarrangements nutzen. Wer Auffälligeres bevorzugt, ist mit der panaschierten *Euphorbia marginata* oder *Ricinus communis* mit handförmigem Laub gut bedient.

Die Blätter der Buntnessel (*Solenostemon*) sind in unzähligen Farbtönen und Zeichnungen erhältlich. Kombinieren Sie mehrere Sorten zu einem bunten Reigen.

▲ ZURÜCK ZUR NATUR

Wiesen werden immer beliebter, nicht nur wegen ihrer natürlichen Schönheit, sondern auch, weil sie kaum Pflege brauchen: Man muss sie lediglich ein- oder zweimal jährlich mähen (*siehe S. 341*). Die schönsten Sommerblumen gedeihen auf kargen Böden, sodass man vor der Aussaat manchmal sogar den Oberboden entfernen muss. Auch mehrjährigen Wiesenblumenkolonien geben Einjährige zusätzlichen Glanz und bilden eine Kulisse, vor der sich leuchtender Mohn oder Wucherblumen inszenieren können.

Dieser kleine Obsthain ist mit einjährigen Wiesenblumen wie Mohn (*Papaver*) und Jungfer im Grünen (*Nigella damascena*) unterpflanzt.

◄ KLASSISCHE TOPFARRANGEMENTS

Mit ihrer langen Blütezeit und dem farbenprächtigen Flor sind Einjährige die perfekte Besetzung für Töpfe und Blumenampeln. Im Frühjahr quellen Gartencenter über vor traditionellen Sommerblumen wie Petunien, Fleißigen Lieschen (*Impatiens*) und Geranien (*Pelargonium*) in allen erdenklichen Farben. Die meisten sind allerdings nicht winterhart und müssen bis zum Frühjahrsende unter Glas bleiben. Kombinieren Sie nicht zu viele unterschiedliche Einjährige – wenn zu viele Schönheiten um Aufmerksamkeit buhlen, geht die Wirkung verloren. Wählen Sie besser eine Leitpflanze und stellen Sie ihr einige dazu passende Blüten und Blattschmuckpflanzen zur Seite.

Lobelien mit winzigen blauen Blüten und kühle weiße Fleißige Lieschen tun sich hier mit rosa Fuchsien zu einer pastellfarbenen Kaskade zusammen.

◄ LICHT IN DER DUNKELHEIT

Die meisten Ein- und Zweijährigen blühen nur im intensiven Sonnenlicht, einige wenige Arten aber nehmen auch mit etwas Schatten vorlieb. Gerade Waldbewohner wie Fingerhut gedeihen am besten im Streuschatten unter sommergrünen Bäumen. Auch süß duftender Tabak (*Nicotiana*), farbenfrohe Fleißige Lieschen (*Impatiens*) und die große Gruppe der Veilchen mit ihren im Herbst, Winter, Frühjahr und Sommer blühenden Formen gehören zu den Einjährigen, die mit Halbschatten keine Probleme haben.

Unter einer Gruppe weißer Hängebirken hat sich Fingerhut (*Digitalis*) niedergelassen, um ein paar leuchtende Farbspritzer in den kleinen Waldgarten zu bringen.

EIN- UND ZWEIJÄHRIGE AUSWÄHLEN UND PFLANZEN

Die meisten Ein- und Zweijährigen lassen sich unschwer aus Samen ziehen und sind damit eine preiswerte Möglichkeit, den Garten mit Farbe zu füllen. Wer weder die Zeit noch den Platz zum Aussäen hat, kauft Sämlinge.

Am schnellsten füllt man Töpfe und Rabatten mit Farbe, indem man Sämlinge kauft.

Samenhändler bieten in ihren Katalogen oder auf ihrer Homepage eine riesige Auswahl an Ein- und Zweijährigen an. Winterharte Einjährige wie Jungfer im Grünen (*Nigella*) oder Ringelblumen (*Calendula*) kann man ab Mai direkt an ihren endgültigen Standort ins Freiland säen. Nicht winterharte Formen sät man im zeitigen Frühjahr im beheizten Gewächshaus oder auf einer Fensterbank aus. Dafür brauchen Sie Saatschalen oder -töpfe, Anzuchterde und etwas Geduld, denn die Sämlinge müssen drinnen bleiben, bis man sie nach dem letzten Frost ins Freie umsiedeln kann (*siehe S. 328–329*). Unter optimalen Aussaatbedingungen wird man pro Päckchen mit 20–50 Pflanzen belohnt.

Relativ preiswert sind auch Sämlinge zu bekommen. Man muss sie zwar gleich nach dem Kauf in größere Töpfe pflanzen, doch kosten sie noch immer wesentlich weniger als reife Pflanzen. Spezialanbieter führen eine erkleckliche Bandbreite, obwohl das Angebot an Samen natürlich größer ist. Wenn man sofort etwas von seinen Blumen haben möchte, etwa weil man nur einige wenige für seinen Pflanztopf oder eine Rabatte braucht, kauft man größere Exemplare.

Schatten *Myosotis sylvatica* 'Music' mit blauen Blüten fühlt sich im Halbschatten am wohlsten.

Sonne Mehrfarbige Klatschmohnmischungen bringen Farbe in jede sonnige Wiese und Rabatte.

IDEALE BEDINGUNGEN

Für nahezu jeden Standort gibt es passende Ein- und Zweijährige. Sie werden also keinerlei Probleme haben, auch für Ihr Grundstück genau die Pflanzen zu finden, die sich dort wohlfühlen.

Damit diese sich von ihrer besten Seite zeigen, brauchen sie vor allem ausreichend Licht. Die meisten Einjährigen bevorzugen viel Sonne, wie ein Blick in Samenkataloge beweist: Farbenfrohe Arten wie Ringelblumen, Lobelien, Petunien und Astern bringen mit ihren auffälligen Blüten jede sonnige Flache zum Leuchten. Doch es gibt auch ein paar Einjährige, die mit Halbschatten zufrieden sind, darunter *Impatiens*, Kapuzinerkresse und Begonien. Ebenso finden sich unter den Zweijährigen Blüher, die es etwas gedämpfter mögen,etwa Fingerhut und Vergissmeinnicht (*siehe links*).

Das Gros der Sonnenanbeter will durchschnittlich bis gut durchlässige Böden und kommt mit längerer Trockenheit zurecht. Kornblumen und Mohn (*siehe links*) etwa sind ideal für Wiesen auf trockenen, sandigen Flächen. Echte einjährige Wildblumen gedeihen auf kargen Böden am besten. Wenn die Erde zu viel Nährstoffe enthält, nehmen Gräser und Unkräuter überhand und verdrängen die Blüher. Zur Not kann man vor der Aussaat den Oberboden etwas abtragen, denn er ist in der Regel am nahrstoffreichsten.

Tropenpflanzen, die einjährig als Sommerblumen gezogen werden, z. B. Buntnesseln und Sonnenwenden, aber auch Waldpflanzen wie Fingerhüte, mögen es feucht. Auch Sommerblumen für Töpfe, z. B. Petunien, Astern und Ringelblumen, fühlen sich in feuchtem Substrat am wohlsten.

SÄEN, LEICHT GEMACHT

Die Anzucht von Ein- und Zweijährigen aus Samen ist ganz leicht, solange man den Pflanzen während der entscheidenden Wachstumsphasen geeignete Bedingungen bietet. Lesen Sie auf den Samenpäckchen immer die Angaben zu den Boden- und Standortansprüchen. Wer noch keine Erfahrung hat, sollte die folgenden Pflanzen ganz oben auf seine Liste setzen: winterharte Kapuzinerkresse, Ringelblumen, Jungfer im Grünen, Goldmohn, Schleifenblume (*Iberis*) und Große Wachsblume (*Cerinthe major*). Sie gehören zu den verlässlichsten Einjährigen. Man sät sie an sonnige Standorte mit stark durchlässigen Böden.

Unkompliziert sind auch diese nicht winterharten Arten: einjährige Dahlien, Kosmeen, (aufrechte) Petunien, Zweizahn (*Bidens*), Studentenblumen (*Tagetes*) und Zinnien. Man sät sie im zeitigen Frühjahr drinnen.

SELBSTAUSSAAT

Hier eine Liste mit Ein- und Zweijährigen, die sich selbst aussäen und völlig oder größtenteils samenecht sind:

Agrostemma (Kornrade)
Calendula officinalis (Ringelblume)
Centaurea cyanus (Kornblume)
Clarkia amoena (Atlasblume)
Collinsia bicolor (Pagoden-Collinsie)
Digitalis purpurea (Roter Fingerhut)
Eschscholzia californica (Schlafmützchen)
Hesperis matronalis (Weiße Nachtviole)
Lunaria annua (Einjähriges Silberblatt)
Malcolmia (Meerviole)
Myosotis (Vergissmeinnicht)
Oenothera biennis (Nachtkerze)
Papaver (Mohn)
Silene armeria (Morgenröschen)
Tropaeolum majus (Echte Kapuzinerkresse)
Verbascum (Königskerze)

Säen Sie Wiesenmischungen in karge Böden an vollsonnigen Plätzen.

ZWEIJÄHRIGE AUSSÄEN

Im Frühjahr blühende winterharte Zweijährige wie Goldlack (*Erysimum cheiri*) sollten im Frühjahr oder Frühsommer gesät werden. Sie gedeihen am besten an einem sonnigen Platz in stark durchlässigen Böden. In schwere Ton- und Lehmböden arbeitet man daher im Herbst vor der Aussaat Kies und reichlich organische Substanz wie gut verrotteten Stallmist oder Kompost ein.

1 Vor der Aussaat den Boden jäten, glatt harken und Steine entfernen. Dann Samen dünn und gleichmäßig aussäen und anschließend mit einer feinen Brause wässern.

2 Sobald die Sämlinge 5 cm hoch sind und einige Blätter tragen, vorsichtig aufnehmen, sodass noch reichlich Erde an den Wurzeln haftet. Eine Stunde vor dem Herausnehmen wässern.

3 In 15–20 cm Abstand wieder einpflanzen und Erde festdrücken. Den Sommer über gut wässern. Falls die Pflanzen noch nicht an ihrem endgültigen Standort stehen, im Herbst umpflanzen.

4 Mit Tulpen und anderen Frühlingszwiebelpflanzen in eine sonnige Rabatte oder einen Topf setzen. Viele Zweijährige reagieren empfindlich auf übermäßigen Regen im Winter, daher gegebenenfalls mit einer Abdeckung schützen.

PFLEGE

Gutes Wässern ist Pflicht, wenn man will, dass aus den Sämlingen reife, gesunde Pflanzen werden. Sobald sie jedoch erst einmal eingewachsen sind, müssen sie bestenfalls bei längerer Trockenheit zusätzlich gegossen werden. Das gilt nicht für Topfpflanzen: Sie brauchen bei Hitze täglich, ansonsten alle paar Tage Nachschub.

Düngen Sie Einjährige in Gefäßen beim Einpflanzen mit Langzeitdünger. Das sollte für die restliche Saison reichen, aber wenn das Arrangement zum Sommerende Schwäche zeigt, gibt man ihm noch eine Dosis Flüssigdünger.

Zwicken Sie welke Blüten regelmäßig ab. Damit regen Sie die Pflanzen zur Bildung weiterer Blüten an, und sie stecken ihre Energie nicht in die Bildung von Samen. Will man allerdings Samen für das nächste Jahr sammeln, muss man auf das Entfernen von Verblühtem verzichten.

Zinnia 'Carousel' wird gern von Nützlingen angesteuert.

BIENEN- UND SCHMETTERLINGSWEIDE

Viele Ein- und Zweijährige sind eine ergiebige Nektarquelle und locken Bestäuber wie Bienen, Schmetterlinge und Schwebfliegen an. Die Tiere leisten vor allem in Nutzgärten hervorragende Dienste, wo sie für die Bildung von Früchten wie Tomaten und Erdbeeren sowie Samen, etwa von Stangenbohnen und Dicken Bohnen, unerlässlich sind.

Ein weiterer guter Grund, den Garten mit insektenfreundlichen Gewächsen zu bestücken, ist die Erhaltung von Bienen. Die Zahl dieser lebenswichtigen Nützlinge geht weltweit zurück, da ihre bevorzugten blütenreichen Lebensräume schwinden. Bietet man ihnen eine Bienenweide, tut das auch dem eigenen Garten gut. Die besten Nektarlieferanten sind die im Frühjahr blühende Schleifenblume (*Iberis*), Strand-Silberkraut (*Lobularia maritima*) und Bart-Nelke (*Dianthus barbatus*). Sommerliche Nektarquellen sind ferner die Kornblume (*Centaurea cyanus*), die Gewöhnliche Kornrade (*Agrostemma githago*) und andere Wiesenblumen, die gelb-weiße Spiegeleierpflanze (*Limnanthes douglasii*), Ringelblumen (*Calendula*), Sammetblumen (*Tagetes*), Goldmohn (*Eschscholzia*), die Große Wachsblume (*Cerinthe major*) und *Phacelia tanacetifolia*.

SCHNITTBLUMEN

Manche Einjährige liefern bezaubernde Schnittblumen. Kombinieren Sie in Vasen zum Beispiel *Moluccella laevis* mit ungewöhnlichen grünen Blüten und *Consolida ajacis*. Ebenfalls empfehlenswert: *Callistephus chinensis*, ein Spätsommerblüher, und *Bracteantha*, die frisch und getrocknet eine gute Figur macht.

Moluccella laevis (*siehe oben links*) Die perfekte Begleitung für farbenfrohere Blüten. Man zieht die Muschelblume an vollsonnigen Standorten in feuchter, stark durchlässiger Erde. Die Samen werden fünf Tage lang im Kühlschrank stratifiziert und vor der Aussaat eingeweicht.

Consolida ajacis (*siehe oben rechts*) Der hübsche Garten-Rittersporn erinnert mit seinen Trauben an den eigentlichen Rittersporn (*Delphinium*). Er wird im Frühjahr gesät und den ganzen Sommer als Schnittblume genutzt.

Callistephus chinensis (*siehe unten links*) Die Sommeraster sät man im zeitigen Frühjahr unter Glas, um sie ab Mitte Mai draußen an einen sonnigen Platz in feuchtem, durchlässigem Boden umzupflanzen. Als Schnittblume eignen sich vor allem langstielige Sorten.

Xerochrysum bracteatum (*siehe unten rechts*) Getrocknet hält die Strohblume jahrelang. Sie wird im März drinnen ausgesät und im Mai nach draußen umgesiedelt.

Moluccella laevis – Muschelblume

Consolida ajacis – Garten-Rittersporn

Callistephus chinensis – Sommeraster

Xerochrysum bracteatum – Strohblume

PFLANZVORSCHLÄGE

ORIGINELLER MIX

Einjährige sind in Rabatten ein ausgezeichnetes Füllmaterial für Lücken zwischen Stauden, die den ihnen zugewiesenen Platz noch nicht ganz ausfüllen. Hier beleben orange Sammetblumen (*Tagetes*), lindgrüne Süßkartoffel (*Ipomoea batatas*) und weiße Kosmeen (*Cosmos*) eine sonnige Rabatte mit Margeriten (*Leucanthemum*), Bartfäden (*Penstemon*) und Dahlien.

1 Im zeitigen Frühjahr *Cosmos*, *Ipomoea* und *Tagetes* unter Glas in Töpfe oder Schalen aussäen. Sämlinge an einem warmen Platz wachsen lassen und häufig wässern.

2 Nachdem keine Fröste mehr zu erwarten sind, Sämlinge in eine sonnige Rabatte im Freiland setzen und vor Schnecken schützen.

3 Anfangs gut gießen. Später im Sommer, wenn sie eingewachsen sind, vertragen sie auch etwas Trockenheit. Falls sie nachlassen, etwas düngen.

SIE BRAUCHEN

- **1** *Cosmos bipinnatus*, weiß
- **2** *Penstemon*
- **3** *Tagetes*
- **4** *Leucanthemum*
- **5** *Ipomoea batatas* 'Sweet Caroline Light Green'
- **6** Dahlien, gelb

SOMMERSCHÖNHEITEN

Nicht winterharte Stauden wie Geranien (*Pelargonium*) und Kapmargerite (*Osteospermum*), die einjährig gezogen werden, sowie einige Sonnenanbeter unter den Einjährigen gedeihen im Schutz einer Südmauer besonders gut. Die Wand absorbiert tagsüber die Sonnenhitze und strahlt sie abends wieder ab, sodass die Pflanzen noch mehr Wärme bekommen. Ein wahres Farbenfeuer entfacht dieses Ensemble in Rot und Gelb. Blaue *Nemesia* und das grüne Laub der Strohblume (*Helichrysum*) setzen einen Kontrapunkt zu den warmen Farben der Blüten.

1 Im Mai und Juni Pflänzchen kaufen und vorübergehend drinnen ziehen. Nach den letzten Frösten große Gefäße mit Blumenerde füllen.

2 Zwischen Substrat und Topfrand ungefähr 10 cm Abstand lassen und ein Langzeitdüngergranulat in die Erde mischen.

3 Pflanzen hineinsetzen. Die kleinsten Pflänzchen und hängende Blattschmuckgewächse nach vorn setzen. Im Sommer jeden 2. Tag wässern.

SIE BRAUCHEN

- **1** *Begonia* 'Waterfall Encanto Orange'
- **2** *Nemesia* Golden Eye
- **3** *Pelargonium* 'Horizon Deep Scarlet'
- **4** *Helichrysum petiolare*
- **5** *Osteospermum* 'Banana Symphony'

Helianthus annuus

SONNENBLUMEN

Viele verlieben sich schon als Kind in Sonnenblumen und sehen fasziniert zu, wie aus winzigen Samen Riesen werden. Selbst Künstler lassen sich immer wieder von den strahlenden Blüten inspirieren. Mit ihren dicken Stängeln eignen sich Sonnenblumen vorzüglich als Schnittblumen. Ihre Samen sind ein Leckerbissen für Vögel.

Sonnenblumen wurden zu Riesen herangezüchtet. Sie erreichen 2–5 m Höhe und tragen schwere Blütenköpfe auf kräftigen Stängeln, an denen raue, herzförmige Blätter stehen. Doch es gibt auch kleinere Züchtungen: Viele Zwergsorten erreichen gerade einmal 30 cm Höhe. Typisch sind in jedem Fall ihre goldgelben Blütenblätter mit schokobrauner Mitte, doch ist die Farbpalette noch viel größer und reicht von Cremegelb über Rosa bis Kaffeebraun.

Um sich ein Bild zu machen, welche Bedingungen Sonnenblumen bevorzugen, braucht man sich nur Felder aus goldgelben Blüten in der flirrenden Hitze Südfrankreichs vorzustellen.

SONNENBLUMEN-GRUPPEN

Hoher Einzelstängel Dazu zählen unglaublich hohe Sorten wie 'Giant Russian' mit bis zu 3 m Höhe und 'Titan' mit 3,6 m. Sie bilden eine einzige große Korbblüte an einem pfahlartigen Stängel.

Vielstämmige Sorten umfassen Riesen ebenso wie kompakte Formen. Ihre Stängel verzweigen sich und bilden viele Blütenköpfe, die allerdings etwas kleiner als die der Züchtungen mit Einzelstängel ausfallen.

Gefülltblütige Sorten Die kissenartigen Blütenköpfe sind runder als solche mit einfachem Blütenstand. Empfehlenswert: die gelbe 'Teddy Bear', die orange 'Golden Cheer' und die rote 'Double Dandy'.

Zwergsorten bieten sich für den vorderen Bereich einer sonnigen Rabatte oder auch für Töpfe an. Sie sind in allerlei Farben von Gelb, Creme und Orange bis hin zu Rot erhältlich und werden bis zu 60 cm hoch.

Zweifarbige Sorten gehören zu den beliebtesten Vertreterinnen. Sie tragen Blüten mit mehreren Farbringen. 'Pastiche' ist eine helle Form, während 'Florenza' dunkelrote und cremegelbe Blütenkörbchen in die Höhe reckt.

Cremefarbene Sorten sind die erste Wahl für elegante Rabatten. 'Vanilla Ice' und 'Italian White' werden recht hoch, während 'Buttercream' mit gelb getönten Zungenblüten gerade einmal 1 m erreicht.

Dunkelblütige Sorten wirken ganz anders als herkömmliche Sonnenblumen. 'Earthwalker' trägt tonfarbene und braune, 'Ruby Sunset' hellrote und 'Black Magic' bordeauxrote Blütenkörbchen.

Lassen Sie sich davon inspirieren und pflanzen Sie Sonnenblumen in Gruppen. Zusätzlich kann man ihnen spät blühende Sonnenanbeter wie Kugeldistel (*Echinops*), Fackellilie (*Kniphofia*), *Veronicastrum virginicum*, winterharten Salbei und Ziergräser, darunter *Stipa*, *Miscanthus* und *Panicum*, zur Seite stellen.

In kleinen Gärten ist man mit zwergigen und mittelgroßen Formen gut beraten. Auch Rabatten bestückt man am besten mit kompakten Varianten. Wählen Sie 1 m hohe Formen in einer Farbe, die zum Rest passt, und setzen Sie sie in den hinteren Bereich einer naturnahen Pflanzung. Selbst als Topfpflanzen verfehlen Sonnenblumen ihre Wirkung nicht. Natürlich bieten sich Zwergsorten für Gefäße an, in großen Töpfen aber sind auch höhere Vertreter nicht fehl am Platz. Versuchen Sie es einmal mit einer Einfassung aus einjährigen *Pennisetum glaucum* 'Purple Baron' oder farnartigem Hornklee (*Lotus maculatus*).

Die Aussaat erfolgt am besten im Frühjahr in Töpfe (*siehe rechts*), doch kann man Sonnenblumen ab der Frühjahrsmitte auch direkt an einen sonnigen, geschützten Platz im Freiland säen. Bis sie 10 cm hoch sind, schützt man sie mit Netzen vor Schnecken und Vögeln. An windigen Stellen ist eine Stütze ratsam.

◀ **Bringen Sie Sonne in Ihre Rabatte** – mit einem farbenfrohen Team aus mittelgroßen Sonnenblumen, Salbei (*Salvia*), Lilien und *Tropaeolum*. Als Kontrast zu dem leuchtenden Gelb bieten sich Weiß und Blau als Blütenfarbe an.

SONNENBLUMEN PFLANZEN

1 Töpfe mit Anzuchterde füllen und ein Loch in die Mitte drücken. Ein Samenkorn in jedes Loch legen und mit Erde bedecken. Abbaubare Töpfe oder solche mit Abzugsloch verwenden.

2 Mit feiner Brause wässern, um die empfindlichen Sämlinge nicht zu verletzen. Töpfe während des Keimvorgangs an einen warmen, frostfreien Ort stellen.

3 Sämlinge ins Freie umsiedeln, wenn sie rund 15 cm hoch sind und keine Frostgefahr mehr besteht. In große Töpfe oder eine sonnige Rabatte setzen.

4 Kleine Sorten sind ideal für Terrassentöpfe. Hohe Sorten stützen, vor allem an windigen bzw. exponierten Standorten. Pflanzen reichlich wässern, bis sie gut eingewachsen sind. Reife Exemplare kommen auch mit etwas Trockenheit zurecht.

WASSERGÄRTEN

Wasser bereichert einen Garten mit Spiegelungen, Lichtreflexionen und vielen Pflanzen, die nur an oder in Gewässern gedeihen. Kombinieren Sie farbenfrohe sommergrüne und immergrüne Arten, die ganzjährig schön aussehen.

▸ FORMAL-GEOMETRISCHE ELEMENTE

Formale Wasserbecken dürfen nicht überladen werden. Begnügen Sie sich mit ein, zwei Arten, statt das Ganze mit den verschiedensten Pflanzen zu überfrachten. Kombinieren Sie die flachen, runden Blätter und eleganten Blüten der Seerosen mit den markanten, vertikalen Halmen kleiner Riedgräser zu einem ausgeklügelten Ensemble. Mit dem speerförmigen Laub von Wasserpflanzen wie Herzförmigem Hechtkraut (*Pontederia cordata*) in Körben bereichert man einen ansonsten leeren Teich.

Damit das Wasser im Becken sauber und algenfrei bleibt, kann man das Wasser schwarz färben – das hemmt das Unkrautwachstum und erhöht die Reflexion der Oberfläche. Auch das Wasser schattierende Seerosenblätter tragen dazu bei, Algenwuchs zu unterdrücken (*siehe S. 180–181*).

Die schlanken, geometrischen Linien dieses Beckens sind eine ideale Kulisse für das statueske Riedgras. Die Seerosenblätter wiederum beleben die Wasseroberfläche mit ihren eleganten Formen.

▴ LEBENSRAUM FÜR FISCHE

Fische bringen Leben in den Teich, ernähren sich aber oft auch von den Wasserpflanzen. Deshalb wählt man robustes Grün, das sich wieder erholt, wenn es angeknabbert wird. Empfehlenswert sind Kalmus (*Acorus calamus*), Sumpfdotterblumen (*Caltha*) und Hechtkraut (*Pontederia*), die obendrein Schutz vor Fressfeinden bieten. Pflanzen Sie die Gewächse in Körbe und bedecken Sie das Substrat mit einer Schicht gewaschenem Kies.

Das schwimmende Laub von Seerosen (*Nymphaea*) bietet Fischen dringend nötigen Schatten und Schutz.

▲ SUMPFLANDSCHAFTEN

Unter Sumpf- und Uferpflanzen gibt es etliche Formen mit farbenfrohen Blüten und markantem Laub. Ein Naturteich enthält meist Randbereiche mit genau den staunassen Bedingungen, die sie brauchen. Sollte es dennoch zu trocken sein, legen Sie einfach einen Sumpf an, indem Sie einen Bereich ausgraben und mit perforierter Folie ausschlagen. Im Frühjahr säumt man den Teich mit Blütenpflanzen wie Primeln und einem Teppich aus niedrigem Günsel (*Ajuga reptans* 'Multicolor'). Ist genug Platz, kann man auch üppige feuchte Pflanzungen aus *Gunnera* mit riesigen Blättern, lebhaft roter oder rosa *Astilbe* und violettlaubigem Prärie-Mädesüß (*Filipendula rubra*) anlegen.

Zu einem Kaleidoskop aus Farben vereinen sich am Teichrand leuchtend rote *Astilben,* panaschierte Funkien und Schwertlilien.

◂ MINITEICHE

Sie brauchen nicht auf Wasserelemente zu verzichten, nur weil Sie wenig Platz haben. Ein dichtes, glasiertes Gefäß mit Zwergseerosen oder Kalla (*Zantedeschia aethiopica*) bringt einen Hauch von Luxus in modernes Gartendesign, während sich rustikale Halbfässer eher für ein naturnahes Ambiente eignen. Bepflanzen Sie das Gefäß mit Sumpfpflanzen wie Kuckucks-Lichtnelke (*Silene flos-cuculi*) oder Sumpfdotterblume (*Caltha palustris*). Wichtig ist eine gute Mischung aus Blüten- und Laubschmuckpflanzen, doch sollte man den Miniteich nicht überfrachten.

Eine ganz neue Dimension erhält ein Garten durch einen Miniteich mit *Iris laevigata* und Sumpf-Vergissmeinnicht (*Myosotis scorpioides*).

◂ REFUGIUM FÜR TIERE

Wasser lockt Insekten, Frösche, Kröten, Vögel und kleine Säugetiere in den Garten. Um ihnen einladende und sichere Lebensräume zu bieten, sollte man Teiche mit einer Flachwasserzone ausstatten, damit die Tiere gefahrlos in das Wasser hinein und wieder herausklettern können. Neben erhöhte Bassins stellt man Gefäße als Trittsteine. Bieten Sie Wasser- und Landtieren mit ausreichend Uferbepflanzung Schutz vor Feinden. Einheimische Wasserpflanzen geben Ihrem Gewässer zwar ein naturnahes Aussehen, sind aber mitunter sehr ausbreitungsfreudig, etwa Sumpf-Schwertlilie (*Iris pseudacorus*) und Breitblättriger Rohrkolben (*Typha latifolia*). Wählen Sie besser zurückhaltendere Arten und solche, die das Wasser mit Sauerstoff anreichern.

Pflanzen Sie an Ihren Teich verschiedenste Ufer- und Sumpfpflanzen wie diese Schwertlilien. Sie bieten Tieren, die am und im Wasser leben, einen Zufluchtsort und Nistplätze.

WASSERPFLANZEN AUSWÄHLEN UND PFLANZEN

Wasserpflanzen sind anspruchslos und können nach dem Pflanzen weitgehend sich selbst überlassen werden. Lediglich in kleinen Teichen muss man gelegentlich Unkraut entfernen und wüchsige Arten teilen.

Bevor Sie einen Teich bepflanzen, sollten Sie prüfen, ob die Auswahl zur Größe des Teichs und zum Standort passt. Teiche und Wasserbecken dürfen sich nicht im Schatten von Bäumen befinden, da die Wasserpflanzen sonst zu wenig Sonne bekommen. Außerdem bildet welkes Laub im Wasser beim Zersetzen Schadstoffe. Ideal für kleine Gewässer sind die Sumpfdotterblume (*Caltha palustris*), Pfeilkraut (*Sagittaria*), Blumenbinse (*Butomus*), Flatter-Binse (*Juncus effusus* fo. *spiralis*), Zwergseerosen und Hornblatt (*Ceratophyllum*). In größeren, tieferen Teichen erweitert sich die Pflanzenauswahl entsprechend.

Bepflanzen Sie die sumpfigen Bereiche, die Flachwasserzonen und die Tiefwasserzonen. So entsteht ein fließender Übergang.

PFLANZEN- UND STANDORTWAHL

Es gibt vier Gruppen von Wasserpflanzen. Um die Vorzüge aller genießen zu können, legt man am Teichrand seichte Bereiche für Uferpflanzen, die sich an Gewässerrändern ansiedeln, und auch feuchte Areale für Sumpfpflanzen außerhalb des Wassers an. Die eigentlichen Wasserpflanzen wurzeln am Grund des Teichs oder schwimmen frei im Wasser. Besonders wichtig für das Wasserleben sind in dieser Gruppe Pflanzen, die Sauerstoff spenden.

Sumpfpflanzen Sie gedeihen in feuchten oder nassen Böden. Die Auswahl ist groß und umfasst unter anderem Schwertlilien, Primeln, Weiderich (*Lythrum*) und Felberich (*Lysimachia*).

Uferpflanzen wachsen in wenige Zentimeter tiefem Wasser und verwischen die Grenze zwischen Wasser und Land. Manche tragen farbenfrohe Blüten (*Mimulus*), viele schönes Laub (*Sagittaria*).

Wasserpflanzen Sie gehören in die tiefen Wasserzonen und wurzeln am Grund oder schwimmen frei. Zu ihnen zählen auch die Seerosen, die eine Mindesttiefe von 50 cm brauchen.

Sauerstoff spendende Pflanzen Diese Wasserpflanzen eignen sich für tiefe Zonen, reichern das Wasser mit Sauerstoff an und absorbieren Nährstoffe, die zum Algenwachstum beitragen. Wasserhahnenfuß (*Ranunculus aquatilis*) blüht über Wasser.

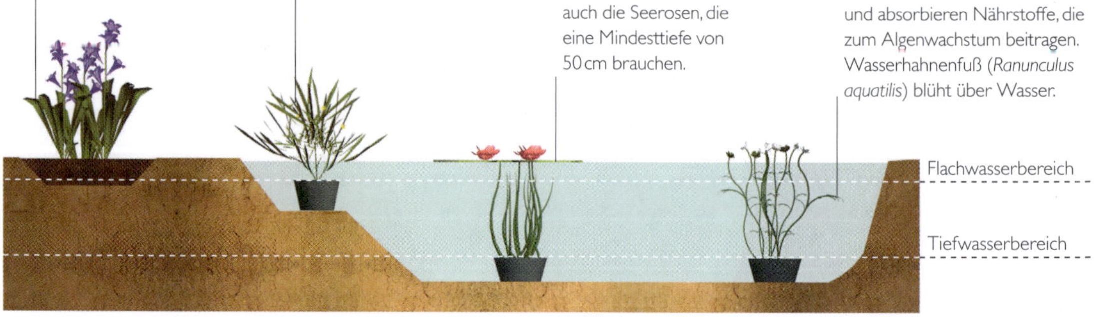

GARTENWISSEN

Zur Wassertiefe

Auf den Etiketten ist meist eine bevorzugte Wassertiefe angegeben, in der die Pflanzen stehen sollen. Sie bezieht sich auf die Distanz zwischen der Oberfläche des Wurzelballens und der Wasseroberfläche. Uferpflanzen setzt man so tief, dass die Oberfläche der Erde im Korb mit der Teichoberfläche abschließt.

WASSER SAUBER HALTEN

Unkraut kann einen Teich ruinieren. Es konkurriert mit den Zierpflanzen um Licht und Nährstoffe und hat daher im Wasser nichts zu suchen. Man kann es mit Unterwasserpflanzen, die ihm Nährstoffe wegschnappen, etwas im Zaum halten. Kaufen Sie keine invasiven Wasserpflanzen, da sie natürliche Gewässer überwuchern, wenn sie aus Hausteichen ausreißen, und schlimme Umweltprobleme verursachen können (*siehe Liste rechts*). In Naturteiche kann man Säcke mit Gerstenstroh legen, was das Algenwachstum unterdrückt.

In modernen Teichen mit nur wenigen Pflanzen und einer freien Wasserfläche kann man ein spezielles Wasserfärbemittel verwenden. Es ist ungiftig, blockiert aber den Lichteinfall und verhindert so das Wachstum von Unkraut und Algen.

SAUERSTOFFSPENDER

Empfehlenswert

Ceratophyllum demersum (Raues Hornblatt)
Potamogeton crispus (Krauses Laichkraut)
Orontium aquaticum
Nuphar japonica
Ranunculus aquatilis
Aponogeton distachyos

Nicht empfehlenswert

Azolla filiculoides (Feenmoos)
Crassula helmsii (Nadelkraut)
Eichhornia crassipes (Wasserhyazinthe)
Elodea nuttallii (Nuttalls Wasserpest)
Hydrocotyle ranunculoides (Hahnenfußähnlicher Wassernabel)
Lagarosiphon major (Scheinwasserpest)
Ludwigia (Heusenkraut)
Myriophyllum aquaticum (Tausendblatt)

Seerosen begrenzen das Algenwachstum, weil sie den Lichteinfall reduzieren.

GEFÄSSE BEPFLANZEN

Große Gefäße und Halbfässer lassen sich als dekorative Miniteiche auf Terrassen und in Kleingärten einsetzen. Man besiedelt sie mit Wasser- und Uferpflanzen, die in feinmaschigen Körben wurzeln. Es gibt sie in allerlei Größen. Wenn das Gefäß einen unebenen Boden oder geschwungene Ränder hat, kann man stattdessen auch formbare Wasserpflanzentüten kaufen, die sich an ihre Umgebung anpassen.

1 Korb oder Tüte auswählen, die zur Größe der ausgewachsenen Pflanze passt. In den Korb oder die Tüte eine Lage Wasserpflanzensubstrat geben.

2 Pflanze in den Korb oder die Tüte setzen, Substrat einfüllen und leicht festdrücken. Bei Sauerstoff spendenden Pflanzen mit einem Stift Löcher in die Erde drücken und Pflanze einsetzen.

3 Substrat mit einer Lage Kies bedecken, um zu verhindern, dass es aus dem Korb bzw. der Tüte schwimmt und das Wasser verschmutzt.

4 Die Pflanzen im Topf in den Miniteich stellen. Falls sie nicht in der für sie geeigneten Höhe stehen, Ziegelsteine unterlegen. Miniteich langsam mit Wasser füllen.

PFLEGE

Entfernen Sie totes und krankes Laub immer sofort, damit es das Wasser nicht verschmutzt. In kleinen Teichen kann man die Blüten von Seerosen und Uferpflanzen abzwicken, damit die Bepflanzung sauber aussieht, doch unbedingt notwendig ist das nicht. Gegen Unkräuter lässt sich einiges unternehmen, ganz wird man sie aber nicht vermeiden können. Wasserlinsen werden mit einem Netz herausgefischt. Algen wickelt man um einen Stock und fischt sie heraus. Lassen Sie das Grün ein paar Tage am Ufer liegen, damit sich darin versteckte Tiere ins Wasser zurückretten können.

Schneiden Sie krankes oder gelbes Laub ab, damit die Bepflanzung immer gut aussieht und die Ausbreitung von Krankheiten verhindert wird.

Algen hemmen das Wachstum anderer Wasserpflanzen. Werden sie aber regelmäßig entfernt, löst sich das Problem mit der Zeit von selbst.

Dann wirft man es auf den Komposthaufen, keinesfalls aber in den Abfluss oder in natürliche Gewässer.

Füllen Sie Teiche und Wasserbehälter in heißen Sommern regelmäßig auf. Körbe, in denen Wasserpflanzen wachsen, dürfen nicht von dem Sockel, auf dem sie stehen, fallen. Mitunter muss man die Steine darunter entfernen, etwa wenn Seerosen höher werden und über das Wasser hinausragen.

Gegen Schädlinge wie Blattläuse und Schnecken lockt man natürliche Feinde – Frösche, Kröten, Molche – in den Teich, indem man unter nahen Steinen oder Stämmen Hohlräume anlegt. Auf Pestizide sollte man verzichten. Zu große Pflanzen werden im Frühjahr aus dem Korb geholt und geteilt. (*Mehr dazu auf S. 344–345.*)

BLÜTENSCHÖNHEITEN

Manche Teichpflanzen sind eher spröde und unauffällig, weshalb man sie am besten als Laubhintergrund einsetzt. Doch es gibt da auch noch die Schönheitsköniginnen, die man wegen ihrer auffallenden Blüten schätzt. Sumpf-Schwertlilien setzen im Frühsommer kurz Farbtupfer, während im Hochsommer Kalla mit stilvoller Eleganz den Teich beherrschen. Noch später haben die Kardinalslobelie mit ihren scharlachroten Blüten und die feurigen Gauklerblumen ihren Auftritt.

Iris laevigata (*siehe oben links*) Sumpf-Schwertlilien treten in verschiedenen Blau-, Violett- und Weißschattierungen auf. Sie schmücken Teiche und andere Wasserelemente mit ihren eleganten Blüten und bilden rasch große Horste, die sich gut teilen lassen.
Mimulus (*siehe oben rechts*) Gauklerblumen präsentieren viele kleine, rote Blüten (*M. cardinalis*) oder aber gelben Flor mit rotem Schlund (*M. guttatus*) inmitten dichten, hellgrünen Laubs.
Zantedeschia aethiopica (*siehe unten links*) Die Kalla gehört zu den schönsten Wasserpflanzen überhaupt. Weiße Formen sind am härtesten, sattrosa und violette Sorten dagegen vertragen keinen Frost.
Lobelia cardinalis (*siehe unten rechts*) Auch die Kardinalslobelie muss drinnen überwintert werden. Der Lohn für diese Mühe sind 1 m hohe Trauben aus leuchtend roten Blüten vom Spätsommer bis zum Herbst.

Iris laevigata – Sumpf-Schwertlilie

Mimulus – Gauklerblume

Zantedeschia aethiopica – Kalla

Lobelia cardinalis – Kardinalslobelie

PFLANZVORSCHLÄGE

SEEROSENTEICH

Ein eleganter formaler Teich ist die perfekte Bühne für ein, zwei Seerosen (*Nymphaea*). Das Wasser muss aber tief genug sein. Will man noch Uferpflanzen wie Schwertlilien hinzufügen, platziert man sie auf Vorsprüngen in den Seitenwänden des Teichs oder stellt sie auf Ziegelsteine.

1 Seerosen wie auf S. 181 gezeigt in feinmaschige Wasserkörbe pflanzen und auf den Grund des Teichs stellen. Dann die Schwertlilien und Kallas pflanzen.

2 Gefäße wie auf S. 177 beschrieben bepflanzen. Schwertlilien in einer Tiefe von 10–15 cm und die Wurzelballen der Kallas 15 cm unterhalb der Wasseroberfläche platzieren.

3 Einige Sauerstoff spendende Pflanzen in den Teich setzen, damit das Wasser klar bleibt. Rand mit Bergenien, *Lysimachia* und anderen Stauden besetzen.

SIE BRAUCHEN

1 *Zantedeschia aethiopica*
2 *Bergenia*
3 *Nymphaea* 'Pygmaea Rubra'
4 *Nymphaea alba*
5 *Iris laevigata* 'Variegata'
6 *Iris laevigata* var. *alba*
7 *Lysimachia nummularia* 'Aurea'

BACHUFER BEPFLANZEN

Den feuchten Boden neben Wasserläufen kann man nutzen, indem man das Ufer mit ansehnlichen feuchtigkeitsliebenden Pflanzen wie Primeln, Knöterich (*Persicaria*) und Farnen besetzt. Schachtelhalme (*Equisetum*) können sich ungebührlich ausbreiten und werden am besten in Körben, die man mit Steinen kaschiert, ins Wasser gestellt.

1 Bei künstlichen Wasserläufen mit trockenem Ufer Sumpfbedingungen durch Ausheben eines Grabens zu beiden Seiten erzeugen.

2 Gräben mit Teichfolie auslegen. Mit einer Grabgabel einige Löcher in die Folie stechen. Aushub wieder einfüllen und verrotteten Stallmist dazumischen.

3 Primeln, Farne (*Dryopteris*) und *Persicaria* in die feuchte Erde pflanzen. Schachtelhalme in die Körbe setzen (*siehe S. 177*).

SIE BRAUCHEN

1 *Canna indica*
2 *Carex comans*
3 *Primula pulverulenta* Bartley-Hybriden
4 *Equisetum hyemale*
5 *Persicaria microcephala* 'Red Dragon'
6 *Dryopteris filix-mas*

SEEROSEN

Dem Zauber dieser schwimmenden Sommersterne kann kaum jemand widerstehen. Ganz gleich, ob ein Gewässer streng elegant oder in einem wilden, naturnahen Stil gehalten ist, ob man einen großen Teich oder ein kleines Halbfass zum Bepflanzen hat, man findet ganz sicher die passende Seerose dafür.

Welche Seerose (*Nymphaea*) man sich für seinen Teich aussucht, hängt von der Größe und Tiefe des Gewässers ab. Große Arten wie *N. alba* nehmen eine Wasserfläche von bis zu 1,8 m Breite in Beschlag und brauchen eine Tiefe von etwa 1 m, während zwergige Formen wie *N. tetragona* auch mit Trögen oder kleinen Becken zufrieden sind.

Seerosen sind allerdings keine nutzlosen, heiklen Schönheiten. Sie überstehen die härtesten Winter und hemmen mit ihren tellerförmigen Blättern obendrein das Algenwachstum im Wasser. Eine Ausnahme bilden nur die nicht winterharten Arten mit exotischen blauen und violetten Blüten.

Die beste Wirkung erzielt man mit ihnen in großen bis mittelgroßen Teichen. Sie dürfen nicht von zu vielen anderen Wasserpflanzen bedrängt werden, sonst geht ihre Wirkung verloren. Hochteichen in formal-geometrischem Ambiente tut ein einziges Exemplar als eleganter Akzent gut. In den Teichen naturnaher Gärten dagegen platziert man sie am gegenüberliegenden Ende eines Kieselstrands im Tiefwasserbereich.

Edle weiße Seerosenblüten in Miniteichen fesseln auf jeder Terrasse die Aufmerksamkeit.

Seerosen lassen sich gut mit anderen Wasserpflanzen wie Herzförmigem Hechtkraut (*Pontederia cordata*), Pfeilkraut (*Sagittaria sagittifolia*) kombinieren. Auf befestigten Flächen setzt man Zwergformen in ein glasiertes Gefäß oder einen wasserdichten Trog und kombiniert sie mit zwei umkompli-

Nymphaea 'Conqueror'

GRUPPEN VON SEEROSEN

Wüchsige Formen Sie eignen sich nur für große, tiefe Naturteiche. Zu dieser beeindruckenden Gruppe gehören die weißblütige Wildart *N. alba*, die beliebte rote Hybride *N.* 'Escarboucle' (*siehe oben*) und die weiße *N.* 'Gladstoniana' mit tellergroßen Blüten.

Kleine und zwergige Sorten Dazu zählt man Winzlinge wie *N.* 'Pygmaea Helvola' (*siehe oben*), die ideal für kleine Hochteiche und große Gefäße sind. Sie brauchen eine Wassertiefe von 45 cm (zwergige Formen noch weniger) und eine Fläche von 30–90 cm.

Mittelgroße Formen bilden eine große Gruppe mit Hybriden in Weiß, Gelb, Rosa und Rot. Sie fordern eine Teichtiefe von 30–60 cm und breiten sich rund 1,2 m über die Oberfläche aus. Beliebte Sorten sind *N.* 'Marliacea Albida' (*siehe oben*).

◄ **Die Blätter der Seerose** schwimmen auf der Oberfläche und hemmen dadurch das Wachstum der Algen im Wasser darunter.

zierten Uferpflanzen wie dem Zwergrohrkolben (*Typha minima*) oder den magentaroten Blüten von *Iris versicolor* 'Kermesina'.

Empfindlich reagieren Seerosen auf fließende Gewässer. Sie sind nicht für Bäche und Plätze in der Nähe von Wasserfällen oder Springbrunnen geeignet. Um schön zu blühen, brauchen sie einen sonnigen Platz. Gepflanzt werden sie in Teichkörbe (*siehe rechts*). Werden sie zu groß, teilt man sie und topft sie wieder ein. Nicht winterharte Arten müssen drinnen überwintert werden.

Duftende Seerosen sind in allen Größen erhältlich. Zu dieser Gruppe gehören die mittelgroße, rosarot blühende *N.* 'Rosennymphe' (*siehe oben*), die wüchsige, nach Vanille duftende *N.* 'Marliacea Carnea' und die zwergige *N. odorata* var. *minor*.

Panaschiertes Laub Viele Seerosen tragen gezeichnetes Laub, das ein Gewässer auch dann interessant macht, wenn die Blüten gerade nicht geöffnet sind. Besonders empfehlenswert: die braun gefleckten, violettgrünen Blätter von *N.* 'James Brydon'.

Nicht winterharte Formen Zu ihnen zählt man die blauen und violetten Sorten, aber auch Exoten in den üblichen Seerosenfarben. Sie dürfen nur im Sommer ins Freiland und müssen den Winter bei mindestens 10 °C verbringen.

SEEROSEN EINPFLANZEN

Kaufen Sie nur gesunde Exemplare, die frei von Algen und anderen Unkräutern sind. Sie brauchen einen sonnigen Standort und dürfen nicht zu stark gedüngt werden.

1 Einen feinmaschigen Gitterkorb für Wasserpflanzen kaufen. Eine Schicht Wasserpflanzenerde hineingeben. Seerose behutsam aus dem ursprünglichen Topf nehmen und in die Mitte des Korbs stellen.

2 Korb mit Blumen- oder Wasserpflanzenerde füllen und leicht andrücken. Blätter abwischen, um alle Wasserlinsen und Algen zu entfernen. Mit Wasser besprühen, damit sie nicht austrocknen.

3 Substrat mit einer Schicht Flusskies am Wegschwimmen hindern. Den Kies vorher mehrmals waschen, um Schmutz und andere Verunreinigungen zu entfernen.

4 Korb in den Teich stellen und gegebenenfalls erhöht auf Ziegelsteinen platzieren, falls die Seerosen noch nicht bis zur Wasseroberfläche reichen. Wenn die Triebe länger werden, die Steine herausnehmen.

DER NUTZGARTEN

Ganz gleich, ob Sie einen großen Nutzgarten oder nur ein kleines Gemüsebeet haben, in diesem Kapitel erfahren Sie alles, was Sie für die Kultur von Obst- und Gemüseköstlichkeiten brauchen. Manche Genüsse wie Artischocken und rubinroter Stielmangold machen sogar in Blumenbeeten und Rabatten eine gute Figur.

PFLANZENWAHL

Beim Blättern in Katalogen werden Sie feststellen: Das Angebot ist riesig. Der verfügbare Platz und die Zeit, die Sie aufwenden wollen, spielen bei der Auswahl ebenso eine Rolle wie Ihre Vorlieben für bestimmte Obst- und Gemüsearten.

▸ GUTE QUALITÄT

Selbstgezogenes scheint immer besser zu schmecken als Gekauftes. Das gilt vor allem für Gemüse wie Mais, Blattsalate und Erbsen, die schon Stunden nach dem Ernten nachlassen. Pflanzen Sie alte Traditionssorten: Sie sind oft besser und interessanter. Ziehen Sie, was Ihnen gefällt, bauen Sie es biologisch an, wenn Ihnen danach ist, und konzentrieren Sie sich auf Arten, die im Laden teuer sind wie Babygemüse, Spargel, neue Kartoffeln oder Schalotten. Lohnend ist der Anbau von Sorten, die widerstandsfähig gegen Schädlinge und Krankheiten sind: Das erhöht den Ertrag und macht weniger Arbeit.

▸ BIOLOGISCHER ANBAU

Sie haben Bedenken, synthetische Pestizide einzusetzen? Dann ziehen Sie Ihre Köstlichkeiten doch biologisch. Ein Befall lässt sich manchmal schon allein dadurch vermeiden, dass man früh oder spät in der Saison pflanzt. Zudem gibt es Sorten mit guter Widerstandskraft gegen Schädlinge und Krankheiten. Indem Sie Nutzpflanzen jedes Jahr in ein anderes Beet setzen, verhindern Sie, dass sich Krankheitserreger im Boden zu stark vermehren. Probleme verringert ferner der Anbau von Pflanzen, die natürliche Feinde von Schädlingen (*siehe S. 356*) anlocken.

◄ ZEITAUFWAND

Die Zeit, die Sie für Ihren Nutzgarten aufwenden möchten, entscheidet darüber, was Sie anbauen können. Wenn Ihnen nur ein paar Stunden in der Woche zur Verfügung stehen und Ihr Garten obendrein ein Stück weit weg ist, sollten Sie Gemüse pflanzen, das nach dem Einwachsen größtenteils sich selbst überlassen werden kann und nicht ständig gedüngt, gewässert, gestützt und angebunden werden muss. Auch sollten Sie sich nichts anschaffen, was Sie konstant abernten müssen. Falls Ihr Garten hingegen direkt neben der Wohnung liegt und Sie jeden Tag Zeit für ihn haben, können Sie sich auch an Anspruchsvolleres wagen.

▲ KONTINUIERLICHE ERNTE

Wer lückenlos versorgt werden will, sollte Sorten ziehen, die unterschiedlich rasch reifen, und sie alle drei Wochen neu aussäen. Auch kann man Lagersorten, z. B. Winteräpfel, wählen. Optimal genutzt ist der Platz, wenn man zwischen langsam reifendes Gemüse wie Steckrüben schnell reifende Zwischenfrüchte wie Kopfsalat pflanzt.

▲ PLATZBEDARF

Wie viel Sie ernten können, hängt vom verfügbaren Platz ab. Ist der knapp, sollten Sie nicht auf Pflanzen bestehen, deren Ertrag nur für eine einzige Mahlzeit reicht. Besser genutzt wird der Raum mit schnell reifenden und ertragreichen Arten und Sorten. In Töpfen werden Zwergsorten, an Wänden kletternde oder hängende Formen gezogen.

STANDORTWAHL

Wie und wo Sie Ihr Gemüse ziehen, hängt vom Boden, der Lage und der Ausrichtung des Gartens ab. Große Grundstücke bieten meist ideale Bedingungen, vor allem wenn man auch noch ein Gewächshaus aufstellt. Doch selbst in kleinen Anlagen kommt man mit Hoch- und Freilandbeeten weit.

TRADITIONELLE BEETE

Wer genug Platz und gute, durchlässige Gartenerde hat, kann Gemüse in traditionellen schmalen Beeten ziehen. Sie werden so angeordnet, dass sie möglichst viel Sonne abbekommen. Die Idealbreite beträgt 1,2 m – genug, um reichlich zu ernten und die Beete bequem zu bearbeiten, ohne die Erde betreten zu müssen. Deshalb sollten Sie Wege anlegen, die idealerweise schubkarrenbreit sind. In Gärten ohne Beete reicht es auch, Bretter auszulegen. Damit die Pflanzung gut aussieht – in kleineren Gärten durchaus ein Thema –, säumt man Beete mit Backsteinen oder Kräutern bzw. Stepover-Obstspalieren.

▸ HOCHBEETE

In Gärten mit kargen Böden empfiehlt sich der Bau von Hochbeeten. Sie sind im Handumdrehen errichtet (*siehe S. 98–99*) und bieten, mit hochwertigem Oberboden gefüllt, etlichen Pflanzen Idealbedingungen. Zudem erwärmt sich in ihnen der Boden dank der guten Dränage im Frühjahr schneller, sodass das Gemüse einen Blitzstart hinlegen kann, wenngleich man etwas mehr wässern und düngen muss. Hochbeete machen den Garten abwechslungsreicher und bringen Nutzpflanzen auf eine angenehme Arbeitshöhe.

◂ UNTER GLAS

In kühlen Gegenden zieht man Tomaten, Auberginen und andere empfindliche Gemüsepflanzen am besten im Gewächshaus oder unter Folien. Dank des warmen, geschützten Klimas verlängern Sie die Wuchssaison vom zeitigen Frühjahr bis zum Spätherbst, wenn die Temperaturen und die Tageslänge schließlich weiteres Wachstum unterbinden. Man kann frühes Gemüse unter Glas aussäen, Sämlingen zu einem Frühstart verhelfen und empfindliche Sorten geschützt heranziehen.

Gewächshäuser und Folientunnel müssen ein gutes Stückchen von Schatten werfenden Bäumen und überhängenden Zweigen entfernt in der vollen Sonne stehen, dürfen aber auch nicht zu exponiert sein. Ratsam sind ein Stromanschluss für Heizkörper, Licht und Anzuchtkästen. Gute Dienste leistet ferner ein Wasserhahn in der Nähe.

GEFÄSSE

Viele Obst- und Gemüsepflanzen eignen sich für die Gefäßkultur. Wo für Beete zu wenig Platz oder der Boden ungeeignet ist, sind Töpfe eine Alternative. In ihnen kann man Nutzpflanzen außerdem dort hinstellen, wo sie optimale Bedingungen vorfinden oder wo man sie griffbereit hat, etwa in Hausnähe. Als »Lebensraum« eignet sich jedes Gefäß mit Abzugslöchern – von herkömmlichen Tontöpfen über glasiertes Steingut bis hin zu recycelten Behältern wie Zinkbadewannen. Topfpflanzen müssen gut gedüngt und regelmäßig gewässert werden, vor allem bei Hitze und Trockenheit. Falls der Platz reicht, sollte man größere Gefäße verwenden, da sie die Feuchtigkeit besser speichern und den Pflanzen mehr Raum lassen. Kleinere Töpfe lassen sich dagegen leichter transportieren, sodass man sie bei Bedarf aus der Sonne oder dem Schatten nehmen kann. Besonders gut eignen sich für die Topfkultur Zwergobstgehölze und Erdbeeren.

Zweckentfremdete Gefäße geben ausgezeichnete Pflanztöpfe ab, solange sie Abzugslöcher im Boden haben.

Fensterkästen

Wer gar keinen Platz hat, greift auf Fensterkästen zurück – in ihnen ist Gemüse und Obst zudem immer in Reichweite. Man bepflanzt sie am besten mit Zwerg- und Hängesorten oder Blattsalaten und Tomaten. Wie geschaffen für Kästen sind Kräuter, vor allem wenn sie auf Fensterbänken stehen. Bringt man sie außen an, müssen sie gut befestigt werden, um Unfälle zu vermeiden.

Fensterkästen: ideal für Farbenfrohes

Pflanzsack

Flexibler lässt sich Gemüse nicht ziehen. Man kauft die Säcke mit Erde oder füllt sie selbst. Sie können im Gewächshaus oder draußen aufgestellt werden und eignen sich für eine breite Palette einjähriger Gemüse wie Tomaten und Zucchini. In hohen Säcken lässt sich sogar Wurzelgemüse ziehen. Die Säcke müssen jedes Jahr mit frischer Erde gefüllt werden.

Pflanzsäcke: Schmackhaftes aus der Tüte

Hängekörbe

Dank Blumenampeln bzw. Hängekörben lassen sich sogar Mauern und Zäune als »Beete« nutzen. Hängende und niedrige Arten und Sorten eignen sich am besten für die frei schwebende Kultur, doch sollte man sie nicht zu dicht packen. Wichtig ist ein sonniger, geschützter Platz. Im Sommer muss täglich gegossen und jede zweite Woche gedüngt werden.

Hängekörbe: Genuss auf Augenhöhe

◂ MAUERN UND ZÄUNE

Steigern Sie Ihre Erträge, indem Sie vertikale Flächen als Stütze für kletterndes Gemüse und Obst nutzen. Solange sich die Mauern und Zäune an einer geschützten Stelle befinden, kann man an ihnen durchaus Nutzpflanzen ziehen, die dann keinen wertvollen Platz am Boden beanspruchen. Besonders gut eignen sich Mauern für empfindliche, wärmebedürftige Arten wie Pfirsiche.

Vor dem Pflanzen befestigt man Rankgitter oder Drähte an Wand und Zaun, um die Triebe fixieren zu können. Der Boden muss besonders am Fuß von Mauern mit gut verrotteter organischer Substanz verbessert werden. Pflanzen im Regenschatten brauchen regelmäßig Wasser.

▴ BEDECKT HALTEN

Wer keinen Platz für ein Gewächshaus hat, behilft sich mit einem Frühbeet oder Minitreibhaus. Sie eignen sich bestens für die Anzucht von Sämlingen und schützen die Pflanzen vor Kälte. Auch beim Abhärten von Jungpflanzen vor dem Umsiedeln ins Freiland leisten sie gute Dienste, denn man braucht die Abdeckung nur aufzuklappen. Minitreibhäuser sind wie geschaffen für Tomaten und Paprika – am Ende der Saison faltet man sie einfach zusammen.

▴ GEMISCHTE PFLANZUNG

Reine Gemüsebeete sind kein Muss: Man kann Nutzpflanzen auch in Blumenbeeten und Rabatten unterbringen. Artischocken etwa sind genauso attraktiv wie Zierpflanzen. Soll ein kleiner Garten nicht nur schön, sondern auch nützlich sein, ist man mit Mischpflanzungen gut bedient – Gemüse ist auch dann noch ansehnlich, wenn die Blüten längst vergangen sind. Der Mix bietet zudem Schutz vor Schädlingen und lockt Nützlinge und Bestäuber an.

WERKZEUG UND GERÄTE

Eine gute Ausrüstung erleichtert den Anbau eigener Genüsse wesentlich. Sie anzuschaffen lohnt sich mehrfach, denn die meisten Geräte und Werkzeuge braucht man auch an anderer Stelle im Garten. Kaufen Sie zunächst das Wichtigste und bauen Sie Ihr Arsenal mit der Zeit aus.

Auswahl

Die Werkzeuge, die man für den Anbau von Obst und Gemüse braucht, gehören zur Grundausrüstung – wahrscheinlich haben Sie sowieso schon einige. Kaufen Sie sich die beste Qualität, die Sie sich leisten können, und pflegen Sie alle Utensilien gut, dann halten Sie viele Jahre. Nach Gebrauch werden sie gesäubert und trocken aufbewahrt.

Spaten und Grabgabel sind unerlässlich für die Bodenvorbereitung, das Umgraben und Ausheben von Löchern. Mit dem Spaten lockert man leichte, mit der Gabel schwere Böden.

Handgabeln und -schaufeln sollte man sich für das Pflanzen, Ernten, Jäten und Umarbeiten kleiner Flächen und für Gefäße anschaffen. Es gibt auch Ausführungen mit langem Stiel.

Rechen Mit einem Rechen harkt man den Boden vor dem Aussäen feinkrümelig und deckt Samen ab. Überdies lassen sich mit ihm Pflanzenreste nach dem Ernten wegräumen.

Gartenschere Mit ihr schneidet man Obstbäume und Sträucher. Wichtig ist, dass sie immer scharf ist. Größere Früchte wie Gurken lassen sich mit ihr triebschonend ernten.

Hacke Beim Jäten zwischen Pflanzen, Bearbeiten des Bodens vor dem Bepflanzen und Ziehen von Saatrillen sind Hacken unschlagbar. Am vielseitigsten einsetzen lassen sich Schuffeln (*siehe oben*).

Baumsäge Wer Obstbäume oder -sträucher hat, kommt nicht ohne eine scharfe Baumsäge aus. Sie ist zum Kappen größerer Äste gedacht und findet auch bei Zierbäumen und -sträuchern Verwendung.

Gartenvlies bewährt sich dort, wo Jungpflänzchen oder im Frühjahr blühende Obstgehölze vor Frost geschützt werden müssen. Halten Sie es griffbereit, wenn Spätfröste angekündigt werden.

Netze Mit feinmaschigen Netzen schützt man Obst und Gemüse wirkungsvoll vor Insekten und Vögeln. Für Möhren und Kopfkohl braucht man sogar sehr feinmaschige Ausführungen.

Abdeckungen Mit ihnen wärmt man den Boden vor dem Bepflanzen und schützt frisch gesetzte Sämlinge, damit früh geerntet werden kann. Es gibt sie in groß und klein.

Ruten und Stangen Im Obst- und Gemüsegarten sollte man immer ein paar Exemplare unterschiedlicher Länge parat haben. Sie stützen hohe und nicht sehr standfeste Pflanzen.

Saatschalen und Multitöpfe Ihren Nutzen stellen sie unter Beweis, wenn man Pflanzen aus Samen ziehen möchte. Sie halten zwar nicht sehr lange, kosten dafür aber auch nicht viel.

Hanf- oder Bastschnüre Mit Bast bindet man zarte Triebe an, während Hanfschnüre für robustere Zweige zuständig sind. Im Gegensatz zu Kunststoffschnüren verrotten sie auf dem Komposter.

Körbe und Eimer Moderne Ausführungen sind aus Gummi oder Kunststoff. In ihnen transportiert man Gemüse, Obst, Pflänzchen oder Werkzeug, aber auch Erde und Abfälle.

Pflanzhölzer erweisen sich beim Säen einzelner großer Samenkörner wie Bohnen, für das Umpflanzen von Sämlingen und beim Setzen von Zwiebeln als ausgesprochen nützlich.

Sprühflaschen kann man immer brauchen – ob zum Befeuchten von Tomatenblüten zur Verbesserung der Bestäubung oder zur Erhöhung der Luftfeuchtigkeit in Räumen.

VORBEREITUNG

Vor der Aussaat und Pflanzung muss der Boden vorbereitet werden. Wer noch nie Gemüse gezogen hat, legt neue Beete an oder stellt Gefäße bereit. Bei bestehenden Nutzgärten reicht es meist, das Areal rechtzeitig zum Frühjahr zu jäten, zu düngen und umzugraben.

VORAUSSETZUNGEN

Ein neuer Nutzgarten für Obst und Gemüse gehört an einen sonnigen, geschützten Standort ohne Frostsenken. Der Boden muss nährstoffreich und durchlässig sein. Stecken Sie die Umrisse der Beete ab. Sie sollten höchstens 1,2 m breit sein, damit man noch gut bis in die Mitte greifen kann. Zwischen den Beeten lassen Sie so viel Platz, dass Sie mit einer Schubkarre durchkommen. Baut man Hochbeete, bricht man den Boden auf und füllt nach dem Hochziehen der Wände aufbereiteten Oberboden hinein.

Hochbeete sollten nicht breiter als 1,2 m sein, damit man alle Pflanzen noch gut erreicht.

BODENVORBEREITUNG

Soll der Boden gesund bleiben, sollte man ihn umgraben – am besten im Herbst oder Winter, damit das Erdreich bis zur Bepflanzung im Frühjahr Zeit hat, sich zu setzen. Nicht umgraben sollte man nasse oder gefrorene Böden. Arbeiten Sie sich reihenweise voran und graben Sie eine Spatentiefe um. Werden Beete ganz frisch angelegt, jätet man das Areal zuerst, holt größere Steine und Unrat heraus und bricht dicke Klumpen mit der Grabgabel auf.

Graben Sie mindestens eine Spatentiefe um und arbeiten Sie von einem Ende zum anderen, um nicht auf bereits bearbeiteten Boden zu treten.

Verbessern Sie den Boden mit verrotteter organischer Substanz wie Stallmist oder Humus. In schweres Erdreich wird kompostierte Rinde eingearbeitet.

Streuen Sie vor dem Pflanzen einen Volldünger oder Bio-Pellets aus Hühnermist. Wenn es einmal einen Tag nicht regnet, muss gewässert werden.

BLITZSTART IN DIE SAISON

In kühlen Gegenden erwärmt sich der Boden manchmal nur langsam, vor allem wenn es sich um Tonböden handelt. Das verzögert die Samenkeimung, verlangsamt das Pflanzenwachstum und kann die Erträge reduzieren. Um etwas Zeit aufzuholen, wärmt und trocknet man den Boden schon im März oder April, indem man ihn abdeckt. Tonböden dürfen nicht abgedeckt werden, weil sie schlecht durchlässig sind und daher durch Verdunstung trocknen müssen.

Als Erstes gräbt man den Boden um (*siehe Seite gegenüber*) und harkt die Oberfläche fein und eben. Decken Sie das Beet mit Plastikfolie ab, damit es keinen Regen mehr abbekommt und sich erwärmt. Die Folienränder gräbt man ein. Ideal ist eine schwarze Kunststofffolie, denn sie macht auch Unkräutern den Garaus. Eine durchsichtige Plane wiederum wärmt besser.

Man kann die Folie vor dem Säen und Bepflanzen entfernen oder sie liegen lassen und für die Pflänzchen Schlitze hineinschneiden, dann hat Unkraut keine Chance.

► **Abdeckungen** wärmen und trocknen Böden, schützen Jungpflanzen und geben empfindlichem Gemüse wie Gurken genau die zusätzliche Wärme, die es braucht.

HOCHBEETE, GEFÄSSE UND PFLANZSÄCKE

Im Herbst jätet man gründlich und entfernt alle Pflanzenreste, lockert den Boden bestehender Hochbeete mit der Grabgabel und arbeitet gut verrotteten Stallmist oder Kompost ein. Im Winter decken Sie das Beet mit Kunststofffolie ab, sofern Sie keine Tonböden haben, um Unkraut zu unterdrücken und den Boden zu erwärmen.

Im Frühjahr nimmt man die Abdeckung ab, zupft Unkrautreste heraus und gräbt den Boden leicht um. Vor dem Bepflanzen streut man einen Volldünger, damit die neuen Pflanzen einen Nährstoffschub bekommen. Neue Hochbeete können Sie bepflanzen, sobald die Erde eingefüllt ist. In Töpfe kommt frisches Substrat, um Schädlingsbefall und die Ausbreitung von Krankheiten zu verhindern. Pflänzchen in kleinen Töpfen härtet man ab, bevor man sie nach draußen bringt, sobald keine Fröste mehr zu erwarten sind. Große Töpfe werden gleich an ihren endgültigen Standort, einen sonnigen, geschützten Platz, gestellt. Auf ihren Boden legt man Tonscherben, bevor man Erde einfüllt. In Pflanzsäcken lockert man das Substrat, stellt die Säcke an ihren Platz und sticht Abzugslöcher hinein. Dann wässern, Wasser ablaufen lassen und bepflanzen.

Pflanzsäcke sind für Gemüse wie Tomaten, Salate und Paprika praktische Instant-Gefäße.

AUSSAAT

Genügend Pflanzen für eine nennenswerte Ernte im Herbst bekommt man in der Regel nur durch Aussaat. Lesen Sie die Anleitungen auf dem Samenpäckchen immer gut durch und beachten Sie ansonsten die folgenden goldenen Regeln: Sorgen Sie für angemessene Temperaturen und Bodenbedingungen, behandeln Sie die Samen, falls nötig (*siehe S. 329*), und säen Sie drinnen wie draußen im empfohlenen Monat aus.

AUSSAAT DRINNEN

Manche Gemüsepflanzen können zwar direkt ins Freiland gesät werden, doch viele andere, darunter Tomaten, Auberginen und Paprika, müssen im zeitigen Frühjahr unter Glas ausgebracht werden und können erst später als Pflänzchen ins Freie kommen. Man sät sie in Saatschalen, Multitöpfe oder biologisch abbaubare Gefäße, die man auch gleich mit in die Erde stecken kann. Zusätzliche Wärme liefern Anzuchtkästen und darübergespannte durchsichtige Folien.

1 Saatschalen bzw. Multitöpfe bis knapp unter den Rand mit Universal- oder Saaterde füllen. Größere Klumpen zerbröseln. Substrat leicht festdrücken, um Lufteinschlüsse herauszupressen.

2 Substrat vor dem Besäen leicht wässern. Bei sehr feinen oder mit Sand gemischten Samen nur immer eine kleine Menge in die Hand nehmen, um eine gleichmäßigere Verteilung zu erreichen. Große Samen einzeln säen.

3 Samen dünn auf der Oberfläche des Substrats verteilen. Bei Multitöpfen jeweils ein, zwei Körnchen in jedes Modul säen. Samen je nach Größe mit einer dünnen Substratschicht bedecken und ganz vorsichtig wässern.

4 Das Gefäß an einen warmen Ort stellen und täglich prüfen, ob der Boden feucht ist und bereits Samen keimt. Die wachsenden Sämlinge in neue Gefäße umpflanzen, sobald das zweite Blattpaar erscheint.

5 Größere Sämlinge haben bereits ein kräftigeres Wurzelsystem und lassen sich leichter umpflanzen. Von unten aus den Gefäßen schieben und in größere Töpfe mit Universalerde setzen.

6 Pflänzchen gut wässern und zum Abhärten in ein Gewächshaus oder ein Frühbeet umsiedeln, sobald sie vier bis sechs echte Blättchen tragen (*siehe Seite gegenüber*). Vor dem Umzug ins Freiland reichlich wässern. So viel vom Topfballen wie möglich mit umpflanzen.

BALLENPFLÄNZCHEN

Wer weder Zeit noch Platz für die Aussaat hat oder nur ein paar Pflanzen braucht, kauft besser Sämlinge mit Ballen. Man bekommt sie im Versandhandel und in Gartencentern. Allerdings ist die Auswahl nicht so groß wie bei Samen. Wählen Sie im April oder Mai Pflänzchen mit intakten Blättern und gesundem Wurzelsystem aus. Bei einer Bestellung werden die Exemplare zur besten Pflanzzeit verschickt und können gleich gesetzt werden. Man wässert sie gut und topft sie ein oder pflanzt sie sofort ins Freiland.

ABHÄRTEN

Pflanzen, die drinnen ausgesät oder in beheizten Gewächshäusern überwintert wurden, sollten nach und nach an die niedrigeren Temperaturen im Freiland gewöhnt werden. Mit dem Abhärten beginnt man am besten nach dem letzten Frost. Stellen Sie dazu Ihre Gewächse einen Monat lang in ein kühles Gewächshaus, ein Frühbeet oder unter eine Glasglocke und öffnen Sie tagsüber die Lüftungsklappen bzw. den Deckel.

FREILANDAUSSAAT

Im Frühjahr können viele Gemüsesorten wie Rote Bete, Karotten, Spinat und Speiserüben direkt ins Freilandbeet gesät werden. Dazu müssen Sie das Beet aber mindestens zwei Wochen vor dem Ansäen umgraben, jäten und gut verrotteten Stallmist oder Kompost einarbeiten. Sofern noch Zeit ist, wartet man, bis etwaige Unkräuter sich durch Keimen verraten, und jätet sie mit der Hacke, bis es im Frühjahr ans Aussäen geht.

1 Im Frühjahr Boden gegebenenfalls mit Folien bedecken, damit er sich erwärmt (*siehe S. 193*). Oberfläche feinkrümelig harken und mit Schnur Rillen markieren. Nach Möglichkeit am Tag vor der Aussaat wässern. Die Rillen mit einer Hacke entlang der Schnur ziehen.

2 Samen so dünn wie möglich, bei größeren Körnern auch einzeln in die Rille säen und ansonsten die auf der Verpackung angegebenen Abstände einhalten. Bei manchen Pflanzen ist das schon der endgültige Abstand, ansonsten eher dichter säen, da man später immer noch ausdünnen kann.

3 Samen dünn mit Erde bedecken und anschließend leicht mit dem Rücken des Rechens festdrücken, damit sie guten Kontakt mit der Erde haben. Behutsam wässern, damit die Körnchen nicht weggeschwemmt werden. Rille mit einem Etikett kennzeichnen.

DAS JAHR IM GEMÜSEGARTEN

Im Gemüsegarten gibt es die meiste Zeit des Jahres viel zu tun, angefangen von der Bodenvorbereitung im Frühjahr über die Pflege der Pflanzen bis hin zur Ernte im Sommer und Herbst. Den Winter nutzt man zum Aufräumen, Umgraben und Planen der nächsten Anbausaison.

FRÜHJAHR

Vorbereitung

• **Im zeitigen Frühjahr** räumt man das Gewächshaus auf. Entfernen Sie am Ende der Frostperiode Luftpolsterfolien und putzen Sie die Fenster. Funktioniert die automatische Lüftung? Streichen Sie Holz, wenn nötig, und waschen Sie Böden und Stellagen mit Wasser und Desinfektionsmittel.
• **Graben Sie** den Boden um, damit er locker bleibt, aber treten Sie so wenig wie möglich darauf.
• **Stellen Sie** Stützen für Kletterpflanzen und Stangenzelte aus Bambusruten für Bohnen auf.
• **Im späten Frühjahr** werden Beete für die Frühsommeraussaat vorbereitet.

Aussaat

• **Säen Sie** Gemüse im Gewächshaus aus, so verhelfen Sie sowohl winterharten als auch empfindlichen Sorten zu einem optimalen Start in die Saison. Den Anfang machen Auberginen, Gurken, Paprika, Rote Beten und Tomaten.
• **Säen Sie winterhartes Gemüse** wie Dicke Bohnen, Rosen-, Kopf- und Grünkohl, Möhren, Lauch, Kopfsalat und Pastinaken im März oder April unter Folien ins Freiland.
• **Im späten Frühjahr** – etwa ab April und Mai – sät man Zucchini und Kürbisse ins Gewächshaus.
• **Ab Mai bzw. Juni** werden Busch- und Stangenbohnen, Mais, Rote Beten, Brokkoli, Blumenkohl, Karotten, Spinat und Stielmangold direkt ins Freiland gesät.

Bepflanzung

• **Im zeitigen Frühjahr** pflanzt man frühe Saatkartoffeln, Knoblauch, Speisezwiebeln und Schalotten.
• **In der Frühjahrsmitte** kommen mittelfrühe und späte Kartoffeln, Topinambur und Artischocken in die Erde.
• **Pikieren Sie** Sämlinge von Lauch, Auberginen und Frühsommerkohl. Kommen sie ins Freie, muss man sie abhärten. Empfindliche Arten deckt man ab.
• **Im späten Frühjahr** bzw. frühen Sommer härtet man Paprika-, Tomaten-, Sellerie- und Rosenkohlsämlinge ab und pflanzt sie aus.
• **Beginnen Sie** mit dem Umsiedeln gut entwickelter Sämlinge von Blumenkohl, Zucchini und Gemüsefenchel. Bei Bedarf schützt man sie mit Abdeckungen.
• **Pflanzen Sie** gekaufte Kräuter ab Mitte Mai ins Freie.

Laufende Pflege

• **Entfernen und entsorgen Sie** Unkräuter sofort.
• **Häufeln Sie Kartoffeln** zum Schutz vor Frost an.
• **Legen Sie** in kalten Nächten Vlies über Jungpflanzen.
• **Wässern Sie** vor allem Topfpflanzen regelmäßig.
• **Topfpflanzen** können eine Kopfdüngung gut gebrauchen.

Ernte

• **Ernten Sie** Kohl, Grünkohl, Stielmangold, Spargel, Dicke Bohnen, Kopfsalate, Kräuter und Frühlingszwiebeln.

Was sonst zu tun ist

• **Schneiden Sie** mehrjährige Kräuter wie Rosmarin, Thymian und Salbei. Horstbildende Arten werden geteilt.
• **Das Innere des Gewächshauses** durch Bestreichen des Glases mit Kalkfarbe beschatten.

Karotten sät man unter Glas aus – so starten sie optimal in die Saison.

SOMMER

Aussaat

• **Im Frühsommer** sät man Rote Bete, Karotten, Zucchini, Freilandgurken, Bohnen, Kräuter, Erbsen, Rettiche und Radieschen, Kürbisse, Steck- und Speiserüben sowie Stielmangold. Säen Sie sukzessive den Sommer hindurch, für die Herbst- und Winterernte auch im Spätsommer.

Bepflanzung

• **Pflanzen Sie** alle drinnen gesäten Sämlinge im Frühsommer an ihren endgültigen Standort im Freiland.

Laufende Pflege

• **Düngen und wässern Sie** regelmäßig, vor allem wenn es wärmer wird und die Pflanzen Früchte zu tragen beginnen.
• **Jäten Sie** die Beete gut und halten Sie sie frei von Unrat.
• **Binden Sie** Kletterpflanzen an und zwicken Sie Triebspitzen ab, um einen buschigen Wuchs zu fördern.
• **Entfernen Sie** von Stabtomaten die Seitentriebe.
• **Häufeln Sie** Kartoffeln und Lauch an.

Ernte

• **Ernten Sie** Rote Bete, Dicke Bohnen, Kopf- und Blumenkohl, Zucchini, Gurken, Artischocken, Gartensalate, Erbsen, Knoblauch, Speisezwiebeln, Tomaten, Auberginen, Mais, Paprika, Kartoffeln, Karotten und Stielmangold. Geerntet werden die Früchte, sobald sie reif sind, denn das fördert bei Sorten wie Zucchini und Paprika den Neuansatz.

Was sonst zu tun ist

• **Düngen, jäten und wässern Sie** Gewächshauspflanzen regelmäßig. An warmen Tagen muss man lüften, sonst wird es den Pflanzen zu heiß. Im Hochsommer tüncht man die Glasscheiben, damit die Pflanzen etwas Schatten haben, und befeuchtet den Boden. Schädlinge und Krankheiten werden sofort entfernt bzw. biologisch bekämpft.

Jäten Sie Gemüsebeete von Hand, um die Pflanzen zu schonen.

HERBST UND WINTER

Aussaat

• **Im Frühherbst** sät man Spinat und Stielmangold unter Glas und siedelt Frühjahrskohl nach draußen um. Auch winterharte Blattsalate für die Ernte im Winter und zeitigen Frühjahr werden jetzt gesät.
• **Pflanzen Sie** Herbstknoblauch, Schalotten und winterharte Zwiebeln. Säen Sie Dicke Bohnen, Karotten und Erbsen, die überwintern sollen.
• **Ab der Wintermitte** sät man winterhartes Gemüse unter Glas, um es im zeitigen Frühjahr ins Freiland umsiedeln zu können, z. B. Dicke Bohnen, Frühkarotten, Blumenkohl, Lauch, Gartensalat, Zwiebeln, Schalotten, Frühjahrskohl und Erbsen.

Ernte

• **Ernten Sie** die letzten Gemüsesorten, etwa Rote Bete, Karotten, Chilis, Gurken, Kopfkohl, Busch- und Stangenbohnen, Paprika, Kartoffeln, Mais, Tomaten, Kürbisse und Speiserüben. Grünkohl, Lauch und Pastinaken sollten ebenfalls so weit sein, können aber noch draußen bleiben.
• **Im Winter** werden Rosen-, Kopf- und Grünkohl, Pastinaken und Lauch geerntet.

Was sonst zu tun ist

• **Im Herbst** entsorgt man Pflanzenreste und säubert das Gewächshaus, bevor man Pflanzen darin überwintert.
• **Räumen Sie** den Garten auf und kompostieren Sie abgestorbene Pflanzen, aber nur, wenn sie gesund sind.
• **Kompostieren Sie** abgefallenes Laub.
• **Arbeiten Sie** gut verrotteten Stallmist in den Boden ein.
• **Planen Sie** den Fruchtwechsel und bestellen Sie Samen, Saatkartoffeln, Steckzwiebeln und wurzelnackte Pflanzen.
• **Nicht beheizte Gewächshäuser** werden mit Luftpolsterfolie isoliert, damit den Pflanzen kurze Fröste nichts anhaben können. Prüfen Sie die Pflanzen auf Krankheiten und Schädlinge und halten Sie die Erde leicht feucht.

Sammeln Sie abgefallenes Laub auf.

Ernten Sie Rosenkohl zu Weihnachten.

GESUNDE PFLANZEN

Keine Nutzpflanze ist völlig immun gegen Schädlinge und Krankheiten. Früher oder später bekommt es jeder Hobbygärtner mit ihnen zu tun. Vorbeugung aber ist besser als Bekämpfung – viele Probleme lassen sich durch gute Bewirtschaftung und optimale Pflanzenpflege vermeiden.

Fast keine Nutzpflanze ist vor Schädlingen und Krankheiten gefeit. Dennoch gibt es Gruppen, die besonders anfällig sind. So fallen Kohlgewächse leicht der Kohlhernie zum Opfer. Zum Glück muss man nicht immer gleich zur chemischen Keule greifen: Schon gute Pflege verringert das Risiko. Regelmäßiges Düngen und Wässern macht Pflanzen kräftig und von Natur aus widerstandsfähig. Ein Vorteil ist es schon, wenn man sie zu Beginn unter Glas heranzieht. Zudem gibt es Züchtungen, die weniger anfällig sind. Unkräuter sind oft Brutstätte von Krankheiten und Schädlingen und stehen zudem in Nährstoffkonkurrenz zu Nutzpflanzen. Deshalb sollte man sie sofort entfernen. Mitunter sind Spritzmittel unumgänglich. Ein sicherer Umgang mit ihnen sollte selbstverständlich sein (*siehe S. 359*).

FRUCHTFOLGE

Bei der Fruchtfolge vermeidet man es, dieselbe Gruppe von Nutzpflanzen häufiger als einmal alle drei Jahre an ein und demselben Platz zu ziehen. Das verhindert zum einen die Ausbreitung von Krankheitserregern, die sich auf bestimmte Pflanzengruppen spezialisiert haben, zum anderen profitieren die nachfolgenden Sorten von den Nährstoffen, die ihre Vorgänger zurückgelassen haben. Für die Fruchtfolge unterscheidet man drei Gruppen:

- Kartoffeln und Tomaten
- Kohlgewächse wie Kopfkohl und Brokkoli
- Hülsenfrüchte wie Bohnen und Erbsen, Zwiebeln und Wurzelgemüse wie Karotten und Pastinaken

Beet 1

1. Jahr: Kartoffeln und Tomaten

2. Jahr: Hülsenfrüchte wie Erbsen, Dicke Bohnen, Stangen- und Buschbohnen; Zwiebeln, Karotten, Rote Bete, Pastinaken, Knollensellerie

3. Jahr: Kohlgewächse wie Rosen-, Kopf-, Blumen- und Grünkohl; Rettiche und Speiserüben

Beet 2

1. Jahr: Hülsenfrüchte wie Erbsen, Dicke Bohnen, Stangen- und Buschbohnen; Zwiebeln, Karotten, Rote Bete, Pastinaken, Knollensellerie

2. Jahr: Kohlgewächse wie Rosen-, Kopf-, Blumen- und Grünkohl; Rettiche und Speiserüben

3. Jahr: Kartoffeln und Tomaten

Beet 3

1. Jahr: Kohlgewächse wie Rosen-, Kopf-, Blumen- und Grünkohl; Rettiche und Speiserüben

2. Jahr: Kartoffeln und Tomaten

3. Jahr: Hülsenfrüchte wie Erbsen, Dicke Bohnen, Stangen- und Buschbohnen; Zwiebeln, Karotten, Rote Bete, Pastinaken, Knollensellerie

► ALLGEMEINE HYGIENE

Gutes Gärtnern ist der Schlüssel zu schmackhaften Genüssen und hohen Erträgen. Pflanzen Sie gesunde Sämlinge oder auch ältere Exemplare in gut vorbereitete Böden, die frei von Krankheitserregern sind. Pflegen Sie sie mit sauberem, desinfiziertem Werkzeug. Die Anbauflächen müssen frei von totem und faulendem Material sein: Kranke Pflanzenreste entfernt man sofort. Sie gehören jedoch nicht auf den Komposthaufen – damit riskiert man nur die Ausbreitung von Erregern –, sondern müssen vernichtet werden. Auch Düngen und Wässern ist wichtig.

◄ HINDERNISSE, FALLEN UND PRÄPARATE

Einen Befall durch Schädlinge vermeidet man oft schon durch bloße Barrieren: Das Abdecken von Obst und Gemüse mit Insektennetzen oder Gartenvlies verhindert, dass die Möhrenfliege, die Kleine Kohlfliege, Erdflöhe, Blattläuse, Schmetterlinge und Vögel sich über die Pflanzen hermachen. Leimbänder um Baumstämme verhindern, dass Frostspanner in das Geäst kriechen, um dort ihre Eier abzulegen. Mit Leim- und Pheromonfallen dezimiert man ganz bestimmte Schädlinge. Umweltfreundliches Schneckenkorn und Nematodenpräparate dämmen Schnecken ein.

► WIDERSTANDSFÄHIGE SORTEN

Ihre Erfolgschancen steigen enorm, wenn Sie Sorten wählen, die speziell auf Widerstandsfähigkeit gegen bestimmte Schädlinge gezüchtet wurden, etwa Karotten, die weniger anfällig für einen Befall durch die Möhrenfliege sind. Pflanzenkataloge, Gartenbücher und Gartenbauvereine nennen oftmals empfehlenswerte Sorten, die eine gewisse Resistenz gegen Schädlinge und Krankheiten zeigen, verlässlich fruchten, nicht zurückschlagen, keine besonderen Ansprüche stellen und im Handel problemlos erhältlich sind.

◄ BIOLOGISCHER ANBAU

Ob man Obst und Gemüse biologisch züchtet, ist eine persönliche Entscheidung. Manche Hobbygärtner sind der Meinung, dass der Bioanbau gesündere, wüchsigere Pflanzen hervorbringt. Sie fühlen sich wohler, wenn sie genau wissen, womit ihr Essen gedüngt und behandelt wurde. Der Pflanzengesundheit tut es sicher keinen Abbruch, wenn man auf den Einsatz von Chemikalien verzichtet und statt Kunstdünger Kompost und Stallmist verwendet. Lassen Sie sich bei der Bekämpfung von Schädlingen und Krankheiten zudem von der Natur helfen (*siehe S. 356–358*).

KONTINUIERLICHE ERNTE

Vorausschauende Planung ist der Schlüssel zur kontinuierlichen Versorgung. Der Trick besteht darin, genug anzubauen, um sich durchgehend aus dem Garten bedienen zu können. Das ist viel besser, als einmal zu viele Früchte und Gemüse und dann wieder gar nichts zu haben.

MISCHKULTUR

Bei dieser Kulturmethode werden mehrere Gemüsesorten gleichzeitig angebaut, wobei man kleinere Pflanzen in Lücken zwischen größeren platziert. Damit optimieren Sie Raumnutzung und Ertrag. Mais etwa wirft mit seinen hohen Stängeln kaum Schatten und kann mit Blattsalaten, Radieschen oder Zwiebeln unterpflanzt werden. Bei der Methode, die südamerikanische Indigene »die drei Schwestern« nennen, zieht man Kürbisse und Bohnen an Mais hoch. Sogar Zierpflanzen lassen sich mit Gemüse kombinieren: Schönlinge wie die Spiegeleierpflanze locken Bestäuber an, während Kapuzinerkresse Schädlinge fernhält.

ZWISCHENFRUCHT

Diese Technik ähnelt der Mischkultur, doch kommen hier rasch reifende Sorten wie Radieschen und Blattsalate zum Einsatz, die vor oder nach langsam wachsenden Sorten wie Pastinaken und Steckrüben gesät werden und schon nach rund 30 Tagen fruchten. Die Schnellstarter nutzen den noch vorhandenen Boden, solange ihre behäbigeren Nachbarn ihn nicht brauchen. Ausgesät werden können die Sprinter außerdem sukzessive alle paar Wochen in kleineren Sätzen. So liefern sie durchgehend einen gut zu bewältigenden Ertrag, statt mit einer Flut an Früchten aufzuwarten, die man gar nicht mehr wegessen kann.

Schnell reifendes Gemüse wie Kopfsalat kann sukzessive in mehreren Sätzen hintereinander angesät werden – oder als Zwischenfrucht.

SUKZESSIVE AUSSAAT

Wer alles auf einmal aussät, muss auch alles auf einmal ernten, selbst wenn er es gar nicht mehr verwerten kann. Besser ist es daher, alle paar Wochen kleinere Sätze auszusäen. Folgende Gemüse lassen sich nicht gut lagern und sollten frisch verwertet werden.

Schnell reifendes Gemüse:
Rote Baby-Bete • Babykarotten • Babyspinat • Calabrese-Brokkoli • Blumenkohl • Gartenbohnen • Kohlrabi • Kopfsalat • Pak Choi • Erbsen • Radieschen • Pflücksalat • Frühlingszwiebeln • Sommerkohl

LAGERN VON GEMÜSE

Wenn Ihr Garten mehr abwirft, als Sie verbrauchen können, oder schlechtes Wetter die Ernte gefährdet und Sie große Mengen auf einmal nach drinnen holen müssen: Machen Sie Ihr Gemüse haltbar.

Luftdicht verschließbare Gläser für Chutney und Eingelegtes

Überschüssiges Gemüse kann mit verschiedenen Methoden gelagert bzw. haltbar gemacht werden, um in den Wintermonaten zur Verfügung zu stehen. Vieles lässt sich kochen und einmachen, etwa als Chutney. Man kann Gemüse aber auch sauer bzw. in Salz einlegen – egal, ob ganz oder zerkleinert – oder blanchieren und einfrieren. Wer die entsprechende Ausrüstung hat, kann vieles sogar binnen weniger Monate in gute hausgemachte Weine verwandeln, etwa Äpfel und Rhabarber.

Aus Brokkoli, Paprika und Tomaten lassen sich schmackhafte Suppen zubereiten, die man einfrieren kann, wenn man sie nicht auf einmal verzehren will. Wer in der Wohnung zu wenig Stauraum hat, lagert größere Posten Wurzelgemüse in frostsicheren Freilandmieten.

EINFRIEREN

In Gefrierschränken lässt sich Gemüse bis zu sechs Monate lagern; besser kann man den frischen Geschmack kaum bewahren – allerdings muss man es sofort einfrieren. Blanchieren Sie es zuvor in kochendem Wasser, um Farbe und Konsistenz zu erhalten.

Kräuter eignen sich besonders gut zum Einfrieren – man hackt sie und gibt sie in Schälchen.

Buschbohnen, Dicke Bohnen, Stangenbohnen und Sprossbrokkoli sind beste Tiefkühlkost.

Mais muss so schnell wie möglich eingefroren werden, weil er seine Süße rasch verliert.

Buschbohnen werden vor dem Einfrieren geputzt.

EINMACHEN UND EINLEGEN

Eine traditionelle Methode des Haltbarmachens ist das Einlegen von rohem Gemüse in kalten Essig. Doch man kann es auch einmachen (Beispiel: Chutney). Dabei bleibt der Geschmack erhalten und verbessert sich oft sogar im Lauf der Monate.

Legen Sie Gurken, Paprika, Rote Bete, Kopfkohl, Knoblauch und Schalotten kalt in Essig ein und lassen Sie sie einige Monate reifen.

Chutney kann man unter anderem aus Roter Bete, Zucchini und Bohnen, englisches Piccalilli aus allerlei gemischtem Gemüse herstellen.

Rote-Bete-Chutney bleibt lange schmackhaft.

VORRATSMIETEN

Suchen Sie sich einen Platz, den Sie im Winter nicht benötigen, und heben Sie eine Grube aus. Polstern Sie das Loch mit Stroh aus und füllen Sie es mit dem Gemüse. Dann legen Sie Bretter über das Loch und bedecken sie dick mit dem Aushub. In sehr kalten Gegenden kann man das Loch zusätzlich mit alten Teppichen oder Laub abdecken.

Wurzelgemüse wie Karotten, Knollensellerie, Pastinaken, Steckrüben, Speiserüben und Kartoffeln bleibt im Herbst und Winter in Mieten frisch.

Kartoffeln kann man wochenlang in Mieten lagern.

GEMÜSEPLANER

In dieser Übersicht sehen Sie auf den ersten Blick, wann Sie welches Gemüse säen, pflanzen und ernten sollten. Die Angaben sind Durchschnittswerte und können je nach Klimazone, Lage und Wetter variieren.

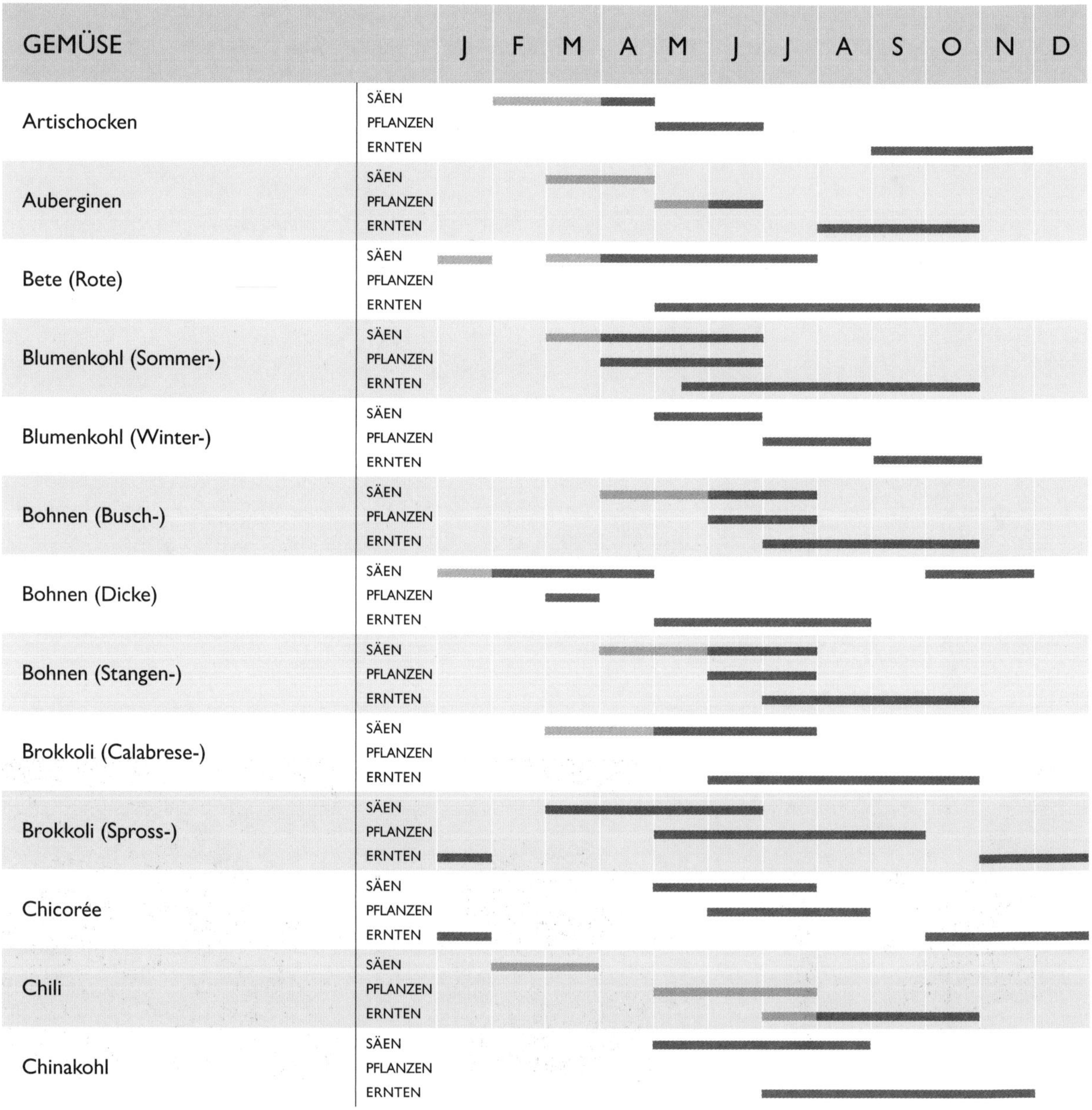

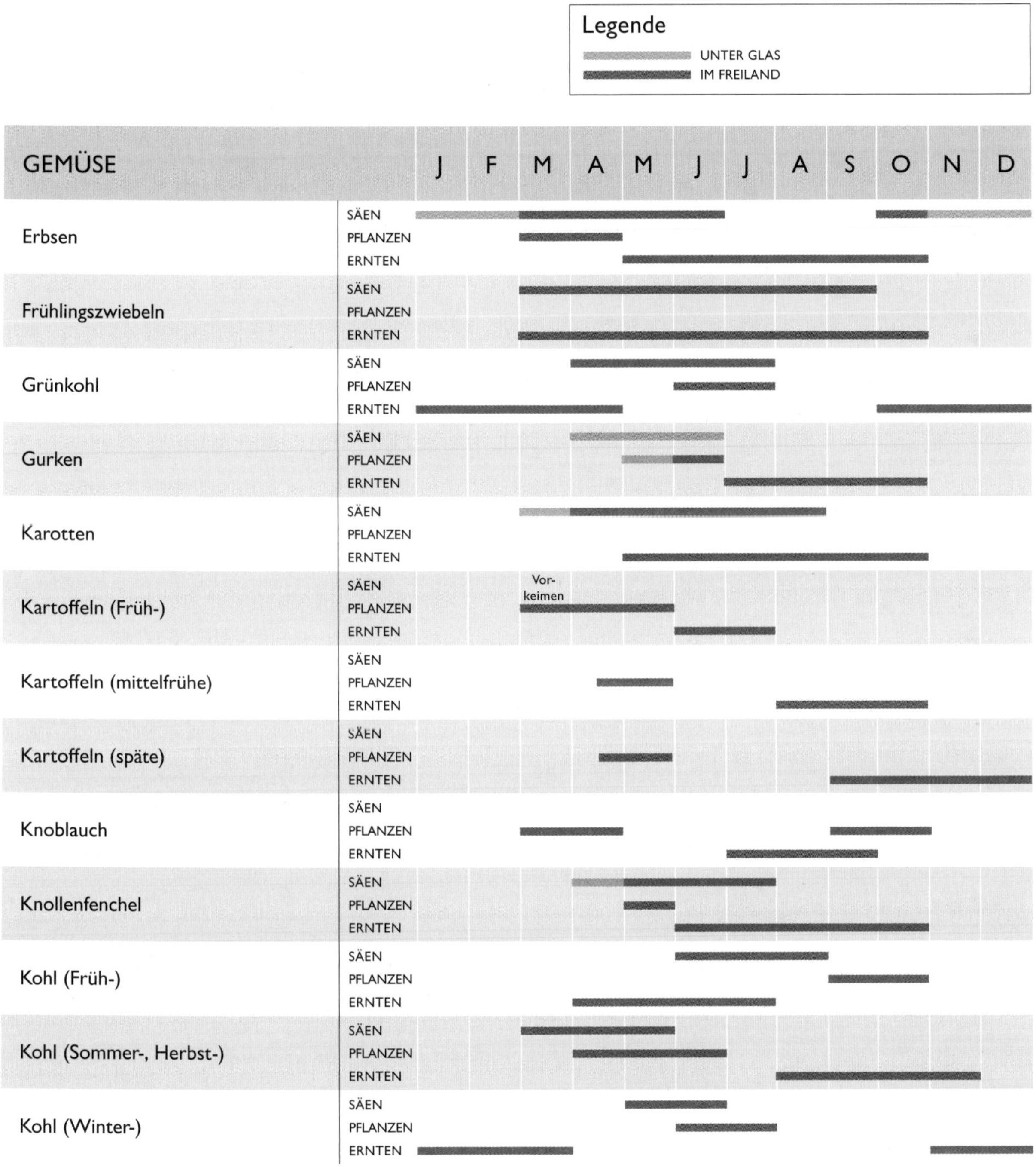
Legende
UNTER GLAS
IM FREILAND
GEMÜSE
J F M A M J J A S O N D
Erbsen
SÄEN
PFLANZEN
ERNTEN
Frühlingszwiebeln
SÄEN
PFLANZEN
ERNTEN
Grünkohl
SÄEN
PFLANZEN
ERNTEN
Gurken
SÄEN
PFLANZEN
ERNTEN
Karotten
SÄEN
PFLANZEN
ERNTEN
Kartoffeln (Früh-)
SÄEN
Vor-keimen
PFLANZEN
ERNTEN
Kartoffeln (mittelfrühe)
SÄEN
PFLANZEN
ERNTEN
Kartoffeln (späte)
SÄEN
PFLANZEN
ERNTEN
Knoblauch
SÄEN
PFLANZEN
ERNTEN
Knollenfenchel
SÄEN
PFLANZEN
ERNTEN
Kohl (Früh-)
SÄEN
PFLANZEN
ERNTEN
Kohl (Sommer-, Herbst-)
SÄEN
PFLANZEN
ERNTEN
Kohl (Winter-)
SÄEN
PFLANZEN
ERNTEN

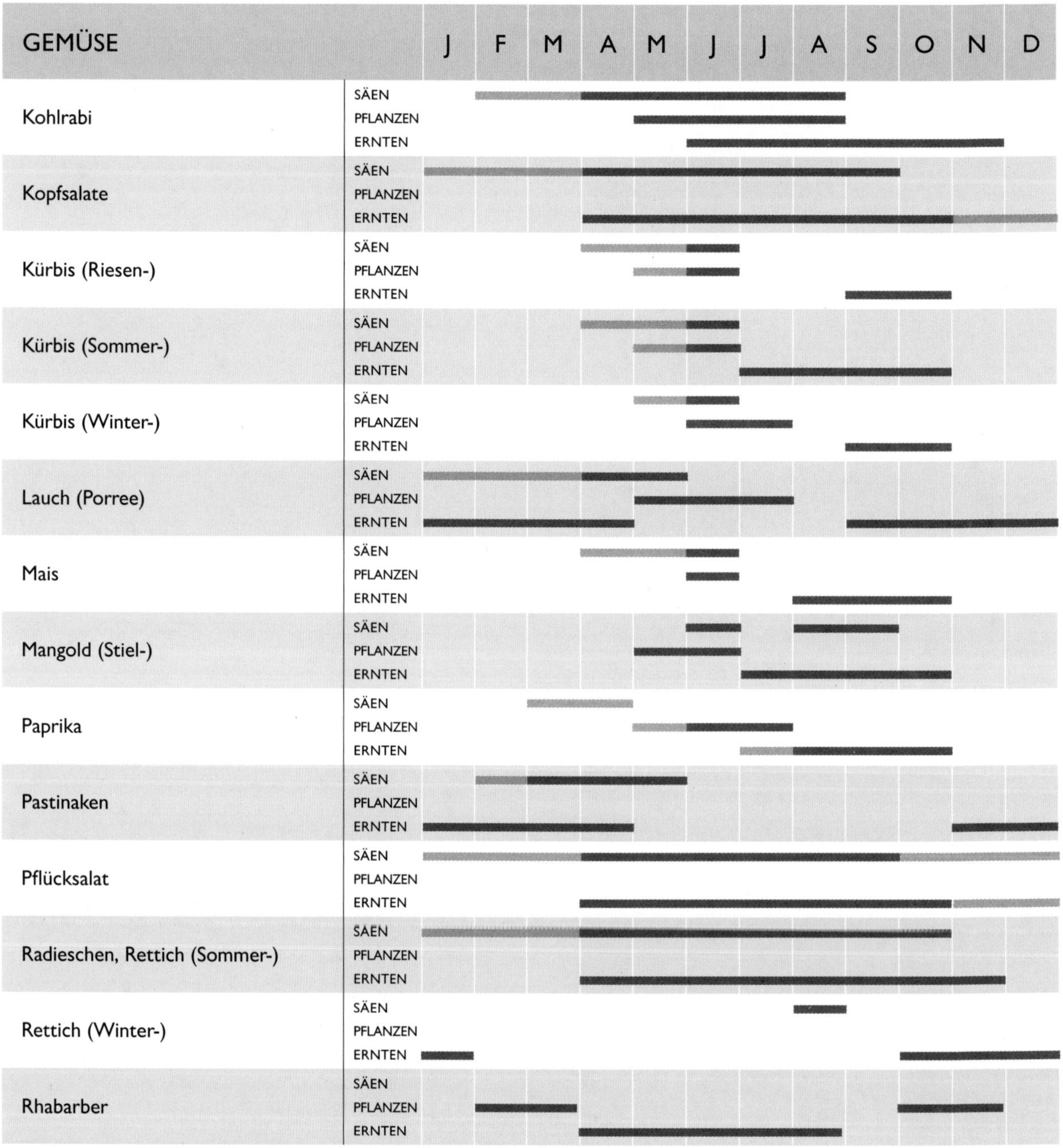
GEMÜSE
J F M A M J J A S O N D
Kohlrabi
Kopfsalate
Kürbis (Riesen-)
Kürbis (Sommer-)
Kürbis (Winter-)
Lauch (Porree)
Mais
Mangold (Stiel-)
Paprika
Pastinaken
Pflücksalat
Radieschen, Rettich (Sommer-)
Rettich (Winter-)
Rhabarber
SÄEN
PFLANZEN
ERNTEN

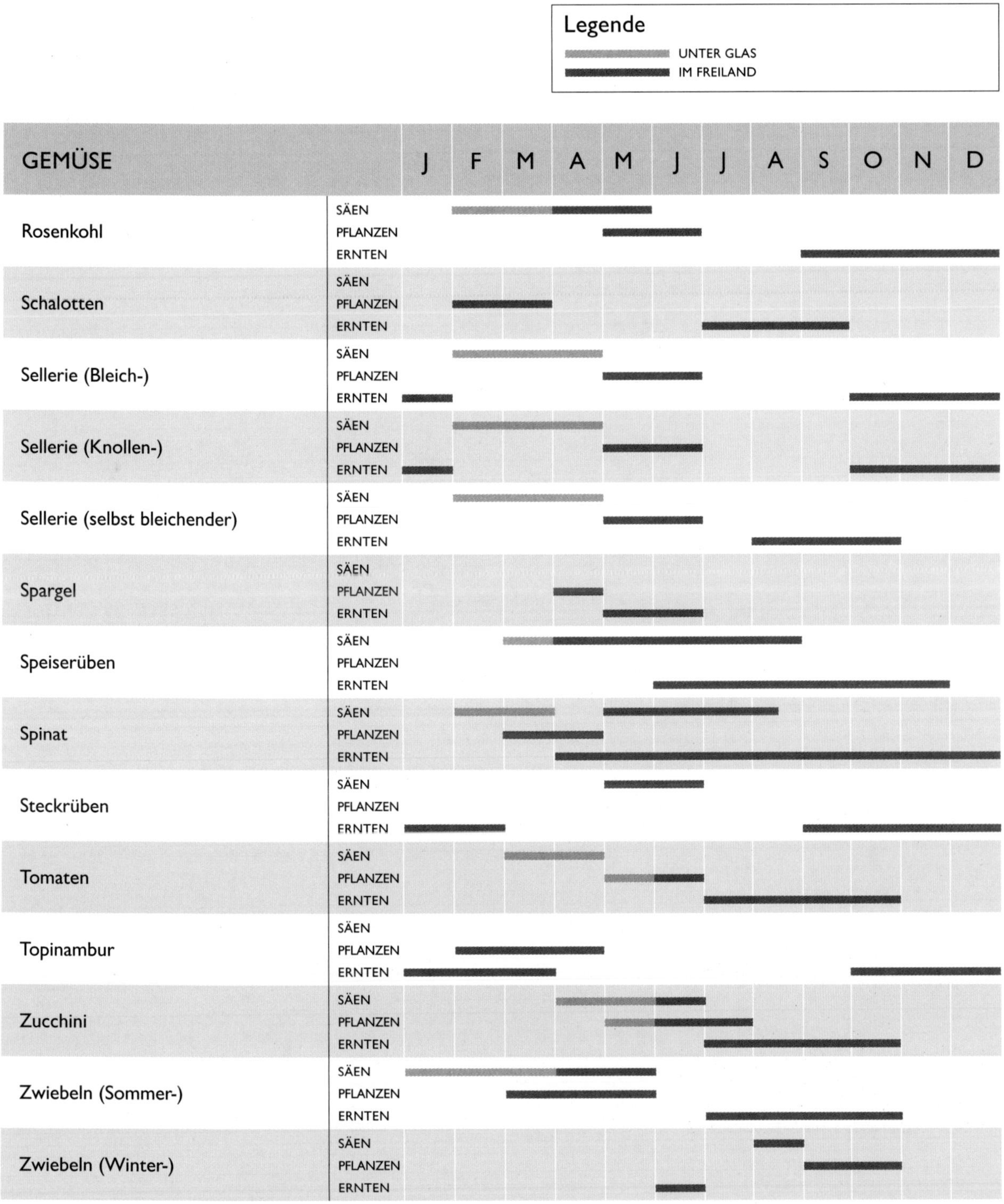
Legende
UNTER GLAS
IM FREILAND
GEMÜSE
J F M A M J J A S O N D
Rosenkohl
SÄEN
PFLANZEN
ERNTEN
Schalotten
SÄEN
PFLANZEN
ERNTEN
Sellerie (Bleich-)
SÄEN
PFLANZEN
ERNTEN
Sellerie (Knollen-)
SÄEN
PFLANZEN
ERNTEN
Sellerie (selbst bleichender)
SÄEN
PFLANZEN
ERNTEN
Spargel
SÄEN
PFLANZEN
ERNTEN
Speiserüben
SÄEN
PFLANZEN
ERNTEN
Spinat
SÄEN
PFLANZEN
ERNTEN
Steckrüben
SÄEN
PFLANZEN
ERNTEN
Tomaten
SÄEN
PFLANZEN
ERNTEN
Topinambur
SÄEN
PFLANZEN
ERNTEN
Zucchini
SÄEN
PFLANZEN
ERNTEN
Zwiebeln (Sommer-)
SÄEN
PFLANZEN
ERNTEN
Zwiebeln (Winter-)
SÄEN
PFLANZEN
ERNTEN

KOPFSALAT

Kopfsalate sind die wohl unkompliziertesten Gemüsepflanzen. Sie wachsen schnell, passen auch auf den kleinsten Platz – sogar in Töpfe – und liefern den ganzen Sommer, ja sogar im Herbst, frische Blätter.

Knackig frischer Kopfsalat: ein Sommergenuss

KULTUR

Kopfsalat braucht einen hellen, mittags beschatteten Standort und gedeiht am besten bei Temperaturen zwischen 10 und 20 °C. Er bevorzugt feuchte, stark durchlässige und mit gut verrotteter organischer Substanz angereicherte Erde. Will man die ersten Köpfe schon im Frühsommer ernten, sät man winterharte Sorten im Spätwinter ins Freiland. Empfindliche Züchtungen kommen im März und April in Multitöpfe und werden nach den letzten Frösten nach draußen umgesiedelt. Will man im Sommer ernten, sät man Kopfsalat ins Freiland, sobald die Temperaturen über 5 °C steigen. Die Pflänzchen werden je nach Sorte (Anleitung auf dem Päckchen lesen!) auf 15 bis 30 cm ausgedünnt.

Wässern Sie Kopfsalat gut, besonders bei Trockenheit, sonst schosst er. Auch sollte man das Beet unkrautfrei halten, um Nährstoffkonkurrenz zu vermeiden. Lollo- und Eichblattsalate erntet man blattweise, wenn sie groß genug sind. Traditionelle Kopfsalate sind erntereif, sobald sie ein kleines, festes Herz gebildet haben – sie werden mit einem Messer gekappt.

FORMEN

Lollo- und Eichblattsalate bilden keinen festen Kopf und liefern kontinuierlich Blätter, wenn man sie als Pflücksalate zieht (*siehe Seite gegenüber*).

Grüner Salat, der eigentliche Kopfsalat, gehört zu den beliebtesten Formen. Er trägt einen weichen, runden Kopf mit glattem oder strukturiertem Laub.

Romana- oder Römersalate wachsen aufrecht und haben eine ovale Form sowie längere, knackigere Blätter als der Grüne Salat.

Krachsalate haben runde, dichte Köpfe und sehr knackige Blätter. Der Eisbergsalat gehört zu dieser Gruppe.

EMPFEHLENSWERT

Lollo- und Eichblattsalate
'Catalogna' • 'Cocarde' • 'Green Salad Bowl' • 'Laurenzio' • 'Lollo Bionda' • 'Lollo Rossa' • 'New Red Fire' • 'Red Salad Bowl' • 'Rossa a Foglia Riccia da Tavolo' • 'Verde a Foglia Riccia'

Grüner Salat
'Attraction' • 'Kagraner Sommer' • 'Maikönig' • 'Maiwunder' • 'Merveille des quatre saisons' • 'Winterbutterkopf' • 'Wunder von Stuttgart'

Romana-Salat
'Estelle' • 'Forellenschuss' • 'Freckles' • 'Frisco' • 'Little Gem' • 'Little Gem Pearl' 'Lobjoits Green Cos' • 'Mordore' • 'Pandero' • 'Paris Island' • 'Pinokkio' • 'Tintin' • 'Xanadu'

Krachsalat
'Great Lakes' • 'Grüner aus Maria Lankowitz' • 'Eisberg' • 'Roter Eisberg' • 'Saladin' • 'Sioux' • 'Webbs Wonderful' • 'Winter Density'

PFLÜCKSALAT

Viele schnell reifende Blattsalate lassen sich als Pflück- oder Schnittsalate ziehen. Eine einzige Aussaat liefert wochenlang schmackhaften Salat. Die Schnellstarter sind ideal für Hobbygärtner mit ganz wenig Platz.

Pflücksalat: frisch aus dem Terrassentopf

KULTUR

Pflücksalate können mehrmals geerntet werden. Es gibt verschiedene Sorten, die jeweils ihren eigenen Geschmack haben und unterschiedlich verwendet werden können. Man zieht Pflücksalate genau wie Kopfsalat (*siehe Seite gegenüber*): Unter Glas sät man ihn im zeitigen Frühjahr in Töpfe, im Freiland dagegen in durchlässige, nährstoffreiche Erde, sobald die Temperaturen über 5 °C liegen, oder ebenfalls in Töpfe. Nach zwei, drei Wochen kann man ernten. Dazu zupft man die größeren Blätter einzeln ab und lässt die kleineren an der Pflanze. Wer es eilig hat, kann auch gleich die ganze Pflanze mit einer Schere ernten – allerdings braucht der Salat dann etwas länger, bis er wieder Blätter liefert. Diese Radikalernte lässt sich mehrmals wiederholen, am ergiebigsten ist jedoch die erste Ernte. Möglich ist außerdem eine sukzessive Aussaat alle drei Wochen.

Wässern Sie Pflücksalate gut und düngen Sie Exemplare in Töpfen alle zwei Wochen. Pflanzenreste werden immer gleich aus dem Beet geholt, um die Ausbreitung von Krankheiten zu verhindern. Ebenfalls wichtig: Jäten.

FORMEN

Feldsalat liefert kontinuierlich und bis in den Winter hinein schmackhafte, neue Blättchen, die man einzeln pflückt.

Mibuna ähnelt Mizuna (*siehe unten rechts*) und wird wegen der schmalen Sommerblätter gezogen. Man kann ihn ganz oder blättchenweise ernten.

Winterkresse schmeckt pfeffrig und ist ein Ersatz für Brunnenkresse. Man erntet sie im Sämlingsstadium oder nach sechs Wochen.

Weißer Senf hat einen milden Senfgeschmack und wird im Sämlingsstadium (*siehe oben*) oder in reiferem Zustand als Jungpflanze geerntet.

Pak Choi genießt man eher als reife Pflanze, doch schmecken die Sämlinge ebenso gut und sind obendrein rascher verfügbar.

Mizuna schmeckt mild nach Senf und hat eine knackige Konsistenz. Man erntet ihn ganz jung und zart oder lässt ihn ein paar Wochen reifen.

BLATTGEMÜSE

Neben Kopf- und Pflücksalaten gibt es etliche weitere Blattgemüse, die wenig Platz brauchen, problemlos zu kultivieren sind – und auch noch gut aussehen. Die meisten sind wie geschaffen für kleine Gärten und Töpfe.

	FRÜHJAHR	SOMMER	HERBST	WINTER
SÄEN/PFLANZEN	■	■	■	
ERNTEN	■	■	■	■

Swiss chard 'Lucullus'

KULTUR

Blattgemüse reift meist schnell heran. Es mag sonnige Plätze mit durchlässiger, nährstoffreicher Erde, die man mit viel gut verrotteter organischer Substanz wie Stallmist oder Kompost angereichert hat. Auf beengtem Raum kann man es getrost in Töpfen ziehen (*siehe unten*).

Um Blattgemüse möglichst bald auf den Weg zu bringen, sät man es im Frühjahr drinnen in Multitöpfe und pflanzt es nach draußen, sobald die Frostgefahr vorüber ist. Sorten für die Hauptsaison können auch direkt im Freiland in Saatrillen gesät werden. Je nach Art und Sorte muss man später ausdünnen. Junge Blätter deckt man mit Vlies ab, falls ein Kälteeinbruch bevorsteht. Wässern Sie die Pflanzen immer gut und jäten Sie die Beete. Manche Sorten kann man als ganze, reife Pflanzen ernten, von den meisten aber zupft man die Blätter einzeln ab (*siehe Seite gegenüber*).

► **Ernten Sie** Blattgemüse jung oder ausgewachsen – je nachdem, wie viel Platz vorhanden ist.

PROBLEME

Falscher Mehltau verursacht auf dem Laub gelbe Flecken mit Schimmel darunter und schwächt die Pflanze. Die Blätter können absterben. Entfernen Sie Infiziertes und verbessern Sie die Belüftung.

Bei der Blattfleckenkrankheit bilden sich abgestorbene Stellen auf den Blättern, die sich ausdehnen können. Entfernen Sie krankes Laub und Pflanzenreste im Herbst.

Schnecken sind schlimme Schädlinge. Sie fressen Blätter an oder vertilgen gleich die ganze Pflanze. Bekämpfen Sie sie mit Schneckenkorn, Bierfallen und Kiesbarrieren.

TOPFKULTUR

1 Gefäß mit Abzugslöchern wählen. Substrat einfüllen, zwischen Rand und Oberfläche aber einige Zentimeter Abstand lassen, um besser wässern zu können. Rillen ziehen, Samen hineinsäen und abdecken.

2 Je nach Blattgemüse keimen die Samen nach etwa zwei Wochen. Drinnen ausgesäte Pflänzchen nach dem Ende der Frostperiode nach draußen bringen. Gefäß gut wässern und alle zwei Wochen düngen.

3 Von Topfgemüse zupft man am besten regelmäßig einzelne Blätter ab, solange sie noch jung und zart sind. Pflanze weiterwachsen lassen, aber weitere Samen aussäen, um die Erntezeit zu strecken. Ältere Pflanzen alle paar Wochen ersetzen.

▸ SPINAT

Spinat ist eine Vitaminbombe. Sorten mit glatten Blättern werden roh in Salaten genossen, runzelige Züchtungen am besten gekocht. Das Gemüse braucht feuchte, nährstoffreiche Böden und Schutz vor praller Sonne. Man wässert es gut, um ein Schossen zu verhindern. Ausgesät wird direkt ins Freiland in 2 cm Tiefe mit 2–3 cm Abstand. Zwischen den Reihen bleibt 30 cm Platz. Auf 7–15 cm ausdünnen.

Empfehlenswerte Sorten:
'Bordeaux' F1 • 'Dolphin' • 'Industra' • 'Matador' • 'Polar Bear' F1 • 'Triathlon' • 'Winterriesen'

◂ STIELMANGOLD

Die großen, knackigen Blätter erntet man jung, um sie in Salat zu verwerten oder zu kochen. Stielmangold braucht nährstoffreiche, feuchte Böden, ist aber weniger temperaturempfindlich als Kopfsalat und schosst auch nicht so leicht. Die Sommerernte wird im Frühjahr, die Winterernte im Hoch- und Spätsommer ausgesät. Die Aussaat erfolgt in 2–3 cm Tiefe mit 15 cm Abstand.

Empfehlenswerte Sorten:
'Bright Lights' • 'Glatter Silber' • 'Lucullus' • 'Perpetual Spinach' • 'Rainbow Chard' • 'Vulkan'

▸ ZICHORIEN

Blattzichorie oder Zuckerhut, Chicorée und Radicchio bilden im Spätsommer dichte Laubköpfe, die bitter schmecken. Man sät sie im Früh- und Hochsommer 1 cm tief in Reihen mit 30 cm Abstand ins Freie. Später werden die Sämlinge auf 20–30 cm ausgedünnt. Jäten und wässern Sie regelmäßig und schneiden Sie die Blätter ab dem Hochsommer einzeln ab, sobald sich ein Herz gebildet hat.

Empfehlenswerte Sorten:
Radicchio: 'Palla Rossa Bell' • 'Rossa di Treviso' • Blattzichorie: 'Borca' • 'Pan di Zucchero'

◂ CHINAKOHL

Dieses wüchsige Gemüse ist schon nach sechs bis sieben Wochen erntereif. Die zylindrischen Köpfe aus dicht gepackten Blättern können roh oder gedünstet genossen werden. Man sät Chinakohl ab dem späten Frühjahr 1 cm tief sukzessive ins Freiland und dünnt in großen Beeten auf 30 cm, in kleinen auf 15 cm Abstand aus.

Empfehlenswerte Sorten:
'Hong Kong' • 'Kasumi' F1 • 'Michihili' F1 • 'Nikko' • 'Parkin' F1 • 'Wa Wa Sai' F1 • 'Wong Bok' • 'Yuki'

TOMATEN

Tomaten sind ein sehr beliebtes Gemüse. Es gibt sie in den verschiedensten Farben, Formen und Größen. Je nach Sorte kann man sie als Stab- oder Buschtomaten kultivieren und sogar hängend in Blumenampeln ziehen.

	FRÜHJAHR	SOMMER	HERBST	WINTER
SÄEN/PFLANZEN				
ERNTEN				

KULTUR

In kühlen Regionen fruchten Tomaten im Gewächshaus besser als draußen, doch eignen sie sich auch für das Freiland. Man sät das Gemüse im zeitigen Frühjahr drinnen bei 18–21 °C in Multitöpfe oder kleine Gefäße und setzt die Pflänzchen in 8-cm-Einzeltöpfe um, sobald sie groß genug dafür sind. Nach dem Ende der Frostperiode kann man sie abhärten und ins Freiland umsiedeln, wo sie in größeren Gefäßen, Pflanzsäcken oder Beeten mit nährstoffreicher, durchlässiger Erde in 80 cm Abstand weiterwachsen können. Im Gewächshaus reichen 60 cm Abstand. Sobald die Stöcke größer sind, stützt man die Triebe. Wichtig ist regelmäßiges Wässern und ein wöchentlicher Dünger, sobald im Sommer die ersten Blüten erscheinen.

Geerntet wird, wenn die Früchte gleichmäßig rot sind.

FORMEN

Fleischtomaten sind sehr groß, reifen aber langsam. Zudem tragen die Pflanzen weniger Früchte. Man zieht sie am besten im Gewächshaus.

Kirschtomaten bilden lange Trauben aus beerengroßen Früchten und tragen sehr reichlich. Manche Sorten eignen sich auch für Töpfe.

Eiertomaten haben größere, fleischigere Früchte als Kirschtomaten und sind sehr schmackhaft. Es gibt Freiland- und Gewächshaussorten.

Alte Tomatensorten tragen wohlschmeckende Früchte in vielerlei Formen und Farben. Die meisten liefern unter Glas den höchsten Ertrag.

EMPFEHLENSWERT

Die hier beschriebenen Tomaten werden in Busch- (B), Stab- (S) und Hängesorten eingeteilt (*siehe Seite gegenüber*).

Kirschtomaten:
'Balconi Red' (hängend) • 'Conchita' (B) • 'Gold Nugget' (S) • 'Romello' (B) • 'Sungold' (S) • 'Tumbling Tom' (hängend) • 'Zebrino' F1 (S)

Eiertomaten:
'Ailsa Craig' (S) • 'Crimson Crush' (S) • 'Moneymaker' (B) • 'Roma' (B) • 'Summer Sweet' (S)

Fleischtomaten:
'Big Red' F1 (S) • 'Beefeater' (S) • 'Marmande' (C) • 'Mountain Magic' (S) • 'Pink Wonder' (C)

Alte Sorten:
'Green Sausage' (B) • 'Purple Russian' (S) • 'Antique Roman' (S) • 'Tigerella' (S)

Stabtomaten zieht man unter Glas an Schnüren oder hohen Ruten.

ERZIEHUNG UND STÜTZE

Buschtomaten kultiviert man zumeist im Freiland. Sie lassen sich von allen Tomaten am einfachsten stützen und ziehen. Man steckt um sie herum Stäbe in die Erde und bindet die Triebe daran fest. Je höher der Ertrag, desto mehr Ruten braucht man.

Stabtomaten erzieht man mit einem einzelnen Trieb. Sie reifen in der Regel unter Glas. Als Stütze drückt man hohe Stöcke in die Erde, ohne dabei die Wurzeln zu verletzen. Zieht man sie in Pflanzsäcken, befestigt man die Stöcke am besten am Rahmen des Gewächshauses. Die wachsenden Triebe werden jede Woche an der Stütze fixiert. Sobald sie am oberen Ende angelangt sind, zwickt man ihre Spitze ab. Freiland-Stabtomaten werden entspitzt, sobald sie vier bis fünf Rispen tragen.

Um den Fruchtansatz zu fördern und das Größenwachstum zu begrenzen, zwickt man Seitentriebe in den Blattachseln oder zwischen den Blütenrispen und Haupttrieben ab – sie entziehen der Pflanze Energie und werfen Schatten auf die Früchte. Die Triebspitzen von Busch- und Hängesorten muss man nicht abzwicken. Später entfernt man auch die Blätter unter der niedrigsten Rispe, um die Luftzirkulation zu verbessern und Infektionen zu verhindern.

TOPFKULTUR

Am besten gedeihen Tomaten in Töpfen mit frischem Substrat oder Pflanzsäcken, denn so ist das Risiko einer Infektion mit Krankheitserregern aus dem Boden am geringsten. In Gefäßen kann man sie zudem beliebig an warmen, geschützten Plätzen postieren.

Zunächst bedeckt man den Boden von 40-cm-Töpfen mit Tonscherben, füllt Blumenerde ein und pflanzt jeweils ein Exemplar pro Gefäß. Pflanzsäcke fassen zwei bis drei Exemplare und brauchen Abzugslöcher, die man in die Basis sticht. Hängesorten kommen in Hängekörbe, die man mit perforierten Plastikfolien ausschlägt und mit Erde füllt. Die Tomate wird seitlich gepflanzt, damit sie über die Seiten wächst, an einem geschützten, windstillen Platz aufgehängt und täglich gewässert.

▶ **Hängetomaten** sind ideal, wenn man wenig Platz hat. Man kann sie mit Blumen kombinieren.

PROBLEME

Bei Kraut- und Braunfäule verfärben sich Blätter. Am Trieb entstehen nekrotische Stellen, die Früchte faulen. Gemüse besser im Gewächshaus ziehen und resistente Sorten pflanzen. Beet nicht mehrmals für das gleiche Gemüse verwenden.

Bei der Blütenendfäule verfärbt sich die Stelle gegenüber dem Stiel und fault. Ursache ist oft ungleichmäßiges Wässern. Infizierte Früchte entsorgen, regelmäßiger wässern. (*Mehr über Schädlinge und Krankheiten S. 356–369.*)

DÜNGEN UND WÄSSERN

Gutes Düngen und Wässern ist bei Tomaten oberstes Gebot. Gießen Sie regelmäßig und halten Sie den Ballen dauerhaft feucht: Trocknet er zwischendurch aus, können die Früchte platzen und an der Blütenendfäule (*siehe Kasten links*) erkranken. Tomaten sind hungrige Pflanzen, die nach dem Blühen wöchentlich gedüngt werden müssen. Sobald die ersten Früchte erscheinen, reicht eine zweiwöchentliche Nährstoffgabe. Im Handel gibt es speziellen Tomatendünger.

Unregelmäßiges Wässern kann die Früchte platzen lassen und Blütenendfäule verursachen.

PAPRIKA UND CHILI

Paprika und Chili sind eng miteinander verwandt, haben aber ganz andere Eigenschaften. Während Paprikaschoten einen milden Geschmack und saftiges Fleisch haben, sind Chilis klein und scharf.

PROBLEME

Blattläuse ernähren sich von Pflanzensaft und schmälern den Ertrag. Bei kleinerem Befall wischt man die Blätter einfach ab, größeren Befall bekämpft man mit Seifenlösung oder biologischen Mitteln.

Rote Spinnmilben befallen oft Pflanzen unter Glas. Sie saugen ihren Saft und schwächen sie. Man erhöht die Luftfeuchtigkeit, sprüht Bio-Präparate oder dezimiert sie durch biologische Bekämpfung. *(Mehr zu Schädlingen und Krankheiten auf S. 356–369.)*

KULTUR

Paprika und Chilis zieht man am besten in Töpfen, die man entweder ins Gewächshaus bzw. in den Wintergarten oder im Freiland an einen heißen, sonnigen, geschützten Platz stellt. Im Frühjahr kauft man Sämlinge oder sät unter Glas bei 21–24 °C. Sind die Pflänzchen groß genug, vereinzelt man sie in Töpfe. Sobald die Wurzeln das Gefäß ausfüllen, setzt man sie entweder in ein größeres Gefäß um oder härtet sie ab und pflanzt sie mit 30 cm Abstand zueinander und 60 cm Reihenabstand in sonnige Beete. Wenn die Temperaturen wärmer werden, wässert man regelmäßig und gibt ihnen wöchentlich einen Kalidünger. Zwicken Sie die Triebspitzen ab und stützen Sie hohe Exemplare gegebenenfalls mit Ruten. Paprika verändert mit der Zeit Farbe und Geschmack: Grün geerntet schmeckt er mild, rot oder orange süßer und voller. Chilis werden dagegen immer schärfer. Lässt man die Früchte voll ausreifen, schmecken sie zwar am besten, dafür fällt der Ertrag geringer aus.

FORMEN

Paprika bildet große fleischige Früchte, die zunächst grün, dann rot sind und mild schmecken. Man kann sie drinnen und draußen ziehen.

Scotch Bonnets sind feurig scharf und kommen in der jamaikanischen Küche häufig zum Einsatz. Sie brauchen lange, heiße Sommer unter Glas.

Jalapeños sind breite, dickfleischige Chilis mit je nach Sorte unterschiedlicher Schärfe. Den besten Ertrag liefern sie unter Glas.

Cayenne-Chilis werden lang und schmal. Sie haben eine dünne Schale und viele Kerne, lassen sich gut trocknen und können sehr scharf sein.

EMPFEHLENSWERT

Paprika, auch Gemüsepaprika genannt, kommt in verschiedenen Farben und Formen in den Handel. Wesentlich größer ist die Vielfalt bei den Chilis. Deren Einteilung nach Schärfe ist allerdings unzuverlässig, da sie subjektiv empfunden wird.

Paprika
'Bell Boy' • 'Big Banana' • 'Corno di Toro Giallo' • 'Gourmet' • 'Gypsy' • 'Purple Beauty' • 'Redskin'

Chili
Mild:
'Ancho' • 'Hungarian Hot Wax'

Mittelscharf:
'Apache' • 'Padron' • 'Inferno'

Scharf:
'Cherry Bomb' • 'Etna' • 'Long Thin Cayenne' • 'Thai Hot Dragon'

AUBERGINEN

Auberginen, auch Eierfrüchte genannt, sind in vielen Küchen zu Hause. In kühlerem Klima kultiviert man sie am besten unter Glas. Ansonsten machen sie wenig Umstände und sind problemlos zu ziehen.

	FRÜHJAHR	SOMMER	HERBST	WINTER
SÄEN/PFLANZEN	■	■		
ERNTEN		■	■	

EMPFEHLENSWERT

Violette bis schwarze Sorten
'Black Beauty' • 'Black Enorma' • 'Falcon' • 'Moneymaker' • 'Orlando'

Weiße Sorten
'Mohican' • 'Snowy'

Gefleckte Sorten
'Calliope' F1 • 'Fairy Tale' • 'Listada de Gandia' • 'Rosa Bianca'

KULTUR

Auberginen mögen es warm. Damit sie gut fruchten, verwöhnt man sie am besten in einem Gewächshaus oder Wintergarten, in mildem Klima aber warten sie auch im Freiland mit gutem Ertrag auf. Man sät sie im zeitigen Frühjahr bei 21–24 °C in Einzel- oder Multitöpfe. Nach dem Pikieren kultiviert man die Sämlinge bis zum Frühjahrsende bei 16–18 °C weiter. Um einen buschigen Wuchs und reiche Blüte zu erreichen, zwickt man die Triebspitze ab, sobald die Pflanzen 30 cm hoch sind. Sollen sie ins Freiland, härtet man sie ab und setzt sie nach den letzten Frösten mit 60 cm Abstand an einen warmen, geschützten, sonnigen Fleck in durchlässige Erde oder in einen großen Topf. Unter Glas stehen als Lebensraum Töpfe, Pflanzsäcke oder Gewächshausrabatten zur Auswahl.

Sobald Früchte erscheinen, wässert man Auberginen regelmäßiger und verwöhnt sie wöchentlich mit Tomatendünger. Wer weniger, aber größere Früchte bevorzugt, zwickt die ersten Blüten ab und dünnt auf drei bis vier Exemplare pro Pflanze aus. Später stützt man die Haupttriebe, indem man sie an Ruten oder Rankgitter bindet. Am besten schmecken Auberginen, wenn sie eine intensive Farbe und eine glänzende Schale entwickelt haben. Sehen sie matt aus, sind sie zu reif und schmecken bitter. Nach der Ernte kommen die Pflanzen mitsamt dem Substrat auf den Komposthaufen.

Auberginen gedeihen drinnen wie draußen in Gefäßen, brauchen aber einen geschützten Platz. Man wässert und düngt sie gut.

PROBLEME

Weiße Fliegen ernähren sich vom Pflanzensaft, verbreiten Viren und schmälern den Ertrag. Die Blätter werden gelb und klebrig. Man hängt Leimfallen auf oder arbeitet mit biologischer Schädlingsbekämpfung.

Grauschimmel tritt meist in verregneten Sommern auf. Auf Blättern und Blüten bildet sich ein grauer, pelziger Pilzrasen, der den Ertrag reduziert. Man entfernt befallene Pflanzenteile und verbessert die Durchlüftung. *(Mehr zu Schädlingen und Krankheiten auf S. 356–369.)*

Ernten Sie Auberginen lieber jung als zu spät. Ältere Früchte schmecken bitter und bremsen das Wachstum der jüngeren.

GURKEN

Man kennt nicht den wahren frischen Geschmack und das knackige Fleisch einer Gurke, wenn man dieses Gemüse nicht selbst zieht. Und es gibt keinen Grund, es nicht zu probieren, denn die Auswahl an Sorten ist groß.

	FRÜHJAHR	SOMMER	HERBST	WINTER
SÄEN/PFLANZEN	■ (spät)	■ (früh)		
ERNTEN		■ (spät)	■ (früh)	

Ernten Sie Gurken, indem Sie sie mit einem Messer oder einer Gartenschere abschneiden. Regelmäßige Ernte fördert den Fruchtansatz.

KULTUR

Gurken brauchen einen Platz an der Sonne in feuchter, nährstoffreicher Erde – ob im Topf oder im Freiland. Will man sie drinnen heranziehen, sät man sie im zeitigen Frühjahr unter Glas bei 21 °C. Sollen sie den Sommer im Freiland verbringen, reicht es, sie im Mai oder Juni ins Freie zu setzen. Nach vier Wochen härtet man sie ab und setzt sie mit 45 cm Abstand ins Beet. Im Sommer wird direkt ins Freiland gesät. Wässern Sie die Pflanzen gut, besonders wenn sie schon Früchte tragen – unter Glas muss man im Sommer sogar täglich zur Gießkanne greifen. Sobald sich die erste Blüte zeigt, wird alle zwei Wochen ein Volldünger verabreicht.

FORMEN

Schälgurken werden draußen auf dem Boden oder an Stützen gezogen. Sie haben eine harte Schale, die manchmal kleine Stacheln trägt.

Alte Gurkensorten werden im Freiland kultiviert und tragen meist kleine, runde gelbe oder weiße Früchte, die sich besonders für Salat eignen.

Salatgurken bilden lange, glatte, dünnschalige Früchte. Sie müssen unter Glas gezogen werden, um verlässlich zu fruchten.

EMPFEHLENSWERT

Rein weibliche Sorten (W) sind teurer als Standardformen, liefern aber schmackhaftere Gurken (*siehe Seite gegenüber*).

Salatgurken
'Bella' F1 • 'Carmen' • 'Cucino' F1 (W) • 'Delikatess' • 'Euphya' F1 (W) • 'Flamingo' • 'Louisa' • 'Passandra' F1 (W) • 'Sokrates' • 'Telegraph Improved'

Schälgurken
'Burpless Tasty Green' • 'Delfs Nr. 1' • 'La Diva' • 'Long Green Ridge' • 'Marketmore' • 'Riesen Schäl'

Alte Gurkensorten
'Crystal Apple' • 'Crystal Lemon' • 'Miniature White' • 'White Wonder'

Stützen

Man kann Gurken problemlos am Boden kriechen lassen, an Stützen aber fruchten sie besser und brauchen weniger Platz. Für Freilandpflanzen bastelt man ein einfaches Stangenzelt aus 5–6 hohen Ruten. Im Gewächshaus steckt man einen Stab pro Pflanze in die Erde und befestigt ihn am Rahmen, damit er nicht umfällt. Um den Platz optimal zu nutzen, kann man Gurken auch an langen Drähten unter dem Gewächshausdach ziehen.

► **Gurkenpflanzen** wachsen schnell und müssen regelmäßig angebunden werden, sonst werden die Früchte zu schwer.

▲ **Stangengerüste** sind schnell aufgestellt, tragfähig und ideal für Freilandgemüse.

Gefäße

Gurken gedeihen in Gefäßen und Pflanzsäcken. Beim Pflanzen in Töpfe legt man zunächst Tonscherben über das Abzugsloch, füllt Blumenerde ein und lässt einen Abstand zwischen Topfrand und Substratoberfläche, um besser wässern zu können. In Pflanzsäcke sticht man mehrere Abzugslöcher und steckt noch vor dem Pflanzen der Gurken Stützen in die Erde.

► **Pflanzsäcke** sind ideal für Gurken. Sie verringern das Risiko einer Infektion mit Krankheitserregern aus dem Boden.

Rein weibliche Sorten

Bei der Bestäubung moderner Salatgurken können die Früchte verformt sein und bitter schmecken. Man vermeidet das mit rein weiblichen Sorten oder dem Abzwicken aller männlichen Blüten vor dem Öffnen.

◄ **Weibliche** Blüten sind gut zu erkennen: Hinter den Blütenblättern ist bereits eine unreife Frucht zu sehen.

PROBLEME

Kürbisse, Zucchini und Gurken sind eng verwandt und werden von denselben Krankheiten und Schädlingen geplagt (*siehe S. 221–223*).

Das Gurkenmosaikvirus verursacht fleckige Blätter, schwachen Wuchs und magere Ernte. Infizierte Pflanzen werden vernichtet. Ziehen Sie widerstandsfähige Sorten.

Echter Mehltau überzieht Blätter mit einem weißen Pilz. Reichliches Gießen und gute Durchlüftung hilft.
(*Mehr über Probleme auf S. 356–369.*)

EINLEGEGURKEN

Einlegegurken sind unreife Gurken, die genauso gezogen werden wie Schäl- bzw. Freilandgurken. Man sät sie unter Glas in Töpfe, härtet sie ab und pflanzt sie nach den letzten Frösten nach draußen. Wässern und düngen Sie regelmäßig und ernten Sie die Gurken, sobald sie 2–8 cm lang sind. Sie sollten sofort eingelegt werden. Man kann zwar auch Salatgurken klein ernten, doch speziell gezüchtete Sorten eignen sich besser.

EMPFEHLENSWERT:
'Diamant' • 'Piccolo di Parigi' • 'Venio Pickling'

MAIS

Kaum sind die Kolben geerntet, beginnt sich der Zucker in ihren Körnern in Stärke umzuwandeln – die Frucht wird härter und verliert ihre Süße. Wer selbst Mais zieht, weiß: Frische Kolben schmecken am besten!

Frischer Mais ist ungleich süßer als gekaufter.

KULTUR

Mais braucht eine warme Saison, um eine gute Ernte zu liefern. Man pflanzt ihn also an einen geschützten, sonnigen Platz in durchlässige Erde. In kälteren Gegenden wird er im Frühjahr im beheizten Anzuchtkasten bei 16–21 °C ausgesät. Die Sämlinge wachsen bei Zimmertemperatur weiter, bis man sie abhärtet und nach den letzten Frösten ins Freiland setzt. Richtige Kolben treibt Mais nur aus, wenn die Blüten vom Wind bestäubt werden. Dazu pflanzt man sie in Gruppen (*siehe unten*). Selbst in milden Regionen wird eine Abdeckung der Aussaat empfohlen, um Mäuse fernzuhalten.

Um über einen längeren Zeitraum ernten zu können, sät man Mais sukzessive in Zweiwochenintervallen aus. Wässern Sie gut und decken Sie die Pflanzen mit Vlies ab, wenn kalte Nächte drohen. Eine Stütze brauchen sie nicht, doch wenn der Wind zu sehr an ihnen zerrt, kann man die Stängel anhäufeln. Nach dem Fruchtansatz muss regelmäßig gegossen werden.

Wenn die Kolben im Spätsommer reifen, wird ihr Schopf braun. Testen Sie ihren Reifezustand (*siehe rechts*) und drehen Sie sie vom Stängel. Die Blüten von Babymais brauchen nicht bestäubt werden. Ihre Früchte erntet man vor dem Braunwerden der Fäden.

Die Reife von Kolben lässt sich prüfen, indem man einen Fingernagel in ein Korn drückt. Tritt milchiger Saft aus, kann man ernten.

AUSPFLANZEN

1 Um eine gute Bestäubung zu erreichen, sät man Mais mit je 45 cm Abstand in Gruppen, damit der Wind die Samen von Pflanze zu Pflanze wehen kann. Bei Babymais reicht ein Abstand von 15 cm.

2 Mais reift langsam, junge Pflanzen werfen außerdem nur wenig Schatten. Man kann den Platz unter ihnen nutzen, indem man sie mit einer schnell reifenden Zwischenfrucht wie Rote Bete, Radieschen oder Kohlrabi unterpflanzt.

EMPFEHLENSWERT

In der Küche findet nicht der auf den Feldern angebaute Körnermais, sondern Zuckermais Verwendung. Super-Sweet-Hybriden (S) sind süßer als traditionelle Sorten, Tender-Sweet-Sorten (T) süß und zart. Sie dürfen nicht von anderen Sorten bestäubt werden, sonst gehen ihre besonderen Eigenschaften verloren.

'Golda' F1 (S) • 'Incredible' (S) • 'Lark' (T) • 'Seville' (S) • 'Sundance' • 'Swift' (TS) • 'Tasty Sweet' F1 (T) • 'Minipop' (Babymais)

KNOLLENFENCHEL

Das ebenso wohlschmeckende wie dekorative Gemüse mit den fiedrigen Blättern wird wegen seiner zarten Knollen gezogen. Es entwickelt sich in warmen, milden Klimazonen am besten, neigt aber zum Schossen.

	FRÜHJAHR	SOMMER	HERBST	WINTER
SÄEN/PFLANZEN	■■■■	■■		
ERNTEN		■■■■	■■	

EMPFEHLENSWERT

Knollenfenchel ist anfällig für das Schossen (*siehe unten*), das die Pflanze unbrauchbar macht. Bei den folgenden Sorten tritt dieses Phänomen weniger auf:

'Amigo' F1 • 'Atos' • 'Perfection' • 'Romanesco' • 'Selma' • 'Victorio' F1 • 'Zefa Fino'

KULTUR

Knollenfenchel ist ein erlesenes Gemüse, das sonnige, geschützte Standorte und feuchte, nährstoffreiche, mit gut verrotteter organischer Substanz aufgebesserte Böden braucht, sonst schosst er. Man sät ihn drinnen in kleine Töpfe, um eine Störung der Wurzeln beim Umsetzen zu vermeiden, oder nach dem Ende der Frostperiode direkt ins Freiland. Unter Glas gezogene Sämlinge werden vor dem Umzug nach draußen abgehärtet und mit 30 cm Abstand gepflanzt. Reichliches und regelmäßiges Wässern ist wichtig, vor allem bei Trockenheit – der Boden muss ständig feucht bleiben. Jäten Sie oft und häufeln Sie die Triebe an, damit sie weiß bleiben: Das macht sie süßer. In kalten Nächten brauchen sie eine Abdeckung.

Erntereif ist Knollenfenchel rund zwölf Wochen nach der Aussaat, wenn die Knollen groß wie Tennisbälle sind. Größer sollte man sie nicht wachsen lassen, da sie sonst zäh werden. Wenn man sie nicht wieder austreiben lassen will (*siehe unten*), zieht man die ganze Pflanze aus der Erde.

► **Knollenfenchel** hat das Zeug zur Zierpflanze und kann in Gefäßen gezogen werden. Mehrere sukzessive Aussaaten im Sommer garantieren lückenlose Versorgung.

NEUAUSTRIEB

1 Den verdickten Triebansatz knapp über dem Boden mit einem scharfen Messer abschneiden. Falls man den Platz nicht braucht, die Wurzeln im Boden lassen, die Pflanze treibt dann neu aus.

2 Die Stümpfe gut wässern. Binnen zwei Wochen erscheinen neue Triebe. Sie reifen zwar bis zum Herbst nicht mehr zu ausgewachsenen Knollen heran, doch kann man die wohlschmeckenden, fiedrigen Blätter frisch in Suppen und Salaten verwenden.

PROBLEME

Die Rhizoctonia-Fäule ist eine Pilzkrankheit, die Pflanzen am Ansatz faulen lässt. Bekämpfungsmittel gibt es nicht. Man vermeidet einen Befall durch Fruchtfolge und zieht anschließend weder Kopfsalat noch Radieschen an der gleichen Stelle.

Schossen heißt, dass der Fenchel zu schnell Samen ansetzt. Die Störung wird durch Stress verursacht. Pflanzen Sie Sämlinge behutsam um und wässern, jäten und düngen Sie stets gut. Schossende Exemplare lassen sich nicht mehr retten.

RHABARBER

Rhabarber wird zwar wie Obst gekocht, ist aber genau genommen ein Gemüse, da man wie bei Sellerie die Blattstiele isst. Seine Kultur ist ein Kinderspiel. Reife Pflanzen liefern vom Frühjahr bis zum Herbst Stangen.

	FRÜHJAHR	SOMMER	HERBST	WINTER
SÄEN/PFLANZEN	■		■ (zweite Hälfte)	■
ERNTEN	■ (zweite Hälfte)	■		

EMPFEHLENSWERT

Rhabarber lässt sich aus Samen ziehen, wird aber meist als Jungpflanze wurzelnackt oder im Topf gekauft.

'Canada Red' • 'Esta' • 'Goliath' • 'Jara Rhabarber' • 'Holsteiner Blut' • 'Rosara' • 'Rotstiel' • 'Timperley Early' • 'Victoria' • 'Vierländer Blut'

KULTUR

Rhabarber bekommt am besten einen Platz an der Sonne zugewiesen, obwohl er auch etwas Schatten verträgt. Er braucht durchlässige, feuchtigkeitsspeichernde Böden, in die verrottete organische Substanz eingearbeitet wurde. Wurzelnackten Rhabarber setzt man während der Ruhephase vom Spätherbst bis zum Frühjahr, Exemplare in Töpfen auch ganzjährig, sofern sie gut gewässert werden. Sie müssen so tief gepflanzt werden, wie sie im Topf gestanden sind, und 90 cm Abstand zueinander haben. Im ersten Jahr werden sie bei längerer Trockenheit gut gegossen und mit verrotteter organischer Substanz im Frühjahr gemulcht. Im Sommer entfernt man Blütentriebe, im Herbst abgestorbene Blätter.

Die Stangen sind zart und erntereif, wenn sie eine kräftige Farbe haben und das Laub zwischen den Rippen glatt ist (*zum Vortreiben siehe Kasten*). Geerntet wird bis zum Frühsommer nach Bedarf, dann sollte sich die Pflanze erholen. Stangen nicht abschneiden, sondern abdrehen. Im ersten Jahr wird überhaupt nicht, im zweiten nur leicht geerntet.

► **Rhabarberblätter** sind giftig. Sie werden von den Stangen geschnitten und auf den Kompost geworfen.

VORTREIBEN

1 Um früh zarte Stangen zu bekommen, die Pflanze mit einem großen Gefäß abdecken, z.B. einem Rhabarbertopf (*siehe oben*) oder einem mit einem Stein beschwerten Eimer. Erdreich vorher nach Schnecken absuchen.

2 Stangen bis Mai nach Bedarf ernten, dann Pflanze aufdecken und normal weiterwachsen lassen. Im folgenden Jahr nicht vortreiben, damit sie sich erholt. Beste Ergebnisse erzielt man mit frühen oder speziell für die Treiberei gezüchteten Sorten.

PROBLEME

Schnecken befallen junge oder vorgetriebene Stangen und fressen sie an. Man dezimiert sie mit Schneckenkorn, das aber zurückhaltend verwendet werden sollte, Bierfallen oder biologischer Bekämpfung.

Stängelgrundfäule lässt die Pflanzenmitte faulen. Verursacher sind verschiedene Krankheitserreger, die vor allem bei feuchtem Wetter auftreten. Chemische Spritzmittel gibt es nicht. Infizierte Teile werden herausgeschnitten.
(*Mehr zu Schädlingen und Krankheiten auf S. 356–369.*)

STANGENSELLERIE

Das vielseitige Gemüse ist ziemlich heikel und nicht ganz einfach zu ziehen. Neulinge sollten es zuerst mit modernen selbstbleichenden Sorten probieren, die sich einfacher kultivieren lassen als Bleichsellerie.

PROBLEME

Sellerie-Blattminierer Die Maden fressen sich durch die Blätter. Es entstehen vertrocknete Stellen, die Stängel schmecken bitter. Ein Gegenmittel gibt es nicht – infizierte Blätter müssen abgezupft werden.

Die Blattfleckenkrankheit verursacht graue oder braune Flecken auf dem Laub, die größer werden. Infizierte Blätter werden abgeschnitten, Pflanzenreste entfernt. *(Mehr zu Schädlingen und Krankheiten auf S. 356–369.)*

KULTUR

Stangensellerie mag offene Standorte mit feuchtem, fettem, durchlässigem, leicht saurem Boden, der viel gut verrottete organische Substanz, etwa Komposterde, enthält – sie wird bereits in der Vorsaison eingearbeitet.

Die Aussaat erfolgt im zeitigen Frühjahr in Multitöpfe oder kleine Gefäße. Bis die Samen keimen, kann es etwas dauern. Sie brauchen Licht und werden daher nur ganz dünn, wenn überhaupt, mit Erde abgedeckt. Sorgen Sie für eine Temperatur von 16 °C, bis die Sämlinge in größere Töpfe umgesiedelt werden können, wo man sie unter Glas bei 10 °C weiterzieht. Drohen keine Minustemperaturen mehr, härtet man sie ab und pflanzt sie im Frühjahr ins Freiland.

Selbstbleichende Sorten werden mit 25 cm Abstand zueinander in Gruppen gepflanzt, Bleichsellerie dagegen kommt mit 30–35 cm Abstand in Furchen (*siehe rechts*). Wichtig ist gutes Gießen, Jäten und eine Düngergabe alle zwei Wochen. Geerntet wird nach vier bis acht Monaten, wenn die Pflanzen groß genug sind. Bleichsellerie ist am härtesten und kann im Boden stehen gelassen werden, selbstbleichender Sellerie hingegen muss vor dem ersten Frost aus der Erde.

Sellerie bleichen

Bleichsellerie muss man anhäufeln, damit die Stängel knackig, zart und hell werden. Dazu gräbt man eine 30 cm tiefe und 45 cm breite Furche, verteilt gut verrottete organische Substanz darin und gibt eine Schicht Erde darüber. Nun kommen die Pflanzen in 15 cm Abstand in die Furche. Sobald sie 30 cm hoch sind, wickelt man die Stängel in Karton und häufelt seitlich Erde an. Das wiederholt man im Verlauf des Sommers zwei- bis dreimal. Eine Alternative sind selbstbleichende Sorten, die, in Gruppen gepflanzt, genug Schatten werfen, um die Stängel zu bleichen.

▶ **Durch das Bleichen** werden die Stängel zarter, aber grüne Exemplare sind nahrhafter.

EMPFEHLENSWERT

Bleichsellerie wird in Furchen gepflanzt. Selbstbleichender Sellerie ist pflegeleichter.

Bleichsellerie
'Giant Pink' • 'Giant Red' • 'Ideal' • 'Martine' • 'Pascal'

Selbstbleichender Sellerie
'Green Utah' • 'Großer Goldgelber' • 'Ivory Tower' • 'Loretta' • 'Tango' • 'Victoria'

ZUCCHINI

Man kann Zucchini klein ernten oder wachsen lassen. Klein ergeben sie ein delikates Gemüse mit zarter Haut, mit zunehmender Größe entwickeln sie jedoch eine harte Schale und ein kräftigeres Gewebe. Die Blüten sind essbar.

Die Früchte bilden sich hinter den weiblichen Blüten.

KULTUR

Zucchini werden in Beeten oder großen Gefäßen gezogen. Sie brauchen einen warmen, sonnigen Standort und nährstoffreiche Böden. Ausgesät werden sie unter Glas im zeitigen Frühjahr (*siehe unten*) oder im Freiland – nach der Frostperiode – 2–3 cm tief unter einer Abdeckung. Buschige Sorten setzt man mit 60 cm, hängende mit 90–120 cm Abstand. Wässern und jäten Sie gut und verabreichen Sie wöchentlich Flüssigdünger. Zum Ernten werden die Früchte am Stiel abgebrochen. Sollen sie größer werden, dünnt man auf 2–3 Früchte pro Pflanze aus und lässt sie wachsen.

Zucchini sind jung und zart ebenso genießbar wie als reife, stattliche Exemplare.

EMPFEHLENSWERT

Kleine Zucchini

Die meisten jungen Zucchini sind grün, doch gibt es auch gelbe Formen (G), die beim Ernten leichter auszumachen sind: 'Clarion' F1 • 'Defender' F1 • 'Gold Rush' F1 (G) • 'Jemmer' F1 (G) • 'Romanesco' • 'Supremo' F1 • 'Venus' F1

Große Zucchini

Manche Sorten isst man besser klein, die folgenden Sorten aber kann man zu stattlichen Exemplaren heranreifen lassen: 'Long Green Bush' • 'Bush Baby' F1 • 'Tiger Cross' F1

SÄEN UND PFLANZEN

1 Samen unter Glas 2–3 cm tief in kleine Töpfe säen, um den Wurzelraum beim Umsetzen später nicht stören zu müssen.

2 Im Gewächshaus oder auf einer Fensterbank ziehen. Schon nach vier bis sechs Wochen können sie ins Freie kommen, deshalb sollten sie nicht zu früh ausgesät werden.

3 Abhärten und nach dem letzten Frost ins Freiland setzen. Um den Wurzelballen nicht zu stören, Pflanzen zuerst wässern, damit sie sich leichter aus dem Topf ziehen lassen.

4 In große Töpfe oder Beete pflanzen und während der gesamten Saison immer gut wässern. Größere Gefäße speichern die Feuchtigkeit besser als kleine.

SOMMERKÜRBIS

Sommerkürbisse werden ähnlich wie Zucchini angebaut, verwertet und gegessen, haben aber viel mehr Formen und Texturen zu bieten. So präsentieren sie sich als dekorative Pflanzen, deren Kultur richtig Spaß macht.

	FRÜHJAHR	SOMMER	HERBST	WINTER
SÄEN/PFLANZEN	■	■		
ERNTEN		■	■	

Sommerkürbisse lassen sich im Garten gut zwischen Kapuzinerkresse kultivieren.

KULTUR

Sommerkürbisse mögen feuchte, nährstoffreiche Böden und fruchten in heißen Sommern besser. Man sät sie im zeitigen Frühjahr unter Glas in kleine Töpfe. Sobald keine Fröste mehr drohen, härtet man sie ab und pflanzt sie draußen in große Gefäße oder Beete. Buschige Formen brauchen 50 cm, kriechende bzw. hangende Sorten 90–120 cm Abstand zueinander. Man kann Sommerkürbisse auch ab Mai unter Abdeckungen direkt 2–3 cm tief ins Freie säen. Sie brauchen viel Wasser und werden, sobald die Früchte erscheinen, wöchentlich mit einem Kalidünger verwöhnt. Hängende Sorten bindet man an Stützen. Sobald sie 60 cm hoch sind, zwickt man die Triebspitzen ab. Klein schmecken sie am besten.

◄ **Wenn Sie Sommerkürbisse** an Stützen oder Netzen ziehen, sparen Sie Platz und bekommen obendrein saubere Früchte.

PROBLEME

Zucchini, Gurken und Kürbisse sind verwandt. Sie sind daher für dieselben Schädlinge und Krankheiten anfällig (*siehe S. 215* und *222–223*).

Das Gurkenmosaikvirus infiziert Kürbisse und Gurken. Das Laub wird gelb und fleckig, was die Pflanzen schwächt und den Ertrag verringert. Eine Bekämpfung gibt es nicht; befallene Pflanzen müssen vernichtet werden. (Mehr zu Schädlingen und Krankheiten auf *S. 356–369*.)

FORMEN

Patty-Pan-Kürbisse haben eine flache Form mit höckerigem Rand. An einer Wand oder einem Zaun machen sie sich auch als Zierpflanzen gut.

Runde Sommerkürbisse sehen mit ihren farbenfroh gezeichneten, glatten oder höckerigen Schalen ebenfalls recht dekorativ aus.

EMPFEHLENSWERT

Patty-Pan-Formen (P) haben oft einen höheren Zierwert als runde (R), doch schmecken beide ähnlich.

'Custard White' (P) • 'Festival' (R) • 'Moonbeam' F1 (P) • 'Peter Pan' (P) • 'Spaghetti Squash (R)' • 'Summer Ball' (R) • 'Sunburst' F1 (P) • 'Sweet Dumpling' (R)

RIESENKÜRBIS

Um Halloween sind Riesenkürbisse inzwischen ein vertrauter Anblick. Sie werden zu Laternen geschnitzt und eher als Dekor denn als Gemüse genutzt. Dabei lassen sie sich einfach ziehen und läuten unübersehbar den Herbst ein.

	FRÜHJAHR	SOMMER	HERBST	WINTER
SÄEN/PFLANZEN	■	■		
ERNTEN		■	■	

Riesenkürbisse brauchen Zeit und einen Platz in der Sonne, um eine gute Größe zu erreichen.

KULTUR

Riesenkürbisse gehören zu den Winterkürbissen (*siehe Seite gegenüber*). Sie brauchen viel Zeit, um ihre auffällige Färbung zu entwickeln, und eine Menge Platz. Man sät sie in der Frühjahrsmitte unter Glas in kleine Töpfe. Nach dem Abhärten pflanzt man die Sämlinge im Topfballen mit 1–1,5 m Abstand an einen sonnigen, geschützten Platz mit durchlässigem, nährstoffreichem Boden, der mit viel gut verrottetem Stallmist oder Erde aus dem Komposter aufgebessert wurde. Hat man wenig Platz, kann man diese Kürbisse auch direkt auf einen gut verrotteten Komposthaufen pflanzen. Anschließend werden sie gut gewässert und gemulcht und bei Kälte abgedeckt. Im weiteren Verlauf der Saison wässert man regelmäßig, vor allem bei Hitze und Trockenheit, und nährt sie jede zweite Woche mit einem Flüssigdünger. Wer große Exemplare bekommen will, dünnt die Früchte früh aus und lässt nur zwei, drei Exemplare an jeder Pflanze. Um sie frisch zu genießen, erntet man sie mit mittlerer Größe. Braucht man sie als Dekor, lässt man sie bis kurz vor dem ersten Frost weiterwachsen.

TROCKNEN UND LAGERN

Riesenkürbisse lassen sich lagern, müssen aber darauf vorbereitet werden. Man lässt sie lange an der Pflanze, damit sie eine dicke Schale entwickeln, und schneidet sie so ab, dass ein langer Stiel bleibt, was den Fäulnisprozess verzögert. Anschließend lässt man sie noch etwa zehn Tage lang im Freien in der Sonne trocknen. Bei Regen werden sie nach drinnen gebracht oder abgedeckt. Gelegentlich dreht man sie, damit die gesamte Schale trocknet. Zum Schluss kommen sie an einen trockenen, durchlufteten Platz, an dem es kühler als 15 °C ist. Prüfen Sie sie gelegentlich auf Anzeichen von Fäulnis.

► **Reifende Früchte** hält man sauber, indem man sie auf Rindenmulch, Stroh oder einen Ziegelstein legt.

EMPFEHLENSWERT

'Atlantic Giant' • 'Baby Bear' • 'Becky' • 'Big Max' • 'Jack Be Little' • 'Jack of All Trades' • 'Mammoth' • 'Rouge Vif d'Etampes' • 'Sunshine'

PROBLEME

Kürbisse, Gurken und Zucchini sind miteinander verwandt und werden von denselben Schädlingen und Krankheiten befallen (*siehe S. 215, 221 und 223*).

Schnecken fressen sämtliche Teile junger Pflanzen an. Sie sitzen oft unter den großen Blättern. Man legt Schneckenkorn aus, stellt Bierfallen auf oder arbeitet mit biologischer Bekämpfung, um die Tiere von gefährdeten Pflanzen fernzuhalten. (*Mehr über Schädlinge und Krankheiten auf S. 356–369.*)

WINTERKÜRBIS

Winterkürbisse sind kleiner als ihre dicken Vettern, die Riesenkürbisse, und werden wegen ihres süßen, nussigen Geschmacks gezogen. Mit ihren interessanten Formen und Farben stechen sie die Großen auch optisch aus. Weiteres Plus: Sie halten länger.

	FRÜHJAHR	SOMMER	HERBST	WINTER
SÄEN/PFLANZEN	■	■		
ERNTEN		■	■	

EMPFEHLENSWERT

In kleineren Gärten nutzt man den Platz gut aus und wählt Sorten mit Früchten, die einen hohen Zierwert haben (Z).

'Butternut' • 'Crown Prince' (Z)
'Festival' (Z) • 'Harlequin' (Z)
'Spaghetti' • 'Türkenturban' (Z)

KULTUR

Winterkürbisse brauchen lange, heiße Sommer und geschützte Standorte mit viel Sonne, um voll auszureifen. Ideal ist feuchter, nährstoffreicher Boden, in den gut verrottete organische Substanz, etwa Kompost, eingearbeitet wurde. Die Aussaat erfolgt in der Frühlingsmitte unter Glas in kleine Töpfe, damit der Wurzelballen mit umgepflanzt werden kann. Nach dem Ende der Frostperiode härtet man die Sämlinge ab und setzt sie in 1–1,5 m Abstand nach draußen. Gutes Wässern und Mulchen ist Pflicht; bei kühler Witterung sollte man die Pflänzchen außerdem abdecken. Die ganze Saison werden sie gut gegossen, besonders bei Hitze und Trockenheit, und alle paar Wochen mit Flüssigdünger versorgt. Sie brauchen viel Platz, können aber an Stützen hochgezogen werden. Wegen des Gewichts der Früchte werden die Triebe angebunden.

Wenn die Kürbisse im Spätsommer eine harte Schale bekommen und die Stiele Risse zeigen, sind sie reif. Wer große Früchte bevorzugt, dünnt sie bis auf zwei, drei Exemplare aus. Winterkürbisse lassen sich in trockener Form (*siehe Seite gegenüber*) viele Wochen lagern. Sie sollten möglichst lange an der Pflanze bleiben, werden aber vor dem ersten Frost geerntet.

'Türkenturban' ist eine der auffälligsten und schönsten Sorten. Bis zur Verwertung in der Küche genießt man ihn als Zierkürbis.

AUSPFLANZEN

1 Sämlinge nach dem Ende der Frostperiode nach draußen pflanzen, bevor der Wurzelballen zu dicht wird oder die Pflanzen zu groß geraten. Sie keimen und wachsen schnell, weshalb man sie nicht zu früh sät.

2 Sämlinge vor dem Umpflanzen wässern, damit sie sich leichter aus dem Topf ziehen lassen, und in der ursprünglichen Tiefe in die Erde setzen. Nach dem Einpflanzen gut wässern und mit organischer Substanz mulchen. Schneckenkorn streuen.

PROBLEME

Kürbisse, Gurken und Zucchini sind verwandt und daher für dieselben Schädlinge und Krankheiten anfällig (*siehe S. 215, 221 und 222*).

Rote Spinnmilben befallen die Kürbisse in heißen Sommern. Sie saugen ihren Saft, was zu einer Verfärbung der Blätter führt und die Pflanzen stark schwächt. Bei den ersten Anzeichen eines Befalls wird mit einem geeigneten Mittel gespritzt. *(Mehr über Schädlinge und Krankheiten auf S. 356–369.)*

RETTICHE

Die knackigen, scharfen Wurzeln sind ein beliebter Sommersnack. Sie lassen sich leicht kultivieren und reifen im Nu. Neben den gängigen Sorten gibt es ungewöhnliche fernöstliche Formen und solche, die man im Winter erntet.

EMPFEHLENSWERT

Radieschen
'Cherry Belle' • 'Isabell' • 'Riesenbutter' 'Saxa' • 'Vitessa'

Winterrettich
'Hilds Blauer Herbst' • 'Langer Schwarzer Winter' • 'Münchner Bier' • 'Runder Schwarzer Winter'

Mooli
'April Cross' • 'Minowase Summer Cross' F1

KULTUR

Rettiche gedeihen an einem sonnigen Platz in feuchter, stark durchlässiger Erde. Nicht empfehlenswert ist steiniger oder frisch mit Stallmist aufgebesserter Boden, in dem die Wurzeln leicht platzen oder sich verzweigen.

Radieschen, auch Sommerrettiche genannt, sind die Sprinter unter den Gemüsepflanzen: Sie brauchen gerade einmal zwei bis sechs Wochen bis zur Reife. Man verhilft ihnen zu einem Frühstart, indem man sie im März unter Glas 1 cm tief in Multitöpfe sät und kurz darauf ins Freiland umsiedelt. Vom späten Frühjahr bis zum Spätsommer kann man sie auch direkt in Reihen mit 15 cm Abstand in Beete säen, wo man sie auf 2–3 cm ausdünnt. Sogar in Töpfen lassen sich Radieschen mit Erfolg ziehen. Ernten Sie sie jung, denn wenn man zu lang wartet, werden sie zäh und verlieren Geschmack.

Winterrettich braucht mit acht bis zehn Wochen deutlich länger. Er wird im Herbst rübengroß geerntet. Die Aussaat erfolgt im Hochsommer in Reihen mit 30 cm Abstand. Die Sämlinge werden auf 15 cm ausgedünnt. Feuchter Boden fördert das Wachstum und ein saftiges Fleisch. Reife Wurzeln kann man bis zum Winter im Boden lassen, dann lagert man sie an einem trockenen, gut durchlüfteten, frostfreien Ort ein.

Mooli zieht man wie Winterrettich. Er wird in der zweiten Sommerhälfte in Saatrillen gesät und im Herbst geerntet oder noch eine Weile im Boden gelassen.

PROBLEME

Erdflöhe fressen kleine Löcher in das Laub, was die Sämlinge absterben lässt. Jungpflanzen werden nach der Aussaat oder dem Auspflanzen mit Gartenvlies abgedeckt.

Kleine Kohlfliege Ihre Maden fressen sich in die Wurzeln, die sich verformen und kümmern. Man deckt die Pflanzen mit einem Insektennetz ab. (*Mehr über Schädlinge und Krankheiten auf S. 356–369.*)

FORMEN

Radieschen sind klein, reifen rasch und werden roh gegessen. Sie eignen sich hervorragend für kleine Gärten. Die Auswahl an Sorten ist riesig.

Winterrettiche können roh gegessen oder in Salat gehobelt werden, doch genießt man ihr zähes, eher mildes Fleisch am besten gekocht.

Mooli ist eine fernöstliche Sorte, die es nur selten in Supermärkten gibt. Sie kommt meist in Pfannengerichten zum Einsatz, schmeckt aber auch roh.

ROTE BETE

Sie erlebt gerade ein verdientes Comeback und ist immer häufiger in Beeten und auf Tellern zu finden. Ihre Wurzel enthält reichlich Antioxidantien. Es gibt Rote Beten nicht nur in Rot, sondern auch in Orange, Gelb und Weiß.

Rote Bete 'Boltardy'

	FRÜHJAHR	SOMMER	HERBST	WINTER
SÄEN/PFLANZEN				
ERNTEN				

KULTUR

Sonnige Plätze mit durchlässigem, nährstoffreichem Boden, in den viel Humus oder gut verrotteter Dung eingearbeitet wurde, sind der ideale Lebensraum der Roten Beten. Wer schweres Erdreich hat, wärmt es im Spätwinter einige Wochen vor der Aussaat mithilfe einer Abdeckung. Die Samen sind mit Chemikalien überzogen, die eine Keimung verhindern. Daher muss man sie vor der Aussaat 1 Stunde einweichen. Ausgebracht werden die Körnchen im zeitigen Frühjahr 2–3 cm tief mit 10 cm Abstand in Reihen, zwischen denen 30 cm Platz bleibt. Bei den »Samen« handelt es sich in Wirklichkeit um Kapseln mit mehreren Samen, weshalb man nach der Keimung ausdünnt und nur den kräftigsten Sämling stehen lässt. In kälteren Gegenden ist ein Abdecken ratsam.

Rote Beten müssen gut gewässert werden, sonst verholzen die Knollen. Wichtig ist Jäten per Hand – mit Hacken kann man sie beschädigen. Ganz fein ist ihr Aroma, wenn sie golfballgroß sind, aber auch größere Knollen schmecken. Zum Ernten lockert man den Boden mit einer Handgabel und zieht sie dann heraus. Schon vorher kann man Blätter ernten, aber immer nur wenige, sonst wird das Wachstum beeinträchtigt.

PROBLEME

Blattläuse saugen den Saft, schwächen die Pflanzen und verlangsamen das Wachstum. Die Ernte verzögert sich, der Ertrag fällt geringer aus. Bei starkem Befall spritzt man ein Blattlausmittel (*Mehr dazu auf S. 359*).

Blattminierer Die Larven dieses Schädlings fressen sich durch das Laub und verursachen braune Flecken. Befallene Blätter müssen entfernt werden, da es keine Spritzmittel gibt. (*Mehr über Schädlinge und Krankheiten auf S. 356–369.*)

TOPFKULTUR

1 Eingeweichte Samen dünn in Pflanzgefäße säen, 2–3 cm hoch mit Substrat bedecken und gut wässern.

2 Die Samen keimen etwa eine Woche nach der Aussaat. Erde feucht halten und Gefäß an einen sonnigen Platz stellen. Vor Schnecken schützen.

3 Je nach Sorte sechs bis acht Wochen später ernten und einen zweiten oder dritten Posten aussäen. Im Sommer regelmäßig wässern, um ein Schossen zu verhindern.

EMPFEHLENSWERT

Alte Sorten bluten leicht und verursachen Flecken auf Kleidung und Böden. Wer das vermeiden möchte, pflanzt Sorten in anderen Farben.

Rote Formen

'Alto' F1 • 'Boltardy' • 'Boro' F1 • 'Cylindra' • 'Detroit 6 Rubidus' • 'Red Ace' F1

Andere Farben

'Albina Vereduna' (weiß) • 'Burpee's Golden' (orange) • 'Chioggia Pink' (rosa)

KAROTTEN

In einem großen Beet bekommt man so viele Karotten unter, dass man über Monate einen Vorrat hat. Aber selbst auf kleinem Raum können Sie eine erkleckliche Ernte einfahren, vor allem wenn Sie kleine Sorten pflanzen.

	FRÜHJAHR	SOMMER	HERBST	WINTER
SÄEN/PFLANZEN				
ERNTEN				

Junge Karotten sind umwerfend süß.

KULTUR

Durch gestaffelte Aussaat von Früh- und Spätmöhren kann man eine durchgehende Ernte vom Sommer bis zum Winter erreichen. Karotten mögen leichte, nährstoffreiche Böden, die in den zwölf Monaten vor der Aussaat nicht mit Stallmist angereichert wurden. Das Erdreich sollte frei von Steinen und verhärteten Klumpen sein, da sonst verzweigte oder verformte Wurzeln entstehen.

Frühe Sorten werden im zeitigen Frühjahr unter Abdeckungen oder Insektennetzen (*siehe S. 191*), Sommersorten ab der Frühjahrsmitte ins Freiland oder unter Netze gesät. Um später zu ernten, sat man frühe Sorten im Hochsommer. Die Aussaat erfolgt 1–2 cm tief mit 2–3 cm Abstand. Später wird auf 10 cm ausgedünnt. Der Reihenabstand sollte sich auf rund 30 cm belaufen.

Ausgedünnt wird abends, da der dabei entstehende Duft tagsüber Möhrenfliegen (*siehe Kasten rechts*) anlocken würde. Gejätet wird um die Sämlinge herum von Hand. Reife Karotten können je nach Sorte nach 12–16 Wochen, Babymöhren nach 8–10 Wochen geerntet werden.

PROBLEME

Blattläuse können das Laub befallen. Sie saugen Saft aus den Blättern und übertragen Viren. Man bekämpft sie mit zugelassenen Mitteln oder deckt die Kulturen mit sehr feinmaschigen Insektennetzen bzw. -gittern ab.

Die Möhrenfliege legt Eier neben Pflänzchen. Aus ihnen schlüpfen Maden, die sich in die Wurzeln fressen. Man schützt die Möhren mit Vlies oder feinen Netzen und stört die Pflanzen tagsüber nicht, da das die Fliegen anlockt.

◄ **Feinmaschige Netze** verhindern, dass Möhrenfliegen ihre Eier neben die Pflanzen legen. Die Netze müssen nicht höher als 60 cm sein, sollten aber die ganze Saison über stehen bleiben.

FORMEN

Runde Sorten bilden kurze Wurzeln und sind ideal für die Topfkultur und für Gärten mit dünnem oder steinigem Oberboden.

Längliche Sorten brauchen tiefere, feinere Böden, damit sich lange, unverzweigte Wurzeln bilden, sie können aber als Babykarotten gezogen werden.

EMPFEHLENSWERT

Runde Sorten
'Atlas' • 'Early French Frame' 'Pariser Markt' • 'Parmex'

Längliche Sorten
'Adelaide' F1 • 'Flyaway' F1 • 'Frühe Nantaise' • 'Kingston' • 'Maestro' • 'Parano'

KOHLRABI

Kohlrabi liefert auffällige Knollen und Blätter, mit denen er in jeder Zierpflanzung bestehen würde. Er begeistert mit einem köstlich nussigen Geschmack, der zwischen Sellerie und Kohl angesiedelt ist.

KULTUR

Kohlrabi ist ein anspruchsloses Gewächs, das mit den meisten Gartenböden, ob sandig oder schwer, zurechtkommt. Die beste Ernte aber liefert er in nährstoffreicher, mit organischer Substanz aufgebesserter Erde. Nicht gepflanzt werden sollte er in Beete, in denen in den letzten drei Jahren Kohlsorten kultiviert wurden, um einen Befall mit der Kohlhernie (*siehe Kasten rechts oben*) zu vermeiden.

Will man früh ernten, sät man Kohlrabi unter Glas in Multitöpfe und setzt ihn im späten Frühjahr nach dem letzten Frost ins Freie. Im Mai und Juni kann er auch direkt ins Freiland gesät werden, sofern das Erdreich warm genug ist – in kalten Böden schosst er. Ausgesät wird in Reihen mit 30 cm Abstand in 2 cm Tiefe bei 25 cm Pflanzabstand. Kohlrabi reift schnell und kann oft schon sieben bis acht Wochen nach der Aussaat geerntet werden. Lassen Sie die Knollen nie zu groß werden, sonst werden sie zäh und verlieren Geschmack. Um durchgehend mit Kohlrabi versorgt zu werden, sät man den ganzen Frühling und Sommer hindurch alle zwei Wochen einen Posten aus. Regelmäßiges Wässern ist wichtig, um zu verhindern, dass die Knollen holzig werden; düngen muss man sie aber nicht.

Kohlrabi eignet sich auch für die Topfkultur. Man kann die ganze Saison über das gleiche Substrat verwenden. Sinnvoll ist ein sonniger Standort und reichliches Wässern. Im Topf wird Kohlrabi jede zweite Woche gedüngt.

PROBLEME

Die Kohlhernie befällt alle Kohlsorten, also auch Kohlrabi. Die Wurzeln werden zerstört, die Ernte bleibt klein. Pflanzen Sie die Knollen nicht dort, wo in den letzten drei Jahren schon Kohlgewächse standen.

Laubschädlinge wie Raupen und Erdflöhe befallen die Pflanzen, aber weil Kohlrabi vor allem wegen der Knollen kultiviert wird, kann man Blattschäden hinnehmen. *(Mehr zu Schädlingen und Krankheiten siehe S. 356–369.)*

Bonus: Ernten Sie neben den Knollen auch die jungen, zarten, vitaminreichen Blätter. Sie können mitgekocht oder als Salat verwendet werden.

FORMEN

Blaue Sorten wachsen mitunter langsamer, sind aber winterhärter. Man sät sie später als weiße Sorten, um im Spätsommer und Herbst zu ernten.

Weiße Sorten zieht man, wenn man rasch ernten will. Sie können außerdem als Zwischenfrucht zwischen andere Gemüsesorten gesät werden.

EMPFEHLENSWERT

Blaue Sorten
'Azur-Star' • 'Blauer Speck' • 'Delikatess blauer' • 'Purple Danube' F1 • 'Wiener blauer Glas'

Weiße Sorten
'Delikatess weißer' • 'Lanro' • 'Logo' • 'Olivia' F1 • 'Rapidstar' • 'Superschmelz' • 'Wiesmoor weißer Trieb'

KARTOFFELN

Die unscheinbare Knolle gibt es in unzähligen Formen und Farben. In der Küche ist sie vielseitig verwendbar – ob in Salaten oder als Auflauf. Kartoffeln sind leicht zu kultivieren und kommen selbst mit Töpfen zurecht.

Kartoffelsorte 'Yukon Gold'

KULTUR

Kartoffeln brauchen einen offenen, sonnigen Platz in feuchter, durchlässiger, nährstoffreicher Erde, die mit reifer organischer Substanz, etwa Kompost, angereichert wurde. Saatkartoffeln lassen sich je nach Erntezeit in frühe, mittelfrühe und mittelspäte bis späte Sorten einteilen.

Damit das zu bepflanzende Areal nicht von Unkraut zugewuchert wird, deckt man es mit Folie ab und pflanzt die Knollen in Schlitze.

Nach dem Vorkeimen (*siehe Kasten unten*) pflanzt man Frühkartoffeln je nach Klima ab Anfang April. Sollten Nachtfröste drohen, deckt man die Beete mit Vlies oder die einzelnen Pflänzchen mit Erde ab. Mittelfrühe und späte Sorten werden von Mitte April bis Mitte Mai gepflanzt. Die Knollen kommen 10–15 cm tief in die Erde, die Triebe werden mit 2–3 cm Erde abgedeckt. Der Abstand zwischen den Knollen sollte bei 30 cm liegen. Der Reihenabstand beträgt 60 cm für frühe, 75 cm für mittelspäte und späte Sorten. Gutes Wässern, regelmäßiges Jäten und Anhäufeln (*siehe Seite gegenüber*) ist wichtig.

Frühe Sorten werden ab Juli, mittelfrühe ab August und mittelspäte bis späte ab September geerntet. Man gräbt sie mit einer Grabgabel aus. Anschließend werden alle Pflanzenreste vom Boden entfernt.

EMPFEHLENSWERT

Frühe Sorten
'Agila' • 'Augusta' • 'Belana' • 'Exempla' • 'Linzer Delikatess' • 'Prinzess' • 'Vienna' • 'Vivaldi' • 'Wilja'

Mittelfrühe Sorten
'Adretta' • 'Afra' • 'Charlotte' • 'Eigenheimer' • 'Linda' • 'Nicole' 'Ratte' • 'Sieglinde' • 'Yukon Gold'

Mittelspäte bis späte Sorten
'Cara' • 'Donella' • 'King Edward' • 'Marena'• 'Nicola' • 'Panda' • 'Picasso' • 'Rosamunde'• 'Sarpo Mira'

FACHCHINESISCH

Vorkeimen
Kartoffeln können vor dem Pflanzen unter Glas vorgekeimt werden. Dazu legt man die Saatkartoffeln mit den Augen nach oben in Schalen oder Eierkartons und stellt sie an einen warmen, hellen Platz. Bald darauf bilden sich kurze, grüne Triebe. Sobald sie 5–10 mm lang sind, können die Kartoffeln regulär gepflanzt werden. Durch das Vorkeimen lasssen sich Kartoffeln früher ernten, was sie zum Teil vor Schnecken und Fäule schützt.

PFLANZUNG

1 Frühkartoffeln drinnen vorkeimen. Bei mittelfrühen bis späten Sorten ist ein Vorkeimen nicht nötig. Nur unverletzte Knollen pflanzen.

2 Knollen einzeln in Löcher setzen, falls nur wenige gepflanzt werden. Für größere Mengen Furchen ziehen. Mit den Trieben nach oben setzen.

3 Erde in die Löcher bzw. die Furche füllen und Knollen 2–3 cm hoch abdecken. Bei vorgekeimten Kartoffeln aufpassen, dass die Triebe nicht abgebrochen werden.

Anhäufeln

Sind die Triebe 15 cm hoch, beginnt man mit dem Anhäufeln. Dazu schiebt man Erde zu den Trieben und bedeckt sie zur Hälfte damit. Das Anhäufeln wiederholt man alle paar Wochen. Es verhindert, dass Sonnenlicht zu den Knollen gelangt, wodurch sie grün und giftig werden. Zudem unterdrückt das Anhäufeln Unkraut, verhindert Krautfäule (*siehe Kasten unten rechts*) und schützt frühe Sorten vor Frost. Bei Kartoffeln, die unter einer schwarzen Folie gepflanzt wurden, ist ein Anhäufeln nicht nötig.

► **Häufeln Sie** Kartoffeln vorsichtig an, um die brüchigen Triebe nicht zu verletzen. Das Anhäufeln unterdrückt auch Unkraut.

Ernte

Achten Sie auf Reifezeichen. Frühe Sorten sind so weit, wenn sich die Blüten öffnen oder die Knospen fallen, mittelspäte bis späte holt man aus der Erde, sobald das Laub gelb wird. Sie können aber auch noch bis Mitte Herbst im Boden bleiben. Zehn Tage vor der Ernte schneidet man die Triebe zurück.

◄ **Geöffnete Blüten** zeigen an, dass frühe Sorten erntereif sind. Mittelspäte bis späte lässt man dann noch eine Weile in der Erde.

Gefäßkultur

Wer nicht genug Platz hat, kann sogar in Gefäßen oder einem kräftigen Sack ein paar Knollen heranziehen. Das Gefäß sollte mindestens 30 cm tief sein und Abzugslöcher haben. Man füllt es zur Hälfte mit Erde, legt ein, zwei Knollen darauf und bedeckt sie mit einer 10 cm dicken Schicht. Wenn die Triebe höher werden, gibt man noch eine weitere Schicht Erde dazu, damit sie zur Hälfte bedeckt sind.

Neue Kartoffeln sind ideal für die Kultur in Plastiksäcken. Zum Ernten leert man den Sack einfach aus, sobald die Kartoffeln reif sind.

Kartoffeln lassen sich in jedem Gefäß ziehen, das einen guten Abzug hat und hoch genug ist – sogar in einem Abfalleimer.

Lagern später Sorten

Nehmen Sie die Kartoffeln an einem trockenen Tag aus der Erde und lassen Sie die Knollen auf dem Boden trocknen. Kranke oder beschädigte Exemplare werden entsorgt, kleinere so bald wie möglich verbraucht, da sie nicht lange halten. Nach dem Trocknen der Schalen streift man Erdreste ab, ohne die Schale zu verletzen. Lagern Sie Ihre Kartoffeln in Papiertüten oder Kisten an einem trockenen, gut durchlüfteten, frostfreien Platz.

PROBLEME

Kartoffelnematoden verursachen Gelbfärbung; die Pflanzen gehen ein, was die Ernte reduziert. Gegenmittel gibt es nicht. Man arbeitet mit Fruchtwechsel und widerstandsfähigen Sorten.

Krautfäule verursacht abgestorbene Stellen an Blättern, Trieben und Knollen, die später faulen. Sie tritt vor allem in feuchten Sommern auf. Pflanzen Sie widerstandsfähige oder frühe Sorten. Infizierte Pflanzen vernichten. (*Mehr zu Schädlingen und Krankheiten auf S. 356–369.*)

WURZELN UND KNOLLEN

Wurzel- und Knollengemüse hat eine lange Reifezeit, weshalb es sich eher für große Nutzgärten eignet, wo man es in nennenswerter Zahl kultivieren kann. Es fruchtet verlässlich und liefert Herzhaftes frisch aus der Erde.

	FRÜHJAHR	SOMMER	HERBST	WINTER
SÄEN/PFLANZEN	■	■		
ERNTEN	■	■	■	■

Speiserüben kann man auch jung ernten.

KULTUR

Dieses Wurzel- und Knollengemüse braucht einen offenen, sonnigen Platz mit tiefgründigen, leichten Böden ohne große Steine, kommt aber auch mit schwerem Erdreich zurecht, sofern es durchlässig ist. In flachgründigen Böden sind Sorten mit kurzen Wurzeln empfehlenswert. Die Aussaat erfolgt im Frühjahr: bei Knollensellerie unter Glas, um ihn später auszupflanzen, bei anderen Sorten in Saatrillen direkt ins Freiland. Zu gegebener Zeit muss ausgedünnt werden. Regelmäßiges Jäten verhindert Nährstoffkonkurrenz. Die Erde sollte nicht austrocknen, da die Wurzeln sonst beim anschließenden Wässern platzen können.

Hat man nur kleine Beete, setzt man zwischen Pastinaken und Steckrüben Sprinter wie Radieschen und Pak Choi, um den Platz zu nutzen. In warmen Gegenden lässt man die Wurzeln im Herbst und Winter im Boden, ansonsten lagert man sie ein.

► **Schützen Sie** im Boden belassene Wurzeln im Winter mit einer Lage Stroh oder mit Vlies.

PROBLEME

Steck- und Speiserüben gehören zu den Kohlgewächsen und sind für dieselben Schädlinge und Krankheiten anfällig (*siehe S. 240–245*).

Möhrenfliegen befallen Pastinaken und Knollensellerie. Ihre Maden fressen Gänge in die Wurzeln, die dann während der Lagerung faulen können. Man schützt die Pflanzen im Sommer mit 60 cm hohen Netzen.

Pastinakenkrebs ist eine Pilzkrankheit, die Wurzeln braun oder schwarz färbt und faulen lässt. Infizierte Pflanzen vernichten und Fruchtfolge praktizieren. (*Mehr über Schädlinge und Krankheiten auf S. 356–369.*)

AUSSAAT, ANZUCHT UND ERNTE

1 Bei der Direktaussaat ins Freiland Samen zu mehreren im angegebenen Pflanzabstand säen. Nach dem Keimen ausdünnen und nur den kräftigsten Sämling stehen lassen. Stets gut wässern.

2 Sämlinge unkrautfrei halten, aber nicht mit der Hacke die Wurzeln verletzen, daher möglichst mit der Hand jäten. Zwischenfrucht so bald wie möglich ernten und neu ansäen, ohne das Hauptgemüse zu stören.

3 Einige Wurzeln ernten, sobald sie eine verwertbare Größe haben, aber die anderen im Boden lassen, damit sie weiterwachsen. Beim Ernten benachbarte Exemplare nicht stören. Pflanzenreste nach der Ernte gleich wegräumen.

► SPEISERÜBE

Speiserüben reifen relativ schnell und können schon nach sechs bis sieben Wochen als Babygemüse geerntet werden. Größere Exemplare brauchen elf Wochen. Sie bevorzugen kühle, feuchte Bedingungen und nährstoff- und humusreiche Böden. Um früh ernten zu können, sät man im Frühjahr unter Glas in Multitöpfe und siedelt die Sämlinge nach draußen um, sobald sie ein, zwei Blätter haben.

Empfehlenswerte Sorten:
'Atlantic' • 'Golden Ball' • 'Natsu Komachi' • 'Oasis' • 'Primera' • 'Purple Top Milan' • 'Snowball' • 'Tokyo Top'

◄ STECKRÜBE

Steckrüben lassen es gemächlich angehen und sind erst nach 20–26 Wochen erntereif. Sie brauchen viel Sonne und leichte, stark durchlässige Böden, die aber nicht austrocknen dürfen. Ausgesät wird ab Mai 2 cm tief direkt in Rillen. Die Kulturen müssen gegen die Kleine Kohlfliege mit Vlies oder Insektennetzen abgedeckt werden. Sämlinge dünnt man auf 25 cm Abstand aus. Geerntet wird, wenn die Rüben 10–15 cm breit sind. Lässt man sie im Winter im Boden, schützt man sie mit Stroh.

Empfehlenswerte Sorten:
'Bangholm' • 'Hoffmanns Gelbe' • 'Mella' • 'Wilhelmsburger'

► PASTINAKE

Pastinaken verlangen einen offenen, sonnigen Platz und leichte Böden, die tief umgegraben wurden, damit die Wurzeln lang und gerade wachsen können. Man sät sie in der zweiten Frühjahrshälfte direkt ins Freiland, doch keimen sie nicht sehr zuverlässig. Dünnen Sie auf 10–20 cm aus, je nachdem, ob Sie große oder kleine Wurzeln ernten möchten. Gewässert wird spärlich, geerntet im Spätsommer.

Empfehlenswerte Sorten:
'Albion' • 'Countess' • 'Excalibur' • 'Gladiator' • 'Halblange Weiße' • 'Lange Weiße' • 'White Gem'

◄ KNOLLENSELLERIE

Knollensellerie gilt zwar gemeinhin als Wurzelgemüse, doch werden die verdickten Sprossansätze gegessen. Er gedeiht in der Sonne und im Schatten, bevorzugt aber feuchte, nährstoffreiche Böden mit Anteilen organischer Substanz. Ausgesät wird im Frühjahr bei 10 °C in Multitöpfe. Ins Freiland kommen die Pflänzchen nach dem Abhärten im Juni oder Juli mit 30 cm Abstand, wobei der Wurzelhals freiliegen muss. Erntezeit ist im Herbst und Winter.

Empfehlenswerte Sorten:
'Alba' • 'Brilliant' • 'Monarch' • 'Prinz' • 'Volltreffer'

ZWIEBELN UND SCHALOTTEN

Für Gartennovizen ist das unkomplizierte, in der Küche unerlässliche Gemüse die ideale Einsteigerpflanze. Versuchen Sie sich aber auch einmal an süßen Schalotten, rotschaligen Zwiebeln – oder sogar an alten Gartensorten!

	FRÜHJAHR	SOMMER	HERBST	WINTER
SÄEN/PFLANZEN				
ERNTEN				

Französische Schalotten: leicht zu schneiden

KULTUR

Zwiebeln sind anspruchslos, brauchen aber ein sonniges, geschütztes Beet mit durchlässigem, humosem Boden. Man kann sie im Frühjahr aussäen – oder Steckzwiebeln setzen und sie so mit Vorsprung in die Saison schicken. Ausgesät wird unter Glas in Multitöpfe. Nach dem Abhärten kommen die Sämlinge im Mai ins Freie. Zwiebeln können ab Mai direkt in Rillen ins Freiland gesät werden, dann sind sie bis September erntereif.

Steckzwiebeln werden im Frühjahr in 5–10 cm Abstand ins Freiland gesetzt. Dazu drückt man sie mit der Spitze nach oben so in die Erde, dass sie gerade noch zu sehen sind. Schalotten werden sogar nur aus Steckzwiebeln gezogen, da sie sonst zu lange brauchen würden. Pflanzen Sie sie daher schon im März mit 15 cm Abstand bei 30 cm Reihenabstand.

Zwiebeln und Schalotten werden regelmäßig gegossen und gejätet, brauchen sonst aber wenig Pflege. Sobald die Blätter braun werden, knickt man sie um, um die Reifung zu fördern. Im Sommer holt man die Schalotten aus der Erde, trocknet sie und lagert sie ein (*siehe Seite gegenüber*).

FORMEN

Rote Zwiebeln sind meist kleiner und süßer als die traditionellen braunen Sorten. Man kann sie dünn schneiden und roh verzehren.

Braune Zwiebeln haben den kräftigsten, schärfsten Geschmack. Es gibt sehr viele Sorten. Manche kann man jung ernten und einlegen.

Runde Schalotten brauchen eine lange Saison. Sie wachsen in kleinen Horsten und schmecken voller und süßer als Küchenzwiebeln

Französische Schalotten ähneln in Geschmack und Kulturansprüchen den runden Formen, lassen sich aber leichter schneiden.

EMPFEHLENSWERT

Braune Zwiebeln
'Alisa Craig' • 'Elsa' • 'Golden Bear' 'Setton' F1 • 'Wiener Bronzekugel'

Rote Zwiebeln
'Hyred' F1 • 'Kamal' • 'Red Baron' • 'Tango'

Winterzwiebeln
'Radar' • 'Senshyu Yellow' • 'Shakespeare'

Runde Schalotten
'Delvad' • 'Golden Gourmet' • 'Pikant' • 'Red Sun'

Französische Schalotten
'Delvad' • 'Echalote Grise' • 'Jermor' • 'Longor' • 'Mikor'

STECKZWIEBELN

1 Steckzwiebeln mit dem spitzen Ende nach oben in flache Saatrillen setzen. Geringe Mengen können auch in Töpfen gezogen werden.

2 Zwiebeln brauchen kaum Pflege. Man jätet gut, gießt sie aber nur, wenn sie gut eingewachsen sind, und überprüft sie auf Anzeichen von Krankheiten.

3 Zwiebeln nach dem Ernten auf der Erde trocknen lassen. Größere Bestände abdecken, falls Regen gemeldet ist, kleine Mengen nach drinnen bringen.

4 Eingelagerte Zwiebeln öfter auf Anzeichen von Krankheiten oder Fäulnis prüfen. Verdorbene Exemplare nicht auf den Kompost werfen, um keine Krankheiten zu verbreiten.

Winterzwiebeln

Sie werden den Winter über kultiviert und im Hochsommer geerntet. Man sät sie im August direkt ins Freilandbeet oder setzt in der zweiten Herbsthälfte Steckzwiebeln in durchlässige Böden. Winterzwiebeln werden dichter gepflanzt als herkömmliche Sorten, da manche den Winter nicht überstehen. Im Winter düngt man sie zweimal mit einem Stickstoffpräparat, im Frühjahr wird ausgedünnt. Möglich ist diese Form der Kultur allerdings nur in milden Gegenden mit winterharten Zwiebeln – andere schossen bei Kälte.

Traditionell werden Zwiebeln getrocknet, indem man ihre Blätter zusammenflicht und sie aufhängt. So sind sie ein dekorativer Herbstschmuck.

Lagerung

Zwiebeln werden geerntet, wenn ihr Laub gelb wird und umfällt. Bei Schalotten ist das meistens im Hochsommer, bei Zwiebeln während des ganzen Sommers der Fall. Anschließend werden sie in der Sonne getrocknet – idealerweise etwas erhöht auf Maschendraht, damit die Luft zirkulieren kann. Bei Nässe trocknet man sie drinnen. Sobald die Schalen papierartig werden, entfernt man Erdreste und lagert sie an einem hellen, gut durchlüfteten Ort – entweder ohne Laub nebeneinandergelegt bzw. in Netzen oder mit Laub zu einem Zopf geflochten.

PROBLEME

Zwiebelfliege Ihre Larven fressen Wurzeln und Zwiebeln an. Die Pflanzen werden gelb, welken und können absterben. Man harkt den Boden, damit die Puppen freiliegen und von Vögeln gefressen werden, oder deckt Jungpflanzen mit Vlies ab.

Die Mehlkrankheit lässt das Laub gelb werden und welken. Am Zwiebelboden tritt ein weißer Pilzbelag auf, die Zwiebeln faulen. Infizierte Pflanzen vernichten und Fruchtfolge praktizieren. *(Mehr zu Schädlingen und Krankheiten auf S. 356–369.)*

FRÜHLINGSZWIEBELN

Frühlingszwiebeln sind fester Bestandteil von Sommersalaten und der fernöstlichen Küche. Sie können schon vier bis sechs Wochen nach der Aussaat geerntet werden. Man sät sie in nährstoffreiche, durchlässige Böden an sonnige Plätze. Um ganzjährig frische Zwiebeln zu genießen, sät man ab März monatlich einen Posten aus – entweder in Töpfe oder in Rillen. Sie kommen bei 30 cm Reihenabstand 2 cm tief und mit 5 cm Abstand zueinander in die Erde. Geerntet wird, wenn sie etwa 15 cm hoch sind. Jäten und Wässern bei Trockenheit nicht vergessen.

Frühlingszwiebel 'Guardsman'

KNOBLAUCH

Das Mitglied der Zwiebelfamilie genießt in der Küche hohe Wertschätzung und ist leicht zu ziehen. Knoblauch braucht zwar seine Zeit, bis er reif ist, doch nimmt er kaum Platz weg und eignet sich sogar für die Topfkultur.

Es gibt weiß- und rotschalige Sorten.

KULTUR

Knoblauch braucht viel Wärme und gedeiht am besten in nährstoffreichen, feuchten, durchlässigen Böden in der Sonne. Er wird im Herbst oder Frühwinter gesteckt, denn im Frühjahr gepflanzte Exemplare bleiben kleiner. Man nimmt dazu die größten Zehen und drückt sie mit der Spitze nach oben in die Erde. Das obere Ende sollte knapp unter der Bodenoberfläche sein. Zwischen den Zehen bleiben 10 cm, zwischen den Reihen 20 cm Abstand. Der Pflanzbereich muss unkrautfrei, der Boden feucht bleiben, besonders bei Trockenheit. Sehen Sie immer wieder nach, ob Vögel die Zehen nicht aus dem Boden gezogen haben, und drücken Sie sie ggf. wieder in die Erde.

Knoblauch ist erntereif, wenn das Laub gelb wird und welkt. Mit einer Handgabel nimmt man die Zwiebeln auf und legt sie in die Sonne – am besten auf Maschendraht, damit eine gute Luftzirkulation gewährleistet ist. Bei Nässe trocknet man sie drinnen in Schalen oder zu Zöpfen geflochten. Nach dem Trocknen können sie in Zöpfen bleiben oder an einem kühlen, gut belüfteten Ort in Netzen aufbewahrt werden. Knoblauch lässt sich auch ernten, solange die Triebe noch grün sind. Er schmeckt dann milder, muss aber bald verbraucht werden.

PROBLEME

Die Mehlkrankheit lässt das Laub gelb werden und welken, die Zwiebeln werden schimmelig und faulen. Die Krankheit kann alle Mitglieder der Zwiebelfamilie befallen.

Rost verursacht orange Flecken auf den Blättern, die welken und absterben, was die Ernte reduziert. Pflanzen Sie die Zwiebeln nicht in feuchtem Schatten. Ein Gegenmittel gibt es nicht. Entsorgen Sie infizierte Exemplare und verbessern Sie die Luftzirkulation. (*Mehr zu Schädlingen und Krankheiten auf S. 356–369.*)

PFLANZEN UND ERNTEN

1 Knoblauch braucht eine Kältephase, um gut zu gedeihen. Er wird daher am besten im Herbst oder Winter gepflanzt.

2 Im Frühjahr und Sommer gut jäten und wässern. Selbst wenn Knoblauch schosst, also Samen ansetzt, liefert er noch eine ordentliche Ernte.

3 Nach dem Ernten keine anderen Mitglieder der Zwiebelfamilie und auch keinen Lauch am selben Ort pflanzen, um die Ausbreitung von Krankheiten zu verhindern.

EMPFEHLENSWERT

Knoblauch aus dem Supermarkt sollte in unseren Breiten nicht gepflanzt werden, da er aus wärmeren Regionen stammt und in kühlem Klima nicht gut gedeiht. Exemplare aus Gärtnereien sind virusfrei und besser an die örtlichen Bedingungen angepasst.

'Arno' • 'Early Wight' • 'Germidour' • 'Laaer Frühjahrsknoblauch' • 'Lautrec Wight' • 'Solent Wight' • 'Sprint'

LAUCH

Lauch, auch Porree genannt, wird zwar oft als Wintergemüse empfunden, kann aber vom Spätsommer bis zum Frühjahrsende geerntet werden. Die Kultur ist einfach. Porree hält sich im Freiland lange.

EMPFEHLENSWERT

Lauchrost (*siehe Kasten unten*) kann den Ertrag beeinträchtigen. Wählen Sie daher widerstandsfähige Sorten bzw. Sortengruppen (W).

'Apollo' F1 (W) • 'Herbstriesen 2' (W) • 'Bandit' • 'Carlton' F1 • 'Musselburgh' • 'Oarsman' (W) • 'Pancho' • 'Schweizer Riesen' (W) • 'Tornado' (W) • 'Zermatt'

KULTUR

Lauch verlangt einen geschützten, sonnigen Standort und nährstoffreiche, durchlässige, am besten leicht saure, schwere und feuchtigkeitsspeichernde Böden. Man gräbt das Beet im Herbst vor dem Pflanzen um und arbeitet bei dieser Gelegenheit reichlich gut verrotteten Kompost oder Stallmist ein. Um Lauch früh in die Saison zu schicken, sät man ihn im Spätwinter 2–3 cm tief in Schalen oder Multitöpfe. Nach dem Ende der Frostperiode härtet man die Sämlinge ab, sobald sie bleistiftdick sind, und setzt sie mit 15 cm Abstand zueinander und 30 cm Reihenabstand in 15 cm tiefe Löcher. Wässern Sie anschließend so, dass das Wasser die Erde in die Vertiefungen schwemmt, anstatt sie mit der Hand einzufüllen. Man kann die Samen im Frühling auch direkt in Rillen säen.

Nach dem Einwachsen muss oft gejätet werden, gießen hingegen braucht man nur bei Trockenheit. Vom Hochsommer bis zum Spätwinter tut Lauch ein stickstoffreiches Düngergranulat gut. Wenn die Stangen höher werden, häufelt man Erde an, um sie zu blanchieren, damit sie süßer schmecken – das Pflanzen in Löcher ist eine gute Vorbereitung darauf. Geerntet wird nach Bedarf vom Spätsommer bis ins Frühjahr.

Lagerung

Damit Lauch frisch bleibt, gräbt man die Stangen in flachen Gruben ein. Sinnvoll ist das vor allem zum Ende der Saison, wenn man die Beete freiräumen möchte, weil man sie in der nächsten Saison wieder braucht.

◄ **Eingeschlagen** bleibt Lauch wochenlang frisch. Wichtig: Die Stangen müssen mit Erde bedeckt sein.

AUSPFLANZEN

1 Im Saatbet oder drinnen ausgesäte Sämlinge an ihren endgültigen Platz setzen. Mit dem Pflanzholz 15 cm tiefe Löcher in die Erde stechen.

2 Wurzeln mit einem Messer oder einer Schere kürzen, damit die Sämlinge leichter in das Loch rutschen. Die Wurzeln wachsen bald nach.

3 Gut gießen, damit das Wasser Erde in die tiefen Pflanzlöcher schwemmt. Das vermeidet Luftlöcher und eine Beschädigung der Stangen beim Festdrücken der Erde.

PROBLEME

Lauchrost tritt vor allem in nassen Jahren auf. Es bilden sich orange Flecken an den äußeren Blättern, die absterben, was die Ernte reduziert. Spritzmittel sind nicht erhältlich. Entfernen Sie befallene Pflanzen und verbessern Sie die Luftzirkulation.

Blattminierer-Larven einer Fliegen- und einer Mottenart können die Stangen befallen. Man zieht den Lauch am besten unter einem Insektennetz. (*Mehr über Schädlinge und Krankheiten auf S. 356–369.*)

ERBSEN

Wenn sich der Eigenanbau bei einem Gemüse lohnt, dann bei Erbsen: Die süßen Kügelchen haben frisch einen Geschmack, der den von Erbsen aus dem Laden weit übertrifft. Wer sie nicht gern schält, probiert Knackerbsen.

EMPFEHLENSWERT

Pal- und Markerbsen
'Allerfrüheste Mai' • 'Evita' • 'Germana' • 'Kleine Rheinländerin' • 'Sublima'

Knackerbsen
'Aldermann' • 'Cascadia' • 'Lusaka' • 'Record' • 'Sugar Ann'

Zuckererbsen
'Delikata' • 'Graue Buntblühende' • 'Oregon Sugar Pod' • 'Sweet Horizon'

KULTUR

Erbsen behagt ein nährstoffreicher, feuchter, mit reifer organischer Substanz verbesserter Boden und ein sonniger, nicht zu heißer Platz. Die Aussaat im Freiland erfolgt vom zeitigen Frühjahr bis zum Frühsommer. Ziehen Sie einen 5 cm tiefen und 25 cm breiten Graben, wässern Sie ihn gut und säen Sie die Samen mit mindestens 5 cm Abstand. Anschließend wird der Aushub wieder zurückgefüllt. Wer genug Platz hat, kann noch eine zweite Reihe in 50–90 cm Entfernung anlegen. Will man kontinuierlich mit Erbsen versorgt werden, sät man jedes Mal einen neuen Satz aus, sobald die Sämlinge des letzten 5 cm hoch sind. Die Samen lassen sich auch im Spätwinter in Trögen oder Plastikrinnen unter Glas vortreiben und im Frühjahr auspflanzen. Frühe Aussaaten sollten zum Schutz vor Frost abgedeckt werden. Schnell wachsende Zucker- und Knackerbsen werden im Juni oder Juli gesät.

Nach dem Säen steckt man Stangen entlang der Reihen – für kleinere Sorten reichen Zweige, während größere eher Rankgitter, Bambusstäbe oder Netze brauchen. Bei Hitze ist gutes Gießen Pflicht. In nährstoffreichen Böden muss nicht gedüngt werden. Wenn die ersten Schoten erntereif sind, zwickt man die Triebspitzen ab (man kann sie in Salaten verwerten), um die Bildung von Seitentrieben zu fördern. Erbsen sind in der Regel drei Monate nach der Aussaat erntereif und werden am besten klein und zart gepflückt.

Um besonders früh Erbsen ernten zu können, sät man sie in Plastikrinnen aus und lässt sie im Frühjahr aus den Rinnen in Beetrillen gleiten.

FORMEN

Zuckererbsen werden mit Schale gegessen – am besten leicht gedünstet. Man erntet die Erbsen, sobald sie im Inneren der Schote anschwellen.

Knackerbsen lässt man länger als Zuckererbsen reifen. Man erntet sie, wenn die Schalen ausgefüllt, aber die Erbsen noch klein sind.

Pal- und Markerbsen sind die traditionellen Gartenerbsen und müssen vor dem Essen geschält werden. Am besten schmecken sie jung.

DICKE BOHNEN

Nicht umsonst sind diese Bohnen Gärtnerlieblinge: Am besten schmecken sie taufrisch geerntet. Ihre Kultur bereitet keine Probleme. Schon im Frühsommer liefern sie einen stattlichen Ertrag zarter Früchte.

	FRÜHJAHR	SOMMER	HERBST	WINTER
SÄEN/PFLANZEN	■ (first half)		■ (second half)	■
ERNTEN	■ (second half)	■		

EMPFEHLENSWERT

Dicke Bohnen haben grüne (G) oder weiße Bohnen (W) im Inneren der Schoten. Weiße Bohnen schmecken am besten.

'Aquadulce Claudia' (W) • 'Bunyard's Exhibition' (W) • 'Express' (G) • 'Hangdown Grünkernig' (G) • 'Imperial Green' • 'Longpod' (G) • 'Piccola' (G) • 'Stereo' (W) • 'The Sutton' (W) • 'Witkiem Manita' (W)

KULTUR

Im Herbst weist man Dicken Bohnen einen sonnigen, geschützten Platz mit durchlässiger, nährstoffreicher Erde zu und arbeitet reichlich gut verrottete organische Substanz wie Humus aus dem Komposthaufen oder Stallmist ein. Wer früh ernten will, sät das Gemüse im Spätherbst unter Glas in Töpfe und siedelt es in der ersten Frühjahrshälfte ins Freiland um. Die Direktaussaat erfolgt im Herbst an einem geschützten Standort. Der Reihenabstand sollte bei 50 cm, der Pflanzabstand bei 30 cm liegen. Um im Sommer kontinuierlich ernten zu können, sät man in der ersten Frühjahrshälfte immer dann an, wenn der vorherige Satz 10 cm hoch ist. Gestützt werden die Pflanzen mit Zweigen oder Bambusstäben. Ratsam ist Mulchen mit Humus und regelmäßiges Wässern, vor allem während der Blüte. Sobald im unteren Bereich die ersten Schoten erscheinen, werden die Triebspitzen abgezwickt – das fördert die Reife und erhöht den Ertrag.

Man erntet, sobald die Schoten anzuschwellen beginnen und die Bohnen im Inneren daumennagelgroß sind, sonst werden sie zäh und stärkehaltig. Ernten Sie regelmäßig, aber schneiden Sie die Schoten ab, statt sie abzurupfen. Sie werden so frisch wie möglich genossen.

▶ **Dicke Bohnen** reifen an der Pflanze von unten nach oben. Daher kann man über mehrere Wochen lang Schoten ernten.

▶ **Ein Abzwicken** der Triebspitze, sobald die ersten Schoten erscheinen, fördert den Reifeprozess und verhindert einen Befall durch Bohnenläuse, die es vor allem auf zarte, frische Triebe abgesehen haben. Die Spitzen sind essbar.

PROBLEME

Die Schwarze Bohnenlaus saugt an den Triebspitzen Saft und schwächt die Pflanze. Zwicken Sie die Spitzen ab.

Die Schokoladenfleckenkrankheit ist eine Pilzkrankheit, die durch feuchte Bedingungen begünstigt wird. An der Pflanze bilden sich braune Flecken, die den Ertrag schmälern. Verbessern Sie die Durchlüftung und vermeiden Sie Stickstoffdünger. *(Mehr über Schädlinge und Krankheiten auf S. 356–369.)*

BUSCHBOHNEN

Ganz gleich, ob man zwergige oder größere Sorten zieht, Buschbohnen sind das ideale Gemüse für kleine Gärten, denn schon wenige Pflanzen versorgen Sie den ganzen Sommer. Selbst mit Töpfen kommen sie zurecht.

	FRÜHJAHR	SOMMER	HERBST	WINTER
SÄEN/PFLANZEN				
ERNTEN				

Buschbohnen können getrocknet werden.

KULTUR

Buschbohnen verlangen einen warmen, windgeschützten Standort und durchlässige Böden, in die im Herbst zuvor organische Substanz eingearbeitet wurde (*siehe unten*). Man sät sie im Frühjahr unter Glas 5 cm tief. Sobald die Pflanzen etwa 8 cm hoch sind, härtet man sie ab und pflanzt sie nach draußen. Bei Direktaussaat verzögert sich die Ernte entsprechend.

Buschbohnen bleiben zwar niedrig, können aber durchaus gestützt werden. Dazu steckt man jeweils einen Stab pro Pflanze in die Erde und lässt 15–20 cm Abstand zwischen ihnen. Zwergsorten werden in 15 cm Abstand gesetzt und brauchen keine Stütze. Während der Blüte und Ernte reichlich wässern. Die Schoten werden abgezupft, solange sie noch zart sind.

◀ **Führen Sie die Triebe** an eine Stütze und zwicken Sie ihre Spitzen ab, sobald sie am oberen Ende der Stäbe angelangt sind.

PROBLEME

Buschbohnen leiden mehr oder weniger unter denselben Krankheiten und Schädlingen wie Stangenbohnen (*siehe Seite gegenüber*).

Die Brennfleckenkrankheit verursacht auf Schoten rotbraune Flecken, die bei Nässe rosa Schleim absondern. Infizierte Pflanzen entsorgen, widerstandsfähige Sorten pflanzen.

Die Fettfleckenkrankheit äußert sich in kleinen Flecken mit Hof auf den Blättern, die absterben. Die Ernte ist beeinträchtigt. Infiziertes Laub wird entfernt. (*Mehr über Schädlinge und Krankheiten auf S. 356–369.*)

EMPFEHLENSWERT

Hohe Sorten liefern viel Ertrag auf engem Raum, Zwergsorten eignen sich für Töpfe.

Hohe Sorten
'Borlotto Lingua di Fuoco 2' • 'Cobra'
'Mombacher Speck' • 'Sultana'

Zwergsorten
'Annabel' • 'Delinel' • 'Ferrari'
'Purple Teepee' • 'Sonesta'

Eine Furche graben

Um eine optimale Ernte einfahren zu können, gräbt man im Herbst vor der Aussaat traditionell einen 60 cm tiefen Graben, lockert die Erde am Boden des Grabens mit einer Grabgabel und verteilt Gemüse- und andere Pflanzenreste darauf – Material, das normalerweise auf den Komposthaufen kommt. Dann kommt der Aushub wieder in den Graben. Im Frühjahr hat man einen fetten, feuchtigkeitsspeichernden Boden – genau richtig für Bohnen.

STANGENBOHNEN

Sie haben in Zierrabatten ebenso ihre Berechtigung wie im Gemüsebeet. Stangenbohnen erobern ihre Stütze im Nu und bilden einen von Blüten durchsetzten Laubvorhang – aber auch köstliche Schoten in rauen Mengen.

Stangenbohnen reifen phasenweise.

Kultur

Stangenbohnen brauchen einen sonnigen, geschützten Platz mit tiefgründigem, nährstoffreichem Boden, der im Herbst vor der Pflanzung mit organischer Substanz aufgepeppt wurde. Sie wachsen am besten in Furchen (*siehe Seite gegenüber*). Ausgesät werden Stangenbohnen ab der Frühjahrsmitte unter Glas in hohe Töpfe, ausgepflanzt jedoch erst, nachdem keine Fröste mehr drohen. Man bietet ihnen eine hohe Stütze. Ab Mai ist auch Direktaussaat im Freiland möglich. Säen Sie zwei Bohnen pro Stange, lassen Sie aber nur den kräftigeren der beiden Triebe wachsen. Vor allem während der Blüte ist gutes Wässern wichtig, sonst werfen die Pflanzen ihre Blüten ab. In gut vorbereiteten Böden brauchen sie keinen Dünger.

Binden Sie die Triebe an ihre Stütze und zwicken Sie die Spitze ab, sobald das obere Ende der Stange erreicht ist. Geerntet werden die Bohnen jung und zart, also mit etwa 10 cm Länge und noch bevor die Samen in den Schoten schwellen. Sie lassen sich gut einfrieren.

Wer eine gute Sorte gefunden hat, lässt im Spätsommer einige Schoten voll ausreifen, sammelt die Samen, trocknet sie auf einer sonnigen Fensterbank und sät sie im nächsten Jahr.

PROBLEME

Stangenbohnen leiden unter ähnlichen Krankheiten und Schädlingen wie Buschbohnen (*siehe Seite gegenüber*).

Vögel machen sich über die Blüten her und reißen sie ab, sodass der Fruchtansatz nicht mehr möglich ist. Man pflanzt weißblütige Sorten und spannt während der Blüte Netze.

Rost tritt bei feuchter Witterung auf. Orange oder braune Pusteln zeigen sich auf Blättern und Trieben. Befallene Teile welken und sterben ab. Entsorgen Sie infiziertes Material und verbessern Sie die Durchlüftung. (*Mehr über Schädlinge und Krankheiten auf S. 356–369.*)

EMPFEHLENSWERT

Die meisten Stangenbohnen haben entweder weiße oder rote Blüten. Sie sehen im Garten recht dekorativ aus, lange bevor die Bohnen selbst heranreifen.

Rotblütige Sorten
'Celebration' • 'Enorma' • 'Hestia' (zweifarbig) • 'Lady Di' • 'Painted Lady' (zweifarbig) 'Polestar' • 'Tamara'

Weißblütige Sorten
'Desiree' • 'Moonlight' • 'White Apollo' 'White Emergo' • 'White Lady'

Stütze

Stangenbohnen wollen hoch hinaus und liefern verlässlich hohe Erträge, brauchen also eine kräftige Stütze. Man steckt sie noch vor der Direktaussaat bzw. dem Auspflanzen in die Erde. Sie sollten rund 1,8 m hoch sein – ideal sind Bambusstäbe und Bohnenstangen. In kleineren Gärten stellt man Gerüste aus fünf bis sechs Stäben auf oder arrangiert sie zu einer Reihe (*siehe rechts*). Wo genug Platz ist, stellt man zwei Reihen aufrechter, zur Verbesserung der Stabilität oben mit einem horizontalen Stab verbundener Stangen auf.

KOPFKOHL

Kopfkohl ist eines der beliebtesten Kohlgewächse. Runzeliger Wirsing gehört ebenso zu dieser Gruppe wie süßer Spitzkohl oder leuchtender Rotkohl. Für fast jede Jahreszeit findet sich das passende Kraut.

Wirsing – der etwas andere Kohl

	FRÜHJAHR	SOMMER	HERBST	WINTER
SÄEN/PFLANZEN	■	■	■	
ERNTEN	■	■	■	■

KULTUR

Kopfkohl braucht Sonne oder Halbschatten und bevorzugt feuchte, nährstoffreiche, leicht alkalische Böden, die viel organische Substanz wie z.B. Humus enthalten. Der Boden sollte fest sein, denn er muss den großen Köpfen Halt geben, vor allem im Winter. Kopfkohl kann je nach Typ (*siehe Seite gegenüber*) ganzjährig gesät werden. Sommersorten sät man im zeitigen Frühjahr, Herbst- und Wintersorten im späten Frühjahr, Frühjahrssorten in der zweiten Sommerhälfte. Die Samen kommen 2 cm tief in die Erde – unter Glas in Multitöpfe, im Freiland ins Saatbeet. Ausgepflanzt wird, sobald die Sämlinge drei bis vier Blätter tragen. Wässern und jäten Sie gut, bis die Köpfe größer sind, und entfernen Sie welke Blätter. Man erntet sie, indem man den Kopf am Strunk mit einem scharfen Messer abschneidet. Pflanzenreste dürfen nicht auf der Erde liegen bleiben.

◀ **Kohlmanschetten** schützen Jungpflanzen vor der Kleinen Kohlfliege (*siehe S. 244*).

PROBLEME

Alle Kohlgewächse werden von ähnlichen Schädlingen und Krankheiten befallen (*siehe S. 242–245*).

Kohlhernie verursacht Kümmerwuchs und Absterben. Sie hält sich bis zu 20 Jahre im Boden, Gegenmittel gibt es nicht. Infizierte Pflanzen vernichten, Fruchtfolge praktizieren, Boden kalken. Es gibt widerstandsfähige Sorten (*ggb. mit W gekennzeichnet*).

Die Mehlige Kohlblattlaus schwächt die Pflanze. Sie versteckt sich an der Blattunterseite. Mit biologischen Mitteln bekämpfen. (*S. 356–369.*)

AUSSAAT UND ERNTE

1 Kohl ist winterhart, wenn man ihn aber früh in die Saison schicken will, sät man ihn im Frühjahr unter Glas aus. So bekommt man kräftigere Exemplare mit größerer Widerstandsfähigkeit gegen Kohlhernie.

2 Beim Umsetzen ins Freiland Pflänzchen an den Blättern halten, um die Wurzeln nicht zu verletzen. Mit einem Pflanzholz ein 15 cm tiefes Loch stechen. Das Loch gut wässern, Pflanze hineinsetzen und die Erde gut festdrücken.

3 Beim Ernten den ganzen Kopf mit einem Messer am Ansatz abschneiden. Pflanzenreste aus dem Beet entfernen, um die Ausbreitung von Krankheiten zu verhindern. Der Strunk kann neu austreiben, vor allem wenn man ein Kreuz hineinschneidet.

▸ FRÜHKOHL UND SPITZKOHL

Diese beiden frühen Kohltypen werden im Spätsommer gesät und in der zweiten Herbsthälfte ausgepflanzt. Setzen Sie Spitzkohl in 15 cm, Frühkohl in 25 cm Abstand. Bis sie eingewachsen sind, wässert man sie gut, danach reicht es, sie nur noch bei längerer Trockenheit zu gießen. Im Winter häufelt man die Strünke an, um die Köpfe zu stützen, und entfernt vertrocknetes und gelbes Laub. Im Frühjahr werden einzelne Blätter oder der ganze Kopf geerntet.

Empfehlenswerte Sorten:
'Erstling' • 'Filderkraut' • 'Marner Allfrüh' • 'Spring Hero'

◂ SOMMER- UND HERBSTKOHL

Wer von März bis Juli sukzessive aussät, kann den Sommer und Herbst über ernten. Die ersten Aussaaten im Frühjahr erfolgen unter Glas in Multitöpfe. Die Pflänzchen werden abgehärtet, sobald sie drei bis vier echte Blätter haben. Ins Freiland kommen sie ab Mai mit etwa 40 cm Abstand. In kälteren Nächten sollte man sie noch mit Vlies abdecken. Gedüngt wird, sobald sich benachbarte Pflanzen berühren.

Empfehlenswerte Sorten:
'Cecile' • 'Kilaton' F1 (W) • 'Kilazon' F1 (W) • 'Marner Lagerweiß' • 'Perfekta' • 'Rinda' • 'Selma'

▸ WINTERKOHL UND WIRSING

Wirsing gibt es für jede Jahreszeit, er wird jedoch wie Winterkohl meist im Winter genossen. Die Winterernte sät man von Mai bis Juli. Ausgepflanzt wird, sobald die Pflänzchen 3–4 Blättchen tragen, 45 cm Abstand sind ideal. Sobald sich die Köpfe berühren, streut man Langzeitdünger. Man kann die Köpfe im Winter im Beet lassen oder in Netzen lagern, wo sie an einem kühlen Platz sechs bis acht Wochen halten.

Empfehlenswerte Sorten:
'Alaska' (Wirsing) • 'Bislet' (Winterkohl) • 'Celtic' (Winterkohl) • 'Cordesa' (W, Wirsing) • 'Wirosa' (Wirsing)

◂ ROTKOHL

Rotkohl wird vom Sommer bis zum Herbst geerntet und daher schon im Frühjahr gesät. Die Sämlinge kommen in 20–40 cm Abstand in das Beet, sobald sie drei bis vier Blätter haben – eventuell muss man sie zum Schutz vor Spätfrösten abdecken. Wässern Sie bis zum Einwachsen gut und jäten Sie regelmäßig. Sobald die Blätter sich berühren, streut man Langzeitdünger. Geerntet wird, sobald die Köpfe fest sind.

Empfehlenswerte Sorten:
'Dauerrot' • 'Integro' • 'Lodero' (W) • 'Marner Septemberrot' • 'Rodima' • 'Rookie' • 'Roxy'

GRÜNKOHL

Eine Zeit lang war dieses Gemüse in Ungnade gefallen, inzwischen aber ist es wieder überaus populär. Es ist winterhart, pflegeleicht und so schön wie wohlschmeckend, weshalb es jedem winterlichen Garten zur Zier gereicht.

	FRÜHJAHR	SOMMER	HERBST	WINTER
SÄEN/PFLANZEN				
ERNTEN				

KULTUR

Grünkohl ist hart im Nehmen und steckt das widrigste Winterwetter weg. Er verträgt die meisten Böden, bevorzugt aber durchlässige Erde, die mit verrotteter organischer Substanz wie Humus aus dem Komposthaufen angereichert wurde. Vorteilhaft ist ferner festes, verdichtetes Erdreich, das den hohen Strunk stützt. Man sät Grünkohl im April in Töpfe unter Glas und setzt ihn im Mai und Juni in 45 cm Abstand nach draußen, ohne die Wurzeln zu verletzen. Drücken Sie die Erde gut fest und wässern Sie gründlich. Später wird außer bei längerer Trockenheit nur noch spärlich gegossen, damit sich zäheres Laub für die Winterzeit bildet.

Gutes Jäten ist ebenso Pflicht wie das Entfernen von gelbem Laub. Falls im Frühherbst viele Blätter vergilben, verabreicht man den Pflanzen einen Stickstoff- bzw. Flüssigvolldünger, um sie aufzupeppen. Wer höhere Sorten kultiviert, sollte sie stützen, bevor der Wind sie umwirft.

Die Ernte erfolgt vom Herbst bis zum Frühjahr. Dabei zupft man die zarten Blätter aus der Mitte der Pflanze, um einen Neuaustrieb zu fördern. Blüten werden abgeschnitten, ältere Blätter aber lässt man an der Pflanze – sie schützen die Mitte. Geerntet wird Grünkohl, bis er blüht, danach schmeckt das Laub bitter.

Man kann Grünkohl sogar als Pflücksalat ziehen (*siehe S. 207*). In diesem Fall erntet man ihn, sobald er 5–8 cm hoch ist, oder wartet, bis er 15 cm Höhe erreicht hat.

PROBLEME

Kohlgewächse werden alle von denselben Schädlingen und Krankheiten geplagt (*siehe S. 240–245*).

Echter Mehltau verursacht weißen Pilzbelag auf dem Laub, das sogar Löcher bekommen kann. Er schwächt die Pflanzen und senkt den Ertrag. Gut wässern, da Trockenheit Mehltau begünstigt.

Weiße Fliegen befallen die zarten frischen Blätter – gerade diejenigen, die man ernten will.

Farbenfrohe Sorten bringen im Winter Leben in das Gartengrau. Sie eignen sich besonders für kleine Gärten, in denen man Nutzpflanzen in gemischte Rabatten integriert.

FORMEN

Krauser Grünkohl schmeckt süßer und ist zarter als die traditionellen glattblättrigen Sorten. Sie sehen im Winter ausgesprochen dekorativ aus.

Glattblättriger Grünkohl wird nur wegen der zarten Blätter in der Pflanzenmitte gezogen. Manche Sorten geben schöne Rabattenpflanzen ab.

EMPFEHLENSWERT

Mehrfarbige Sorten (F) sind ebenso dekorativ wie wohlschmeckend.

Krauser Grünkohl
'Halbhoher grüner Krauser' • 'Holter Palme' • 'Redbor' F1 (F) • 'Scarlet' (F) • 'Wundergrün'

Glattblättriger Grünkohl
'Black Tuscan' • 'Cavalo Nero'

ROSENKOHL

Nur wenig Gemüse ruft so heftige Reaktionen hervor wie Rosenkohl: Entweder man liebt oder man hasst ihn. Die Röschen schmecken nach ein paar Frösten am besten und können gekocht, gedünstet oder gebraten werden.

EMPFEHLENSWERT

Rosenkohl ist meist grün, doch gibt es auch ein paar rote Sorten (R). Sie können durchaus in gemischten Arrangements als Zierpflanzen zum Einsatz kommen. Manche Sorten zeigen eine gute Widerstandskraft gegen Kohlhernie (W).

'Adonis' • 'Boxer' • 'Clodius' F1 • 'Crispus' F1 (W) • 'Cronus' • 'Diablo' • 'Falstaff' (R) • 'Hilds Ideal' • 'Igor' F1 • 'Maximus' F1 • 'Predora' • 'Red Bull' (R) • 'Trafalgar'

KULTUR

Rosenkohl verlangt einen sonnigen, geschützten Standort mit neutralen, feuchten, durchlässigen Böden, die man mit verrotteter organischer Substanz aufgebessert hat. In zu nährstoffreichem Erdreich allerdings treibt er lockere, offene Röschen aus. Drücken Sie die Erde gut fest, damit die Pflanzen im Winter nicht umgeblasen werden. Ausgesät wird Rosenkohl im März unter Glas in Schalen oder Multitöpfe. Sobald die Pflänzchen 10–15 cm hoch sind, kommen sie mit 60 cm Abstand nach draußen. Freilandaussaat ist ab Ende April im Beet möglich, später dünnt man auf 7–8 cm aus. Pflanzen Sie tief: Die ersten echten Blätter sollten auf Bodenniveau stehen, damit der Strunk nicht umfällt, wenn die Röschen reifen. Bei Trockenheit ist gutes Wässern wichtig. Sobald sich die ersten Röschen bilden, deckt man die Pflanzen mit Netzen ab. Ein Anhäufeln oder das Stützen mit Ruten hält sie auch an exponierten Standorten aufrecht.

Sobald die Röschen im Herbst fest sind, kann man sie von unten nach oben ernten, wobei man immer nur einige wenige pro Pflanze abzupft. Möglich ist aber auch ein Abschneiden des kompletten Strunks. Er wird an einem kühlen Platz aufgehängt oder in einen Eimer Wasser gestellt.

PROBLEME

Alle Kohlgewächse werden von ähnlichen Schädlingen und Krankheiten befallen (*siehe S. 240–245*).

Tauben machen sich über die Blätter her und können auch junge Röschen verletzen, was die Pflanzen schwächt. Man deckt die Pflanzen daher im Sommer mit Netzen ab.

Raupen des Kohlweißlings fressen das Laub an. Man hält sie mit Netzen fern. Suchen Sie die Unterseite der Blätter nach Eiern ab und entfernen Sie die Raupen. (*Mehr auf S. 356–369.*)

PFLEGE UND ERNTE

1 Boden um neue Pflanzen festdrücken, damit die Strünke Halt haben, wenn sie höher werden. Zum Schutz vor der Kleinen Kohlfliege Kohlmanschetten anlegen.

2 Größere Pflanzen durch Anhäufeln, in exponierten, windigen Lagen auch mit Stäben stützen, denn sonst können sie von Böen gelockert oder umgeworfen werden.

3 Die Röschen mit einem Messer abschneiden oder abdrehen. Sie verderben schnell, deshalb nur bei Bedarf ernten. Abgeschnittene ganze Strünke halten dagegen mehrere Tage.

BROKKOLI

Brokkoli ist die reinste Vitaminbombe – und sieht auch noch gut aus. Man hat die Wahl zwischen weißem oder violettem Sprossenbrokkoli für den Winter oder großem kuppelförmigem Calabrese-Brokkoli für den Sommer.

Brokkoli 'Early White Sprouting'

KULTUR

Am wohlsten fühlt sich Brokkoli an einem Platz in der Sonne und in fetten Böden, die mit Dung oder Humus aus dem Komposter angereichert wurden. Spross- und Calabrese-Brokkoli wird unterschiedlich gesät. Sprossenbrokkoli kommt unter Glas in Multitöpfe oder andere kleine Gefäße, wobei frühe Sorten im zeitigen Frühjahr, späte erst im Hochsommer gesät werden. Ab April kann man ihn auch direkt in Saatbeete ausbringen, für die man allerdings eine Abdeckung bereithalten sollte. Ab Mitte Mai ziehen die Sämlinge dann mit 60 cm Einzel- und Reihenabstand an ihren endgültigen Standort um.

Calabrese-Brokkoli verträgt keine Störung des Wurzelraums, man sät ihn daher gleich mit 30 cm Abstand in 2 cm tiefe Saatrillen, die man in feinkrümelig geharkte Freilandbeete zieht. Zwischen den Reihen lässt man knapp 50 cm Platz.

Beide Varianten werden im Sommer gut gegossen und mit Netzen vor hungrigen Schnäbeln geschützt. Die Köpfe können recht schwer werden, weshalb man die einzelnen Strünke anhäufelt oder mit Stäben stützt. Die Ernte erfolgt vor dem Öffnen der winzigen Blüten. Ernten Sie Sprossenbrokkoli sukzessive ab, das erhöht den Ertrag. Calabrese-Köpfe werden im Sommer abgeschnitten, solange sie noch keine 10 cm Durchmesser haben, um die Bildung weiterer Blütentriebe zu fördern. Die Röschen trennt man mit einem Messer ab, wobei man mit dem mittleren Kopf beginnt.

PROBLEME

Alle Kohlgewächse sind für dieselben Schädlinge und Krankheiten anfällig (*siehe S. 240–245*).

Die Kleine Kohlfliege legt ihre Eier neben Kohl. Die geschlüpften Maden fressen die Wurzeln an, woraufhin die Pflanzen eingehen können. Es gibt kein Gegenmittel. Legen Sie Manschetten um Jungpflanzen.

Tauben machen sich über die Pflanzen her. Man deckt sie deshalb mit Netzen ab oder stellt eine Vogelscheuche auf. (*Mehr auf S. 356–369.*)

FORMEN

Calabrese-Brokkoli wächst rasch heran und wird im Sommer nach der Aussaat geerntet. Ernten Sie die Köpfe, solange sie noch klein sind.

Sprossenbrokkoli ist ein typisches Wintergemüse. Er kann über mehrere Wochen abgeerntet werden, was den Neuaustrieb fördert.

EMPFEHLENSWERT

Calabrese-Brokkoli
Sorten mit guter Widerstandskraft gegen Kohlhernie sind mit (W) gekennzeichnet.

'Arcadia' F1 • 'Belstar' F1 • 'Fiesta' F1
Monclano' F1 (W)

Sprossenbrokkoli
Sprossenbrokkoli trägt je nach Sorte violette (V) oder weiße (WE) Köpfe.

'Claret' F1 (V) • 'Early White Sprouting' (WE) • 'Rudolph' (V) • 'White Star' (WE)

BLUMENKOHL

Blumenkohl ist ein Gemüse für jede Jahreszeit, aber mitunter nicht ganz einfach zu ziehen. Die Mühe lohnt sich dennoch, denn man wird mit köstlichen Röschen belohnt. Farbige Sorten sind im Handel selten.

EMPFEHLENSWERT

Eine Sorte mit guter Widerstandskraft gegen Kohlhernie ist mit (W) gekennzeichnet.

Sommersorten
'Igloo' • 'Gypsy' • 'Neckarperle' • 'Snowball'

Herbstsorten
'Brabant' • 'Clapton' F1 (W) • 'Herbstriesen' • 'Planita' • 'Serrano'

Wintersorten
'Marcher' • 'Walcheren Winter'

Farbiger Blumenkohl
'Graffiti' • 'Romanesco' • 'Trevi'

KULTUR

Blumenkohl lässt sich ganzjährig kultivieren, doch sät man Sommer- und Wintersorten zu unterschiedlichen Zeiten. Grundsätzlich braucht das Gemüse nährstoffreiche, durchlässige Böden, die mit organischer Substanz aufbereitet wurden und fest genug sind, um die Köpfe zu stützen. Für eine Ernte im Frühsommer sät man im Herbst unter Glas in kleine Töpfe. Wartet man bis in den Februar, fällt der Ertrag noch höher aus. Wo Platz Mangelware ist, kann man es mit Minisorten probieren, die sich in 15 cm Abstand pflanzen lassen.

Will man im Herbst ernten, sät man im März unter Glas oder unter Abdeckungen im Freiland. Die Sämlinge werden abgehärtet, sobald sie 5 cm hoch sind, und mit 60 cm Abstand ins Freiland gepflanzt. Wintersorten sät man im Mai nach draußen. Für sie sind 75 cm Abstand ideal.

Wässern Sie gut und verwöhnen Sie die Pflanzen im Hochsommer mit einem Flüssigdünger. Weiße Sorten brauchen Schutz vor praller Sonne (*siehe unten*). Geerntet werden die Köpfe, solange sie noch fest sind.

► **Romanesco** heißt eine ungewöhnliche lindgrüne Variante mit spitz zulaufenden Röschen. Sie ist ausgesprochen dekorativ und hat einen hohen Vitamin-C-Gehalt.

BLEICHEN

1 In der prallen Sonne kann sich der Kopf verfärben. Man verhindert das, indem man vier bis fünf äußere Blätter über ihm zusammenbindet. Die Röschen müssen allerdings trocken bleiben, sonst faulen sie.

2 Erntereif ist Blumenkohl, wenn die Köpfe groß, aber noch fest sind. Man sollte sie erst kurz vor dem Verwerten in der Küche aus dem Garten holen, da sie sich nicht lange halten. Wenn man sie mit ein paar Blättern abschneidet, bleiben sie länger frisch.

PROBLEME

Alle Kohlgewächse sind für dieselben Schädlinge und Krankheiten anfällig (*siehe S. 240–245*).

Weißer Rost befällt Kohlgewächse. Auf dem Laub bilden sich weiße Flecken, die Blätter rollen ein. Gegenmittel gibt es nicht. Befallene Pflanzen entsorgen, Durchlüftung verbessern, nicht auf das Laub gießen.

Bei **Molybdän-Mangel** wird das Laub schmal und bandförmig. Kalken Sie den Boden. (*Mehr über Schädlinge und Krankheiten auf S. 356–369.*)

ARTISCHOCKEN

Die eleganteste aller Gemüsepflanzen wäre in einer Zierrabatte gewiss nicht fehl am Platz. Ihre riesigen Blütenknospen sind eine Delikatesse und entsprechend teuer – aber ganz einfach selbst zu ziehen.

	FRÜHJAHR	SOMMER	HERBST	WINTER
SÄEN/PFLANZEN				
ERNTEN				

Artischocken werden auch als Zierpflanzen kultiviert.

KULTUR

Optimale Bedingungen bietet man Artischocken mit einem geschützten, sonnigen Platz in durchlässigem, aber feuchtigkeitsspeicherndem Boden, in den Komposterde oder eine andere gut verrottete organische Substanz eingearbeitet wurde. Man pflanzt sie vom Herbst bis zum Frühjahr als wurzelnackte Sämlinge. Das Setzen von Topfsämlingen ist ganzjährig möglich, doch muss anschließend gut gegossen werden. Wer größere Mengen ernten möchte, sät im März unter Glas in Töpfe, härtet im Mai ab und setzt die Pflänzchen im Juni in 90 cm Abstand in Reihen, zwischen denen man 90–120 cm Platz lässt. Wichtig ist gutes, regelmäßiges Wässern bei Trockenheit und Düngen im Frühjahr.

Damit neue Artischocken gut einwachsen, zwickt man im ersten Jahr alle Blüten ab. Später kann man die Knospen ausdünnen, um größere Köpfe zu ernten. Bei der Ernte ist der Zeitpunkt ausschlaggebend: Schneiden Sie die Knospen ab, bevor sich die Schuppen öffnen. Sie halten ein paar Tage, sollten aber rasch verarbeitet werden. Wer zu spät erntet, bekommt ungenießbare Köpfe.

Wenn die stattlichen Gewächse im Herbst einziehen, entfernt man ihren welken Wuchs und schützt den Wurzelraum mit einer Lage Stroh. Alle drei Jahre sollten Artischocken erneuert werden. Dazu nimmt man im Frühjahr Kindel von der Mutterpflanze und pflanzt sie ein.

Artischocken sind große Stauden und gedeihen in nährstoffreichen Böden am besten. Im Herbst oder Frühjahr tut ihnen organischer Mulch gut.

PROBLEME

Die Schwarze Bohnenlaus befällt Triebe und Blätter. Sie saugt Saft, was zu verkrüppeltem Wuchs führt und die Pflanze schwächt. Starken Befall bekämpft man mit einem handelsüblichen Mittel (*siehe S. 359*).

Die Blütenfäule tritt vor allem in feuchten Jahren auf und lässt die Blüten braun werden und schrumpfen. Es bildet sich Schimmel. Befallene Köpfe werden entfernt. Vermeiden Sie schattige Standorte und halten Sie die Pflanzen gesund. (*Mehr über Schädlinge und Krankheiten auf S. 356–369.*)

JERUSALEM-ARTISCHOCKEN

Gelegentlich stößt man im Handel auf »Jerusalem-Artischocken«. Dabei handelt es sich um eine Pflanze, die mit der eigentlichen Artischocke nichts zu tun hat und richtig Topinambur heißt. Ihre Wurzelknollen werden wie Kartoffeln zubereitet und schmecken nussig.

Die mit der Sonnenblume verwandte Staude ist winterhart und kommt selbst mit kargen Böden zurecht. Sie wird über 2 m hoch und lässt sich als Windschutz nutzen. Topinambur ist recht ausbreitungsfreudig und kann lästig werden, wenn man die Knollen nicht im Herbst erntet. Dazu nimmt man sie auf, pflanzt einige von ihnen wieder ein – und lässt sich den Rest schmecken.

EMPFEHLENSWERT

Wer Artischocken in Kleingärten ziehen will, kultiviert am besten Sorten mit farbigen Köpfen (F) und integriert sie in gemischte Rabatten. Sorten mit hohem Zierwert sind:

'Concerto' F1 (F) • 'Green Globe Improved' • 'Gros Vert de Laôn' • 'Purple Globe' (F) 'Romanesco' (F) • 'Violetta di Chioggia' (F)

SPARGEL

Das saftige Gemüse macht uns im Frühjahr für nur wenige Wochen seine Aufwartung. Ist Spargel aber erst einmal eingewachsen, liefert er jahrelang Stangen, ohne viel Pflege einzufordern.

	FRÜHJAHR	SOMMER	HERBST	WINTER
SÄEN/PFLANZEN	■			■
ERNTEN	■			

Gedünstet schmeckt Spargel unvergleichlich.

KULTUR

Die Staude wird, nachdem man sie einmal gepflanzt hat, bis zu 20 Jahre alt, weshalb man ihren Standort sorgfältig auswählen sollte. Sie bevorzugt sonnige, geschützte Plätze mit durchlässiger Erde, die vor dem Bepflanzen mit reichlich organischer Substanz »veredelt« wurde. In der Regel pflanzt man Spargel als wurzelnackte »Klaue« im Frühjahr (*siehe unten*), mit Ballen aber darf man ihn auch ganzjährig setzen. Am ertragreichsten sind rein männliche Exemplare. Wer größere Mengen kultivieren möchte und etwas Geduld hat, kann ihn sogar aussäen. Die Samen kommen im Spätwinter in Multitöpfe und im Frühjahr, zu Sämlingen herangereift, nach dem Abhärten ins Freiland.

Neue Pflanzen sollte man mindestens zwei Jahre lang in Ruhe einwachsen lassen, bevor man das erste Mal erntet (*siehe unten*). Man wässert sie den ganzen Sommer über, mulcht sie im Herbst mit gut verrotteter organischer Substanz und bringt sie im Frühjahr vor und nach der Ernte mit einem Langzeitdünger auf Vordermann. Im Sommer stützt man die hohen, fiederblättrigen Pflanzen mit Stäben. Gegen Ende der Saison schneidet man den vergilbenden Wuchs bis auf 3 cm zurück und räumt alle Pflanzenreste aus dem Beet weg.

EMPFEHLENSWERT

Rein männlicher Spargel (M) ist am besten, da er seine Energie nicht in den Samenansatz steckt und einen höheren Ertrag liefert. Die meisten eingetragenen Sorten werden als Topfpflanzen oder wurzelnackt angeboten.

'Ariane' • 'Backlim' F1 (M) • 'Gijnlim' (M) • 'Hannibal' • 'Huchels Leistungsauslese' • 'Jersey Knight' • 'Thielim' F1 (M)

PFLANZUNG UND ERNTE

1 Einen 20 cm tiefen Graben ausheben, organische Substanz einarbeiten und Boden anhäufeln. Wurzelnackte Klauen in 30 cm Abstand darauflegen und Wurzeln ausbreiten. Mit Erde bedecken und wässern.

2 Zwei Jahre nach dem Pflanzen mit der Ernte beginnen. Sobald die Stangen erscheinen und etwa 20 cm lang sind, werden sie 2–3 cm unter der Erdoberfläche abgeschnitten. Jede Stange ausgraben, um den Neuaustrieb zu fördern.

PROBLEME

Schnecken fressen im Frühjahr die Stangen an und verursachen große Schäden. Man bekämpft sie mit Schneckenkorn und Bierfallen oder setzt Nematoden als biologische Bekämpfung ein.

Spargelhähnchen fressen als Larven und Käfer die Stangen und das Laub an und schwächen die Pflanzen. Man vernichtet sie, sobald man sie sieht. Pflanzenreste werden im Herbst vernichtet. (*Mehr über Schädlinge und Krankheiten auf S. 356–369.*)

EINJÄHRIGE KRÄUTER

Die schnell wachsenden Einjährigen sind ein Muss in jedem Garten, selbst wenn man nur Platz für ein paar Töpfe hat. Man pflanzt sie in der Nähe der Küche oder der Grillstelle, um sie stets griffbereit zu haben.

Thai-Basilikum ist mit seinem etwas anderen Geschmack eine interessante Variante.

KULTUR

Einjährige Kräuter sind leicht zu ziehen und stehen im Nu zur Verfügung. Man sät sie von Mai bis in den Sommer hinein in mehreren Posten ins Freiland oder im Winter unter Glas, sofern man ihnen genug Licht und Wärme bieten kann. Sind sie groß genug für den Umzug nach draußen, weist man ihnen geschützte, sonnige Plätze in Gefäßen oder Beeten mit feuchter, durchlässiger Erde zu. Zu nährstoffreich sollte sie allerdings nicht sein, sonst entwickeln sie viel Laub ohne Geschmack. Aus diesem Grund düngt man auch Topfkräuter nur spärlich. Wichtig ist hingegen gutes Wässern. Vor allem Koriander und Dill schossen, wenn es ihnen zu trocken ist. Ernten Sie nach Bedarf, aber regelmäßig, um den Neuaustrieb zu fördern. Überschüssiges kann man trocknen, einfrieren oder zu Pesto verarbeiten.

◄ **Blühen** einjährige Kräuter, schmecken sie schon nicht mehr gut, liefern aber noch Samen.

PROBLEME

Blattläuse befallen Laub, saugen Saft und schwächen die Pflanzen. Statt mit chemischen Mitteln zu arbeiten, lockt man natürliche Feinde wie Marienkäfer an, spritzt die Tiere mit einem Wasserstrahl weg oder setzt auf biologische Bekämpfung.

Schnecken verderben das Laub und fressen ganze Pflanzen kahl. Mit Schneckenkorn, Bierfallen und Nematoden lassen sie sich dezimieren. (*Mehr über Schädlinge und Krankheiten auf S. 356–369.*)

AUSSAAT UNTER GLAS

1 Um eine Störung des Wurzelraums zu vermeiden, sät man Basilikum und Petersilie in Multitöpfe, sodass man den Ballen mit nach draußen umpflanzen kann. Feinkrümelige Erde verwenden.

2 Löcher in das Substrat drücken und Samen in der empfohlenen Tiefe hineinstreuen, mit Erde bedecken, wässern und mit durchsichtiger Folie abdecken, um die Feuchtigkeit zu halten. Für passende Temperatur sorgen.

3 Samen keimen unterschiedlich schnell, daher regelmäßig prüfen. Sobald die Sämlinge erscheinen, Abdeckung entfernen und warm halten. Später bis auf die kräftigste Pflanze pro Modul ausdünnen. Abhärten und auspflanzen.

▸ BASILIKUM

Das nicht winterharte einjährige Kraut trägt aromatische Blätter und Triebe. Man sät es im Frühjahr unter Glas in Multitöpfe, härtet es später ab und setzt es in eine geschützte, sonnige Rabatte oder ein Gefäß. Regelmäßiges Abzwicken der Triebe fördert buschigen Wuchs. Topfexemplare können im Herbst nach drinnen gebracht und weitergezogen werden. Manche Sorten sind recht dekorativ.

Empfehlenswerte Sorten:
'Cinnamonette' (Zimtbasilikum) • 'Citrodorum' (Zitronenbasilikum) • 'Genovese' • 'Siam Queen' (Thai-Basilikum)

◂ PETERSILIE

Petersilie ist ein zweijähriges Kraut, das meist einjährig gezogen und wegen seiner schmackhaften krausen oder glatten Blätter geschätzt wird. Die Aussaat erfolgt im Frühjahr unter Glas in Töpfen, um eine Wurzelstörung zu vermeiden, die zum Schossen führen kann. Nach dem Abhärten weist man Petersilie im Ballen einen Platz in feuchter, durchlässiger Erde an einem sonnigen bis halbschattigen Platz zu. Wichtig: Gut wässern und Blüten abzwicken.

Empfehlenswerte Sorten:
'Gigante d'Italie' • 'Mooskrause' • 'Napoli Riesen' • 'Talent'

▸ DILL

Das hohe Kraut wird wegen seiner mild schmeckenden Blätter und Samen geschätzt, hat aber auch einen erklecklichen Zierwert. Man sät es im Frühjahr direkt an seinen endgültigen Standort in feuchte, nährstoffreiche Erde, da es schosst, wenn es umgepflanzt und gestört wird. Sinnvoll ist eine sukzessive Aussaat in mehreren Posten bis zum Hochsommer. Geerntet wird vor der Blüte. Die Samen werden gesammelt, sobald sie sich braun färben, und getrocknet.

Empfehlenswerte Sorten:
'Compatto' • 'Delikat' • 'Diana' • 'Dukat' • 'Herkules' • 'Tetra'

◂ KORIANDER

Koriander ist ein hohes einjähriges Kraut mit schmackhaften Blättern und Samen. Es wird von März bis September in mehreren Posten an seinen endgültigen Standort im Freiland gesät und bevorzugt feuchte, durchlässige Böden. Wer Samen ernten will, setzt Koriander in die pralle Sonne, wer das Laub bevorzugt, weist ihm einen halbschattigen Platz zu. Gutes Wässern verhindert ein Schossen. Überschüsse können eingefroren werden.

Empfehlenswerte Sorten:
'Caribe' • 'Confetti' • 'Pallas'

MEHRJÄHRIGE KRÄUTER

Mehrjährige Kräuter – ob Staude oder Strauch – trumpfen mit einem enormen Geschmacks- und Duftspektrum auf. Viele bilden große Horste oder Büsche, weshalb man für den Eigenbedarf nur wenige Pflanzen braucht.

	FRÜHJAHR	SOMMER	HERBST	WINTER
SÄEN/PFLANZEN	■	■		
ERNTEN		■	■	■

Salbei und Thymian mögen es sonnig.

KULTUR

Die meisten mehrjährigen Kräuter stammen aus dem Mittelmeerraum und verlangen daher einen heißen, sonnigen Platz in kargen, trockenen Böden. Pflanzt man sie in schwere Erde, muss sie sehr durchlässig sein, weshalb man zuerst etwas Kies und organische Substanz wie kompostierte Rinde einarbeitet. Mehrjährige Kräuter werden in der Regel im Topf verkauft und im Frühjahr und Sommer während des Wachstums gepflanzt. Estragon und Minze breiten sich rasch aus und können lästig werden; man versenkt sie deshalb am besten in Gefäßen in der Erde, was ihren Ausbreitungsdrang hemmt.

Winterharte mehrjährige Kräuter sind anspruchslos. Sie duften und schmecken oft sogar besser, wenn sie etwas vernachlässigt werden. Bei längerer Trockenheit gießt man sie. Höhere Formen wie Minze kann man im Sommer etwas stützen, doch im Herbst schneidet man sie bis auf den Boden zurück. Alle paar Jahre sollten sie außerdem geteilt werden (*siehe S. 332–333*). Sträucher wie Salbei und Lorbeer müssen nur im Frühjahr etwas zurückgestutzt werden.

Viele eignen sich für die Topfkultur. Sie brauchen Blumenerde mit Tonanteil und viel Sonne. Stauden düngt man monatlich, Sträucher jährlich.

PROBLEME

Schnecken fressen weiche Triebe, vor allem im Frühjahr. Krautige Kräuter sind besonders betroffen. Man bekämpft die Schädlinge mit Schneckenkorn oder Bierfallen. Eine Lage Kies hält sie fern.

Katzen verrichten ihr Geschäft gern in Kräuterbeeten. Man kann sie mit Katzenspray oder -pulver abschrecken. Auch eine Barriere aus Zweigen oder Netzen hält sie fern. (*Mehr zu Schädlingen und Krankheiten auf S. 356–369.*)

EIN KRÄUTERBEET ANLEGEN

1 Beet an einem sonnigen Platz vorbereiten. In schwere Böden Kies und organische Substanz einarbeiten. Gründlich jäten.

2 Vor dem Pflanzen schwarze Kunststofffolie auslegen. Das unterdrückt Unkräuter, erwärmt im Frühjahr den Boden und verhindert im Sommer, dass er austrocknet.

3 Löcher in die Folie schneiden und Kräuter hineinpflanzen. In formalen Gärten Kräuterbeet eventuell mit einer niedrigen Hecke säumen.

4 Kräuter zusammenstellen, die ähnliche Bedingungen vorziehen, und vor dem Pflanzen auf dem Boden arrangieren. Zwischen ihnen Platz lassen, da sie noch größer werden.

▶ **Minze** kann sich ungebührlich stark ausbreiten, weshalb man ihren unterirdischen Wuchs mit einer Wurzelsperre im Zaum hält. Sie braucht feuchte, durchlässige Böden und verträgt auch etwas Schatten.

◀ **Rosmarin** ist ein immergrüner Strauch, der am besten in kargen, durchlässigen Böden an sonnigen Standorten wächst. Schneiden Sie die Zweiglein regelmäßig ab. Bei uns ist er nicht winterhart.

▶ **Thymian** wächst niedrig und bildet einen dichten Teppich. Für Töpfe auf der Terrasse und Fensterkästen ist er ideal.

◀ **Salbei** braucht als immergrünes, strauchiges Kraut einen Platz an der Sonne und durchlässige Böden. In unseren Breiten übersteht er den Winter meist nicht im Freiland.

▶ **Lorbeer** ist ein verlässlicher, immergrüner Strauch. Er wächst niedrig und macht in großen Terrassenkübeln eine gute Figur, falls er regelmäßig geschnitten wird.

◀ **Oregano** bleibt niedrig und bietet sich ebenfalls für Gefäße an. Er gibt sich mit einem sonnigen Platz und durchlässiger Erde zufrieden. Die Auswahl an Sorten ist groß.

▶ **Schnittlauch** Die grasartige Staude verträgt etwas Schatten und bildet Horste, die sich ausbreiten. Essbar sind nicht nur die Blätter, sondern auch die Blüten.

◀ **Estragon** breitet sich gern aus. Man unterscheidet zwischen russischem und französischem Estragon. Die französische Variante hat einen besseren Geschmack, braucht im Gegensatz zur russischen aber guten Winterschutz.

OBST IM GARTEN

Obst im eigenen Garten? Viele denken dabei an Haine mit Obstgehölzen und Erdbeerbeete, die viel Platz einnehmen. Mit gekonnter Planung aber lassen sich Obstbäume und -sträucher selbst auf kleinstem Raum unterbringen.

▲ ZWEI IN EINEM

Obstgehölze werden wegen ihrer Früchte kultiviert, dabei sehen viele auch ausgesprochen dekorativ aus. Im Frühjahr blühende Äpfel und Kirschen stehen reinen Zierformen nicht nach – ihr Obst im Sommer und Herbst ist sozusagen ein Bonus. Selbst Heidelbeeren in Töpfen machen etwas her und nehmen es locker mit herkömmlichen Blütensträuchern auf.

▶ GEMISCHTE PFLANZUNG

Statt einen reinen Obstgarten anzulegen, kann man Früchte tragende Pflanzen in Beete und Rabatten integrieren. Die meisten Obstbäume lassen sich mit Blühern unterpflanzen oder machen sogar als Solitäre eine gute Figur. In Rabatten und auf Terrassen sind Sträucher gleichwertige Begleiter reiner Zierpflanzen. Erdbeeren haben sich in Hängekörben bewährt.

◄ GEFÄSSE

Wo der Boden zu mager, der Garten zu kühl und exponiert oder der Platz in den Rabatten zu beengt ist, zieht man sein Obst eben in Gefäßen. Heidelbeeren etwa brauchen saures Erdreich und werden fast nur in Kübeln kultiviert. Das gilt auch für nicht ganz winterharte Früchte wie Pfirsiche, die man an einen warmen, geschützten Standort stellen kann, wenn sie blühen. Auch Stachelbeeren gedeihen in Gefäßen. Wichtig bei der Gefäßkultur ist allerdings regelmäßiges Düngen und Wässern im Sommer, manche Arten brauchen ferner eine Stütze.

▲ ZWERGFORMEN

Wer keinen Platz für größere Bäume hat oder mehrere Exemplare auf kleinem Raum unterbringen will, wählt Zwergformen. Sie tragen zwar nicht so reich wie ihre großen Brüder, die Früchte aber schmecken genauso gut. Wählen Sie schwachwüchsige Unterlagen für Töpfe oder Rabatten. Ebenfalls empfehlenswert: zwei oder mehr Sorten auf einer einzigen Unterlage.

▲ WANDGEHÖLZE

Sonnige Maüern sind ein ebenso ungewöhnlicher wie platzsparender Lebensraum für Obstgehölze. Man kann die Pflanzen als Spalier kaufen oder selbst erziehen. Besonders gut gefällt es Pfirsichen und Nektarinen an Wänden, speziell vor warmen Ziegelmauern. Hier lässt sich Obst auch leichter mit Vlies oder Netzen schützen. Als Spalierobst eignen sich zahlreiche Obstsorten, von Äpfeln bis hin zu Birnen – vor allem Weintrauben sind ideale Kandidaten. Für die Erziehung braucht man zwar ein paar Vorkenntnisse, aber nach einigen Jahren hat man den Bogen raus.

KAUF UND PFLANZUNG

Sobald Sie wissen, welches Obst Sie ziehen möchten, sollten Sie entscheiden, wie, wo und wann Sie es kaufen möchten, wie viele Exemplare Sie brauchen und wie es gepflanzt werden soll.

Containerpflanzen können ganzjährig gekauft und ins Freie gesetzt werden. Vor dem Kauf sollte man sie sich aber genau ansehen.

KAUF VON OBSTGEHÖLZEN

Obstgehölze gibt es für gewöhnlich in allen großen Gartencentern ganzjährig in erklecklicher Auswahl. Sie sind in der Regel in Töpfen erhältlich und können sofort gepflanzt werden. Spezialbaumschulen führen ein umfangreicheres Sortiment, allerdings meist in Form wurzelnackter Gehölze, die im Herbst gekauft oder bestellt werden können.

Containerpflanzen

Der Vorteil von Container- oder Topfpflanzen: Sie können ganzjährig ins Freie gesetzt werden, sofern man sie anschließend gut wässert. Prüfen Sie aber vor dem Kauf, ob Sie von Schädlingen befallen sind, unter Krankheiten leiden oder kümmern. Finger weg von Exemplaren mit Unkraut im Topf und solchen, deren Wurzelballen verdichtet ist – sie wurzeln nur schlecht ein. Ausgepflanzt wird so bald wie möglich. Wenn das nicht geht, wässert man sie zumindest gut.

Wurzelnackte Pflanzen

Sie werden nur während der Vegetationsruhe im Spätherbst und Winter aufgenommen und zum Verkauf angeboten. Weil die Wurzeln nicht in Erde stecken, sollte man sie umgehend pflanzen oder zumindest übergangsweise »einschlagen«, damit sie nicht austrocknen. Sie sind oft preiswerter als Topfpflanzen und in größerer Auswahl erhältlich. Man bekommt sie eher bei Spezialanbietern, obwohl auch Gartencenter mitunter einige Exemplare, z. B. Himbeerruten, führen.

BESTÄUBUNG

Die Blüten von Obstgehölzen werden von Insekten bestäubt. Viele Arten müssen von anderen Pflanzen der gleichen Art bestäubt werden, um zu fruchten. Wer wenig Platz in seinem Garten hat, kauft selbstfertile Formen – bei ihnen reicht ein einziges Exemplar aus, wenngleich eine Fremdbestäubung den Ertrag erhöht. Erkundigen Sie sich beim Kauf, welcher Bestäubungstyp das jeweilige Gehölz ist, und sehen Sie sich erst einmal in Nachbargärten um, ob dort eine dazu passende Sorte wächst. Für eine erfolgreiche Fremdbestäubung müssen die Bäume zur selben Zeit blühen. Manche Äpfel und Birnen sind triploid: Ihr Pollen ist steril und sie brauchen zwei Bestäuber, um zu fruchten.

WURZELNACKTE OBSTGEHÖLZE PFLANZEN

Wurzelnackte Obstgehölze müssen umgehend in die Erde kommen, damit die Wurzeln nicht austrocknen. Sie werden anders gepflanzt als Containerware (*siehe S. 121*), denn die Wurzeln liegen frei und nehmen leicht Schaden. Dafür wachsen wurzelnackte Exemplare oft rascher ein als Containerpflanzen.

1 Ein ausreichend großes Loch graben und die Pflanze hineinstellen. Mit einem Stab prüfen, ob sich die Bodenmarke am Stamm exakt auf Bodenhöhe befindet. Wurzeln lockern und im Pflanzloch ausbreiten.

2 Organische Substanz in den Aushub mischen und in das Loch zurückfüllen. Die Pflanze muss dabei aufrecht stehen. Die Erde alle paar Spatenvoll wässern, damit zwischen den Wurzeln keine Lufteinschlüsse bleiben.

3 Bei Bäumen oder größeren Sträuchern den Hauptstamm mit verstellbaren Baumbändern an einem Pflock festbinden. Kleinere Sträucher mit Ruten stützen. Befestigungen regelmäßig prüfen und gegebenenfalls lockern.

4 Gehölz nach dem Einpflanzen gründlich wässern, damit sich das Erdreich um die Wurzeln setzen kann. Wurzelraum mulchen, um die Feuchtigkeit im Boden zu halten. Bei Trockenheit regelmäßig wässern, bis das Gehölz gut eingewachsen ist.

WANDGEHÖLZE

Brachliegende vertikale Flächen wie Mauern und Zäune werden mit Wandgehölzen optimal genutzt. Zuvor sollte man jedoch für eine geeignete Stütze sorgen, etwa horizontal gespannte Drähte oder ein Rankgitter, an denen man die Triebe anbinden kann. Wenn die Gehölze größer werden, lassen sich nach Bedarf weitere Stützen anbringen.

1 Ideal für die Erziehung von Obstgehölzen an vertikalen Flächen sind horizontal in 60 cm Abstand zueinander gespannte Drähte. Man befestigt sie an Ösenschrauben (*oben*). Sehr lange hält verzinkter Draht.

2 Vor dem Pflanzen zunächst Standorte markieren, um gleichmäßige Abstände zu garantieren. Spaliergehölze und Beerensträucher können enger gepflanzt werden als frei stehende Exemplare – zum Teil reichen 30 cm.

3 Nach dem Einpflanzen Zweige entweder vertikal, schräg oder fächerförmig mit weichen Bindfäden an die Drähte binden. Junge Triebe mit Stäben gerade halten, Stäbe entfernen, sobald die Triebe von selbst in Position bleiben.

4 Zu den Wurzeln von Wandgehölzen gelangt oft kaum Regen, deshalb sollte man die Pflanzen häufig gießen, bis sie gut eingewachsen sind. Eine Mulchschicht hilft, Feuchtigkeit zu speichern. Ausgewachsene Pflanzen bei Trockenheit wässern.

DAS JAHR IM OBSTGARTEN

Die meisten Obstpflanzen sind ausdauernd – jährliches Aussäen und Pflanzen ist daher nicht nötig. Weil sie aber viele Jahre an ihrem Standort bleiben, müssen sie regelmäßig gepflegt werden. Was man sich selbst überlässt, fruchtet oft schlecht und wird anfällig für Schädlinge und Krankheiten.

FRÜHJAHR

Vorbereitungen

- **Das zeitige Frühjahr** ist die letzte Gelegenheit, Bäume mit Pflanzenschutzmitteln zu behandeln, um Schädlinge wie Blattläuse fernzuhalten.
- **Mulchen Sie** den Wurzelraum von Obstgehölzen mit gut verrottetem Stalldung oder Komposterde.
- **Containerpflanzen** brauchen eine Kopfdüngung. Bei Obstgehölzen verwendet man dazu einen Spezialdünger.
- **Wässern und düngen Sie** regelmäßig, da die Temperaturen steigen und die Pflanzen bald austreiben.

Aussaat

- **Säen Sie** Melonensamen in der zweiten Frühjahrshälfte in einem beheizten Gewächshaus aus. Ist das Glashaus unbeheizt, erfolgt die Aussaat im Hochsommer.

Auspflanzen

- **Pflanzen Sie** Erdbeerausläufer, sobald sich der Boden erwärmt hat, und decken Sie die Pflanzen bis Mai ab. Damit sie kräftig werden, lässt man sie im ersten Jahr nicht fruchten, indem man die Blüten im Mai abzwickt.
- **Pflanzen Sie** wurzelnackte Gehölze in der ersten Frühjahrshälfte in den nicht mehr gefrorenen Boden. Topfpflanzen können ganzjährig ins Freiland kommen.
- **Pflanzen Sie** Himbeeren bis spätestens Mai aus.

Laufende Pflege

- **Jäten Sie** um Obstgehölze, ohne die Wurzeln zu stören.
- **Schneiden Sie** Spalierpfirsiche und -nektarinen.
- **Decken Sie** empfindliche Pflanzen mit Vlies ab, um die Blüten zu schützen. Auch Pflaumen und Kirschen brauchen eventuell Schutz.
- **Reben oder unter Glas gezogene Gehölze** müssen handbestäubt werden, falls sie von Insekten nicht angeflogen werden können.
- **Im Mai** werden Feigen geschnitten und angebunden.
- **Erziehen Sie** im Juni Ihre Reben, indem Sie die Triebe abzwicken und nur zwei Seitentriebe lassen (*siehe S. 275*).
- **Abgestorbenes und verletztes Holz** von Pflaumen wird ebenso entfernt wie unerwünschte Triebe an Spalierobst.
- **Brombeeren**, Loganbeeren und Taybeeren bindet man gebenenfalls an ihre Stützen.
- **Nach der Blüte** deckt man weiches Obst mit Netzen ab, um die reifenden Früchte vor Vögeln zu schützen.
- **Mulchen Sie** Erdbeeren mit Stroh, um Unkraut zu unterdrücken und die Beeren sauber zu halten.
- **Prüfen Sie** die Pflanzen regelmäßig auf Schädlinge und Krankheiten, vor allem auf die Larven von Sägewespen, die auf Stachelbeer- und Johannisbeerbüschen zu finden sind. Bei einem Befall werden sogleich Gegenmaßnahmen ergriffen (*Mehr dazu auf S. 356–369*).

Ernte

- **Ernten Sie** frühe Stachelbeeren, die unter Glas gezogen wurden.

Auf einem Bett aus Stroh bleiben Erdbeeren sauber.

SOMMER

Laufende Pflege

- **Im Frühsommer** werden die Ausläufer fruchtender Erdbeerpflanzen am Boden fixiert oder ganz entfernt.
- **Dünnen Sie** die Früchte von Äpfeln, Birnen, Pflaumen, Pfirsichen, Aprikosen, Nektarinen und Reben aus.
- **Schützen Sie** Kirschbäume mit Netzen vor Vögeln.
- **Wässern Sie** alle Obstpflanzen gut, vor allem solche in Töpfen, und mulchen Sie sie, um Feuchtigkeit im Boden zu halten und Unkraut zu unterdrücken.
- **Düngen Sie** Ihre Pflanzen mit kalireichem Dünger, sobald die Früchte reifen.
- **Entfernen Sie** toten und kranken Wuchs und vernichten Sie ihn, statt ihn auf den Kompost zu werfen.
- **Prüfen Sie** Ihre Pflanzen auf Schädlinge und Krankheiten und bekämpfen Sie einen Befall sofort.
- **Erziehen Sie** weiterhin Brombeeren und Hybridbeeren.
- **Schneiden Sie** Johannisbeeren und Stachelbeeren.
- **Im Spätsommer** werden die fruchttragenden Zweige von Äpfeln und Birnen geschnitten. Pflaumen stutzt man nach der Ernte zurück.
- **Zwicken Sie** die welken Blüten von Kräutern ab.

Ernte

- **Ernten Sie** Obstbäume ab und schneiden Sie Nektarinen, Aprikosen und Pfirsiche nach der Ernte.
- **Ernten Sie** Johannisbeeren und Stachelbeeren.
- **Heidelbeeren, Erdbeeren und im Sommer fruchtende Himbeeren** sollten bis zum Hochsommer erntereif sein.

Weitere Arbeiten

- **Nach der Ernte von Erdbeeren** räumt man altes Stroh und Laub weg. Abgeerntete Himbeerruten werden bis zum Ansatz zurückgeschnitten.

HERBST UND WINTER

Laufende Pflege

- **Im Herbst** jätet man um alle Pflanzen herum. Verletztes oder krankes Material wird abgeschnitten und entsorgt.
- **Schließen Sie** den Sommerschnitt von Obstbäumen ab und binden Sie Triebe von Spaliergehölzen an.
- **Prüfen Sie,** ob alle Stützen fest stehen und die Baumbänder noch gut sitzen.
- **Bringen Sie** nicht winterharte Pflanzen nach drinnen.
- **Entfernen Sie** alte Ruten von Brombeeren und Hybridbeeren nach dem Fruchten.
- **Im Winter** werden alle Netze von Pflanzen entfernt, um Beschädigungen durch Schneelasten zu vermeiden.
- **Behandeln Sie** Obstgehölze gegebenenfalls mit Pflanzenschutzmitteln. Alle Pflanzen bekommen eine Kali-Kopfdüngung.
- **Decken Sie** Pfirsiche, Aprikosen und Nektarinen am Winterende ab, um sie vor der Kräuselkrankheit und Märzfrösten zu schützen. Gefäße werden eingewickelt.
- **Schneiden Sie** Äpfel und Birnen an frostfreien Tagen.
- **Schneiden Sie** im Herbst fruchtende Himbeeren, Stachelbeeren und Johannisbeeren.
- **Decken Sie** Erdbeeren mit Folien oder Vlies ab.
- **Bringen Sie** Containerpflanzen nach drinnen.

Ernte

- **Ernten Sie** im Herbst fruchtende Himbeeren und die letzten Monatserdbeeren vor dem ersten Frost.
- **Ernten Sie** die letzten Früchte und machen Sie sie ein.

Weitere Arbeiten

- **Bestellen Sie** im Herbst neue wurzelnackte Gehölze und bereiten Sie den Boden für sie vor.
- **Pflanzen Sie** wurzelnackte Gehölze ein, wenn der Boden nicht gefroren ist.

Dünnen Sie Pflaumen aus, damit größere Früchte heranreifen.

Schneiden Sie Birn- und Apfelbäume im Spätwinter, das erhöht den Ertrag.

Manche Pflanzen brauchen Frostschutz.

ÜBERSCHÜSSE VERWERTEN

Mehr noch als Gemüse überschwemmt Obst im Sommer und Herbst Gartenbesitzer mit Köstlichkeiten. Aber wohin damit? Zum Glück gibt es Mittel und Wege, die Geschenke der Natur mit einfachen Methoden zu konservieren. Keine einzige Frucht muss vergeudet werden.

▼ ERNTEMANAGEMENT

Jede Sorte trägt zu einer bestimmten Zeit Früchte. Bei sorgfältiger Planung kann man sich seinen Obstgarten so zusammenstellen, dass er kontinuierlich Früchte liefert – angefangen von Stachelbeeren und Erdbeeren im Frühsommer bis hin zu Spätäpfeln und Trauben im Herbst. Zudem gibt es von jedem Obst frühe und späte Sorten, was die Saison um Wochen ausdehnt.

Zusätzlich ausweiten lässt sich die Erntesaison mit Topfpflanzen wie Monatserdbeeren, die man im Frühjahr oder Herbst einfach unter Glas bringt.

Heidelbeeren haben eine lange Erntesaison: Frühe Sorten sind schon im Juli reif, späte fruchten bis in den September.

▼ ÄPFEL UND BIRNEN LAGERN

Ältere Apfel- und Birnbäume werfen meist Unmengen an Früchten ab, die Sie gar nicht verbrauchen können. Frühe Sorten sollte man frisch essen, späte dagegen halten bei korrekter Lagerung Wochen oder gar Monate.

Pflücken Sie Äpfel, sobald sie sich leicht ablösen lassen. Birnen sollten bei der Ernte noch leicht unreif sein. Eingelagert werden nur makellose Exemplare. Man legt sie einlagig in Schalen oder auf Regale an einem kühlen, frostfreien, gut durchlüfteten Platz im Haus und prüft sie regelmäßig auf Anzeichen von Fäulnis.

Äpfel und Birnen kann man in Küchentücher oder Zeitungspapier wickeln. Man lagert sie an einem luftigen Ort.

▼ EINFRIEREN

Mit nichts lässt sich Geschmack, Farbe und Konsistenz von Obst besser bewahren als durch Einfrieren. Die verschiedensten Sorten können so haltbar gemacht werden – ob als Ganzes gefroren wie Stachelbeeren, entsteint wie Kirschen oder in Scheiben geschnitten wie Äpfel und Birnen.

Manche weichen Früchte klumpen in gefrorenem Zustand leicht zusammen. Man friert sie daher am besten einzeln auf Schalen verstreut ein. Sind sie einmal steinhart, kann man sie in kleinere Gefäße füllen. Mit dieser Methode verhindert man auch, dass Geschnittenes verklumpt. Schreiben Sie auf alle Behälter das Einfrierdatum und brauchen Sie das Obst binnen sechs Monaten auf.

Kleine Beeren werden auf einem Backblech eingefroren und anschließend in etikettierte Beutel oder Schachteln gefüllt.

▶ HALTBAR MACHEN

Das Einkochen ist eine traditionelle Methode der Haltbarmachung von Obst, entweder ganz oder in großen Stücken. Es findet bei den verschiedensten Obstsorten Verwendung. Die Früchte werden dabei mit heißem oder kaltem Zuckersirup in Gläser gefüllt, erhitzt und luftdicht verschlossen, anschließend an einen kühlen, dunklen Platz gestellt und im Herbst und Winter verbraucht.

Obst kann auch in Alkohol eingelegt werden. Dabei entstehen Spirituosen mit Fruchtgeschmack. Legt man Früchte in Wein oder Apfelessig ein, ergeben sich fruchtige Essige. Kochen Sie nur saubere, unverletzte Früchte ein.

Sterilisieren Sie alle Behälter durch gründliches Spülen und anschließendes Erhitzen im Backofen oder Einkochtopf.

▼ KONFITÜRE, KOMPOTT, SIRUP

Obst wird von jeher haltbar gemacht, indem man es in Zuckerwasser kocht und zu Konfitüre oder Sirup verarbeitet. Johannisbeeren, Erdbeeren, Stachelbeeren, Brombeeren, Himbeeren, Äpfel und Pflaumen lassen sich auf diese Weise einkochen – ob getrennt oder als Mischung.

Konfitüre kann viele Monate lang aufbewahrt werden. Kompott ist oft gewürzt und wird gekocht, bis es relativ dickflüssig, aber noch nicht fest ist.

Sirup kann nach dem Kochen sofort mit Wasser verdünnt als Getränk genossen werden. Man kann ihn aber auch luftdicht in Flaschen abfüllen oder zu Eiswürfeln gefrieren, um ihn portionsweise zu verwenden.

Manche Beeren kann man nur mit Geliermittel (Pektin) zu Konfitüre einmachen. Es ist im Handel erhältlich.

OBSTPLANER

Diese Übersicht zeigt Ihnen auf den ersten Blick, wann Sie Ihr Obst pflanzen, schneiden und ernten sollten. Der genaue Zeitpunkt allerdings hängt von der Lage, dem örtlichen Klima und der saisonalen Witterung ab.

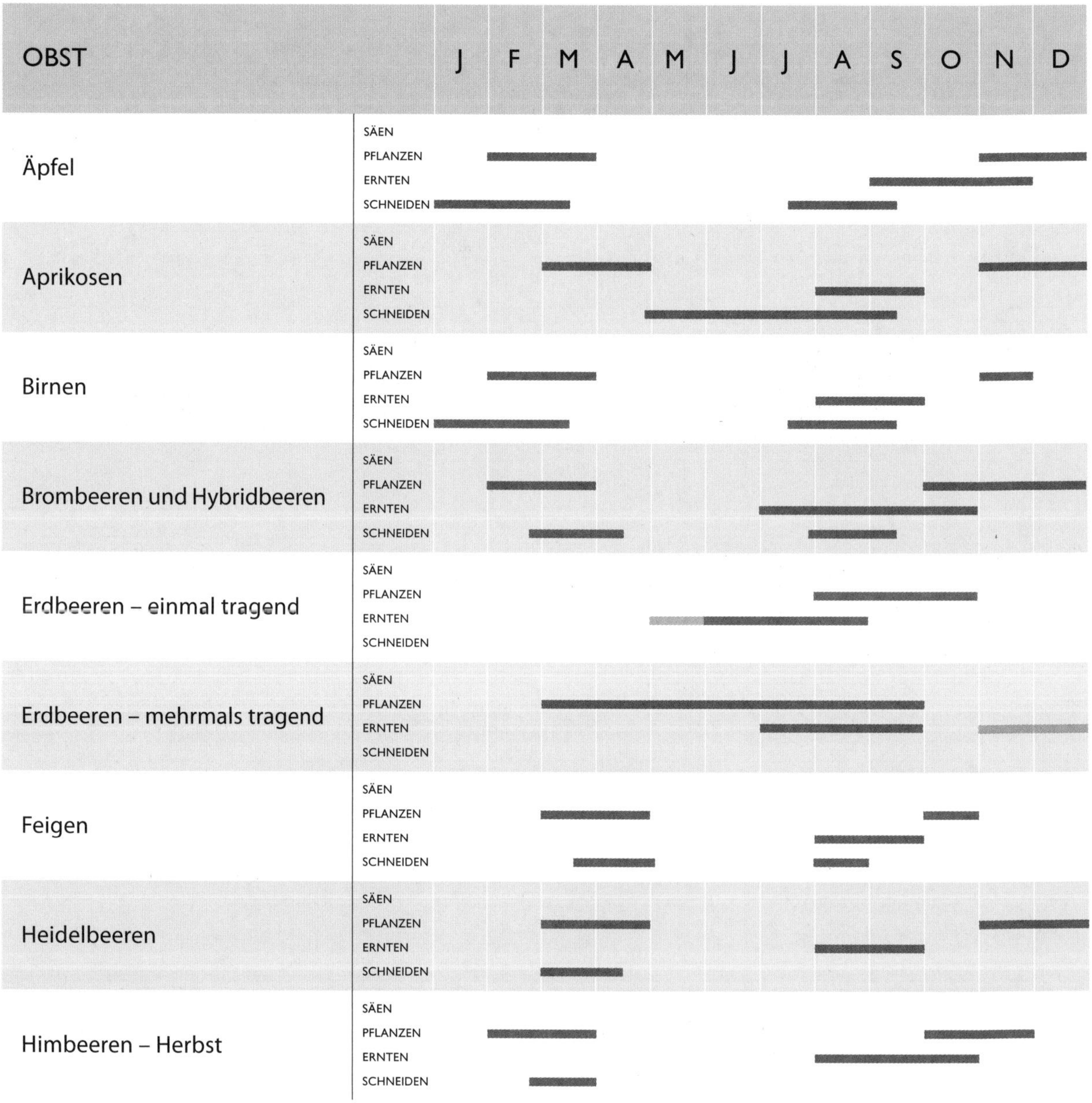

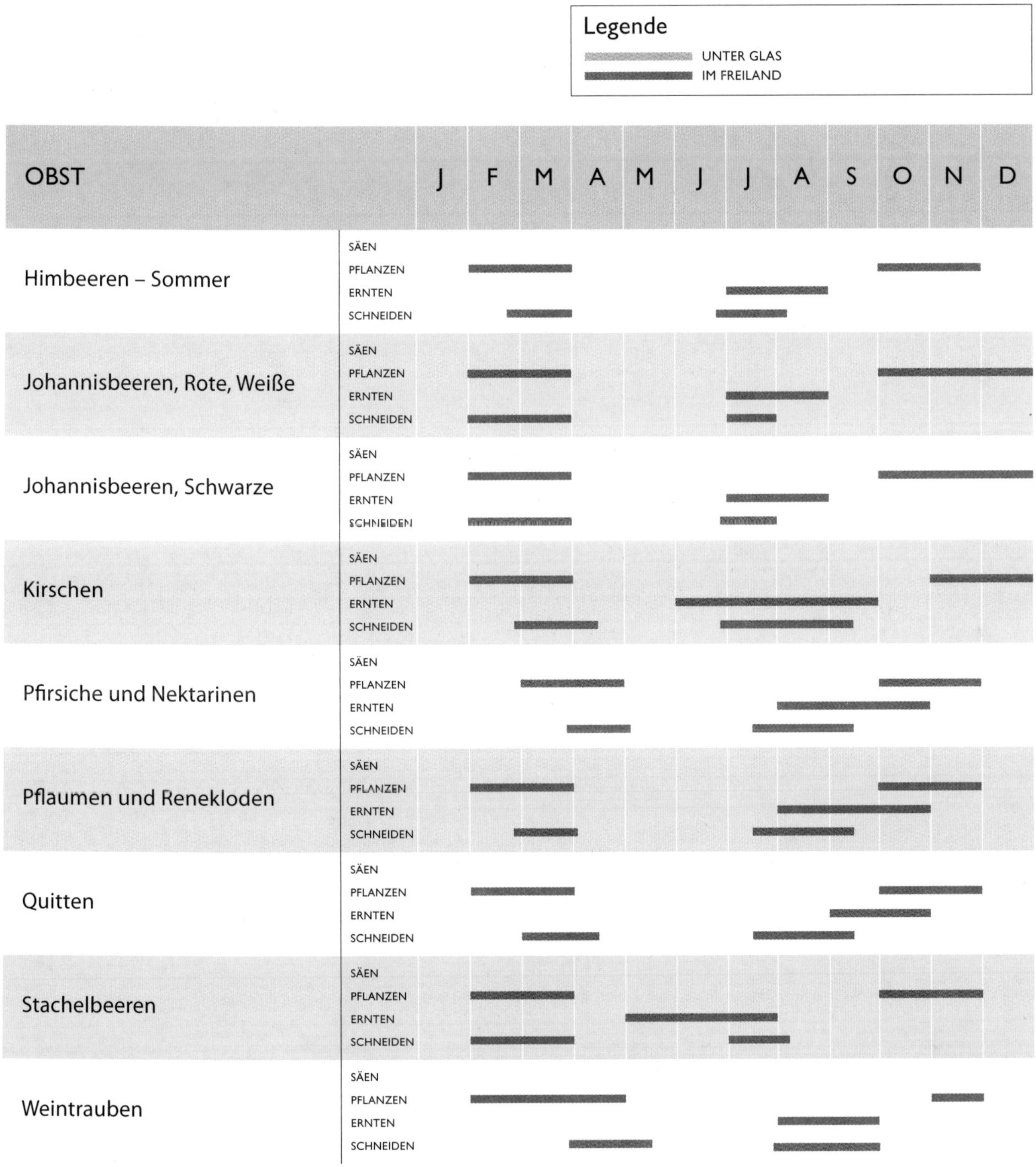
Legende
UNTER GLAS
IM FREILAND
OBST
J F M A M J J A S O N D
Himbeeren – Sommer
Johannisbeeren, Rote, Weiße
Johannisbeeren, Schwarze
Kirschen
Pfirsiche und Nektarinen
Pflaumen und Renekloden
Quitten
Stachelbeeren
Weintrauben
SÄEN
PFLANZEN
ERNTEN
SCHNEIDEN

ÄPFEL

Platz für einen Apfelbaum ist im kleinsten Garten. Man kann ihn zu verschiedenen Formen, etwa als Fächer oder Kordon, erziehen. Er liefert nicht nur köstliche Früchte, sondern begeistert im Frühjahr mit seiner Blütenlivree.

Worcester Pearmain heißt eine Tafelsorte.

	FRÜHJAHR	SOMMER	HERBST	WINTER
PFLANZEN	■		■	■
ERNTEN		■	■	

KULTUR

Äpfel brauchen einen warmen, sonnigen Standort – lediglich Kochäpfel sind weniger anspruchsvoll und können auch an Nordmauern erzogen werden. Sie bevorzugen stark durchlässige, nährstoffreiche Böden, wenngleich sie auch mit sehr nassen oder trockenen Bedingungen zurechtkommen. Wurzelnackte Exemplare werden von November bis März, Topfgehölze ganzjährig in aufgebesserte Erde gepflanzt. Frei stehende Bäume muss man anfangs stützen. Speziell erzogene Formen brauchen ein Gerüst aus Pfosten oder Drähten oder werden an einer Wand entlanggeführt. In den ersten beiden Jahren zwickt man reifende Früchte ab, damit sich der Baum gut entwickelt und verzweigt.

Apfelsorten wie 'Golden Noble' können je nach Platzangebot auf Unterlagen unterschiedlicher Wuchskraft veredelt werden.

Unterlagen

Die Größe und Wuchskraft eines Apfelbaums hängt von seiner Unterlage ab. Wählen Sie Unterlagen, die sich für Ihren Garten eignen.

M27 Sehr schwach wachsend und daher ideal für Gehölze in Töpfen. Die Bäume werden 1,5–2 m hoch.

M9 Schwach wachsend, braucht gute Böden, eignet sich aber für große Kübel. Höhe der Bäume: bis 2 m.

M26 Mittelschwach wachsend, ideal für große Gefäße, Kordons und Fächer. Baumhöhe: bis 2,5 m.

MM106 Mittelstark wachsend, ideal für Fächer. Höhe der Bäume: 4,5–5 m.

MM111 Wüchsig, braucht Platz. Bäume werden 5,5–6,5 m hoch.

M25 Sehr wüchsig, für große Gärten. Baumhöhe: bis 8 m.

Bestäubung

Apfelblüten müssen bestäubt werden, um Früchte zu tragen. Falls sich kein Baum in der Nähe befindet, muss man mindestens zwei Sorten mit derselben Blütezeit (früh, mittelfrüh, mittelspät oder spät) pflanzen. Manche Sorten sind selbstbefruchtend, fruchten aber besser, wenn sie fremdbestäubt werden. Triploide Sorten wie 'Bramley's Seedling' brauchen zwei diploide Sorten, um zu fruchten, eignen sich selbst jedoch nicht als Bestäuber.

Wenn in Gärten nur Platz für einen Baum ist und deshalb ein Bestäuber fehlt, kann man zwei oder mehr Sorten auf eine einzige Unterlage veredeln.

EMPFEHLENSWERT

Kochsorten

'Boskoop' (früh) • 'Bramley's Seedling' (triploid) • 'Gravensteiner' (triploid) • 'Gelber Edelapfel' (spät) • 'Klarapfel' (früh)

Tafelsorten

'Court Pendu' (spät) • 'Discovery' (mittelfrüh) • 'Erwin Baur' (mittelfrüh) • 'Fiesta' (mittelfrüh) • 'Golden Delicious' (mittelspät) 'James Grieve' (mittelfrüh) • 'Pixie' (mittelspät) • 'Rubinette' (mittelspät)

Fruchtbildung

Die meisten Apfelbäume entwickeln ihre Frucht an Kurztrieben, die an mindestens zweijährigen Ästen stehen. Mit der Zeit bilden sich immer mehr Kurztriebe, bis sie zu dicht stehen und im Frühjahr ausgedünnt werden müssen (*siehe rechts*).

Andere Sorten fruchten an Langtrieben, tragen die Äpfel also überwiegend am Ende von Zweigen, die im Sommer zuvor gewachsen sind. Beim Schnitt dieser Bäume werden Äste und Zweige entfernt, die Früchte getragen haben. Damit fördert man die Bildung neuer Triebe, die im nächsten Jahr fruchten. Vor einem Schnitt müssen Sie wissen, zu welchem Typ Ihr Apfelbaum gehört.

Schnitt und Erziehung

Alle Apfelbäume brauchen nach dem Pflanzen einen Pflanzschnitt. Eingewachsene, frei stehende Exemplare müssen nur im Frühjahr geringfügig, Spalierbäume zusätzlich noch im Sommer geschnitten werden.

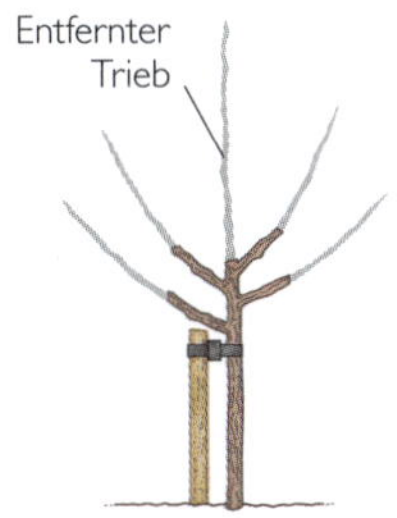

Ein- oder zweijährige Bäume nach dem Pflanzen auf 60–75 cm Höhe und drei bis vier Seitentriebe zurückschneiden. Diese um zwei Drittel kürzen.

An Kurztrieben fruchtende Bäume brauchen eine offene Mitte. Kräftige neue Seitentriebe auf vier bis sechs Knospen, schwächere um die Hälfte zurückschneiden. Fruchttriebe ausdünnen. Totes Holz entfernen.

An Langtrieben fruchtende Äpfel werden geschnitten, indem man Seitentriebe mit mehr als 30 cm auf eine Knospe zurückschneidet. Die Spitze von Haupttästen abzwicken.

Früchte ausdünnen

Nach dem Junifruchtfall, bei dem der Baum überschüssige Früchte abwirft, kann man die verbliebenen unreifen Äpfelchen noch einmal ausdünnen, um zu verhindern, dass sich zu viele Früchte bilden, die dann klein bleiben und nicht voll ausreifen oder durch ihr Gewicht sogar Äste brechen lassen. An Tafelapfelsorten lässt man zwei Früchte alle 10 cm, an Kochäpfeln eine einzige Frucht alle 15–20 cm. Als Erstes entfernt man zu kleine, kranke oder verletzte Früchte.

Ältere Kordons brauchen im Frühjahr kaum einen Schnitt; man dünnt lediglich verdichtete Triebe aus. In der zweiten Sommerhälfte neue Triebe aus dem Hauptstamm auf 3 Blätter, Seitentriebe auf 1 Blatt zurückschneiden.

Älftere Spaliere sollten so geschnitten werden, als sei jeder Arm ein Kordon. Im Sommer neue Triebe aus den Hauptarmen auf 3 Blätter, alle Seitentriebe auf je 1 Blatt zurückschneiden. Neue Triebe am Hauptstamm alle entfernen.

Ausdünnen Das Auslichten der Früchte im Sommer gewährleistet einen ordentlichen Ertrag gesunder, großer Äpfel.

Überschüssiges Obst lagert man an einem kühlen, trockenen, frostfreien Ort, etwa im Keller, auf Regalen. Regelmäßig auf Fäulnis prüfen.

PROBLEME

Apfelsägewespen legen Eier, aus denen Maden schlüpfen. Sie bohren sich in die reifende Frucht. Manche Äpfel fallen ab, andere entwickeln Narben auf der Schale. Entsorgen Sie Abgefallenes. Was noch ausreift, kann getrost gegessen werden.

Apfelwickler-Larven fressen im Inneren der Früchte. Man bekämpft sie mit Lockstofffallen, Leimringen oder mit Nematoden-Präparaten. (*Mehr über Schädlinge und Krankheiten auf S. 356–369.*)

BIRNEN

Ihr weiches Fruchtfleisch und der köstliche Geschmack machen Birnen zum Muss in jedem Garten. Es heißt, sie seien heikel, doch ist ihre Kultur so einfach wie die von Äpfeln. Einziger Makel: Sie sind anfällig für Spätfröste.

KULTUR

Birnen brauchen einen warmen, sonnigen Standort. Sie sollten nicht in Frostsenken stehen, da ihre Blüten dort leicht Spätfrösten zum Opfer fallen, was die Ernte reduziert oder ganz ausfallen lässt. Gleichzeitig schützt man die Bäume vor kräftigen Winden, die Blüten beschädigen und vorzeitigen Fruchtfall auslösen können.

Man weist Birnen einen nährstoffreichen, durchlässigen Boden zu, in den man viel Humus oder Dung eingearbeitet hat. Wurzelnackte Exemplare pflanzt man in der Vegetationsruhe, Topfpflanzen können das ganze Jahr gesetzt werden, sofern man sie gut wässert, bis sie eingewachsen sind.

In kleinen Gärten kann man Birnen in Kübeln oder als Spaliere, Kordons oder Fächer ziehen. Etwas zu wüchsig sind sie für sogenannte »Step-over«-Hecken. Solche Spaliere werden gerade einmal kniehoch. Entfernen Sie in den ersten Jahren nach dem Pflanzen alle Früchte, damit der Baum erst einmal ein kräftiges Wurzelsystem und Astwerk entwickeln kann.

Bestäubung

Birnen müssen bestäubt werden. Wenn also nicht gerade im Nachbargarten Birnbäume wachsen, muss man mindestens zwei Sorten aus derselben Blühzeitgruppe (früh, mittelfrüh, mittelspät, spät) pflanzen. Triploide Sorten brauchen zwei Bestäuber. Manche Sorten eignen sich allerdings nicht als Bestäuber.

'Concorde' ist eine wohlschmeckende Tafelsorte.

PROBLEME

Schorf verursacht braune Flecken auf Äpfeln und Birnen. Die Früchte schrumpfen und fallen ab. Infizierte Früchte entfernt man (*siehe S. 359*).

Birnengallmücken legen Eier auf die Knospen. Ihre Maden fressen im Inneren der Früchte, die abfallen. Befallene Früchte vernichten.

Vögel und Wespen machen sich über die reifen Früchte her. Man schützt sie mit Netzen oder Wespenfallen. (*Mehr auf S. 356–369.*)

EMPFEHLENSWERT

Tafelsorten

'Alexander Lucas' (triploid) • 'Clapps Liebling' (mittelspät) • 'Concorde' (mittelspät) 'Gellerts Butterbirne' (mittelspät) • 'Gute Luise' (mittelfrüh) • 'Stuttgarter Geißhirtle' (früh) • 'Williams Christ' (mittelspät)

Kochsorten

'Black Worcester' (mittelspät) • 'Catillac' (triploid) • 'Gorham' (mittelspät) • 'Rote Kochbirne' (spät)

Birnenblüten sind anfällig für Spätfröste. Man pflanzt Birnen daher nicht in kalten Lagen und Frostsenken. Junge Bäume evtl. nachts schützen.

Unterlagen

Birnen werden auf Quittenunterlagen veredelt, damit sie nicht zu stark wachsen. Lässt man sie auf ihren eigenen Unterlagen, würden sie für die meisten Gärten zu groß werden.

Quitte C Mittel schwachwüchsig, für kleine Exemplare. Braucht nährstoffreiche Böden. Höhe 3 m.

Quitte A Wüchsig, stellt keine großen Ansprüche an den Boden. Für Fächer, Kordons und frei stehende Bäume. Höhe bis 6 m.

Früchte ausdünnen

Was die Spätfröste und den Junifruchtfall überstanden hat, muss manchmal trotzdem noch im Hochsommer ausgedünnt werden. Lässt man zu viele Früchte am Baum, bleiben sie oft klein oder reifen nicht vollständig. Mitunter brechen sogar Äste unter der Last.

Man dünnt Fruchtbüschel an frei stehenden Bäumen auf ein bis zwei Exemplare alle 10 cm, solche an Kordons, Fächern und Spalieren auf eine Frucht alle 10 cm aus.

▶ **Beim Ausdünnen** nutzt man die Gelegenheit, alle besonders kleinen oder auch die kranken und verletzten Früchte zu entfernen.

Der Junifruchtfall ist eine natürliche Reaktion des Baums, der überschüssige Früchte im Frühsommer loswerden will. Danach kann man eventuell noch einmal ausdünnen.

Schnitt und Erziehung

Frei stehende Bäume werden im Spätwinter wie Äpfel geschnitten (*siehe S. 263*). Da die Blüten von Birnen frostempfindlich sind, zieht man sie oft als Spalierobst an Wänden.

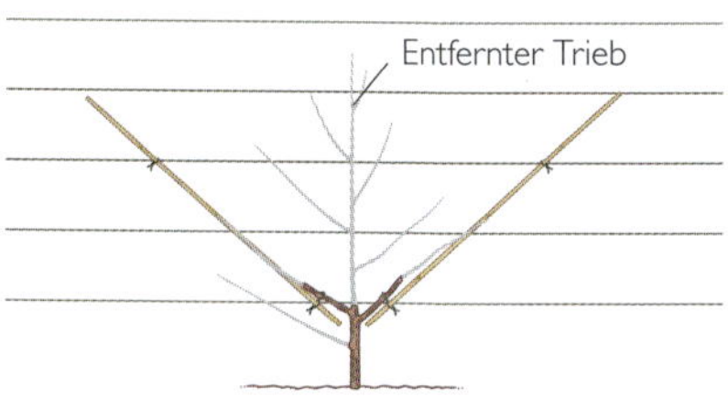

Horizontale Drähte in 30 cm Abstand an einer Wand befestigen. Einen verzweigten, ein- oder zweijährigen Baum davor pflanzen, auf zwei Äste 50 cm über dem Boden zurückschneiden und die Äste mit Stäben seitlich führen.

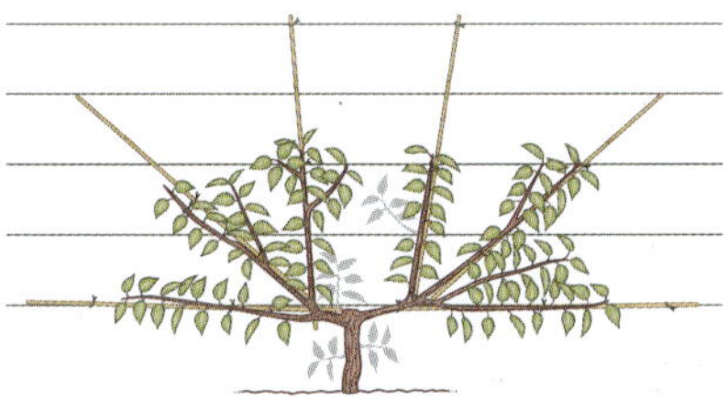

Im ersten Sommer nach dem Pflanzen neue Seitentriebe aus den beiden Hauptästen mit Stäben so führen, dass ein Fächer entsteht. Alle Triebe entfernen, die zur Mitte oder von der Wand weg wachsen. Junge Zweige mit weichen Schnüren anbinden.

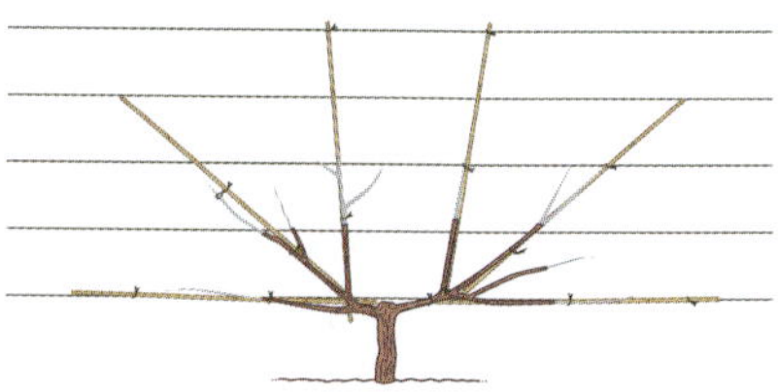

Im ersten vollen Winter nach dem Pflanzen die Seitentriebe um ein Viertel bis ein Drittel kürzen. Prüfen, ob alle Zweige gut angebunden sind. Alle unerwünschten Triebe entfernen, die direkt aus dem Hauptstamm wachsen.

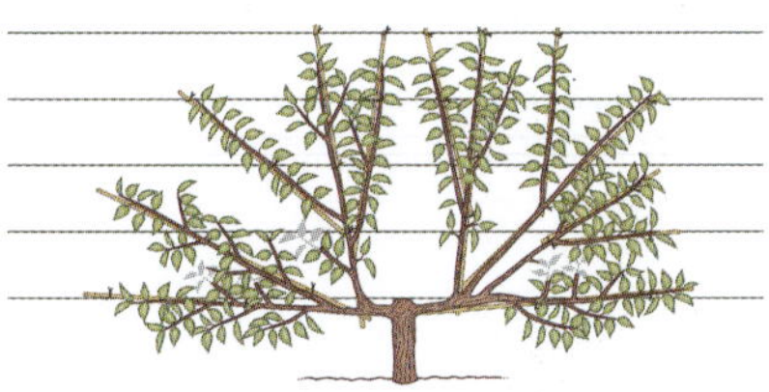

Im zweiten Sommer mehr Stäbe anbinden und zusätzliche Seitentriebe so daran führen, dass sie die Rippen des Fächers bilden und eine ausgewogene Form entsteht. Zu dichten Wuchs durch Zurückschneiden langer Seitentriebe auslichten.

Ernte und Lagerung

Es ist manchmal nicht leicht, festzustellen, wann Birnen erntereif sind, denn Kochsorten werden erst beim Kochen weich und Tafelsorten leicht unreif gepflückt, da sie in der Obstschale vollends ausreifen sollen. Frühe bis mittelfrühe Sorten sollten noch recht fest sein. Nach dem Ernten muss man sie an einem trockenen, dunklen, gut durchlüfteten Ort wie dem Keller nachreifen lassen. Sehen Sie aber regelmäßig nach, ob sie noch gut sind, denn sie können binnen weniger Tage überreif werden. Außerdem achtet man darauf, die Früchte beim Pflücken nicht zu verletzen, da sie sonst im Handumdrehen faulen.

PFLAUMEN

Pflaumen gehören zu den unkompliziertesten Obstgehölzen überhaupt. Sie müssen kaum geschnitten werden, fruchten oft reichlich und sind meist sogar selbstfruchtbar. Die Auswahl an Tafel- und Kochsorten ist riesig.

Pflaumen schmecken nach Spätsommer.

KULTUR

Um gut zu fruchten, brauchen Pflaumenbäume viel Wasser und einen feuchten, aber stark durchlässigen Boden. Zudem sind sie für einen geschützten Platz dankbar, an dem sich Blüten vor Spätfrösten geschützt öffnen können. Wurzelnackte Gehölze pflanzt man während der Vegetationsruhe, Containerexemplare das ganze Jahr über. Pflaumen erzieht man frei stehend, als Fächer oder, falls sie auf schwach wachsende Unterlagen veredelt wurden, in Kübeln. Leider sind sie anfällig für allerlei Krankheiten (*siehe Kasten gegenüber*), die einem Baum den Garaus machen können, wenn die befallenen Teile nicht rasch entfernt werden.

Unterlagen

Pflaumen werden auf Unterlagen veredelt, die ihr Größenwachstum begrenzen und eine gute Ernte gewährleisten:

Pixy Mittel schwachwüchsig, geeignet für Kübelpflanzen. Die Bäume werden bis 2,2 m hoch.

St. Julien A Mittelstark wachsend. Höhe der Bäume: bis 2,7 m.

FORMEN

Zwetschgen gibt es als Koch- und Tafelsorten. Manche Formen kann man sowohl in der Küche verwenden als auch frisch genießen.

Renekloden sind die vielleicht köstlichsten Formen der Pflaumengruppe. Sie schmecken süßer als Pflaumen, sind rund und eher gelblich.

Kriechenpflaumen sind kleiner als Pflaumen, haben eine dunklere Schale und eignen sich mit ihrem säuerlichen Geschmack gut zum Kochen.

Schlehenpflaumen tragen die kleinsten, aber auch die meisten Früchte. Weil sie sehr sauer sind, werden sie nur zum Kochen verwendet.

EMPFEHLENSWERT

Die meisten Pflaumen sind selbstfruchtbar (SB). Manche aber müssen fremdbestäubt werden (*siehe Seite gegenüber*).

Zwetschgen
'Cacacs Schönste' (Tafelpflaume; mittel; SB) • 'Fellenberg' (Koch-/Tafelpflaume; spät; SB) • 'Katinka' (Koch-/Tafelpflaume; SB) • 'Top Five' (Koch-/Tafelpflaume; früh; SB) • 'Zimmers Frühzwetschge' (Tafelpflaume; früh)

Renekloden
'Graf Althanns Reneklode' • 'Große Grüne Reneklode' • 'Oullins Reneklode' (SB)

Kriechenpflaumen
'Farleigh Damson' (spät) • 'Merryweather Damson' (SB) • 'Prune Damson' (SB)

Schlehenpflaumen
'Black Bullace' (SB) • 'Langley Bullace' (SB) • 'White Bullace' (SB)

Bestäubung

Selbstfruchtbare Pflaumen bestäuben ihre eigenen Blüten, daher reicht ein einziger Baum. Andere brauchen einen in der Nähe wachsenden Bestäuber, der zur selben Zeit blüht. Beim Kauf achtet man darauf, dass sie zur selben Gruppe gehören (früh, mittel oder spät blühend).

◀ **Pflaumen blühen früh** und sind daher anfällig für Spätfröste. Man deckt junge und in Töpfen gezogene Exemplare mit Vlies ab, sobald Minustemperaturen drohen, nimmt die Abdeckung aber tagsüber ab, damit Insekten die Blüten bestäuben können.

Ernte

Pflaumen sind erntereif, wenn sie weich werden. Oft reifen sie an ein und demselben Baum zu unterschiedlichen Zeiten, sodass mehrere Durchgänge nötig sind. Pflaumen und Renekloden werden im August und September, Kriechen- und Schlehenpflaumen einige Wochen später geerntet.

Reife Pflaumen halten nicht lange und müssen rasch verzehrt werden. Erntet man sie aber noch hart und leicht unreif, bleiben sie in der Obstschale wochenlang frisch.

PROBLEME

Die Pflaumenblattlaus saugt Saft aus den Blättern. Das Laub rollt sich ein. Man setzt im Winter und während des Knospens biologische Präparate auf Basis von Kali-Seife bzw. Rapsöl ein oder sammelt Kolonien von Hand ab.

Bleiglanz wird durch einen Pilz verursacht, der über Wunden eintritt und das Laub silbrig verfärbt. Die Blätter werden braun und fallen ab. Ganze Äste und der Baum können absterben. Infizierte Pflanzenteile schneidet man heraus. Werkzeug desinfizieren. (*Mehr auf S. 356–369.*)

Schnitt und Erziehung

Um Bleiglanz zu vermeiden, sollte man Pflaumen möglichst wenig schneiden (*siehe unten*) – und wenn, dann nur während des Wachstums im Frühjahr und Sommer.

Frei stehende Bäume schneiden, indem man den Haupttrieb über den obersten Seitenästen entfernt und drei bis vier Seitenäste um die Hälfte oder zwei Drittel kürzt.

Ältere Bäume schneiden, indem man verdichtete Zweige herausnimmt, um die Durchlüftung zu verbessern. Schwaches oder verletztes und zu wüchsiges Holz entfernen.

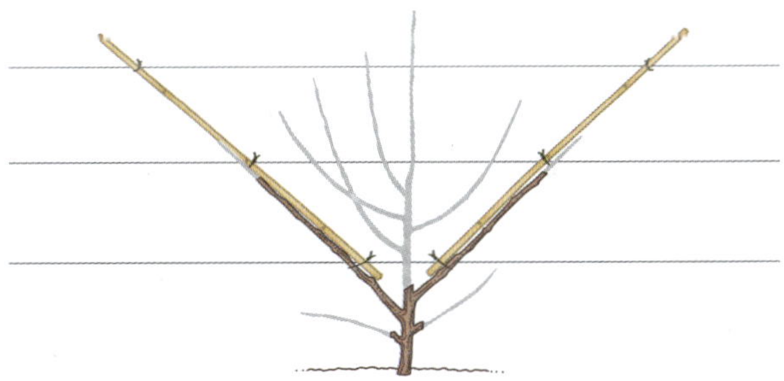

Neue Fächerbäume schneiden, indem man die Haupttriebe entfernt und nur zwei 40 cm lange Äste zu beiden Seiten des Hauptstamms 25 cm über dem Boden lässt. Seitenäste an Stäben entlangführen.

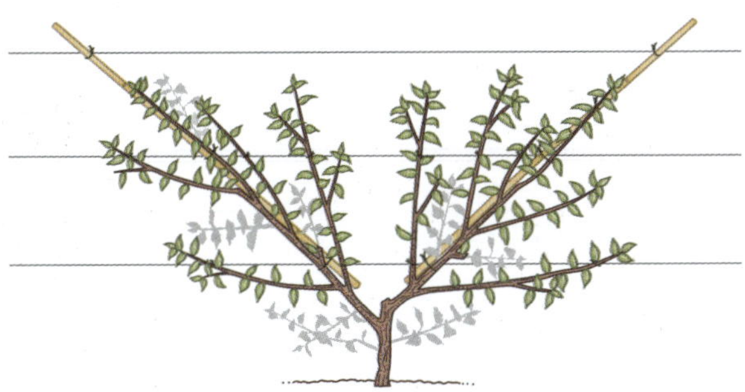

Im ersten Sommer neue Seitentriebe an die Drähte führen. Überflüssige Triebe bis auf ein Blatt zurückstutzen, aus der Reihe tanzende oder zu tief stehende Triebe entfernen. Im folgenden Jahr das Ganze wiederholen.

KIRSCHEN

Kirschen bieten sich für Kleingärten förmlich an: Viele wachsen kompakt und sind selbstfruchtbar, sodass ein Exemplar reicht. Sie liefern himmlische Sommernaschereien und begeistern obendrein durch ihren Frühlingsflor.

Besser als jede Süßigkeit: Naschereien frisch vom Ast

KULTUR

Es gibt zwei Kirscharten: Süß- und Sauerkirschen. Süßkirschen sind etwas kapriziös und fordern einen sonnigen, geschützten Standort. In kälteren Gegenden zieht man sie am besten an einer warmen Wand. Sauerkirschen stellen weniger Ansprüche und fruchten selbst an kühleren, schattigeren Stellen. Wurzelnackte Exemplare werden während der Vegetationsruhe gepflanzt, Exemplare mit Topfballen können das ganze Jahr in die Erde. Alle Kirschen ziehen nährstoffreiche, stark durchlässige Böden vor, weshalb man beim Pflanzen reichlich gut verrottete Komposterde einarbeitet. Gegen leicht alkalische oder saure Böden haben sie nichts einzuwenden, in schwerem Erdreich aber können ihre Wurzeln faulen.

Bestäubung

Viele moderne Kirschensorten sind selbstfruchtbar und bestäuben sich daher selbst – ein Baum reicht also. Andere müssen fremdbestäubt werden, um überhaupt Früchte zu tragen. Sie brauchen einen zweiten Baum in der Nähe, der zur selben Blütezeitgruppe (früh, mittelfrüh, mittelspät oder spät) gehört. Wenn ein solches Exemplar nicht in einem Nachbargarten steht, müssen Sie es selbst pflanzen.

◀ **Kirschblüten** sind weiß oder rosa. Sie schmücken die Bäume im Frühjahr in Massen.

Unterlagen

Kirschen werden sehr groß – für normale Gärten meist zu groß. Um sie ernten zu können, braucht man in der Regel lange Leitern. Moderne Sorten gibt es aber inzwischen auf schwachwüchsigen Unterlagen, die sie kleingartentauglich machen. Hier die gängigsten:

Gisela 5 Schwachwüchsig, geeignet für Topfbäume und Spaliere. Braucht gute Böden und wird bis 3 m hoch.

F12/1 Starkwüchsig, geeignet für frei stehende Bäume. Frosthart, Ertrag ab einem Alter von 5 Jahren. Höhe: bis 6 m.

FORMEN

Sauerkirschen sind zu sauer für den Genuss frisch vom Baum, schmecken aber eingemacht oder als Soße vorzüglich.

Süßkirschen schmecken himmlisch süß und können sogar zum Kochen verwendet werden. Sie brauchen einen warmen, geschützten Platz.

EMPFEHLENSWERT

Die meisten Kirschen sind selbstfruchtbar (SB), manche brauchen aber einen Bestäuber mit ähnlicher Blütezeit. Auch selbstfruchtbare Kirschen haben bei Fremdbestäubung einen höheren Ertrag.

Sauerkirschen
'Gerema' (SB; spät) • 'Morellenfeuer' (SB; früh) • 'Schattenmorelle' (SB; spät)

Süßkirschen
'Burlat' (SB; früh) • 'Große Prinzessin' • 'Kassins Frühe' (früh) • 'Sunburst' (SB; mittelspät) • 'Sylvia' (SB; mittelspät)

Schnitt und Erziehung

Bleiglanz kann Obstbäume zum Absterben bringen. Man reduziert das Befallsrisiko, indem man Kirschen nur während der Vegetationsperiode schneidet. Junge Kirschen werden wie Pflaumen (*siehe S. 267*) geschnitten, ältere so, dass sie eine offene, ausgewogene Krone bilden.

Ältere Sauerkirschen fruchten an Holz aus dem Vorjahr. Nach der Ernte schneidet man Fruchttriebe heraus und dünnt zu dichte Triebe aus (*siehe oben*). Süßkirschen kann man im Frühjahr schneiden, um krankes Holz zu entfernen.

Ältere Sauerkirschenfächer (*nicht gezeigt*) werden im Frühjahr von alten Trieben befreit, um den Neuaustrieb zu fördern. Ungünstig wachsende Zweige entfernt man. Nach der Ernte nimmt man die Fruchttriebe heraus.

Ältere Süßkirschenfächer schneidet man, indem man Seitentriebe im Sommer auf fünf bis sechs Blätter kürzt (*siehe oben*). Neue und aufrecht wachsende Triebe werden horizontal erzogen. Nach der Ernte Seitentriebe auf drei Blätter kürzen.

Schutz

Kirschblüten öffnen sich im Frühjahr, weshalb sie Spätfrösten zum Opfer fallen können. Man deckt Jungbäume bei Bedarf mit Vlies ab. Sinnvoll ist auch ein Schutz vor Vögeln, die ganze Bäume leeren können. Dazu wird ein Netz über die Krone gespannt. Es darf keine Lücken haben, durch die die Vögel ins Innere gelangen können.

PROBLEME

Die Larven der Kirschblattwespe sehen aus wie Nacktschnecken. Sie fressen Löcher in das Laub. Man spritzt ein biologisches Präparat.

Die Schwarze Sauerkirschenblattlaus saugt im Frühsommer Saft. Man bekämpft die Läuse im Frühjahr mit Brennnesseljauche oder Seifenlauge.

Die Kirschessigfliege legt Eier in unreife Kirschen, die durch die Larven und die resultierende Fäule ungenießbar werden. Man bekämpft sie z.B. mit Schutznetzen, Gelbtafeln oder Fallen mit Apfelessig.

Spannen Sie Netze, um Vögel fernzuhalten, aber befestigen Sie sie gut am Boden, damit die Tiere nicht hindurchschlüpfen können.

Ernte und Lagerung

Kirschen holt man vom Baum, sobald sie sich weich anfühlen. Sie werden am Stiel gefasst und mit einer Schere abgeschnitten. Süßkirschen halten nach dem Ernten eine Woche und lassen sich einfrieren. Sauerkirschen sind eher zum Einmachen geeignet, sie schmecken dann besser.

Mit Scheren wird der Stiel abgeschnitten, damit die Kirsche heil bleibt. Die Ernte dauert dann zwar etwas, aber die Früchte halten länger.

PFIRSICHE UND NEKTARINEN

Die samtigen Pfirsiche und ihre glattschaligen Vettern sind eine Köstlichkeit, in kühlem Klima aber nicht einfach zu ziehen. Trotzdem lohnt es sich, etwas Aufwand für sie zu betreiben – ein Sommergenuss ohnegleichen ist der Lohn!

Frei stehende Bäume brauchen einen warmen Platz.

	FRÜHJAHR	SOMMER	HERBST	WINTER
PFLANZEN	■			■
ERNTEN		■	■	

KULTUR

Pfirsiche und Nektarinen sind im Grunde winterhart, leiden aber unter großer Kälte. Zudem wird ihre Blüte von Spätfrösten in Mitleidenschaft gezogen – selbst junge Früchte können noch Schaden nehmen. Man weist ihnen daher einen möglichst geschützten Standort zu und erzieht sie z. B. als Spalier an einer warmen, sonnigen Wand. Zwergsorten können frei stehend in Töpfen mit tonhaltigem Substrat kultiviert werden. Wurzelnackte Exemplare werden während der Vegetationsruhe gepflanzt, Containerpflanzen kann man ganzjährig ins Freie setzen, sofern man sie anschließend gut wässert. Alle Sorten bevorzugen durchlässige, leicht saure Böden mit einem pH-Wert zwischen 6,5 und 7. Arbeiten Sie vor dem Pflanzen reichlich organische Substanz ins Erdreich ein. Um Bleiglanz (*siehe S. 267*) zu vermeiden, schneidet man die Bäume nur im Frühjahr und Sommer.

◄ **Pfirsiche** sind nicht einfach zu ziehen, schmecken aber zu gut, um es nicht zu probieren. Ein fruchtender Baum ist der Mittelpunkt im Garten.

Schutz und Bestäubung

Im Spätwinter müssen die Bäume vor Regen geschützt werden, um die Kräuselkrankheit zu verhindern. Im Frühjahr brauchen sie zudem Frostschutz. Topfpflanzen bringt man einfach nach drinnen, Spaliere im Freiland deckt man mit Luftpolsterfolie oder Gartenvlies ab. Sobald sich die Blüten öffnen, entfernt man an hellen, trockenen Tagen die Abdeckungen, um bestäubende Insekten zu den Blüten zu lassen. Bleibt die Witterung nass, muss man die Blüten notgedrungen mit einem weichen Pinsel von Hand bestäuben.

Gute Durchlüftung hilft Krankheiten zu vermeiden. Wickeln Sie die Bäume daher nicht völlig ein und decken Sie sie bei trockenem Wetter auf.

EMPFEHLENSWERT

Manche Sorten haben eine gute Widerstandsfähigkeit (W) gegen die Kräuselkrankheit (*siehe Kasten rechts*). Nektarinen fruchten verlässlich.

Pfirsichsorten
'Benedicte' (W) • 'Kernechter vom Vorgebirge' (W) • 'Peregrine' • 'Roter Weinbergpfirsich' • 'Red Haven' (W)

Nektarinensorten
'Fantasia' • 'Früh' • 'Maria Anna' (W) • 'Nektarose' • 'Snowqueen'

PROBLEME

Die Kräuselkrankheit verursacht rote Bläschen auf den Blättern, die sich kräuseln und abfallen. Im März dringen Sporen mit dem Regenwasser in die Knospen ein. Man deckt den Baum im Winter mit Folie ab, entfernt erkrankte Blätter und sammelt sie auf.

Rote Spinnmilben verursachen eine Verfärbung des Laubs, das vorzeitig abfällt. Gefährdet sind Bäume an geschützten Standorten. Möglich ist eine Bekämpfung mit Raubmilben (*Phytoseiulus*). (*Mehr über Probleme auf S. 356–369.*)

Schnitt und Erziehung

Weil Pfirsiche und Nektarinen einen geschützten Platz brauchen, zieht man sie meist vor Mauern an gespannten Drähten. Geschnitten wird im Frühjahr und Sommer.

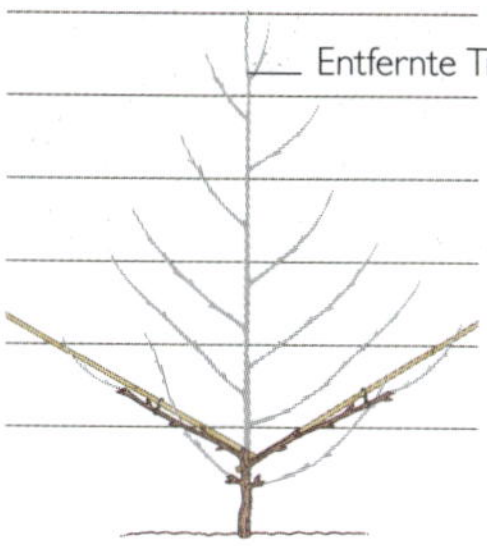

Im ersten Frühjahr nach dem Pflanzen Haupttrieb bis auf 25 cm über dem Boden zurückschneiden, aber auf jeder Seite einen Seitenast lassen. Beide Äste auf 35 cm einkürzen und horizontal an Stäbe binden.

Im ersten Sommer drei Seitenzweige an jedem Seitenast – einen nach unten, zwei nach oben – an Stäbe binden. Übrige Triebe bis auf ein Blatt zurückschneiden. Im Frühjahr Rippen um ein Viertel einkürzen.

Ältere Fächer im Frühjahr von abgestorbenem oder verletztem Holz und aus der Reihe tanzenden Trieben befreien. An jeder Rippe zwei Seitentriebe wählen, die weiterwachsen können – die übrigen werden entfernt. Nach der Ernte Fruchttriebe abschneiden.

Ältere frei stehende Bäume von einem Viertel der Triebe, die im letzten Jahr Früchte getragen haben, befreien – sie werden bis auf gesunde Knospen zurückgeschnitten. Totes und verletztes Holz ebenso wie alte, nicht mehr fruchtende Triebe herausnehmen.

Ausdünnen

Pfirsiche und Nektarinen müssen im Frühsommer ausgedünnt werden, damit die am Baum verbleibenden Früchte voll ausreifen. Das Ausdünnen verhindert außerdem, dass Zweige unter der Last brechen. Sobald die Früchte haselnussgroß sind, lässt man nur noch ein Exemplar alle 10 cm stehen. Sind sie walnussgroß, dünnt man nochmals auf eine Frucht alle 20 cm aus.

◄ **Ernten Sie** die Früchte, wenn sie in Stielnähe weich werden. Man löst sie durch Drehen. Sie müssen bald gegessen werden, da sie nicht lange halten.

APRIKOSEN

Aprikosen sind eng mit Pfirsichen verwandt und werden genauso kultiviert – meist also in Fächerform an einer Südmauer. Zwergsorten können auch in Kübeln gezogen werden. Aprikosen sind weniger anfällig für die Kräuselkrankheit als Pfirsiche und Nektarinen. Moderne Sorten wie 'Flavorcot' oder 'Tomcot' blühen außerdem recht spät, was die Gefahr von Frostschäden reduziert. Allerdings müssen die Früchte vor Vögeln geschützt werden. Ernten kann man sie, sobald sie im Sommer weich werden. Sie lassen sich ganz einfach vom Zweig lösen.

Empfehlenswerte Sorten: 'Alfred' • 'Flavorcot' • 'Goldcot'' • 'Mombacher Frühe' • 'Nancy Aprikose' • 'Orangered' • 'Tomcot'

◄ **Aprikosen** fruchten an vorjährigen Trieben. Die Bäume werden im Frühjahr und Sommer geschnitten, um neue Triebe zu bilden, die die alten Fruchttriebe ersetzen.

QUITTEN

Mit ihren duftenden, zartrosa Blüten, der knorrigen Borke und den großen, dekorativen Früchten sind Quitten ein wahrer Gartenschatz. Das langsam reifende Obst wird für Konfitüren, Gelees und Kuchen verwendet.

	FRÜHJAHR	SOMMER	HERBST	WINTER
PFLANZEN	■			■
ERNTEN			■	

Leuchtendes Gartendekor: die gelben Früchte

KULTUR

Die Bäume sind leicht zu ziehen. Sie begnügen sich mit einem warmen, geschützten Platz und bevorzugen tiefgründige, nährstoffreiche, stark durchlässige, leicht saure Böden (pH-Wert 6,5). Wurzelnackte Exemplare kann man während der Vegetationsruhe, Topfquitten das ganze Jahr pflanzen, sofern man sie anschließend gründlich wässert. Arbeiten Sie vor dem Setzen organische Substanz in den Boden ein. Mit demselben Material mulcht man den Wurzelraum jährlich.

Die Herbstfrüchte lässt man so lange am Baum reifen wie möglich. Sie dürfen aber nicht erfrieren.

PROBLEME

Die Blattbräune ist eine Pilzkrankheit, die vor allem in feuchten Sommern auftritt. Sie verursacht kleine rotbraune Flecken auf dem Laub, das gelb wird und abfällt. Abgefallene Blätter vernichten. Eine offene Krone schneiden. Quitten sind in der Regel schädlingsfrei (*siehe S. 356–369*).

Rissige Früchte entstehen vor allem dann, wenn der Baum zu wenig Wasser bekommen hat. Daher bei längerer Trockenheit wässern.

Ernte und Lagerung

In kühlen Regionen reifen Quitten nur selten voll aus und sollten daher so lange wie möglich am Baum bleiben. Selbst dann aber sind sie meist noch zu hart und sauer, um direkt vom Baum weg gegessen zu werden. Sie reifen jedoch drinnen weiter, wenn man sie an einem frostfreien, gut durchlüfteten Ort lagert.

◄ **Frühlingsschmuck** Quittenblüten sind eine Augenweide und gereichen jedem Garten zur Zier.

Unterlagen

Quitten werden oft mit ihrem eigenen Wurzelsystem gezogen, können aber auch veredelt werden, damit sie nicht zu groß für kleine Gärten werden. Hier zwei gängige Unterlagen:

Quitte C Für Kleingärten geeignet. Baumhöhe bis 3 m.

Quitte A Für größere Areale. Die Bäume erreichen mehr als 4 m Höhe.

EMPFEHLENSWERT

Achten Sie bei der Suche nach Sorten auf den botanischen Namen der Quitte, *Cydonia oblonga*, um Verwechslungen mit der Zierquitte (*Chaenomeles*) zu vermeiden.

'Bereczki Birnenquitte' • 'Champion' • 'Leskovacz' • 'Portugieser' • 'Vranja'

Schnitt und Erziehung

Quitten werden meist frei stehend kultiviert und im Frühjahr geschnitten. Für die Spalierziehung vor Wänden sind sie zu wüchsig.

Ältere Bäume werden geschnitten, indem man im Spätwinter kräftige Seitentriebe auf 30 cm kürzt und die Spitze von Hauptästen kappt.

FEIGEN

Die mediterranen Schönheiten sind ideale Topfpflanzen, für das Freiland aber eignen sie sich nur in milden Gegenden. Dafür stellen sie keine Ansprüche an ihren Standort und gedeihen sogar in kargen, flachgründigen Böden.

	FRÜHJAHR	SOMMER	HERBST	WINTER
PFLANZEN	■			■
ERNTEN		■	■	

In kühlen Gegenden brauchen Feigen Winterschutz.

KULTUR

Feigen mögen es warm und sonnig. Man pflanzt sie vor eine Südmauer und schützt sie mit Netzen und Vlies vor Schädlingen und Frösten. Weil sie am besten fruchten, wenn es ihren Wurzeln etwas zu eng wird, setzt man sie in einen »Feigenkasten«. Wurzelnackte Bäume pflanzt man in der Vegetationsruhe, Containerware ganzjährig. Feigen bilden zwei Fruchtgenerationen: Die erste entsteht an einjährigen Trieben und reift im Sommer, die zweite an diesjährigen Trieben. Sie erfriert in unserem Klima meist.

Feigenkästen sind 30 cm groß und werden aus Platten zusammengesetzt. Auf den Grund kommen Schotter oder Tonscherben.

Ernte und Lagerung

Feigen erntet man, sobald sie sich dunkel färben, weich werden und ihre Stiele sich krümmen. Ein weiteres Reifezeichen sind Nektartropfen an der Basis. Sobald sie reif sind, werden sie geerntet und sofort verzehrt.

EMPFEHLENSWERT

'Brown Turkey' • 'Brunswick' • 'Pastiliere' • 'Ronde de Bordeaux' • 'Rouge de Bordeaux'

Schnitt und Erziehung

Ganz gleich, ob Feigen an Wänden oder als frei stehende Bäume wachsen: Sie sollten geschnitten werden. Im Frühjahr befreit ein Schnitt sie von altem Wuchs, im Sommer fördert man damit die Bildung von Früchten. Weil der Saft Hautreizungen verursachen kann, trägt man beim Schneiden Handschuhe.

Frei stehende Bäume werden geschnitten, indem man im Frühjahr lange, alte Triebe, die nur an der Spitze Früchte tragen, auf 5–8 cm über dem Stamm oder Ast zurückschneidet. Ebenfalls entfernt werden zu dichte Triebe sowie abgestorbenes und krankes Holz. Erfrorene Zweige stutzt man bis auf gesundes Holz zurück. Im Sommer zwickt man die Spitzen von Trieben ab, sobald sie fünf bis sechs Blätter tragen, um die Fruchtbildung anzuregen.

Ältere Feigen an einer Wand werden im Sommer geschnitten. Dazu stutzt man kaum noch fruchtende Haupttriebe sowie die Hälfte der aus dem Hauptstamm und den Ästen wachsenden Seitentriebe auf eine Knospe zurück. Totes und krankes Holz entfernt man ebenso wie überkreuzte oder störende Triebe. Neue Zweige werden angebunden. Im Sommer zwickt man die Spitzen von Seitentrieben ab, sobald sie fünf bis sechs Blätter tragen.

TRAUBEN

Weinreben können auch in unseren Breiten draußen gezogen werden. Viele moderne Sorten sind sogar so süß, dass sie auch frisch oder wenigstens gekocht schmecken. Echte Tafeltrauben aber zieht man am besten im Gewächshaus.

	FRÜHJAHR	SOMMER	HERBST	WINTER
PFLANZEN				
ERNTEN				

Wenn die Trauben reifen, muss gut gegossen werden.

KULTUR

Weinreben sind eigentlich winterhart, wollen aber doch einen geschützten Standort, an dem sie vor kräftigem Wind und strengem Frost geschützt sind. Damit ihre Früchte ausreifen, brauchen sie viel Sonne und werden am besten vor eine Südmauer gepflanzt. Die Stöcke vertragen die unterschiedlichsten Böden, angefangen von Kalk über Sand bis hin zu Ton, und kommen sogar mit kargem, flachgründigem Erdreich zurecht. Wurzelnackte Stöcke pflanzt man während der Vegetationsruhe, Topfexemplare darf man immer ins Freie setzen. Solange die Wurzeln tief reichen können, muss kaum gedüngt werden. Reben sind Kletterpflanzen, man zieht sie daher am besten als Kordon. An Pergolen fruchten sie schlecht.

Reben gibt es im Container in allen Gartencentern. Die besten Sorten bekommt man jedoch bei Spezialanbietern.

Trauben unter Glas

Manche Traubensorten brauchen eine lange, warme Saison, um auszureifen. Man kultiviert sie am besten in großen Gewächshäusern oder Wintergärten. Sie müssen das ganze Jahr gut gepflegt werden – wählen Sie ihren Standort daher mit Bedacht.

Unter Glas kann man mehr Tafeltrauben anbauen als im Freiland, doch braucht man dafür viel Platz.

FORMEN

Weintrauben wachsen meist draußen, obwohl die Beeren dort oft zu sauer zum Essen sind. Man verwendet sie in der Küche oder keltert sie.

Tafeltrauben sind frisch vom Stock ein köstliches Vergnügen. Einige Sorten können sogar im Freien gezogen werden.

EMPFEHLENSWERT

Man unterscheidet zwischen weißen (W) und roten (R) Rebsorten.

Weintrauben für das Freiland
'Bacchus' (W) • 'Chardonnay' (W) • 'Dornfelder' (R) • 'Phoenix' (W) • 'Regent' (R)

Tafeltrauben für das Freiland
'Black Hamburg' (R) • 'Muscat Bleu' (R) • 'Romulus' (W)

Schnitt und Erziehung

Weinreben sind wüchsige Kletterpflanzen. Sie müssen an horizontal gespannten Drähten gezogen werden, um gut zu tragen. Hier zwei der häufigsten Erziehungsmethoden:

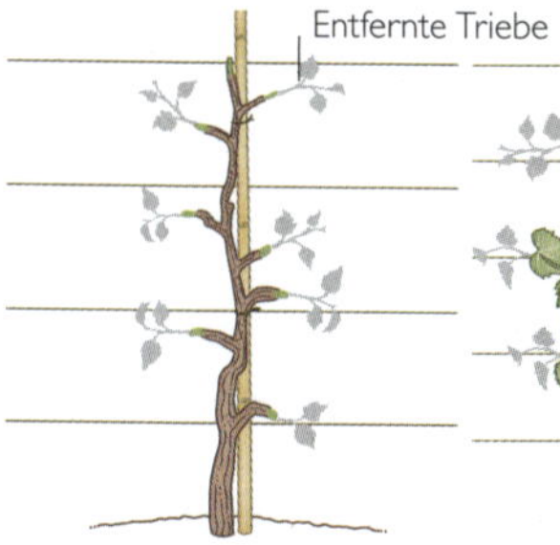

Einfacher Kordon heißt eine Form, die gern unter Glas angewandt wird. Ein 2 m hoher Stamm wird aufrecht geführt und so geschnitten, dass sich mehrere Kurztriebe bilden.

Im Sommer lässt man je einen neuen Seitentrieb pro Kurztrieb wachsen. Er wird angebunden und trägt Trauben. Im Frühjahr entfernt man die Triebe, die Früchte trugen.

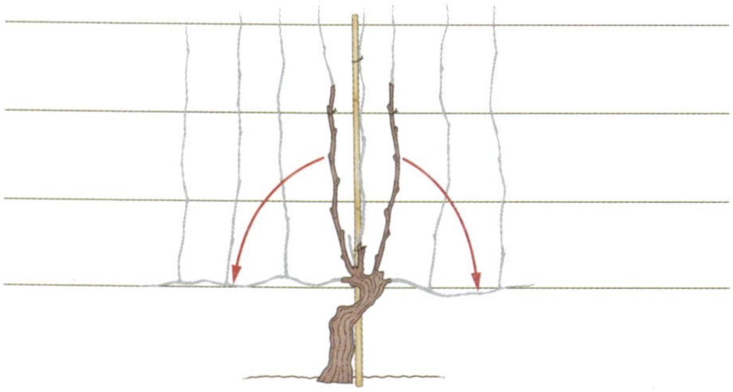

Doppelter Guyot-Schnitt Diese Form der Erziehung kommt meist bei Freilandreben zur Anwendung. Es bleiben nur drei Triebe, alle anderen werden entfernt. Der mittlere Trieb wird auf drei bis vier Augen zurückgeschnitten, die beiden äußeren werden gebogen und horizontal aufgebunden.

Im Sommer treiben aus den horizontalen Seitenarmen neue Triebe aus und fruchten. Gleichzeitig lässt man drei neue Triebe aus dem Stamm wachsen, die aber nicht blühen dürfen. Wenn im Frühjahr die Fruchttriebe entfernt werden, lässt man diese drei stehen – sie bilden im nächsten Jahr die Seitenarme.

Ausdünnen und Ernten

Wenn im Sommer die Trauben heranreifen, dünnt man sie aus, da die Beeren sonst klein bleiben, nicht voll ausreifen und zudem anfällig für Krankheiten werden, die sich auf andere Trauben ausbreiten können. In den ersten beiden Jahren nach dem Pflanzen des Stocks verhindert man den Fruchtansatz ganz, damit die Pflanze gut einwachsen kann.

Im Sommer mit einer Garten- oder Bastelschere vorsichtig einige Beeren aus der Traube schneiden, ohne den Rest zu verletzen.

Mehrmals ausdünnen, bis ein Drittel der Beeren fehlt. Bei dieser Gelegenheit auch schwache und beschädigte Beeren entfernen.

Trauben sind erntereif, wenn sie weich werden, süß schmecken und die Schale bereift wirkt. Man schneidet sie mit einer Gartenschere vom Stock.

PROBLEME

Vögel und Wespen fressen reifende Beeren im Freiland an. Vögel hält man mit Netzen fern, gegen Wespen hängt man Fallen auf.

Grauschimmel, auch Botrytis genannt, verursacht einen Pilzbelag auf Trieben, Blättern und Früchten. Die Beeren verfaulen, bevor sie reif sind. Befallene Teile werden vernichtet. Dünnen Sie zu dichten Wuchs aus, um die Luftzirkulation zu verbessern. (*Mehr über Schädlinge und Krankheiten auf S. 356–369.*)

ERDBEEREN

Platz für Erdbeeren ist im kleinsten Garten. Ob in Töpfen, Körben, Pflanzsäcken oder Beeten, sie liefern zuverlässig süße Früchte. Wer Sorten gekonnt kombiniert, kann sie vom Frühsommer bis zum Herbst genießen.

Die Beeren werden abgezupft.

	FRÜHJAHR	SOMMER	HERBST	WINTER
PFLANZEN	■ (spät)	■		
ERNTEN		■	■	

KULTUR

Erdbeeren brauchen viel Sonne. Am wohlsten fühlen sie sich in durchlässigen, sauren Böden (pH-Wert 6–6,5), doch kommen sie auch mit Hochbeeten, Töpfen und Blumenampeln gut zurecht. Man pflanzt sie je nach Typ im Frühjahr oder Sommer mit etwa 50 cm Abstand zueinander bei einem Reihenabstand von 75 cm. Um eine Infektion mit Krankheiten aus dem Boden zu vermeiden, setzt man sie nicht dorthin, wo vorher Tomaten, Kartoffeln oder Chrysanthemen wuchsen. Nach der Ernte wird altes Laub abgeschnitten, was den Fruchtansatz im nächsten Jahr fördert. Erdbeeren im Freiland werden alle vier Jahre, Exemplare in Töpfen alle zwei Jahre ersetzt.

Erdbeeren sind selbstfruchtbar, brauchen aber Insekten oder Wind als Bestäuber.

ERDBEERTYPEN

Gartenerdbeeren sind sehr verbreitet. Es gibt einmal tragende – sie schmecken am besten – und mehrmals tragende (remontierende) Sorten.

Walderdbeeren sind mehrjährig und tragen viele Jahre lang. Sie sind viel kleiner als Gartenerdbeeren, schmecken aber sehr süß und intensiv.

EMPFEHLENSWERT

Einmal tragende Gartenerdbeeren fruchten im Mai und Juni, mehrmals tragende im Früh- und Spätsommer und bis in den Herbst hinein. Die Pflanzen müssen jährlich ersetzt werden. Walderdbeeren, zu denen auch die Monatserdbeeren gehören, tragen den ganzen Sommer über reichlich.

Einmal tragende Erdbeeren
'Darselect' (mittelfrüh) • 'Elsanta' (mittelfrüh) • 'Honeoye' (früh) • 'Korona' (mittelfrüh) • 'Lambada' (früh) • 'Pandora' (spät)

Mehrmals tragende Erdbeeren
'Albion' • 'Buddy' • 'Elan' • 'Mara des Bois' • 'Ostara' • 'Selva'

Wald- bzw. Monatserdbeeren
'Alexandria' • 'Baron Solemacher' • 'Mignonette' • 'Rügen'

Pflanzgefäße

Erdbeeren wachsen in fast jeder Art von Gefäß mit Abzugslöchern – in Hängekörben ebenso wie in Kästen, Erdbeertöpfen oder Pflanzsäcken. Allerdings müssen sie während der Wachstumsphase mindestens einmal täglich gewässert und wöchentlich mit einem kalireichen Dünger genährt werden. Drehen Sie die Gefäße des Öfteren, damit alle Beeren genug Sonne bekommen.

Saubere Beeren

Damit die dicht am Boden wachsenden Beeren sauber bleiben, sollte man sie unterpolstern – so faulen sie auch nicht so leicht. Am häufigsten kommt Stroh zum Einsatz: Gerstenstroh gilt als ideal, weil es weich ist. Es gibt ferner Kunststoffmatten, die man um die Pflanzen legt. Sie können aber auch schwarze Folie über ein Beet spannen und die Erdbeeren in Schlitze pflanzen. Das wärmt den Boden, speichert Feuchtigkeit und unterdrückt Unkraut.

▲ **Decken Sie** reife Erdbeeren mit Netzen ab, um sie vor hungrigen Vögeln zu schützen.

VERMEHRUNG

Erdbeerpflanzen sollten mindestens alle zwei Jahre ersetzt werden, danach lassen sie stark nach und tragen nicht mehr gut. Ersatz ist aber ganz leicht zu bekommen, denn Erdbeeren bilden natürliche Ausläufer, die man verwenden kann. Nehmen Sie aber nur gesunde Pflänzchen von Mutterpflanzen und schneiden Sie alle übrigen ab, damit sie ihre ganze Energie in den Fruchtansatz stecken können.

1 Sobald sich im Sommer Ausläufer bilden und die Tochterpflänzchen kräftige Blätter tragen, nimmt man sie auf, lässt sie aber mit der Mutterpflanze verbunden.

2 Kleine Gefäße mit Topferde im Boden versenken. Ein Pflänzchen pro Topf in den Topf setzen und mit gebogenem Draht an der Erde festklammern. Gut wässern.

3 Nach vier bis sechs Wochen entwickeln die Pflänzchen Wurzeln und werden von der Mutterpflanze abgetrennt. Pflänzchen eventuell umtopfen und bei Bedarf ins Beet umsiedeln.

Erdbeeren vortreiben

Man kann Erdbeeren dazu bringen, ein, zwei Wochen vor dem eigentlichen Zeitpunkt zu fruchten, indem man sie im Frühjahr abdeckt. Topfpflanzen lassen sich in ein Gewächshaus stellen, damit sie einen Frühstart hinlegen. Im Herbst bringt man remontierende Sorten unter Glas, wo sie noch eine Weile Beeren liefern. Sie müssen aber in der Sonne stehen.

► **Prüfen Sie** die Beeren täglich. Erdbeeren reifen rasch, faulen aber auch schnell.

PROBLEME

Grauschimmel, auch Botrytis genannt, dringt durch die Blüten in die Pflanze ein und ruht dort, bis die Frucht reift. Alle infizierten Pflanzenreste vernichten.

Dickmaulrüssler-Larven fressen die Wurzeln an, vor allem von Topfpflanzen. Die adulten Käfer fressen Löcher in die Blattränder, aber ihre weißen Larven verursachen wesentlich mehr Schaden. Im Spätsommer Nematoden ausbringen. *(Mehr zu Schädlingen und Krankheiten auf S. 356–369.)*

Beim **Abzupfen** bleibt der Zapfen an der Pflanze.

HIMBEEREN

Himbeeren sind mit ihrem feinen Duft und Geschmack Sommer pur. Es gibt sie als sommer- und herbstfruchtende Sorten, sodass man vom Hochsommer bis zu den ersten Frösten eine reiche Ernte genießen kann.

KULTUR

Himbeeren mögen es feucht und leicht sauer – ein Boden-pH-Wert von etwa 6 ist ideal. Damit die Beeren gut ausreifen, brauchen sie viel Sonne, wenngleich sie auch etwas Schatten hinnehmen. Himbeersträucher treiben hohe, dünne Ruten aus, die leicht umfallen; entsprechende Stützen sollten schon vor dem Pflanzen aufgestellt werden. Pflanzen Sie wurzelnackte Ruten (*siehe rechts*) im Herbst. Falls Sie Ihre Sträucher im Topf gekauft haben, können Sie sie das ganze Jahr setzen, sofern sie danach eine Weile gut wässern. Die Ruten brauchen einen Abstand von 40 cm zueinander, zwischen den Reihen bzw. Doppelreihen bleiben 2 m. Man pflanzt sie flach, damit die Wurzeln nicht faulen, und schneidet die Ruten gleich anschließend auf 20 cm zurück. Sobald sich neue Triebe bilden, kann man die ursprüngliche Rute ganz entfernen. Himbeeren müssen bei Trockenheit regelmäßig gegossen werden. Im März bekommen sie einen Rosendünger und eine Mulchschicht aus Komposterde.

◀ **Wässern Sie** die Himbeersträucher entweder morgens oder abends direkt am Ansatz.

Wurzelnackte Ruten

Wurzelnackte Himbeersträucher werden in der Regel im Herbst in Bündeln zu zehn bis 20 Ruten verkauft. Anschließend sollte man sie so bald wie möglich einpflanzen. Um eine Beschädigung der Wurzeln und unnötigen Stress für die Pflanze zu vermeiden, stellt man sie eine Stunde vor dem Auswickeln in Wasser.

FORMEN

Sommerhimbeeren tragen je nach Sorte von Ende Juni bis Anfang August ungefähr drei Wochen lang.

Herbsthimbeeren tragen vom Spätsommer bis zum ersten Frost. Ihre Beeren sind wie die von Sommersorten je nach Sorte rot oder gelb.

EMPFEHLENSWERT

Sommerhimbeeren

'Glen Ample' • 'Glencoe' • 'Malling Jewel' • 'Schönemann' • 'Tulameen'

Herbsthimbeeren

'Autumn Best' • 'Autumn Bliss' • 'Fallgold' • 'Pokusa' • 'Polka'

Stützen

Himbeeren sind hohe Pflanzen mit biegsamen Ruten und müssen die ganze Saison über gestützt werden. Für eine einzelne Reihe spannt man drei Drähte in 75 cm, 1 m und 1,5 m Höhe horizontal zwischen zwei Pfosten. Hat man eine Doppelreihe (*siehe unten*), verwendet man zwei parallel auf gleicher Höhe verlaufende Drähte an Querlatten, die in 1 m und 1,5 m Höhe über dem Boden angebracht sind.

Sommerhimbeeren werden hoch und müssen entsprechend gut gestützt werden.

PROBLEME

Himbeerkäfer-Larven setzen sich in den Früchten fest und lassen die reifende Frucht am Stielende vertrocknen. Man bekämpft sie, indem man die Käfer mehrmals absammelt oder mit einem biologischen Präparat sprüht (*siehe S. 361*).

Die Himbeerrutenkrankheit wird von einem Pilz ausgelöst. Die Ruten werden braun und brüchig. Kranke Triebe abschneiden und vernichten. (*Mehr zu Krankheiten und Schädlingen auf S. 356–369.*)

Schnitt und Erziehung

Bevor man Himbeeren schneidet, muss man wissen, um welchen Typ es sich handelt. Sommerhimbeeren fruchten an letztjährigen, Herbsthimbeeren an diesjährigen Trieben. Wenn man beide verwechselt, kann es passieren, dass man versehentlich fruchtende Ruten abschneidet.

Sommerhimbeeren werden im Spätsommer geschnitten. Dabei nimmt man alle alten Fruchtruten heraus, damit Licht und Luft in die Pflanze gelangt, die nun nur noch aus diesjährigen Ruten besteht. Der Schnitt verhindert Krankheiten.

Neue Triebe der diesjährigen Saison werden nach dem Entfernen der alten Fruchttriebe mit je 10 cm Abstand an die Drähte gebunden. Höhere Ruten legt man über den obersten Draht. Im Frühjahr schneidet man sie 15 cm über dem Draht ab.

Herbsthimbeeren werden im Frühjahr geschnitten. Man zwickt alle Ruten über dem Boden ab, ohne dabei neue Triebe zu verletzen, die sich möglicherweise bereits bilden. Sammeln Sie abgefallenes Laub sogleich ein.

Neue Ruten der Herbsthimbeeren können ohne Stütze wachsen, fruchten aber besser und lassen sich leichter abernten, wenn man sie mit einer Schnur zusammenhält. In windigen Lagen ist eventuell eine richtige Stütze nötig.

BROMBEEREN UND HYBRIDEN

Brombeeren findet man zwar zuhauf auch in Wäldern und Hecken, doch tragen Gartensorten meist größere, saftigere Früchte. Hybridbeeren sind ebenso leicht zu ziehen, haben aber ihre Besonderheiten.

	FRÜHJAHR	SOMMER	HERBST	WINTER
PFLANZEN	■			■
ERNTEN		■	■	

EMPFEHLENSWERT

Manche Brombeersorten sind stachellos (SL). Sie lassen sich leichter abernten.

'Fantasia' • 'Helen' (SL) • 'Loch Ness' (SL) • 'Kiowa' • 'Navaho' (SL) • 'Silvan'

KULTUR

Brombeeren und ihre Hybriden sind wüchsige Kletterpflanzen, die einen geschützten Standort brauchen. Brombeeren vertragen etwas lichten Schatten und kargere Böden, die Hybriden allerdings wollen es vollsonnig und brauchen mehr Nährstoffe. Wurzelnackte Ruten pflanzt man im Herbst, nur um sie gleich darauf bis auf 20 cm Höhe zurückzustutzen. Containerpflanzen kann man das ganze Jahr setzen, doch muss man sie anschließend eine Weile gut wässern. Arbeiten Sie vor dem Pflanzen Humus in den Boden ein. Ein Rosendünger einmal im Jahr und organischer Mulch im Frühjahr tun den Pflanzen gut.

▲ **Eine erfolgreiche Bestäubung** ist unerlässlich für den Ansatz guter, reifer Früchte.

► **Brombeeren** und ihre Hybriden können Sie mehrmals abernten, denn die Früchte erscheinen über mehrere Wochen hinweg.

VERMEHRUNG

1 Brombeeren lassen sich im Spätsommer leicht vermehren. Man biegt einen neuen Trieb zum Boden und gräbt seine Spitze 10 cm tief ein. Erde festdrücken und wässern. Trieb an der Mutterpflanze belassen.

2 Im darauffolgenden Frühjahr ist der Trieb eingewurzelt. Er kann aus dem Boden genommen und eingetopft oder umgesetzt werden. Jungpflanzen gut wässern, bis sie ganz eingewachsen sind, und in den ersten beiden Jahren nicht fruchten lassen.

PROBLEME

Die Brombeerrankenkrankheit verursacht graue oder violette Flecken an den Ruten, die bald absterben. Infizierte Triebe sofort vernichten.

Himbeerkäfer befallen auch Brombeeren (*siehe S. 279*).

Die Rutenkrankheit erkennt man an der grauvioletten Färbung um die Knospen. Im darauffolgenden Jahr wachsen die Ruten schwach und können absterben. Befallenes Holz vernichten. (*Mehr über Schädlinge und Krankheiten auf S. 356–369.*)

Schnitt und Erziehung

Brombeeren erzieht man an Drähten. Man kann sie auf verschiedene Weise an ihnen entlangführen (*siehe unten*). Sie fruchten an vorjährigen Trieben, weshalb man versucht, diese von den diesjährigen Trieben, die im nächsten Jahr tragen, zu trennen. Bei der Arbeit Handschuhe tragen!

Aufrechter Fächer Bei dieser Erziehungstechnik werden alle alten Fruchtruten im Herbst bis zum Boden zurückgeschnitten. Diesjährige Triebe bindet man seitlich zu einer Fächerform. Sie fruchten als einjährige Triebe im nächsten Jahr. Bis zum Herbst zieht man in der Mitte neue Triebe hoch. Im nächsten Jahr beginnt man mit der Prozedur von Neuem.

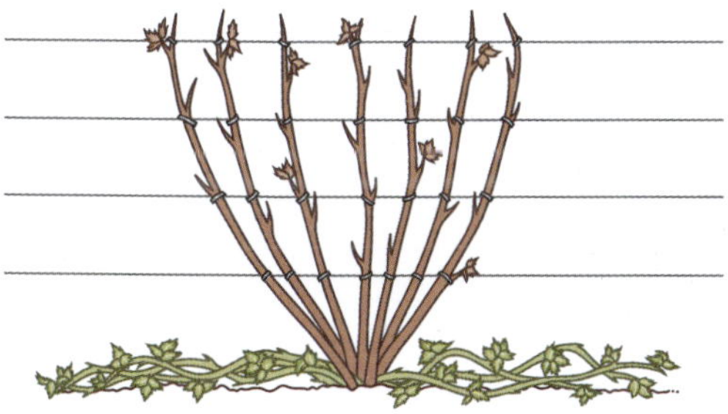

Kriechender Fächer Bei dieser Methode werden die alten fruchttragenden Triebe zwar ebenfalls im Herbst entfernt und die einjährigen Ruten zu einem Fächer gebunden. Die neuen Triebe zieht man aber am Boden kriechend und führt sie im Herbst an die Drähte, wo sie die fruchtenden Ruten ersetzen. Diese Technik eignet sich eher für größere Gärten.

Halbe Palmette Die neuen Triebe werden so an den Drähten entlanggezogen, dass sie den im letzten Jahr gebildeten Fruchtruten gegenüberliegen. So trägt die Pflanze in einem Jahr auf der einen und im nächsten auf der anderen Seite. Die Fruchttriebe werden im Herbst entfernt. Diese Methode ist eher für kleinere Gärten geeignet.

HYBRIDBEEREN

Diese wüchsigen Kletterpflanzen sind größtenteils das Ergebnis einer Hybridisierung von Himbeeren und Brombeeren, weshalb sie Merkmale beider Elternteile haben. Gleichwohl besitzt jede Hybride spezielle Eigenschaften.

Boysenbeere

Eine Kreuzung aus Loganbeere (*siehe unten*) und Brombeere. Sie fruchtet im Hochsommer drei bis vier Wochen lang und trägt zahlreiche saftige, dunkelviolette Früchte, die Brombeeren ähneln, aber größer sind und besser schmecken. Spezialanbieter haben inzwischen sogar stachellose Sorten im Sortiment.

Loganbeere

Diese Kreuzung zwischen Brombeere und Himbeere ähnelt mit ihrer säuerlichen Frucht eher der Himbeere und wird am besten gekocht. Sie trägt Stacheln, ist inzwischen aber auch ohne Stacheln erhältlich. Die Fruchte mussen voll ausreifen und werden in der zweiten Sommerhälfte erst gelesen, wenn sie dunkelrot sind.

Taybeere

Diese Hybride aus Brombeere und Himbeere trägt kräftig rote Beeren, die größer und süßer als die der Loganbeere sind und im Hochsommer reifen. Geerntet werden nur dunkelrote Früchte. Sie sind so süß, dass sie frisch gegessen werden können, man verarbeitet sie aber am besten zu Konfitüre oder Kuchen.

Japanische Weinbeere

Sie ist keine Hybride, sondern eine eigene Art, ähnelt aber mit ihren leuchtend roten Früchten sehr der Himbeere. Die Früchte reifen in der zweiten Sommerhälfte. Wegen ihrer hübschen roten Borsten wird die Japanische Weinbeere oft auch als Zierpflanze kultiviert und ist daher gut für Kleingärten geeignet.

SCHWARZE JOHANNISBEEREN

Kaum ein Beerenbusch ist anspruchsloser. Er gedeiht im Freiland genauso gut wie im Topf und liefert Vitaminbomben, die man frisch naschen kann. Als Konfitüre oder Sirup schmecken sie allerdings noch viel besser.

	FRÜHJAHR	SOMMER	HERBST	WINTER
PFLANZEN	■			■
ERNTEN		■	■	

Die **Beeren** sind ein Leckerbissen für Vögel (*rechts*).

KULTUR

Schwarze Johannisbeeren legen Wert auf feuchte, nährstoffreiche Böden und vollsonnige Standorte, reifen aber auch – wenngleich etwas später – im Halbschatten. Wurzelnackte Exemplare werden im Herbst gepflanzt. Kauft man die Büsche dagegen mit Topfballen, kann man sie ganzjährig ins Freie setzen, muss sie anschließend aber gut wässern. Arbeiten Sie gut verrottete organische Substanz in die Erde ein und pflanzen Sie den Strauch tief (*siehe unten*). Schwarze Johannisbeeren gedeihen auch in Töpfen mit tonhaltigem Substrat. Wichtig ist gutes Wässern und eine Düngung im Frühjahr.

Stützen Sie fruchtende Pflanzen mit Stäben und Schnüren, damit die Triebe unter der Last der Beeren nicht umfallen und brechen.

SCHNITT UND ERZIEHUNG

Schwarze Johannisbeeren fruchten am einjährigen Holz. Man schneidet sie im Frühjahr (*siehe unten*), um den Neuaustrieb fruchttragender Zweige zu fördern, doch können sie auch im Sommer ausgelichtet werden, damit die Beeren mehr Sonne bekommen und die Durchlüftung verbessert wird.

Ältere Sträucher werden im Frühjahr ausgelichtet, indem man ein Drittel der ältesten Triebe bis zum Boden zurückschneidet und totes, verletztes und krankes Holz entfernt. Auch Zweige, die nah am Boden horizontal wachsen, werden entfernt. Gesunde junge Triebe lässt man in Ruhe.

PFLANZUNG

1 Ein Loch graben, das etwas tiefer als der Wurzelballen hoch ist, und Komposterde in den Boden einarbeiten.

2 Pflanze so hineinstellen, dass sie geringfügig tiefer steht, als sie zuvor im Topf gewachsen ist. Pflanztiefe mit einer Latte prüfen.

3 Aushub wieder zurückfüllen und Pflanze wässern. Durch den tieferen Stand bilden sich viele neue Triebe. Stachelbeeren werden ebenso gepflanzt (*siehe S. 284*).

EMPFEHLENSWERT

Moderne Sorten wurden speziell auf ihre Krankheitsresistenz gezüchtet. Sie tragen oft ein »Ben« im Namen.

'Baldwin' • 'Ben Connan' • 'Ben Gairn' • 'Ben Hope' • 'Ben Lomond' • 'Ben Sarek' • 'Big Ben' • 'Ometa' • 'Silvergieter' • 'Titania'

ROTE UND WEISSE JOHANNISBEEREN

Mit ihrem säuerlichen Geschmack sind diese beiden Johannisbeeren Grundlage vieler Soßen und Desserts. Ihre Kultur ist ein Kinderspiel: Man kann sie je nach Platzangebot an Stützen im Freiland oder im Topf ziehen.

EMPFEHLENSWERT

Rote Johannisbeeren
'Heinemanns Spätlese' • 'Jonkheer van Tets' • 'Red Lake' • 'Rote Holländische' • 'Rovada'

Weiße Johannisbeeren
'Blanka' • 'Weiße Versailler' • 'Zitavia'

	FRÜHJAHR	SOMMER	HERBST	WINTER
PFLANZEN	■ (Anfang)			■
ERNTEN		■	■ (Anfang)	

KULTUR

Rote und Weiße Johannisbeeren fühlen sich in nährstoffreicher, durchlässiger, leicht saurer Erde (pH-Wert 6,5–7) am wohlsten. Ideal ist ein warmer, sonniger Standort, sie nehmen aber auch etwas Schatten hin. Wurzelnackte Sträucher pflanzt man im Herbst, Topfpflanzen können das ganze Jahr ins Freiland kommen, müssen anschließend aber eine Weile gut gewässert werden. Man kultiviert sie oft als Büsche an kurzen Stämmen, doch werden sie auch als Fächer, Kordon, Hochstamm oder Hecke gezogen. Wie die meisten Beeren brauchen sie Schutz vor Vögeln. Im Frühjahr tun ihnen Nährstoffe in Form eines Langzeitdüngers oder einer Mulchschicht gut. Topfexemplare setzt man in tonhaltiges Substrat.

Rote Johannisbeeren fruchten an letztjährigem Wuchs und älteren Kurztrieben. Sie werden im Frühjahr hart geschnitten, damit sich wie bei Stachelbeeren (*siehe S. 284*) neue Kurztriebe bilden.

Schützen Sie Johannisbeeren mit Netzen vor Vögeln – die Tiere fressen ganze Büsche leer.

Lesen Sie die Beeren als ganze Trauben, sobald sie rot sind und leicht trüb wirken. Nach jedem Erntedurchgang sollten die Netze wieder gespannt werden.

◄ **Weiße Johannisbeeren** sind süßer als die roten, aber nicht ganz so dekorativ.

PROBLEME

Stachelbeerblattwespen-Larven fressen Blätter ohne die Stiele und können ganze Büsche entlauben. Man sammelt die Maden ab.

Die Blattfleckenkrankheit verursacht braune Flecken auf dem Laub, das entfernt werden muss.

Die Johannisbeerblasenlaus befällt Blätter, die rote Pusteln bilden. Weil sie kaum Schaden anrichtet, kann man sie tolerieren. (*Mehr Schädlinge und Krankheiten auf S. 356–369.*)

STACHELBEEREN

Stachelbeeren sind hart im Nehmen und gut für kühle, exponierte Gärten. Ihre sauren, saftigen Beeren kommen vor allem in der Küche zum Einsatz. Einst als altmodisch geschmäht, erleben sie derzeit eine Renaissance.

Manche Sorten sind grün, andere rot.

	FRÜHJAHR	SOMMER	HERBST	WINTER
PFLANZEN	■ (früh)			■
ERNTEN	■ (spät)	■		

KULTUR

Stachelbeeren bevorzugen feuchte, nährstoffreiche Böden und vertragen sogar etwas Schatten. Sie werden meist frei stehend gezogen und dann etwas tiefer gepflanzt (*siehe S. 282*). Man kann sie aber auch an einem etwa 15 cm kurzen Stamm wachsen lassen. Wurzelnackte Exemplare sollten nur im Herbst gepflanzt werden, Topfsträucher hingegen kann man das ganze Jahr ins Freiland setzen, sofern man nachher eine Weile gut wässert. Arbeiten Sie gut verrottete organische Substanz in das Pflanzloch ein. Die Büsche sollten 1,2 m Abstand zueinander haben – zwischen Kordons lässt man 40 cm. Dünnen Sie ab dem Hochsommer jede zweite Beere aus (in der Küche verwenden), damit die verbliebenen größer werden. Sinnvoll ist ein Vogelnetz. Achten Sie bei der Ernte auf die Stacheln.

Bei Trockenheit werden die Büsche gut gewässert. Im Frühjahr verabreicht man ihnen Nährstoffe in Form eines Langzeitdüngers oder einer Schicht aus organischem Mulch. Frei stehende Sträucher brauchen mitunter Stäbe als Stütze, damit sie nicht unter der Last der Beeren brechen.

Kordons lassen sich wesentlich enger pflanzen als frei stehende Büsche, was sich in kleinen Gärten als großer Vorteil erweist.

◀ **Reife Früchte** können frisch gegessen, aber auch im Kühlschrank gelagert und sogar eingefroren werden.

EMPFEHLENSWERT

Tafelsorten (T) können roh gegessen werden, Kochsorten (K) verwendet man am besten in der Küche.

'Captivator' (K) • 'Careless' (K/T) • 'Greenfinch' (K) • 'Invicta' (K/T) • 'Maiherzog' (K/T) • 'Rolonda' (T) • 'Tixia' (T) • 'Xenia' (T)

Schnitt

Ältere Stachelbeerbüsche werden im Frühjahr und Sommer geschnitten, damit eine offene, luftige Struktur entsteht und älteres Fruchtholz weiter gut trägt.

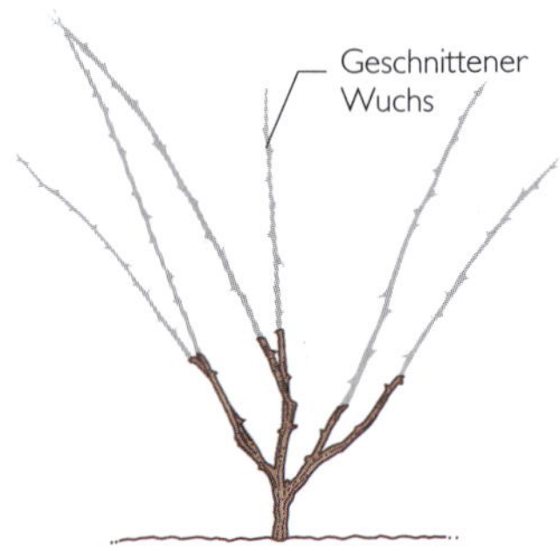

Im ersten Winter nach dem Pflanzen vier bis fünf gesunde Triebe wählen und um die Hälfte bis drei Viertel einkürzen. Alle anderen Triebe, die aus dem kurzen Stamm wachsen, entfernen.

Beim Frühjahrsschnitt älterer Sträucher Seitentriebe auf ein bis vier Knospen zurückschneiden. Die Mitte verdichteter Büsche um ein Viertel ausdünnen. Im Sommer Seitentriebe auf vier bis fünf Blätter einkürzen.

HEIDELBEEREN

Gartenheidelbeeren stammen aus Nordamerika. Man muss sie kaum schneiden und erziehen. Sie gedeihen auch in Töpfen. Ihre süßen Früchte enthalten wertvolle Inhaltsstoffe und schmecken gekocht noch besser als roh.

	FRÜHJAHR	SOMMER	HERBST	WINTER
PFLANZEN	■			■
ERNTEN		■	■	

Heidelbeeren tragen längere Zeit.

KULTUR

Heidelbeeren brauchen feuchte, saure Böden mit einem pH-Wert von 4–4,5. Sie stehen gern in der prallen Sonne, kommen aber auch mit etwas Schatten zurecht. Wurzelnackte Sträucher pflanzt man im Herbst oder Frühjahr, Topfexemplare wann immer man will, sofern eine Zeit lang gut gewässert wird. Arbeiten Sie Laubhumus oder kompostierte Kiefernnadeln in das Pflanzloch ein, damit der Boden saurer wird. Im Frühjahr mulcht man mit demselben Material. Heidelbeeren pflanzt man mit 1,2 m Abstand und wässert sie bei Trockenheit gut. Ratsam ist ein Vogelnetz zum Schutz der Beeren. Die Sträucher sind teils selbstbestäubend, fruchten aber fremdbestäubt besser. Wichtig: Gut düngen.

Falls Ihr Gartenboden nicht sauer ist, müssen Sie Heidelbeeren in großen Kübeln mit Rhododendron- bzw. Moorbeeterde kultivieren.

◀ **Ohne Fremdbestäubung** keine Früchte – pflanzen Sie daher am besten zwei, drei Sorten, die zur selben Zeit blühen.

EMPFEHLENSWERT

'Berkley' • 'Bluecrop' • 'Bluetta' • 'Brigitta Blue' • 'Duke' • 'Coville' • 'Earliblue' • 'Herbert' • 'Patriot' • 'Reka' • 'Sunshine Blue' • 'Top Hat'

PROBLEME

Vögel können ganze Sträucher binnen Stunden leer fressen. Man schützt die Büsche mit Netzen, bevor die Beeren reifen, und verankert sie so am Boden, dass die Tiere nicht hindurchschlüpfen können.

Botryosphaeria dothidea heißt ein Pilz, der über Wunden in die Pflanze eindringt. Das Laub wird braun und stirbt ab. Dies schwächt die Pflanze und reduziert den Ertrag. Befallene Teile müssen entfernt und vernichtet werden. (*Mehr über Schädlinge und Krankheiten auf S. 356–369.*)

Schnitt und Erziehung

Heidelbeeren werden im März geschnitten, denn in dieser Zeit kann man an den Knospen erkennen, welche Triebe noch leben. Entfernen Sie keine Zweige mit gesunden Knospen, da diese im Sommer fruchten.

▶ **Ältere Sträucher** werden geschnitten, indem man ein paar der ältesten Triebe herausnimmt. Von Trieben, die im Vorjahr gefruchtet haben, kürzt man die Spitze bis auf kräftige Knospen zurück. Entfernen Sie auch Seitentriebe, die zu nah am Boden wachsen, und lichten Sie die Mitte aus. Schneiden Sie nie mehr als ein Viertel des Holzes weg.

GARTEN-
PFLEGE

Gute Pflege ist das A und O erfolgreichen Gärtnerns. Mit etwas Erfahrung und dem Rat von Experten kommt man sehr weit. In diesem Kapitel zeigen wir Ihnen grundlegende Vermehrungs-, Schnitt-, Dünge- und Wässerungstechniken, aber auch die richtige Pflege und Handhabung von Werkzeug.

ERSTE FRÜHJAHRSHÄLFTE

Nach der langen Kälte deutet sich endlich zaghaft der Frühling an. Nun wird es Zeit, aufzuräumen und den Garten für die warme Jahreszeit vorzubereiten. Zwar ist man noch lange nicht vor Frösten gefeit, doch kann man schon mit dem Planen der Frühjahrs- und Sommerrabatten beginnen.

▸ FROSTSCHUTZ

Im März und April kann die Temperatur durchaus noch unter die Nullgradgrenze sinken. Vor allem nachts drohen weiter Minusgrade, weshalb man die Wettervorhersage verfolgen und Empfindliches mit Abdeckungen aller Art, ja sogar zerschnittenen Plastikflaschen, schützen sollte. Planen erwärmen nackte Erde für die Aussaat.

▾ SÄMLINGE UMPFLANZEN

Wer in seinen Beeten und Rabatten auf Ein- oder Zweijährige stößt, die sich selbst ausgesät haben, kann sie eintopfen oder an einen geeigneteren Platz umsiedeln. Unter Glas in Gefäßen herangezogene Pflänzchen dürfen nun abgehärtet werden. Ins Freie kommen sie aber erst, wenn ganz sicher keine Spätfröste mehr zu erwarten sind.

▴ FISCHE FÜTTERN

Im März beginnt man mit dem Füttern der Fische. Nehmen Sie zudem das Grün in Augenschein: Uferpflanzen müssen eventuell gestutzt, Wasserpflanzen geteilt oder versetzt werden. Eingemottete Teichpumpen werden geprüft und wieder eingesetzt.

▸ RASEN UND RABATTEN SÄUBERN

Bringen Sie Rasenflächen und Rabatten auf Vordermann. Als Erstes harkt man Moos aus dem Gras und bringt zerfledderte Rasenkanten in Ordnung. Dann befreit man das Grün von mehrjährigen Unkräutern (*siehe* S. 352–353) und sät kahle Stellen nach (*siehe* S. 93). In Rabatten hält man Ausschau nach Unkräutern und jätet sie mit einer Hacke, sobald sie sich zeigen. Zum Schluss werden Beete und Rabatten mit einer dicken Schicht aus organischem Mulch verwöhnt.

◂ SCHNECKEN BEKÄMPFEN

Frische Triebe und Blätter sind Leckerbissen für Schnecken. Man schützt sie mit biologischen Bekämpfungsmethoden wie Nematoden oder streut Bio-Schneckenkorn aus.

▴ OBSTBLÜTEN SCHÜTZEN

Minustemperaturen sind im März und April keine Seltenheit. Schützen Sie Obstblüten, bis keine Fröste mehr drohen. Die Knospen und Blüten von Pfirsichen und Kirschen öffnen sich früh und sind daher besonders gefährdet. Frei stehende Gehölze und Spaliere lassen sich mit Vlies und Luftpolsterfolie isolieren.

▴ BÄUME PFLANZEN

Im März ist die letzte Gelegenheit, wurzelnackte Gehölze während der Vegetationsruhe zu pflanzen. Wer sie versäumt, kauft Pflanzen mit Ballen, denn sie können das ganze Frühjahr ausgepflanzt werden. Nach dem Setzen junger Obstgehölze werden die frischen Blüten abgezwickt, damit die Pflanze ihre ganze Energie in die Entwicklung des Wurzelsystems steckt.

SPÄTFRÜHLING BIS FRÜHSOMMER

Im Juni erreicht der Garten seinen Höhepunkt: Die Rabatten sehen perfekt aus, Gemüse und Beeren stehen in vollem Saft. Halten Sie jetzt besonders sorgfältig Ausschau nach Schädlingen und wässern Sie Ihre Pflanzen bei längerer Trockenheit regelmäßig.

▸ SCHUTZ VOR SCHNECKEN

Schnecken werden von jungen Pflanzen magisch angezogen. Besonders schmecken den schleimigen Kriechern Rittersporn und Funkien. Sehr wirksam kann Bio-Schneckenkorn mit unbedenklichen Wirkstoffen sein, doch lohnt es sich auch, Bierfallen auszuprobieren. Nematoden als biologische Bekämpfung werden im Frühjahr und Sommer mit dem Gießwasser ausgebracht. Ebenfalls eindämmen lassen sich die Tiere mit physischen Hindernissen wie Eierschalen und grobem Kies. Auch Kupferbänder sind wirksam.

▴ GEMÜSE PFLANZEN

Im Frühjahr unter Glas gesätes Gemüse wie Porree, Stangensellerie und Artischocken kommt im Mai ins Freiland, sobald es robust genug ist. Kürbisse und Zucchini werden nach dem letzten Frost ausgepflanzt.

▸ TÖPFE INS FREIE

Exoten und andere nicht winterharte Pflanzen wie Zitrusbäume, die den Winter in der Wohnung verbringen mussten, dürfen nach einer Umgewöhnungszeit – ein plötzlicher Wechsel kann zum Laubfall führen – wieder nach draußen gestellt werden.

◄ WÄSSERN

Je wärmer es wird, desto mehr Flüssigkeit brauchen Pflanzen. Wässern Sie Ihre Gewächse gut – vor allem jene, die erst gepflanzt wurden. Ältere Exemplare mit gut entwickeltem Wurzelsystem brauchen dagegen nicht mehr so häufig gegossen zu werden. Bei ihnen reicht gutes Durchweichen, falls sie wirklich einmal das Laub hangen lassen.

▲ ERNTEN

Nehmen Sie Abdeckungen von Erdbeeren, damit die Früchte in der prallen Sommersonne reifen können. Unter den Beeren streut man eine Lage Stroh, so bleiben sie trocken und liegen nicht direkt auf der Erde. Wässern Sie gut, vor allem wenn es länger nicht regnet – als Belohnung winkt eine reiche Ernte.

▲ SOMMERBEETE BEPFLANZEN

Im Frühjahr bepflanzte Beete und Rabatten können nun freigeräumt werden, denn empfindliche Sommerblumen wie das Fettblatt (*Bacopa*) warten schon auf den Platz – im Mai und Juni droht keine Frostgefahr mehr. Entsprechend riesig ist auch die Auswahl in Gärtnereien und Gartencentern.

▲ HECKEN SCHNEIDEN

Formale immergrüne Hecken, in denen keine Vögel nisten, sollten jetzt leicht geschnitten werden. Ein besseres Ergebnis erzielt man mit Handscheren, denn motorgetriebene Trimmer zerschneiden die Blätter, statt die einzelnen Triebe mit einem sauberen Schnitt abzutrennen. So wird das Laub braun und zerfleddert. Es ist besser, häufiger und weniger stark zu schneiden. Als Markierung dient eine gespannte Schnur. Ein radikaler Rückschnitt ist zwischen 1. März und 30. September verboten.

HOCHSOMMER

Endlich ist die Zeit gekommen, da die viele Arbeit, die man in das Säen und Pflanzen investiert hat, Früchte trägt. Lehnen Sie sich zurück und genießen Sie Ihren Garten. Seine Rabatten und Beete sind eine stimmungsvolle Kulisse für laue Sommerabende. Wässern ist nun die Hauptarbeit.

▸ JUNGE ERBSEN STÜTZEN

Duft-Wicken und Erbsen haben lange, dünne Triebe und müssen gestützt werden, am besten mit dünnen Stangen. Auch kräftige, gerade Zweige, die beim Strauchschnitt angefallen sind, eignen sich. Erbsen halten sich mit Ranken fest.

▾ ESSBARE BLÜTEN ERNTEN

Mit den essbaren, frisch abgezupften Blüten von Kapuzinerkresse, Veilchen und Rosen lassen sich leckere Sommersalate originell garnieren. Sammeln Sie aber nur makellose Blüten, die frei von Schädlingen sind.

▸ HIMBEEREN ERNTEN

Sommerhimbeeren sollten nun reif werden. Der Zapfen im Inneren der Frucht bleibt beim Abzupfen an der Pflanze – die Beeren lösen sich ganz leicht von ihm, sobald sie reif sind. Ernten Sie die Büsche regelmäßig ab, damit keine Früchte an den Ruten faulen.

◄ BLÜTEN ABZWICKEN

Das Entfernen welker Blüten verhindert den Samenansatz und sorgt dafür, dass beispielsweise Rosen für den Rest des Sommers immer wieder Blüten ansetzen. Bei Stiefmütterchen und Petunien ist das Abzwicken der vielen kleinen Blüten etwas umständlich – man kann sie daher gleich mit der Schere stutzen.

▼ KÖRBE PFLEGEN

Farbenfrohe Hängekörbe zeigen sich im Sommer von ihrer besten Seite und begeistern mit üppigen Blütenkaskaden. Damit das so bleibt, müssen sie aber täglich gegossen und regelmäßig gejätet werden. Zur Not nimmt man sie ab und stellt sie einfach eine Weile in einen Eimer Wasser.

◄ WASSER FÜR VÖGEL

Wenn es einmal längere Zeit nicht regnet, wird Wasser für Vögel knapp. Stellen Sie Ihren gefiederten Gartenbesuchern Teiche und Vogelbäder zur Verfügung. Sie sind nicht nur eine gute Trinkwasserquelle, sondern tragen auch dazu bei, dass die Tiere ihr Gefieder sauber halten können.

◄ SPÄTE SOMMERBLUMEN PFLANZEN

Damit die Nachzügler unter den Sommerblumen, etwa Petunien (*Petunia*), Steinkraut (*Alyssum*) und *Nemesia*, noch rechtzeitig einwachsen und blühen, pflanzt man sie nun so bald wie möglich in Hängekörbe, Töpfe und Rabatten. Pflanzen, die nachlassen, nimmt man heraus und ersetzt sie durch frische Exemplare. Füllen Sie alle Lücken, damit der Garten bis zum Saisonende üppig aussieht.

SPÄTSOMMER UND HERBST

Blütenrabatten haben ihre beste Zeit vielleicht hinter sich, doch nun kommt die Zeit des Überflusses. Jetzt kann man die meisten Früchte ernten: Tomaten, Paprika, Mais und Kürbisse sind auf dem Höhepunkt. Bei warmem Wetter kann man ein bisschen aufräumen.

▸ ÄPFEL UND BIRNEN ERNTEN

Die ersten Äpfel und Birnen werden im August reif. Wenn Sie ein paar Früchte unter den Bäumen liegen sehen, wissen Sie, dass Erntezeit ist. Nehmen Sie einen Apfel in die Hand und drehen Sie ihn behutsam – ist er pflückreif, wird er sich leicht und mit intaktem Stiel vom Ast lösen lassen. Ansonsten lässt man ihn noch ein paar Tage hängen, bevor man einen neuen Versuch startet. Birnen werden geringfügig unreif geerntet, sie dürfen dann im Haus noch ausreifen (*siehe S. 265*).

▴ TOMATEN DÜNGEN

Düngen Sie Tomaten weiter wöchentlich mit einem kalireichen Tomatendünger. Außerdem werden die Pflanzen so oft wie möglich gegossen. Sind die Früchte zum Saisonende noch grün, bringt man sie nach drinnen und lässt sie auf einer sonnigen Fensterbank oder in der Obstschale nachreifen. Gelbe und vertrocknete Blätter sowie alles Laub, das um die Früchte herum zu dicht geworden ist, schneidet man ab. Das lässt nicht nur mehr Sonne zu den Früchten, sondern verbessert auch die Luftzirkulation und verhindert Grauschimmel.

▴ LEIMBÄNDER

Frostspannerweibchen sind flugunfähig und kriechen an den Stämmen von Apfel- und Birnbäumen hoch, um im Herbst ihre Eier abzulegen. Man stoppt sie mit Leimbändern, die um den Stamm gebunden werden – und auch an Stützpfosten, damit die Weibchen sie nicht als Brücke nutzen.

▾ ZWIEBELN AUFNEHMEN

Zwiebeln sind erntereif, sobald ihre Blätter umfallen. An einem trockenen Tag arbeitet man sie behutsam aus der Erde und lässt sie zum Trocknen auf dem Beet liegen. Damit sie sich gut lagern lassen und nicht faulen, müssen sie völlig trocken sein. Falls es regnet, deckt man sie mit einer Plane ab oder bringt sie nach drinnen.

▴ TEICHNETZE

Decken Sie Ihre Teiche im Herbst mit Spezialnetzen ab, damit das Herbstlaub nicht ins Wasser fällt und die Wasserqualität beeinträchtigt. Die Netze haben aber noch einen weiteren Vorteil: Die Fische im Teich werden nicht zur Beute von Reihern und anderen Räubern.

◂ HERBSTLAUB ZUSAMMENHARKEN

Abgefallene Blätter sammeln sich im Herbst auf dem Rasen und können das Gras zum Absterben bringen. Zudem lockt das Laub Schnecken an. Man harkt es regelmäßig zusammen und wirft es auf den Kompost – Laubhumus ist wertvolle organische Substanz (*siehe S. 22–23*).

▴ LAVENDEL SCHNEIDEN

Nach dem Verblühen stutzt man Lavendel mit einer Gartenschere moderat. Das fördert die Bildung von Seitentrieben, sodass die Pflanzen buschiger und kompakter wachsen. Auch Rambler-Rosen sollten nach der Blüte zurückgeschnitten werden (*siehe S. 318–319*).

SPÄTHERBST UND WINTER

Im Winter sind Blüten zwar Mangelware, dafür bringen Beeren, immergrünes Laub und Gehölze mit dekorativer Borke etwas Farbe und Leben in den Garten. Nun ist es außerdem an der Zeit, Bilanz zu ziehen und das nächste Frühjahr zu planen.

▶ KRÄUTER UMSIEDELN

Die meisten Topfkräuter überstehen den Winter nicht im Freien. Man bringt sie in ihren Töpfen nach drinnen, bevor die Temperaturen zu sehr in den Keller sinken. Das garantiert eine ständige Versorgung für die Küche, wenn anderer Nachschub aus dem Garten nachlässt. Stellen Sie die Kräuter auf eine Fensterbank, damit sie so viel Wintersonne wie möglich abbekommen, und zwicken Sie Triebspitzen gegebenenfalls ab, um sie zu buschigem Wuchs anzuregen.

▲ SAMENSTÄNDE

Viele Gräser, etwa die vielen Chinaschilf-Arten (*Miscanthus*), haben dekorative Samenstände, die man im Herbst und Winter an der Pflanze lassen kann. Besonders hübsch wirken die fiedrigen Strukturen, wenn sie von Raureif überzogen sind.

▶ OBSTBÄUME PFLANZEN

Jetzt pflanzt man wurzelnackte Gehölze. Bereiten Sie das Erdreich durch Einarbeiten von gut verrotteter organischer Substanz vor, um die Bodenstruktur zu verbessern. Auch eine Dosis Volldünger verhilft den Pflanzen zu einem guten Start.

◂ WINTERSCHNITT VON STRÄUCHERN

Februar und März sind die idealen Monate für den Schnitt vieler Gehölze, etwa von Winterblühern wie der Zaubernuss (*Hamamelis*), die man aber erst nach der Blüte schneidet. Arten wie Zierapfel, Weide oder Hainbuche dürfen ab dem Spätwinter geschnitten werden. Die Zweige leisten als Stützen an anderer Stelle im Garten gute Dienste. Man kann sie aber auch häckseln und auf den Komposthaufen werfen oder als Mulch auf dem Boden verteilen, sobald der Boden sich erwärmt hat.

◂ VÖGEL FÜTTERN

Nahrung ist für Vögel im Winter knapp. Es schadet nicht, wenn man ihnen ein paar Leckerbissen bereitstellt. Im Handel sind verschiedene Mischungen zum Aufhängen oder Ausstreuen erhältlich. Säubern Sie die Nistkästen, damit die Tiere den Unterschlupf im nächsten Jahr wieder annehmen. Außerdem suchen sie sich im Winter Schlafplätze: Wenn sie einen Kasten bereits kennen, wählen sie ihn im Frühjahr bereitwilliger als Nistplatz.

▴ WINTERKÜRBISSE LAGERN

Kürbisse können im Herbst an der Pflanze bleiben, damit sie eine gute Größe erreichen und ihre leuchtende Farbe entwickeln. Im Winter aber bringt man sie nach drinnen, da sie sonst faulen oder angefressen werden. Nach dem Ernten lässt man sie noch ein, zwei Wochen in der Sonne trocknen und lagert sie dann an einem gut durchlüfteten, kühlen Platz ein.

▴ WERKZEUGE SÄUBERN

Nutzen Sie die ruhigen Wintermonate im Garten, um Ihr Arsenal an Werkzeugen vor dem Verstauen zu überprüfen und zu säubern. Alte Töpfe und Schalen, die man nicht mehr braucht, werden gewaschen oder entsorgt, Klingen geschärft. Bringen Sie den Rasenmäher eventuell zur Inspektion – sie brauchen ihn im Winter nicht. Und auf gefrorenem Gras soll man sowieso nicht herumtrampeln!

Wässern Sie Töpfe bei Trockenheit und unter Glas regelmäßig. Verwenden Sie eine Brause, damit die Erde nicht herausgeschwemmt wird.

WÄSSERN

Damit Pflanzen gedeihen, muss man sie gießen – sonst welken und darben sie. Wer ihre Bedürfnisse kennt, kann so wässern, dass das lebensnotwendige Nass dort hingelangt, wo es am dringendsten gebraucht wird.

EFFIZIENTES WÄSSERN

Effizientes Wässern hat für die Gesundheit von Gartenpflanzen größte Bedeutung. Unzureichendes Gießen ist ebenso schlecht, wie Pflanzen so zu überschwemmen, dass die Wurzeln freigelegt werden und das Erdreich erodiert. Bilden sich Pfützen auf der Erdoberfläche und wird der Boden staunass, können unterirdische Pflanzenteile sogar faulen.

Wasser ist ein wertvolles Gut – in ökologischer und finanzieller Hinsicht. Wässern mit Köpfchen reduziert den Verbrauch und schont den Geldbeutel. Um den Feuchtigkeitsverlust durch Verdunstung gering zu halten, gießt man am kühlen Abend oder früh am Morgen, damit so viel Wasser wie möglich zu den Wurzeln gelangt. Manchmal bleibt einem zwar nichts anderes übrig, als in der größten Tageshitze zu gießen, doch sollte man es nach Möglichkeit vermeiden.

Wenn Blumenbeete, Rabatten und Gemüsepflanzungen gewässert werden müssen, hat es wenig Sinn, die Erde lediglich großflächig leicht zu benetzen – das bisschen dringt nicht tief genug in den Boden ein und bringt die Pflanzen nur dazu, Wurzeln knapp unter der Oberfläche zu entwickeln. Das macht sie anfälliger für Trockenheit, was wiederum ein noch häufigeres Gießen nach sich zieht. Viel besser ist es, direkt den Wurzelraum jeder einzelnen Pflanze zu wässern und ihn dabei gründlich zu durchfeuchten.

Durstige Gewächse

Als Erstes gießt man frisch gesetzte Sämlinge, dann ältere Pflanzen. Nicht sparen darf man ferner bei frisch angesätem Rasen oder neu bepflanzten Beeten und Rabatten, Topfgewächsen und den meisten Obst- und Gemüsepflanzen. Haben Sie auch ein Auge auf das Grün unter Bäumen und

TAUCHBAD

Wenn die Pflanzen in einem Hängekorb an heißen Tagen alles hängen lassen, stellt man das Gefäß in eine Schale oder einen Eimer Wasser. Ist der Ballen vollgesaugt, nimmt man den Korb heraus und lässt ihn abtropfen.

Hängekörbe taucht man in Wasser und lässt sie eine Weile darin stehen, damit der Ballen Zeit hat, sich mit Wasser vollzusaugen.

Damit kein Wasser vergeudet wird, wässert man direkt im Wurzelraum. So kann das Nass direkt zu den Wurzeln sickern.

Sämlinge werden gleich nach dem Umpflanzen und eine Zeit lang danach gründlich gegossen, bis sie schließlich gut eingewachsen sind.

Stehen Sie früh auf und gießen Sie, solange die Sonne noch nicht so stark ist. Das verringert den Wasserverlust durch Verdunstung.

Hecken, das manchmal ebenso wenig Niederschlag abbekommt wie Pflanzen, die neben einer Mauer oder einer anderen Begrenzung wachsen und im Regenschatten stehen. Ältere Pflanzen im Freiland brauchen in der Regel weniger Wasser, doch tut ihnen bei Trockenheit ebenfalls etwas Flüssigkeit gut.

Töpfe und Hängekörbe

Sommerregen reicht selten aus, Töpfe und Blumenampeln ordentlich zu durchfeuchten, da das Laub wie ein Regenschirm wirkt. Man gießt die Gefäße also regelmäßig und gründlich, vor allem im Sommer. Beim Bepflanzen von Töpfen lässt man 5 cm Abstand zwischen dem Substrat und dem Rand, damit sich das Wasser auf der Oberfläche sammeln und langsam zu den Wurzeln sickern kann.

Ampeln werden gewässert, indem man die Brause von der Kanne nimmt und das Wasser unter dem Laub direkt auf das Substrat laufen lässt. Stellen Sie Töpfe in Untersetzer, die im Sommer als Reservoir dienen. Am meisten Wasser verlangen Topfpflanzen zwar während der Wachstumsphase, doch brauchen sie auch im Winter gelegentlich eine Dosis.

BEWÄSSERUNG

Für einen kleinen Garten reicht vermutlich eine simple Gießkanne, aber wer ein größeres Grundstück sein Eigen nennt, ist mit einem Schlauch wohl besser bedient. Anstatt ihn mit einem Hahn im Haus zu verbinden, installiert man besser einen Wasseranschluss außen am Haus oder im Garten. Es gibt allerlei Bewässerungssysteme, die ein effizienteres Gießen ermöglichen und Gärtnern das Leben einfacher machen. So kann man an einem Schlauch einen langstieligen Aufsatz anbringen, um zu einzelnen Pflanzen zu gelangen, oder einen Timer an den Wasserhahn anschließen, der Pflanzen über einen Sickerschlauch oder ein anderes Bewässerungssystem automatisch wässert.

Sprinkler verbrauchen Unmengen von Wasser. Man verwendet sie deshalb am besten nur, wenn Rasen frisch angesät bzw. verlegt wurde, aber der Regen ausbleibt.

Reihentropfer in einem Schlauch wässern nur dort, wo Wasser gebraucht wird.

Kleinflächendüsen an einem vergrabenen Schlauch verteilen das Wasser über den Wurzeln.

Gartenschläuche ersparen einem das mühsame Schleppen der Kannen durch den Garten.

Timer lassen sich so einstellen, dass sie auch wässern, wenn man nicht zu Hause ist.

Sickerschläuche auf oder unter der Erde werden um Stauden oder entlang von Reihen verlegt.

Gießstäbe ermöglichen das Wässern von Pflanzen aus einiger Entfernung.

Ein altes Fass sieht nicht nur gut aus, es hat auch einen praktischen Nutzen als Wasserreservoir. Allerdings muss es dicht sein.

WASSER SPAREN

Wasser zu sparen lohnt sich schon allein finanziell. Aber auch der Klimawandel, die Ausbreitung der Städte und die Kosten für die Aufbereitung machen eine Reduzierung des Verbrauchs zum Gebot der Stunde.

CLEVER GIESSEN

Das meiste Regenwasser fließt in die Kanalisation. Reduzieren Sie Ihren Wasserverbrauch, indem Sie dafür sorgen, dass so viel wie möglich zu den Pflanzen gelangt. Schon bei der Gartenplanung achtet man darauf, dass die Neigung von Wegen, Terrassen oder Zufahrten das Nass in Rasen und Beete leitet. Rasen ist relativ robust, muss in unseren immer wärmer und trockener werdenden Sommern aber regelmäßig gewässert werden. Fangen Sie das Regenwasser in Behältern auf und mulchen Sie den Boden mit feuchtigkeitsspeichernden Materialien.

Regenwasser sammeln

Regenwasser lässt sich in unterirdischen Reservoiren auffangen, preiswerter und unkomplizierter aber ist das Aufstellen von Fässern. Es gibt sie in allen Größen von riesigen Tanks bis hin zu schlanken Modellen für den Kleingarten. Man stellt sie unter das Ende eines Fallrohrs oder fügt eine Regenrohrklappe ein. Sinnvoll ist allerdings die Installation eines Überlaufrohrs.

Mulchen

Durch das Bedecken des Erdreichs mit Mulch wie Kies, Laubhumus, Komposterde, Rindenschnipseln oder gut verrottetem Stallmist verringert man die Verdunstung und unterdrückt zudem Unkräuter, die mit den Gartenpflanzen um Nährstoffe konkurrieren. Mulch wird am besten in der zweiten Frühjahrshälfte und im Herbst ausgebracht, wenn der Boden feucht und warm ist.

Fangen Sie Regenwasser vom Haus-, Schuppen- und Gewächshausdach in Fässern auf. Ein Deckel verhindert Verdunstung und Mückenschwärme.

Selbst Abflussrohre für eine erhöhte Terrasse können als zusätzliche Wasserquelle für Blumenbeete darunter dienen.

BRAUCHWASSER

Brauchwasser aus dem Spülbecken, Bad und der Waschmaschine kann man im Garten recyceln, sofern man umweltfreundliche Spül- und Waschmittel verwendet. Strecken Sie es zusätzlich mit frischem Wasser.

Spülen Sie Brauchwasser nicht in die Kanalisation, sondern wässern Sie Ihre Zierpflanzen damit – nicht jedoch die Nutzpflanzen.

Im Winter und zeitigen Frühjahr ist ein Mulchen nicht ratsam, da der Boden kalt ist und die isolierende Schicht seine Erwärmung verzögern kann. Am effektivsten ist Mulch, wenn man ihn auf feuchter Erde ausbringt. Sollte es vorher nicht geregnet haben, wässert man gründlich und wartet, bis das Oberflächenwasser versickert ist. Eine 5–7 cm dicke Schicht reicht, sie darf aber weder Triebe berühren noch niedrige Gewächse bedecken. In neuen Rabatten und Beeten kann man eine durchlässige Unkrautfolie verlegen (*siehe S. 350*). Pflanzen Sie durch Schlitze und streuen Sie anschließend Mulch auf die Folie.

Unansehnliche durchlässige Folien werden mit Rindenschnipseln oder Kies kaschiert. So entsteht eine saubere, unkrautfreie Fläche.

Eine Schicht Kies um die Basis von Pflanzen reicht aus, um Feuchtigkeit im Wurzelraum zu speichern. Wässern Sie aber vor dem Streuen.

SIE MÖGEN ES TROCKEN

Acanthus spinosus (Stacheliger Akanthus)
Cistus × lenis 'Grayswood Pink' (Zistrose)
Elaeagnus angustifolia (Ölweide)
Eryngium × oliveranum (Edeldistel)
Euphorbia myrsinites (Wolfsmilch)
Foeniculum vulgare 'Purpureum' (Purpurfenchel)
Iris unguicularis (Winter-Iris)
Lavandula (Lavendel)
Salvia officinalis (Salbei)
Salvia rosmarinus (Rosmarin)
Sempervivum arachnoideum (Spinnweben-Hauswurz)
Stachys byzantina (Wollziest)
Stipa tenuissima (Federgras)

TÖPFE WENIGER WÄSSERN

Töpfe trocknen schneller aus als der Boden im Freiland. Um den Wasserverbrauch möglichst gering zu halten, bepflanzt man die Gefäße nicht zu dicht, sorgt dafür, dass die Wurzeln nicht zu eng stehen, und verwendet größere Töpfe, da sie das Wasser besser speichern. Blumenerde lässt sich gut durchfeuchten, falls sie einmal austrocknen sollte.

Wählen Sie das Material mit Bedacht. Plastiktöpfe speichern Wasser besser als poröser Ton. Stehen Ihre Gewächse in Metalltöpfen, sollte man sie nicht in der prallen Sonne platzieren, damit Substrat und Wurzeln kühl bleiben. Arrangieren Sie Töpfe zu Gruppen – sie schattieren sich so gegenseitig. Zudem stellt man die Gefäße auf Untersetzer, um ablaufendes Wasser aufzufangen. Das Substrat wird mit Rindenschnipseln, Kies oder Humus bedeckt – das sieht gut aus und reduziert die Verdunstung.

Mulch aus Rindenschnipseln oder biologisch abbaubarem Material bewahrt Feuchtigkeit.

Gelkugeln werden vor dem Bepflanzen in das Substrat gemischt. Sie speichern Wasser.

Tontöpfe sehen gut aus, doch verdunstet Wasser in ihnen schneller als in Plastikgefäßen.

Stellen Sie Töpfe zusammen, damit sie sich gegenseitig beschatten und der Ballen kühl bleibt.

Tropfbewässerung aus einem an einen Timer angeschlossenen Schlauch spart Wasser.

Größere Kunststoffgefäße sind ideal für durstige Pflanzen, da sie Wasser besser speichern als Ton.

Lösliche Dünger sind leicht anzuwenden und lassen sich mit einer Gießkanne ausbringen. Lesen Sie immer die Gebrauchshinweise.

DÜNGEN

Gartenpflanzen gedeihen nur, wenn man ihnen die passenden Nährstoffe zur richtigen Zeit und in der optimalen Dosis zur Verfügung stellt. Wer angemessen düngt, wird mit gesunden Blättern, Blüten und Früchten belohnt.

DÜNGEMETHODEN

Das Angebot an Düngern ist groß – es reicht von Dung und Humus über Flüssigpräparate bis hin zu Granulat und Pulver. Einige sind anorganisch, andere aus Pflanzenabfällen oder tierischen Ausscheidungen hergestellt.

Manche Dünger enthalten die drei wichtigsten Nährstoffe Stickstoff (N), Phosphor (P) und Kalium (K) in gleichen Anteilen – die Pflanzen brauchen sie für gesundes Wachstum. In anderen ist der Anteil eines Elements höher, was je nach Gewichtung die Entwicklung von Wurzeln, Laub oder Früchten fördert. Der Handel bietet ferner Spezialdünger für bestimmte Pflanzengruppen oder Verwendungszwecke an, etwa Orchideen-, Tomaten-, Zitrus- oder Bonsaidünger, außerdem eisenhaltige Präparate und solche für Kalkflieher.

Trockendünger

Dünger in Granulat- oder Pulverform kommen überwiegend bei älteren Pflanzen oder beim Aufbereiten des Bodens vor dem Bepflanzen zum Einsatz. Sie werden im Frühjahr um eingewachsene Pflanzen gestreut oder in die Erde eingearbeitet. Wer größere Flächen düngen will, teilt das Areal mit Stäben in quadratmetergroße Parzellen ein, damit eine gleichmäßige Ausbringung gewährleistet ist. Tragen Sie beim Umgang mit Trockendüngern Handschuhe.

Langzeitdünger

Langzeitdünger gehört zu den Trockendüngern und wird in Pulverform oder als Granulat in den Boden bzw. in Topferde eingearbeitet. Er gibt seine Nährstoffe nur langsam frei, braucht also nur einmal pro Saison ausgebracht werden.

DIE DOSIS MACHT'S

Die optimale Dosis ist beim Düngen das A und O. Zu wenig führt zu schwachem Wuchs, zu viel führt zu weichen, saftigen Trieben, die anfällig für Blattläuse und Fröste sind und leicht umfallen.

Ein Blick reicht meist, um zu sehen, ob es einer Pflanze an einem Nährstoff fehlt. Blätter, die am Rand und zwischen den Adern gelb werden, leiden oft an Eisenmangel.

Langzeitdünger werden auf dem Boden um Pflanzen verstreut. Über das Wasser gelangen ihre Nährstoffe direkt zu den Wurzeln.

Organische Substanzen sind sehr wertvoll. Sie reichern den Boden mit Nährstoffen an und verbessern obendrein seine Struktur.

Flüssigdünger

Flüssigdünger wird verdünnt auf den Boden bzw. die Topferde gegossen oder – als Blattdünger – mit einer Sprühflasche verteilt. Er wirkt sofort und ist daher sinnvoll bei Pflanzen, die generell an Nährstoffmangel leiden. Flüssigdünger mit hohem Kaliumanteil eignen sich besonders für Obst- und Gemüsepflanzen wie Tomaten, Paprika und Erdbeeren. Außerdem verlängern sie die Blüte von Einjährigen. Seetangjauche ist ein guter Bio-Dünger für Gartenpflanzen. Man verdünnt Flüssigdünger entsprechend den Anweisungen des Herstellers. Gelbes Laub (Chlorose) deutet auf Nährstoffmangel hin. Er lässt sich mit Flüssigdünger rasch beheben, doch muss man vorher sichergehen, dass nicht schlechte Dränage, eine Krankheit oder ein anderes Problem die Blattverfärbung verursacht hat.

Stalldung

Das Einarbeiten von Dung in den Boden verbessert dessen Struktur und Wasserspeicherfähigkeiten, fördert die Ausbreitung nützlicher Bodenorganismen und reichert die Erde mit Nährstoffen an. Man bringt Stallmist in gut verrotteter Form im Herbst als 5–8 cm dicke Schicht um ältere Pflanzen aus oder gräbt ihn vor der Bepflanzung im Frühjahr in den Boden ein.

Flüssigdünger geben Nährstoffe sofort frei. In den Boden gegossen oder auf das Laub gesprüht, bringen sie Pflanzen im Nu auf Vordermann.

Topfpflanzen müssen häufiger gedüngt werden als ihre Vettern im Freiland. Eine Kopfdüngung mit einem Volldünger lässt sie besser gedeihen.

Reifer Stallmist wird am besten im Spätwinter ausgebracht, damit er sich zersetzen kann und seine Nährstoffe im Frühjahr verfügbar sind.

So bekommen Sie guten Humus

Sie können sich Ihren Humus selbst herstellen – das spart Geld und ist gut für die Umwelt. Werfen Sie grüne und braune Abfälle auf Ihren Komposthaufen. Zum grünen Material gehören Rasenschnitt, einjährige Kräuter, Schnittabfälle und andere weiche Pflanzenreste, die rasch verrotten. Das braune Material umfasst zerkleinerten Karton und Herbstlaub – beide sind trocken, enthalten viel Kohlenstoff und verbessern die Struktur der Komposterde. Während grünes Material allein faulen und übel riechen würde, sorgt das braune für eine reiche, krümelige Struktur. Nicht auf den Kompost gehören Haustierkot, Fleisch, Gekochtes, kranke Pflanzen und mehrjährige Unkräuter.

1 Einen Komposter auswählen, der Ihren Bedürfnissen entspricht, und ihn dort aufstellen, wo er gut erreichbar ist und gepflegt werden kann.

2 Nicht gekochte Küchenabfälle, Pflanzenreste und Grasschnitt einfüllen, keinesfalls jedoch mehrjährige Unkräuter und krankes Pflanzenmaterial.

3 Schichtweise grünes und braunes Material einfüllen. Dadurch bekommt die fertige Komposterde bzw. der Humus eine gute Struktur und Textur.

4 Den Inhalt des Komposters regelmäßig mit einer Grabgabel umarbeiten, um alle verrottenden Materialien gut zu mischen und zu durchlüften.

Töpfe sind ein vorzüglicher Lebensraum für viele Pflanzen und die ideale Lösung, wenn Platz knapp ist oder man Kräuter griffbereit haben möchte.

TOPFKULTUR

Viele Pflanzen gedeihen in Gefäßen prächtig – ja, man kann sogar so ziemlich alles von Bäumen bis zu Minizwiebeln und von Obst und Gemüse bis hin zu Wasserpflanzen wie etwa Seerosen in ihnen ziehen.

GEFÄSSE BEPFLANZEN

Ob Sie ein lebendiges Arrangement in Sommerfarben oder einfach nur einen Blickfang brauchen, entscheidend für eine erfolgreiche Topfkultur ist, dass Sie allen Pflanzen angemessene Bedingungen bieten.

Wählen Sie Gefäße aus, die zu Ihrem Gartenstil und den Pflanzen passen. Hochwertige Tontöpfe eignen sich für formale, klassische Anlagen, während verzinkte Metallwürfel, Zylinder und Kegel eher etwas für moderne Anlagen sind. Schwarze und weiße Terrazzotöpfe wirken edel und originell und fügen sich in viele Stile ein. Leichte Kunststofftöpfe sind für Dachgärten und Balkone zu empfehlen.

Wie groß der Topf sein soll, hängt von der Pflanze ab. Wenn Sie ihren Wurzelballen hineinstellen, muss um ihn herum und darunter noch Platz sein. Bäume, Sträucher oder Pflanzengruppen brauchen große Gefäße, Kräuter, Zwiebelpflanzen und Stauden haben für gewöhnlich auch in kleineren Töpfen Platz.

Entscheidend ist die passende Erde. Gehölze und Stauden brauchen ton-

Terrassentöpfe bepflanzen

Gefäße, die auf Terrassen oder anderen befestigten Flächen stehen sollen, sind leicht zu bepflanzen, müssen aber dennoch gut vorbereitet werden. Wählen Sie einen Topf mit Abzugsloch, in dem Ihre Pflanzen ausreichend Platz haben. Auf den Boden kommen Tonscherben, dann füllt man das Gefäß bis 5 cm unter dem Rand mit Substrat, damit das Wasser beim Gießen später nicht herausschwappt. Stellen Sie den Topf auf Füße, damit überschüssiges Wasser gut ablaufen kann. Das verhindert Staunässe im unteren Bereich des Topfballens, die Wurzeln faulen lässt. Zudem verfärben Wasserpfützen den Boden und das Gefäß und bringen die Wurzeln dazu, aus dem Topf herauszuwachsen, was unschön aussieht.

1 Tontöpfe werden vorbereitet, indem man sie vor dem Bepflanzen gründlich mit der Gießkanne oder einem Wasserschlauch tränkt.

2 Boden mit Tonscherben oder Styroporbrocken bedecken, damit keine Erde aus dem Abzugsloch geschwemmt und unnötig viel Substrat verbraucht wird.

3 Topf mit Erde füllen, jedoch nicht ganz bis zum Rand, um später wässern zu können. Langzeitdünger nach den Angaben des Herstellers in das Substrat einarbeiten.

4 Pflanzen setzen, aber dazwischen genug Platz lassen, damit sie sich noch ausbreiten können. Boden um die Wurzeln leicht andrücken und gut wässern.

haltiges Substrat, z. B. Einheitserde Typ T, weil sie Feuchtigkeit speichert und recht schwer ist, sodass der Topf nicht so leicht umfällt. Blumenerde ist ideal für kurzlebige Arrangements. Eine dekorative Mulchschicht unterdrückt Unkraut und speichert Feuchtigkeit.

Gruppieren Sie Gefäße zu interessanten Arrangements. Die Töpfe dürfen durchaus unterschiedlich sein, zu viele Materialien aber wirken wirr.

Ein schlichter Topf mit einer schön geformten Pflanze kann ein Blickfang sein oder aber das Auge zu dem lenken, was sich dahinter befindet.

KOPFDÜNGUNG

Pflanzen, die dauerhaft in Gefäßen wachsen, lassen manchmal nach und brauchen daher im Frühjahr eine Energiespritze. Entfernen Sie die oberste Substratschicht und ersetzen Sie sie durch frische Erde, in die ein Dünger eingearbeitet wurde.

Eine Kopfdüngung mit frischer Erde ist Balsam für Topfpflanzen. Streut man obendrein Rinden- oder Kiesmulch darauf, muss man weniger wässern und jäten.

Hängekörbe bepflanzen

Hängekörbe lassen sich so bepflanzen, dass sie entweder ganzjährig einen interessanten Pflanzenschmuck bilden oder aber saisonale Farbakzente setzen. Sie sind in den verschiedensten Größen und Stilen mit festen oder offenen Seitenwänden erhältlich. Die Körbe müssen innen ausgeschlagen werden, um die Erde zu halten, etwa mit Karton, Jute auf einer Seite, Kokosfaser oder künstlichem Moos. Sie machen sich das Bepflanzen leichter, wenn Sie das Gefäß in einen größeren Topf oder Eimer stellen, damit es nicht verrutscht. Füllen Sie es mit speziellem Substrat für Hängekörbe oder mit einer eigenen Mischung aus Blumenerde, Langzeitdünger und Gelkugeln.

1 Wenn der Hängekorb nicht schon ausgeschlagen ist, entsprechendes Material zurechtschneiden. Pflanzlöcher in die Seiten schneiden.

2 Korb zur Hälfte mit einer Mischung aus Blumenerde, Düngergranulat und Gelkugeln füllen. Seitlich in die Löcher Pflanzen stecken.

3 Mehr Substrat einfüllen, sobald die Seiten begrünt sind. Nun die Oberfläche so bepflanzen, dass die Pflanzen nach oben wachsen oder seitlich herabhängen.

4 Erde festdrücken, dann den ganzen Hängekorb mit einer feinen Brause gründlich wässern. Korb abtropfen lassen und schließlich aufhängen.

Gutes Aussehen ist keine Hexerei: Entfernen Sie welke Blüten, da dies die Pflanzen manchmal zur Bildung frischer Blütentriebe anregt.

ÜPPIGE BLÜTE

Jeder möchte in seinem Garten möglichst viel Farbe haben – und bei guter Pflanzenpflege ist das auch nicht schwer zu erreichen. Hier ein paar Tipps, wie man Zierpflanzen dazu bringt, länger und reicher zu blühen.

BLÜTEZEIT VERLÄNGERN

Das Entfernen welker Blüten, das Abzwicken von Triebspitzen sowie das Ausdünnen verdichteter Zwiebelpflanzen und Stauden sind ebenso einfache wie wirkungsvolle Maßnahmen, um Pflanzen schöner aussehen zu lassen. Sie werden zu unterschiedlichen Jahreszeiten durchgeführt.

Welke Blüten entfernen

Die meisten Pflanzen stecken nach dem Verblühen ihre ganze Energie in die Produktion von Samen. Man kann sie jedoch dazu bringen, länger zu blühen, indem man ihren Flor sofort abzwickt, wenn er zu welken beginnt.

Meistens lassen sich die Blüten mit Daumen und Zeigefinger abzwicken, doch wenn sie an dickeren Stängeln stehen oder ein exakterer Schnitt notwendig ist, wie zum Beispiel bei Rosen, schneidet man sie besser mit der Gartenschere ab.

Es gibt einige sterile Sorten, die keine Samen ansetzen und auch dann weiterblühen, wenn man ihre Blüten nicht entfernt. Trotzdem kann man sie abzwicken, um den Gesamteindruck zu verbessern und die Ausbreitung von Krankheiten oder Fäulnis bei feuchtem Wetter zu verhindern.

Andere Gewächse wiederum säen sich sehr stark selbst aus, etwa einjähriger Mohn, und können lästig werden. In solchen Fällen verhindert ein Entfernen von Blüten, dass überall unerwünschte Sämlinge sprießen.

Triebspitzen abzwicken

Überlässt man manche Gewächse sich selbst – ob im Freiland oder in Töpfen –, entwickeln sie einen langbeinigen, dünnen Wuchs und letztendlich ent-

Wird Verblühtes entfernt, sieht die Pflanze nicht nur besser aus, sie konzentriert ihre Energie dann auch auf die Bildung neuer Blüten.

Das Abzwicken von Triebspitzen »bremst« den Drang nach oben und fördert die Bildung von Trieben von unten her. Die Pflanze wird buschiger.

STÜTZEN

Dünnstängelige oder kopflastige Stauden brauchen im Sommer Stützen, die schon im März aufgestellt werden sollten. Große Horste hält man mit Stützringen zusammen, vieltriebige Stauden mit Maschendrahtringen.

Helfen Sie Pflanzen, den Kopf hochzuhalten. Die Stützen werden schon aufgestellt, bevor die Triebe zu groß werden.

täuschende Farben. Durch frühes Abzwicken der Triebspitzen fördert man einen buschigeren Wuchs von der Basis her, sodass die ganze Pflanze ausgewogener wirkt, stabiler steht und reicher blüht. Manche Ziergewächse, Duftwicken etwa, müssen nur einmal auf diese Weise zurückgestutzt werden, doch andere sollte man im Sommer regelmäßig in ihrem Wuchsdrang bremsen – Fuchsien und Petunien gehören dazu.

Als Faustregel gilt: Zwicken Sie 2–5 cm der Triebspitze ab, sobald die Pflanze etwa ein Drittel ihrer endgültigen Höhe erreicht hat.

Zwiebelpflanzen ausdünnen

Im Lauf der Jahre bilden die meisten Zwiebelpflanzen so dichte Horste, dass sie aufhören zu blühen – sie werden »blind«. Man verjüngt sie, indem man die Horste vorsichtig mit einer Grabgabel aufnimmt, sobald die Blätter im Herbst einziehen, und die Zwiebeln trennt. Abgestorbene, kranke oder kümmerliche Exemplare werden entfernt, den Rest pflanzt man wieder in gut vorbereitete Erde. Die meisten Zwiebeln müssen alle drei, vier Jahre ausgedünnt werden, doch sollte man sich einfach von ihrer Blühfreude leiten lassen und sie erst dann aus der Erde holen, wenn sie nachlassen.

Ältere Zwiebelkolonien lassen sich oft nur schwer in einem Stück aus dem Boden aufnehmen. Hebeln Sie mehrere kleine Horste heraus.

PFLANZEN

Stauden, denen eine gelegentliche Teilung guttut

Achillea (Garbe)
Astilbe (Astilbe)
Coreopsis (Mädchenauge)
Helenium (Sonnenbraut)
Hylotelephium (syn. *Sedum*) *spectabile* (*Prächtige Fetthenne*)
Iris (Iris)
Monarda (Indianernessel)
Rudbeckia (Sonnenhut)
Stachys byzantina (Wollziest)

Stauden, die man nicht stören sollte

Anemone × *hybrida* (Anemone)
Aquilegia (Akelei)
Crocosmia (Montbretie)
Dicentra spectabilis (Tränendes Herz)
Dierama (Trichterschwertel)
Helleborus (Christrose)
Hemerocallis (Taglilie)
Paeonia (Pfingstrose)

Stauden aufnehmen und teilen

Viele Stauden werden irgendwann zu groß oder verlieren mit den Jahren ihre Wuchskraft – die Folge sind blühunwillige Stauden. Andere verkahlen von innen her und bilden hässliche Ringe um eine kahle Mitte. Man verjüngt sie während der Ruhephase im Spätherbst oder Vorfrühling. Zu Saisonbeginn geteilte Pflanzen wachsen rascher wieder ein, weil der Boden feucht ist und sich schneller erwärmt. Die meisten Stauden muss man alle zwei, drei Jahre teilen, manche sogar öfter, weil sie sich rasch ausbreiten. Andere blühen besser, wenn es ihnen etwas zu eng ist, wieder andere vertragen Störungen gar nicht. Das Teilen ist zudem eine nützliche Vermehrungsmethode (*siehe S. 332*).

1 Pflanze vorsichtig mit einer Grabgabel aufnehmen, aber die Wurzeln dabei nicht verletzen. Am Horst haftende Erde behutsam abschütteln.

2 Zwei Spaten mit dem Rücken zueinander in die Mitte des Horsts stechen und auseinanderdrücken, sodass sich der Pflanzenballen teilt.

3 Die beiden Hälften gegebenenfalls mit der Hand noch einmal in kleinere Stücke teilen. Ungesunde Stücke entsorgen und Unkräuter aus den Horsten herauszupfen.

4 Die frisch getrennten Teilstücke an ihren neuen Standort in derselben Tiefe wie zuvor pflanzen. Boden um die Wurzeln gut festdrücken.

Baumfarne im Freiland können nicht unter Glas gebracht werden. Man schützt sie an ihrem Standort, so gut es nur geht.

WINTERSCHUTZ

In der kalten Jahreszeit setzen Fröste, beißende Winde, Stürme und Schnee den Pflanzen zu. Harte Winter bringen meist ein paar Verluste mit sich, doch guter Winterschutz begrenzt die Ausfälle auf ein Minimum.

WINTERSCHUTZ

Strenge Fröste können Pflanzen an der Grenze zur Winterhärte den Garaus machen. Sichern Sie sich ab, indem Sie die heiklen Kandidaten schon vorab in Sicherheit bringen oder gut einpacken und so für die kältesten Tage des Jahres wappnen.

Frostempfindliche Zwiebeln und Knollen werden aus dem Boden genommen, fast winterharte Sträucher und andere Pflanzen kann man dagegen draußen lassen, wenn man sie in Sackleinen, Vlies und Stroh einpackt – am besten schon im Spätherbst, bevor es richtig kalt wird. Lorbeerkirschen (*Prunus laurocerasus*) oder die Fädige Palmlilie (*Yucca filamentosa*) beispielsweise brauchen Winterschutz, wenn Temperaturen unter –15 °C drohen. Exoten benötigen besondere Zuwendung. Der Australische Baumfarn (*Dicksonia antarctica*) etwa übersteht Temperaturen bis –10 °C, wenngleich er ab –5 °C seine Wedel verliert. In milden Weinbaugebieten kann man ihn durchaus im Freien über die Runden bringen, sofern man Stroh in die Krone stopft, die Wedel zusammenbindet und dick in Vlies oder Luftpolsterfolie einwickelt. Bei mildem Wetter packt man ihn wieder aus, damit die Luft zirkulieren kann. Die Faserbanane (*Musa basjoo*) verträgt Temperaturen, bis –15 °C, wenn man ihre Blätter abschneidet, Maschendraht um den Stamm spannt, das Innere mit Stroh füllt und um das Äußere eine Folie wickelt. Im Handel sind inzwischen spezielle Überwinterungssysteme erhältlich.

ABDECKUNGEN

Im Freiland überwinternde Gemüse- und Obstgewächse oder frühe Aussaaten lassen sich mit Folientunneln, Plastikabdeckungen oder Vlies vor starken Frösten und übermäßiger Winternässe schützen.

Eine einfache Haube reicht oft schon aus, um junge Pflänzchen im Frühjahr vor Spätfrösten zu schützen.

Die Ballen von Topfpflanzen im Freien packt man dick in Luftpolsterfolie oder Sackleinen ein und bindet eine Schnur außen herum.

Empfindliche Blüten von Obstgehölzen an Mauern werden mit einer Abdeckung aus Gartenvlies vor Frostschäden bewahrt.

Topfpflanzen

Gefährdet sind auch Topfpflanzen. Man bringt sie nach Möglichkeit in einem kühlen Wintergarten oder einem frostfreien Gewächshaus unter. Pflanzen in Winterruhe, die wie z. B. Fuchsien kein Licht brauchen, kann man in Garagen und Schuppen überwintern. Wenn man keinen entsprechenden Platz dafür hat oder die Gefäße so schwer sind, dass sie sich nicht mehr bewegen lassen, muss man sich anders behelfen.

Eine Möglichkeit ist, den Wurzelballen dick in Luftpolsterfolie, Sackleinen oder Vlies einzupacken. Man kann die Pflanzen aber auch vor einer Hauswand postieren, wo es ein paar Grad wärmer ist, und sie eng zusammen stellen, sodass sie sich gegenseitig isolieren. Zusätzlich wickelt man die ganze Gruppe geschlossen ein.

Ein weiteres Problem für Topfpflanzen ist übermäßige Winternässe. Staut sich das Wasser in den Gefäßen, können Wurzeln ersticken und faulen. Man stellt sie daher in den Regenschatten von Mauern oder an andere geschützte Stellen und platziert sie auf Topffüßen, damit überschüssiges Wasser ablaufen und die Luft um die Wurzeln zirkulieren kann.

Tropenpflanzen wie Bananen (oben) und Palmen vertragen keinen Frost. Kann man sie nicht nach drinnen bringen, packt man sie gut in Stroh.

NICHT WINTERHART

- *Bougainvillea* (Bougainvillee)
- *Brugmansia* (Engelstrompete)
- *Callistemon* (Lampenputzerstrauch)
- *Canna* (Blumenrohr)
- *Clerodendrum bungei* (Losstrauch)
- *Cordyline australis* (Keulenlilie)
- *Dahlia* (Dahlie)
- *Dicksonia antarctica* (Australischer Baumfarn)
- *Eucomis* (Schopflilie)
- *Fuchsia* (Fuchsie)
- *Galtonia* (Sommerhyazinthe)
- *Gladiolus* (Gladiole)
- *Hedychium* (Kranzblume)
- *Leonotis leonurus* (Löwenohr)
- *Melianthus major* (Honigstrauch)
- *Musa basjoo* (Faserbanane)
- *Pelargonium* (Geranie)
- *Punica granatum* (Granatapfel)
- *Tigridia* (Pfauenblume)

Zwiebeln und Knollen lagern

Nehmen Sie nicht winterharte Zwiebeln und Knollen in der kalten Jahreszeit auf, um sie unter Glas zu lagern. Dahlien, Schopflilien, Blumenrohr, Gladiolen, Pfauenblumen, Sommerhyazinthen und andere Sommerblüher sollten im Herbst aus der Erde geholt werden, sobald das Laub einzuziehen beginnt. Man nimmt sie auf und lässt sie gut trocknen, damit sie in ihrem Winterlager nicht faulen. Als Winterquartiere geeignet sind Garagen, Schuppen und andere trockene, frostfreie Räume. Vor dem Einlagern etikettiert man sie gut, um sie im Frühjahr vor dem Auspflanzen problemlos identifizieren zu können. Prüfen Sie sie im Winter gelegentlich auf Anzeichen von Fäulnis oder Schimmel.

1 Zwiebeln im Herbst mit einer Grabgabel aufnehmen, dabei aber Beschädigungen vermeiden. Verletzte Exemplare wegwerfen.

2 Erdreste abwischen, welkende Blätter entfernen und die Zwiebeln auf einem Drahtgitter trocknen lassen. Später in Schachteln oder sandgefüllte Kisten legen.

1 Knollen im Herbst aus der Erde holen. Dazu mit einer Grabgabel ringsum den Horst lockern, um eine Beschädigung der Wurzeln zu vermeiden.

2 Erde abschütteln, eventuell welke Blätter und Triebe entfernen und Knollen völlig trocknen lassen. Danach letzte Erdreste abwischen und Knollen lagern.

Viele Bäume brauchen einen regelmäßigen Schnitt, damit sie nicht zu groß werden und eine attraktive Form bewahren.

SCHNITT

Durch einen Schnitt kann man das Wachstum der Pflanzen beeinflussen. Er macht Obstgehölze ertragreicher und lässt Zierpflanzen gut aussehen. Sie sollten aber wissen, wann, wo und wie Sie schneiden müssen.

WARUM SCHNEIDEN?

Manche Hobbygärtner scheuen vor dem Schneiden von Pflanzen zurück. Doch ausgerüstet mit dem geeigneten Werkzeug und ein bisschen Know-how können sie das Aussehen und die Wuchskraft ihrer Pflanzen verbessern, ohne ihnen zu schaden.

Ein starker Rückschnitt regt Pflanzen zu einem starken Neuaustrieb von unten her an. Am Ende von Trieben befindet sich eine endständige Knospe, die kräftiger ist als die an den Seiten, aus denen sich Seitentriebe entwickeln. Schneidet man diese endständige Knospe ab, konzentriert sich die Pflanze auf die Seitenknospen – ein buschigerer, dichterer Wuchs ist die Folge.

Es gibt viele Gründe, Pflanzen auf diese Weise zu schneiden. Wenn man sie sich selbst überlässt, entwickeln sie ein unansehnliches Dickicht, in dem sich Schädlinge und Krankheiten wohlfühlen. Vernachlässigte Gewächse verlieren überdies an Wuchskraft, blühen schlecht und setzen weniger Früchte an.

Durch einen Schnitt bewahrt man ihre schöne Form und verhindert, dass sie kleinere Nachbarn überwuchern. Das ist vor allem in Kleingärten ein Thema. Kräftiges Zurückstutzen fördert den Austrieb von Blättern, die größer und leuchtender als reifes Laub sind. Manche Gewächse, die wegen ihrer dekorativen Winterfarbe kultiviert werden, setzen nach einem Schnitt

SCHNITT OHNE SCHERE

Für einen sauberen Schnitt ins Holz benötigt man Werkzeug, aber weiches Grün kann auch mit der Hand zurückgestutzt werden. Zwicken Sie Triebe mit Daumen und Zeigefinger ab, um einen buschigen Wuchs zu fördern.

Junge, frische Triebe können sauber mit den Fingern abgetrennt werden, ohne dass es der Pflanze schadet.

Schräge Schnitte setzt man an Ästen mit wechselständigen Knospen an. Schneiden Sie den Trieb knapp über einer gesunden Knospe ab.

Gerade Schnitte braucht man für Triebe mit gegenständigen Knospen. Setzen Sie die Schere direkt über zwei gesunden Knospen an.

Das passende Werkzeug ist entscheidend für einen guten Schnitt. Dann entstehen glatte Wunden und Infektionen werden verhindert.

GESETZLICHE VORGABEN

Um brütende Vögel nicht zu stören, sind in Deutschland radikale Rückschnitte und die Rodung von Gehölzen zwischen dem 1. März und 30. September untersagt. Die im Garten üblichen Pflegeschnitte sind jedoch erlaubt, auch die von Obstgehölzen. Am besten erkundigen Sie sich bei Ihrer Gemeinde, was erlaubt ist, vor allem, wenn es um Hecken geht.

SCHNITTWERKZEUG

Gartenscheren nimmt man für Triebe bis 1,5 cm Dicke, Baumsägen für stärkere Äste. Für sie gibt es auch Teleskopstangen, um in größerer Höhe zu schneiden. Handheckenscheren nimmt man für Formschnitte, bei größeren Hecken lohnen sich eventuell Motorheckenscheren.

Astsägen an langen Stangen machen das Entfernen von Ästen in großer Höhe leichter und sicherer, denn man kommt ohne Leiter aus.

farbenfrohe neue Triebe an. Regelmäßiges Auslichten entfernt kranken und verletzten Wuchs und hält die Pflanzen gesund. Wie stark geschnitten wird, hängt von der jeweiligen Art ab – manchen genügt ein leichtes Zurückstutzen.

WANN MAN SCHNEIDET

Der Schnittzeitpunkt ist sehr wichtig: Setzt man die Schere oder Säge zur falschen Zeit an, entfernt man vielleicht Blütentriebe oder macht die Pflanze anfällig für Frostschäden. Als Faustregel für Sträucher bzw. Kletterpflanzen gilt: Kurz nach der Blüte wird leicht gestutzt. Eine Ausnahme bilden Forsythien, die man kräftig verkleinern kann, wenn sie zu groß werden. Blüht ein Gewächs aber nach dem längsten Tag im Jahr, schneidet man es für gewöhnlich im Frühjahr zurück. Auch hier gibt es natürlich Ausnahmen, weshalb man sich bei jeder Art nach dem idealen Schnittzeitpunkt erkundigen sollte. Immergrüne Sträucher werden in der Regel zwischen Juni und Herbst geschnitten: Weil weicher Wuchs frostanfällig ist, lässt man den Gehölzen noch genügend Zeit, holzige Triebe zu entwickeln, bevor es richtig kalt wird.

Dünne Triebe werden mit einer scharfen Gartenschere geschnitten.

Für dickere Äste von Bäumen und Sträuchern braucht man eine Baumsäge.

Eine Bügelsäge ist ideal für Äste ab 15 cm Dicke. Man kann mit ihr sogar Brennholz sägen.

Astscheren erleichtern den Schnitt von 1 cm dicken Ästen an schwer zugänglichen Stellen.

Motorheckenscheren machen das Schneiden und Formen großer Hecken einfach.

Handheckenscheren eignen sich für kleinere Hecken und zum Schneiden von hohem Gras.

Wer unsicher ist, wie viel er abschneiden darf, stutzt Sträucher in kleinen Etappen zurück – mehr kann man später immer noch entfernen.

STRÄUCHERSCHNITT

Damit Sträucher nicht zu groß werden und eine ausgewogene Struktur behalten, schneidet man sie regelmäßig zurück. Ein Schnitt zum rechten Zeitpunkt hält sie außerdem gesund und blühfreudig.

WARUM SCHNEIDEN?

Die meisten Sträucher brauchen die Eingriffe des Menschen nicht, in traditionellen Gärten sehen ungeschnittene Pflanzen aber oft fehl am Platz aus, sofern man nicht gerade Wert auf ein natürliches Aussehen legt. Ein jährlicher Schnitt begrenzt ihre Größe auf ein für den Garten geeignetes Maß und verhindert, dass sie Nachbarpflanzen verdrängen und in Wege hineinwachsen.

Gleichzeitig erhöht das Zurückschneiden die Blühwilligkeit und den Fruchtansatz. Älteres Holz ist bei vielen Arten nicht mehr so wüchsig wie junges – entfernt man gealterte Triebe, blüht die Pflanze wieder reichlich. Wichtig ist jedoch der passende Schnittzeitpunkt, damit nicht versehentlich Blütentriebe herausgenommen werden.

Manche Sträucher reagieren auf starken Schnitt mit kräftigem Neuaustrieb, andere wachsen langsamer und müssen für ein ausgewogenes Aussehen nur minimal in Form gebracht werden.

Routinearbeiten

Damit Sträucher gesund bleiben, nimmt man totes und ungesundes Holz heraus, damit sich Krankheiten nicht ausbreiten.

Früh blühende Sträucher schneiden

Philadelphus, Weigela, Kerria, Forsythia, Buddleja alternifolia, Kolkwitzia und *Deutzia* sind Sträucher, die im Frühjahr und Frühsommer am vorjährigen Holz blühen – sie werden geschnitten, sobald sie verblüht sind. Dadurch werden die Gehölze zur Bildung vieler neuer Triebe und Blütenknospen im unteren Bereich angeregt, wo man sie besser sehen kann. Verzichtet man auf einen Schnitt, werden die Pflanzen langbeinig und bilden ihre Blüten immer weiter oben. Um generell ihr Aussehen zu verbessern, entfernt man zunächst dünne, schwache Triebe und kürzt anschließend verblühte Zweige bis auf kräftige Seitenäste zurück, sodass ein ausgewogenes, lichtes Gerüst bestehen bleibt.

1 Nach der Blüte von *Philadelphus* ein Viertel der ältesten Blütentriebe bis auf 15 cm über dem Boden zurückschneiden.

2 Als Nächstes totes, verletztes und krankes Holz mit einer scharfen, sauberen Gartenschere direkt über dem Boden abschneiden.

3 Triebe vom Vorjahr bis auf 2–4 Knospen über altem Holz herausnehmen. Das regt den Strauch zu verstärktem Neuaustrieb an.

4 Zum Schluss die Spitzen kräftiger junger Triebe, die sich bereits gebildet haben, abzwicken, um einen verzweigten Wuchs mit mehr Blütenknospen zu erreichen.

Betroffene Triebe schneidet man bis auf gesundes Holz zurück.

Manche Sträucher wachsen unsymmetrisch. Damit sie wieder eine ausgewogene Gestalt bekommen, schneidet man die kräftigere Seite nur leicht, die schwächere Seite aber stark zurück.

Verdichteter Wuchs lässt weniger Licht und Luft ins Innere der Pflanze. Ein Ausdünnen überkreuzter und unerwünschter Triebe verbessert ihre Widerstandsfähigkeit.

Sieht ein Strauch unausgewogen aus, gibt man ihm mit einem Schnitt eine harmonischere Struktur und ein gesünderes Gerüst zurück.

Nach dem Schnitt treibt die Pflanze kräftig neu aus und bekommt allmählich wieder einen schöneren Wuchs.

WANN SCHNEIDEN?

Nach der Blüte schneiden:

Buddleja alternifolia (Rispensommerflieder)
Deutzia (Deutzie)
Exochorda (Blumenspiere)
Forsythia (Forsythie)
Kolkwitzia (Kolkwitzie)
Philadelphus (Pfeifenstrauch)
Photinia villosa (Glanzmispel)
Ribes sanguineum (Blut-Johannisbeere)
Syringa (Flieder)
Weigela (Weigelie)

Vor der Blüte schneiden:

Buddleja davidii (Sommerflieder)
Caryopteris × clandonensis (Bartblume)
Cotinus (Perückenstrauch)
Fuchsia (Fuchsie)
Hibiscus syriacus (Hibiskus)
Hydrangea (Hortensie)
Perovskia (Blauraute)

Spät blühende Sträucher schneiden

Lavendel, Rosen, *Spiraea japonica*, Fuchsien, *Caryopteris* und *Buddleja* blühen an diesjährigen Trieben und sollten daher im zeitigen Frühjahr geschnitten werden. Das gibt ihnen reichlich Zeit, kräftige Triebe zu bilden, die im Sommer blühen. Für sie kommen verschiedene Schnitttechniken infrage: *Leycesteria*, *Perovskia* und alle, die kein holziges Gerüst bilden, können fast bis zum Boden zurückgenommen werden, andere dagegen dürfen ein dauerhaftes Astwerk entwickeln, deren Zweige man jährlich so weit zurückschneidet, dass eine ausgewogene Form erhalten bleibt. Nach dem Schnitt verabreicht man ihnen eine Nährstoffgabe in Form eines Langzeitdüngers.

1 Spät blühende Sträucher wie die Rispenhortensie (*Hydrangea paniculata*) schneidet man während der Ruhephase vor dem Austrieb.

2 Mit einer scharfen Gartenschere totes, krankes und verletztes Holz herausnehmen und bis auf gesunde Triebe bzw. Triebansätze zurückschneiden.

3 Ein Fünftel des ältesten Holzes an der ganzen Pflanze entfernen und bis auf 5–10 cm über dem Boden zurückschneiden. Dafür braucht man eventuell eine Säge.

4 Schwache Triebe herausnehmen und überkreuzte sowie aus der Reihe tanzende Zweige entfernen, um eine ausgewogene Struktur mit offener Mitte zu erreichen.

Die flammend roten Triebe des Hartriegels bringen Farbe in den winterlichen Garten – aber nur, wenn der Strauch kräftig geschnitten wird.

SPEZIALSCHNITTE

Manche Sträucher kultiviert man wegen ihres Laubs, andere wegen ihrer leuchtenden Triebe. Durch einen starken Rückschnitt früh im Jahr bereitet man faszinierende Farbeffekte im winterlichen Garten vor.

RADIKALKUR

Es mag seltsam klingen, aber viele Sträucher bedanken sich für einen radikalen Schnitt im Spätwinter mit einer Unmenge frischer, farbenfroher Triebe oder einer Fülle von Blättern, die wesentlich größer, besser geformt und leuchtender sind als das Laub ungeschnittener Exemplare.

Manche Sträucher erreichen eine stattliche Größe, wenn man sie sich selbst überlässt. Mit einem kräftigen Schnitt begrenzt man ihre Größe und fördert zudem die Bildung von gesundem, dekorativem Laub. Nicht geschnitten werden sollte allerdings im Herbst, denn durch die Wunden können Pilze in die Pflanzen eindringen und sie schädigen oder sogar absterben lassen.

Bevor Sie die Schere ansetzen, prüfen Sie aber, ob der jeweilige Strauch einen starken Rückschnitt verträgt. Manche reagieren empfindlich darauf und können sogar eingehen. Nicht vergessen sollte man auch, dass Blätter und Triebe zwar durch einen Schnitt gewinnen, die Blüte im selben Jahr womöglich aber beeinträchtigt ist.

Farbenfrohe Wintertriebe

Hartriegel, Weiden und Zierbrombeeren werden wegen ihrer kräftig gefärbten Triebe geschätzt, die aber erst nach dem Laubfall richtig zur Geltung kommen. Damit sie ansehnlich bleiben, muss man sie nach dem Einwachsen jedes Jahr im zeitigen Frühjahr schneiden. Sie bilden dann neue Triebe, die dekorativer sind als das alte Holz, dessen Farbe verblasst.

Auf den Stock setzen heißt die Methode, bei der fast der gesamte Strauch entfernt wird und nur ein niedriges Grundgerüst bleibt. Aus ihm sprießen nach dem Schnitt frische Triebe, die bis zum Winter kräftig weiterwachsen. Wer Bedenken hat, ob die Pflanzen anschließend nicht zu stark wachsen, etwa panaschierte Sträucher, kann auch leichter schneiden.

1 Vor dem Einsetzen des Wachstums alte und aus der Reihe tanzende Triebe mit der Gartenschere herausnehmen.

2 Die letztjährigen Triebe und alle nicht holzigen Triebe bis auf 10 cm vor den Haupttrieben entfernen, um besser in die Mitte der Pflanze zu gelangen.

3 Sobald man die Haupttriebe gut erreicht, alle Triebe noch einmal bis auf auf 5–10 cm über dem Boden und knapp vor dem Ansatz an den Haupttrieben kappen.

4 Nach dem Schneiden die Pflanzen düngen und den Wurzelraum mit Humus oder gut verrottetem Stallmist großzügig mulchen.

SCHNITTVERTRÄGLICH

Gut auf radikalen Schnitt reagieren folgende Sträucher:

Acer negundo 'Winter Lightning' (Eschenahorn)
Catalpa bignonioides (Trompetenbaum)
Cercis siliquastrum (Judasbaum)
Cornus (Hartriegel)
Cotinus (Perückenstrauch)
Davidia involucrata (Taschentuchbaum)
Rubus (Zierbrombeeren)
Salix (Weide)
Sambucus nigra 'Aurea' (Schwarzer Holunder)

Kappen und Entwipfeln

Sträucher, die wegen ihrer farbigen Wintertriebe gezogen werden, bleiben meist einen Großteil des Jahres eher unscheinbar und haben erst im Herbst nach dem Laubfall ihren großen Auftritt. Bringt man sie nie auf Vordermann, verlieren die Äste irgendwann ihre kräftige Farbe. Ein Rückschnitt jedes Jahr oder zumindest alle zwei Jahre regt sie zum Austrieb frischer, leuchtender Triebe an.

Weiden und Hartriegel kann man kappen, damit sie zahlreiche farbenfrohe Wintertriebe bilden. Gleich nach dem Pflanzen schneidet man alle Triebe bis fast zum Boden zurück. Sogar im darauffolgenden Jahr und den nächsten Jahren kappt man sie so stark, dass nur noch ein niedriges Gerüst bleibt.

Auch das Entwipfeln (*siehe S. 321*) regt Weiden und Hartriegel zum Austrieb leuchtender Äste an. Allerdings werden sie bei dieser Technik nur bis zum Hauptstamm zurückgeschnitten, über dem sich daraufhin eine neue Krone bildet. Nach radikalen Rückschnitten düngt und mulcht man gut.

SCHÖNES LAUB

Manche Sträucher werden stark zurückgeschnitten, damit sie schöne Triebe für den Winter bilden, bei anderen setzt man die Schere an, weil man ein dekoratives Laubwerk will. Der Trompetenbaum (*Catalpa bignonioides*), der Judasbaum (*Cercis siliquastrum*) und der Chinesische Blauglockenbaum (*Paulownia tomentosa*) gehören dazu: Sie reagieren auf einen Schnitt mit größeren Blättern, als man sie an ungeschnittenen Exemplaren vorfindet. Auch viele sommergrüne panaschierte Sträucher bedanken sich für einen

jährlichen Schnitt mit farbenfroheren Blättern. Laubgehölze werden meist entwipfelt oder gekappt. Diese Arbeit sollte im Februar vor dem Laubaustrieb erfolgen. Gekappt werden Sträucher, indem man die Stämme bis auf 5–8 cm über dem Boden zurückschneidet. Beim Entwipfeln hingegen lässt man den Stamm in seiner ganzen Länge intakt, kürzt aber alle Äste auf 5–8 cm zurück. Um den Neuaustrieb zu fördern, verabreicht man den Gehölzen anschließend 70 g Volldüngergranulat pro Quadratmeter.

▲ **Ein radikaler Rückschnitt** kann Pflanzen eindrucksvoll verjüngen. Manche Arten sehen mit Jungblättern sogar am besten aus.

◄ **Das Entwipfeln** von Gehölzen fördert den Austrieb von schönen jungen Trieben in einer Höhe, in der man sie am besten sieht.

Panaschierte Pflanzen können von einfarbigen Blättern zurückerobert werden. Schneidet man sie, treiben sie wieder gezeichnetes Laub aus.

Ein gekonnter Schnitt beschert dichte Blütenkaskaden. Selbst Naturgärten sind nicht ganz »Natur« und müssen gepflegt werden.

KLETTERPFLANZENSCHNITT

Kletterpflanzen und Wandsträucher bringen Farbe und Abwechslung an graue Wände, doch wenn man sie vernachlässigt, werden sie zu groß, blühen schlecht und werfen zu viel Schatten. Ein Schnitt im Jahr tut ihnen gut.

GRUNDLAGEN

Ohne eine helfende Hand geraten manche Pflanzen außer Kontrolle, wuchern über den ihnen zugewiesenen Platz hinaus und verkommen zu einem unansehnlichen Gewirr. Andere verlieren ihre Wuchskraft und tragen weniger Blüten, Beeren und Früchte.

Ein jährlicher Schnitt hält Kletterpflanzen attraktiv, produktiv und genau so groß, wie sie sein sollen. Sie können sich aber das Leben einfacher machen, indem Sie Arten wählen, die zum Garten und der Stütze passen. Dann müssen Sie die Schere seltener ansetzen.

Ob Sie Selbstklimmer (*siehe S. 144*) kultivieren oder Kletterer, die man an ihre Stütze anbinden muss, das Ziel ist in jedem Fall ein ausgewogener grüner Vorhang, der einen Bereich dekorativ bedeckt. Entfernen Sie schwache oder verletzte Triebe und solche, die aus der Reihe tanzen. Wenn Kletterpflanzen älter werden, nimmt man holzige Triebe heraus, um den Neuaustrieb zu fördern.

Schnitttechniken

Pflanzen mit einem Gerüst aus holzigen Trieben lassen sich leicht mit einer Gartenschere schneiden, die exakte

Geißblatt schneiden

Das Geißblatt steht wegen seiner stark duftenden Blüten in hohem Ansehen. Es rankt sich bereitwillig an Stützen hoch, wird dabei aber gern übermütig und verdrängt andere Pflanzen oder verursacht Schäden an Stützen bzw. Gebäuden. Mit gutem Schnitt und Erziehung im Frühjahr bändigt man die Kletterpflanze und hält sie gesund.

1 Alte, holzige Triebe am Ansatz oder knapp über einer Stelle mit kräftigem Wuchs kappen, um gleichmäßigen Bewuchs zu erreichen.

2 Unerwünschte neue Triebe sogleich entfernen – das verhindert, dass die Pflanze zu groß wird. Nah am Hauptgerüst schneiden und das verbliebene Stück an der Stütze befestigen.

Efeu schneiden

Efeu wächst sehr stark und dicht – er wird zur Plage, wenn man ihn nicht regelmäßig schneidet. Man reduziert seine Höhe, Breite und Dichte im Mai oder Juni, kann ihn aber auch mit der Heckenschere bearbeiten oder gleich radikal kürzen. Durchsuchen Sie ihn aber vor dem Schneiden gründlich, um nistende Vögel nicht zu stören.

1 Efeu kann die Haut reizen, daher beim Schneiden Handschuhe tragen. Unerwünschte Triebe wegziehen und abzwicken. Dann toten, verletzten und kranken Wuchs entfernen.

2 Efeu hält sich von selbst an den meisten Flächen fest. Wächst er dorthin, wo man ihn nicht haben möchte, zieht man ihn einfach mit der Hand von der Mauer.

Schnitte zulässt. Soll eine bestimmte Fläche begrünt werden, setzt man die Schere oberhalb nach außen und in die gewünschte Richtung zeigende Knospen an. An Kletterern mit einem Dickicht verfilzter Triebe ist dies nicht möglich – diese Triebe schneidet man am besten gleich en gros ab. Wandsträucher und immergrüne Kletterpflanzen lassen sich manchmal sogar mit Heckenscheren sauber und buschig halten.

Brauchen Kletterpflanzen einen radikalen Rückschnitt, nimmt man alles unproduktive Material unter dem Laub mit einer Heckenschere heraus.

Schnittzeitpunkt

Geschnitten werden Kletterpflanzen meist zur selben Zeit wie Sträucher. Immergrüne Arten, die man wegen ihres Laubs kultiviert, stutzt man im Frühjahr zurück, bei Blütenpflanzen muss man differenzieren. Früh blühende Formen, die an vorjährigen Trieben blühen, werden nach der Blüte geschnitten. Im Sommer blühende Kletterer hingegen tragen ihren Flor meist am diesjährigen Holz. Sie schneidet man im zeitigen Frühjahr. Clematis teilt man in drei Schnittgruppen ein (*siehe S. 149*). Früh blühende schneidet man nach der Blüte, im Frühsommer und Sommer blühende im Frühjahr.

WANDSTRÄUCHER

Im Gegensatz zu echten Kletterpflanzen, die sich größtenteils selbst festhalten, haben Wandsträucher keine Möglichkeit, sich an etwas hochzuziehen. Daher bindet man sie an Drähte, Rankgitter oder andere Stützen an. Wie alle Sträucher müssen sie jährlich geschnitten werden, damit sie nicht zu schwer für ihre Stütze werden und weiter gut blühen, falls man sie wegen ihrer Blüte zieht.

Begrenzen Sie zunächst die Breite durch Kürzen von horizontalen Zweigen und nehmen Sie sich anschließend die hohen vertikalen Triebe vor. Blattschmucksträucher werden im Frühjahr, Blütensträucher entsprechend ihrer Blütezeit geschnitten (*siehe S. 312–313*).

Schneiden Sie Wandsträucher wie hier *Euonymus fortunei* im späten Frühjahr, um sie in Form zu bringen und zu begrenzen. Mit der Gartenschere erzielt man die besten Ergebnisse.

Kürzen Sie an großen Sträuchern wie *Garrya elliptica* im Frühjahr zuerst die waagrechten Zweige und dann die senkrecht wachsenden, um die Höhe zu begrenzen.

WISTERIEN

Wisterien, auch Blauregen und Glyzinen genannt, treiben Unmengen Laub auf Kosten der Blüte aus, wenn man sie wuchern lässt. Ein Schnitt lenkt ihre Energie vom Laub- zum Blütenansatz, das Ausdünnen langer, dünner Triebe lässt Licht ins Innere. Wisterien können große Flächen in Beschlag nehmen, trotzdem sollte man sie nicht rüde mit der Heckenschere bearbeiten. Ein präziser Schnitt zweimal jährlich mit der Gartenschere liefert bessere Ergebnisse.

Im Sommer werden wüchsige bzw. lange, dünne Seitentriebe auf ungefähr 4–6 Blätter bzw. 15 cm über dem Haupttrieb zurückgestutzt.

Im Winter schneidet man alle im Sommer gekürzten Triebe noch einmal auf 2–3 Knospen zurück, sodass sie nur noch etwa 10 cm lang sind.

Neue Knospen zeigen an, in welche Richtung der Trieb wachsen wird. Schneiden Sie Triebe auf eine nach außen zeigende Knospe zurück.

ROSENSCHNITT

Rosen gehören zu den beliebtesten Ziergehölzen überhaupt. Man schätzt ihren Duft, ihre Vielfalt und Farben, aber auch ihre Vielseitigkeit im Garten. Schneidet man sie gut, zeigen sie sich jedes Jahr von ihrer besten Seite.

ROSEN SCHNEIDEN

Rosen müssen aus verschiedenen Gründen geschnitten werden. Lässt man sie ungehindert wachsen, blühen sie ein paar Jahre, bilden dann aber schwache Triebe, die weniger Blüten tragen. Zudem wird die Pflanze immer dichter, sodass nur noch wenig Luft und Licht ins Innere gelangt. Das wiederum schwächt neuen Wuchs und schafft ideale Bedingungen für Schädlinge und Krankheiten.

Passen Sie Ihre Schnitttechnik an den Rosentyp an. In der Regel reicht für einen Schnitt eine Gartenschere, dickere Äste aber sollte man mit einer Baumsäge kappen.

Kletter- und Rambler-Rosen (*siehe Seite gegenüber*) müssen zurückgestutzt werden, damit sie nicht über ihre Stütze – Pergolen, Bögen, Zäune – hinauswachsen. Buschrosen, zu denen auch die Teehybriden und Floribunda-Rosen gehören, werden für gewöhnlich in Beeten und Rabatten gezogen. Nach dem Entfernen von abgestorbenem und krankem Holz schneidet man Teehybriden im zeitigen Frühjahr. Dabei verkleinert man die Stöcke auf ein Drittel bis Viertel ihrer ursprünglichen Größe,

Strauchrosen

Der März ist die beste Zeit, um Strauchrosen zu schneiden. Man beginnt mit dem Entfernen von abgestorbenem und krankem Material. Ziel ist ein kräftiges, offenes Gerüst mit guter Durchlüftung. Schneiden Sie ein paar der ältesten Haupttriebe bis zum Boden zurück und kürzen Sie den Rest um die Hälfte. Dabei wird ein schräger Schnitt direkt über einer nach außen zeigenden Knospe angesetzt. Neben diesem jährlichen Schnitt erhält man die Blühwilligkeit der Sträucher auch, indem man Blüten abzwickt, sobald sie zu welken beginnen. Patio-Rosen wachsen zwar recht langsam, werden aber genauso geschnitten, damit sie kompakt bleiben und reich blühen.

1 Rosen in der kalten Jahreszeit vor dem Laubaustrieb schneiden. Zunächst alle abgestorbenen, verletzten und schwachen Triebe entfernen.

2 Zu wüchsige Triebe durch Einkürzen um etwa die Hälfte mit einer Gartenschere schneiden. Dabei empfiehlt sich das Tragen von Gartenhandschuhen.

3 Andere Triebe um etwa die Hälfte kürzen, falls sie so aussehen, als ob sie das ausgewogene Gerüst nach Beginn des Austriebs im Frühjahr stören könnten.

4 Nach dem Schnitt einen Langzeitdünger über dem Wurzelraum verteilen und anschließend denselben Bereich mulchen, den Haupttrieb aber frei halten.

damit sie ein ausgewogenes Gerüst aus vielen Blütentrieben entwickeln. Wichtig ist eine kräftige, offene Struktur.

Überkreuzte oder aneinander reibende Triebe verursachen Wunden, über die Krankheitserreger eindringen können. Sie werden daher entfernt.

Die nicht ganz so wüchsigen Floribunda-Rosen werden weniger stark geschnitten. Man nimmt Seitentriebe bis auf 15–20 cm über dem Boden zurück und lässt die 6–8 kräftigsten Haupttriebe stehen. Miniaturrosen werden im Frühjahr nur leicht geschnitten. Man kürzt aus der Reihe tanzende Triebe und bringt die Pflanze generell in Form. Patio-Rosen benötigen einen Schnitt, weil ihre Blühwilligkeit damit angeregt wird. Bodendeckerrosen wiederum brauchen die Schere, damit sie nicht über den ihnen zugewiesenen Platz hinauswachsen. Dickere Triebe älterer Pflanzen werden ganz entfernt.

Nachbehandlung

Nach dem Schnitt wird gut gewässert und ein Langzeitdünger auf den Wurzelraum gestreut. Zum Schluss kommt eine Mulchschicht darauf, die aber die Rosen nicht berühren darf. Im Sommer zwickt man welke Blüten ab. Brechen oder schneiden Sie dazu den Stiel an der verdickten Stelle unter der Blüte ab.

WILDTRIEBE

Aus den Wurzeln veredelter Rosen wachsen oft unerwünschte Wildtriebe. Man entfernt sie durch Abdrehen direkt am Ansatz, nicht jedoch durch Abschneiden, was sie zum Neuaustrieb anregt.

Wildtriebe am Ansatz der Rose sind leicht zu erkennen. Sie stören den Gesamteindruck und kosten die Pflanze Energie.

Rambler-Rosen

Rambler-Rosen brauchen in der Regel nicht so stark geschnitten zu werden wie Kletterrosen. Wenn sie jedoch ihren Platz bzw. die Stütze bereits völlig bedecken, kann man sie schon etwas stärker stutzen, um sie wieder unter Kontrolle zu bekommen und zu stärkerer Blüte anzuregen. Geschnitten wird im Spätsommer nach dem Verblühen.

1 Ein Drittel der ältesten Triebe mit einer Astschere komplett entfernen. Den Trieb dabei direkt über dem Boden abschneiden.

2 Alle verblühten oder ungünstig stehenden Triebe abschneiden. Dann die Seitentriebe mit der Gartenschere um etwa zwei Drittel einkürzen.

Kletterrosen

Kletterrosen halten sich nicht selbst fest und müssen daher angebunden werden. Man schneidet sie am besten im Spätherbst nach der Blüte oder im Winter. Abgestorbenes und krankes Material muss heraus. Falls die Pflanze zu dicht wird, entfernt man auch einige alte Haupttriebe, um sie zu einem Neuaustrieb anzuregen.

1 Die Blütentriebe vom letzten Jahr bis auf 2–3 gesunde Knospen zurückschneiden, um den Austrieb neuer Blütentriebe zu fördern.

2 Neue und alte Triebe, die aus der Reihe tanzen, an die Stütze führen, um Lücken im Astwerk zu schließen. Mit einer Gartenschnur anbinden.

VERJÜNGUNGSSCHNITT

Wenn Gehölze nicht geschnitten werden, verkommen sie bisweilen zu einem unansehnlichen Dickicht, sind aber nur selten rettungslos verloren. Mit einem drastischen Schnitt bringt man die meisten wieder auf Vordermann.

Vernachlässigte Sträucher, die bessere Tage gesehen haben, sollten radikal gestutzt werden. Das ist immer noch besser, als sie ganz zu entfernen.

IN FORM BRINGEN

Regelmäßiges Schneiden bewahrt einen schönen Wuchs und die Gesundheit von Sträuchern. Wenn Pflanzen allerdings lange vernachlässigt wurden und zu groß geworden sind oder wenn man einen verwilderten Garten übernommen hat, dann sind eventuell drastische Erhaltungsmaßnahmen vonnöten.

Überdimensionierte Gehölze blühen selten gut und auch ihr Neuaustrieb ist schwächer als bei gepflegten Exemplaren. Solche Riesen wirken nicht nur unansehnlich, sie werfen auch zu viel Schatten, sodass das Wachstum von Nachbarpflanzen beeinträchtigt wird und keine Stauden, Zwiebeln oder anderen Gewächse mehr daneben gepflanzt werden können. Ungeschnittene Gehölze werden zudem häufiger von Schädlingen und Krankheiten geplagt, die von schwachem Wuchs, abgestorbenen Ästen und herumliegenden Pflanzenresten, aber auch dem Lichtmangel im Inneren und der schlechten Durchlüftung der Pflanze angelockt werden.

Stufenschnitt

Manchmal reicht es nicht mehr, Bäume um ein paar unerwünschte Zweige zurückzuschneiden: Ist ein größerer Ast krank, verletzt oder nicht länger sicher, muss er ganz entfernt werden. Mitunter verbessert man durch das Herausnehmen eines Asts außerdem das gesamte Aussehen eines Gehölzes. Beim Schneiden dicker Äste sind mehrere Arbeitsgänge besser als ein einziger radikaler Schnitt, der dem Baum schaden kann, wenn das Schwergewicht während des Sägens abbricht und die Borke am Stamm einreißt. Solche Wunden sind ideale Eintrittspforten für Krankheitserreger wie den Bleiglanz (*siehe S. 364*), der ein ganzes Gehölz zum Absterben bringen kann.

1 Je nach Dicke des Asts zunächst mit einer Astschere oder Baumsäge seine Zweige und dann die Spitze entfernen.

2 Den Ast am Ansatz festhalten und etwas weiter vorn zuerst von unten halb in den Ast schneiden, dann mit einem Schnitt von oben vollends durchtrennen.

3 Stumpf festhalten und mit einem letzten Schnitt von oben knapp außerhalb des Astrings zur Gänze abtrennen. Dazu verwendet man eine Baumsäge.

4 Der letzte Schnitt muss eine saubere Wunde ergeben. Ist sie zerfranst, schneidet man nach. Wundwachs zum Versiegeln ist nicht notwendig.

Vernachlässigte Sträucher lassen sich jedoch wieder verjüngen. Meist geschieht das durch starken Rückschnitt. Dabei wird der Strauch im späten Frühjahr vor oder Sommer nach der Blüte auf sogenannte Zapfen (kurze Triebstumpen) zurückgeschnitten. Anschließend düngt man ihn, um den Neuaustrieb zu fördern. Etliche Arten reagieren gut auf diese Behandlung und stehen bald wieder in voller Schönheit da. Allerdings sollte die Radikalbehandlung nur ein letzter Ausweg sein, denn manche erholen sich nicht mehr und müssen ersetzt werden.

Immergrüne Pflanzen

Auch viele immergrüne Pflanzen vertragen einen solch starken Schnitt. Buschige Sträucher mit vielen Zweigen knapp über dem Boden (*siehe unten*) kann man fast bis zum Ansatz zurückschneiden. Wachsen sie wie z. B. Kamelien mit einem einzigen Stamm, sollte dieser auf etwa 60 cm Höhe und die Seitenäste gerüstnah zurückgeschnitten werden. Das sieht zwar erschreckend aus, doch bilden sich bald neue Triebe. Es kann aber einige Jahre dauern, bis die Pflanze wieder blüht. *Aucuba japonica, Prunus laurocerasus* und *Viburnum tinus* kann man so erfolgreich verjüngen.

Äste und Seitentriebe einiger sommergrüner Sträucher können im Frühjahr stark zurückgeschnitten werden.

ENTWIPFELN

Hartriegel und einige Weiden, aber auch andere Gehölze sind wegen ihrer farbenfrohen Wintertriebe gefragt. Am kräftigsten leuchten sie, wenn sie vorher radikal geschnitten oder sogar entwipfelt wurden.

Leuchtende Wintertriebe bekommt man, wenn man alle älteren Triebe im Frühjahr entfernt, damit frische austreiben.

Mahonien schneiden

Mahonien sind statueske Sträucher, die wegen ihres dekorativen immergrünen Laubs und der zeitig erscheinenden, oft intensiv duftenden Blüten kultiviert werden. Man hält die Gehölze niedrig und buschig, indem man sie gleich nach der Blüte auf gesunde neue Triebe zurückschneidet. Mit der Zeit werden die Pflanzen aber manchmal sehr groß und dicht. Dadurch werfen sie viel Schatten und verdrängen weniger robuste Nachbarn. Dann wird es Zeit, sie wieder in Form zu bringen oder auf ein angemessenes Maß zu reduzieren, indem man sie nach der Blüte im Frühjahr radikal verkleinert. Allerdings brauchen nur zu groß und dicht gewordene Mahonien diesen radikalen Schnitt.

1 Als Erstes sämtliche Triebe oben und an den Seiten der Pflanze mit einer Baumsäge bis knapp vor dem Haupttrieb zurückschneiden.

2 Nach dem Entfernen der äußeren Triebe verletzte, kranke, überkreuzte und alte Seitentriebe herausnehmen, sodass nur noch 5–6 Stämme stehen bleiben.

3 Nach dem Abschneiden der Seitentriebe die Stämme auf 90–120 cm Höhe kürzen. Soll die Pflanze klein werden, reichen auch 60 cm. Zum Schluss gut düngen.

4 Bis zum Sommer erholt sich der Strauch und bildet viele frische Triebe aus den Stämmen. Danach ist jahrelang kein solcher drastischer Rückschnitt mehr nötig.

Formale Hecken und Formschnittgehölze brauchen eine saubere Form, um gut auszusehen. Man stutzt sie daher öfters zurück..

HECKENSCHNITT

Hecken leisten unschätzbare Dienste beim Gliedern eines Gartens, als Windschutz oder Begrenzung und als Hintergrund für eine Rabatte. Im Gegensatz zu Zäunen aber müssen sie regelmäßig gepflegt werden.

IN FORM BRINGEN

Eine ansprechende Hecke verkommt zur formlosen Masse, wenn sie vernachlässigt wird – manchmal können sogar ganze Abschnitte absterben. Trimmen Sie Ihren grünen Wall daher regelmäßig. Oft reicht ein einziger Schnitt im Jahr, bei schnell wachsenden Pflanzen wie z. B. Eiben aber können auch mehrere Durchgänge pro Saison nötig werden. Niedrige und kurze Hecken lassen sich problemlos mit einer Handschere in Form bringen, für größere braucht man eventuell schon eine Motorheckenschere. Beim Schnitt frisch gesetzter Hecken aus immergrünen Laubpflanzen wie Lorbeerkirschen sollte man nur mit der Gartenschere arbeiten, alles andere würde zerfledderte, braune Blätter hinterlassen.

Streng formal oder natürlich

Hecken, ob formal-geometrisch oder zwanglos-natürlich, haben sich als Wind- und Sichtschutz oder Trennlinie in Gärten bewährt. Formale Hecken werden sauber geschnitten, damit sie ihre geo-

Immergrüne Hecken schneiden

Eiben (*Taxus baccata*, unten im Bild) und andere immergrüne Gehölze bilden dichte Hecken und werden oft als Gartengrenze, zur Gliederung oder als Hintergrund für Rabatten gepflanzt. Im Gegensatz zu den meisten anderen Nadelgehölzen macht ihnen ein starker Rückschnitt nichts aus, sodass sie in jede Form und Größe gebracht werden können. Ideal ist jedoch eine relativ schmale Hecke. Man schneidet sie am besten so, dass das untere Ende etwas breiter als das obere ist, damit auch die Basis genug Licht bekommt und sich im Winter nicht zu schwere Schneelasten auftürmen. Eiben wachsen etwa 30 cm jährlich und müssen einmal im Spätsommer geschnitten werden.

1 Zuerst entscheidet man, wie viel weg muss. Wer gerade Kanten haben will, spannt am oberen Ende eine Schnur als Richtlinie.

2 Mit einer Motorheckenschere und Sicherheitsausrüstung die Seiten in ausgreifenden Bewegungen schneiden. Die Klinge immer parallel zur Hecke halten.

3 Auf einer standfesten Erhöhung wie einer Staffelei das obere Ende mit der Heckenschere flach schneiden, sodass eine gerade, ebene Fläche entsteht.

4 Nach dem Schneiden das auf der Hecke liegende und in den Seiten hängende Schnittgut zusammen mit den Resten auf dem Boden entfernen.

metrische Form behalten – im Sommer ist mitunter alle vier bis sechs Wochen ein Durchgang nötig. Für diese Art von Hecken eignen sich unter anderem Hainbuchen, Thujen, Stechpalmen, Eiben und Leyland-Zypressen.

Zwanglose Hecken lässt man etwas freier wachsen, weshalb sie sich vor allem für Naturgärten eignen. Weil sie nicht so stark und oft gestutzt werden, blühen und fruchten sie sogar, weshalb sie in der Regel erst danach in Form gebracht werden. Naturhecken bestehen oft aus Forsythien, Lorbeerkirschen, Berberitzen und Weißdorn. In ihnen halten sich gern Vögel auf, weshalb man nicht zur Brutzeit schneiden sollte.

Formale Hecken sind elegante Gartenelemente und können als Blickfang oder als Hintergrund für andere Pflanzen verwendet werden.

Natürliche Hecken eignen sich für »wildere« Gärten, in denen man den Pflanzen mehr Freiheiten lässt. Daher muss wenig geschnitten werden.

VORBEUGUNG

Das Risiko von Pflanzenkrankheiten lässt sich minimieren, wenn man das Schnittgut immer sofort wegräumt. Harken Sie alles weg und schütteln Sie auch die Pflanzen selbst, damit lose Reste abfallen. Einfacher wird das Ganze, wenn man vor dem Schneiden Planen unter die Hecke legt.

Gesundes Schnittgut kann kompostiert werden, krankes oder von Schädlingen befallenes Material aber wird vernichtet.

Hecken verjüngen

Zu große bzw. unförmige Hecken kann man durch starken Rückschnitt über einen Zeitraum von zwei Jahren wieder in Form bringen. Im ersten Jahr werden die Pflanzen wie üblich geschnitten, dann stutzt man eine Seite radikal zurück. Wenn diese im folgenden Jahr heftig austreibt, schneidet man sie ganz normal und kürzt nun die andere Seite ein. Treibt die im ersten Jahr gestutzte Seite nur schwach aus, düngt und mulcht man und wartet noch ein Jahr. Viele Pflanzen reagieren gut auf einen solchen Schnitt, etwa Buchen, andere vertragen ihn nicht. Führen Sie einen solchen Schnitt aber nur aus, wenn keine nistenden Vögel gestört werden bzw. fragen Sie bei der Gemeinde, welche Vorschriften in Ihrer Region gelten.

1 Der Verjüngungsschnitt an sommergrünen Hecken erfolgt im Frühjahr, an immergrünen im Spätwinter während der Vegetationsruhe.

2 Nach dem Stutzen die Zweige auf einer Seite bis zum Stamm zurückschneiden. Stäbe als Anhaltspunkt aufstellen, um eine gleichmäßige Fläche zu erreichen.

3 Eine Seite der Hecke über ihre ganze Länge stark zurückschneiden. Dabei auch das obere Ende nicht vergessen, aber auf eine gleichmäßige Höhe achten.

4 Wenn die Hecke gut auf den starken Rückschnitt reagiert, im nächsten Jahr die andere Seite ebenso behandeln, um einen ausgewogenen Wuchs zu erreichen.

Sauber geschnittene Formschnittgehölze sind ein elegantes Element auf Terrassen, zu beiden Seiten von Türen und als Blickfang im Garten.

FORMSCHNITT

Sie glauben, Formschnitt sei nur etwas für Profis? Weit gefehlt. Einfache Formen können Sie durchaus selbst schneiden. Bei guter Pflege sind die Pflanzenskulpturen dekorative Gartenelemente, die viele Jahre halten.

IN FORM BRINGEN

Zu Kugeln, Kegeln, Würfeln, Hochstämmen mit runder Krone, Spiralen und Wolken geschnittene Gehölze sind grüne Statuen, die einer Pflanzung Struktur geben und für einen Hauch von Eleganz sorgen, ob in Töpfen oder in Beeten und Rabatten.

Buchsbäume, Stechpalmen, Eiben, Lorbeer, Portugiesischer Kirschlorbeer, Steinlinden und viele weitere sommer- und immergrüne Pflanzen reagieren gut auf einen Formschnitt. Buchs ist anfällig für das Buchsbaumsterben (*siehe* S. 365) – das sollte man berücksichtigen, wenn man sich für ihn entscheidet. Im Handel gibt es teilweise und komplett geschnittene Exemplare, preiswerter aber ist das Formen einer noch ungeschnittenen Pflanze.

Davor besorgt man sich aber zuerst geeignetes Werkzeug. Sie brauchen eine Hecken- und eine Gartenschere. Sinnvoll ist ferner ein Eimer Wasser, in den man die Scheren immer wieder taucht, damit die Klingen nicht vom Pflanzensaft verklebt werden.

Hochstämme

Als elegantes vertikales Gartenelement bieten sich Hochstämme mit runder Krone an. Geeignet für diese Art der Erziehung sind Lorbeer, Portugiesischer Kirschlorbeer, Stechpalmen, Myrten und Hainbuchen.

Wählen Sie ein Exemplar mit kräftigem Mitteltrieb – er dient als Stamm und wird an einem Stab senkrecht geführt. Mit zunehmendem Wachstum entfernt man regelmäßig die unteren Seitentriebe. Ist der Haupttrieb hoch genug, zwickt man ihn ab, um einen buschigen Wuchs zu fördern, und schneidet die Krone zu einer Kugel.

Für einen Hochstamm mit Kugelkrone schneidet man die obersten Triebe zunächst grob zu einem Ball. Im Lauf der Zeit formt man sie exakter.

Um einen kräftigen Stamm zu bekommen, bindet man den Haupttrieb an einen Stab und zwickt sämtliche Seitentriebe weiter unten ab.

STERILES WERKZEUG

Beim Schneiden ist Vorsicht angebracht, wenn Pflanzen Anzeichen eines Schädlings- oder Krankheitsbefalls zeigen. Desinfizieren Sie Ihr Werkzeug und beseitigen Sie das Schnittgut im Müll, um das Infektionsrisiko zu mindern.

Säubern Sie Werkzeug mit einem Desinfektionsmittel und Tuch, bevor Sie eine neue Pflanze schneiden.

Die Form bewahren

Damit eine Form nicht durch neue Triebe verdorben wird, muss man regelmäßig schneiden. Das gelingt nach Augenmaß, wenn nur wenige Triebe aus der Reihe tanzen, doch leistet auch eine Schablone gute Dienste. Treten Sie öfters zurück, um die Form von Weitem zu prüfen. In den ersten Jahren schneidet man schnellwüchsige Arten wie Eiben oder Buchs zwei- bis dreimal. Das hat den Vorteil, dass die Form noch gut zu erkennen ist. Hat die Form die gewünschte Größe erreicht, genügen ein bis zwei Schnitte pro Jahr. Nicht zu spät schneidet man immergrüne Arten, damit ihre Triebe ausreifen.

Wenn Sie Ihrem Augenmaß nicht vertrauen, verwenden Sie einfach eine Schablone, an der Sie sich beim Schneiden orientieren.

Ist eine Kugel erst geformt, kann man nach Augenmaß schneiden. Treten Sie zwischendurch zurück, um das Ergebnis zu prüfen.

PFLANZENLISTE

Für Formschnitt eignen sich:

Buxus microphylla (Buchs)
Carpinus betulus (Hainbuche)
Cryptomeria japonica (Sicheltanne)
Fuchsia (Fuchsie)
Ilex crenata (Stechpalme)
Juniperus chinensis (Chinesischer Wacholder)
Myrtus communis subsp. tarentina (Brautmyrte)
Phillyrea latifolia (Steinlinde)
Pittosporum tenuifolium (Schmalblättriger Klebsame)
Prunus lusitanica (Portugiesischer Kirschlorbeer)
Quercus ilex (Steineiche)
Salvia rosmarinus 'Miss Jessopp's Upright' (Rosmarin)
Santolina chamaecyparissus (Graues Heiligenkraut)
Viburnum tinus (Immergrüner Schneeball)

Einen Kegel schneiden

Kegel lassen sich am leichtesten formen und erhalten. Buchsbaum, Eiben, Lorbeer, Stechpalmen und viele weitere Gehölze mit dichtem Laub sind hervorragend für einen solchen Formschnitt geeignet. Man beginnt am besten mit einer buschigen ungeschnittenen Pflanze. Wer einen hohen Kegel bevorzugt, wählt ein entsprechend großes Exemplar mit kräftigem Stamm. Sie können auch kleinere Pflanzen schneiden, doch dauert es dann noch mehrere Jahre, bis sie gut dastehen. Wer sich nicht auf sein Augenmaß verlassen will, steckt drei Stäbe um die Pflanze in die Erde und bindet sie oben zu einem gleichmäßigen Wigwam zusammen. Er dient beim Schneiden als Markierung.

1 Eine gesunde, buschige, noch ungeschnittene Pflanze auswählen. Zunächst einige aus der Reihe tanzende Triebe entfernen.

2 Von oben aus auf die Pflanze blicken und mit der Heckenschere nach unten und außen arbeiten, dabei nach und nach das Gehölz auf allen Seiten schneiden.

3 Mehrmals um die Pflanze herumgehen und die Seiten begradigen. Zwischendurch zurücktreten und die Form aus einiger Entfernung begutachten.

4 Das Gehölz jedesmal von Neuem schneiden, wenn es seine Form zu verlieren beginnt. Ab dem Frühherbst nicht mehr schneiden, da frische Triebe frostanfällig sind.

VERMEHRUNG

Durch Aussaat, Stecklingsvermehrung und Teilung lassen sich zuhauf neue Pflänzchen heranziehen. Das macht nicht nur Spaß, sondern ist auch eine preiswerte Art und Weise, den eigenen Bestand im Garten zu erweitern.

Viel Spaß macht es, Pflanzen selbst zu vermehren. Mit der Eigenzucht lassen sich Beete, Rabatten und Töpfe preiswert füllen.

Die meisten Pflanzen kann man auf mehrere Arten vermehren, bei manchen aber hat man mit einer Methode mehr Glück als mit einer anderen. Wer seltene bzw. ungewöhnliche Sorten ziehen möchte, die es nicht in jedem Gartencenter gibt, dem bleibt mitunter nur die Aufzucht aus Samen – sie ist oft auch der billigste Weg. Die Stecklingsvermehrung ist ideal, wenn man einen Bestand bereits existierender Pflanzen erweitern möchte, doch selbst hier hat man mehrere Optionen. Horstbildende Stauden, darunter Alpinpflanzen und Kräuter, lassen sich durch Teilung im Frühjahr oder Herbst vermehren.

Vermehrung im Freiland

Vermehrt werden können Pflanzen drinnen wie draußen. Im Garten sät man winterhartes Gemüse oder Einjährige direkt an ihren endgültigen Standort. Von einigen Ausnahmen abgesehen erfolgt die Aussaat am besten im Frühjahr, wenn keine Spätfröste mehr drohen. Steckhölzer werden während der Vegetationsruhe von Bäumen und Sträuchern genommen, an einem warmen, geschützten Platz in den Boden gesteckt und, sobald sich Wurzeln gebildet haben, vorsichtig aufgenommen und an ihren endgültigen Standort gesetzt.

Vermehrung unter Glas

In einem Warmhaus können Pflanzen ganzjährig vermehrt werden. Das warme, geschützte Ambiente erlaubt eine Aussaat von Blüten- oder Nutzpflanzen zu einem früheren Zeitpunkt als gewöhnlich – selbst spätere Aussaaten oder Stecklinge holen wegen der guten Wuchsbedingungen unter Glas auf. Das Gewächshaus muss allerdings gut belüftet und beschattet werden können, damit weder die Luftfeuchtigkeit zu hoch wird noch Pflänzchen im Sommer von den Sonnenstrahlen verbrannt werden.

SAMEN GEWINNEN

Neue Pflänzchen bekommt man gratis durch Sammeln von Samen. Viele Einjährige lassen sich auf diese Weise vermehren. Samen von Sträuchern brauchen dagegen oft mehr Zuwendung.

Samen werden im Spätsommer und Herbst gesammelt, wenn die Samenstände trocken sind. Man schüttelt sie in Papiertütchen.

Winterharte Pflanzen können im Frühjahr ins Freie gesät werden, sobald sich die Erde erwärmt. Andere müssen warten, bis kein Frost mehr droht.

Stecklinge liefern Ihnen identische Kopien Ihrer Lieblingspflanzen bei minimalem Aufwand – und völlig gratis noch dazu!

Frühbeete ermöglichen eine zeitige Aussaat und lassen sich nutzen, um drinnen gezogene Pflänzchen an die Temperaturen draußen zu gewöhnen.

Hauben sind der ideale Schutz für Pflänzchen, die nur fast winterhart sind. Sie bewahren sie vor den letzten schwachen Frühjahrsfrösten.

Selbst ein unbeheiztes Gewächshaus oder ein Frühbeet bieten schon etwas Schutz und höhere Temperaturen als draußen. Manchmal braucht man nur in den frühen Phasen der Vermehrung, also wenn Samen keimen oder Stecklinge wurzeln, etwas zusätzliche Wärme. Sobald das Wachstum voll eingesetzt hat, ist sie normalerweise nicht mehr nötig.

Auch ein Wintergarten oder eine Fensterbank reichen für eine Aussaat und Stecklingsvermehrung zu Beginn der Saison aus, solange genug Licht auf sie fällt. Ein Anzuchtkasten ist dafür gar nicht nötig – kleine, mit Folie bespannte Töpfe reichen in der Regel aus. Sobald die Samen keimen und die Stecklinge wurzeln, nimmt man die Abdeckung ab.

Viele Pflanzen gedeihen drinnen sogar vor einem Fenster oder auf einem Tisch. Ungeeignet für die Aufzucht sind aber dunkle Winkel.

Eine Fensterbank an einem sonnigen Platz ohne Zugluft ist eine gute Alternative, wenn man kein Gewächshaus im Garten stehen hat.

Minigewächshäuser schützen Pflanzen und Sämlinge, solange es noch kalt ist. Werden sie nicht mehr gebraucht, baut man sie einfach ab.

UTENSILIEN FÜR DIE VERMEHRUNG

Mit dem passenden Rüstzeug wird die Vermehrung zum Kinderspiel. Sie brauchen verschieden große Töpfe, Saatschalen und Multitöpfe mit durchsichtiger Haube, außerdem Anzuchterde. Stecklinge und Steckhölzer werden mit einem Messer oder einer Gartenschere abgeschnitten. Mit einem Pflanzholz kann man Pflanzlöcher in Topfballen stechen und Sämlinge pikieren. Frisch gesäte Samen werden mit Vermiculit oder Perlit bzw. einer dünnen, gesiebten Erdschicht abgedeckt. Eine kleine Gießkanne mit feiner Brause ist ideal zum Wässern empfindlicher Sämlinge. Etiketten und ein wasserfester Stift vervollständigen die Ausrüstung.

Die passende Ausrüstung für die Vermehrung sollte man immer parat haben. Markieren Sie Ihren Pflanzennachwuchs mit Etiketten, um Verwechslungen zu vermeiden.

Ein Anzuchtkasten leistet hervorragende Dienste. In ihm können Samen unter idealen Bedingungen austreiben. Er sollte aber Klappen haben, damit die Luft zirkulieren kann.

AUSSAAT

Es ist faszinierend zu sehen, wie aus einem unscheinbaren Samenkorn eine Pflanze wird. So ziemlich jedes Gewächs kann durch Aussaat vermehrt werden: Einjährige, Stauden und sogar Bäume.

Das Austreiben und Heranreifen von Sämlingen ist interessant anzusehen. Wichtig: Gut Wässern.

WAS SAMEN BRAUCHEN

Die meisten Samen keimen bereitwillig, wenn man ihnen die optimale Kombination aus Wasser, Luft, Dunkelheit und Wärme bietet. Einige allerdings brauchen Licht, sie werden daher auf die Erdoberfläche gesät und nicht abgedeckt.

Beste Ergebnisse erzielt man mit Samen guter Qualität sowie mit sauberer Ausrüstung, um Krankheiten zu verhindern. Unter Glas ausgebrachtes Saatgut braucht feines Substrat, das Feuchtigkeit gut aufsaugt. Man drückt die Erde leicht fest, verdichtet sie jedoch nicht, da dies die Wasseraufnahme hemmt. Wer ins Freiland sät, muss zuerst jäten, Steine entfernen und eine feinkrümelige Bodenstruktur schaffen.

F1- und F2-Hybriden

Viele Einjährige und Stauden, darunter auch Gemüsesorten, sind F1-Hybriden. Sie wurden speziell gezüchtet und liefern einheitliche, gesunde, wüchsige und im Fall von Gemüse auch ertragreiche Pflanzen. Zwar kosten sie mehr, da der Aufwand für ihre Entwicklung hoch war, doch bringen sie beständig gute Ergebnisse. Sie sind allerdings nicht samenecht, weshalb es sich nicht lohnt,

Aussaat unter Glas

Sie brauchen ein Gefäß, das groß genug für die jeweiligen Samen und blitzsauber ist, damit sich keine Krankheiten ausbreiten. Füllen Sie es mit frischer Blumenerde oder, noch besser, spezieller Anzuchterde. In Saatschalen drückt man das Substrat leicht mit einem Stück flachem Holz oder Ähnlichem fest, in traditionellen Tonschalen verwendet man die Unterseite eines Pflanztopfs. Nach dem Aussäen werden die Samen an einen Ort gestellt, an dem sie keimen können. Manche brauchen einen beheizten Anzuchtkasten bzw. eine Abdeckung aus Glas oder durchsichtiger Folie. Nach dem Keimen wässert man behutsam mit feiner Brause. Um die Sämlinge und das Substrat nicht wegzuschwemmen, gießt man zunächst neben das Gefäß und bewegt die Brause dann kurz und rasch über die Pflänzchen hinweg.

1 Saubere Saatschalen mit Abzugslöchern im Boden mit Blumen- oder Anzuchterde füllen. Die Erde leicht festdrücken.

2 Samen auf der Oberfläche des Substrats verteilen. Die Anweisungen zur Saattiefe und -dichte auf dem jeweiligen Samenpäckchen beachten.

3 Samen gegebenenfalls mit einer dünnen Schicht Erde, die behutsam über die Körnchen gesiebt wird, oder mit einer dünnen Lage Vermiculit abdecken.

4 Substrat und Samen vorsichtig wässern, sodass die Erde und die Körnchen nicht weggeschwemmt werden. Eine feine Brause verwenden.

Samen im Freiland in der Tiefe und dem Abstand, die auf der Verpackung angegeben sind, in Saatrillen streuen.

Samen für das nächste Jahr von ihnen zu sammeln. F2-Hybriden werden selten angeboten, sind manchmal aber besser als Samen aus natürlicher Bestäubung und zugleich preiswerter als F1-Hybriden.

Abhärten

Unter Glas gezogene Pflanzen, die später einmal ins Freiland kommen sollen, müssen abgehärtet werden, damit sie sich an die raueren Bedin-

Bringen Sie die Pflänzchen an warmen Tagen an einen geschützten Standort im Freien und nachts wieder nach drinnen.

Dünnen Sie Setzlinge in Töpfen oder Schalen aus, damit sie nicht zu dicht stehen. Das verhindert die Ausbreitung von Krankheiten.

gungen draußen gewöhnen. Man beginnt damit in einem Frühbeet zwei bis drei Wochen, bevor man sie ins Freiland umsiedelt. Tagsüber kann die Abdeckung aufgeklappt werden, doch nachts schließt man das Beet wieder. Wer kein Frühbeet hat, stellt sie tagsüber in Schalen nach draußen und bringt sie nachts wieder nach drinnen.

Zum Keimen bringen

Samen haben bisweilen harte Schalen oder enthalten eine Substanz, die eine Keimung verhindert – Rote Bete, Zwergmispeln, Prunkwinde (*Ipomoea*) und Goldregen (*Laburnum*) gehören dazu. Man kann sie zum Keimen anregen, indem man die Körnchen in warmem Wasser einweicht, zwischen Sandpapier reibt oder mit einem Messer anritzt. Diese Technik heißt Stratifizierung.

Meist keimt Saatgut bereitwillig, Probleme kann es aber geben, wenn man altes oder falsch gelagertes Material verwendet. Halten Sie sich daher an die Hinweise auf den Päckchen und lagern Sie Ihre Samen an einem kühlen, trockenen Ort.

Um eine ungleichmäßige Keimung zu vermeiden, drückt man das Substrat vor der Aussaat immer gut an und achtet darauf, dass die Körnchen gleichmäßig auf der Erdoberfläche verteilt sind.

Setzlinge wachsen mitunter recht langbeinig. Dies kann man verhindern, indem man sie gleich nach dem Keimen aus dem Anzuchtkasten nimmt und in einem Topf an einen hellen Platz stellt. Wachsen sie zu einer Seite, dreht man das Gefäß täglich, damit die Pflänzchen von allen Seiten gleichmäßig Licht bekommen.

Einer der häufigsten Gründe für ein schlechtes Setzlingswachstum ist zu starkes Wässern. Trockenheit wiederum lässt sie welken. Versuchen Sie, einen guten Mittelweg zu finden.

UMFALLKRANKHEIT

Diese Pilzkrankheit kann viel Schaden anrichten und Setzlinge, wie der Name schon sagt, zum Umfallen bringen. Verwenden Sie saubere Töpfe und frisches Substrat, säen Sie dünn aus und gießen Sie mit Leitungs- statt mit Regenwasser.

Setzt sich die Umfallkrankheit erst einmal fest, gibt es keine Rettung mehr. Man muss mit neuem Saatgut, frischer Erde und einer sauberen Schale von vorn beginnen.

Stecklinge sind ideal für die Vermehrung von Pflanzen, die man ersetzen will oder von denen man zur Sicherheit ein zweites Exemplar braucht.

STECKLINGSVERMEHRUNG

Von vielen Pflanzen kann man Stecklinge abnehmen. Man wählt kräftige, gesunde Triebe und schneidet sie mit einer Gartenschere oder einem Messer. Unter günstigen Bedingungen wurzeln sie bereitwillig ein.

ARTEN VON STECKLINGEN

Stecklinge zu pflanzen gehört zu den häufigsten Vermehrungsmethoden, denn sie garantieren, dass das neue Pflänzchen mit der Mutterpflanze identisch ist. Viele beliebte Bäume, Sträucher, Kletterpflanzen, Kräuter, Stauden und Zimmerpflanzen lassen sich auf diese Weise »klonen«.

Stecklinge werden zu unterschiedlichen Jahreszeiten abgenommen, was bedeutet, dass sie sich auch in unterschiedlichen Reifestadien befinden. Grünstecklinge nimmt man vom Frühjahr bis zum Frühsommer. Sie sind noch sehr frisch und wurzeln entsprechend leicht ein. Allerdings welkt das junge Laub auch rasch, weshalb sie besondere Pflege brauchen.

Halbreife Stecklinge schneidet man im Spätsommer ab, ihr Gewebe ist schon etwas härter als das von Grünstecklingen. Die Wurzelbildung erfolgt nicht mehr so schnell, dafür sind sie auch nicht so empfindlich und anfällig für Trockenheit.

Steckhölzer nimmt man im Winter von sommergrünen Gehölzen. Sie sind hart im Nehmen und brauchen kaum Pflege.

STECKHÖLZER

Manche Gehölze lassen sich im Winter während der Vegetationsruhe vermehren. Schneiden Sie bleistiftdicke Zweige in 15-cm-Stücke und stecken Sie sie so in Topferde oder ins Freiland, dass noch 2–3 cm herausschauen.

Steckhölzer gewinnt man durch Teilen von Trieben. Schneiden Sie ein Ende schräg, damit Sie wissen, wo oben und unten ist.

Halbreife Stecklinge

Halbreife Stecklinge schneidet man im Spätsommer, wenn die Triebe schon gewisse Energiereserven haben, das Gewebe bereits härter wird und sich die Wachstumsgeschwindigkeit verlangsamt. Sie brauchen keine Wärme, aber viel Feuchtigkeit. Nach dem Eintopfen bringt man sie in einem unbeheizten Anzuchtkasten unter oder deckt sie mit Folie ab und stellt sie in ein kühles Gewächshaus oder Frühbeet.

1 Von der Mutterpflanze (hier ein Buchsbaum) einen gesunden, wüchsigen, kräftigen Trieb abnehmen, der schon hart wird.

2 Mit einer sauberen Gartenschere ein 10 cm langes Stück abnehmen und in einer Plastiktüte zwischenlagern, bis alle geschnitten sind.

3 Die Blätter von den unteren zwei Dritteln des Triebs entfernen. Die weiche Spitze abzwicken und den Steckling einpflanzen.

Grünstecklinge und halbreife Stecklinge werden in Töpfe mit feuchter, durchlässiger Stecklingserde gesteckt, um einzuwurzeln. Steckhölzer kann man auch direkt an einem warmen, geschützten Platz im Freiland direkt in die Erde pflanzen, doch dauert es bei ihnen mitunter Monate, bis sie Wurzeln bilden. Wählen Sie daher einen Platz, an dem sie ungestört sind. Im darauffolgenden Herbst sollten sie allerdings Wurzeln gebildet haben und an ihren endgültigen Standort umgesiedelt werden.

Bewurzelungshormon ist zwar nicht unbedingt notwendig, doch manche Stecklinge bilden rascher Wurzeln, wenn man sie in dieses Präparat taucht, das als Pulver oder in flüssiger Form erhältlich ist.

Bewurzelungshormon fördert die Wurzelbildung, besonders bei Stecklingen. Dazu wird ihr unteres Ende in das Präparat eingetaucht.

Teilstecklinge sind Abschnitte eines Triebs. Man steckt sie zum Einwurzeln einzeln oder zu mehreren in Töpfe und Saatschalen.

PFLANZENLISTE

Steckhölzer
Buddleja (Sommerflieder)
Chaenomeles (Zierquitte)
Cornus alba (Hartriegel)
Sambucus (Holunder)
Ribes (Johannisbeere)
Salix (Weide)

Grünstecklinge
Fuchsia (Fuchsie)
Hydrangea (Hortensie)
Pelargonium (Geranie)
Salvia (Salbei)
Solenostemon (Buntnessel)

Halbreife Stecklinge
Buxus (Buchsbaum)
Lavandula (Lavendel)
Lavatera (Malve)
Philadelphus (Pfeifenstrauch)
Pyracantha (Feuerdorn)
Viburnum (Schneeball)

Grünstecklinge

Grünstecklinge werden zwischen April und Juli von jungen, diesjährigen Trieben genommen. Viele Stauden und Sträucher lassen sich damit vermehren. Grünstecklinge treiben bereitwillig Wurzeln aus, wenn man sie in einen beheizten Anzuchtkasten stellt, in dem die Erde eine Temperatur von 21–24 °C hat. Weil die unreifen Blätter rasch austrocknen, muss man das Material beim Schneiden feucht halten. Man legt es am besten in einen feuchten Plastikbeutel. Auch im Anzuchtkasten bleibt die Luftfeuchtigkeit hoch, bis die Stecklinge eingewurzelt sind. Öffnen Sie aber die Belüftungsklappen täglich, um die Kondensation zu verringern und viel Licht ins Innere zu lassen.

1 Gesunde, sehr junge Triebstücke vom Ende eines Triebs auswählen (hier Heiligenkraut) und 5–10 cm lange Stücke abschneiden.

2 Mit einem sauberen Messer Trieb knapp unter einer Blattachsel abtrennen. Glatt schneiden – zerfranste Wunden sind anfällig für Krankheiten.

3 Blätter, die sich unter der Erde befinden, faulen, deshalb das Laub im unteren Teil des Triebs entfernen und nur einige Blätter am oberen Ende übrig lassen.

4 Stecklinge vorsichtig in eine mit Blumen- bzw. Anzuchterde gefüllte Saatschale oder in Töpfe stecken. Nicht zu tief pflanzen, denn die Blätter dürfen die Erde nicht berühren.

ABSENKEN UND TEILEN

Absenken und Teilen sind simple Methoden zur Vermehrung von Pflanzen. Durch Teilen verhindert man zudem ihre ungehemmte Ausbreitung und hält sie gesund und wüchsig.

Teilung durch Auseinanderziehen oder Zerschneiden des Ballens ist eine simple Vermehrungsmethode, die viele neue Teilpflanzen liefert.

NEUE PFLANZEN

Manche Vermehrungsmethoden erfordern sorgfältige Planung, Platz und zusätzliches Material, um Pflanzen zum Einwurzeln zu bringen. Andere wiederum sind ohne viel Aufwand im Handumdrehen erledigt und praktisch narrensicher.

Am einfachsten ist vermutlich die Teilung einer Pflanze in mehrere kleinere Stücke. Das Absenken wendet man bei Gewächsen an, die sich nur schwer durch Stecklinge vermehren lassen: Statt Teile abzutrennen, werden hier Triebe zum Einwurzeln gebracht, solange sie noch mit der Mutterpflanze verbunden sind.

Stauden teilen

Horstbildende Stauden lassen sich problemlos durch Teilung im Frühjahr oder Herbst vermehren. Dazu nimmt man die Pflanzen mit einer Grabgabel auf, ohne die Wurzeln zu beschädigen. Haben sie nur feine Wurzeln, zieht man sie mit der Hand auseinander,

SCHNELLTEILUNG

Manche Pflanzen lassen sich ohne Werkzeug oder Spezialausrüstung von Hand trennen. Man zieht einfach einzelne Abschnitte oder Triebe mit Wurzeln von der Mutterpflanze weg und pflanzt sie neu ein.

Fetthennen, Steinbrech, Dachwurz und andere kriechende Pflanzen sind ideale Kandidaten für diese unkomplizierte Art der Vermehrung durch Teilung.

Wurzelschnittlinge

Eine Reihe von Stauden und Sträuchern kann man vermehren, indem man zwischen November und Februar Wurzeln von ihnen aufnimmt – dazu gehören der Blauglockenbaum, Türkischer Mohn und Herbstanemonen. Optimale Ergebnisse erzielt man mit bleistiftdicken Wurzeln. Verwendet man dünnere Exemplare, legt man sie nur auf das Substrat und bedeckt sie mit einer dünnen Erdschicht.

1 Pflanze mit einer Grabgabel aufnehmen, ohne die Wurzeln zu verletzen. Den Ballen behutsam mit der Hand lockern.

2 Erde vorsichtig entfernen und ein paar gesunde, bleistiftdicke Wurzeln im Ballen auswählen.

3 Wurzel abschneiden, in 5 cm lange Stücke teilen und in Töpfe pflanzen. Die Gefäße in ein Gewächshaus oder Frühbeet stellen.

während solche mit einem festen Ballen, etwa Taglilien (*Hemerocallis*), mit einem Spaten oder Messer zerschnitten werden müssen. Schafgarben (*Achillea*) und andere Pflanzen mit Faserwurzeln verkleinert man, indem man zwei Grabgabeln mit dem Rücken zueinander in die Mitte der Pflanze sticht und sie durch Auseinanderhebeln der beiden Gabelstiele trennt. Entsorgen Sie abgestorbene Pflanzenreste und setzen Sie die einzelnen Teile so bald wie möglich in gut umgegrabene Böden, damit die Wurzeln nicht austrocknen. Durch Teilung lassen sich auch verdichtete Pflanzen verjüngen.

Zwiebeln trennen

Viele Zwiebeln bilden Töchter aus der Mutterpflanze. Damit sie blühfreudig bleiben, trennt man sie alle paar Jahre im Frühjahr vor dem Austrieb, indem man die Horste mit einer Grabgabel aus der Erde hebt. Größere Zwiebeln werden gleich wieder gepflanzt, kleine in Töpfen gezogen, bis sie groß genug sind und wieder ins Freiland kommen.

Ausläufer und Wildtriebe

Manche Pflanzen muss man aktiv vermehren, andere erledigen das von selbst, indem sie Ausläufer bzw. Wildtriebe bilden, etwa *Rhus*, *Kerria*, *Euonymus fortunei* und Erdbeeren. Man trennt die Tochterpflänzchen mit einem Teil der Wurzeln behutsam von der Mutterpflanze und setzt sie an anderer Stelle wieder ein. Durch Abschneiden von Ausläufern und Wildtrieben verhindert man außerdem eine zu starke Ausbreitung.

Kleine Horste werden wie größere geteilt, indem man zwei Gabeln in die Mitte sticht und sie voneinander wegdrückt.

Neue Erdbeerpflanzen gewinnt man, indem man ihre Ausläufer in einem im Boden versenkten Topf festklammert und einwurzeln lässt.

Sträucher absenken

Mit dieser einfachen Methode können viele Sträucher vermehrt werden, die sich nur schwer auf andere Weise vermehren lassen, etwa Rhododendren. Beim Absenken bringt man einen Trieb dazu, Wurzeln zu bilden, während er noch mit der Mutterpflanze verbunden ist. Dazu biegt man ihn nach unten und vergräbt ihn im Boden. Nach etwa einem Jahr hat er Wurzeln gebildet, wird abgetrennt und andernorts neu gepflanzt.

1 Einen biegsamen, gesunden Trieb auswählen und an der Stelle an der Unterseite einschneiden, an der er in den Boden kommen soll.

2 In etwa 10–15 cm Entfernung von der Pflanze eine flache Grube ausheben, den Trieb nach unten biegen und die eingeschnittene Stelle in die Grube legen.

3 Den Trieb mit Draht in der Grube fixieren und anschließend seine Spitze an einen Stab binden, damit er gerade nach oben wächst.

PFLANZENLISTE

Geteilt werden können:

Achillea (Garbe)
Aster (Aster)
Festuca (Schwingel)
Hemerocallis (Taglilie)
Hosta (Funkie)
Hylotelephium syn. *Sedum* (Fetthenne)
Ophiopogon (Schlangenbart)
Paeonia (Pfingstrose)
Pulmonaria (Lungenkraut)
Thalictrum (Wiesenraute)

Abgesenkt werden können:

Camellia (Kamelie)
Clematis (Clematis)
Jasminum (Jasmin)
Lonicera (Heckenkirsche)
Magnolia (Magnolie)
Rhododendron (Rhododendron)
Wisteria (Blauregen)

RASEN

Nichts gereicht einem Garten mehr zur Zier als ein saftig grüner Grasteppich. Er ist nicht schwer anzulegen – ganz gleich, ob man eine strapazierfähige Spielwiese für die Familie braucht oder ein manikürtes Stück Rasen.

Rasen sind ideale Freilandteppiche und Vielzweckräume, auf denen man sich entspannen oder spielen kann.

NEUE GRASFLÄCHEN

Im Grunde kann man Grasflächen fast immer anlegen, die besten Erfolge erzielt man aber im Frühjahr und Herbst. Gras, das im Herbst ausgesät wird, wächst rasch ein, da der Boden warm ist und das feuchte Wetter ein Austrocknen verhindert. Gut ist auch das Frühjahr, wenngleich die Sämlinge in dieser Zeit Konkurrenz durch Unkräuter bekommen und von Frösten und kühlen Bodentemperaturen ausgebremst werden können.

Rollrasen wird zwischen März und September verlegt. Sehr warme Tage sollte man meiden, da in dieser Zeit intensiv gewässert werden muss.

Nach dem Säen oder Verlegen (*siehe S. 92–93*) muss man den grünen Teppich erst einmal eine Weile gut pflegen, bis er eingewachsen ist und benutzt werden kann.

Grassamen keimen binnen ein bis drei Wochen. Nach der Aussaat sorgt man dafür, dass der Boden nie austrocknet. Regnet es länger nicht, leistet ein Sprinkler gute Dienste. Hungrige Vögel picken nur zu gern die Körnchen auf – man hindert sie daran mit einem Gartenvlies, das von Zeltpflöcken oder großen Steinen gehalten wird. Sobald die Halme 6 cm hoch sind, mäht man das Gras zum ersten Mal. Stellen Sie die Messer hoch ein, um zu verhindern, dass die Sämlinge aus dem Boden gerissen werden. Während der gesamten Saison mäht man mehrmals, betritt die Fläche in den ersten zehn Wochen nach der Aussaat aber so wenig wie möglich, damit das Gras ein kräftiges Wurzelsystem entwickelt.

Rollrasen wächst leichter ein. Nach dem Verlegen wird er gut gewässert, vor allem bei Trockenheit. Fängt das Gras sichtbar zu wachsen an, mäht man es mit hoch eingestellten Messern. Benutzt werden sollte die Fläche frühestens nach sechs Wochen – und

SODEN

Rollrasen ist in unterschiedlicher Qualität erhältlich. Kaufen Sie ihn von renommierten Anbietern und prüfen Sie ihn auf Unkraut. Strapazierrasen steckt eine Menge weg und eignet sich vor allem für Familien mit Kindern. Englischer Rasen ist am feinsten.

Prüfen Sie die Bahnen vor dem Kauf. Von Bahnen mit Unkraut, kahlen Stellen und welken Rändern lässt man die Finger, denn sie haben schon zu lange gelegen.

Manchmal bleibt einem nichts übrig, als Rasen neu zu säen. Allerdings muss man danach noch eine Weile warten, bis man ihn benutzen kann.

Wildblumenwiesen sind etwas für Naturgärten und brauchen weniger Pflege. Man mäht sie aber anders als Rasen und nur zu bestimmten Zeiten.

auch dann nicht gleich mit schwerem Gerät.

Pflegeleicht

Neue Rasenflächen müssen zwar gut gepflegt werden, sind sie aber erst einmal älter, braucht man sich nicht zum Sklaven des Grüns zu machen. Wer das Gras länger lässt, erspart sich ein paar Mähdurchgänge im Jahr und macht die Fläche widerstandsfähiger gegen längere Trockenphasen.

Eine Alternative zum feinen Rasen ist eine Wildblumenwiese. In der Regel wird sie angesät, doch gibt es inzwischen sogar verlegbare Soden. Mischungen enthalten neben Wildblumen eine Kombination aus Ziergräsern und einheimischen Sorten, die man hoch wachsen lassen kann.

Alte, müde Rasenflächen

Wer einen Rasen von anderen übernommen hat, muss ihn vielleicht auf Vordermann bringen. Zuerst wird im Frühjahr mit hoher Einstellung gemäht, dann bringt man einen Dünger und notfalls zehn Tage später einen Rasenunkrautvernichter aus. Gleichen Sie Unebenheiten aus und säen Sie kahle Stellen nach. Bei Trockenheit wird gut gewässert. Besteht die Grünfläche aus mehr Unkraut als Gras, ist eventuell eine Neuanlage sinnvoll.

WERKZEUG UND GERÄTE

Viel braucht man nicht, um einen Rasen in Schuss zu halten: Ein Mäher, ein Rechen, ein Kantenschneider und eine Schere reichen in der Regel aus. Hat man aber eine größere Fläche, sind eventuell noch ein paar zusätzliche Gerätschaften ratsam. Die wichtigste Anschaffung ist der Mäher. Handmäher, Luftkissenmäher und Akku-Elektromäher eignen sich für kleinere Flächen. Soll man Streifen im Rasen sehen, verwendet man einen Zylindermäher mit Rolle. Mulchmäher reduzieren die Arbeitszeit, da der Rasenschnitt zerkleinert und der Grasnarbe wieder zugeführt wird. Rasentraktoren sind erst ab Flächen von 2000 Quadratmetern sinnvoll.

Mäher sind für die Rasenpflege unerlässlich. Wählen Sie ein Modell, das zur Größe der Grasfläche passt und sich gut unterbringen lässt, wenn es nicht benutzt wird.

Fächerbesen sind dazu da, Moos und Pflanzenreste zu entfernen, die den Rasen verfilzen.

Vertikutierer setzt man ein, um verdichtete Böden zu belüften und zu lockern.

Saubere Kanten definieren einen Rasen. Ein Kantenstecher sorgt für exakte Ränder.

Enthält eine Grünfläche mehr Unkraut als Gras, legt man sie neu an oder behandelt sie notfalls mit Unkrautvernichtern und Reparaturrasen.

Rasenscheren stutzen das Gras am Rand, ohne die Pflanzen in den Rabatten zu verletzen.

Trimmer sind ideal für Stellen, die man mit Mähern nicht erreicht, oder für winzige Flächen.

Streuwagen werden zum Aussäen oder Verteilen von Dünger verwendet. Man kann sie mieten.

Der perfekte Rasen verlangt viel Pflege. Für einen üppig grünen Grasteppich brauchen Sie die passenden Geräte – und ein paar Tricks.

RASENPFLEGE

Sie wollen den perfekten Rasen? Dann ist es mit einmal Mähen alle paar Wochen nicht getan. Um einen grünen Teppich zu bekommen, auf den Sie stolz sein können, müssen Sie regelmäßig düngen, gießen, jäten und mähen.

WIE OFT MÄHEN?

Es gibt keine ehernen Regeln dafür, wie häufig ein Rasen gemäht werden muss. Lassen Sie sich von der Wüchsigkeit des Grases und dem optischen Eindruck leiten, den Sie erzielen möchten. Falls das Wetter im Winter nicht längere Zeit extrem mild ist, braucht Gras in dieser Zeit nicht gemäht zu werden. Von März bis Oktober aber muss man es mehr oder weniger regelmäßig kürzen.

Strapazierfähiger Gebrauchsrasen sollte in der Regel einmal wöchentlich gekürzt werden, wer aber einen englischen Rasen unterhält, muss im selben Zeitraum mitunter bis zu dreimal mähen. Beginnen Sie die Saison mit einer hohen Mähereinstellung und gehen Sie im Verlauf der Saison tiefer. Für Gebrauchsflächen ist eine Grashöhe von 3 cm ideal, während für einen edlen Zierrasen 2 cm angemessen sind.

Streifen und Kanten

Besonders elegant wirkt es, wenn man den Rasen so mäht, dass Streifen sichtbar werden. Dazu braucht man einen Mäher mit nachlaufendem Roller. Mähen Sie immer parallel und jede Bahn in entgegengesetzter Richtung zur vorherigen. Am deutlichsten sind die Streifen aus der Entfernung und von oben sichtbar.

Nach dem Mähen geht es an den Feinschliff. Mit einer Rasenschere entfernt man überhängendes und zu langes Gras am Rand der Fläche. Wenn die Kanten im Lauf der Zeit unklar werden, zieht man sie mit einem halbmondförmigen Kantenstecher nach, eine Latte dient als Anhaltspunkt. Zum Schluss werden alle Schnittreste neben der Kante entfernt.

Wässern und Düngen

Frisch angelegter Rasen muss regelmäßig gewässert werden, ältere Grasflächen sind dagegen widerstandsfähig

SICHERHEIT

Wenn Sie einen Mäher säubern oder warten, muss er abgeschaltet sein. Kommen Sie während des Betriebs nicht mit Händen und Füßen in die Nähe der rotierenden Messer.

Elektrorasenmäher müssen vor einer Wartung oder dem Austausch von Messern immer abgeschaltet sein.

Im Frühjahr und Herbst bringt man einen speziellen Rasendünger aus, damit das Gras die Nährstoffe bekommt, die es braucht.

Sammeln Sie den Rasenschnitt und werfen Sie ihn auf den Kompost – nach Möglichkeit abwechselnd mit braunem Material (*siehe S. 303*).

gegen Trockenheit. Das Gras kann sich zwar bei länger ausbleibendem Niederschlag braun verfärben, doch gibt sich das, sobald es wieder mehr regnet. Längeres Gras steckt Wassermangel besser weg als kurzes, stellen Sie Ihren Mäher also auf den höchsten Schnitt ein. Das regt die Pflanzen außerdem dazu an, tiefer zu wurzeln, und verhindert zudem, dass beim Mähen ganze Büschel ausgerissen werden und kahle Stellen entstehen.

Bei den meisten Rasenflächen reicht zweimaliges Düngen pro Saison. Sinnvoll ist eine anfängliche Nährstoffdosis in Form eines Frühjahrsdüngers. Im Herbst stärkt man die Wurzeln mit Herbstrasendünger. Verwenden Sie gegen Saisonende keinen Frühjahrsdünger, da er frostanfälligen Wuchs fördert.

Walzen

Eine schwere Rasenwalze wurde früher verwendet, um im Frühjahr die Oberfläche zu glätten, vor allem wenn im Herbst verlegter Rasen durch Frost aufgeworfen wurde. Das Walzen ist jedoch nicht unbedingt notwendig und kann dem Gras sogar schaden, denn es verdichtet den Boden, verschlechtert seine Durchlässigkeit und fördert das Mooswachstum.

Rasen sollte klar durch Ränder abgegrenzt sein. Man trimmt das überstehende Gras mit einer Rasenschere.

Beginnen die Kanten einer Rasenfläche oder eines Wegs zu verschwimmen, zieht man sie mit einem halbmondförmigen Rasenstecher nach.

Kahle Stellen lassen sich schließen, indem man den Boden darin harkt und frisch ansät. Düngt und wässert man gut, ist die Lücke schnell gefüllt.

Rasen, winterfest gemacht

Im Herbst ist es an der Zeit, ein paar Pflegearbeiten durchzuführen, um den Rasen winterfest zu machen. Auf der Bodenoberfläche hat sich vielleicht eine Lage totes Gras und anderer Materialien angehäuft. Dieser Filz verhindert einen guten Wasserabzug, fördert die Moosbildung, enthält Pilzkrankheiten und hemmt das Wachstum des Grases. Man entfernt ihn durch Vertikutieren mit einem Fächerbesen oder motorbetriebenen Gerät. Bei Nässe kann die Fläche sumpfig werden – läuft man viel auf ihr herum, verdichtet sich der Boden. Lockern Sie ihn mit einer Grab- oder Aerifiziergabel, um die Dränage zu verbessern und damit auch das Mooswachstum zu hemmen.

1 Blätter und andere Pflanzenreste im Herbst entfernen. Kräftig harken, um auch tiefer liegenden Schmutz und Moos herauszuholen.

2 Mit einer Aerifizierungsgabel (*im Bild*) oder einer Grabgabel Löcher in die Rasenfläche stechen, um den Boden zu belüften und die Dränage zu verbessern.

3 Trockenen Sand in die Löcher kehren, damit sie offen bleiben und Luft und Wasser ungehindert zu den Wurzeln gelangen. Nur feinen Gartensand verwenden.

4 Mit einem Topdressing die Durchlässigkeit weiter verbessern und Löcher schließen. Das Material mit einem Rechen oder einem Besen gleichmäßig einarbeiten.

Die meisten Rasenflächen bleiben nicht von kleineren Problemen verschont, vor allem wenn sie von Familien genutzt werden. Schäden lassen sich jedoch meist reparieren.

RASENPROBLEME

Fast jeder Rasen hat von Zeit zu Zeit mit Problemen zu kämpfen, etwa bei längerer Trockenheit oder nach feuchten Wintern, wenn Moos überhandnimmt. Keine Sorge: Für fast alles gibt es eine Lösung.

UNEBENE FLÄCHE

Buckel und Beulen werden oft erst im Frühjahr nach einem langen Winter der Vernachlässigung sichtbar. Im Sommer wiederum sorgen Ameisen mit ihren Hügeln mitunter für Verwerfungen, die das Mähen erschweren. Man kann die Schnitthöhe verändern oder die Unebenheiten schnell und sicher nivellieren.

Sehr kleine Buckel lassen sich ausmerzen, indem man Erde mit einem Hohlstachelaerifizierer entfernt. Für größere Wellen braucht man einen Rasenkantenstecher. Mit ihm sticht man ein Kreuz auf die Erhebung, schlägt die vier Ecken zurück, entfernt etwas Erde von den kahlen Stellen, nivelliert sie und klappt die Soden vorsichtig wieder zurück.

Reparaturen

Auch Senken sehen unschön aus und enthalten zudem längeres Gras, das der Mäher nicht erreicht hat. Kleine Dellen lassen sich durch allmähliches Füllen mit einem sandigen Topdressing nivellieren, wobei man jedes Mal eine 1 cm dicke Schicht streut (zum Reparieren größerer Senken *siehe Kasten rechts*).

Rasenkanten können durch Erosion oder beim Mähen abbröckeln und brechen. Man repariert sie, indem man zunächst ein exaktes Quadrat vom Rasenrand aussticht, das die kaputte Stelle enthält. Dann dreht man die ausgestochene Sode so, dass eine der geraden Kanten den äußeren Rand bildet. Die unschöne Stelle, die sich nun innerhalb der Rasenfläche befindet, wird mit Oberboden gefüllt und angesät. Bald wird frisches Gras die Lücke schließen.

Genauso leicht lassen sich Schäden innerhalb der Rasenfläche reparieren. Schneiden Sie mit einem Kantenstecher eine quadratische Sode aus, in

NASSER RASEN

Regen kann auf verdichteten Rasenflächen Probleme verursachen. An staunassen Stellen ersticken die Graswurzeln, während Moos und feuchtigkeitsliebende Unkräuter umso mehr gedeihen.

Herbstlaub und andere Pflanzenreste machen Gras glitschig. Man kann ausrutschen und den Rasen dabei beschädigen.

Justieren Sie die Schnitthöhe Ihres Rasenmähers, um ein Kappen von Beulen in der Grasfläche durch die Messer zu vermeiden.

An Stellen, die durch häufiges Betreten des Rasens verdichtet wurden, können moosige Flecken entstehen. Abhilfe schaffen Trittsteine.

der sich die schadhafte Stelle befindet; als Anhaltspunkt kann man eine Latte verwenden. Stecken Sie die Klinge eines Spatens unter die Sode und heben Sie das ausgeschnittene Stück heraus – es sollte so flach wie möglich bleiben. Anschließend wird die nackte Erde eben geharkt. Nun können Sie entweder ein genauso großes Sodenstück an anderer Stelle herausschneiden und die Lücke damit schließen oder sie ansäen und mit einem Netz vor Vögeln schützen. Treten Sie nicht auf frisch angesäte Stellen, bis sie gut eingewachsen sind.

Trittsteine

Falls Rasen bei Nässe leidet oder zu sehr strapaziert wird, verlegt man Trittsteine, um die Beanspruchung zu reduzieren. Platzieren Sie zunächst die Pflasterplatten, Natursteine oder runden Holzscheiben so auf dem Rasen, dass bequeme Schritte auf ihnen möglich sind. Wenn Sie mit den Abständen zufrieden sind, schneiden Sie die Umrisse der Steine aus dem Rasen aus und heben Sie die Soden heraus. Nun entfernt man noch eine Schicht Erde von der Dicke der Trittsteine zuzüglich 5 cm, die für eine Lage Sand als Fundament gebraucht werden. Verdichten Sie den Sand und legen Sie die Steine obenauf, sodass sie eben mit dem Rasen abschließen und Sie später darübermähen können.

Hartnäckige mehrjährige Unkräuter oder solche mit tiefen Pfahlwurzeln sticht man heraus oder merzt sie notfalls mit Unkrautvernichtern aus.

Kanten werden repariert, indem man eine Sode aussticht und dreht, sodass wieder eine saubere Kante außen ist. Die Lücke wird angesät.

Filz und Pflanzenreste mit einem Fächerbesen aus dem Gras harken. Sie konkurrieren mit dem Gras und hemmen sein Wachstum.

Senken nivellieren

Rasenflächen können mit der Zeit durch starke Beanspruchung buckelig werden. Falls tiefere Senken Probleme beim Mähen verursachen, nivelliert man sie. Dazu muss man die Sode aufnehmen und mit Erdreich unterpolstern, um die Stelle einzuebnen. Schneiden Sie zunächst mit einem Kantenstecher ein Kreuz in die Senke und klappen Sie die vier Dreiecke zurück, ohne die Soden zu zerbrechen. Streuen Sie nun etwas Erde auf die nackte Stelle und klappen Sie die Soden zurück. Sieht man nach wie vor eine Senke, wiederholt man die Prozedur, bis die Stelle eben ist. Zum Schluss wird das Gras mit dem Rücken eines Rechens festgedrückt.

1 Ein Kreuz in die Rasenfläche schneiden. Mit einem Spaten parallel zur Oberfläche unter jedes Sodendreieck stechen und es hochheben.

2 Auf diese Weise alle vier Dreiecke hochheben, behutsam zurückklappen und auf den Rasen legen. Dabei dürfen die Soden nicht zerbrechen.

3 Mit der Hand etwas Erde in die Senke einfüllen und nivellieren. Nach und nach so viel hineinstreuen, bis die Fläche möglichst eben ist.

4 Die Sodendreiecke zurückklappen und mit dem Rücken eines Rechens festdrücken. Etwas Oberboden in die Schlitze kehren, damit sie wieder zusammenwachsen.

Langes, wogendes Gras erinnert an Sommerwiesen und eignet sich als Naturrasen oder zum Säumen einer herkömmlichen Rasenfläche.

MINIWIESEN

Wildblumenwiesen sind eine vorzügliche Alternative zu traditionellem Rasen. Sie locken Tiere an und bezaubern viele Wochen mit einem bunten Farbenmeer. Das Anlegen kann dauern, die Pflege ist dafür umso einfacher.

ALTERNATIVE ZUM RASEN

Wiesen bringen einen Hauch Natur in den Garten. Es gibt viele interessante Mischungen mit Pflanzen, die Ihren Garten vom Frühjahr bis zum Herbst um leuchtende Farben bereichern. Wer seine Wiese jedes Jahr aufs Neue genießen will, braucht mehrjährige Arten. Wenn Sie allerdings nur einmal ein bisschen etwas anderes ausprobieren oder ein ungenutztes Areal vorübergehend beleben möchten, säen Sie Samenmischungen mit Einjährigen.

Man kann bestehenden Rasen in eine Wiese verwandeln, doch erzielt man bessere Ergebnisse, wenn man ganz von vorn beginnt. Wer es ganz eilig hat, kann Blumenwiesen als Rollrasen verlegen.

Wachsen lassen

Am einfachsten kommt man zu einer Wiese, indem man den Rasen wachsen und die Gräser blühen lässt. Kaufen Sie Wildblumenpflänzchen und Zwiebeln und setzen Sie sie im Herbst, nachdem das Gras kurz gemäht wurde, gruppenweise in die Fläche. Damit Wildblumen blühen, brauchen Sie karge Böden. Verzichten Sie daher auf Dünger und entfernen Sie auch Rasenschnitt, damit

Wildblumenwiesen ansäen

Am einfachsten wird eine Wildblumenwiese angelegt, indem man entsprechende Samenmischungen in einer Dichte von 5 g pro Quadratmeter auf nackte Erde sät. Frühjahrsaussaaten keimen bereitwillig, Herbstaussaaten können den Winter über in schweren, nassen Böden faulen. Beginnen Sie etwa sechs Wochen vorher mit der Vorbereitung. Dazu räumt man den gesamten Bewuchs weg und entfernt auch den Oberboden, um ihn durch mageren Unterboden zu ersetzen. Zum Schluss verfährt man wie bei der Anlage eines neuen Rasens (*siehe S. 93*). Wenn das Abtragen der obersten Schicht nicht machbar ist, sät man eine Saison lang nährstoffhungrige Nutzpflanzen.

1 Wildblumenmischungen werden in kleinen Mengen ausgebracht. Damit man sieht, wo schon gesät wurde, mischt man Sand darunter.

2 Boden durch Umgraben und Entfernen großer Steine vorbereiten. Erde gut festdrücken und Oberfläche feinkrümelig harken.

3 Mit Stäben gleichmäßig große Quadrate auf der Fläche markieren. Das erleichtert die gleichmäßige Aussaat der passenden Saatgutmengen.

4 Samen nur sehr leicht mit einem Fächerbesen in das Erdreich einharken. Mit feiner Brause gut wässern. Fläche ggf. zum Schutz vor Vögeln mit Netzen abdecken.

Mähen Sie Wege durch langes Gras – sie sind ein ansprechendes natürliches Gartenelement und ideal für Spaziergänge durch Ihre Miniwiese.

Einjährige setzen juwelengleiche Farbtupfer in langes Gras. Pflanzen Sie Ihre Favoriten oder säen Sie Wildblumenmischungen.

keine Nährstoffe mehr in den Boden gelangen. Mitunter dauert es Jahre, bis ein ausgewogenes Verhältnis aus Gräsern und Wildblumen erreicht ist.

Wiesenmischungen

Im Handel sind mehrere Wiesenmischungen erhältlich. Sie enthalten unterschiedliche Blütenzusammenstellungen und sind auf bestimmte Bodentypen bzw. Stile abgestimmt. Mehrjährige Mischungen gedeihen eher in mageren Böden. Hat man nährstoffreiche Erde in seinem Garten, etwa in einer Rabatte, sät man eine Ackerblumenmischung mit Kornblumen, Mohn, Wucherblumen und Kornraden. Gersten- und Weizensamen machen das Ganze noch authentischer. Mehrjährige Blumenwiesen blühen in der Regel im ersten Jahr nicht, weshalb man eventuell einen Mix aus Einjährigen hinzufügt.

Mähen

Wiesen müssen zwar nicht so häufig wie Rasen gemäht werden, gelegentlich aber brauchen sie doch einen Schnitt. Blühen sie im Sommer, mäht man sie im September oder März, bringen sie schon im Frühjahr Farbe in den Garten, ist ein Schnitt ab Hochsommer sinnvoll. Eine Mischung mit Blumen, die die ganze Saison blühen, kürzt man einmal im Jahr im September. Als Schnitthöhe empfehlen sich mindestens 8 cm.

WIESENPFLANZENLISTE

Centaurea nigra (Schwarze Flockenblume)

Daucus carota (Wilde Möhre)

Galium verum (Echtes Labkraut)

Leucanthemum vulgare (Magerwiesen-Margerite)

Malva moschata (Moschus-Malve)

Plantago lanceolata (Spitz-Wegerich)

Prunella vulgaris (Gewöhnliche Braunelle)

Rumex acetosa (Großer Sauerampfer)

Salvia pratensis (Wiesen-Salbei)

Sanguisorba minor (Kleiner Wiesenknopf)

Silene dioica (Rote Lichtnelke)

KRÄUTERRASEN

Kamillen- und Thymianrasen sind attraktive Alternativen zu traditionellen Grasflächen, allerdings recht pflegeintensiv. Außerdem eignen sie sich nur für wenig frequentierte Areale.

Ein Kräuterrasen wird angelegt, indem man das Areal im Frühjahr wie für einen neuen Rasen vorbereitet (*siehe S. 93*). Wählen Sie niedrigen Thymian oder nicht blühende Kamille wie *Chamaemelum nobile* 'Treneague', die Sie je nach Größe in 10–25 cm Abstand pflanzen. Wässern Sie sie gut und halten Sie die Fläche unkrautfrei, bis die Pflanzen eingewachsen sind. In den ersten zwölf Wochen nach dem Bepflanzen sollte man die Fläche gar nicht, im ersten Jahr so wenig wie möglich betreten.

Thymian bildet duftende grüne Teppiche. Er breitet sich aus und ist im Sommer mit rosa Blüten durchsetzt. Sorgen Sie für Abwechslung, indem Sie mehrere Sorten pflanzen.

Kamille ist die klassische Alternative zum Grasrasen. Sie ziert sich beim Einwachsen mehr als Thymian, bildet aber in leichten, feuchten Böden einen hübschen, duftenden Teppich.

Für jeden Garten gibt es das passende Gewässer. Ein großer Naturteich ist ein wahrer Schatz, Platz aber hat er nur in größeren Gärten.

WASSERELEMENTE

Wasser wertet jeden Garten auf – egal, ob es sich um einen ausgedehnten Teich oder ein kleines Wasserspiel handelt. Es bringt Plätschern und Bewegung ins Spiel, lockt Tiere an und ist Lebensraum für Wasserpflanzen.

PFLEGE

Wer ein Wasserelement in seinen Garten integrieren möchte, denkt meist an einen stattlichen Teich, in dem sich Pflanzen und Tiere wohlfühlen. Ein Gewässer darf man aber nicht sich selbst überlassen, sonst wird es von Pflanzen zugewuchert oder verwandelt sich in eine unansehnliche Algensuppe. Über eines sollte man sich daher im Klaren sein, wenn man seinen Garten mit Wasser bereichert: Ohne ganzjährige Pflege geht es nicht.

Eine der Hauptaufgaben wird das Entsorgen von Vegetationsresten sein. Ufer- und Wasserpflanzen müssen von welken Blüten und vertrocknenden oder kranken Blättern befreit werden, damit die Pflanzenabfälle nicht ins Wasser fallen und dort vor sich hin faulen.

Die Wasserfläche muss sauber sein – entwickelt sich zu viel schwimmendes Unkraut, entfernt man es. Mit einem Netz kann man Wasserlinsen, mit einem Stock Algen herausfischen. Bevor man die Pflanzen auf den Komposter wirft, legt man sie über Nacht neben den Teich, damit sich darin befindliche Tiere zurück ins Wasser retten können. Am Ufer und zwischen Uferpflanzen sucht man zudem nach Gartenunkräutern und jätet sie.

An heißen Sommertagen kann der Wasserspiegel wegen der Verdunstung sinken. Dadurch schrumpft die Wasseroberfläche, was den Sauerstoffgehalt im Wasser senkt. Füllen Sie Teiche gegebenenfalls einmal wöchentlich mit Regenwasser aus einer Tonne auf. Ist das nicht möglich, tut es zur Not auch Wasser aus der Leitung, doch füllt man

PUMPEN SÄUBERN

Für Bäche, Brunnen, Wasserfälle und andere Elemente mit fließendem Wasser braucht man Pumpen. Damit sie ordentlich funktionieren, holt man sie im Frühwinter aus dem Wasser, um sie zu prüfen und zu säubern.

Zu den Winterarbeiten für Teichbesitzer gehört die Pflege der Pumpe. Man säubert sie, befreit sie von Schmutz, trocknet sie und lagert sie bis zum Frühjahr trocken.

Ufer- und Wasserpflanzen in Körben gehören umgetopft, wenn die Wurzeln durch die Körbe wachsen. Daher holt man sie im Frühjahr heraus.

Körbe mit Uferpflanzen verhindern, dass sich die Pflanzen im Teich ausbreiten und andere verdrängen.

es in mehreren Etappen ein, damit die Fische nicht durch das plötzliche kalte Wasser zu Schaden kommen.

Im Herbst fallen meist reichlich Blätter in den Teich. Statt sie täglich herauszufischen, spannt man ein Netz über das Wasser, bis die Bäume in der Nähe kein Laub mehr tragen, oder man fischt die Blätter regelmäßig heraus. Sind alle Zweige in der Umgebung leer, nimmt man es wieder ab.

Die Installation und Wartung von Teichausrüstung ist teuer. Nehmen Sie Strahler, Filter und Pumpen jedes Jahr heraus und reinigen Sie alles.

Wasserqualität

Wie wichtig die Wasserqualität ist, hängt vom Stil Ihres Teichs ab. Kristallklares Nass braucht man in der Regel bei formalen Elementen, während leicht trübes Wasser im Naturteich nicht so schlimm ist. Generell aber sollte man das Wasser so sauber wie möglich halten.

Es gibt Hunderte von Algenarten, die in Teichen Probleme verursachen können – angefangen von solchen, die das Wasser in eine trübe Suppe verwandeln, bis zu anderen, die eine dichte Matte auf der Oberfläche bilden.

Füllen Sie Teiche nach Möglichkeit mit Regenwasser auf, da es sehr wenig Nährstoffe enthält und deshalb weniger Algen wachsen. Möglich ist ferner die Einrichtung eines UVC-Filters, der Algen verklumpen lässt und anschließend herausfiltert. Mechanische Filter stehen auf dem Teichboden, biologische müssen am höchsten Punkt installiert werden und verwandeln organische Substanzen mithilfe von Bakterien in Nährstoffe.

Sauber halten lassen sich Teiche ferner mit natürlichen Filtersystemen. So werden in Schwimmteichen etwa 50 Prozent der gesamten Fläche für Wasserpflanzen gebraucht, die Nährstoffe aus dem Wasser nutzen und damit das Algenwachstum verhindern. Selbst Gerstenstroh kann eingesetzt werden, da es beim Zersetzen Wasserstoffperoxid freigibt, was die Algenentwicklung hemmt (*siehe links unten*).

Ausrüstung

Als Ausstattung braucht man ein Handnetz, einen Stock zum Herausholen von Grünalgen, ein Netz zum Abdecken und Drahtgitterkörbe für Wasserpflanzen. Für fließendes Wasser ist eine Pumpe nötig. Tauchpumpen sind ausreichend bei langsamen Wasserläufen. Wildbäche, Wasserfälle und Springbrunnen erfordern leistungsstärkere Versionen.

AUF KLEINSTEM RAUM

Teiche, Becken und Bäche sind eher etwas für große Gärten, doch selbst in kleinen Anlagen ist Platz für ein Wasserelement. Wer einen Stromanschluss draußen hat, kann mit einem Wandspringbrunnen, bei dem etwa Wasser aus einem Speier in ein Becken plätschert, vertikale Flächen optimal nutzen. Ein Springbrunnen oder Kieselbecken verwandelt ungünstig gelegene Ecken in dekorative Gartenelemente. Selbst Halbfässer mit winzigen Wasserpflanzen (*siehe unten*) oder Vogelbäder eignen sich als Miniteiche.

Ein Tongefäß ist in kleinen Gärten ein unübersehbarer Blickfang. Mit solch einem Schmuckstück lässt es sich verkraften, dass man keinen Platz für einen großen Teich hat.

Gerstenstroh hemmt den Algenwuchs. Man gibt es im Frühjahr in einem Sack ins Wasser und holt es nach etwa sechs Monaten wieder heraus.

Halten Sie die Wasseroberfläche Ihres Teichs algenfrei – das schleimige Grün kann ein Gewässer in kürzester Zeit in Beschlag nehmen.

Dieser Miniwassergarten steht prächtig da. Die Pflanzen im Halbfass – Sumpfdotterblumen, Pfeilkraut und Blumenbinse – wurden auf Ziegelsteine gestellt.

Teichgrün bleibt nur schön, wenn genug Sauerstoff spendende Pflanzen im Wasser wachsen, die sich aber nicht zu sehr ausbreiten dürfen.

TEICHPFLANZEN PFLEGEN

Wasserpflanzen brauchen weniger Pflege als viele Zierpflanzen in Beeten und Rabatten. Dennoch muss man sich während der Wachstumssaison um sie kümmern, damit der Teich sein gutes Aussehen bewahrt.

REGELMÄSSIGE PFLEGE

Die meisten Teichpflanzen sind recht wüchsig und beginnen sich nach wenigen Jahren so stark auszubreiten, dass sie geteilt und ausgedünnt werden müssen. Pflanzen, die das Wasser mit Sauerstoff anreichern, also etwa das Hornblatt, das Quirlige Tausendblatt und der Wasserhahnenfuß, können sich rasch zu einer dichten Masse verfilzen. Sie müssen im Frühjahr oder Herbst ausgedünnt werden. Dazu nimmt man die Körbe aus dem Teich und stutzt das Grün zurück. Entfernen Sie aber nicht zu viel, sonst setzen Sie die Wasseroberfläche zu sehr dem Sonnenlicht aus, was das Algenwachstum begünstigt.

Speziell Uferpflanzen bilden oft dichte Horste, die geteilt werden müssen, damit sie blühfreudig bleiben und ihre Nachbarn nicht in Bedrängnis bringen. Schwertlilie, Kalmus, Zwergriedgras, Wasserminze, Sumpfdotterblume und weitere feuchtigkeitsliebende Arten sollten im Frühjahr aufgenommen, geteilt und wieder eingepflanzt werden.

Schwertlilien teilen und pflanzen

Schwertlilien wachsen im Lauf der Zeit zu einer verdichteten Masse mit im Korb festsitzenden Wurzeln heran. Sie blühen dann kaum noch und verlieren ihre Wuchskraft. Im späten Frühjahr oder Frühherbst nimmt man die Gefäße aus dem Wasser und prüft, ob sie eventuell geteilt werden müssen. Man erkennt das daran, dass viele Wurzeln durch das Gitter wachsen. Die meisten Schwertlilien lassen sich durch behutsames Auseinanderziehen teilen, wenn die Wurzeln sich aber fest zusammenkrallen, muss man zum Messer greifen. Die einzelnen Teile werden getrennt eingepflanzt und in den Teich zurückgesetzt. Viele horstbildende Wasserpflanzen können so vermehrt und verjüngt werden.

1 Horst mit dem Spaten oder einer Grabgabel aus dem Teich heben, ohne die Wurzeln zu beschädigen oder den Teich zu sehr aufzuwühlen.

2 Horst auf den Boden legen und mit einem Spaten teilen. Die kleineren Teilstücke noch einmal in einzelne Pflanzen zerteilen.

3 Die gesündesten Stücke nehmen, die übrigen entsorgen und jede Pflanze einzeln in die Mitte eines leeren Wasserpflanzenkorbs setzen.

4 Den Korb mit der neuen Pflanze darin mit Gartenerde oder spezieller Wasserpflanzenerde auffüllen. Festdrücken und Kies auf die Substratoberfläche streuen.

Die meisten Teichpflanzen brauchen nicht gedüngt zu werden, Seerosen allerdings fordern reichlich Nährstoffe ein. Sie bekommen ihre Vitaminspritze im Frühjahr in Form eines Wasserpflanzendüngers, der in Säckchen in den Korb gelegt und mit Flusskies abgedeckt wird.

Zwicken Sie Blüten von Wasserpflanzen ab, sobald sie zu welken beginnen, damit sie nicht faulen und das Wasser verfärben. Das hindert sie zudem an der Bildung von Samen und der Besiedelung von Nachbarkörben. Schneiden Sie außerdem totes, welkes und krankes Material ab.

Einsetzen von Wasserpflanzen

Wasserpflanzen werden in der Regel in Drahtgitterkörbe gepflanzt, die in vielen verschiedenen Größen erhältlich sind. Ihre Wände sind wasserdurchlässig, sodass die Pflanzen Nährstoffe aus dem Wasser aufnehmen können, ohne dass Wurzeln hinausgelangen und sich ungehemmt ausbreiten. Wenn sie in solchen Gefäßen wachsen, lassen sie sich außerdem bequem herausnehmen, etwa wenn sie geteilt werden müssen.

Als Erstes schlägt man den Korb mit Sackleinen oder einem Plastikgitter aus. Das verhindert, dass die Erde davonschwimmt und das Wasser trübt. In den Korb sehr hoher Uferpflanzen legt man am besten einen Stein, damit sie stabil stehen und nicht vom Wind umgeworfen werden. Füllen Sie das Gefäß mit Gartenerde oder spezieller Wasserpflanzenerde. Zwischen Substrat und oberem Korbrand bleiben etwa 3 cm Platz. Weichen Sie die Erde mit einer Gießkanne ein und drücken Sie ein Loch hinein, in dem die Wurzeln Platz haben. Nach dem Einpflanzen deckt man sie mit Erde ab und drückt sie gut an. Oben auf das Substrat kommt eine 1 cm dicke Schicht Flusskies, damit das Substrat nicht wegschwimmt. Nun wird noch einmal gegossen, um Lufteinschlüsse zu entfernen. In flachen Teichen kann man die Körbe per Hand einsetzen, in tieferen Gewässern senkt man sie mit einer durch den Korb geschlungenen Schnur ins Wasser.

Sauerstoff spendende Pflanzen werden oft in Bündeln verkauft und müssen vor dem Pflanzen nicht vorbereitet werden. Man steckt sie in die Erde und drückt sie fest. In Teichen, in denen der Grund mit Erde bedeckt ist, kann man sie auch direkt dort hineinpflanzen. Schwimmpflanzen werden einfach auf das Wasser gelegt.

Die runden Blätter von Wasserlinsen sind in Teichen ein vertrauter Anblick. Wenn es zu viele werden, schöpft man sie von der Oberfläche ab.

Decken Sie die Substratoberfläche von Wasserpflanzen in Körben mit Kies ab, damit die Erde nicht davonschwimmt.

WASSERPFLANZEN

Aponogeton distachyos (Kap-Wasserähre)
Ceratophyllum demersum (Gewöhnliches Raues Hornblatt)
Hottonia palustris (Wasserprimel)
Iris pseudacorus (Sumpf-Schwertlilie)
Iris versicolor (Verschiedenfarbige Schwertlilie)
Myriophyllum verticillatum (Quirliges Tausendblatt)
Nymphaea 'Aurora' (Seerose)
Nymphaea 'James Brydon'
Orontium aquaticum (Goldkeule)
Pontederia cordata (Herzförmiges Hechtkraut)
Ranunculus aquatilis (Wasserhahnenfuß)
Sagittaria sagittifolia (Gewöhnliches Pfeilkraut)
Stratiotes aloides (Krebsschere)
Trapa natans (Wassernuss)
Typha minima (Zwergrohrkolben)

LÄSTIGE EROBERER

Einige Wasserpflanzen sollte man grundsätzlich nicht ziehen, da sie in die freie Natur gelangen und dort Gewässer verstopfen können. Dazu gehört die Kanadische Wasserpest (*Elodea canadensis*).

Das Brasilianische Tausendblatt (*Myriophyllum aquaticum*) ist ein invasives Unkraut, das Teiche im Nu in Beschlag nimmt, falls es nicht entfernt wird.

Libellenlarven, Molche und Frösche besiedeln einen Naturteich im Nu. Sie zu beobachten ist für Kinder wie Erwachsene faszinierend.

TIERE IM TEICH

Ein Gewässer, das Fischen und einheimischen Tieren einen natürlichen Lebensraum bietet, macht Gärten zum wertvollen Refugium. Bieten Sie den Untermietern Bedingungen, die ihnen behagen – und sie kommen in Scharen.

FISCHE

Die Fischhaltung ist nicht kompliziert, doch kümmern muss man sich um die Tiere schon, wenn man eine gesunde Population haben möchte. Entscheiden Sie sich für Arten, die zur Größe des Teichs passen. Bei der Anzahl der Fische rechnet man mit einer Länge von 50 cm ausgewachsenem Fisch pro Quadratmeter Wasserfläche als Obergrenze. Statt alle Tiere auf einmal einzusetzen, entlässt man sie in zwei Tranchen im Abstand von zehn Wochen in das Gewässer, denn wenn zu viele auf einmal in das Wasser kommen, kann die Belastung des Wassers durch Exkremente zu groß werden, was die Tiere gefährdet.

Eingesetzt werden die Fische am besten in den warmen Monaten, damit sie im kühlen Wasser keinen Kälteschock bekommen. Man schüttet sie nicht einfach direkt aus dem Beutel in den Teich, sondern gewöhnt sie an die Bedingungen (*siehe unten*).

Fische ernähren sich zwar von Insekten und Pflanzen im Teich, doch brauchen sie auch noch zusätzliches Futter. Wichtig ist die korrekte Menge, bei der man sich an der Größe des

ABSCHRECKUNG

Reiher fischen sich nur zu gern Leckerbissen aus Teichen. Man kann Netze über die Wasserfläche spannen oder die Vögel mit einer niedrigen Drahtbarriere um das Gewässer fernhalten.

Reiherskulpturen neben einem Gewässer halten angeblich die echten Tiere fern. Die Vögel statten Teichen immer wieder einen Besuch ab und können sie völlig leer fischen.

Fische einsetzen

Setzen Sie Fische in den warmen Monaten in einen neuen oder bestehenden Teich, um die Tiere nicht durch einen zu starken Temperaturwechsel zu stressen. Die Fische sollten zuerst noch in ihrem Beutel bleiben, den man ungeöffnet auf die Teichoberfläche legt. Wenn sich die Wassertemperatur im Beutel an die im Teich angepasst hat, öffnet man den Sack und lässt die Tiere ins Freie.

1 Fische werden meist in wassergefüllten Plastikbeuteln verkauft. Etwas Teichwasser hineingeben und wieder verschließen.

2 Ungeöffneten Beutel auf die Teichoberfläche legen, bis das Wasser im Teich und im Beutel dieselbe Temperatur haben.

3 Hat sich das Wasser im Beutel genügend an die Temperatur im Teich angeglichen, Beutel öffnen und Fisch herausschwimmen lassen.

Um bestimmte Tiere anzulocken, sollten Sie herausfinden, wie ihr bevorzugter Lebensraum ist, und den Teich entsprechend gestalten.

Frösche schnappen sich allerlei Schädlinge. Man kann ihren Lebenszyklus von der Kaulquappe bis zur fertigen Amphibie beobachten.

Teichs und der Zahl der Fische orientiert – genaue Dosierungen finden Sie auf der Verpackung. Zusätzlich hängt der Bedarf von der Wassertemperatur ab: Unter 9 °C hört man mit der Fütterung ganz auf. Im Sommer füttert man eiweißreichere, bei Kälte eiweißärmere Präparate.

Achten Sie bei Ihren Fischen auf Krankheitsanzeichen, damit Sie Probleme im Keim ersticken und eine Ausbreitung verhindern können. Pilzbefall, Risse, Geschwüre, fehlende Schuppen, Knoten und infizierte Augen deuten ebenso auf Erkrankungen hin wie verändertes Verhalten und Nahrungsverweigerung. Holen Sie fachlichen Rat ein und bekämpfen Sie das Problem rasch.

Dezimiert werden können Fischbestände ferner durch Reiher. Stellen Sie am besten Scheuchen (*siehe Seite gegenüber*) auf. Eine dichte Uferbepflanzung verhindert, dass Katzen ans Wasser gelangen.

Wildtiere

Ob ein Teich Tiere anlockt, hängt von seiner Gestaltung ab. Wählen Sie einen Umriss mit einer Flachwasserzone oder einer Halbinsel, über die Tiere ins Wasser gelangen. Dazu legt man einen Kieselstrand aus Steinen an, die nach oben zu immer kleiner werden. Führen Sie die Böschung unter Wasser fort, damit eine Rampe bis zum Teichboden entsteht. Einheimische Wildtiere werden naturgemäß von einheimischen Pflanzen angezogen, denen man daher neben Exoten ebenfalls Raum lassen sollte. Säumen Sie die Wasserfläche mit reichlich Ufergewächsen, zwischen denen Tiere Unterschlupf finden. Fische sind in Teichen, mit denen Tiere angelockt werden sollen, nicht immer von Vorteil, denn manche leben räuberisch und verschlingen alles, was kleiner ist als sie.

Das Beobachten der Tiere macht viel Spaß, doch sollte man dabei darauf achten, den Lebensraum um und im Teich nicht zu stören, um scheue Bewohner nicht zu verschrecken. Naturteiche brauchen nicht so häufig gereinigt zu werden wie formale Wasserelemente. Dünnt man den Pflanzenbewuchs doch einmal aus, legt man ihn einen Tag lang an das Ufer, damit sich Tiere darin ins Wasser zurückretten können. Reinigungsaktionen sollten im Frühjahr erfolgen und nicht im Herbst, wenn die Tiere kurz vor der Winterruhe stehen.

WINTERVORBEREITUNG

Das Winterwetter setzt Teichen manchmal arg zu. Wenn sich die Eisfläche ausdehnt, können Betonschalen reißen, sodass Wasser aus dem Becken austritt. Auch Fische leiden unter den unwirtlichen Bedingungen. Wenn sich Pflanzenreste im Wasser zersetzen, entstehen schädliche Faulgase, die sich zwischen der Eisfläche und dem Wasser sammeln. Lassen Sie in Teichen mit Betonbecken im Winter einen Ball schwimmen. Er sorgt nicht nur für einen kleinen eisfreien Fleck, sondern absorbiert auch Druck und verhindert so Risse im Becken. Ein Luftloch für Fische schmelzen Sie entweder mit einer schwimmenden Teichheizung oder mit heißem Wasser in die Decke.

Halten Sie einen Topf mit heißem Wasser auf die Eisfläche. Er schmilzt ein Loch in die Decke, das Fische zum Luftholen nutzen können.

Werfen Sie einen Tennisball ins Wasser, wenn es kalt wird. Friert die Fläche zu, kann er herausgenommen werden, sodass ein Loch bleibt.

PROBLEME

Keine Pflanze ist vor Problemen gefeit. Selbst der umsichtigste Gärtner bekommt es gelegentlich mit Pflanzen zu tun, die Mangel leiden oder von Schädlingen befallen sind. Die beste Abwehrstrategie ist es, Symptome rechtzeitig zu entdecken und geeignete Gegenmaßnahmen zu ergreifen. In diesem Kapitel erfahren Sie, wie Sie Schädlinge und Krankheiten erkennen und wirkungsvoll bekämpfen können.

Eine Mulchschicht um Bodendecker herum bietet zusätzlichen Schutz vor Unkräutern.

UNKRAUT UNERWÜNSCHT

Unkräuter können einen Garten schnell erobern. Das Jäten ist zwar zeitraubend, aber unumgänglich. Es gibt jedoch Tricks, wie man das lästige Grün gar nicht erst aufkommen lässt.

VORBEUGUNG

Unkraut braucht Platz zum Wachsen. Wenn Sie den Anteil nackter Erde bei der Planung Ihres Gartens auf ein Minimum begrenzen, kann es sich nicht breitmachen. Wählen Sie wüchsige Stauden und Sträucher, die mit dem unerwünschten Grün konkurrieren können, und pflanzen Sie sie eng zusammen. Vor dem Setzen jätet man noch einmal gründlich. Neue Pflanzen werden gut gewässert, damit sie rasch einwachsen. Selbst später sollte man ungebetene Kräuter immer wieder einmal entfernen.

Doch es geht auch anders: Lernen Sie, mit dekorativeren einjährigen Unkräutern zu leben, und bekämpfen Sie nur mehrjährige. Die Abbildungen auf S. 352 und 353 helfen bei der Bestimmung. Eine weitere Möglichkeit ist, Bepflanzungen auf ein Minimum zu beschränken und stattdessen Rasen zu säen.

UNKRAUTVLIES

Am wirkungsvollsten unterdrücken Sie Unkraut, indem Sie durchlässiges Unkrautvlies um die Pflanzen herum auslegen – in frischen Beeten und Rabatten geht dies am einfachsten. Das Wasser gelangt zwar noch durch das Vlies, aber Sämlinge und Triebe können es nicht durchstoßen und sterben ab. Die Bahnen speichern Feuchtigkeit im Boden, wovon Ihre Zierpflanzen profitieren, und lassen sich mit Kies und Rindenschnipseln kaschieren.

1 Um eine unkrautfreie Rabatte vorzubereiten, gräbt man den Boden zuerst um, arbeitet organische Substanz ein und jätet. Dann Unkrautvlies verlegen. Die Ränder in den Boden eingraben und die Pflanzen darauf arrangieren.

2 Mit einem scharfen Messer Kreuze in das Unkrautvlies schneiden und die Dreiecke aufklappen. Anschließend Erde ausheben und die Pflanzen in die Löcher setzen.

3 Erde gut festdrücken, Pflanzen wässern und die Dreiecke um die Pflanzen wieder zurückklappen. Eine 10 cm dicke Schicht Kies oder Rindenmulch auf dem Vlies verteilen. Pflanzen gut wässern. Jährlich neu mulchen.

BODENDECKER

Wüchsige, niedrige Pflanzen können als lebendiger Mulch eingesetzt werden. Man pflanzt sie so eng, dass sie Unkräutern Wasser, Nährstoffe und Licht wegnehmen und eine physische Barriere bilden. Immergrüne Sträucher und Stauden sind der wirksamste Schutz – und tun sogar ganzjährig ihre Pflicht im Kampf gegen das unerwünschte Grün. Auch sommergrüne Pflanzen kann man einsetzen, doch muss man zwischen ihnen im Frühjahr und Herbst jäten, bis sie wieder neu austreiben.

Wer nur kurzfristigen Bewuchs braucht, setzt buschige Einjährige wie Studentenblumen (*Tagetes*) oder kriechende Arten wie die Kapuzinerkresse (*Tropaeolum majus*).

Immergrüne Kletterpflanzen bilden eine dichte Decke.

Kriechende Koniferen – ein exzellenter Bodendecker.

Blühende Kräuter sind schön und verdrängen Unkraut.

JÄTEN

In kleinen Beeten oder an engen Stellen, an denen man Pflanzen leicht verletzen kann, lässt sich Unkraut immer noch am besten entfernen, indem man es von Hand oder mit einer Handgabel jätet. Lockern Sie dafür den Boden mit der Gabel, damit sich auch tief reichende Wurzeln gut herausziehen lassen. Kletternde Unkräuter wie beispielsweise Zaunwinden muss man mitunter sogar von Zierpflanzen lösen. Größere, leichter zugängliche Areale bearbeitet man eher mit der Hacke. Ideal ist trockenes Wetter, denn dann welken die Unkrautsämlinge rasch. Einjährige Quälgeister lassen sich bequem hacken, mehrjährige dagegen werden am besten ausgegraben.

NUR IM NOTFALL

Herbizide sollten im Garten wirklich tabu sein. Nur wenn es gar keine andere Möglichkeit gibt, behandelt man größere, von mehrjährigen Unkräutern eroberte Flächen mit Herbiziden. Systemische Präparate dringen in die Pflanze ein und lassen sie absterben; man wendet sie nur bei mehrjährigen Arten an. Kontaktherbizide sind für einjährige Kräuter gedacht.

Unkrautvernichter zum Sprühen werden mit möglichst dünnem Strahl punktgenau verteilt.

UNKRÄUTER IM ÜBERBLICK

Unkräuter können sich unbemerkt im Garten ausbreiten. Sie verunstalten Rabatten und sind eine unerwünschte Konkurrenz für Zierpflanzen. Um sie schon im Keim zu ersticken, müssen Sie die Plagegeister aber erst einmal identifizieren. Hier einige der häufigsten.

EIN- UND MEHRJÄHRIGE UNKRÄUTER

Einjährige Unkräuter setzen mitunter binnen weniger Wochen Samen an, sodass in einer einzigen Saison mehrere Generationen entstehen. Man entfernt sie, bevor sie blühen. Ihre mehrjährigen Pendants lassen sich leicht entfernen, solange sie noch jung sind, später aber sind sie ausgesprochen hartnäckig. Seien Sie beim Jäten ebenso hartnäckig!

Einjähriges Rispengras Es bildet kleine Büschel und setzt sich oft in Pflasterritzen fest, wo man es nur schwer herausbekommt. Auch in Rabatten und Töpfen siedelt es sich gern an.

Zaunwinde Diese mehrjährige, wüchsige Kletterpflanze kann ganze Rabattenpflanzen überwuchern. Mit Ruten hält man sie von ihnen fern. Außerdem kann man die Pflanzen ausreißen.

Wilde Brombeeren Sie vermehren sich über Wurzeln, Ausläufer und Samen und bilden ein undurchdringliches Dickicht. Durch regelmäßiges Ausgraben hält man sie unter Kontrolle.

Hornkraut Die einjährige Pflanze ist immer dort rasch zur Stelle, wo Erde frisch bearbeitet wurde. Sie bildet breitwüchsige Matten und setzt innerhalb von nur sechs Wochen Samen an.

Quecke Das mehrjährige Gras wächst in Beeten und Rasenflächen, wo seine zähen Wurzeln sich ausbreiten und ein Ausmerzen fast unmöglich machen. Es treibt selbst aus Wurzelstückchen aus.

Löwenzahn Der häufige Gast in Grasflächen breitet sich über Samen aus, die vom Wind getragen werden. Trotz der tiefen Wurzeln ist die mehrjährige Pflanze leicht auszugraben.

Weißer Gänsefuß Das einjährige Kraut wächst langsam und bringt nur eine Generation pro Saison hervor. Es blüht ab dem Hochsommer. Seine Samen überdauern Jahre im Boden.

Giersch Die niedrige Staude macht sich gern zwischen Rabattenpflanzen breit, weshalb Jäten schwierig ist. Sie treibt aus kleinsten Wurzelresten wieder aus.

Gewöhnliches Greiskraut Mit seinen bauschigen Samenständen breitet sich dieses einjährige Unkraut im Handumdrehen und in großer Zahl aus. Man reißt es mit der Hand aus.

Behaartes Schaumkraut Das einjährige Unkraut greift im Nu um sich und wird oft über gekaufte Topflanzen in Gärten eingeschleppt. Man jätet es, bevor es blüht.

Japanknöterich Die wüchsige Staude lässt sich nur schwer unter Kontrolle bringen. Sie treibt aus kleinen Wurzelstücken aus. Eine Bekämpfung ist sehr wichtig, damit sie sich nicht in die Natur ausbreitet.

Sauerklee Mehrere Arten dieser Gattung machen Gärtnern als Unkräuter zu schaffen. Sie breiten sich über winzige unterirdische Organe aus, die sich schwer entfernen lassen.

Hirtentäschel Im Gemüsebeet ist dieses aufrechte Unkraut an drahtigen Stängeln häufiger anzutreffen als in Rabatten. Es blüht ab dem Hochsommer und sät sich massenhaft aus.

Brennnesseln Sie besiedeln frische oder vernachlässigte Areale und bilden große Horste mit dicken Wurzelmatten. Durch ein Herausnehmen und Umgraben des Bodens wird man sie los.

Weidenröschen Es bildet hohe, aufrechte Blütenstände und vermehrt sich über Wurzeln und vom Wind fortgetragene Samen. Man entfernt die Pflanzen, bevor sie blühen.

Rhododendren brauchen ganz bestimmte Bedingungen. Kann man sie ihnen nicht bieten, beginnen sie zu kümmern.

PROBLEME ERKENNEN

Die Wurzel des Übels herauszufinden ist nicht immer einfach, denn manche Pflanzenkrankheiten haben ähnliche Symptome, manchmal sogar mehrere Ursachen. Versuchen Sie das Problem so weit wie möglich einzugrenzen.

Alle Pflanzen brauchen Pflege, selbst alte Bäume und Sträucher. Werden sie vernachlässigt, beginnen sie zu darben. Sie entwickeln schwache oder verdichtete Triebe, die anfällig für Schädlinge, Krankheiten und andere Störungen sind. Obwohl sie nach wie vor blühen können, fällt die Blüte oftmals enttäuschend aus. Als Erstes beginnt man mit der Ursachenforschung und findet heraus, was die Pflanzen brauchen.

Welkendes Laub kann verschiedene Ursachen haben.

BODEN UND STANDORT

Viele Pflanzen stellen keine besonderen Ansprüche, andere brauchen bestimmte Bedingungen. Wenn man sie kennt, macht man beim Kauf keinen Fehlgriff. In leichten Böden erkranken Gewächse oft an Nährstoffmangel und welken, während in schwerem Erdreich bei längeren Regenperioden Fäulnis droht. Manche Pflanzen brauchen kühlen Schatten, andere volle Sonne. Sonnenanbeter etwa kümmern in dunklen Ecken, werden langbeinig und blühen kaum.

Die Wuchsbedingungen ändern sich im Lauf der Jahreszeiten, was die Pflanzengesundheit ebenso beeinträchtigen kann wie der Standort. Frost und Sonnenbrand, starke Winde, länger werdende Schatten, zu wenig Tageslicht und kalte Böden sind dagegen saisonale Probleme.

Unerwarteter Frost schädigt nicht winterharte Exoten.

Pralle Sonne kann Pflanzenblätter förmlich versengen.

Staunässe lässt Wurzeln faulen.

Schatten schwächt Sonnenanbeter.

Nährstoffmangel

Nährstoffe sind wichtig, müssen aber in ausgewogenem Verhältnis zur Verfügung stehen. Selbst in gepflegten Böden kann Mangel herrschen, was zu Kümmerwuchs, schlechtem Ertrag und Anfälligkeit für Schädlinge und Krankheiten führt. Oft zeigt die Laubfärbung, woran es fehlt.

Stickstoff Das Laub wird hellgrün, im Frühjahr zeigen sich gelbe Jungblätter. Die Pflanze wächst schwach und wird langbeinig. Düngen Sie mit stickstoffreichem Dünger und mulchen Sie die Pflanze.

Eisen Jungblätter färben sich am Rand und zwischen den Adern gelb. Der Wuchs ist beeinträchtigt. Ein Mangel kommt vor allem in alkalischen Böden vor. Düngen Sie mit chelatiertem Eisen.

Magnesium Ältere Blätter werden gelb und färben sich zwischen den Adern braun. Betroffen sind häufig Pflanzen in leichten, sandigen Böden. Man düngt mit einem Magnesiumpräparat.

Kalzium Das Mineral ist im Boden, doch können die Pflanzen es nicht aufnehmen, wenn es zu trocken ist. Laub wächst verkümmert, Früchte werden fleckig und platzen. Blütenendfäule tritt auf.

Kalium Die Blätter färben sich blau und gelb, bekommen braune Flecken und rollen sich ein. Die Pflanze blüht und fruchtet schlecht. Düngen Sie mit einem kaliumreichen Präparat.

Andere Mangelerscheinungen

Bor Die Triebspitzen welken, die Pflanze wächst verkrüppelt. Früchte und Blätter kümmern. Verwenden Sie einen Dünger mit Spurenelementen.

Mangan Zu wenig Mangan äußert sich ähnlich wie Eisenmangel. Junglaub wird gelb oder blassgrün, die Adern aber bleiben grün. Oft sind es Kalkflieher, die alkalische Böden brauchen. Man streut Mangansulfat oder sprüht es auf das Laub.

Molybdän Molybdänmangel tritt in sauren Böden auf und betrifft Kohlgewächse. Die Blätter werden gelb und fädig. Düngen Sie mit Natriummolybdat oder kalken Sie den Boden.

ANDERE FAKTOREN

Es gibt viele weitere Faktoren, die das Wachstum beeinträchtigen – nicht alle sind offensichtlich. Wenn schlechte Lage, Pflege und Böden oder Schädlinge und Krankheiten ausgeschlossen werden konnten, überlegen Sie, ob sich in der Umgebung etwas verändert hat. Sind benachbarte Pflanzen größer geworden und werfen mehr Schatten? Leiden Pflanzen unter Konkurrenz? Wurde ein Gebäude errichtet, durch das sich der Lichteinfall oder die Durchlässigkeit des Bodens geändert hat? Oder ist die Ursache bei der Pflanze selbst zu suchen? Vielleicht lässt sie nach, weil sie zu alt ist. Manche Bäume halten keine 40, einige Sträucher nicht einmal zehn Jahre.

Unter welcher Krankheit eine Pflanze leidet, ist mitunter schwer zu erkennen. Nicht selten spielen mehrere Ursachen eine Rolle. Sind die allgemeinen Wuchsbedingungen günstig? Fragen Sie notfalls Fachleute.

SCHÄDLINGE UND KRANKHEITEN BEKÄMPFEN

Manche Pflanzen stecken einen Befall weg, andere gehen ein. Greifen sie aber nicht zur chemischen Keule – es gibt genug andere Methoden, die sich bewährt haben.

Pflanzen sind keine hilflosen Wesen – sie haben durchaus ihre Abwehrstrategien. Wichtig ist, dass man ihnen hilft, sich selbst zu helfen. Die beste Verteidigung ist eine robuste Konstitution: Ausreichend Feuchtigkeit und genug Nährstoffe fördern ein gesundes Wachstum. Nicht ratsam sind jedoch stickstoffreicher Dünger oder eine generelle Nährstoffgabe im Spätsommer, weil das den Austrieb von weichem, saftigem Grün fördert, das anfällig für Schädlinge, Krankheiten und Frostschäden ist. Schneiden Sie Ihre Pflanzen regelmäßig und entfernen Sie schwache bzw. kranke Pflanzenteile jährlich.

Langfristig ist es der Gesundheit von Pflanzen förderlich, ihnen die bestmöglichen Wuchsbedingungen zu bieten und sie optimal auf den Standort abzustimmen. Sie müssen gut einwachsen und dürfen nicht mit anderen um Nährstoffe und Feuchtigkeit konkurrieren. Wählen Sie außerdem Sorten mit guter Widerstandsfähigkeit.

Gut wässern ist wichtig, denn Stress macht anfällig.

AUSGETRICKST

Wirbellose sind geschickt darin, Futterpflanzen aufzuspüren. Sie orientieren sich dabei an flüchtigen Stoffen, die von Pflanzen abgegeben werden. Menschen nehmen diese Stoffe nicht wahr, Insekten dagegen noch aus einiger Entfernung. Sobald sie nahe genug sind, setzen sie zusätzlich ihren Seh- und Tastsinn ein, um festzustellen, ob sie ein geeignetes Opfer gefunden haben. Allerdings entsenden geschädigte Pflanzen bei einem Befall auch Duftstoffe, die die natürlichen Feinde der Schädlinge auf den Plan rufen.

Nutzen Sie diese Prozesse, indem Sie Pflanzen kombinieren, also etwa Obstbäume und -büsche in Rabatten und Gemüse zwischen Sommerblumen setzen. Dort ist der Befall geringer als in großen Gruppen und Pflanzreihen. Mehr pflanzliche Vielfalt bedingt mehr tierische Vielfalt und ein ausgewogeneres Verhältnis zwischen Schädlingen und ihren Feinden.

Die Kapuzinerkresse wächst kletternd oder kriechend. Man bringt sie gut in Gemüsebeeten unter.

Studentenblumen bewahren andere Pflanzen vor Weißen Fliegen und Möhrenfliegen.

VERBÜNDETE

Gärten sind Mini-Ökosysteme, in denen laufend Kämpfe zwischen Räubern und ihrer Beute stattfinden. Alle Schädlinge haben natürliche Feinde – und das sollten Sie nutzen, indem Sie sie in den Garten locken. Unsere Verbündeten brauchen aber auch ein Quartier, weshalb man ihnen einladende Lebensräume bieten sollte. Legen Sie einen Teich für Schnecken fressende Amphibien, Nistkästen für Vögel und winterliche Unterschlupfe für Nützlinge wie Marienkäfer an. Ohne Beute gibt es aber keine Räuber – greifen Sie also nicht schon bei der ersten Blattlaus zur Sprühflasche. Sollen sie sich doch ruhig vermehren und so ihre Feinde auf sich aufmerksam machen! Damit vernichten Sie Schädlinge zwar nicht völlig, doch es entsteht im Garten ein Gleichgewicht. Das kommt vor allem Naturgärtnern zupass.

Bieten Sie Nützlingen wie Insekten, Vögeln und anderen Tieren Nahrung und Wasser. So werden sie Ihre Verbündeten im Kampf gegen Schädlinge.

Schwebfliegen sehen wie Wespen oder Bienen aus und ernähren sich als Larven von Blattläusen. Zudem sind sie wertvolle Bestäuber. Mit farbenfrohen, nektarreichen Blüten lockt man sie an.

Marienkäfer sind als Larven und Käfer ganz gierig auf Blattläuse. Sie gehören zu den ersten Räubern der Saison – und fliegen oft schon bei den ersten milden Temperaturen Patrouille.

Vögel spielen eine wichtige Rolle als Schädlingsvertilger. Sie zupfen Blattläuse und größere Tiere wie Schnecken und Raupen von den Pflanzen. Mit Nistplätzen und Trinkwasser lockt man sie an.

Amphibien wie Frösche und Kröten suchen den Garten nachts nach Schnecken, Insekten und anderen Beutetieren ab. Wer keinen Platz für einen Teich hat, legt kühle, feuchte Stellen an.

Laufkäfer ernähren sich von Schnecken und leben oft wie sie im kühlen Schatten. Verteilen Sie Steine auf dem Boden, unter denen sie sich verstecken können.

Igel sind wertvolle Verbündete, denn sie lassen sich vom Frühjahr bis zum Herbst Schnecken und andere Wirbellose schmecken. Bieten Sie ihnen im Winter Unterschlupf und im Sommer Wasser.

AUF DER HUT

Hundertprozentigen Schutz vor Schädlingen und Krankheiten gibt es nicht, doch man kann die Schäden deutlich reduzieren. Das regelmäßige Überprüfen auf Befallsspuren und schnelles Eingreifen sind die beste Verteidigung. Krankheitssymptome lassen sich oft unschwer erkennen – achten Sie auf schwachen, verfärbten oder verkümmerten Wuchs. Schädlinge sind schwer zu entdecken, denn sie können sich verkriechen. Schnecken verraten sich über Schleimspuren, andere Mitesser sind nicht so leicht zu identifizieren. Suchen Sie die Pflanzen nachts ab, wenn viele Schmarotzer aktiv sind. Oft verstecken sie sich unter Blättern.

Suchen Sie Ihre Pflanzen regelmäßig nach Spuren von Schädlingsbefall ab. Manche Plagegeister sind nachtaktiv, andere kaum zu sehen. Sie verstecken sich zwischen Blättern oder im Boden.

BARRIEREN UND FALLEN

Bewahren Sie Ihre Pflanzen mit Hindernissen vor Schäden. Baumschoner schützen Gehölze vor Rotwild und Hasen, Netze halten Vögel von Obst fern. Jungpflanzen werden mit feinen Netzen oder Plastikabdeckungen vor Insekten geschützt. Mit Kragen hindert man kriechende Schädlinge davor, an Gewächsen hochzukriechen. Schützen Sie gefährdete Pflanzen mit biologischem Schneckenkorn oder einer Barriere aus zerstoßenen Eierschalen bzw. kantigem Kies, Töpfe mit einem Kupferband.

Nicht alle Schädlinge lassen sich durch Hindernisse ausbremsen – manchmal muss man Fallen aufhängen. Gelbfallen unter Glas dezimieren Weiße Fliegen, Bierfallen im Freiland Schnecken. Pheromonfallen werden gegen Apfelwickler aufgehängt. Mit Flaschenfallen hindert man Wespen daran, sich an Sommerobst gütlich zu tun.

BIOLOGISCHE BEKÄMPFUNG

Die biologische Bekämpfung ist bei manchen Schädlingen eine umweltfreundliche Alternative zur chemischen Keule. Präparate können per Post bestellt werden. Meist handelt es sich um einen Räuber oder Parasiten, z.B. Nematoden. Man setzt sie meist gegen Schädlinge unter Glas ein, doch finden sie auch im Freiland Anwendung. Es müssen jedoch genügend Schädlinge vorhanden und die Bedingungen günstig sein.

Halbierte Plastikflaschen sind ein unüberwindliches Hindernis und fördern das Wachstum.

Aufgehängte Fallen mit Zuckerwasser locken Wespen an. Die Tiere ertrinken im klebrigen Saft.

Encarsia formosa ist eine räuberische Wespe, die in Glashäusern Weiße Fliegen dezimiert.

CHEMISCHE MITTEL

Synthetische Insektizide und Fungizide sind wirksame Mittel, Hobbygärtner aber sollten sie möglichst nicht einsetzen. Schädlinge treten oft nur vorübergehend auf oder werden von Räubern vertilgt, Krankheiten lassen sich vermeiden, indem man für gesunde, kräftige Pflanzen sorgt.
Greifen Sie wirklich nur im äußersten Notfall zu chemischen Mitteln. Lassen Sie sich gut beraten, lesen Sie die Anwendungshinweise gründlich und wenden Sie ausschließlich geeignete Präparate in korrekter Dosierung an.

Pilzkrankheiten wie die Schwarzfleckenkrankheit sind oft schwer in den Griff zu bekommen.

Insektizide

Man unterscheidet zwei Arten. Kontaktmittel werden direkt auf die Schädlinge gesprüht oder töten sie, wenn die Tiere sich auf behandelte Pflanzen setzen. Systemische Insektizide dringen dagegen in die Pflanze ein und vernichten die Schädlinge, die sich von ihr ernähren. Die Pflanzen sind damit über einen längeren Zeitraum geschützt.

Vorsicht: Insektizide wirken nicht selektiv, töten also auch Nützlinge. Wenden Sie sie möglichst nicht an, und wenn doch, bringen Sie sie sparsam aus und setzen sie abends ein, wenn keine Bestäuber mehr aktiv sind.

Fungizide

Mit Fungiziden werden Pilzkrankheiten bekämpft, nicht jedoch Viren- oder Bakterieninfektionen. Sie wirken am besten, wenn man sie vorbeugend einsetzt. Bedenken Sie aber, dass Fungizide nur kurz helfen. Hat sich ein Pilz erst einmal festgesetzt, vernichtet man Befallenes am besten. Auch Fungizide sollten Sie nur im Notfall anwenden. Je nach Präparat erfolgt die Anwendung mehrmals in empfohlenen Intervallen.

Tritt eine Krankheit immer wieder auf, versucht man generell die Pflanzengesundheit zu verbessern oder zieht die Kultur anderer Arten in Betracht.

Sichere Anwendung

Wenn Sie im Notfall doch zu chemischen Mitteln greifen, lesen Sie die Hinweise auf der Verpackung gründlich. Erhöhen Sie nie die empfohlene Dosierung – Sie schaden damit nur sich und den Pflanzen. Nicht spritzen sollte man außerdem an windigen Tagen und in der prallen Sonne. Wassertiere reagieren sehr empfindlich. Sprühen Sie nie in der Nähe von Teichen oder Bächen. Bewahren Sie Chemikalien immer in der Originalverpackung an einem frostfreien Platz außerhalb der Reichweite von Kindern und Haustieren auf. Reste müssen fachgerecht entsorgt werden.

Beim Einsatz von Insektizidlösungen immer die Angaben auf der Verpackung beachten, um eine Gefahr der Überdosierung zu vermeiden. Beim Versprühen Schutzhandschuhe tragen!

Fungizide helfen nur gegen Pilzkrankheiten wie Mehltau (*siehe oben*). Von Bakterien oder Viren befallenes Material muss abgeschnitten und vernichtet werden, um eine Ausbreitung zu verhindern.

Lagern Sie Chemikalien an einem sicheren, für Kinder unzugänglichen Ort und immer in der Originalverpackung. Alte Mittel, die nicht mehr verwendet werden dürfen, fachgerecht entsorgen!

HÄUFIGE SCHÄDLINGE

APFELWICKLER

Gefährdet: *Äpfel und Birnen.*
Kleine Maden fressen Gänge in die Früchte, setzen sich im Kerngehäuse fest und fressen sich wieder heraus, sodass die reife Frucht ungenießbar wird. Pheromonfallen zeigen an, wann eine Bekämpfung nötig ist.

BIRNENGALLMÜCKE

Gefährdet: *Birnen.*
Unreife Früchte werden im Frühsommer vom Ansatz aus schwarz und fallen ab. Im Inneren fressen weiße Maden. Der ganze Ertrag kann verloren gehen. Vernichten Sie befallene Früchte, bevor die Maden sie verlassen.

BLATTLÄUSE

Gefährdet: *Verschiedene Pflanzen.*
Blattläuse leben in großen Kolonien auf Pflanzen, vor allem an weichen, frischen Trieben und Blättern. Ein starker Befall schwächt die Pflanze, führt zu Kümmerwuchs und kann den Ertrag reduzieren. Die Tiere übertragen auch Viren und sondern ein klebriges Sekret ab, den »Honigtau«, auf dem sich Schwärzepilze bilden. Man kann sie mit Wasser wegspritzen oder mit Seifenlaugen, Steinmehl oder Spirituslösungen dezimieren.

BLATTMINIERER

Gefährdet: *Verschiedene Pflanzen.*
Die Larven verschiedener Fliegen, Motten, Sägewespen und Käfer fressen Tunnel in das Blattgewebe, ohne jedoch großen Schaden zu verursachen. Eine Bekämpfung ist schwierig. Stark befallenes Laub zupft man ab.

DICKMAULRÜSSLER

Gefährdet: *Verschiedene Pflanzen.*
Die schwarzen Käfer fressen Blattränder an, wesentlich mehr Schaden aber verursachen die weißen Larven, die sich von Wurzeln ernähren und Pflanzen welken lassen, sodass sie oft eingehen. Zudem fressen sie Gänge in Knollen und begünstigen damit Sekundärinfektionen. Topfpflanzen sind am gefährdetsten, vor allem solche mit fleischigen Wurzeln, doch sind selbst Sträucher nicht gefeit vor ihnen.

DRAHTWÜRMER

Gefährdet: *Verschiedene Pflanzen.*
Die Larven des Schnellkäfers leben im Boden. Sie fressen die Wurzeln von Stecklingen an und Gänge in Wurzelgemüse. Am häufigsten treten sie in Beeten auf, die frisch in Rasenflächen eingesetzt wurden. Nach einigen Jahren werden sie weniger. Chemische Gegenmittel gibt es nicht. Wurzelgemüse werden früh geerntet.

ERDFLÖHE

Gefährdet: *Kohlgewächse, Kartoffeln und viele Zierpflanzen.*
Die winzigen Käfer fressen Löcher in die Blätter, die braun werden und absterben können. Setzlinge können eingehen, größere Pflanzen kümmern. Es gibt viele Arten von Erdflöhen und entsprechend viele gefährdete Pflanzen. Pflanzen Sie Setzlinge bei schönem Wetter, damit sie schnell wachsen, oder spannen Sie Netze.

ERDRAUPEN

Gefährdet: *Verschiedene Pflanzen.*
Die Larven verschiedener Motten fressen Wurzeln an, woraufhin die Pflanzen welken und eingehen. Nachts fressen sie oberirdisch an Blättern. Suchen Sie die Erde nach Raupen ab, jäten Sie und graben Sie den Boden

Blattläuse befallen den frischen Wuchs vieler Pflanzen.

Möhrenfliegenmaden (S. 362) verderben Karotten.

Apfelwickler-Maden machen reifes Obst ungenießbar.

regelmäßig um. Eventuell biologische Präparate (Nematoden) einsetzen.

HIMBEERKÄFER

Gefährdet: *Himbeeren, Brombeeren und Hybridbeeren.*
Die Maden fressen in den Beeren und verursachen vertrocknete Flecken am Stielende. Nach dem Abzupfen der Früchte sieht man sie oft im Inneren. Man hängt Leimfallen auf, sprüht mit Knoblauchtee oder einem biologischen Präparat, sobald die Beeren rosa werden, bei Brombeeren schon während der Blüte und bei Hybridbeeren, wenn die Blüten welken.

JOHANNISBEERBLASENLAUS

Gefährdet: *Johannisbeeren.*
Die saugenden Insekten fressen im Frühjahr Blätter an den Triebspitzen an. Dies verursacht verkrüppelten Wuchs und Blasen. Der Schaden bleibt aber gering. Starken Befall mit einem biologischen Mittel bekämpfen.

KARTOFFELÄLCHEN

Gefährdet: *Kartoffeln und Tomaten.*
Die Blätter werden gelb und sterben in der zweiten Sommerhälfte ab. Die Ursache sind kleine weiße oder braune Zysten an den Wurzeln. Verursacht werden sie von Nematoden, die sich jahrelang im Boden vermehren. Es gibt kein Gegenmittel. Praktizieren Sie Fruchtwechsel und pflanzen Sie resistente Sorten.

KIRSCHBLATTWESPE

Gefährdet: *Zierquitte, Kirschen, Weißdorn, Birnen, Pflaumen und Eberesche.*
Die raupenähnlichen Larven sehen wie kleine Nacktschnecken aus. Sie sitzen von Juli bis August an der Blattoberseite. Das Laubgewebe trocknet und wird braun. Pro Saison treten drei Generationen auf. Kleinere Bäume behandelt man mit einem biologischen Präparat.

KLEINE KOHLFLIEGE

Gefährdet: *Kohlgewächse.*
Die Maden fressen die Wurzeln an, was zu verkrüppeltem Wuchs führt und die Pflanzen bei Trockenheit welken lässt. Jungpflanzen können absterben, ältere tragen schlechter. Jungpflanzen werden mit Kragen am Ansatz vor der Eiablage geschützt. Warten Sie mit dem Auspflanzen, bis die Setzlinge kräftiger sind, und decken Sie sie mit feinmaschigen Netzen ab.

KOHLWEISSLINGE

Gefährdet: *Vorwiegend Kohlgewächse.*
Die Raupen des Großen und Kleinen Kohlweißlings fressen Löcher in die äußeren Blätter und Köpfe, was den Ertrag reduziert. Die Pflanzen werden mit Insektennetzen mit höchsten 4 mm Maschenweite abgedeckt. Überprüfen Sie sie regelmäßig und lesen Sie Raupen ab oder setzen Sie ein biologisches Präparat ein.

LILIENHÄHNCHEN

Gefährdet: *Lilien und Kaiserkronen (Fritillaria).*
Sowohl die leuchtend roten Käfer als auch die von Exkrementen bedeckten Larven fressen an Blättern und Blüten und können einer Pflanze rasch den Garaus machen. Die Tiere sind vom Frühjahr bis zum Herbst aktiv. Man sammelt die Schädlinge von Hand ein oder sprüht ein biologisches Mittel.

MEHLIGE KOHLBLATTLAUS

Gefährdet: *Kohlgewächse.*
Die grauweißen saugenden Läuse bilden von April bis August große Kolonien auf der Blattunterseite. Die Blätter werden gelb und kräuseln sich. Ein schwerer Befall lässt Triebe verkümmern, sodass sich Seitentriebe bilden und mehrköpfige Pflanzen entstehen. Meist sind die Schäden nur oberflächlich, bei schwerem Befall aber behandelt man die Pflanzen mit einem biologischen Präparat. Wichtig: Alle oberirdischen Pflanzenteile behandeln.

Erdflöhe ruinieren Blätter und schwächen die Pflanzen.

Stachelbeerblattwespen (S. 363) befallen auch Johannisbeeren.

Die Raupen des Großen Kohlweißlings fressen Blätter.

MÖHRENFLIEGE

Gefährdet: *Karotte, Sellerie, Pastinaken und Petersilie.*
Die Maden fressen Gänge knapp unter der Oberfläche in die Wurzeln. Die dünne Wand bricht und macht die Wurzeln anfällig für Sekundärinfektionen. Eingelagerte Wurzeln können faulen. Vom späten Frühjahr bis zum Herbst treten 2–3 Generationen auf. Durch Aussaat im Hochsommer vermeidet man die erste Generation. Man kultiviert resistente Sorten und deckt die Beete mit Vlies ab.

PFLAUMENBLATTLAUS

Gefährdet: *Pflaumen.*
Diese saugende Blattlaus setzt sich in großen Kolonien an der Unterseite der Blätter fest. Die Blätter rollen sich im Frühjahr und Frühsommer ein. Junge Bäume können geschwächt werden, ansonsten ist der Schaden gering, da sich neue Blätter bilden. Kolonien von Hand entfernen.

RAUPEN

Gefährdet: *Verschiedene Pflanzen.*
Die Larven von Schmetterlingen verursachen manchmal beträchtliche Schäden an Nutzpflanzen. Suchen Sie im Spätsommer vor allem Tomaten und Paprika nach den Larven der Gemüseeule ab. Die meisten Raupen sind auf bestimmte Wirtspflanzen spezialisiert. Größere Raupen können von Hand abgesammelt werden (sie sind nachts am aktivsten). Sehen Sie außerdem an Blattunterseiten nach, ob dort Eier abgelegt sind.

ROTE SPINNE / SPINNMILBE

Gefährdet: *Verschiedene Pflanzen.*
Die winzigen Milben bilden riesige Kolonien. Das Laub wird stumpf und fleckig und bekommt einen silbrigen Glanz. Auf Laub und Trieben erscheint ein feines Gespinst. Gefährdet sind Zimmer- und Gewächshauspflanzen. Man bekämpft die Tiere mit biologischen Methoden.

SÄGEWESPEN

Gefährdet: *Verschiedene Pflanzen.*
Es gibt viele Arten, von denen die meisten nur bestimmte Pflanzen befallen. Die raupenähnlichen Larven ernähren sich von unreifen Früchten oder fressen Gänge in Blätter. Mitunter kräuselt sich das Laub. Die Schäden können beträchtlich sein. Man zupft befallene Früchte und Blätter ab oder setzt ein biologisches Präparat ein.

SCHILDLÄUSE

Gefährdet: *Verschiedene Pflanzen.*
Die Sauginsekten ähneln kleinen Schilden. Sie sitzen an Blättern und Trieben von Freiland- und Zimmerpflanzen. Es gibt auf verschiedene Pflanzen spezialisierte Arten. Sie können Erträge reduzieren. Auf ihren Ausscheidungen siedeln sich oft Schwärzepilze an. Sobald Nymphen zu sehen sind, bekämpft man sie mit Pflanzenölen.

SCHMIER- UND WOLLLÄUSE

Gefährdet: *Verschiedene Pflanzen. Meist Zimmerpflanzen.*
Die mit weißen, wolligen Wachsfäden überzogenen saugenden Schädlinge kommen meist auf Zimmerpflanzen vor, können im Sommer aber auch im Freien auftreten. Sie bilden Kolonien in den Blattachseln und an anderen Pflanzenteilen. Bekämpft werden sie mit Nützlingen, etwa Marienkäfern, oder biologischen Mitteln.

SCHNAKENLARVEN

Gefährdet: *Verschiedene Pflanzen.*
Die Larven leben im Boden und ernähren sich von Wurzeln. Sie verursachen braune Flecken im Rasen und lassen vom Spätwinter bis zum Hochsommer Sämlinge absterben. Man bekämpft sie mit Nematoden oder biologischen Präparaten.

SCHNECKEN

Gefährdet: *Verschiedene Pflanzen.*
Nicht alle Schnecken schädigen Pflan-

Weiße Fliegen befallen vor allem Zimmerpflanzen.

Spinnmilben wird man nur schwer wieder los.

Lilienhähnchen (S. 361) sind leicht zu erkennen.

zen, doch die, die es tun, befallen eine Vielzahl von Arten und fressen Blätter, Triebe und Früchte an. Am häufigsten sind sie bei kühlem, feuchtem Wetter, doch treten sie ganzjährig und vor allem nachts auf, solange die Temperaturen über 5 °C liegen. Ganz kann man sie nie ausmerzen. Gefährdete Pflanzen sollte man mit biologischem Schneckenkorn, Bierfallen, Kiesbarrieren, Kupferband oder biologischen Methoden schützen.

SPARGELHÄHNCHEN

Gefährdet: *Spargel.*
Larven und adulte Käfer fressen Blätter und die Oberseite von Trieben an, was zum Laubfall führt. Triebe können absterben. Die Pflanze wird geschwächt, der Ertrag reduziert. Pro Saison entwickeln sich zwei Generationen. Man sammelt die schwarzen, roten und gelben Käfer und cremefarbenen Larven ab oder spritzt ein biologisches Praparat.

STACHELBEERBLATTWESPE

Gefährdet: *Stachelbeeren, Rote und Weiße Johannisbeeren.*
Die Pflanzen werden vom späten Frühjahr bis zum Sommer im Nu von raupenähnlichen Insekten entlaubt – oft steht bis zur Ernte nur noch das nackte Gerüst. Suchen Sie die Pflanzen ab der Frühjahrsmitte auf Befallspuren ab und spritzen Sie ein biologisches Präparat gegen beißende Insekten.

VÖGEL

Gefährdet: *Verschiedene Pflanzen.*
Viele Arten fressen Blätter, Blüten und Früchte an. Kirschen, Himbeeren und Erdbeeren können völlig abgeerntet werden. Der Schaden ist ärgerlich, aber selten gefährlich. Stellen Sie Scheuchen auf.

WANZEN

Gefährdet: *Verschiedene Pflanzen.*
Die kleinen grünen Sauginsekten befallen weiche Triebe und Blütenknospen. Sie sondern ein Sekret ab, das Pflanzenzellen absterben lässt. Wenn die Blätter sich entfalten, sind sie voller Löcher. Befallene Knospen gehen nicht auf oder bleiben deformiert. Der Schädling tritt von Juni bis September gehäuft auf. Man geht mit Seifenlauge oder Spiritus gegen ihn vor.

WEISSE FLIEGEN

Gefährdet: *Verschiedene Pflanzen.*
Die Sauginsekten mit weißen Flügeln finden sich vor allem auf Zimmerpflanzen, kommen im Sommer aber auch im Freiland vor. Sie breiten sich rasch aus und schwächen Pflanzen. Zudem sondern sie ein Sekret ab, auf dem sich Schwärzepilze ansiedeln. Unter Glas zeigen Gelbfallen Wirkung und ermöglichen zudem eine Einschätzung der Befallsstärke. Unter Glas ist auch eine biologische Bekämpfung mit der Raubwespe *Encarsia formosa* sinnvoll. Im Freiland spritzt man ein geeignetes biologisches Präparat.

WURZELLÄUSE

Gefährdet: *Bohnen, Karotten, Blattsalat, Pastinaken, Rosen und Nelken.*
Diese saugenden Schädlinge fressen Wurzeln an, schwächen die Pflanzen und lassen sie bei schönem Wetter welken. Der Ertrag fällt in der Folge geringer aus. Eine Bekämpfung ist schwierig, da sie im Boden sitzen. Pflanzen bei Trockenheit gut wässern und Fruchtwechsel praktizieren.

ZWIEBELFLIEGE

Gefährdet: *Zwiebeln, Porree, Schalotten und Knoblauch.*
Weiße Maden setzen sich im Frühsommer an Zwiebeln fest, woraufhin die Pflanzen umfallen. Im Spätsommer fressen sie Gänge in die Zwiebeln und bringen sie zum Faulen. Befallene Pflanzen müssen vernichtet werden. Pflanzen Sie resistente Steckzwiebeln und decken Sie die Kulturen mit Insektenschutznetzen ab.

Pflaumenblattläuse befallen alle Pflaumensorten.

Sägewespen-Larven befallen Obst.

Dickmaulrüssler-Larven (S. 360) fressen Wurzeln an.

KRANKHEITEN UND STÖRUNGEN

APFEL- UND BIRNENSCHORF

Gefährdet: *Äpfel und Birnen.*
Schorf wird von mehreren Pilzen verursacht. Er tritt vor allem unter feuchten Bedingungen auf und äußert sich in dunklen, schorfigen Flecken. Betroffen ist meist die Schale, bei starkem Befall kann die Frucht Risse bekommen. Auch das Laub entwickelt dunkle Flecken und kann abfallen, während sich an Zweigen Risse zeigen. Entfernen Sie betroffene Triebe und Früchte und entsorgen Sie abgefallene Blätter. Lichten Sie die Gehölze im Winter aus, um die Durchlüftung zu verbessern. Auch Oliven, Feuerdorn, Weiden und einige andere Gehölze sind gefährdet.

BAKTERIENBRAND

Gefährdet: *Prunus.*
Bakterienbrand tritt vor allem in feuchten Jahren auf. An Ästen und Zweigen erscheinen eingefallene Stellen, die gelbes Harz absondern. Knospen öffnen sich nicht. Blätter, Äste und ganze Bäume können vertrocknen. Infizierte Pflanzenteile entfernt man. Wählen Sie resistente Sorten.

BAUMKREBS

Gefährdet: *Äpfel, Birnen, Maulbeeren und viele Zierpflanzen.*
Krebs wird von Pilzen verursacht und befällt eine ganze Reihe von Gehölzen. Typische Symptome sind erhöhte oder eingefallene Bereiche aus abgestorbener Borke, die sich ausbreiten und den Saftfluss unterbrechen, sodass Knospen, Blätter und Triebe absterben. Schneiden Sie geschädigte Triebe ab.

BLATTBRÄUNE

Gefährdet: *Quittenbäume.*
Auf dem Laub erscheinen viele kleine dunkle Flecken, die später zusammenfließen. Das Laub vergilbt und fällt ab, Früchte werden fleckig und deformiert, Triebspitzen können absterben. Die Pilzkrankheit tritt vor allem bei feuchter Witterung auf. Infizierte Pflanzenteile werden abgeschnitten und vernichtet, Blätter im Herbst weggeräumt.

BLATTFLECKENKRANKHEIT

Gefährdet: *Verschiedene Pflanzen.*
Auf dem Laub werden unregelmäßige, mitunter von einem gelben Rand gesäumte Flecken sichtbar. Verschiedene Bakterien- und Pilzinfektionen sind die Ursache. Mitunter wachsen die Flecken zusammen, sodass einzelne Blätter absterben, insgesamt ist der Schaden aber gering. Zupfen Sie befallene Blätter ab und harken Sie abgefallenes Laub zusammen.

BLEIGLANZ

Gefährdet: *Pflaumen, Kirschen, Äpfel und einige andere Gehölze.*
Die Blätter bekommen einen silbrigen Glanz. Schneidet man Zweige mit über 3 cm Durchmesser ab, erkennt man braune Flecken im Gewebe. Äste sterben ab, der Baum kann eingehen. Der Pilz infiziert Pflanzen über Wunden, eine Behandlung ist nicht möglich. Kranke Pflanzenteile schneidet man bis 15 cm hinter der Stelle, an der die Flecken sichtbar werden, zurück. Schneiden Sie Bäume im Sommer. Pflanzen Sie resistente Sorten und Unterlagen.

BLÜTENENDFÄULE

Gefährdet: *Tomaten und Paprika.*
Es bilden sich dunkle, eingesunkene Flecken an der Fruchtbasis, die Frucht wird ungenießbar. Ursache ist ein zu

Bakterienbrand bringt ganze Bäume zum Absterben.

Symptome der Schokoladenfleckenkrankheit (S. 368)

Stippigkeit (S. 369) lässt sich durch gutes Wässern vermeiden.

trockener Boden, was zu Kalziummangel führt. Wässern Sie regelmäßig und entfernen Sie verfärbte Früchte.

BLÜTENWELKE

Gefährdet: *Äpfel, Birnen, Kirschen, Pflaumen, Aprikosen und Pfirsiche.*
Die Blüten von Obstbäumen werden braun, bleiben aber an der Pflanze. Die Krankheit kann auch auf Blätter und Fruchttriebe übergreifen und sie absterben lassen. Die Krankheit tritt vor allem bei feuchter Witterung auf. Befallene Triebe werden herausgeschnitten, faulige Früchte entsorgt.

BODENMÜDIGKEIT

Gefährdet: *Rosen und Obstbäume.*
Frisch gepflanzte Rosen und Obstbäume kümmern und können trotz guter Pflege absterben. Die Krankheit tritt oft dort auf, wo vorher schon Vertreter derselben Art standen. Die Ursache ist noch nicht bekannt, vermutlich spielen Wurzelschädlinge und -krankheiten im Boden eine Rolle. Man pflanzt etwas anderes an der Stelle oder entfernt so viel Boden wie möglich.

BOTRYOSPHAERIA DOTHIDEA

Gefährdet: *Heidelbeeren.*
Die Pilzkrankheit dringt über Wunden in die Pflanze ein. Blätter werden braun und welken, bleiben aber zunächst an der Pflanze und fallen erst später ab. Die Infektion breitet sich rasch aus und lässt ganze Triebe absterben. Kranke Teile entfernen.

BRENNNESSELBLÄTTRIGKEIT

Gefährdet: *Schwarze Johannisbeeren.*
Von dieser Viruskrankheit befallene Pflanzen bilden kleinere Blätter mit ungewöhnlicher Form und Äderung. Sie blühen schlecht und tragen kleine Beeren. Mitunter sind die Knospen geschwollen, was aber nicht auf das Virus zurückzuführen ist, sondern auf die Milbe, die das Virus überträgt. Gegenmaßnahmen sind nicht möglich Infizierte Pflanzen werden vernichtet. Kaufen Sie nur virusfreies Material.

BROMBEERRANKEN-KRANKHEIT

Gefährdet: *Brombeeren, Hybridbeeren.*
Die Pilzkrankheit verursacht im Frühsommer silbrig graue Flecken mit violetten Rändern auf den Trieben. Bei starkem Befall sterben ganze Ruten ab, der Ertrag ist reduziert. Befallene Pflanzenteile vernichten.

BUCHSBAUMSTERBEN

Gefährdet: *Buchs und verwandte Arten.*
Die Pilzkrankheit entlaubt die Pflanzen, vor allem bei feuchter Witterung und an geschützten Stellen. Die Blätter werden braun und fallen ab. An den Trieben zeigen sich schwarze Streifen, junge Triebe sterben ab. Bei Nässe wird ein weißer Pilzbelag auf befallenen Blättern sichtbar. Eine Bekämpfung ist schwierig, kaufen Sie daher keine Pflanzen mit Befallsspuren. Schwach geschädigte Exemplare schneidet man zurück, der Schnittabfall und Oberboden um die Pflanze wird vernichtet. Bei starkem Befall sollte man die ganz Pflanze entfernen und durch eine andere Art ersetzen.

CLEMATIS-WELKE

Gefährdet: *Clematis.*
Die Pilzkrankheit befällt manche großblütigen Hybriden. Blätter welken plötzlich, Triebe fallen um und vertrocknen bis zum Ansatz. Eingewachsene Pflanzen treiben neu aus, aber jüngere werden nachhaltig geschwächt. Entfernen Sie betroffene Pflanzenteile. Vorsicht: Welke hat bei Clematis oft auch andere Ursachen, etwa Schädlinge, Witterung oder Beschädigungen.

ECHTER MEHLTAU

Gefährdet: *Verschiedene Pflanzen.*
Die häufige Krankheit ist an dem weißen Pilzbelag auf Blättern, Trieben und Früchten zu erkennen. Die Blätter werden gelb und verformen sich, Früchte (etwa Trauben) können platzen. Befallene Pflanzen sind unansehnlich und können geschwächt werden, gehen aber selten ein. Entfernen Sie befallene Stellen, wässern Sie gut und verbessern Sie die Durchlüftung.

Krebs bringt ganze Bäume zum Absterben.

Die Kohlhernie (S. 367) befällt alle Kohlgewächse.

Die Umfallkrankheit (S. 369) dezimiert Sämlinge.

FALSCHER MEHLTAU

Gefährdet: *Verschiedene Pflanzen.* Die Krankheit tritt vor allem unter feuchten Bedingungen auf. Sie äußert sich in verfärbten Blattoberseiten und einem weißen, grauen oder violetten Pilzrasen darunter. Blätter sterben ab, die Pflanze wird geschwächt. Entfernen Sie infizierte Teile, verbessern Sie die Durchlüftung und wässern Sie nicht von oben.

FETTFLECKENKRANKHEIT

Gefährdet: *Stangen- und Buschbohnen.* Auf Blättern bilden sich wässrige, nekrotische Stellen mit gelbem Rand. Das Laub wird gelb und kann absterben, was die Pflanzen schwächt und die Ernte schmälert. Auch Triebe und Schoten sind betroffen. Die Bakterieninfektion wird über das Gießwasser verbreitet. Pflanzen Sie widerstandsfähige Sorten.

FEUERBRAND

Gefährdet: *Einige Angehörige der Rosenfamilie (*Rosaceae*), einschließlich Äpfeln, Birnen und Feuerdorn.* Blüten, Blätter und Triebe welken, ganze Zweige können absterben. Auf der Borke bilden sich eingefallene Stellen, aus denen klebriger Saft austritt. Die Bakterienkrankheit bricht vor allem bei warmem, feuchtem Wetter aus. Infiziertes Material wird herausgeschnitten und vernichtet, Werkzeug sterilisiert.

FUSARIUM-WELKE

Gefährdet: *Verschiedene Pflanzen.* Die Pilzkrankheit lässt Pflanzen welken und absterben, älteres Laub wirkt versengt. Schneidet man in das Gewebe, zeigen sich rotviolette Streifen. Eine Behandlung ist nicht möglich. Infizierte Pflanzen und ihre Reste vernichten. An der Stelle, an der sie gestanden hat, die betreffende Art mehrere Jahre lang nicht mehr pflanzen.

GRAUSCHIMMEL (BOTRYTIS)

Gefährdet: *Verschiedene Pflanzen.* Die Pilzkrankheit tritt bei kühl-feuchtem Wetter auf und befällt vor allem Pflanzen, die unter Glas überwintert werden. Auf Blättern, Blüten und Früchten bildet sich weicher Pilzrasen, ganze Triebe können absterben. Infizierte Teile werden weggeschnitten, kranke Pflanzenreste entfernt. Unter Glas Durchlüftung verbessern.

GURKENMOSAIKVIRUS

Gefährdet: *Viele Gemüse- und Zierpflanzen.* Die Pflanzen verformen sich und treiben gelb geflecktes, verkrüppeltes Laub aus. Die Blüte ist oft beeinträchtigt. Es können sich verfärbte Blüten und verwachsene, verfärbte und ungenießbare Früchte entwickeln. Das Virus breitet sich rasch aus. Es wird oft von Blattläusen übertragen. Gegenmittel gibt es nicht. Man bekämpft Blattläuse biologisch, kultiviert resistente Sorten und vernichtet krankes Material sofort.

HALLIMASCH

Gefährdet: *Gehölze und Stauden.* Befallene Pflanzen können plötzlich oder allmählich absterben. Die Blätter verfärben sich, welken oder entfalten sich nicht. Unter der Borke am Stammansatz und an den Wurzeln bildet sich ein weißes, nach Pilz riechendes Geflecht. Im Boden wachsen schwarze, fädige Myzelstränge. Erkrankte Exemplare mitsamt einem möglichst großen Wurzelraum ausgraben und vernichten. Resistente Züchtungen pflanzen.

HIMBEERRUTEN-KRANKHEIT

Gefährdet: *Himbeeren, Hybridbeeren.* Auf den Blättern erscheinen im Sommer dunkle Flecken, auf den Trieben um die Knospen violette, im Herbst graue Bereiche. Befallene Stellen werden im Herbst und Winter grau oder silbrig. Im folgenden Frühjahr welken neue Triebe, der Ertrag ist stark reduziert. Nasses Wetter begünstigt die Ausbreitung. Infizierte Pflanzenteile vernichten.

Falscher Mehltau verursacht Blattverfärbungen.

Grauschimmel tritt bei kühlem, feuchtem Wetter auf.

Die Mehlkrankheit kann eine ganze Ernte vernichten.

KARTOFFELSCHORF

Gefährdet: *Kartoffeln, Rote Bete, Rettiche, Steck- und Speiserüben.*
Die Bakterienkrankheit lässt raue, korkige Flecken auf der Oberfläche von Knollen wachsen. Der Ertrag ist nicht beeinträchtigt, die Stellen lassen sich beim Schälen entfernen. Kartoffelschorf tritt vor allem in heißen, trockenen Sommern auf. Man verbessert den Boden mit organischer Substanz, wässert gut und kultiviert widerstandsfähige Sorten.

KOHLHERNIE

Gefährdet: *Kohlgewächse.*
Wurzeln verformen sich, das Laub wird bleich und bekommt einen Rosastich, Triebe und Blätter welken, obwohl gut gewässert wird. Kohlhernie kann die Erträge stark schmälern und die Pflanzen sogar absterben lassen. Infizierte Exemplare müssen entfernt werden. Wichtig ist eine Verbesserung der Dränage und die Erhöhung des pH-Werts durch Kalken. Pflanzen Sie gesunde Setzlinge resistenter Sorten.

KRÄUSELKRANKHEIT

Gefährdet: *Pfirsiche und Nektarinen.*
Das Laub ist beim Austrieb blasig aufgetrieben und rissig, es wird rot und fällt ab. Die Pflanze bildet zwar oft noch ein weiteres Mal Blätter, die dann gesund sind, doch wenn das Gehölz mehrere Jahre hintereinander erkrankt, kann es geschwächt werden. Infizierte Blätter abzupfen. Düngen und wässern Sie gut. Eine Abdeckung aus durchsichtiger Plastikfolie im Frühjahr schützt die Gehölze vor Regen, der die Pilzsporen verbreitet. Man kann auch im Frühjahr und Herbst ein biologisches Präparat sprühen.

KRAUT- UND BRAUNFÄULE AN TOMATEN

Gefährdet: *Tomaten und Kartoffeln.*
Die Fäule wird von denselben Krankheitserregern wie die Kraut- und Braunfäule an Kartoffeln verursacht. Die Blätter färben sich dunkel und sterben ab. Auch an den Trieben bilden sich fleckige Stellen, später fallen sie meist um. Die Früchte werden braun und faulen. Freilandtomaten sind häufiger betroffen. Die Krankheit tritt vor allem in nassen Sommern auf. Befallene Teile werden vernichtet. Tritt die Krankheit im Gewächshaus auf, werden die Häuser nach dem Entfernen der Pflanzen gereinigt. Inzwischen sind widerstandsfähige Sorten erhältlich.

KRAUT- UND KNOLLENFÄULE AN KARTOFFELN

Gefährdet: *Kartoffeln und Tomaten.*
Die Krankheit tritt am häufigsten in warmen, feuchten Jahren auf. Es bilden sich braune Flecken an den Blättern, die verwelken und absterben. Auf den Trieben sieht man dunkle, eingesunkene Flecken und verfärbtes, meist rotes Gewebe. Vernichten Sie krankes Material, häufeln Sie die Pflanzen an, um die Wurzeln zu schützen und pflanzen Sie widerstandsfähige Sorten.

LAUCHROST

Gefährdet: *Mehrere Lauchgewächse.*
Auf den äußeren Blättern entwickeln sich orange Pusteln. Das Laub kann absterben, was die Pflanze schwächt. Innere Blätter sind selten betroffen; die Ernte ist reduziert, aber genießbar. Lauchrost tritt vor allem bei hoher Luftfeuchtigkeit auf. Entfernen Sie Pflanzenreste nach der Ernte, pflanzen Sie in größeren Abständen und kultivieren Sie resistente Sorten.

MEHLKRANKHEIT

Gefährdet: *Speisezwiebeln, Schalotten, Knoblauch und Lauch.*
Die gefährliche Krankheit lässt Blätter gelb werden und welken. Am Ansatz reifender Zwiebeln bildet sich ein weißer Pilz. Gegenmittel gibt es nicht. Der Boden, in dem erkrankte Pflanzen wachsen, ist auf viele Jahre kontaminiert. Befallene Pflanzen entfernen und entsorgen, infizierte Erde nicht im Garten verteilen.

Die Kräuselkrankheit schwächt Pflanzen.

Die Kraut- und Knollenfäule an Kartoffeln

Echter Mehltau (S. 365) befällt sehr viele Pflanzen.

MEHLTAU

Gefährdet: *Verschiedene Pflanzen.*
Der Pilz befällt vor allem Jungpflanzen bei hoher Luftfeuchtigkeit. Auf der Blattoberfläche werden gelbe Flecken mit weißem Pilzrasen auf der Unterseite sichtbar. Sie breiten sich aus und bringen das Blatt zum Absterben, was die Pflanze schwächt. Entfernen Sie erkrankte Teile, verbessern Sie die Durchlüftung und gießen Sie von unten.

PHYTOPHTHORA-FÄULE

Gefährdet: *Verschiedene Pflanzen.*
Die Krankheit lässt Wurzeln und die Ansätze faulen, die Gewächse werden geschwächt. Die Pflanze trägt wenig Laub, Triebe sterben ab, die ganze Pflanze kann eingehen. Unter der Borke am Ansatz der Hauptstämme ist ein rötlich braun geflecktes Gewebe erkennbar. Die Krankheit tritt vor allem in staunassen Böden auf. Eine Behandlung gibt es nicht, kranke Pflanzen werden mitsamt Boden entfernt.

RINGFLECKENKRANKHEIT

Gefährdet: *Kohlgewächse.*
Symptome sind dunkle Flecken, oft mit gelbem Hof, auf Blättern und Trieben. Das Laub kann gelb werden und abfallen, was die Pflanze schwächt. Am wahrscheinlichsten ist ein Befall bei kühl-feuchtem Wetter. Kranke Teile abschneiden, Pflanzenreste vernichten und resistente Sorten kultivieren.

ROST

Gefährdet: *Verschiedene Pflanzen.*
Er tritt vor allem bei Nässe auf und wird von verschiedenen, oft wirtsspezifischen Pilzarten verursacht. Meist bilden sich orange oder braune Pusteln auf Blättern und Trieben, die gelb werden, welken und absterben. Entfernen Sie erkrankte Teile, verbessern Sie die Durchlüftung und kultivieren Sie widerstandsfähige Sorten. Pflanzen eventuell mit einem biologischen Präparat behandeln.

ROTE WURZELFÄULE

Gefährdet: *Erdbeeren.*
Die ungewöhnliche Krankheit führt im Juni und Juli zu Kümmerwuchs: Die Blätter werden orange und braun, die Beeren bleiben klein und reifen zu früh. In schweren, nassen Böden manifestiert sich die Krankheit schlimmer. Infizierte Pflanzen werden vernichtet, an der befallenen Stelle dürfen keine Erdbeeren mehr wachsen.

ROTPUSTELKRANKHEIT

Gefährdet: *Verschiedene Laubbäume und -sträucher.*
Zweige sterben ab, auf der vertrockneten Rinde bilden sich leuchtend orange Pusteln. Die Pilzkrankheit wird durch Wasserspritzer und Werkzeug übertragen und gelangt über Wunden in die Pflanzen. Sie schädigt vor allem gestresste Pflanzen. Befallene Teile bis auf gesunden Wuchs wegschneiden und vernichten. Werkzeug reinigen.

ROTSPITZIGKEIT

Gefährdet: *Rasengräser.*
Rasen färbt sich rötlich oder hell. Es erscheint ein kleiner, flaumiger rosa Pilzbewuchs. Das Gras stirbt selten ab, wird aber unschön. Rotspitzigkeit tritt häufig auf schlecht gedüngten und belüfteten Rasenflächen auf. Aerifizieren Sie und düngen Sie mit Stickstoff.

SCHOKOLADENFLECKENKRANKHEIT

Gefährdet: *Dicke Bohnen.*
Auf der Blattoberfläche erscheinen braune Flecken. An Trieben, Blüten und Schoten bilden sich dunkle Streifen, die zusammenlaufen können. Ertragsausfälle sind wahrscheinlich, stark befallene Pflanzen können ganz absterben. Die Pilzkrankheit tritt insbesondere bei hoher Feuchtigkeit auf und kann schon durch die Sämlinge übertragen werden. Man pflanzt die Bohnen in durchlässige Böden, vermeidet Stickstoffdünger und hält große Pflanzabstände.

SCHORF

Gefährdet: *Äpfel, Kirschen, Nektarinen, Pfirsiche, Birnen und Pflaumen.*
Der Pilz tritt vor allem bei hoher Luftfeuchtigkeit auf. Es zeigt sich dunkelbrauner Schorf auf den Früchten. Die Flecken können größer werden, reißen

Sternrußtau verdirbt das Aussehen der Pflanze.

Rost verunstaltet viele Nutz- und Zierpflanzen.

Bleiglanz (S. 364) wird über Schnittwunden verbreitet.

und faulen. Blätter und Triebe entwickeln dunkle Flecken. Man entfernt infizierte Pflanzenteile und lichtet im Frühjahr die Krone aus, um die Durchlüftung zu erhöhen.

SCHWÄRZEPILZE

Gefährdet: *Verschiedene Pflanzen.*
Die schwarzen oder grauen Pilze bilden sich auf den süßen Sekreten, die saugende Insekten wie Blattläuse absondern (»Honigtau«) und die auf der Oberfläche von Blättern haften. Die Pilze blockieren Licht und sehen unschön aus. Manchmal lässt sich der Schädling bekämpfen, der das Sekret absondert. Die Pilze kann man abwischen oder wegwaschen.

SCLEROTINIA-FÄULE

Gefährdet: *Verschiedene Pflanzen.*
Grundständige Blätter welken und werden gelb, auf Trieben bildet sich eine Braunfäule, die sich rasch ausbreitet. Oft entwickeln sich ein dichter weißer Pilzbelag und schwarze samenartige Strukturen. Die Befallsgefahr ist unter kühlen, feuchten Bedingungen am größten. Es gibt keine wirksamen Mittel. Vernichten Sie infiziertes Material umgehend.

STÄNGELGRUNDFÄULE

Gefährdet: *Verschiedene Pflanzen, vorwiegend Zwiebeln und Stauden.*
Ursache sind Pilze oder Bakterien. Blätter und Triebe sterben ab, der Wurzelhals fault und riecht übel. Infiziertes Material muss weg. Verletzen Sie keine Triebe, pflanzen Sie nicht zu tief und bedecken Sie den Pflanzenansatz nicht mit Mulch.

STERNRUSSTAU

Gefährdet: *Rosen.*
Der Pilz verursacht schwarzviolette Flecken auf dem Laub, das gelb wird und abfällt. Die Pflanze wird entstellt und geschwächt. Schneiden Sie infizierte Pflanzenteile ab und harken Sie Herbstlaub auf. Es gibt widerstandsfähige Sorten, die aber mit der Zeit ihre Immunität verlieren können. Präventiv biologische Mittel spritzen.

STIPPIGKEIT

Gefährdet: *Äpfel.*
Auf den Äpfeln entstehen eingesunkene braune Flecken. Das Fruchtfleisch kann bitter schmecken. Am anfälligsten sind große Äpfel und stark fruchtende Bäume. Ursache ist Kalziummangel. Man wässert gut, spritzt Kalziumnitrat und gibt einen Volldünger.

UMFALLKRANKHEIT

Gefährdet: *Verschiedene Pflanzen.*
Die Krankheit vernichtet Samen und Sämlinge. Triebe fallen um, Wurzeln faulen. Verwenden Sie keimfreies Substrat und sterile Saatschalen. Dünn aussäen und mit Leitungswasser gießen.

VERTICILLIUM-WELKE

Gefährdet: *Verschiedene Pflanzen.*
Die Symptome dieser Pilzkrankheit zeigen sich vor allem bei heißer, trockener Witterung. Die Blätter infizierter Zweige verfärben sich, welken und sterben ab. Nach und nach sterben auch die Zweige und schließlich die ganze Pflanze. Vernichten Sie kranke Pflanzen einschließlich der Wurzeln und entfernen Sie die Erde. Nadelgehölze und Gräser sind gegen diese Pilzkrankheit immun.

VIREN

Gefährdet: *Verschiedene Pflanzen.*
Es gibt viele Pflanzenviren. Die meisten verursachen gelb gesprenkelte Blätter. Überträger sind oft Insekten oder Werkzeug. Die Pflanzen werden geschwächt, Blüte und Ertrag sind beeinträchtigt. Ein Gegenmittel gibt es nicht. Infizierte Pflanzen vernichten.

WEISSER ROST

Gefährdet: *Kohlgewächse, Silberblatt und einige andere Zierpflanzen.*
Glänzende weiße Pilzpusteln erscheinen auf der Blattunterseite. Das Laub kräuselt sich, auf der Oberfläche bilden sich eingesunkene gelbe Flecken. Die Krankheit tritt bei hoher Luftfeuchtigkeit auf und kann im Boden überdauern. Kranke Blätter abzupfen, stark befallene Pflanzen entsorgen. Pflanzen Sie resistente Sorten.

Die Kraut- und Braunfäule (S. 367) an Tomaten

Verticillium-Welke macht vor wenig Pflanzen Halt.

Viren verursachen kuriose Laubverfärbungen.

PFLANZEN-VERZEICHNIS

In diesem umfangreichen Katalog finden Sie garantiert die perfekte Pflanze für jede Ecke Ihres Gartens. Sie können darin nach bestimmten Pflanzentypen suchen, etwa nach Herbststräuchern, Kletterpflanzen für den Sommer oder Stauden für das Frühjahr. Oder Sie machen hier die passende Pflanze für problematische Stellen wie schattige oder sehr sonnige und heiße Standorte ausfindig.

EINJÄHRIGE UND ZWEIJÄHRIGE

Antirrhinum majus **'Liberty Yellow' (Liberty-Classic-Serie)**
Mit seinen typischen gelben, freesienartigen Blüten eignet sich das Garten-Löwenmaul bestens für Sommerbeete und als Schnittblume.
↕ 45 cm ↔ 30 cm ☼ ◊ ❄

Calendula officinalis
Die leuchtend orangegelben Blütenkörbe der Garten-Ringelblume öffnen sich vom Sommer bis weit in den Herbst. Ein Abzwicken welker Blüten verlängert den Flor.
↕ 75 cm ↔ 45 cm ☼ ◊ ❄❄❄

Cosmos bipinnatus **Sensation-Serie**
Das beliebte Fiederblättrige Schmuckkörbchen trägt große rosa und weiße Blüten an eleganten, dünnen Stängeln über gefiedertem Laub.
↕ 90 cm ↔ 60 cm ☼ ◊ ♦ ❄❄❄

Digitalis purpurea **Camelot-Serie**
Der Rote Fingerhut, einer von vielen schönen Vertretern seiner Art, ist trotz seines Namens in vielerlei Blütenfarben von Weiß über Cremeweiß bis Rosa und Lila zu haben.
↕ 1,2 m ↔ 60 cm ☼ ◑ ♦ ❄❄❄

Eschscholzia californica
Das Schlafmützchen ist eine niedrige Einjährige für den vorderen Rand sonniger Rabatten. Seine orangen und gelben Blüten harmonieren bestens mit dem farnartigen Laub.
↕ 30 cm ↔ 15 cm ☼ ◊ ❄❄❄

Felicia amelloides **'Santa Anita'**
Der feingliedrige Halbstrauch treibt hellgrünes Laub aus. Seine großen Blütenkörbe mit blauen Strahlen- und gelben Röhrenbluten trägt er vom späten Frühjahr bis in den Herbst.
↕↔ 60 cm ☼ ◊ ❄

Hibiscus trionum
Der Stunden-Eibisch öffnet im Sommer und Frühherbst immer neue cremefarbene Blüten mit dunkelrotem Auge, die aber jeweils nur einen Tag lang halten.
↕ 60 cm ↔ 30 cm ☼ ◊ ❄

Lantana **'Radiation'**
Das Wandelröschen ist ein Halbstrauch mit runzligem, dunkelgrünem Laub. Seine Blütenstände aus gelben und roten Blüten sind den ganzen Sommer über zu sehen.
↕ 45 cm ↔ 25 cm ☼ ◊ ❄

Limnanthes douglasii
Warum diese niedrige Einjährige Spiegeleierpflanze heißt, lässt sich an den vielen becherförmigen, weißen Blüten mit gelber Mitte unschwer erkennen. Sie blüht im Sommer.
↕ 15 cm ↔ 10 cm ☼ ◊ ❄❄❄

❄❄❄ WINTERHART | ❄❄ IN MILDEN REGIONEN WINTERHART | ❄ VERTRÄGT NUR LEICHTEN FROST | ❄ VERTRÄGT KEINEN FROST

☼ VOLLE SONNE | ◐ HALBSCHATTEN | ● SCHATTEN | 💧 DURCHLÄSSIGE BÖDEN | 💧 FEUCHTE BÖDEN | 💧 NASSE BÖDEN

***Nemesia strumosa* 'KLM'**
Diese nach den Royal Dutch Airlines benannte Sorte des Elfenspiegels ist eine buschige Einjährige mit gezähnten, leicht behaarten Blättern und Unmengen winziger blau-weißer Blüten.
↕ 30 cm ↔ 15 cm ☼ 💧 💧 ❄

***Nicotiana* 'Domino Salmon-pink'**
Diese Tabaksorte ist in der zweiten Sommerhälfte mit sternförmigen, lachsrosa Blüten übersät. Sie öffnen sich erst am frühen Abend und entsenden einen zarten Duft.
↕ 45 cm ↔ 40 cm ☼ ◐ 💧 💧 ❄

***Nigella damascena* Persian-Jewels-Gruppe**
Mit blauen, rosa und weißen Blüten trumpft diese Sortengruppe der Jungfer im Grünen, einer alten Bauerngartenpflanze, auf. Blüten und Samenstände eignen sich für Sträuße.
↕ 40 cm ↔ 25 cm ☼ 💧 ❄❄❄

***Osteospermum* 'Buttermilk'**
Kapmargeriten werden wegen ihres leuchtenden Flors kultiviert. Die Blüten dieser Sorte sind vom Frühjahr bis in den Herbst präsent, schließen sich aber bei verhangenem Himmel.
↕ 60 cm ↔ 30 cm ☼ 💧 ❄❄

Papaver rhoeas
Klatsch-Mohn bringt Farbe in sonnige Gartenbereiche. Es gibt etliche Sorten in verschiedenen Farbvariationen, von Weiß über Rot bis zu Rosalila.
↕ 60 cm ↔ 15 cm ☼ 💧 ❄❄❄

***Viola* 'Bowles Black'**
Diese Veilchensorte entzückt mit ihren zarten, mitternachtsblauen bis schwarzen Blüten. Die Einjährigen eignen sich für Steingärten, Pflanzgefäße oder als Begrünung von Pflasterritzen.
↕ 15 cm ↔ 10 cm ☼ 💧 ❄❄❄

***Zinnia marylandica* Zahara Coral Rose (Zahara-Serie)**
Zinnien öffnen im Sommer viele leuchtende Blüten. Diese Sortengruppe beeindruckt mit rosa Büten.
↕ 30–45 cm ↔ 30 cm ☼ 💧 ❄

AUCH EMPFEHLENSWERT

Ageratum houstonianum 'Blue Danube'
Campanula medium 'Bells of Holland' (Marien-Glockenblume)
Cerinthe major 'Purpurascens'
Clarkia amoena (Sommerazalee)
Convolvulus tricolor 'Blue Flash'
Eustoma grandiflorum
Gaillardia pulchella Lollipop-Serie
Helianthus annuus 'Music Box' (Gewöhnliche Sonnenblume)
Iberis umbellata Fairyland-**Mischung** (Doldige Schleifenblume)
Lathyrus annuus (Einjährige Platterbse)
Lobularia maritima 'Snow Crystals' (Strand-Silberkraut)
Lunaria annua (Einjähriges Silberblatt)
Nemophila menziesii (Liebes-Hainblume)
Omphalodes linifolia (Venus-Nabelnüsschen)
Sanvitalia procumbens (Husarenknopf)
Sutera cordata Snowstorm-Serie Giant Snowflake ('Danova906')
Tagetes patula 'Naughty Marietta' (Gewöhnliche Studentenblume)
Tropaeolum majus Alaska-Serie (Große Kapuzinerkresse)

PFLANZEN FÜR SOMMERTÖPFE

Agapanthus praecox* subsp. *orientalis
Ihre himmelblauen Röhrenblüten trägt diese hohe Staude in Büscheln am Ende kräftiger Stängel, die aus Horsten bandförmiger, dunkelgrüner Blätter wachsen.
↕ 1 m ↔ 60 cm ☼ ◑ ❄

***Ageratum* 'Adriatic'**
Dieser Leberbalsam trägt seine kleinen blauen Blüten in dichten Büscheln vom Sommer bis zum ersten Frost über daunig behaarten, eiförmigen Blättern. In Töpfen gut wässern.
↕ 20 cm ↔ 30 cm ☼ ◇ ◑ ❄

***Argyranthemum* 'Jamaica Primrose'**
Zu den weichgelben Blütenkörbchen dieser unkomplizierten Pflanze bilden die farnartigen, tief fiederschnittigen, mittelgrünen Blätter einen reizvollen Gegensatz.
↕↔ 1 m ☼ ◇ ❄

Brachyscome iberidifolia
Die blauen, violetten oder weißen Blütenkörbchen dieser buschigen Einjährigen öffnen sich in der zweiten Sommerhälfte über gefiedertem, graugrünem Laub.
↕↔ 50 cm ☼ ◇ ◑ ❄

***Calibrachoa* Cabaret-Serie**
Vom Sommer bis in den Herbst hinein trägt diese polsterbildende Pflanze mit hängenden Trieben Unmengen trompetenförmiger rosa Blüten über dunkelgrünem Laub.
↕ 15 cm ↔ 50 cm ☼ ◐ ◑ ❄

***Dianthus* 'Becky Robinson'**
Die hübschen halbgefüllten, rosa Blüten dieser kompakten Staude sind dunkelrot gerandet. Das Schneiden von Schnittblumen oder Entfernen welker Blüten regt die Blühfreude an.
↕ bis 50 cm ↔ 40 cm ☼ ◇ ❄❄❄

***Fuchsia* 'Celia Smedley'**
Eine aufrechte Fuchsie mit dunkelroten Blüten und rosa Kronblättern. Sie blüht ab dem Hochsommer und zeigt sich in gut gedüngtem, lehmigem Substrat von ihrer besten Seite.
↕ 1,5 m ↔ 1 m ☼ ◐ ◇ ◑ ❄

***Gazania* Talent-Serie**
In einem Topfarrangement sorgen die offenen Blütenkörbchen mit ihrem strahlenden Gelb monatelang für lebhafte Farbtupfer. Die graugrünen Blätter sind filzig behaart.
↕↔ 25 cm ☼ ◇ ❄

Impatiens walleriana
'Tempo Lavender Butterfly'
Diese Sorte des Fleißigen Lieschens trägt ihre kräftig lilarosa Blüten vom Sommer bis in den Herbst hinein.
↕↔ 25 cm ◐ ◇ ◑ ❄❄

❄❄❄ WINTERHART ❄❄ NUR IN MILDEN LAGEN WINTERHART ❄ NICHT WINTERHART ❄ VERTRÄGT KEINEN FROST
☼ VOLLE SONNE ☀ HALBSCHATTEN ✹ SCHATTEN ◊ DURCHLÄSSIGE ERDE ◑ FEUCHTE ERDE ● NASSE ERDE

***Ipomoea tricolor* 'Heavenly Blue'**
Eine wüchsige Kletterpflanze mit windenden Trieben. Diese Sorte der Himmelblauen Prunkwinde öffnet den ganzen Sommer himmelblaue Trichterblüten mit weißem Auge.
↕ 3 m ☼ ◊ ❄❄

***Lobelia erinus* Cascade-Serie**
Dieses hängende Männertreu präsentiert vom Sommer bis weit in den Herbst hinein eine Vielzahl kleiner, dunkelblauer Blüten. An einem halbschattigen Standort halten sie länger.
↕↔ 15 cm ☼ ☀ ◑ ❄

***Pelargonium* 'Caligula'**
Die Zwerg-Zonalpelargonie 'Caligula' trägt dunkelgrünes Laub und scharlachrote, gefüllte Blüten. Regelmäßiges Abzwicken welker Blüten verlängert die Blüte bis zum ersten Frost.
↕ 15 cm ↔ 10 cm ☼ ◊ ❄

***Petunia* Surfinia Pink Vein**
Viel Eindruck macht diese wüchsige Hänge-Petunie mit ihren großen rosa, geäderten, in der Mitte dunkleren Blüten in einem Topf. Welke Blüten regelmäßig abzwicken.
↕ 40 cm ↔ 90 cm ☼ ◊ ❄

***Ricinus communis* 'Impala'**
Der hohe, wüchsige Strauch braucht einen großen Topf. Er trägt handförmig geteilte, bronzegrüne, bis zu 30 cm große Blätter, kleine rote Blüten und rote Samenstände.
↕ 1,5 m ↔ 1 m ☼ ◊ ❄

Tropaeolum majus
Diese Kapuzinerkresse ist wegen ihrer gelben, orangen oder roten Blüten beliebt. Sowohl die Blüten als auch die hellgrünen Blätter sind essbar. Sie geben Salaten Farbe und Geschmack.
↕ 30 cm ☼ ◊ ◑ ❄

***Verbena* 'Sissinghurst'**
Vom Sommer bis zum Herbst zeigt diese dankbare Verbene magentarosa Blüten in großen, runden Büscheln. Ihre kräftige Farbe kommt vor dem dunkelgrünen Laub gut zur Geltung.
↕ 20 cm ↔ 1 m ☼ ◊ ◑ ❄❄

AUCH EMPFEHLENSWERT

Aloysia citrodora (syn. *triphylla*) (Zitronen-Verbene)
Argyranthemum 'Vancouver'
Begonia Nonstop-Serie
Bidens ferulifolia
Brugmansia x *candida* 'Grand Marnier'
Campanula isophylla (Stern-Glockenblume)
Canna 'Assaut'
Chrysanthemum 'Mary Stoker'
Cosmos bipinnatus Sensation-Serie
Fuchsia 'Thalia'
Gazania Mini-Star-Serie
Limnanthes douglasii (Spiegeleierpflanze)
Matthiola incana Cinderella-Serie (Garten-Levkoje)
Narcissus 'Tête-à-Tête'
Nemesia strumosa 'KLM'
Nerium oleander (Oleander)
Pelargonium 'Happy Thought'
Petunia 'Purple Wave'
Prostanthera rotundifolia (Australischer Minzestrauch)
Rosa 'The Fairy'

FRÜHJAHRSBLUMENZWIEBELN

***Anemone blanda* 'White Splendour'**
Die weißen Blüten des Balkan-Windröschens sitzen an aufrechten Stängeln über fiederteiligen, gezähnten Blättern und setzen sich im Frühjahr unübersehbar in Szene.
↕ 10 cm ↔ 15 cm (6in) ☼ ◊ ❄❄❄

Camassia leichtlinii
Die unbelaubten Stängel dieser ungewöhnlichen Pflanze tragen sternförmige weiße oder blauviolette Blüten mit sechs Blütenblättern. Aus der Basis wachsen schlanke Blätter.
↕ 1,5 m ↔ 30 cm ☼ ◐ ◊ ♦ ❄❄

***Convallaria majalis* 'Albostriata'**
Diese panaschierte Sorte des Maiglöckchens öffnet im Mai Trauben aus weißen, süß duftenden Blüten über schönen, goldgelb gestreiften, breit lanzettlichen grünen Blättern.
↕ 20 cm ↔ 30 cm ◐ ● ◊ ♦ ❄❄❄

***Crocus chrysanthus* 'E.A. Bowles'**
Das Sattgelb der Blüten des Kleinen Krokus wird unterstrichen von der violetten Färbung auf der Außenseite der Kronblätter und den dunkelgrünen, weiß gestreiften Blättern.
↕ 10 cm ↔ 5 cm ☼ ◊ ❄❄❄

***Cyclamen coum* subsp. *coum* fo. *coum* Pewter-Gruppe** Das Vorfrühlings-Alpenveilchen trägt zinnartig glänzende Blätter. Seine Blüten öffnet es im März und April – ihre Farbpalette reicht von Weiß bis Karminrot.
↕↔ 10–12 cm ◐ ◊ ❄❄❄

Erythronium dens-canis
Mit seinen stark gezeichneten grünen Blättern und den zarten nickenden Blüten von Weiß bis Rosa ist der Europäische Hundszahn im zeitigen Frühjahr eine Bereicherung für Gärten.
↕ 15–25 cm ↔ 10 cm ◐ ◊ ❄❄❄

Fritillaria meleagris
In Grasflächen ist die Schach- oder Schachbrettblume ein Hingucker. Ihre rosavioletten oder weißen Blüten zeichnen sich durch eine unübersehbare Schachbrettmusterung aus.
↕ 30 cm ↔ 8 cm ☼ ◐ ◊ ♦ ❄❄❄

Galanthus nivalis
Die duftenden weißen Blüten des Kleinen Schneeglöckchens sind ein Frühjahrsklassiker. Unter optimalen Bedingungen breitet es sich durch Selbstaussaat aus und bildet Kolonien.
↕ 15 cm ↔ 8 cm ◐ ◊ ♦ ❄❄❄

***Hyacinthus orientalis* 'City of Haarlem'**
Diese Sorte der Garten-Hyazinthe öffnet im Spätfrühling dichte Trauben aus intensiv duftenden, primelgelben Blüten. Ihre hellen Blätter haben eine lanzettliche Form.
↕ 25 cm ↔ 10 cm ☼ ◊ ❄❄❄

❄❄❄ WINTERHART	❄❄ IN MILDEN REGIONEN WINTERHART	❄ VERTRÄGT NUR LEICHTEN FROST	❅ VERTRÄGT KEINEN FROST
☼ VOLLE SONNE ◑ HALBSCHATTEN ● SCHATTEN	◊ DURCHLÄSSIGE BÖDEN	◊ FEUCHTE BÖDEN ♦ NASSE BÖDEN	

***Iris* 'George'**
Die wüchsige Zwergiris öffnet im zeitigen Frühjahr duftende, dunkelviolette, bis zu 8 cm breite Blüten mit kräftig gelbem Mal auf den Hängeblättern.
↕ 10 cm ↔ 1 m ☼ ◑ ◊ ◊ ❄❄❄

***Leucojum aestivum* 'Gravetye Giant'**
Die Sommer-Knotenblume sieht aus wie ein riesiges Schneeglöckchen. Sie trägt im Frühjahr nickende weiße Blüten mit grünem Mal an der Spitze der Blütenblätter. Ihr Laub ist linealisch.
↕ 90 cm ↔ 8 cm ◑ ◊ ❄❄❄

Muscari armeniacum
Die Armenische Traubenhyazinthe zeichnet sich durch aufrechte Trauben aus duftenden, dunkelblauen Glockenblüten mit hellblauem oder weißem Rand und linealische Blätter aus.
↕ 20 cm ↔ 10 cm ☼ ◊ ◊ ❄❄❄

***Narcissus* 'Ceylon'**
Diese große, wüchsige Narzisse zeigt prächtige, lange haltende Blüten mit dunkelgelben Blütenblättern und orange gerandeter Nebenkrone. Ihr dunkelgrünes Laub ist bandförmig.
↕ 40 cm ↔ 12 cm ☼ ◊ ❄❄❄

Puschkinia scilloides
Schlanke, hellblaue Glockenblüten mit dunklerem Streifen entlang der Mitte jedes Blütenblatts sind das Markenzeichen der Kegelblume. Sie trägt ihren Flor im zeitigen Frühjahr.
↕ 15 cm ↔ 5 cm ☼ ◑ ◊ ❄❄❄

Scilla bifolia
Besonders gut sieht der Zweiblättrige Blaustern verwildert in Grasflächen oder unter Laubbäumen aus. Er blüht früh und trägt blauviolette, sternförmige einseitswendige Blüten.
↕↔ 15 cm ☼ ◊ ❄❄❄

***Tulipa* 'Spring Green'**
Mit ihrem fiedrigen grünen Mal auf jedem cremeweißen Blütenblatt ist diese Sorte der Viridiflora-Gruppe eine kühle, elegante Erscheinung in gemischten Rabatten. Sie blüht im Mai.
↕ 40 cm ☼ ◊ ❄❄❄

AUCH EMPFEHLENSWERT

Allium acuminatum
Allium aflatunense
Anemone tschernjaewii
Calochortus luteus
Chionodoxa 'Pink Giant'
Colchicum luteum
Crocus 'Blue Pearl'
Ferraria crispa
Fritillaria imperialis 'Lutea' (Kaiserkrone)
Fritillaria verticillata
Hyacinthoides non-scripta (Atlantisches Hasenglöckchen)
Hyacinthus orientalis 'White Pearl'
Iris 'Natascha'
Ixia viridiflora
Leucojum vernum (Frühlings-Knotenblume)
Muscari botryoides 'Album'
Narcissus 'Silver Chimes'
Ornithogalum magnum
Ornithogalum oligophyllum
Scilla siberica 'Alba' (Sibirischer Blaustern)
Sparaxis tricolor
Tulipa 'Giuseppe Verdi'

SOMMER- UND HERBSTBLUMENZWIEBELN

Allium aflatunense **(syn. *hollandicum*) 'Purple Sensation'** Besonders gut zur Geltung kommen die Blütenbälle dieses im Frühsommer blühenden, stattlichen Lauchs im Verbund mit kleineren, silberlaubigen Pflanzen.
↕ 80 cm ↔ 7 cm ☼ ◊ ❄❄❄

Allium sphaerocephalon
Der Kugel-Lauch beeindruckt mit eiförmigen, 2–3 cm großen Blütenständen im Hochsommer. Sie sind dunkel rotviolett und werden gerne von Bienen aufgesucht.
↕ 90 cm ↔ 5 cm ☼ ◊ ◆ ❄❄❄

Alstroemeria ligtu **(Hybriden)**
Inkalilien sind Stauden, die im Hochsommer blühen. Sie tragen zarte Blüten, die je nach Sorte in allerlei Farbvarianten von Weiß über Rosa und Gelb bis hin zu Orange leuchten.
↕ 50 cm ↔ 75 cm ☼ ◐ ◊ ◆ ❄❄❄

Canna **'Striata'**
Dieses Blumenrohr setzt mit seinen sattgrünen, gelb gestreiften Blättern und orangen Blüten an dunkel rotvioletten Stängeln im Hochsommer unübersehbare Zeichen.
↕ 1,5 m ↔ 50 cm ☼ ◊ ❄

Colchicum autumnale
Die Herbst-Zeitlose öffnet ihre zartlila Blüten gerade dann, wenn man es am wenigsten erwartet: im Herbst lange vor dem Laubaustrieb im kommenden Frühjahr.
↕ 10–15 cm ↔ 8 cm ☼ ◊ ◆ ❄❄❄

Crinum* x *powellii
Die überaus dekorative Hakenlilie hat bis zu zehn Trichterblüten auf einmal. Sie tragen Streifen und öffnen sich von Juli bis September am Ende hoher, steifer Stängel.
↕ 1 m ↔ 60 cm ☼ ◊ ◆ ❄❄

Crocosmia masoniorum **'Firebird'**
Masons Montbretie ist mit ihren strahlend roten Blütentrauben, die sich im Juli und August über Fächer aus kräftig grünem Laub neigen, eine Bereicherung für jeden Garten.
↕ 80 cm ↔ 50 cm ☼ ◊ ◆ ❄❄❄

Cyclamen hederifolium
Das Herbst-Alpenveilchen reckt seine rosa Blüten im Herbst vor dem Laubaustrieb hoch über den Boden. Seine herzförmigen Blätter sind dunkelgrün mit silbriger Zeichnung.
↕ 10 cm ↔ 15 cm ☼ ◐ ◊ ❄❄❄

Dahlia **'Bishop of Llandaff'**
Die lebhaft roten Blüten dieser Dahliensorte fallen vor dem schwarzroten Laub besonders ins Auge. Sie bringen Schwung in spätsommerliche Rabatten.
↕ 1 m ↔ 45 cm ☼ ◊ ◆ ❄❄

❄❄❄ WINTERHART	❄❄ IN MILDEN REGIONEN WINTERHART	❄ VERTRÄGT NUR LEICHTEN FROST	❅ VERTRÄGT KEINEN FROST

☼ VOLLE SONNE ◐ HALBSCHATTEN ● SCHATTEN ◊ DURCHLÄSSIGE BÖDEN ◑ FEUCHTE BÖDEN ◆ NASSE BÖDEN

Dierama pulcherrimum
Diese bezaubernde filigrane Staude trägt ihre hängenden rosa Glockenblüten an langen Stängeln, die sich beim leisesten Lufthauch elegant wiegen.
↕ 1,5 m ↔ 60 cm ☼ ◊ ◑ ❄❄

Fritillaria imperialis
Die stattliche, wüchsige Kaiserkrone regiert souverän über jede Rabatte. Sie trägt ihre orangen Blüten im Frühsommer in Büscheln am Ende hoher Stängel.
↕ 1,5 m ↔ 30 cm ☼ ◊ ❄❄❄

Gladiolus murielae
Einen Hauch von Exotik bringt die Stern-Gladiole mit ihren duftenden, weißen, im Schlund roten Blüten in den Garten. Sie öffnet sie im Juli und August an gebogenen Stängeln.
↕ 1 m ↔ 5 cm ☼ ◊ ❄❄

***Iris pallida* 'Variegata'**
Die blauen, im Frühsommer geöffneten Duftblüten dieser eleganten Bleichen Schwertlilie werden von langen, spitzen, gelb gestreiften Blättern unterstrichen. Für sonnige Rabatten.
↕ 1,2 m ↔ unbegrenzt ☼ ◊ ❄❄❄

Lilium regale
Ihre großen, weißen und außen lila Trichterblüten trägt die Königs-Lilie zu mehreren an hohen Stängeln. Im Hochsommer gibt es kaum einen strahlenderen Blickfang im Garten.
↕↔ 2 m ☼ ◊ ❄❄❄

Nectaroscordum siculum* subsp. *bulgaricum Der Bulgarische Honiglauch trumpft mit Blüten in Grün, Weiß und Dunkelrot auf. Sie sitzen zu mehreren an hohen Stängeln und sind im Frühsommer ein eindrucksvoller Anblick.
↕ 1,2 m ↔ 45 cm ☼ ◐ ◊ ❄❄❄

Nerine bowdenii
Südafrika hat der Gartenwelt viele spektakuläre Zierpflanzen beschert, darunter auch diese Schönheit mit lebhaft rosa, spinnenartigen Blüten, die sich im Herbst öffnen.
↕ 60 cm ↔ 15 cm ☼ ◊ ❄❄

AUCH EMPFEHLENSWERT

Sommerblüher
Allium 'Gladiator'
Alstroemeria 'Moulin Rouge'
Cardiocrinum giganteum (Himalaja-Riesenlilie)
Dahlia 'Hillcrest Royal'
Dichelostemma congestum
Ismene × *spofforthiae* 'Sulphur Queen'
Lilium 'Starfighter'
Polianthes tuberosa 'The Pearl'
Ranunculus asiaticus var. *flavus* (Ranunkel)
Watsonia meriana
Zantedeschia elliottiana (Zimmerkalla)

Herbstblüher
Acis autumnalis (Herbst-Mittelmeerglöckchen)
Amaryllis bella-donna 'Hathor'
Colchicum bivonae
Cyclamen mirabile
Nerine bowdenii 'Alba'
Nerine 'Orion'
Scilla scilloides
Zephyranthes minuta (syn. *grandiflora*)

STAUDEN FÜR DEN FRÜHLING UND FRÜHSOMMER

Anemone ranunculoides
Mit seinen kleinen, gelben, 5- bis 6-zähligen Blüten erinnert das Gelbe Windröschen an Butterblumen. Es blüht im Frühjahr und lässt sich gut in Gehölzgruppen verwildern.
↕↔ 20 cm

***Aquilegia vulgaris* 'Nivea'**
Die Gewöhnliche Akelei ist mit ihren weißen Blüten an aufrechten Stängeln zwischen graugrünem, geteiltem Laub eine Bereicherung für Pflanzungen, vor allem Schattenrabatten.
↕ 90 cm ↔ 45 cm

Bergenia ciliata
Im Frühjahr bietet die immergrüne Kaschmir-Bergenie kleine weiße, später rosa Blüten dar. Mit ihren großen, runden, behaarten Blättern ist sie aber auch ohne Blüten schön anzusehen.
↕ 30 cm ↔ 45 cm

Brunnera macrophylla
Das horstbildende Großblättrige Kaukasusvergissmeinnicht ist ein exzellenter Bodendecker. Es trägt im März-April Büschel aus sternförmigen Blüten, die an Vergissmeinnicht erinnern.
↕ 45 cm ↔ 60 cm

Digitalis grandiflora
Seine hellgelben Blüten öffnet der Großblütige Fingerhut im Frühsommer. Die kurzlebige, horstbildende Staude eignet sich vor allem für naturnahe, zwanglose Rabatten.
↕ 1 m ↔ 45 cm

Eranthis hyemalis
Schon im Februar zeigt der Winterling seine gelben, becherförmigen Blüten über geschlitzten grünen Hochblättern. Lässt man ihn im Gras verwildern, bildet er hübsche Teppiche.
↕ 10 cm ↔ 10 cm

***Euphorbia epithymoides* (syn. *polychroma*)** Die gelben Blüten dieser buschigen, rundlichen Staude setzen im Frühjahr wochenlang schöne Farbtupfer im Garten. Das Laub ist mittelgrün.
↕↔ 50 cm

***Geranium cinereum* 'Ballerina'**
Der Graue Storchschnabel blüht bereits im Juni. Seine becherförmigen, rosavioletten Blüten mit violetter Äderung und dunklem Auge erscheinen in großer Zahl.
↕ 10 cm ↔ 30 cm

Geum rivale
Als Uferpflanze eignet sich die Bach-Nelkenwurz vorzüglich für Sumpfgärten und Teichränder. Ihre nickenden, dunkelrosa Glockenblüten erscheinen im späten Frühjahr.
↕↔ 60 cm

❄❄❄ WINTERHART ❄❄ IN MILDEN REGIONEN WINTERHART ❄ VERTRÄGT NUR LEICHTEN FROST ❄ VERTRÄGT KEINEN FROST
☼ VOLLE SONNE ☀ HALBSCHATTEN ● SCHATTEN ◊ DURCHLÄSSIGE BÖDEN ◊ FEUCHTE BÖDEN ♦ NASSE BÖDEN

Helleborus argutifolius
Unter optimalen Bedingungen setzt die Korsische Nieswurz reichlich hellgrüne Blüten mit auffallenden Staubblättern über mitunter dekorativ marmoriertem Laub an.
↕ 60 cm ↔ 45 cm ☼ ☀ ◊ ❄❄❄

***Iris sibirica* 'Butter and Sugar'**
Die Sibirische Schwertlilie öffnet im Frühsommer zahlreiche große Blüten mit cremeweißem Domblatt und buttergelbem, grün geädertem Hängeblatt.
↕ 1 m ↔ unbegrenzt ☼ ◊ ❄❄❄

Lamprocapnos spectabilis
Seinen Reiz bezieht das Tränende Herz vor allem aus den hübschen rosa, herzförmigen Blüten an gebogenen Stängeln im Frühjahr, doch auch sein Laub ist schön anzusehen.
↕ 75 cm ↔ 50 cm ☀ ◊ ◊ ❄❄❄

***Lupinus* 'Chandelier'**
Ihre hohen Kerzen aus gelben Schmetterlingsblüten zeigt diese Lupinensorte im Früh- und Hochsommer. Schneidet man welke Blütenstande ab, blüht sie oft bis in den Frühherbst.
↕ 90 cm ↔ 75 cm ☼ ☀ ◊ ❄❄❄

Maianthemum racemosum
Das Duftsiegel macht im Mai und Juni mit kegelförmigen Trauben aus kleinen, schwach duftenden weißen Blüten an hohen Stängeln auf sich aufmerksam. Es folgen rote Beeren.
↕ 90 cm ↔ 50 cm ☀ ● ◊ ❄❄❄

Paeonia cambessedesii
Die Balearen-Pfingstrose trägt im Mai rosarote Blüten über nicht minder ansehnlichem, dunkelgrünem Laub mit rotvioletten Adern, Stielen und Unterseiten.
↕↔ 55 cm ☼ ◊ ❄❄

Polygonatum × hybridum
Kleine weiße, an elegant gebogenen Stängeln hängende Röhrenblüten sind das auffälligste Merkmal des Garten-Salomonsiegels. Es eignet sich besonders für Schattengärten.
↕ 1,2 m ↔ 1 m ● ◊ ❄❄❄

Primula × bulleesiana
Die Blüten dieser reizenden Etagenprimel-Hybride sind überwiegend tonfarben, doch ist ihr Farbspektrum groß und reicht von Graugelb bis Kastanienbraun.
↕↔ 60 cm ☀ ◊ ❄❄❄

***Pulmonaria* 'Diana Clare'**
Die wüchsige Lungenkraut-Hybride 'Diana Clare' bildet dichte Horste. Sie treibt silbrig überlaufenes, lanzettliches Laub und blauviolete Blüten aus.
↕ 30 cm ↔ 45 cm ☀ ● ◊ ❄❄❄

STAUDEN FÜR DEN FRÜHLING UND FRÜHSOMMER FORTS.

Pulsatilla vulgaris
Im Frühjahr macht die Große Küchenschelle mit nickenden, in der Mitte gelben Becherblüten in Violett, Rosa oder Weiß über gefiederten, hellgrünen Blättern auf sich aufmerksam.
↕↔ 25 cm ☼ ◊ ❄❄❄

Rhodanthemum hosmariense
Seine weißen Blütenkörbe mit gelber Scheibe öffnet dieser Halbstrauch vom Frühjahr bis in den Herbst hinein. Sie erscheinen über einem Busch aus silbergrauem, farnartigem Laub.
↕ 10–30 cm ↔ 30 cm ☼ ◊ ❄❄

***Saxifraga* Southside-Seedling-Gruppe**
Dieser mattenbildende immergrüne Steinbrech reckt im späten Frühjahr und Frühsommer weiße, kräftig rot gefleckte Blüten an übergebogenen Stängeln in die Höhe.
↕ 30 cm ↔ 20 cm ☼ ◊ ❄❄❄

***Symphytum × uplandicum* 'Variegatum'**
Dieser horstbildende, panaschierte Futter-Beinwell ist ein guter Bodendecker für Naturgärten. Er treibt große, cremeweiß gerandete Blätter und blaue bis violette Blüten aus.
↕ 1 m ↔ 60 cm ☼ ☀ ◆ ❄❄❄

Tanacetum parthenium
Das wüchsige Mutterkraut ist eine kurzlebige, buschige Staude. Sie öffnet im Sommer weiße Blüten an aufrechten Stängeln über aromatisch duftendem Laub.
↕↔ 45 cm ☼ ◊ ❄❄❄

***Thalictrum aquilegiifolium* 'Thundercloud'**
Die Akeleiblättrige Wiesenraute schiebt im Sommer Rispen aus winzigen lilarosa Blüten an hohen Stängeln über ihr gefiedertes Laub. Nicht minder dekorativ sind die Samenstände.
↕ 1 m ↔ 30 cm ☀ ◆ ❄❄❄

***Trollius × cultorum* 'Alabaster'**
Die rundlichen, cremegelben Blüten dieser Trollblumen-Hybride entfalten sich im Frühjahr an dünnen, aufrechten Stängeln über einnehmendem, geteiltem, mittelgrünem Laub.
↕ 60 cm ↔ 50 cm ☼ ☀ ◆ ● ❄❄❄

AUCH EMPFEHLENSWERT

Achillea 'Fanal'
Anchusa azurea 'Loddon Royalist'
Asphodeline lutea (Junkerlilie)
Convallaria majalis (Maiglöckchen)
Diascia personata
Epimedium 'Amber Queen'
Erysimum cheiri 'Blood Red'
Geranium macrorrhizum 'Ingwersen's Variety'
Geum 'Bell Bank'
Heuchera
Leucanthemum × superbum 'Aglaia'
Lupinus 'The Chatelaine'
Meconopsis grandis (Großer Scheinmohn)
Papaver orientale (Türkischer Mohn)
Primula veris (Echte Schlüsselblume)
Ranunculus aconitifolius
Salvia × sylvestris 'Mainacht'
Trillium grandiflorum (Großblütige Waldlilie)
Viola × wittrockiana Ultima-Serie

STAUDEN FÜR DEN SOMMER UND HERBST

Acanthus spinosus
Die reizende horstbildende Staude überzeugt in Rabatten durch die architektonische Präsenz ihrer hohen Ähren aus violett behelmten weißen Röhrenblüten.
↕ 1,2 m ↔ 60 cm ☼ ◊ ❄❄❄

***Achillea* 'Paprika'**
Diese wüchsige, robuste Gartensorte der Schafgarbe besitzt leuchtend orangerote Blüten mit gelber Mitte über fein gefiedertem, mittelgrünem Laub.
↕↔ 60 cm ☼ ◊ ♦ ❄❄❄

***Agapanthus* 'Blue Giant'**
Ungewöhnlich große Blütenstände sind das hervorstechende Merkmal dieser Schmuckliliensorte. Ihre dunkelblauen Glockenblüten öffnen sich im Spätsommer an hohen Stängeln.
↕ 1,2 m ↔ 60 cm ☼ ◊ ❄❄

***Anemone × hybrida* (syn. *hupehensis*)**
Die Gruppe der Herbst-Anemonen umfasst Formen mit einfachen, halbgefüllten und gefüllten Blüten in Weiß und Rosa. Besonders beliebt: die ungefüllte weiße 'Honorine Jobert'.
↕ 1,2–1,5 m ↔ unbegrenzt ☼ ☀ ♦ ❄❄❄

***Aster amellus* 'King George'**
Die Berg-Aster ist eine buschige Staude, die vom Spätsommer bis weit in den Herbst hinein viele große, blauviolette Blütenkörbe mit gelber Scheibe in lockeren Büscheln trägt.
↕↔ 50 cm ☀ ◊ ❄❄❄

Astrantia major
Mit ihren kleinen, grünlich weißen oder rosa getönten Blüten über dichtem, geteiltem, mittelgrünem Laub macht die Große Sterndolde im Garten monatelang auf sich aufmerksam.
↕ 60 cm ↔ 45 cm ☼ ◊ ❄❄❄

***Delphinium* Blue-Fountains-Gruppe**
Diese kleine Sortengruppe des Rittersporns bildet Horste aus dunkelgrünem, geteiltem Laub. Darüber öffnen sich dichte Trauben aus blauen Blüten mit weißem Auge.
↕ 1 m ↔ 60 cm ☼ ◊ ❄❄❄

***Dianthus* 'Bovey Belle'**
Die dunkelrosa gefüllten Blüten dieser modernen Nelkensorte eignen sich als Schnittblumen ebenso wie als Farbgeber in Rabatten. Ihr typischer Nelkenduft ist ein Bonus.
↕ 45 cm ↔ 40 cm ☼ ◊ ❄❄❄

***Echinops ritro* 'Veitch's Blue'**
Die blauvioletten Blütenstände der Ruthenischen Kugeldistel sitzen im Sommer an hohen Stängeln. Ihre stacheligen, graugrünen Blätter sorgen für architektonische Struktur.
↕ 1,2 m ↔ 75 cm ☼ ◊ ❄❄❄

STAUDEN FÜR DEN SOMMER UND HERBST *FORTS.*

Echinacea purpurea **'Magnus'**
Die rosavioletten Blüten des Roten Scheinsonnenhuts mit kugeliger Mitte öffnen sich im Spätsommer. Die Ähnlichkeit mit einem Sonnenhut hat der Staude ihren Namen beschert.
↕↔ 60 cm ☼ ◇ ◆ ❄❄❄

Eryngium × oliverianum
Die großen, rundlichen Blütenstände in Lavendelblau erscheinen im Spätsommer über distelartigem, mittelgrünem Laub und sind ein beeindruckender Anblick.
↕ 1 m ↔ 60 cm ☼ ◇ ❄❄❄

Geranium **'Nimbus'**
Der kompakte winterharte Storchschnabel geizt im Sommer nicht mit großen, blauvioletten Tellerblüten. Sie werden von tief eingeschnittenem Laub unterstrichen.
↕ 1 m ↔ 50 cm ◐ ● ◇ ❄❄❄

Helenium **'Moerheim Beauty'**
Die satt kupferroten Blütenkörbe dieser Sonnenbraut öffnen sich im Spätsommer gerade zu einer Zeit, in der Gärten Farbe verlieren. Abzwicken welker Blüten verlängert den Flor.
↕ 1 m ↔ 60 cm ☼ ◇ ❄❄❄

Hemerocallis **'Buzz Bomb'**
Diese bezaubernde Tagliliensorte trägt den ganzen Sommer über orangebraune Blüten mit breiten Blütenblättern und gelbem Schlund. Ihr Laub ist derb und bandförmig.
↕↔ 60 cm ☼ ◇ ◆ ❄❄❄

Kniphofia **'Bees' Sunset'**
Diese Fackelliliensorte reckt ihre hohen Trauben aus hellorangen, röhrenförmigen Blüten hoch über das schmale Laub und blüht sehr lange. Sie ist ideal für farbintensive Rabatten.
↕ 1 m ↔ 60 cm ☼ ◐ ◇ ◆ ❄❄

Monarda **'Cambridge Scarlet'**
Wie alle Indianernesseln ist 'Cambridge Scarlet' eine gute Bienenweide. Sie trägt spinnenartige rote Blüten und aromatisches, gezähntes Laub. Eine ausbreitungsfreudige Pflanze.
↕ 1 m ↔ 45 cm ☼ ◆ ❄❄❄

Papaver orientale **'Cedric Morris'**
Dieser Türkische Mohn entfaltet seine großen zartrosa Blüten mit schwarzer Mitte im Mai und Juni über grauem, gefiedertem Laub. Oft blüht er später im Sommer noch einmal.
↕↔ 90 cm ☼ ◇ ❄❄❄

Penstemon **'Stapleford Gem'**
Eine der winterhärtesten Bartfadensorten. Sie trägt mehrfarbige Blüten in Pastellrosa, -lila und -violett. Ihre Blütezeit erstreckt sich vom Hochsommer bis zum Frühherbst.
↕ 60 cm ↔ 45 cm ☼ ◐ ◇ ❄❄

❄❄❄ WINTERHART ❄❄ IN MILDEN REGIONEN WINTERHART ❄ VERTRÄGT NUR LEICHTEN FROST ❄ VERTRÄGT KEINEN FROST
☼ VOLLE SONNE ☼ HALBSCHATTEN ☀ SCHATTEN ◊ DURCHLÄSSIGE BÖDEN ◊ FEUCHTE BÖDEN ♦ NASSE BÖDEN

***Perovskia* 'Blue Spire'**
Mit seinen vielen Ähren aus lila Blüten an weißen Stängeln und dem aromatischen, graugrünen Laub ist dieser einnehmende Halbstrauch in Farbthemapflanzungen gut aufgehoben.
↕ 1,2 m ↔ 1 m ☼ ◊ ❄❄❄

***Bistorta officinalis* (syn. *Persicaria bistorta*) 'Superba'** Der wüchsige Schlangen-Knöterich breitet sich rasch aus. Er bildet hohe Ähren aus kleinen, dicht stehenden zartrosa Blüten über lanzettlichen grünen Blättern.
↕ 75 cm ↔ 60 cm ☼ ☼ ◊ ◊ ❄❄❄

***Phlox paniculata* 'Eva Cullum'**
Seine dichten Büschel aus rosa Blüten mit magentarotem Auge trägt der Stauden-Phlox im Hochsommer an aufrechten Stängeln. Ihr intensiver Duft ist ein willkommenes Plus.
↕ 1,2 m ↔ 60 cm ☼ ☼ ◊ ◊ ❄❄❄

***Rudbeckia fulgida* var. *sullivantii* 'Goldsturm'** Die goldgelben Blütenkörbe mit schwarzer, kegeliger Mitte öffnen sich im Spätsommer und Herbst. Damit ist der Glatte Sonnenhut ein wertvoller Farbtupfer in Rabatten.
↕ 75 cm ↔ 30 cm ☼ ☼ ◊ ◊ ❄❄❄

***Salvia × jamensis* 'Hot Lips'**
Die roten und weißen Prachtblüten dieser Salbeisorte bringen im Sommer Leben in den Garten. Ihr schmal eiförmiges, aromatisches Laub färbt sich im Herbst manchmal rot.
↕↔ 75 cm ☼ ◊ ❄❄

***Verbascum* 'Cotswold Queen'**
Eine kurzlebige Königskerze mit Rosetten aus graugrünem Laub und hohen Trauben aus bernsteingelben Blüten mit violettem Auge. Sie blüht den ganzen Sommer.
↕ 1,2 m ↔ 30 cm ☼ ◊ ❄❄❄

Verbena bonariensis
Obwohl das Patagonische Eisenkraut hoch wird, ist es dank seines filigranen Wuchses mit dünnen Stängeln und winzigen blauvioletten Blüten ideal für den vorderen Rabattenrand.
↕ 1,5 m ↔ 60 cm ☼ ◊ ❄❄

AUCH EMPFEHLENSWERT

- *Actaea* (syn. *Cimifuga*) *simplex* 'James Compton'
- *Agapanthus inapertus* subsp. *pendulus* 'Graskop'
- *Anaphalis triplinervis* 'Sommerschnee'
- *Aster* × *frikartii* 'Mönch'
- *Bistorta* (syn. *Persicaria*) *amplexicaulis* 'Firetail'
- *Centaurea pulcherrima*
- *Cosmos atrosanguineus* (Schokoladen-Kosmee)
- *Galega* × *hartlandii* 'Lady Wilson'
- *Gaura lindheimeri*
- *Helianthus* 'Lemon Queen'
- *Impatiens tinctoria*
- *Kniphofia* 'Percy's Pride'
- *Kniphofia* 'Royal Standard'
- *Ligularia* 'The Rocket'
- *Linaria triornithophora*
- *Lobelia cardinalis* 'Queen Victoria'
- *Potentilla* 'Arc-en-ciel'
- *Romneya coulteri* (Kalifornischer Strauchmohn)
- *Salvia patens*
- *Thalictrum delavayi* 'Hewitt's Double'

STAUDEN FÜR DEN WINTER

Anaphalis triplinervis
Die Staude trägt im Hochsommer Büschel aus winzigen Blüten mit papierweißen Hochblättern. Das Laub hat bis in den Winter hinein Bestand und eignet sich zum Trocknen.
↕ 90 cm ↔ 60 cm ☼ ◐ ◈ ❄❄❄

***Arum italicum* 'Marmoratum'**
Am Italienischen Aronstab wirkt alles exotisch, ob Laub, Blüten oder Früchte. Die glänzend grünen Blätter sind weiß geädert. Im Spätherbst bilden sich rote Beeren in Kolben.
↕ 25 cm ↔ 30 cm ◐ ◊ ♦ ❄❄

***Bergenia* 'Ballawley'**
Eine wüchsige immergrüne Staude mit großen, dunkelgrünen, im Winter rot überlaufenen Blättern. Im Frühjahr zeigen sich an der Spitze kräftiger Stängel hellrote Blüten.
↕↔ 60 cm ☼ ◐ ◊ ♦ ❄❄❄

***Bergenia cordifolia* 'Purpurea'**
Schon im März öffnet die Altai-Bergenie ihre magentarosa Blüten. Ihre runden grünen Blätter färben sich im Winter rotviolett – je kälter es ist, desto intensiver die Farbe.
↕↔ 50 cm ☼ ◐ ◊ ♦ ❄❄❄

Cynara cardunculus
Mit ihrem silbrigen, distelartigen Laub und den violetten Blütenständen bereichert die Wilde Artischocke Rabatten um ein spannungsreiches Element. Man lässt sie im Winter stehen.
↕ 2 m ↔ 1 m ☼ ◊ ❄❄❄

Dianthus gratianopolitanus
Die reizende Pfingst-Nelke ist wie geschaffen für Steingärten. Sie bildet eine immergrüne Matte aus graugrünen Blättern und öffnet im Frühsommer duftende Blüten.
↕ 15 cm ↔ 30 cm ☼ ◊ ❄❄❄

Eryngium giganteum
Der bizarre Elfenbein-Mannstreu mischt mit seinen silbrigen Hochblättern sonnige Rabatten auf. Seine architektonischen Blütenstände bleiben bis in den Frühwinter hinein ansehnlich.
↕ 1,2 m ↔ 30 cm ☼ ◊ ❄❄❄

Helleborus niger
Die Christrose trägt ledrige, dunkelgrüne Blätter, die den Winter über grün bleiben. Ihre Blüten öffnen sich im Frühwinter und haben bis in den März hinein Bestand.
↕↔ 30 cm ◐ ♦ ❄❄❄

***Heuchera* 'Plum Pudding'**
Immergrüne Purpurglöckchen sind als ganzjährige Blattschmuckpflanzen interessant. Diese Sorte trägt violettes Laub. Ihre weißen Blüten an dünnen Stängeln erscheinen im Spätfrühling.
↕ 50 cm ↔ 30 cm ◐ ◊ ❄❄❄

❄❄❄ WINTERHART	❄❄ IN MILDEN REGIONEN WINTERHART	❄ VERTRÄGT NUR LEICHTEN FROST	❅ VERTRÄGT KEINEN FROST
☼ VOLLE SONNE ◐ HALBSCHATTEN ● SCHATTEN	◇ DURCHLÄSSIGE BÖDEN	◈ FEUCHTE BÖDEN	◆ NASSE BÖDEN

Iris foetidissima
Ihren größten Zierwert hat die Übelriechende Schwertlilie, wenn im Herbst die Kapselfrüchte glänzende orange Samen freigeben, die bis in den Winter an der Pflanze haften.
↕ 90 cm ↔ unbegrenzt ◐ ● ◇ ❄❄❄

Liriope muscari
Die Lilientraube blüht vom Spätsommer bis zum Oktober. Das immergrüne Laub der ausbreitungsfreudigen Staude ist ein guter Bodendecker, der sogar den Winter überdauert.
↕ 30 cm ↔ 45 cm ◐ ● ◇ ◈ ❄❄❄

***Miscanthus sinensis* 'Gracillimus'**
Das elegante Gras trägt linealische, überhängende Blätter und seidige Blütenstände, die erst weiß, dann braunviolett sind. Es bereichert mit seiner Eleganz winterliche Gärten.
↕ 1,2 m ↔ 45 cm ☼ ◇ ❄❄

***Monarda* 'Beauty of Cobham'**
Diese Sorte der Indianernessel blüht im August und September mit rosa Blüten und violetten Hochblättern, die im Winter einen warmen Braunton annehmen.
↕ 90 cm ↔ 45 cm ☼ ◐ ◇ ◈ ❄❄❄

***Ophiopogon planiscapus* 'Nigrescens'**
Wenige Pflanzen haben eine dunklere Farbe als der Schwarze Schlangenbart. Die kleine immergrüne Staude setzt in grasdominierten Pflanzungen einen nützlichen Kontrapunkt.
↕ 25 cm ↔ 30 cm ☼ ◐ ◇ ◈ ❄❄❄

Phlomis russeliana
Das Russel-Brandkraut öffnet seine gelben Lippenblüten den ganzen Sommer. Im Winter trägt die salbeiartige Pflanze dichte braune, runde Samenstände an hohen Stängeln.
↕ 1 m ↔ 60 cm ☼ ◇ ❄❄❄

***Sedum* 'Matrona'**
Die violetten Blätter und dunkelroten Stängel bilden die passende Kulisse für die flachen rosa Blütenstände, die im Sommer erscheinen. Getrocknet bereichern sie winterliche Gärten.
↕ 75 cm ↔ 45 cm ☼ ◇ ❄❄❄

***Viola × wittrockiana* Universal-Serie**
Kaum eine Winterblume wird häufiger gepflanzt als das Garten-Stiefmütterchen. Sein Farbspektrum reicht von Gelb über Blau und Mauve bis hin zu Braun, Rot und Weiß.
↕ ↔ 20 cm ☼ ◇ ◈ ❄❄❄

AUCH EMPFEHLENSWERT

Achillea filipendulina (Gold-Garbe)
Chasmanthium latifolium (Breitblättriges Plattährengras)
Dianella caerulea Cassa Blue
Echinops ritro (Ruthenische Kugeldistel)
Helleborus × hybridus (Lenzrose)
Helleborus odorus
Iris unguicularis
Ophiopogon japonicus (Japanischer Schlangenbart)
Stipa tenuissima (Mexikanisches Federgras)

WASSER- UND SUMPFPFLANZEN

***Astilbe* 'Willie Buchanan'**
Diese Astilbensorte trägt im Hochsommer eine Blütenwolke aus winzigen weißen Blüten und roten Staubblättern an dünnen, verzweigten Stängeln.
↕ 30 cm ↔ 20 cm ☼ ◑ ❄❄❄ ~

Butomus umbellatus
Die grasartig dünnen Blätter der Blumenbinse sind anfangs bronzerot, später grün. Im Spätsommer öffnen sich duftende rosa Blüten an langen Stängeln.
↕ 1 m ↔ unbegrenzt ☼ ❄❄❄ ≈ ⊥ 5–15 cm

Caltha palustris
Mit ihren intensiv gelben Becherblüten bringt die Sumpf-Dotterblume im späten Frühjahr Farbe an Teichränder. Man pflanzt sie in Körbe.
↕ 60 cm ↔ 45 cm ☼ ◑ ❄❄❄ ≈ ⊥ auf Oberflächenniveau

Darmera peltata
Das Schildblatt wartet im späten Frühjahr mit Rispen aus weißen bis rosa Blüten an langen Schäften auf. Seine großen, rundlichen Blätter färben sich vor dem Einziehen im Herbst rot.
↕ 1,2 m ↔ unbegrenzt ☼ ◑ ❄❄❄ ~

Euphorbia palustris
Die Sumpf-Wolfsmilch ist eine ungewöhnliche Sumpfpflanze. Ihre Triebe sind besetzt mit lanzettlichen, lindgrünen Blättern, über denen im Frühsommer hellgrüne Blüten erscheinen.
↕↔ 90 cm ☼ ❄❄❄ ~

***Filipendula rubra* 'Venusta'**
Das Prärie-Mädesüß braucht Platz zum Ausbreiten. Die grünen gefiederten Blätter sitzen unter drahtigen Stängeln. Im Sommer erscheinen dunkelrosa Blüten in Doldenrispen.
↕ 2,5 m ↔ 1,2 m ☼ ◑ ❄❄❄ ~

Glyceria maxima* var. *variegata
Der Wasser-Schwaden ist eine hübsche, als Uferpflanze geeignete Grasstaude. Ihre bandförmigen, cremegelb gestreiften Blätter sind im Frühjahr und Herbst rosa überlaufen.
↕ 80 cm ↔ unbegrenzt ☼ ❄❄❄ ~

***Iris sibirica* 'Perry's Blue'**
Ihre blauen Blüten mit rostroter Äderung zeigt diese traditionelle Sorte der Sibirischen Schwertlilie im Frühsommer. Sie bringen viel Farbe an Teichränder und in Feuchtrabatten.
↕ 1 m ↔ 60 cm ☼ ❄❄ ~

***Ligularia* 'The Rocket'**
Der Goldkolben ist eine Pflanze der Kontraste: Während die Stängel schwarz sind, leuchten die Blüten gelb. Sie schieben sich im Spätsommer über einem Laubteppich nach oben.
↕ 2 m ↔ 1,1 m ☼ ◑ ❄❄❄ ~

❄❄❄ WINTERHART	❄❄ IN MILDEN REGIONEN WINTERHART	❄ VERTRÄGT NUR LEICHTEN FROST	❄ VERTRÄGT KEINEN FROST
☼ VOLLE SONNE ☀ HALBSCHATTEN ✹ SCHATTEN	~ SUMPFPFLANZE	≈ UFERPFLANZE ≋ WASSERPFLANZE	⌶ PFLANZTIEFE

Myosotis scorpioides
Die winzigen Blüten des Sumpf-Vergissmeinnichts haben ein weißes, rosa oder gelbes Auge und entfalten sich im Frühsommer.
↕ 45 cm ↔ unbegrenzt ☼ ☀ ❄❄❄
⌶ auf Oberflächenniveau

***Nymphaea* 'Froebelii'**
Mit ihren winzigen weinroten Blüten- und goldgelben Staubblättern über dunkelgrünem Laub ist diese Züchtung die perfekte Seerose für kleine Teiche.
↔ 75 cm ☼ ❄❄❄ ≋ ⌶ 30–45 cm

Pontederia cordata
Das Hechtkraut bereichert mit seinen hellgrünen, lanzettlichen Blättern und blauen Sternblüten im Sommer Gewässer.
↕ 0,9–1,3 m ↔ 60–75 cm ☼ ❄❄❄ ≈
⌶ 30 cm

Primula beesiana
Die halbimmergrüne Etagen-Primel öffnet im Sommer lebhafte, magentarosa Blütenknäuel entlang hellgrüner Stängel.
↕↔ 60 cm ☀ ❄❄❄ ~

***Rodgersia pinnata* 'Superba'**
Das Laub des Gefiederten Schaublatts ist zunächst bronzerot und färbt sich allmählich dunkelgrün mit deutlichen Adern. Im Spätsommer erscheinen über dem Laub rosa Blüten.
↕ 1,2 m ↔ 75 cm ☼ ☀ ❄❄❄ ~

Typha minima
Mit seinen linealischen Blättern, zu denen sich von April bis Juni und noch einmal im August rundliche Blütenkolben gesellen, ist der Zwerg-Rohrkolben die Idealbesetzung für Kleinteiche.
↕ 75 cm ↔ 45 cm ☼ ❄❄❄ ⌶ 30 cm

Zantedeschia aethiopica
Die Kalla bringt Stil und Eleganz in Sumpfbeete. Ihre großen, reinweißen Blüten, die vor dem grünen Laub förmlich leuchten, öffnen sich von Mai bis Juli.
↕↔ 90 cm ☼ ❄❄ ≋ ⌶ 15 cm

AUCH EMPFEHLENSWERT

Actaea (syn. *Cimifuga*) *simplex* (Atropurpurea-Gruppe) 'Brunette'
Aruncus dioicus 'Kneiffii' (Wald-Geißbart)
Astilbe 'Fanal'
Cardamine pratensis (Wiesen-Schaumkraut)
Eupatorium purpureum (Purpur-Wasserdost)
Gunnera manicata
Hottonia palustris (Europäische Wasserfeder)
Hydrocharis morsus ranae (Froschbiss)
Iris sibirica 'Butter and Sugar'
Kirengeshoma palmata
Matteuccia struthiopteris (Straußenfarn)
Nymphaea 'Gonnère' (Seerose)
Nymphaea 'Marliacea Chromatella' (Seerose)
Nymphoides peltata (Europäische Seekanne)
Primula alpicola
Primula 'Inverewe'
Rheum palmatum 'Atrosanguineum'
Sanguisorba canadensis (Kanadischer Wiesenknopf)

DUFTPFLANZEN

Cosmos atrosanguineus
Die Schokoladen-Kosmee ist eine schöne Staude, die sich von selbst ausbreitet. Ihre braunroten, samtigen Becherblüten duften nach Schokolade und öffnen sich im Sommer.
↕ 60 cm ↔ 45 cm ☼ ◊ ♦ ❄❄

***Daphne* × *burkwoodii* 'Somerset'**
Burkwoods Seidelbast ist ein kleiner halbimmergrüner Strauch mit Trauben aus intensiv duftenden weißen bis rosa Blüten, die sich im Spätfrühling und evtl. im Herbst öffnen.
↕↔ 1,5 m ☼ ◊ ❄❄❄

***Dianthus* 'Becky Robinson'**
Die moderne Nelkensorte trägt duftende, rot gerandete rosarote Blüten über linealischem, graugrünem Laub im Sommer. Das Abzwicken welker Blüten fördert die Blühwilligkeit.
↕ bis 50 cm ↔ 40 cm ☼ ◊ ❄❄❄

***Erysimum cheiri* 'Orange Bedder'**
Der Goldlack ist eine kurzlebige immergrüne Staude. Die hier gezeigte Sorte blüht in etwa von Mai bis Juli und öffnet leuchtend orange Duftblüten.
↕↔ 30 cm ☼ ◊ ❄❄❄

***Hamamelis* × *intermedia* 'Arnold Promise'** Gerade im Spätwinter sind die vielen spinnenartigen gelben, duftenden, an kahlen, aufrechten Zweigen stehenden Blüten der Hybrid-Zaubernuss ein willkommener Anblick.
↕↔ 4 m ☼ ◐ ◊ ♦ ❄❄❄

***Jasminum officinale* 'Argenteovariegatum'**
Der Echte Jasmin ist eine Kletterpflanze mit cremegelb gerandeten grünen Blättern und süß duftenden, reinweißen Blüten, die den ganzen Sommer hindurch in Büscheln erscheinen.
↕ 12 m ☼ ◐ ◊ ❄❄

***Lavandula angustifolia* 'Hidcote'**
Mit seinem kompakten Wuchs eignet sich der Echte Lavendel gut als Einfassung. Er trägt schmale, silbrig grüne Blätter und Ähren aus duftenden, dunkellila Blüten.
↕ 60 cm ↔ 75 cm ☼ ◊ ❄❄❄

***Lilium* 'Star Gazer'**
Diese Orientalische Lilie zieht durch ihre Farbe und ihren Duft die Aufmerksamkeit auf sich. Ihre nach oben gerichteten, rosa und weißen, gefleckten Blüten öffnen sich im Sommer.
↕ 1–1,5 m ↔ 25 cm ☼ ◊ ❄❄❄

***Lonicera periclymenum* 'Belgica'**
Das Wald-Geißblatt ist eine wüchsige Kletterpflanze mit duftenden Röhrenblüten im Frühjahr und einer Zweitblüte im Sommer. Im Herbst setzt der Strauch rote Beeren an.
↕ 7 m ☼ ◐ ◊ ♦ ❄❄❄

❄❄❄ WINTERHART | ❄❄ IN MILDEN REGIONEN WINTERHART | ❄ VERTRÄGT NUR LEICHTEN FROST | ✱ VERTRÄGT KEINEN FROST
☼ VOLLE SONNE | ☀ HALBSCHATTEN | ✹ SCHATTEN | ◯ DURCHLÄSSIGE BÖDEN | ◑ FEUCHTE BÖDEN | ● NASSE BÖDEN

***Mahonia* × *media* 'Charity'**
Ein schöner Strauch mit architektonischem Wuchs und dunkelgrünen, am Rand dornigen Blättern. Er trägt von Dezember bis März intensiv duftende, zitronengelbe Blüten.
↕ 5 m ↔ 4 m ☀ ◑ ❄❄

***Melissa officinalis* 'Aurea'**
Die Zitronen-Melisse ist eine Staude mit kleinen weißen Blüten, die gern von Bienen besucht werden. Ihre goldgelb gezeichneten Blätter duften beim Zerreiben nach Zitrone.
↕ 1,2 m ↔ 45 cm ☼ ◯ ❄❄❄

Philadelphus* × *lemoinei
Die überhängenden Triebe von Lemoines Pfeifenstrauch sind über und über mit kleinen, fein duftenden, cremeweißen Blüten bedeckt. Er blüht im Juni und Juli.
↕ 1,5 m ↔ 3 m ☼ ◯ ❄❄❄

***Rosa* Gertrude Jekyll**
Die winterharte Strauchrose wird wegen ihrer dunkelrosa, extrem stark duftenden Blüten kultiviert. Sie beginnt im Frühsommer zu blühen. Welken Flor regelmäßig abzwicken.
↕ 2 m ↔ 1,2 m ☼ ◯ ◑ ❄❄❄

Sarcococca hookeriana* var. *digyna
Die winterblühende Himalaja-Schleimbeere trägt lanzettliche, immergrüne Blätter und wird wegen des Honigdufts ihrer weißen Blüten geschätzt, auf die schwarze Beeren folgen.
↕ 75 cm ↔ 1,5 m ☀ ◑ ❄❄

***Syringa vulgaris* 'Madame Florent Stepman'** Diese Sorte des Gemeinen Flieders wächst aufrecht und trägt im Mai herzförmige, dunkelgrüne Blätter sowie Trauben aus großen, süß duftenden, ungefüllten weißen Blüten.
↕↔ 6 m ☼ ◯ ❄❄❄

***Viburnum* × *burkwoodii* 'Anne Russell'**
Mit den intensiv duftenden weißen Blüten des halbimmergrünen Oster-Schneeballs ist im April/Mai zu rechnen. Pflanzen Sie ihn neben einen Weg, wo sich sein Duft genießen lässt.
↕↔ 1,5 m ☼ ☀ ◯ ◑ ❄❄❄

AUCH EMPFEHLENSWERT

- *Azara microphylla*
- *Chimonanthus praecox* (Chinesische Winterblüte)
- *Galium odoratum* (Waldmeister)
- *Hemerocallis lilioasphodelus* (Gelbe Taglilie)
- *Hyacinthus orientalis*
- *Jasminum humile* (Niedriger Jasmin)
- *Lathyrus odoratus* (Duftende Platterbse)
- *Lavandula stoechas* subsp. *stoechas* fo. *rosea* 'Kew Red' (Schopf-Lavendel)
- *Lonicera etrusca* 'Michael Rosse' (Toskanisches Geißblatt)
- *Matthiola incana* (Garten-Levkoje)
- *Mentha suaveolens* 'Variegata' (Rundblättrige Minze)
- *Narcissus tazetta*
- *Nicotiana sylvestris*
- *Nymphaea* 'Blue Beauty' (Seerose)
- *Ornithogalum arabicum*
- *Rosa* The Pilgrim ('Auswalker')
- *Salvia officinalis* (Echter Salbei)
- *Salvia rosmarinus* (Rosmarin)
- *Wisteria sinensis* 'Prolific'

WANDSTRÄUCHER

Abelia* × *grandiflora
Die Großblütige Abelie ist ein halbimmergrüner Strauch mit glänzenden Blättern und zahlreichen weißen, rosa überlaufenen Blüten im Sommer. Sie braucht einen geschützten Platz.
↕3 m ↔ 4 m ☼ ◇ ◆ ❄❄

Acacia dealbata
Silber-Akazie heißt dieser wüchsige, nicht winterharte Baum wegen seines silbrigen Laubs. Mit seinen gelben Duftblüten bringt er im Frühjahr Tropenflair in Wintergärten.
↕↔ 15 m ☼ ◇ ❄❄

Buddleja crispa
Die duftenden, lila Blüten des Strauchs öffnen sich im Sommer und werden gern von Bienen und Schmetterlingen aufgesucht. Er trägt weiß behaarte Triebe und graugrünes Laub.
↕↔ 3 m ☼ ◇ ◆ ❄❄

Carpenteria californica
Die immergrüne Baumanemone trägt glänzendes, dunkelgrünes Laub und öffnet im Sommer große, duftende weiße Blüten mit auffälligen Staubblättern. Sie wächst strauchig.
↕↔ 2 m ☼ ◇ ❄❄

***Ceanothus* 'Concha'**
Der dichte immergrüne Strauch mit glänzendem Laub öffnet im späten Frühjahr aus violetten Knospen unzählige dunkelblaue Blüten. Er ist ideal für sonnige Mauern und Begrenzungen.
↕↔ 3 m ☼ ◇ ◆ ❄❄

***Chaenomeles speciosa* 'Moerloosei'**
Die Chinesische Zierquitte lässt sich an einer schattigen Mauer oder Begrenzung hochziehen. Diese Sorte öffnet im April Büschel aus weißen, rosa überlaufenen Blüten.
↕2,5 m ↔ 5 m ☼ ◐ ◇ ◆ ❄❄❄

Crinodendron hookerianum
Der aufrechte, immergrüne Laternenbaum trägt seinen Namen wegen der großen roten Blüten, die im späten Frühjahr wie Laternen an den aufrechten Trieben hängen.
↕6 m ↔ 5 m ◐ ◇ ◆ ❄❄

Cytisus* (syn. *Argyrocytisus*) *battandieri
Unübersehbar sind im Sommer die gelben, aufrechten, nach Ananas duftenden Blüten des Silberginsters über graugrünem Laub. Vor sonnigen Wänden gedeiht er am besten.
↕↔ 5 m ☼ ◇ ❄❄

***Daphne odora* 'Aureomarginata'**
Der Duftende Seidelbast, ein immergrüner Strauch, wartet schon im März mit rosavioletten und weißen Duftblüten zwischen grünem gelb gerandetem Laub auf.
↕↔ 1,5 m ☼ ◇ ◆ ❄❄

❄❄❄ WINTERHART	❄❄ IN MILDEN REGIONEN WINTERHART	❄ VERTRÄGT NUR LEICHTEN FROST	❄ VERTRÄGT KEINEN FROST
☼ VOLLE SONNE ☀ HALBSCHATTEN ✹ SCHATTEN	◊ DURCHLÄSSIGE BÖDEN	◑ FEUCHTE BÖDEN ● NASSE BÖDEN	

***Fremontodendron* 'California Glory'**
Der wüchsige Flanellstrauch ist vor einer warmen Südwand gut aufgehoben. Er blüht von Mai bis Juli, verträgt aber nur wenig Minusgrade, sodass man ihn am besten im Topf zieht.
↕6 m ↔4 m ☼ ◊ ◑ ❄❄

Garrya elliptica
Das Spalier-Becherkätzchen blüht von Februar bis Mai mit hängenden grauen, bis 20 cm langen Kätzchen vor einem Hintergrund aus wächsernen, dunkelgrünen Blättern.
↕↔4 m ☼ ☀ ◊ ◑ ❄❄

Jasminum humile
Der buschige, immergrüne Strauch zeigt seine kräftig gelben Blüten vom Frühjahr bis zum Herbst. Er braucht milde Lagen und blüht vor einer warmen Wand am besten.
↕2,5 m ↔3 m ☼ ☀ ◊ ◑ ❄❄

Myrtus communis* subsp. *tarentina
Die Braut-Myrte verträgt einige Minusgrade, sollte aber im Topf kultiviert werden und drinnen überwintern. Sie blüht von Juni bis Oktober, anschließend bilden sich weiße Beeren.
↕↔1,5 m ☼ ◊ ◑ ❄❄

***Pyracantha* 'Golden Charmer'**
Die orangen Beeren des dornigen Strauchs bringen im Herbst Schwung in den Garten und sind zudem eine Nahrungsquelle für Vögel. Im Sommer öffnet der Feuerdorn weiße Blüten.
↕↔3 m ☼ ✹ ☀ ◊ ◑ ❄❄❄

***Stachyurus chinensis* 'Joy Forever'**
Im Frühjahr trägt der sommergrüne Chinesische Perlschweif hängende Trauben aus gelben Blüten. Erst danach treiben die gelb panaschierten Blätter aus. Er braucht saure Böden.
↕2 m ↔4 m ☼ ☀ ◊ ◑ ❄❄❄

Vestia foetida
Der aufrechte immergrüne Strauch trägt von April bis Juli hängende Büschel aus gelben Blüten. Nicht minder dekorativ sind seine glänzenden, dunkelgrünen Blätter.
↕2 m ↔1,5 m ☼ ◊ ❄

AUCH EMPFEHLENSWERT

Abutilon megapotamicum
Acca sellowiana (Brasilianische Guave)
Acradenia frankliniae
Azara serrata
Ceanothus arboreus 'Trewithen Blue'
Cestrum elegans
Chaenomeles × *superba* 'Crimson and Gold' (Zierquitte)
Dendromecon rigida
Desfontainia spinosa
Drimys lanceolata (syn. *aromatica*) (Tasmanischer Bergpfeffer)
Eriobotrya japonica (Japanische Wollmispel)
Fabiana imbricata fo. *violacea*
Forsythia suspensa (Hänge-Forsythie)
Grevillea 'Canberra Gem'
Hydrangea anomala subsp. *petiolaris*
Itea ilicifolia
Piptanthus nepalensis (Nepalgoldregen)
Prostanthera cuneata
Prostanthera rotundifolia 'Rosea'
Pyracantha 'Mohave'
Ribes speciosum

KLETTERPFLANZEN FÜR DEN SCHATTEN

Wenn sich Kletterpflanzen für kühle bzw. schattige Nord- oder Ostmauern eignen, befindet sich ihr natürlicher Lebensraum meist ebenfalls im Schatten oder Halbschatten. Bekommen sie zu viel Mittagssonne, geraten sie in Stress und werden anfälliger für Schädlingsbefall. Unter unpassenden Bedingungen leiden Blüten und Blätter. Schattengewächse bevorzugen zudem feuchte Böden, weshalb man vor dem Einpflanzen viel organische Substanz wie Laubhumus einarbeitet, um die Bodenstruktur zu verbessern. Jungpflanzen brauchen mindestens 50 cm Abstand zur Mauer, damit sie nicht im trockensten Bereich – dem sogenannten Regenschatten – stehen.

KLETTERPFLANZEN

Aconitum hemsleyanum
Asteranthera ovata
Celastrus orbiculatus (Rundblättriger Baumwürger)
Celastrus scandens (Amerikanischer Baumwürger)
Clematis 'Carnaby'
Clematis 'Helsingborg'
Clematis 'Henryi'
Clematis 'Minuet'
Clematis montana
Clematis 'Niobe'
Clematis 'Venosa Violacea'
Codonopsis clematidea
Codonopsis convolvulacea
Dactylicapnos scandens
Ercilla spicata (syn. *volubilis*)
Forsythia suspensa (Hänge-Forsythie)
Hedera algeriensis 'Gloire de Marengo' (Algerischer Efeu)
Hedera colchica 'Dentata' (Kolchischer Efeu)
Hedera colchica 'Sulphur Heart' (Kolchischer Efeu)
Hedera helix 'Goldheart'
Itea ilicifolia
Lapageria rosea (Chilenische Wachsglocke)
Lonicera japonica 'Aureoreticulata'
Lonicera japonica 'Halliana' (Japanisches Geißblatt)
Muehlenbeckia complexa
Parthenocissus henryana (Chinesische Jungfernrebe)
Rosa 'Albéric Barbier'
Rosa 'Danse du Feu'
Rosa Händel
Rosa 'Mermaid'
Schisandra chinensis
Schizophragma hydrangeoides
Vitis amurensis (Amur-Rebe)

***Akebia quinata* (Fingerblättrige Akebie)**

Ampelopsis brevipedunculata

Berberidopsis corallina

Clematis montana* var. *rubens

***Clematis* 'Nelly Moser'**

***Lonicera periclymenum* 'Serotina'**
(Wald-Geißblatt)

Parthenocissus tricuspidata
(Dreilappige Jungfernrebe)

Hydrangea anomala* subsp. *petiolaris
(Kletter-Hortensie)

Pileostegia viburnoides

Schisandra grandiflora* var. *rubriflora

Schizophragma integrifolium

Trachelospermum jasminoides
(Chinesischer Sternjasmin)

Vitis coignetiae

KLETTERPFLANZEN FÜR DIE SONNE

Die Sonnenanbeter unter den Kletterpflanzen brauchen warme, geschützte Bedingungen, wie sie an Süd- und Westwänden herrschen. Viele Arten an der Grenze zur Winterhärte fruchten und blühen an solchen Standorten besser, da die vertikale Fläche hinter ihnen die Sonnenwärme tagsüber absorbiert und nachts wieder abgibt. Allerdings ist es an sonnen-beschienenen Mauern oft sehr trocken. Deshalb sollte man Kletterpflanzen mit mindestens 50 cm Abstand pflanzen, damit sie nicht gerade im trockensten Bereich stehen, und zudem organische Substanz in den Boden einarbeiten, sodass er möglichst viel Feuchtigkeit speichert.

KLETTERPFLANZEN

Akebia trifoliata
Clematis 'Bill MacKenzie'
Clematis cirrhosa var. *purpurascens* 'Freckles'
Clematis 'Étoile Violette'
Clematis 'Jackmanii'
Clematis 'Lasurstern'
Clematis rehderiana
Clematis 'The President'
Jasminum officinale 'Argenteovariegatum' (Echter Jasmin)
Jasminum × *stephanense*
Hardenbergia violacea (Purpurerbse)
Lonicera × *italica* (Italienisches Geißblatt)
Lonicera × *tellmanniana* (Gold-Geißblatt)
Parthenocissus tricuspidata 'Veitchii' (Dreilappige Jungfernrebe)
Rosa 'Compassion'
Rosa filipes 'Kiftsgate'
Rosa 'Gloire de Dijon'
Rosa 'Golden Showers'
Rosa 'Madame Alfred Carrière'
Rosa 'Maigold'
Solanum laxum (Jasminblütiger Nachtschatten)
Tecoma capensis (Kapgeißblatt)
Thunbergia alata (Schwarzäugige Susanne)
Trachelospermum asiaticum
Vitis 'Brant'
Vitis davidii
Vitis vinifera 'Purpurea'
Wisteria floribunda 'Alba' (Japanischer Blauregen)
Wisteria sinensis 'Prolific' (Chinesischer Blauregen)

Actinidia kolomikta

***Campsis × tagliabuana* 'Madame Galen'**

Clematis armandii

***Eccremocarpus scaber* (Schönranke)**

***Humulus lupulus* 'Aureus' (Gold-Hopfen)**

***Ipomoea purpurea* (Purpur-Prunkwinde)**

***Parthenocissus quinquefolia* (Gewöhnliche Jungfernrebe)**

Rhodochiton atrosanguineus

***Rosa banksiae* 'Lutea'**

***Passiflora caerulea* (Blaue Passionsblume)**

***Solanum crispum* 'Glasnevin' (Chile-Kartoffel)**

***Tropaeolum speciosum* (Flammende Kapuzinerkresse)**

***Wisteria brachybotrys* 'Shiro-kapitan'**

SICHTSCHUTZ- UND HECKENPFLANZEN

Mit Hecken und grünen Sichtschutzwällen definiert man die Grenzen des Gartens oder Teilbereiche innerhalb des Gartens. Gleichzeitig dienen die Pflanzungen als Schutz vor Wind und widrigen Verhältnissen. Die dafür ausgewählten Pflanzen müssen aber zum Gartenstil passen. Sie sollten so robust sein, dass sie Wind und Wetter problemlos trotzen, und zudem hoch genug werden. Wer rasch Ergebnisse sehen will, wählt schnellwüchsige Formen, muss dann aber häufiger schneiden. Bambusse und Gräser bieten sich als dekorative Alternative zu traditionellen Heckenpflanzen an.

BÄUME

Arbutus unedo (Erdbeerbaum)
Chamaecyparis lawsoniana (Lawsons Scheinzypresse)
Juniperus communis (Heide-Wacholder)
Nothofagus dombeyi
Olea europeaea (Ölivenbaum)
Populus × canadensis 'Robusta' (Bastard-Schwarz-Pappel)
Prunus lusitanica (Portugiesischer Kirschlorbeer)
Umbellularia californica (Berglorbeer)

STRÄUCHER

Berberis thunbergii fo. atropurpurea 'Rose Glow'
Buxus sempervirens 'Suffruticosa' (Europäischer Buchsbaum)
Cotoneaster salicifolius
Elaeagnus umbellata
Escallonia 'Donard Beauty'
Euonymus japonicus 'Macrophyllus' (Japanischer Spindelstrauch)
Forsythia × intermedia
Griselinia littoralis (Dichte Griseline)
Hibiscus rosa-sinensis (Zimmer-Hibiskus)
Leptospermum scoparium (Südseemyrte)
Ligustrum ovalifolium
Pyracantha 'Watereri'
Rhododendron 'Furnivall's Daughter'
Rhododendron 'Loderi King George'
Rosa gallica 'Versicolor'
Tamarix ramosissima
Viburnum tinus 'Eve Price'

GRÄSER UND BAMBUSSE

Arundo donax (Pfahlrohr)
Chimonobambusa tumidissinoda
Cortaderia selloana 'Sunningdale Silver' (Pampasgras)
Fargesia nitida (Fontänen-Schirmbambus)
Miscanthus sinensis
Phyllostachys flexuosa
Pseudosasa japonica
Semiarundinaria fastuosa

STRAUCH: *Aucuba japonica* 'Gold Dust' (Japanische Aukube)

STRAUCH: *Berberis darwinii*

BAUM: *Carpinus betulus* (Gewöhnliche Hainbuche)

STRAUCH: *Cotoneaster lacteus*

BAUM: *Crataegus laevigata* 'Paul's Scarlet' (Zweigriffliger Weißdorn)

STRAUCH: *Hydrangea paniculata* **'Floribunda'**

STRAUCH: *Ilex aquifolium* **'Madame Briot' (Gewöhnliche Stechpalme)**

BAUM: *Laurus nobilis* **(Lorbeerbaum)**

STRAUCH: *Ligustrum obtusifolium* **(Stumpfblättriger Liguster)**

STRAUCH: *Lonicera nitida* **'Baggesen's Gold' (Glänzende Heckenkirsche)**

STRAUCH: *Photinia × fraseri* **'Red Robin'**

STRAUCH: *Pittosporum tenuifolium* **'Abbotsbury Gold'**

STRAUCH: *Rhododendron* **'Hydon Dawn'**

BAUM: *Taxus baccata* **(Europäische Eibe)**

STEINGARTENPFLANZEN

Campanula cochleariifolia
Die Zwerg-Glockenblume bietet im Hochsommer Unmengen hellblauer oder weißer Glockenblüten. Ihre gezähnten, kräftig grünen Blätter bilden Rosetten.
↕ 10 cm ↔ unbegrenzt ☼ ◐ ◊ ❄❄❄

Convolvulus sabatius
Vom Mai bis Oktober setzt die Kriechende Winde ihre trichterförmigen, lavendelblauen Blüten über ihrem kleinen, mittelgrünen, eiförmigen Laub an.
↕ 20 cm ↔ 30 cm ☼ ◊ ❄❄

***Dianthus* 'Pike's Pink'**
Gefüllte duftende, rosa Blüten, die sich im Sommer öffnen, sind die Spezialität dieser Nelkensorte. Ihr graugrünes, feingliedriges Laub bildet kompakte Polster.
↕↔ 10 cm ☼ ◊ ❄❄❄

***Diascia* 'Salmon Supreme'**
Der Elfensporn ist eine hängende Staude mit Rispen aus lachsrosa Röhrenblüten über herzförmigem, dunkelgrünem Laub. Er blüht vom Mai bis zum ersten Frost.
↕ 15 cm ↔ 50 cm ☼ ◊ ❄❄

Erigeron karvinskianus
Das sommerblühende Mexikanische Berufkraut breitet sich rasch aus. Es bildet Teppiche aus graugrünem Laub mit Blütenkörben in Weiß oder Rosa, später auch Violett.
↕ 10–15 cm ↔ unbegrenzt ☼ ◊ ❄❄❄

Erinus alpinus
Von Mai bis Juil geizt der halbimmergrüne Alpenbalsam nicht mit kleinen violetten oder rosa Blüten. Die Staude ist kurzlebig, sat sich aber sehr stark selbst aus.
↕↔ 5–10 cm ☼ ◊ ❄❄❄

***Erysimum* 'Bredon'**
Diese buschige, halbimmergrüne Goldlacksorte öffnet vom Frühjahr bis in den Sommer hinein kräftig gelbe Blüten, die Nützlinge magisch anziehen.
↕↔ 45 cm ☼ ◊ ❄❄❄

Gentiana verna
Der Frühlings-Enzian ist eine immergrüne Staude mit kleinen Rosetten aus dunkelgrünen Blättern. Im zeitigen Frühjahr entfaltet er blaue Blüten mit weißer Mitte an kurzen Stielen.
↕↔ 5 cm ☼ ◊ ❄❄❄

***Hebe pinguifolia* 'Pagei'**
Die weißen Blüten, die dieser Strauch im Sommer in dichten Ähren öffnet, heben sich stark von dem immergrünen eiförmigen, blaugrünen Laub an violetten Stielen ab.
↕ 30 cm ↔ 90 cm ☼ ◐ ◊ 💧 ❄❄❄

❄❄❄ WINTERHART	❄❄ IN MILDEN REGIONEN WINTERHART		❄ VERTRÄGT NUR LEICHTEN FROST		⌂ VERTRÄGT KEINEN FROST
☼ VOLLE SONNE	☀ HALBSCHATTEN	✹ SCHATTEN	◊ DURCHLÄSSIGE BÖDEN	♦ FEUCHTE BÖDEN	♦ NASSE BÖDEN

Helianthemum apenninum
Tellerförmige weiße Blüten mit gelben Staubblättern setzt das Apenninen-Sonnenröschen im Hochsommer an. Die Triebe und immergrünen Blätter des Strauchs sind daunig behaart.
↕↔ 45 cm ☼ ◊ ❄❄❄

Phlox bifida
Lila oder weiße Sternblüten mit schmalen Blütenblättern setzt der Sand-Phlox im Frühjahr an. Sie sind so zahlreich, dass die immergrünen Blätter dahinter fast verschwinden.
↕ 10–15 cm ↔ 15 cm ☼ ◊ ❄❄❄

Saponaria ocymoides
Das Rote Seifenkraut bildet einen breiten Teppich aus weichen, behaarten Blättern, über dem sich von Mai bis Juli winzige blassrosa Blüten entfalten. Es ist ideal für Trockenhänge.
↕ bis 10 cm ↔ 40 cm ☼ ◊ ❄❄❄

***Saxifraga* 'Hindhead Seedling'**
Nadelartiges blaugrünes Laub sind das hervorstechendste Merkmal dieser niedrigen immergrünen Staude. Im Frühjahr öffnet sie hellgelbe Becherbluten mit kräftig gelben Staubblättern.
↕ 2–3 cm ↔ 10 cm ☀ ◊ ❄❄❄

Scabiosa lucida
Eine horstbildende Zwergstaude mit gefiedertem, graugrünem Laub. Die reizende Glanz-Skabiose öffnet ihre lavendelblauen Blütenköpfe von Juli bis September.
↕ 20 cm ↔ 15 cm ☼ ◊ ❄❄❄

Sempervivum tectorum
Die Dach-Hauswurz bildet Rosetten aus dicken, zugespitzten Blättern, die sich im Sommer an der Spitze violett färben. Im Sommer erscheinen rotviolette Sternblüten.
↕ 10–15 cm ↔ 20 cm ☼ ◊ ❄❄❄

***Thymus* 'Bressingham'**
Ein kompakter, teppichbildender, duftender Thymian mit kleinen, behaarten, graugrünen Blättern und rosa Blüten, die uns in der zweiten Sommerhälfte ihre Aufwartung machen.
↕ 3 cm ↔ 12 cm ☼ ◊ ❄❄❄

AUCH EMPFEHLENSWERT

Anchusa cespitosa
Androsace sempervivoides
Aquilegia alpina (Alpen-Akelei)
Armeria maritima 'Vindictive' (Strand-Grasnelke)
Aster alpinus
Aubrieta 'Purple Charm'
Calceolaria arachnoidea
Crambe maritima (Küsten-Meerkohl)
Daphne jasminea
Daphne petraea 'Grandiflora'
Dianthus alpinus (Alpen-Nelke)
Draba mollissima
Draba rigida
Gentiana acaulis (Kochs Enzian)
Geranium orientalitibeticum
Lewisia 'George Henley'
Lithodora oleifolia
Osteospermum jucundum
Penstemon newberryi fo. *humilior*
Potentilla 'Gibson's Scarlet'
Saxifraga 'Jenkinsiae'
Saxifraga scardica
Sisyrinchium 'E.K. Balls'
Vitaliana primuliflora

IM FRÜHJAHR BLÜHENDE STRÄUCHER

Abeliophyllum distichum
Die Schneeforsythie beeindruckt von März bis Mai mit weißen, duftenden Blüten. Sie blüht vor einer sonnigen Wand besser. Ihr dunkelgrünes Laub färbt sich im Herbst violett.
↕↔ 1,5 m ☼ 💧 ❄❄

Berberis julianae
Julianes Berberitze ist ein immergrüner Strauch mit dunkelgrünen Blättern. Er eignet sich gut als Sichtschutz. Von Mai bis Juli trägt er duftende gelbe Blüten, dann blauschwarze Beeren.
↕↔ 3 m ☼ ◐ 💧 ❄❄❄

***Camellia* × *williamsii* 'Donation'**
Der immergrüne Strauch bevorzugt Schatten. Er trägt im April halbgefüllte, rosa Blüten, braucht saure Böden und wird am besten im großen Topf gezogen und drinnen überwintert.
↕ 5 m ↔ 2,5 m ◐ 💧 💧 ❄❄

***Ceanothus thyrsiflorus* 'Skylark'**
Der buschige Strauch mit glänzenden grünen Blättern trägt im späten Frühjahr dunkelblaue Blütenstände. Den Winter überlebt er draußen nur im Schutz einer warmen Wand.
↕ 2 m ↔ 1,5 m ☼ 💧 ❄❄

***Chaenomeles* × *superba* 'Pink Lady'**
Im April und Mai öffnet diese prachtvolle Zierquittensorte dunkelrosa Blüten an noch kahlen Zweigen. Im Herbst folgen apfelförmige gelbe Früchte.
↕ 1,5 m ↔ 2 m ☼ ◐ 💧 ❄❄❄

***Corylopsis sinensis* var. *sinensis* 'Spring Purple'** Die Chinesische Scheinhasel trägt hängende Trauben aus gelben Blüten, die im Frühjahr Leben in den Garten bringen. Das junge Laub ist anfangs violett, später grün.
↕↔ 4 m ◐ 💧 ❄❄❄

***Cytisus* × *praecox* 'Allgold'**
Ein Meer aus goldgelben Schmetterlingsblüten öffnet der Elfenbeinginster im April und Mai. Seine winzigen, seidigen, graugrünen Blätter sitzen an überhängenden Trieben.
↕ 1,2 m ↔ 1,5 m ☼ 💧 ❄❄❄

Daphne cneorum
Der Rosmarin-Seidelbast ist ein niedriger, kriechender Strauch mit duftenden rosaroten Blüten im Mai und Juni. Man pflanzt ihn dort, wo man seinen Duft am besten genießen kann.
↕ 25 cm ↔ 2 m ☼ 💧 ❄❄❄

Erica arborea* var. *alpina
Die aufrecht wachsende Baum-Heide ist von Februar bis April dicht mit nach Honig duftenden, weißen Blüten besetzt. Sie trägt dunkelgrünes, nadelartiges immergrünes Laub.
↕ 2 m ↔ 90 cm ☼ 💧 ❄❄❄

❄❄❄ WINTERHART	❄❄ IN MILDEN REGIONEN WINTERHART	❄ VERTRÄGT NUR LEICHTEN FROST	❅ VERTRÄGT KEINEN FROST
☼ VOLLE SONNE ◐ HALBSCHATTEN	● SCHATTEN	◇ DURCHLÄSSIGE BÖDEN	◈ FEUCHTE BÖDEN ◆ NASSE BÖDEN

***Exochorda* × *macrantha* 'The Bride'**
Reinweiße, tellerförmige Blüten an überhängenden Trieben sind die Spezialität der Kleinen Prunkspiere. Sie bedecken den ausladenden Strauch im Mai völlig. Ein guter Solitärstrauch.
↕ 2 m ↔ 3 m ☼ ◐ ◇ ◈ ❄❄❄

***Forsythia* × *intermedia* 'Lynwood'**
Die wüchsige, sommergrüne Garten-Forsythie treibt aufrechte, am Ende leicht überhängende Triebe aus. Im April öffnet sie ein Meer aus goldgelben Blüten an kahlen Zweigen.
↕↔ 3 m ☼ ◐ ◇ ❄❄❄

Fothergilla major
Der Große Federbuschstrauch öffnet im Mai duftende, flaschenbürstenartige weiße Blütenstände. Er wird jedoch auch wegen seines orangen, gelben und roten Herbstlaubs geschätzt.
↕↔ 6 m ◐ ◈ ❄❄❄

***Kolkwitzia amabilis* 'Pink Cloud'**
Die Kolkwitzie mit überhängendem Wuchs trägt rosa Glockenblüten mit gelb überlaufenem Schlund. Sie öffnen sich im Mai und Juni in großer Zahl.
↕ 3 m ↔ 4 m ☼ ◇ ❄❄❄

Magnolia stellata
Noch vor dem Laubaustrieb öffnet die Stern-Magnolie ihre reinweißen bis rosa überlaufenen, sternförmigen Blüten, die allerdings leicht von Spätfrösten geschädigt werden können.
↕ 3 m ↔ 4 m ☼ ◐ ◇ ◈ ❄❄❄

Osmanthus* × *burkwoodii
Burkwoods Duftblüte wird wegen ihrer glänzenden, immergrünen Blätter und winzigen, cremeweißen, süß duftenden Trichterblüten kultiviert. Sie öffnen sich im April und Mai.
↕↔ 3 m ☼ ◐ ◇ ❄❄

Paeonia delavayi* var. *ludlowii
Die nickenden, glänzenden, gelben Blüten dieser wüchsigen, strauchigen Pfingstrose öffnen sich zwischen fiederteiligen, kräftig grünen Blättern. Sie sind eine gute Bienenweide.
↕ 2 m ↔ 3 m ☼ ◐ ◇ ◈ ❄❄❄

***Philadelphus* 'Belle Etoile'**
Sommergrüner Strauch mit überhängenden Trieben und spitz zulaufenden Blättern. Die duftenden, ungefüllten weißen Blüten mit kastanienbrauner Mitte öffnen sich am Frühjahrsende.
↕ 1,2 m ↔ 2,5 m ☼ ◐ ◇ ❄❄❄

***Prunus laurocerasus* 'Zabeliana'**
Von seiner besten Seite zeigt sich der immergrüne Kirschlorbeer im Frühjahr, wenn sich seine Blütentrauben öffnen. Diese Sorte wächst niedrig und ist ideal als Bodendecker.
↕ 1 m ↔ 2,5 m ☼ ◐ ◇ ◈ ❄❄❄

IM FRÜHJAHR BLÜHENDE STRÄUCHER *FORTS.*

Prunus × cistena
Die langsam wachsende Zwerg-Blutpflaume fällt durch ihre glänzenden, eiförmigen, anfangs roten, später violetten Blätter und die zarten weißen Blüten auf, die sich im Mai öffnen.
↕↔ 1,5 m ☼ ◊ ❄❄❄

***Rhododendron* 'Hotspur'**
Nur wenige Pflanzen bieten so spektakuläre Frühjahrsfarben wie die Azaleen. Diese Sorte begeistert durch leuchtend rote Blüten, trägt aber auch farbenfrohes Herbstlaub.
↕↔ 2 m ☼ ◐ ♦ ❄❄❄

***Ribes sanguineum* 'Pulborough Scarlet'**
Die Blut-Johannisbeere trägt aromatisches Laub und Trauben aus dunkelroten Trichterblüten mit weißer Mitte. Aus ihnen entwickeln sich schwarze Beeren.
↕ 2 m ↔ 2,5 m ☼ ◊ ❄❄❄

***Spiraea* 'Arguta'**
Von ihrer besten Seite zeigt sich diese Spierstrauchsorte im Spätfrühling, wenn sich an der Oberseite ihrer gebogenen Triebe Unmengen weißer Blüten aufreihen.
↕ 2 m ↔ 1,5 m ☼ ◊ ♦ ❄❄❄

***Syringa meyeri* 'Palibin'**
Der Zwerg-Duftflieder entwickelt eine schöne runde Form und trägt kleine, dunkelgrüne, eiförmige Blätter. Seine Trauben aus duftenden, lavendelrosa Blüten öffnen sich im Mai.
↕↔ 1,5 m ☼ ◊ ❄❄❄

***Viburnum plicatum* fo. *tomentosum* 'Mariesii'** Der Japanische Schneeball bereichert Gärten mit seinem etagenförmigen Wuchs. Seine Blüten sind weiß, die Blätter dunkelgrün und im Herbst rotviolett.
↕ 3 m ↔ 4 m ☼ ◊ ❄❄❄

***Weigela florida* 'Foliis Purpureis'**
Die trichterförmigen Blüten der Lieblichen Weigelie sind außen dunkelrosa und innen weiß. Sie setzen im Frühjahr vor dem dunklen, bronzegrünen Laub unübersehbare Akzente.
↕ 1 m ↔ 1,5 m ☼ ◊ ❄❄❄

AUCH EMPFEHLENSWERT

Berberis darwinii (Darwins Berberitze)
Berberis valdiviana
Chaenomeles speciosa 'Snow'
Corylopsis glabrescens
Deutzia × rosea
Dipelta floribunda
Edgeworthia chrysantha
Enkianthus cernuus fo. *rubens*
Genista tinctoria (Färber-Ginster)
Hamamelis × intermedia 'Barmstedt Gold' (Hybrid-Zaubernuss)
Hamamelis × intermedia 'Jelena' (Hybrid-Zaubernuss)
Leptospermum scoparium 'Red Damask' (Südseemyrte)
Lindera benzoin
Malus toringo
Pieris japonica
Rhododendron 'Percy Wiseman'
Ribes sanguineum 'King Edward VII' (Blut-Johannisbeere)
Staphylea pinnata (Gemeine Pimpernuss)
Telopea truncata
Viburnum bitchiuense

IM SOMMER BLÜHENDE STRÄUCHER

Buddleja globosa
Der Kugel-Sommerflieder macht im Sommer mit leuchtend orangegelben, nach Honig duftenden Blütenbällen über schönem, dunkelgrünem Laub auf sich aufmerksam.
↕↔ 5 m ☼ ◊ ❄❄

***Caryopteris* × *clandonensis* 'Worcester Gold'** Die kleinen, lebhaft lavendelblauen Blüten dieses hübschen Strauchs öffnen sich im Spätsommer und heben sich reizvoll von dem warmgelben, sommergrünen Laub ab.
↕ 1 m ↔ 1,5 m ☼ ◊ ❄❄❄

***Ceanothus* × *delileanus* 'Gloire de Versailles'** Die wüchsige, buschige, immergrüne Französische Hybrid-Säckelblume trägt im Sommer große, hellblaue Blütenstände über glänzendem Laub. Gut für sonnige Mauern.
↕↔ 1,5 m ☼ ◊ ❄❄

Ceratostigma willmottianum
Mit ihren hell- bis mittelblauen Blüten ist die Chinesische Bleiwurz ein wertvoller Spätsommerblüher im Garten. Ihr dunkelgrünes, violett gerandetes Laub färbt sich im Herbst rot.
↕ 1 m ↔ 1,5 m ☼ ◊ ♦ ❄❄

***Choisya* × *dewitteana* 'Aztec Pearl'**
Dewittes Orangenblume macht mit schmal lanzettlichen, dunkelgrünen Blättern und Büscheln weißer, sternförmiger Blüten auf sich aufmerksam. Die Blüten öffnen sich aus rosa Knospen.
↕↔ 2,5 m ☼ ◊ ❄❄❄

Convolvulus cneorum
Mit ihren seidigen, silbrigen Blättern ist die Silberwinde auch dann ein Hingucker, wenn sie nicht blüht. Ihre zarten weißen Trichterblüten erscheinen von Mai bis September.
↕ 60 cm ↔ 1 m ☼ ◊ ❄❄

***Deutzia* × *elegantissima* 'Rosealind'**
Der Strauch mag es sonnig und sieht in einer Rabatte oder als Solitär am besten aus. Er trägt im Frühsommer Tausende sternförmiger, rosa Blüten.
↕ 1,2 m ↔ 1,5 m ☼ ◊ ❄❄❄

***Hebe* 'Midsummer Beauty'**
Diese Sorte des anpassungsfähigen, immergrünen Strauchehrenpreises verschafft sich ab Hochsommer mit violettbraunen Trieben, hellgrünen Blättern und lila Blüten Aufmerksamkeit.
↕ 2 m ↔ 1,5 m ☼ ◐ ◊ ♦ ❄❄❄

***Helianthemum* 'Wisley Primrose'**
Diese Sonnenröschensorte mag es sonnig. Sie bildet niedrige Büsche aus immergrünem, graugrünem Laub und trägt im Sommer zahlreiche hellgelbe Tellerblüten.
↕ 25 cm ↔ 30 cm ☼ ◊ ❄❄❄

IM SOMMER BLÜHENDE STRÄUCHER *FORTS.*

***Hibiscus syriacus* 'Woodbridge'**
Die exotischen Blüten sind die Hauptattraktion des Echten Roseneibisch. Diese Sorte öffnet im Spätsommer immer neue, große rosa Blüten mit dunkelroter Mitte.
↕↔ 3 m ☼ ◊ ❄❄❄

***Hydrangea macrophylla* 'Mariesii Lilacina'**
Diese Sorte der Garten-Hortensie wird gern freistehend kultiviert. Man schätzt sie wegen ihrer lila bis blauen Schirmrispen, die im Sommer erscheinen.
↕ 2 m ↔ 2,5 m ☼ ◐ ◊ ♦ ❄❄❄

***Hydrangea paniculata* 'Unique'**
Im Hochsommer begeistert diese schöne Rispen-Hortensie mit großen, cremeweißen Blütenständen, die mit der Zeit einen Rosaton bekommen. Ihr Laub färbt sich im Herbst gelb.
↕ 7 m ↔ 2,5 m ☼ ◐ ◊ ♦ ❄❄❄

***Hypericum* 'Hidcote'**
Die überhängenden Zweige dieser Johanniskrautsorte sind dicht mit lanzettlichen Blättern besetzt. Im Sommer stoßen Unmengen goldgelber Blüten dazu.
↕ 1,2 m ↔ 1,5 m ☼ ◊ ❄❄❄

Lavandula stoechas
Im Frühsommer reckt der Schopf-Lavendel seine dichten duftenden, dunkelvioletten, von rosavioletten Hochblättern gekrönten Ähren in die Höhe. Sie stehen an langen Stängeln.
↕↔ 60 cm ☼ ◊ ❄❄

***Magnolia liliiflora* 'Nigra'**
Die Purpur-Magnolie gehört zu den verlässlichsten Vertreterinnen ihrer Art. Diese Sorte öffnet ab dem Frühsommer große, dunkelviolette Blüten mit Nachblüten bis in den Herbst.
↕ 3 m ↔ 2,5 m ☼ ◐ ◊ ♦ ❄❄❄

***Myrtus communis* 'Flore Pleno'**
Die immergrüne Braut-Myrte ist ein sonnenliebender immergrüner Mittelmeerstrauch mit aromatischem Laub. Im Spätsommer schmückt sie sich mit duftenden weißen Blütenpompons.
↕↔ 3 m ☼ ◊ ♦ ❄❄

Nandina domestica
Der immergrüne Strauch trägt im Frühjahr und Herbst rot getönte Blätter. Im Hochsommer öffnet er kleine weiße Sternblüten, auf die rote Beeren folgen.
↕ 2 m ↔ 1,5 m ☼ ◊ ♦ ❄❄❄

Paeonia delavayi
Ein Prachtstrauch, der im Frühsommer mit eindrucksvollen, ungefüllten dunkelroten Blüten an langen, biegsamen Trieben beeindruckt. Sein dunkelgrünes Laub ist im Frühjahr rot getönt.
↕↔ 2 m ☼ ◊ ❄❄❄

❄❄❄ WINTERHART	❄❄ IN MILDEN REGIONEN WINTERHART	❄ VERTRÄGT NUR LEICHTEN FROST	❄ VERTRÄGT KEINEN FROST
☼ VOLLE SONNE ☀ HALBSCHATTEN	✹ SCHATTEN	◊ DURCHLÄSSIGE BÖDEN	◑ FEUCHTE BÖDEN ● NASSE BÖDEN

***Phygelius* × *rectus* 'African Queen'**
Der immergrüne Strauch trägt an elegant aufwärts gebogenen Zweigen im Hochsommer lange, zartrote Röhrenblüten mit gelbem Schlund. Er wird am besten im Topf kultiviert.
↕ 1 m ↔ 1,2 m ☼ ◊ ◑ ❄❄

***Potentilla fruticosa* 'Red Ace'**
Die orangeroten, ungefüllten Blüten des Fingerstrauchs kontrastieren reizvoll mit den kleinen gefiederten Blättern. Er blüht vom späten Frühjahr bis zum Frühherbst.
↕ 1 m ↔ 1,5 m ☀ ◊ ❄❄❄

***Rosa* 'Geranium'**
Eine spektakuläre Strauchrose mit überhängenden Trieben und dunkelgrünen Blättern. Sie trägt im Frühsommer unzählige scharlachrote Blüten, auf die orangerote Hagebutten folgen.
↕ 2,5 m ↔ 1,5 m ☼ ◊ ◑ ❄❄❄

Rosa glauca
Die zarte Rotblättrige Rose bildet auffällig dunkelviolette Triebe und elegantes grauviolettes Laub. Im Frühsommer setzt sie Büschel aus rosa Blüten an, auf die rote Hagebutten folgen.
↕ 2 m ↔ 1,5 m ☼ ◊ ❄❄❄

***Rosa* 'Roseraie de l'Hay'**
Eine Kartoffel-Rose mit hübschem, hellgrünem Laub und intensiv duftenden, samtigen, rotvioletten Blüten, die den Strauch den ganzen Sommer über zieren.
↕ 2,2 m ↔ 2 m ☼ ◊ ❄❄❄

***Sambucus nigra* fo. *porphyrophylla* 'Eva'**
Das dunkelviolette, zarte Laub dieses Schwarzen Holunders bereichert gemischte Rabatten um einen schönen Farbkontrast. Die hellrosa Schirmrispen öffnen sich von Mai bis Juli.
↕ 3 m ↔ 2 m ☼ ☀ ◊ ◑ ❄❄❄

***Spiraea nipponica* 'Snowmound'**
Am schönsten sieht der Japanische Spierstrauch im Frühsommer aus, wenn er entlang der überhängenden Zweige Tausende weißer Blüten öffnet.
↕↔ 2,5 m ☼ ◊ ◑ ❄❄❄

AUCH EMPFEHLENSWERT

Abutilon vitifolium 'Veronica Tennant'
Cistus × *cyprius*
Clethra delavayi
Crinodendron patagua
Cuphea cyanea
Escallonia 'Apple Blossom'
Fuchsia magellanica 'Thompsonii'
Genista cinerea
Hebe 'Bowles' Variety'
Hypericum × *inodorum* 'Elstead'
Hyssopus officinalis (Ysop)
Indigofera dielsiana
Kalmia latifolia (Berglorbeer)
Lavatera × *clementii* 'Rosea'
Olearia ilicifolia
Penstemon isophyllus
Philadelphus 'Beauclerk' (Pfeifenstrauch)
Potentilla fruticosa 'Abbotswood'
Spartium junceum (Binsenginster)
Spiraea japonica 'Goldflame'
Syringa vulgaris 'Katherine Havemeyer'
Tamarix ramosissima

STRÄUCHER FÜR DEN HERBST

***Acer palmatum* 'Atropurpureum'**
Die Blätter dieses kleinen, eleganten Fächer-Ahorns sind beim Austrieb karminrot, werden später violettrot und verabschieden sich im Herbst mit feurigem Rot.
↕ 8 m ↔ 10 m ☼ ◑ ❄❄❄

***Berberis × ottawensis* fo. *purpurea* 'Superba'** Dank seiner elegant überhängenden Zweige hat dieser Strauch eine schöne Silhouette. Außerdem überzeugt er mit roten Beeren und violettem, im Herbst rotem Laub.
↕↔ 2,5 m ☼ ☀ ◊ ❄❄❄

***Callicarpa bodinieri* var. *giraldii* 'Profusion'**
Der aufrechte Liebesperlenstrauch bringt im Frühjahr mit bronzegrünem Laub, im Sommer mit rosa Blüten und im Herbst mit lange haltenden violetten Beeren Farbe in den Garten.
↕ 3 m ↔ 2,5 m ☼ ☀ ◊ ◑ ❄❄

***Calluna vulgaris* 'Robert Chapman'**
Die ausladende Besenheide trägt lilarosa Blüten und dichtes, goldgelbes Laub, das sich im Herbst orange und im Winter und Frühjahr rot färbt.
↕ 25 cm ↔ 65 m ☼ ◊ ❄❄❄

Clerodendrum trichotomum
Von August bis September öffnet der Japanische Losbaum duftende weiße Blüten, gefolgt von blauen Beeren. Winterhart ist der baumartige Strauch aber nur in milden Lagen.
↕↔ 5–6 m ☼ ◊ ◑ ❄❄

***Cotinus* 'Grace'**
Das violette Laub dieser Perückenstrauchsorte färbt sich im Herbst strahlend rot. Im Sommer trägt der wüchsige Strauch oder kleine Baum winzige rosaviolette Blüten.
↕ 6 m ↔ 5 m ☼ ☀ ◊ ◑ ❄❄❄

***Cotoneaster salicifolius* 'Gnom'**
Die Beeren der Weidenblättrigen Zwergmispel färben sich im Herbst rot und bleiben im Winter, wenn sich das dunkelgrüne, glänzende Laub bronzebraun färbt, am Strauch haften.
↕ 30 cm ↔ 2 m ☼ ◊ ❄❄❄

Disanthus cercidifolius
Die Doppelblüte ist ein rundlicher, sommergrüner Strauch. Er trägt im Herbst, wenn sich die herzförmigen Blätter gelb, orange, violett und rot färben, dunkelrote Blüten.
↕↔ 3 m ☀ ◑ ❄❄

Euonymus alatus
Der dichte, sommergrüne, buschige Flügel-Spindelstrauch nimmt im Herbst eine spektakulär scharlachrote Herbstfärbung an. Gleichzeitig setzt er rote und violette Früchte an.
↕ 2 m ↔ 3 m ☼ ☀ ◊ ❄❄❄

❄❄❄ WINTERHART | ❄❄ IN MILDEN REGIONEN WINTERHART | ❄ VERTRÄGT NUR LEICHTEN FROST | ❄ VERTRÄGT KEINEN FROST
☼ VOLLE SONNE | ☀ HALBSCHATTEN | ☀ SCHATTEN | ◇ DURCHLÄSSIGE BÖDEN | ◑ FEUCHTE BÖDEN | ● NASSE BÖDEN

Fothergilla major
Im Frühjahr bietet der aufrechte, langsam wachsende Große Federbuschstrauch flaschenbürstenartige weiße Blütenstände, im Herbst oranges, gelbes und rotes Laub.
↕ 2,5 m ↔ 2 m ☀ ◑ ❄❄❄

***Hydrangea quercifolia* Snow Queen**
Die Eichenblättrige Hortensie verwandelt ihr grünes Laub im Herbst in ein rotes Farbenmeer, während die Blüten zunächst weiß sind, dann rosa und schließlich braun.
↕ 2 m ↔ 2,5 m ☼ ☀ ◇ ◑ ❄❄❄

Itea ilicifolia
Der Strauch öffnet vom Sommer bis in den Herbst hinein winzige, grünlich weiße Blüten in langen, kätzchenartigen Trauben. Sie heben sich von dem glänzend grünen Laub reizvoll ab.
↕ 3–5 m ↔ 3 m ☼ ◇ ❄❄

Rhus glabra
Warum der Strauch mit seinen rotvioletten Trieben Scharlach-Sumach heißt, wird deutlich, wenn sich sein blaugrünes Laub im Herbst rot färbt. Weibliche Pflanzen tragen rote Früchte.
↕ 2,5 m ↔ 2 m ☼ ◇ ❄❄❄

***Sambucus racemosa* 'Plumosa Aurea'**
Das gefiederte Laub des Roten Holunders ist anfangs bronzebraun, später goldgelb und im Herbst rot. Auf die cremeweißen Blüten folgen im Sommer rote Beeren.
↕↔ 3 m ☼ ☀ ◇ ◑ ❄❄❄

Sorbus reducta
Die sommergrüne Zwerg-Eberesche bildet ein niedriges Dickicht aus aufrechten Trieben mit fein gefiedertem, graugrünem Laub, das im Herbst in allen Rot- und Violetttönen leuchtet.
↕↔ 30 cm ☼ ◇ ❄❄❄

Viburnum opulus
Der Gewöhnliche Schneeball trägt im Frühjahr und Sommer weiße Schirmrispen, aus denen sich rote Beeren entwickeln. Sein Laub färbt sich im Herbst rötlich.
↕ 5 m ↔ 4 m ☼ ☀ ◇ ◑ ❄❄❄

AUCH EMPFEHLENSWERT

Acer palmatum var. *heptalobum* (Fächer-Ahorn)
Berberis × *carminea* 'Barbarossa'
Berberis thunbergii fo. *atropurpurea* 'Rose Glow'
Callicarpa bodinieri var. *giraldii* (Liebesperlenstrauch)
Cornus alba 'Sibirica Variegata'
Cotinus 'Flame' (Perückenstrauch)
Decaisnea fargesii
Euonymus hamiltonianus 'Red Elf'
Euonymus oxyphyllus
Fothergilla gardenii (Erlenblättriger Federbuschstrauch)
Gaultheria tasmanica
Hamamelis virginiana (Virginische Zaubernuss)
Hippophae rhamnoides (Sanddorn)
Leonotis leonurus (Großblättriges Löwenohr)
Rhus typhina 'Dissecta' (Essigbaum)
Rosa 'Geranium'
Ruscus aculeatus (Stechender Mäusedorn)
Vaccinium angustifolium var. *laevifolium*
Vaccinium parvifolium

STRÄUCHER FÜR DEN WINTER

Azara microphylla
Der Buchsblättrige Azarabaum trägt dekoratives, glänzend dunkelgrünes, immergrünes, eiförmiges Laub. Seine nach Vanille duftenden gelben Blüten öffnet er im Februar und März.
↕ 10 m ↔ 4 m ☼ ◊ ❄❄

***Chimonanthus praecox* 'Grandiflorus'**
Die Chinesische Winterblüte ist ein aufrechter, sommergrüner Strauch mit lanzettlichen grünen Blättern. Geschätzt wird er wegen seiner intensiv duftenden gelben Blüten im Winter.
↕ 4 m ↔ 3 m ☼ ◊ ❄❄❄

***Cornus alba* 'Sibirica'**
Hervorstechendstes Merkmal des Tatarischen Hartriegels sind seine korallenroten Triebe, die im Winter am besten zu sehen sind. Man schneidet ihn im Februar radikal zurück.
↕↔ 3 m ☼ ◊ ❄❄❄

Cornus mas
Die Kornelkirsche ist ein Strauch oder kleiner Baum mit rotem Herbstlaub und roten Früchten. Ihren großen Auftritt hat sie im Winter, wenn ihre kahlen Triebe gelbe Blüten tragen.
↕↔ 5 m ☼ ◑ ◊ ❄❄❄

***Corylus avellana* 'Contorta'**
Am schönsten ist die Korkenzieher-Hasel im Winter, wenn an kahlen Zweigen lange, hellgelbe Kätzchen von den auffällig gedrehten Trieben hängen.
↕↔ 6 m ☼ ◊ ❄❄❄

Cotoneaster lacteus
Die Späte Zwergmispel überzeugt nicht nur mit dunkelgrünem Laub, sondern auch mit weißen Blüten, auf die rote Beeren folgen. Sie haben bis in den Winter hinein Bestand.
↕↔ 4 m ☼ ◊ ❄❄❄

***Daphne bholua* 'Jacqueline Postill'**
Mitten im Winter präsentiert dieser immergrüne Seidelbast rosa bis violette Blüten mit weißer oder blassrosa Mitte. Sein intensiver Duft ist in der kalten Zeit sehr willkommen.
↕ 2 m ↔ 1,5 m ☼ ◊ ❄❄

***Elaeagnus × ebbingei* 'Gilt Edge'**
Mit ihren breit gelb gerandeten Blättern ist diese Sorte der Wintergrünen Ölweide ein wertvoller Farbgeber im Garten. Ihre Herbstblüten sind klein, duften aber intensiv.
↕↔ 4 m ☼ ◊ ❄❄❄

***Hamamelis × intermedia* 'Pallida'**
Auf ihr gelbes, oranges und rotes Herbstlaub lässt die Hybrid-Zaubernuss schwefelgelbe Blüten an elegant gebogenen, etagenförmig angeordneten kahlen Zweigen folgen.
↕↔ 4 m ☼ ◑ ◊ ◆ ❄❄❄

❄❄❄ WINTERHART | ❄❄ IN MILDEN REGIONEN WINTERHART | ❄ VERTRÄGT NUR LEICHTEN FROST | ❄ VERTRÄGT KEINEN FROST

☼ VOLLE SONNE | ◐ HALBSCHATTEN | ● SCHATTEN | ◊ DURCHLÄSSIGE BÖDEN | ◑ FEUCHTE BÖDEN | ♦ NASSE BÖDEN

Jasminum nudiflorum
Die überhängenden grünen Triebe des Winter-Jasmins tragen im Sommer dunkelgrüne Blätter. Im Winter dagegen nehmen strahlend gelbe Blüten ihren Platz ein.
↕↔ 3 m ☼ ◐ ◊ ❄❄❄

Mahonia japonica
Zum dunkelgrünen, dornig gezähnten Laub der aufrechten Japanischen Mahonie stoßen vom Spätherbst bis zum zeitigen Frühjahr lange Trauben aus duftenden gelben Blüten.
↕ 2 m ↔ 3 m ◐ ◊ ◑ ❄❄❄

***Salix hastata* 'Wehrhahnii'**
Im Winter sind die kahlen, braunvioletten Zweige der kleinen, langsam wachsenden, aufrechten Spieß-Weide mit hübschen weichen, silbergrauen Kätzchen besetzt.
↕↔ 1 m ☼ ◑ ❄❄❄

Sarcococca hookeriana* var. *digyna
Die dichte, Ausläufer treibende Himalaja-Schleimbeere trägt schmal lanzettliche immergrüne Blätter und im Winter duftende weiße Blüten mit weit herausragenden Staubblättern.
↕ 10 m ↔ 4 m ☼ ◐ ◊ ◑ ❄❄❄

***Skimmia japonica* 'Nymans'**
Die Japanische Skimmie öffnet im Frühjahr duftende weiße Blüten. Wächst ein männliches Exemplar in der Nähe, setzt der Strauch im Herbst lange haltende rote Beeren an.
↕ 1 m ↔ 2 m ◐ ● ◊ ◑ ❄❄❄

Viburnum × bodnantense
Seine duftenden Blüten öffnet der sommergrüne Winter-Schneeball an noch kahlen Zweigen. Die Farbe seiner Blüten ist je nach Sorte zwischen Weiß und Dunkelrosa angesiedelt.
↕ 3 m ↔ 2 m ☼ ◐ ◊ ◑ ❄❄❄

***Viburnum tinus* 'Eve Price'**
Im März und April öffnet der Immergrüne Schneeball aus rosa Knospen flache Trugdolden mit kleinen Sternblüten zwischen dunkelgrünem Laub. Später bilden sich blaue Beeren.
↕↔ 3 m ☼ ◐ ◊ ◑ ❄❄❄

AUCH EMPFEHLENSWERT

Correa pulchella
Cotoneaster serotinus
Daphne mezereum (Gewöhnlicher Seidelbast)
Daphne odora 'Aureomarginata'
Erica carnea 'Challenger' (Schnee-Heide)
Erica × darleyensis 'Furzey' (Englische Heide)
Hamamelis × intermedia 'Aphrodite' (Hybrid-Zaubernuss)
Hamamelis japonica 'Sulphurea' (Japanische Zaubernuss)
Lonicera × purpusii (Winter-Heckenkirsche)
Mahonia × media 'Charity'
Nandina domestica 'Fire Power' (Himmelsbambus)
Pyracantha atalantioides 'Aurea'
Pyracantha 'Golden Dome'
Rubus biflorus
Rubus thibetanus
Sarcococca confusa
Sarcococca hookeriana var. *humilis* (Niedere Himalaja-Schleimbeere)
Stachyurus praecox
Symphoricarpus × doorenbosii 'White Hedge'
Viburnum farreri

BODENDECKER FÜR DIE SONNE

Bodendecker sind nützliche Gartenhelfer, denn ihr dichter Teppich lässt kaum Licht durch und unterdrückt so Unkraut. Sie brauchen meist wenig Pflege, haben aber dank ihrer Färbung und anderer dekorativen Elemente dennoch einen hohen Zierwert. Nicht alle Bodendecker bleiben niedrig, sodass es keine Schwierigkeiten bereitet, eine abwechslungsreiche, ansprechende Pflanzung aus ihnen zusammenzustellen. Die hier vorgestellten Pflanzen eignen sich vor allem zum Begrünen von Problembereichen wie Böschungen, die sich nur schwer bepflanzen oder mähen lassen.

STRÄUCHER

Ceanothus thyrsiflorus var. *repens* (Kriechende Säckelblume)

Cotoneaster cashmiriensis

Erica × *darleyensis* 'Jenny Porter' (Englische Heide)

Genista hispanica (Spanischer Ginster)

Hypericum calycinum (Großblütiges Johanniskraut)

Salvia rosmarinus 'Severn Sea' (Rosmarin)

Thymus pulegioides 'Bertram Anderson' (Arznei-Thymian)

STAUDEN

Artemisia stelleriana 'Boughton Silver'

Bistorta (syn. *Persicaria*) *vacciniifolia*

Campanula glomerata 'Superba' (Knäuel-Glockenblume)

Cerastium tomentosum (Filziges Hornkraut)

Dicentra 'Stuart Boothman'

Geranium × *oxonianum* 'Wargrave Pink'

Gypsophila repens 'Dorothy Teacher'

Hosta fortunei var. *aureomarginata*

Juniperus squamata 'Blue Carpet' (Schuppen-Wacholder)

Lamium maculatum 'White Nancy'

Mentha suaveolens 'Variegata' (Rundblättrige Minze)

Phalaris arundinacea var. *picta* (Rohr-Glanzgras)

Phlomis russeliana

Potentilla megalantha

Saponaria ocymoides (Kleines Seifenkraut)

Scutellaria orientalis

Silene schafta

Veronica gentianoides

Viola 'Nellie Britton'

STEINGARTENPFLANZEN

Phlox subulata 'McDaniel's Cushion' (Gewöhnlicher Polster-Phlox)

Sempervivum ciliosum

STAUDE: ***Alchemilla mollis*** **(Weicher Frauenmantel)**

STAUDE: ***Aubrieta*** **'Joy'**

STRAUCH: ***Erica carnea*** **fo.** ***alba*** **'Springwood White' (Schnee-Heide)**

STRAUCH: ***Euonymus fortunei*** **'Emerald 'n' Gold'**

STAUDE: ***Euphorbia epithymoides*** **(syn.** ***polychroma*****)**

STAUDE: *Geranium* **'Johnson's Blue'**

STEINGARTENPFLANZE: *Hebe pinguifolia* **'Pagei'**

STAUDE: *Osteospermum jucundum*

STAUDE: *Lysimachia nummularia* **'Aurea' (Pfennigkraut)**

STAUDE: *Origanum vulgare* **'Aureum' (Gelber Oregano)**

STAUDE: Bistorta *officinalis* **syn.** *Persicaria bistorta* **(Schlangen-Knöterich)**

STRAUCH: *Santolina pinnata* **subsp.** *neapolitana* **'Sulphurea'**

STAUDE: *Stachys byzantina* **(Woll-Ziest)**

STAUDE: *Veronica prostrata* **(Liegender Ehrenpreis)**

STRAUCH: *Vinca minor* **'La Grave' (Kleines Immergrün)**

BODENDECKER FÜR DEN SCHATTEN

Viele der hier vorgestellten Pflanzen stammen aus Wäldern und entwickeln ihr üppiges Laub nur, wenn die Sonne nicht auf sie herunterbrennt. Sie begrünen Problembereiche, in denen Licht Mangelware ist, etwa den Fuß von Mauern und Zäunen oder Areale unter Baumkronen sowie Sträuchern. Damit sie gesund bleiben und kräftig wachsen, jätet man den Boden gründlich, bevor man sie pflanzt, damit sie im Kampf um Feuchtigkeit und Nährstoffe nicht den Kürzeren ziehen. Verbessern Sie außerdem die Bodenstruktur vor dem Einpflanzen durch Einarbeiten von reichlich gut verrottetem Stallmist, Kompost oder Laubhumus.

STRÄUCHER

Cotoneaster dammeri
Euonymus fortunei 'Emerald Gaiety'
Gaultheria procumbens
Leucothoe Scarletta (Traubenheide)
Mahonia repens 'Rotundifolia'
Vinca difformis

STAUDEN

Aegopodium podagraria 'Variegatum' (Gewöhnlicher Giersch)
Anemone × *lipsiensis*
Bergenia 'Silberlicht'
Cardamine trifolia (Kleeblättriges Schaumkraut)
Chelidonium majus 'Flore Pleno' (Schöllkraut)
Cornus canadensis (Kanadischer Hartriegel)
Cyclamen hederifolium
Epimedium × *perralchicum*
Euphorbia amygdaloides var. *robbiae* (Robb-Wolfsmilch)
Galax urceolata
Galium odoratum (Waldmeister)
Geranium sylvaticum 'Album' (Wald-Storchschnabel)
Heuchera 'Red Spangles'
Hosta 'Frances Williams'
Polypodium vulgare (Tüpfelfarn)
Sanguinaria canadensis fo. *multiplex* 'Plena' (Kanadische Blutwurz)
Saxifraga × *urbium* (Porzellanblümchen)
Symphytum 'Goldsmith'
Tolmiea menziesii 'Taff's Gold' (Henne mit Küken)
Tradescantia (Andersoniana-Gruppe) 'Osprey'
Vinca minor 'Argenteovariegata' (Kleines Immergrün)

KLETTERPFLANZEN

Hedera helix 'Glacier' (Gemeiner Efeu)
Hedera hibernica (Irischer Efeu)

STAUDE: ***Ajuga reptans***

STAUDE: ***Asarum europaeum*** **(Gewöhnliche Haselwurz)**

STAUDE: ***Brunnera macrophylla***

STAUDE: ***Convallaria majalis*** **(Maiglöckchen)**

STAUDE: ***Epimedium* × *rubrum***

STAUDE: ***Geranium macrorrhizum***

STAUDE: ***Hosta* 'Francee' (Funkie)**

STAUDE: ***Lamium maculatum* 'White Nancy'**

STAUDE: ***Luzula sylvatica* 'Aurea' (Hainsimse)**

STAUDE: ***Omphalodes cappadocica***

STAUDE: ***Pachysandra terminalis***

STAUDE: ***Pulmonaria rubra* 'Redstart'**

STAUDE: ***Tellima grandiflora* Rubra-Gruppe**

STAUDE: ***Tiarella cordifolia* (Herzblättrige Schaumblüte)**

STRAUCH: ***Vinca major* 'Variegata' (Großes Immergrün)**

GRÄSER, SEGGEN, BAMBUSSE

Anemanthele lessoniana
Dieses überhängend wachsende Gras bildet im Sommer violette Blütenstände. Im Winter färben sich seine immergrünen Blätter orangebraun.
↕ 1 m ↔ 1,2 m

Briza maxima
Das Große Zittergras gehört mit seinen nickenden Blütenständen, die beim leisesten Lufthauch rascheln, zu den schönsten einjährigen Gräsern. Es lässt sich für Sträuße trocknen.
↕ 30 cm ↔ 25 cm

***Calamagrostis × acutiflora* 'Overdam'**
Das Gestreifte Reitgras setzt in Rabatten markante vertikale Akzente. Wenn die panaschierten Blätter im Frühjahr austreiben, haben sie eine rosa Tönung.
↕ 1 m ↔ 1,2 m

Carex buchananii
Feine kupferbraune, leicht gekräuselte Blätter sind das hervorstechende Merkmal der Fuchsroten Segge. Anfangs wachsen sie aufrecht, später neigen sie sich immer mehr über.
↕↔ 60 cm

***Carex elata* 'Aurea'**
Diese Sorte der Steifen Segge bildet einen breiten Horst aus strahlend gelbem, grün gerandetem Laub. Im Sommer stoßen fedrige braune Blütenstände dazu.
↕ 75 cm ↔ 1 m

***Cortaderia selloana* 'Pumila'**
Diese Zwergform des Pampasgrases wird nur halb so groß wie die Art und ist daher ideal für kleine Gärten. Ihre goldbraunen Rispen erscheinen im Sommer an kräftigen Stängeln.
↕↔ 2 m

Elymus magellanicus
Mit seiner stahlblauen Farbe kommt dieses wunderschöne Gras über einer Mulchdecke aus Kies spektakulär zur Geltung. Seine Blütenstände erinnern an Weizenähren.
↕↔ 50 cm

Fargesia murielae
Dieser zähe immergrüne Bambus ist ideal für problematische Gartenecken. Er kommt mit trockenen Böden und exponierten Standorten zurecht. Gut auch als Wind- oder Sichtschutz.
↕↔ 4 m

***Festuca glauca* 'Elijah Blue'**
Der Blau-Schwingel gehört zu den überaus nützlichen Pflanzen, die das ganze Jahr gut aussehen. Sein silberblaues, nadelfeines Laub bildet schöne, rundliche Horste.
↕ 30 cm ↔ 60 cm

❄❄❄ WINTERHART	❄❄ IN MILDEN REGIONEN WINTERHART	❄ VERTRÄGT NUR LEICHTEN FROST	❅ VERTRÄGT KEINEN FROST

☼ VOLLE SONNE ◐ HALBSCHATTEN ● SCHATTEN ◇ DURCHLÄSSIGE BÖDEN ◈ FEUCHTE BÖDEN ◆ NASSE BÖDEN

***Imperata cylindrica* 'Rubra'**
Das Japanische Blutgras gehört zu den besten Blattschmuckpflanzen überhaupt. Seine aufrechten Blätter mit roter Spitze leuchten in der Sonne. Bonus im Sommer: die fedrigen Rispen.
↕ 50 cm ↔ 1,8 m ☼ ◐ ◈ ❄❄

Lagurus ovatus
Das Hasenschwanzgras ist eine beliebte Einjährige, die sich leicht aus Samen ziehen lässt. Ihre weichen, behaarten Rispen sind zunächst hellgrün und werden mit der Zeit cremeweiß.
↕ 50 cm ↔ 30 cm ☼ ◇ ❄❄❄

***Miscanthus sinensis* 'Kleine Silberspinne'**
Seine seidig weißen und roten Blütenrispen präsentiert das dekorative Silber-Chinaschilf im Spätsommer. Sie werden mit der Zeit weiß und bleiben den Winter über an der Pflanze.
↕↔ 1,2 m ☼ ◇ ◈ ❄❄❄

***Pennisetum alopecuroides* 'Hameln'**
Diese kompakte Züchtung des Japanischen Federborstengrases treibt Blätter strahlig aus der Mitte aus. Im Sommer und Herbst kommen borstige, dekorative Blütenstände hinzu.
↕ bis 1,5 m ↔ bis 1,2 m ☼ ◇ ❄❄❄

Phyllostachys nigra
Der Schwarze Bambus ist ein beliebtes Gestaltungselement moderner Gärten. Man schätzt seine auffälligen, anfangs grünen, später glänzend schwarzen, hohen Halme.
↕ bis 5 m ↔ 3 m ☼ ◐ ◇ ◈ ❄❄❄

Phyllostachys vivax* fo. *aureocaulis
Der langsam wachsende Bambus ist mit seinen zitronengelben, grün gefleckten Halmen und schlanken, gebogenen Blättern unübersehbar. Man hält ihn mit einer Wurzelsperre im Zaum.
↕ bis 6 m ↔ 4 m ☼ ◐ ◇ ◈ ❄❄❄

Stipa gigantea
Für sonnige Rabatten gibt es kaum etwas Besseres als das Riesen-Federgras. Seine hohen, zitternden Rispen erscheinen im Sommer über den dünnen, immergrünen Blättern.
↕ 2,5 m ↔ 1 m ☼ ◇ ◈ ❄❄❄

AUCH EMPFEHLENSWERT

Calamagrostis brachytricha
Carex flagellifera
Chimonobambusa tumidissinoda
Chionochloa rubra
Chusquea culeou
Cortaderia richardii
Cortaderia selloana 'Sunningdale Silver' (Amerikanisches Pampasgras)
Elegia capensis
Eragrostis curvula 'Totnes Burgundy'
Juncus effusus fo. *spiralis* (Korkenzieher-Binse)
Luzula nivea (Schnee-Marbel)
Miscanthus sinensis var. *condensatus* 'Cosmopolitan'
Miscanthus sinensis 'Zebrinus' (Zebragras)
Molinia caerulea subsp. *caerulea* 'Heidebraut' (Blaues Pfeifengras)
Panicum virgatum 'Northwind' (Ruten-Hirse)
Pleioblastus variegatus (Buntblättriger Zwergbambus)
Sasa veitchii
Thamnocalamus crassinodus 'Kew Beauty'

KONIFEREN FÜR KLEINGÄRTEN

***Abies cephalonica* 'Meyer's Dwarf'**
Mit ihrem breiten Habitus und dem fast horizontalen Wuchs bietet sich die Griechische Tanne 'Meyer's Dwarf' für Steingärten an. Ihre kurzen Zweige tragen dunkelgrüne Nadeln.
↕ 50 cm ↔ 1,5 m ☼ ☀ ◊ ♦ ❄❄❄

***Cedrus deodara* 'Aurea'**
Diese Sorte der immergrünen Himalaja-Zeder wächst zunächst hängend und entwickelt erst mit der Zeit eine breite Krone. Das goldgelbe Laub wird im Spätsommer grünlich.
↕↔ 5 m ☀ ♦ ❄❄❄

***Chamaecyparis obtusa* 'Nana Gracilis'**
Das glänzende, hellgrüne Laub der buschigen Zwerg-Muschelzypresse wertet jeden Garten auf. Die Konifere eignet sich vorzüglich für Steingärten und große Pflanzgefäße.
↕ 2 m ↔ 1,5–2 m ☀ ◊ ❄❄❄

***Cupressus macrocarpa* 'Goldcrest'**
Die säulenförmige Sorte der Monterey-Zypresse trägt aromatisches goldgelbes Laub in eleganten Wedeln. Sie eignet sich als Heckenpflanze und braucht nur leichten Schnitt.
↕ 10 m ↔ 5 m ☼ ◊ ❄❄

***Juniperus communis* 'Compressa'**
Der Zwerg-Säulen-Wacholder bildet eine schlanke Säule mit aromatischem, dunkelgrünem Laub. Seine kleinen Früchte reifen im Verlauf von drei Jahren heran.
↕ 75 cm ↔ 15 cm ☼ ◊ ❄❄❄

***Juniperus × pfitzeriana* 'Pfitzeriana Aurea'** Die niedrige, breitwüchsige Pflanze besteht aus eleganten etagenförmigen, goldgelben Zweigen, die an der Spitze leicht hängen. Im Winter färbt sich das Laub grüner.
↕↔ 1,5 m ☼ ◊ ❄❄❄

***Juniperus squamata* 'Blue Carpet'**
Stahlblaues, stechendes Laub und ein niedriger, breiter Wuchs zeichnen den Blauen Kriech-Wacholder aus. Er wächst rasch und bildet eine dichte, bodendeckende Matte.
↕ 30 cm ↔ 2–3 m ☼ ◊ ❄❄❄

***Picea abies* 'Reflexa'**
Diese bodendeckende Sorte der Gemeinen Fichte lässt sich auch an einem Pfosten hochziehen. So wächst sie mit der Zeit zu einem Hügel aus hängendem Laub heran.
↕ 30 cm ↔ 5 m ☀ ♦ ❄❄❄

***Pinus heldreichii* 'Smidtii'**
Die niedrige Zwergsorte der Schlangenhaut-Kiefer bildet ein dichtes Polster aus nach oben gerichteten, langen, kräftig grünen Nadeln und ist damit ideal für Steingärten.
↕ 50 cm ↔ 1 m ☼ ♦ ❄❄❄

❄❄❄ WINTERHART | ❄❄ IN MILDEN REGIONEN WINTERHART | ❄ VERTRÄGT NUR LEICHTEN FROST | ❄ VERTRÄGT KEINEN FROST
☼ VOLLE SONNE | ☀ HALBSCHATTEN | ✹ SCHATTEN | ◇ DURCHLÄSSIGE BÖDEN | ◈ FEUCHTE BÖDEN | ◆ NASSE BÖDEN

***Pinus mugo* 'Mops'**
Eine fast runde Form aus dicken, aufrechten Zweigen mit langen, hell- bis dunkelgrünen Nadeln bildet diese langsam wachsende Zwergsorte der Berg-Kiefer.
↕ 1 m ↔ 2 m ☼ ◇ ❄❄❄

***Pinus sylvestris* Aurea-Gruppe**
Für eher kleine Gärten eignen sich die Angehörigen dieser Sortengruppe der Wald-Kiefer. Ihre langen, blaugrünen Nadeln färben sich im Winter goldgelb.
↕ 10 m ↔ 5 m ☀ ◈ ❄❄❄

***Platycladus orientalis* 'Aurea Nana'**
Die Form dieser Konifere variiert von fast rund bis säulenförmig, das dichte Laub steht in flachen Wedeln und ist goldgelb, im Winter manchmal auch bronzebraun.
↕↔ 60 cm ☼ ◇ ❄❄❄

***Taxus baccata* 'Dovastonii Aurea'**
Die breitwüchsige, niedrige Sorte der Europäischen Eibe zeichnet sich durch etagenförmig angeordnete, an der Spitze hängende Äste aus. Ihr Laub ist gelb gerandet oder ganz goldgelb.
↕ 10 m ↔ 5 m ☀ ◇ ❄❄❄

Taxus cuspidata
Die buschige, ausladende Japanische Eibe ist dicht mit flachen, spitzen Nadeln besetzt. Sie sind im ersten Jahr goldgelb, werden mit der Zeit aber dunkelgrün.
↕↔ 5 m ✹ ◇ ❄❄❄

***Thuja plicata* 'Stoneham Gold'**
Eine goldgelbe Sorte des Riesen-Lebensbaums, die sich bestens für Steingärten eignet. Sie bildet unregelmäßige, wedelartige Zweige und wächst insgesamt kegelförmig.
↕ 1–2 m ↔ 1 m ☼ ◇ ◈ ❄❄❄

***Tsuga canadensis* 'Jeddeloh'**
Die überhängenden Äste dieser Kanadischen Hemlocktanne bilden ein breites Polster aus dunkelgrünem Laub. Mit der Zeit entsteht in der Mitte der Krone eine nestartige Vertiefung.
↕ 60 cm ↔ 1,2 m ☀ ◈ ❄❄❄

AUCH EMPFEHLENSWERT

Abies balsamea Hudsonia-Gruppe (Balsam-Tanne)
Abies concolor 'Compacta' (Colorado-Tanne)
Abies koreana (Korea-Tanne)
Chamaecyparis lawsoniana 'Columnaris' (Lawson-Scheinzypresse)
Chamaecyparis pisifera 'Filifera Aurea' (Erbsenfrüchtige Scheinzypresse)
Cryptomeria japonica 'Cristata' (Sicheltanne)
Juniperus chinensis 'Obelisk' (Chinesischer Wacholder)
Juniperus × pfitzeriana 'Old Gold'
Juniperus squamata 'Holger' (Schuppen-Wacholder)
Microbiota decussata
Picea abies 'Ohlendorffii' (Gemeine Fichte)
Picea glauca var. *albertiana* 'Conica' (Zuckerhut-Fichte)
Picea pungens 'Globosa'
Pinus cembroides (Mexikanische Nuss-Kiefer)
Pinus sylvestris 'Beuvronensis' (Wald-Kiefer)
Taxus baccata 'Repens Aurea'
Thuja occidentalis 'Holmstrup'

STRUKTURGEBENDE PFLANZEN

Aralia elata **'Variegata'**
An wenigen kräftigen, stacheligen Trieben stehen gefiederte Blätter mit dunkelgrünen, gelb gerandeten Blättchen. Im Spätsommer bilden sich kleine weiße Blüten in Rispen.
↕↔ 5 m ◐ ◇ ◆ ❄❄❄

Buxus sempervirens **'Suffruticosa'**
Der immergrüne Buchsbaum wächst dicht und niedrig. Mit seinen kleinen, glänzenden, kräftig grünen Blättern eignet er sich hervorragend als niedrige Hecke oder Formschnittgehölz.
↕ 1 m ↔ 1,5 m ◐ ◇ ❄❄❄

Chamaerops humilis
Die niedrige Europäische Zwergpalme trägt bizarre fächerartige Blätter mit spitzen, schmalen Blättchen. Sie wird im Topf kultiviert und im Winter nach drinnen gebracht.
↕↔ 1,5 m ☼ ◇ ❄

Cordyline **'Red Star'**
Die ungewöhnliche Blattschmuckpflanze besteht aus langen, schwertförmigen, steifen Blättern in dunklem Bronzerot. Ältere Exemplare öffnen duftende weiße Blüten.
↕ 3–10 m ↔ 1–4 m ☼ ◐ ◇ ❄❄

Cornus sericea **'Flaviramea'**
Mit seinen leuchtenden dünnen Trieben bringt der Weiße Hartriegel Leben in den winterlichen Garten. Im Sommer öffnet er kleine weiße Blüten, darauf folgen weiße Beeren.
↕ 2 m ↔ 4 m ☼ ◐ ◇ ❄❄❄

Dicksonia antarctica
Der Australische Taschenfarn gibt einer Farnpflanzung Höhe. Seine überhängenden, ausladenden Wedel bilden sich am Ende eines mit braunen Fasern bedeckten Stamms.
↕ 6 m ↔ 4 m ◐ ● ◇ ◆ ❄❄

Dryopteris wallichiana
Mit seinen aufrechten, im Frühjahr gelbgrünen, später dunkelgrünen Wedeln setzt der Schwarzschuppen-Wurmfarn einen spannungsreichen Akzent im Garten.
↕ 90 cm ↔ 75 cm ◐ ◆ ❄❄❄

Echinops bannaticus
Die Banater Kugeldistel bildet grauwollig behaarte Triebe und beeindruckende, dornige, graugrüne, bis 25 cm lange Blätter. Ihre blauen, runden Distelblüten erscheinen im Sommer.
↕ 0,5–1,2 m ↔ 75 cm ☼ ◇ ❄❄❄

Ensete ventricosum
Bis zu 6 m lang können die schwertförmigen, glänzenden, dunkelgrünen Blätter der staudigen Zierbanane werden. Sich überlappende Blattscheiden bilden den »Stamm«.
↕ 6 m ↔ 5 m ☼ ◐ ◆ ❄ Min. 7°C

❄❄❄ WINTERHART	❄❄ IN MILDEN REGIONEN WINTERHART	❄ VERTRÄGT NUR LEICHTEN FROST	❄ VERTRÄGT KEINEN FROST
☼ VOLLE SONNE ☀ HALBSCHATTEN ✹ SCHATTEN	◊ DURCHLÄSSIGE BÖDEN	♦ FEUCHTE BÖDEN ♦ NASSE BÖDEN	

Eriobotrya japonica
Die großen, glänzenden, dunkelgrünen Blätter der Japanischen Wollmispel sind unterseits weiß behaart. Aus weißen Blüten im Herbst bildet der Strauch oder Baum gelbe Früchte.
↕↔ 8 m ☼ ◊ ❄❄

Euphorbia characias
Mit ihren immergrünen, linealischen, graugrünen Blättern an aufrechten Trieben bildet die Palisaden-Wolfsmilch ungewöhnliche Gebilde. Im Frühjahr öffnen sich becherförmige Blüten.
↕↔ 1,2 m ☼ ◊ ❄❄

Fatsia japonica
Die riesigen, handförmig gelappten, glänzend grünen Blätter der Zimmeraralie ziehen unweigerlich die Blicke auf sich. Im Sommer stoßen große Rispen aus cremeweißen Blüten dazu.
↕↔ 1,5–4 m ☼ ☀ ◊ ♦ ❄❄

Melianthus major
Der breitwüchsige immergrüne Honigstrauch trägt bis zu 45 cm lange gefiederte Blätter mit grob gesägten, graublauen Blättchen. Im Sommer öffnen sich braunrote Blüten.
↕ 2–3 m ↔ 1–3 m ☼ ◊ ♦ ❄

Musa basjoo
Unverkennbares Merkmal der Japanischen Faserbanane ist ihr spektakuläres, überhängendes, bis 1 m langes Laub. Im Sommer trägt sie hellgelbe Blüten, gefolgt von grünen Früchten.
↕ 5 m ↔ 4 m ☼ ♦ ❄❄

Woodwardia radicans
Der wüchsige Europäische Kettenfarn setzt sich aus großen, breiten lanzettlichen, überhängenden, mittelgrünen Wedeln zusammen. An ihrer Spitze bilden sich neue Minifarne.
↕ 2 m ↔ 3 m ☀ ♦ ❄❄

***Yucca filamentosa* 'Bright Edge'**
Die steifen, lanzettlichen, dunkelgrünen Blätter der Fädigen Palmlilie tragen am Rand einen breiten gelben Streifen. Im Sommer bildet sich an hohen Stängeln riesige weiße Blütenstände.
↕ 75 cm ↔ 1,5 m ☼ ◊ ❄❄❄

AUCH EMPFEHLENSWERT

Bäume
Ailanthus altissima (Götterbaum)
Araucaria heterophylla (Zimmertanne)
Betula pendula 'Youngii' (Hänge-Birke)
Fagus sylvatica 'Pendula'
Prunus 'Kiku-shidare-zakura'

Sträucher
Aesculus parviflora (Strauch-Rosskastanie)
Corylus avellana 'Contorta'
Paeonia delavayi
Viburnum plicatum fo. *tomentosum* 'Pink Beauty'

Stauden
Acanthus spinosus
Kniphofia caulescens (Schaftbildende Fackellilie)
Gunnera manicata
Phormium tenax Purpureum-Gruppe (Neuseelandflachs)
Phyllostachys nigra (Schwarzer Bambus)

BÄUME FÜR KLEINE GÄRTEN

***Acacia baileyana* 'Purpurea'**
Der kleine Baum oder Strauch trägt gefiedertes, violett überlaufenes, jung rotviolettes Laub. Seine gelben Blüten öffnet er im Winter und Frühjahr. Als Topfpflanze kultivieren.
↕ 8 m ↔ 6 m ☼ ◇ ✻

***Acer japonicum* 'Vitifolium'**
Diese wüchsige, als Strauch oder Baum wachsende Sorte des Japanischen Ahorns trägt große, rundliche, grüne Blätter, die sich im Herbst kräftig rot, orange und violett färben.
↕↔ 10 m ☼ ◐ ◇ ◆ ✻✻✻

Amelanchier lamarckii
Im Frühjahr wird das beim Austrieb bronzerote Laub der Kupfer-Felsenbirne von vielen weißen Sternblüten begleitet Es färbt sich später dunkelgrün und im Herbst rot oder orange.
↕ 10 m ↔ 12 m ☼ ◐ ◇ ◆ ✻✻✻

***Cercis canadensis* 'Forest Pansy'**
Der Kanadische Judasbaum, ein Baum oder vielstämmiger Strauch, trägt an ausladenden Ästen herzförmige, violette Blätter. Im Herbst färben sie sich vor dem Abfallen gelb oder orange.
↕↔ 10 m ☼ ◐ ◇ ◆ ✻✻✻

***Cornus controversa* 'Variegata'**
Die Äste des sommergrünen Pagoden-Hartriegels wachsen auffallend etagenförmig. Sie tragen hellgrünes, cremeweiß gerandetes Laub. Die weißen Blüten öffnen sich im Sommer.
↕↔ 8 m ☼ ◇ ✻✻✻

***Crataegus persimilis* 'Prunifolia'**
Diese Sorte des Pflaumenblättrigen Weißdorns ist ein kleiner, runder Baum mit grünen, eiförmigen Blättern, die sich im Herbst rot und orange färben, während rote Früchte reifen.
↕ 8 m ↔ 10 m ☼ ◐ ◇ ◆ ✻✻✻

***Ficus carica* 'Brown Turkey'**
Die gelappten, grünen Blätter sind das hervorstechendste Merkmal der Echten Feige, doch darf man in langen, heißen Sommern auch auf Früchte hoffen, vor allem vor sonnigen Mauern.
↕ 3 m ↔ 4 m ☼ ◇ ◆ ✻✻

***Laburnum × watereri* 'Vossii'**
Die Trauben aus gelben Schmetterlingsblüten hängen im Mai und Juni von den Zweigen des Hybrid-Goldregens. Besonders gut sieht er als Kletterpflanze an einem Bogen aus.
↕↔ 8 m ☼ ◇ ✻✻✻

***Malus* 'Evereste'**
Mit einer Blütenshow sondergleichen trumpft diese Zierapfelsorte im Frühjahr auf. Ihre weißen Blüten öffnen sich aus rosa Knospen. Die kleinen Äpfel halten bis in den Winter.
↕ 7 m ↔ 6 m ☼ ◐ ◇ ◆ ✻✻✻

❄❄❄ WINTERHART ❄❄ IN MILDEN REGIONEN WINTERHART ❄ VERTRÄGT NUR LEICHTEN FROST ❄ VERTRÄGT KEINEN FROST
☼ VOLLE SONNE ☀ HALBSCHATTEN ☀ SCHATTEN ◊ DURCHLÄSSIGE BÖDEN ◊ FEUCHTE BÖDEN ♦ NASSE BÖDEN

Olea europaea
Der immergrüne, langsam wachsende Olivenbaum trägt dekoratives, silbrig graugrünes Laub. Auf seine weißen Blüten folgen Früchte, die sich mit der Zeit schwarz färben.
↕↔ 10 m ☼ ◊ ❄❄

***Prunus* 'Kiku-shidare-zakura'**
Seine großen, gefüllten rosa Blüten trägt diese Sorte in dichten Büscheln an hängenden Zweigen im April und Mai. Das junge Laub ist nach dem Austrieb bronzebraun gefärbt.
↕↔ 3 m ☼ ◊ ◊ ❄❄❄

***Pyrus salicifolia* 'Pendula'**
Silbergraues, eiförmiges Laub sitzt an den hängenden Zweigen dieses Ziergehölzes. Im Frühjahr entfaltet die Weidenblättrige Birne zahlreiche weiße Blüten in dichten Büscheln.
↕ 5 m ↔ 4 m ☼ ◊ ❄❄❄

***Robinia × slavinii* 'Hillieri'**
Im Frühsommer trägt dieser rundliche Baum viele Trauben aus lilarosa Blüten, die denen von Wisterien ähneln. Sein gefiedertes Laub ist mittelgrün.
↕↔ 5 m ☼ ◊ ❄❄❄

***Salix caprea* 'Kilmarnock'**
Im Frühjahr trägt diese dicht beastete Sorte der Sal-Weide graue Kätzchen, die sich mit der Zeit gelb färben. Das Laub ist oberseits dunkelgrün und unterseits graugrün.
↕↔ 2 m ☼ ◊ ◊ ❄❄❄

***Sorbus aria* 'Lutescens'**
Das Laub der Echten Mehlbeere ist beim Austrieb silbrig, später graugrün. Im Frühjahr und Frühsommer öffnen sich weiße Blüten. Die orangeroten Früchte bilden sich im Herbst.
↕ 10 m ↔ 8 m ☼ ☀ ◊ ◊ ❄❄❄

***Tsuga canadensis* 'Aurea'**
Die Kanadische Hemlocktanne wächst breit kegelförmig. Ihre grauen Triebe tragen abgeflachte Nadeln, die bei dieser Sorte anfangs goldgelb und später grün sind.
↕ 8 m ↔ 4 m ☼ ☀ ◊ ◊ ❄❄❄

AUCH EMPFEHLENSWERT

Acer davidii 'Ernest Wilson' (David-Ahorn)
Acer palmatum 'Atropurpureum' (Fächer-Ahorn)
Amelanchier × grandiflora 'Ballerina'
Betula utilis var. *jacquemontii* (Weiße Himalaja-Birke)
Cercis siliquastrum (Gewöhnlicher Judasbaum)
Cornus kousa
Crataegus laevigata 'Paul's Scarlet'
Cydonia oblonga 'Vranja' (Quitte)
Gleditsia triacanthos 'Rubylace' (Amerikanische Gleditschie)
Hoheria angustifolia
Magnolia × loebneri 'Leonard Messel'
Malus tschonoskii
Prunus incisa (Fuji-Kirsche)
Prunus persica 'Prince Charming'
Pyrus calleryana 'Chanticleer'
Salix 'Erythroflexuosa'
Sorbus 'Joseph Rock'
Styrax japonicus

VIELZWECKBÄUME

Acer griseum
Die abblätternde orangebraune Borke ist das dekorativste Merkmal des Zimt-Ahorns, doch er bietet auch gelbes Laub im Frühjahr, braune Flügelfrüchte und strahlende Herbstfarbe.
↕↔ 10 m ☼ ◐ ◇ ◆ ❄❄❄

***Acer palmatum* 'Sango-kaku'**
Die gelappten Blätter des Fächer-Ahorns sind zunächst rosagrün, später dunkelgrün und im Herbst schließlich gelb und orange. Im Winter ist die korallenrote Borke gut zu sehen.
↕ 6 m ↔ 5 m ☼ ◐ ◇ ◆ ❄❄❄

***Acer pensylvanicum* 'Erythrocladum'**
Das hellgrüne Laub des Streifen-Ahorns färbt sich im Herbst gelb. Im Winter werden die jungen Triebe orangerot. Mit der Zeit entwickeln sie weiße Streifen.
↕ 12 m ↔ 10 m ☼ ◐ ◇ ◆ ❄❄❄

Arbutus unedo
Die Borke des Westlichen Erdbeerbaums ist schön rotbraun gefärbt und rau texturiert. Im Herbst öffnen sich weiße Blüten, gleichzeitig werden die Früchte des Vorjahrs rot.
↕↔ 8 m ☼ ◇ ◆ ❄❄❄

Betula utilis* var. *jacquemontii
Im Winter ist die helle, abschälende Borke der Weißen Himalaja-Birke am besten zu sehen. Schön sind aber auch die Kätzchen im Frühjahr und das buttergelbe Herbstlaub.
↕ 18 m ↔ 10 m ☼ ◇ ◆ ❄❄❄

***Cornus kousa* var. *chinensis* 'China Girl'**
Seine Blütenstände mit großen Hochblättern trägt der Chinesische Blumen-Hartriegel im Mai und Juni. Im Herbst bekommt man rotviolettes Laub und himbeerartige Früchte geboten.
↕ 7 m ↔ 5 m ☼ ◐ ◇ ◆ ❄❄❄

Eucalyptus pauciflora* subsp. *niphophila
Der Schnee-Eukalyptus hat ein offenes, ausladendes Astwerk mit abblätternder grauweißer Borke, zu dem das dunkel blaugrüne, lanzettliche Laub einen Kontrapunkt setzt.
↕↔ 6 m ☼ ◇ ◆ ❄❄❄

***Ilex aquifolium* 'Handsworth New Silver'**
Diese dichte, säulenförmige Sorte der Gewöhnlichen Stechpalme ist weiblich. Sie trägt dunkelgrünes Laub mit cremefarbenen Rändern und zahlreiche rote Beeren.
↕ 8 m ↔ 5 m ☼ ◐ ◇ ◆ ❄❄❄

***Malus × purpurea* 'Lemoinei'**
Die Blätter des Purpur-Apfels sind anfangs rotviolett, werden aber mit der Zeit bronzebraun. Im Frühjahr trägt der Baum dunkelrote Blüten, im Herbst rotviolette Zieräpfel.
↕↔ 10 m ☼ ◇ ◆ ❄❄❄

❄❄❄ WINTERHART	❄❄ IN MILDEN REGIONEN WINTERHART	❄ VERTRÄGT NUR LEICHTEN FROST	❅ VERTRÄGT KEINEN FROST
☼ VOLLE SONNE ☀ HALBSCHATTEN ✹ SCHATTEN	◊ DURCHLÄSSIGE BÖDEN	◑ FEUCHTE BÖDEN ● NASSE BÖDEN	

Malus tschonoskii
Im Frühjahr entfaltet der Woll-Apfel rosa getönte weiße, ungefüllte Blüten, auf die rot überlaufene Zieräpfel folgen. Das Laub verabschiedet sich mit strahlendem Orange und Rot.
↕ 12 m ↔ 7 m ☼ ☀ ◊ ◑ ❄❄❄

Parrotia persica
Unübersehbar ist die Parrotie mit ihrer abblätternden, grau-hellbraunen Borke. Im Frühjahr öffnet sie rote Blüten an kahlen Zweigen. Das Herbstlaub ist rot, orange und violett.
↕ 8 m ↔ 10 m ☼ ☀ ◊ ◑ ❄❄❄

Prunus serrula
Die kupferrote, abschälende Borke ist das Schönste an der Mahagoni-Kirsche, vor allem wenn sie im Winter im Gegenlicht der Sonne glänzt. Im Frühjahr öffnen sich weiße Blüten.
↕↔ 10 m ☼ ◊ ◑ ❄❄❄

Rhus typhina
Die samtigen Zweige des ausladenden Essigbaums tragen dunkelgrünes, gefiedertes Laub, das sich im Herbst brillantrot färbt. Weibliche Pflanzen haben dunkelrote Früchte.
↕ 5 m ↔ 6 m ☼ ◊ ◑ ❄❄❄

***Sorbus commixta* 'Embley'**
Diese wüchsige, ausladende Sorte der Japanischen Eberesche fällt durch dunkelgrünes, gefiedertes Laub ins Auge. Es färbt sich im Herbst orange und rot. Hellrote Beeren.
↕ 10 m ↔ 7 m ☼ ☀ ◊ ◑ ❄❄❄

Stewartia sinensis
Das dunkelgrüne Laub steht in auffälligem Kontrast zur abblätternden rotbraunen Borke, bevor es im Herbst in feurigen Farben erstrahlt. Im Sommer trägt der Baum weiße Duftblüten.
↕ 6 m ↔ 3 m ☼ ☀ ◊ ◑ ❄❄❄

Styrax hemsleyanus
Im Mai und Juni schmückt sich der Chinesische Storaxbaum mit Trauben aus weißen Glockenblüten an eleganten Ästen. Die großen, zugespitzten Blätter werden im Herbst buttergelb.
↕ 5 m ↔ 4 m ☼ ☀ ◊ ❄❄❄

AUCH EMPFEHLENSWERT

Acer campestre (Feld-Ahorn)
Acer palmatum 'Osakazuki' (Fächer-Ahorn)
Acer rubrum 'October Glory' (Rot-Ahorn)
Betula nigra (Schwarz-Birke)
Cercidiphyllum japonicum (Katsurabaum)
Crataegus persimilis 'Prunifolia' (Pflaumenblättriger Weißdorn)
Fraxinus excelsior 'Pendula' (Trauer-Esche)
Gleditsia triacanthos 'Sunburst' (Amerikanische Gleditschie)
Malus 'Royalty' (Zierapfel)
Nyssa sinensis (Chinesischer Tupelobaum)
Prunus padus 'Watereri' (Gewöhnliche Traubenkirsche)
Prunus 'Shirotae' (Zierkirsche)
Prunus 'Spire' (Zierkirsche)
Prunus × subhirtella 'Autumnalis Rosea' (Frühjahrs-Kirsche)
Robinia pseudoacacia 'Frisia' (Gewöhnliche Scheinakazie)
Sorbus sargentiana (Sargents Eberesche)

PFLANZEN FÜR SAURE BÖDEN

Viele Pflanzen sind relativ flexibel, wenn es um den pH-Wert des Bodens geht. Arten allerdings, die ursprünglich aus Wäldern oder Mooren stammen, etwa Rhododendren, Kamelien und die meisten Heidekräuter, bestehen auf saurem Erdreich. Reichern Sie es daher vor dem Bepflanzen mit kalkfreiem Kompost an und mulchen Sie die Pflanzen regelmäßig. Wird der Boden zu sauer, arbeitet man organische Substanz ein. Ist er hingegen nicht sauer genug, sollte man die hier empfohlenen Pflanzen in Gefäßen mit Spezialerde ziehen.

BÄUME

Acer davidii (David-Ahorn)
Acer pensylvanicum 'Erythrocladum' (Streifen-Ahorn)
Amelanchier lamarckii (Kupfer-Felsenbirne)
Arbutus unedo (Westlicher Erdbeerbaum)
Cercis canadensis 'Forest Pansy'
Halesia carolina
Stewartia monadelpha

STRÄUCHER

Acer palmatum var. *dissectum* (Roter Schlitz-Ahorn)
Andromeda polifolia 'Compacta' (Kahle Rosmarinheide)
Camellia
Cassiope 'Edinburgh'
Chamaedaphne calyculata
Disanthus cercidifolius
Embothrium coccineum (Chilenischer Feuerstrauch)
Erica cinerea und Sorten (Graue Heide)
Fothergilla major
Hamamelis (Zaubernuss)
Kalmia angustifolia
Myrica gale (Gagelstrauch)
Physocarpus opulifolius 'Dart's Gold'
Pieris 'Forest Flame'
Rhododendron

KLETTERPFLANZEN

Berberidopsis corallina
Crinodendron hookerianum
Desfontainia spinosa

STAUDEN

Cirsium rivulare
Gentiana sino-ornata
Smilacina racemosa
Trillium erectum (Braunrote Dreizipfellilie)
Uvularia grandiflora (Hänge-Goldglocke)

WASSER- UND SUMPFPFLANZEN

Osmunda regalis (Königsfarn)
Sarracenia flava

STRAUCH: ***Calluna vulgaris* 'County Wicklow' (Besenheide)**

STRAUCH: ***Camellia* 'Leonard Messel'**

STRAUCH: ***Daboecia cantabrica* 'Bicolor' (Irische Heide)**

STRAUCH: ***Enkianthus campanulatus***

STRAUCH: ***Fothergilla gardenii* (Erlenblättriger Federbuschstrauch)**

STAUDE: ***Gillenia trifoliata*** **(Nördliche Dreiblattspiere)**

STRAUCH: ***Kalmia latifolia*** **(Berglorbeer)**

BAUM: ***Liquidambar styraciflua*** **(Amerikanischer Amberbaum)**

STRAUCH: ***Pieris japonica*** **'Blush'**

STRAUCH: ***Lithodora diffusa*** **'Heavenly Blue'**

STRAUCH: ***Rhododendron*** **Blaumeisen-Gruppe**

BAUM: ***Sorbus vilmorinii***

BAUM: ***Styrax japonicus*** **(Japanischer Storaxbaum)**

STRAUCH: ***Vaccinium parvifolium***

PFLANZEN FÜR KALKBÖDEN

Wer Kalk- bzw. Kreideböden in seinem Garten hat, kann eine Vielzahl von Pflanzen kultivieren – die Liste hier enthält nur einen Bruchteil der möglichen Arten, die mit diesen Böden zurechtkommen. Kalkreicher Boden ist oft leicht und stark durchlässig, sodass man am besten gut verrotteten Stallmist oder Kompost einarbeitet, um seine Struktur und Wasserspeicherfähigkeit zu verbessern. Berücksichtigen sollte man bei der Pflanzenwahl außerdem die Bodenfruchtbarkeit: Manche Pflanzen brauchen nährstoffreiche Erde, um gut zu blühen, andere gedeihen eher auf kargem Untergrund, etwa Wildblumen. Düngen Sie entsprechend.

BÄUME

Acer negundo 'Variegatum' (Eschen-Ahorn)

Catalpa bignonioides 'Aurea' (Gewöhnlicher Trompetenbaum)

Cercis siliquastrum (Gewöhnlicher Judasbaum)

Fraxinus ornus (Manna-Esche)

Ilex (Stechpalmen)

Laurus nobilis (Lorbeerbaum)

Malus (Zierapfel)

Morus nigra (Schwarzer Maulbeerbaum)

Prunus 'Pink Perfection' (Zierkirsche)

STRÄUCHER

Abutilon 'Kentish Belle'

Berberis darwinii (Darwins Berberitze)

Ceanothus impressus

Chaenomeles speciosa 'Nivalis' (Chinesische Zierquitte)

Cistus (Zistrose)

Cornus mas (Kornelkirsche)

Cotoneaster conspicuus 'Decorus'

Escallonia 'Donard Beauty'

Euonymus hamiltonianus

Fuchsia 'Prosperity'

Genista tenera 'Golden Shower'

Helianthemum 'Jubilee' (Sonnenröschen)

Magnolia salicifolia (Weidenblättrige Magnolie)

Potentilla fruticosa (Fingerstrauch)

KLETTERPFLANZEN

Campsis radicans (Amerikanische Klettertrompete)

Clematis 'Miss Bateman'

Fremontodendron 'California Glory'

Parthenocissus henryana (Chinesische Jungfernrebe)

STAUDEN

Doronicum 'Miss Mason' (Gämswurz)

Helenium 'Butterpat' (Sonnenbraut)

Knautia macedonica

Pulsatilla vulgaris (Gewöhnliche Küchenschelle)

Verbascum 'Cotswold Beauty'

STRAUCH: *Buddleja* 'Lochinch'

STAUDE: *Campanula punctata*

BAUM: *Cotinus coggygria* Purpureus-Gruppe (Europäischer Perückenstrauch)

STRAUCH: *Hibiscus syriacus* 'Oiseau Bleu'

STRAUCH: ***Indigofera heterantha***

STAUDE: ***Knautia macedonica***

STAUDE: ***Malva moschata*** **(Moschus-Malve)**

STRAUCH: ***Osmanthus delavayi***

STRAUCH: ***Prunus tenella*** **(Zwerg-Mandel)**

STRAUCH: ***Philadelphus*** **'Boule d'Argent'**

STRAUCH: ***Rubus*** **'Benenden'**

STAUDE: ***Rudbeckia laciniata*** **'Herbstsonne'**

STRAUCH: ***Syringa × persica*** **(Persischer Flieder)**

PFLANZEN FÜR SCHWEREN TON

Tonböden machen Pflanzen das Gedeihen mitunter schwer: Sie erwärmen sich im Frühjahr langsam, werden bei Nässe klebrig, haben einen schlechten Wasserabzug und werden sehr hart, wenn sie austrocknen. Bei passender Pflege allerdings sind sie ein reiches, fruchtbares Medium, da sie dank ihrer Struktur Nährstoffe sehr gut speichern. Deshalb eignen sie sich bestens für die hier aufgeführten Pflanzen. Verbessern Sie Tonböden nach Möglichkeit durch Umgraben im Herbst und im Frühjahr. Arbeiten Sie dabei organische Substanz, Kies oder Kalk ein.

BÄUME

Acer palmatum 'Bloodgood' (Fächer-Ahorn)

Alnus glutinosa (Schwarz-Erle)

Cornus kousa var. *chinensis* (Japanischer Blumen-Hartriegel

Magnolia virginiana (Sumpf-Magnolie)

Populus tremula 'Pendula' (Espe)

Prunus maackii (Amur-Kirsche)

Sorbus cashmiriana (Kaschmir-Eberesche)

STRÄUCHER

Aronia arbutifolia (Filzige Apfelbeere)

Berberis thunbergii fo. *purpurea* 'Rose Glow' (Thunberg-Berberitze)

Cotoneaster × watereri 'John Waterer'

Euonymus europaeus 'Red Cascade'

Ribes sanguineum 'King Edward VII' (Blut-Johannisbeere)

Sambucus racemosa 'Plumosa Aurea' (Roter Holunder)

Viburnum opulus (Gewöhnlicher Schneeball)

KLETTERPFLANZEN

Garrya elliptica 'James Roof' (Spalier-Becherkätzchen)

Humulus lupulus 'Aureus' (Gold-Hopfen)

Rosa filipes 'Kiftsgate'

Vitis coignetiae (Rostrote Rebe)

STAUDEN

Anemone × hybrida (syn. *hupehensis*)

Bergenia

Campanula persicifolia subsp. *sessiliflora* (syn. *Campanula latiloba*) 'Hidcote Amethyst'

Geranium Rozanne ('Gerwat')

Geum 'Bell Bank'

Heliopsis helianthoides var. *scabra* 'Sommersonne' (Raues Sonnenauge)

Hyacinthoides non-scripta (Atlantisches Hasenglöckchen)

Monarda 'Mahogany' (Indianernessel)

Polygonatum hirtum

Pulmonaria 'Sissinghurst White'

Symphotrichum (syn. *Aster*) *novi-belgii* 'Jenny' (Glattblatt-Aster)

STAUDE: *Astrantia major* 'Claret'

STRAUCH: *Ceanothus* 'Joyce Coulter'

STRAUCH: *Chaenomeles × superba* 'Crimson and Gold'

STAUDE: *Filipendula purpurea*

STRAUCH: *Potentilla fruticosa* **'Abbotswood'**

STRAUCH: *Hydrangea arborescens* **'Grandiflora'**

STRAUCH: *Philadelphus* **'Manteau d'Hermine'**

STRAUCH: *Pyracantha* **'Mohave'**

STRAUCH: *Sinocalycanthus chinensis*

STRAUCH: *Syringa vulgaris* **'Katherine Havemeyer' (Gewöhnlicher Flieder)**

STRAUCH: *Skimmia japonica* **'Rubella'**

STRAUCH: *Spiraea japonica* **'Anthony Waterer'**

STRAUCH: *Viburnum davidii*

PFLANZEN FÜR HEISSE, TROCKENE LAGEN

Pflanzen in heißen, trockenen Klimazonen haben allerlei Strategien entwickelt, um Extrembedingungen zu überleben. Sie sind oft grau-, silber- oder blaulaubig und tragen eine feine Behaarung oder Wachsschicht, die Sonnenstrahlen reflektiert. Duftpflanzen umgeben sich mit einem Schleier aromatischer Öle, die eine Barriere gegen die Sonnenstrahlen bilden. Sukkulenten speichern Wasser in ihren fleischigen Blättern. Viele wärmeliebenden Pflanzen leiden in nährstoffreicher Erde, weshalb man für sie nährstoffarmen Laubhumus in den Boden einarbeitet, um dessen Struktur zu verbessern.

BÄUME

Arbutus unedo (Erdbeerbaum)
Eucalyptus dalrympleana
Ficus carica (Echte Feige)
Gleditsia triacanthos 'Rubylace' (Amerikanische Gleditschie)
Maackia amurensis
Pinus aristata (Grannen-Kiefer)
Rhus typhina (Essigbaum)

STRÄUCHER

Abutilon vitifolium 'Veronica Tennant'
Ceanothus 'Cascade'
Convolvulus cneorum
Cytisus (syn. *Argyrocytisus*) *battandieri*
Erysimum 'Bowles's Mauve'
× *Halimiocistus wintonensis*
Halimium lasianthum
Hebe macrantha
Lavandula pedunculata subsp. *pedunculata*
Parahebe perfoliata
Perovskia 'Blue Spire'

STAUDEN

Agapanthus 'Loch Hope'
Agave victoriae-reginae
Amsonia orientalis Artemisia 'Powis Castle'
Dianthus 'Haytor White'
Dictamnus albus var. *purpureus*
Dierama pulcherrimum
Eryngium bourgatii
Euphorbia characias subsp. *wulfenii* 'John Tomlinson'
Festuca glauca 'Blaufuchs' (Blau-Schwingel)
Gaura lindheimeri
Geranium maderense
Verbascum 'Gainsborough'

ZWIEBELPFLANZEN

Allium aflatunense (syn. *hollandicum*)
Amaryllis bella-donna
Cyclamen coum Pewter-Gruppe
Triteleia laxa
Tulipa tarda

STRAUCH: ***Ballota acetabulosa***

STRAUCH: ***Callistemon pallidus*** **(Zitronen-Zylinderputzer)**

STRAUCH: ***Cistus × dansereaui*** **'Decumbens'**

STRAUCH: ***Coronilla valentina*** **subsp. *glauca***

STRAUCH: ***Genista hispanica* (Spanischer Ginster)**

STRAUCH: ***Helichrysum italicum* subsp. *serotinum* (Currykraut)**

STRAUCH: ***Lavandula angustifolia* 'Munstead' (Echter Lavendel)**

STRAUCH: ***Hibiscus syriacus* 'Diana'**

STRAUCH: ***Kerria japonica* 'Golden Guinea'**

STRAUCH: ***Phlomis fruticosa* (Strauchiges Brandkraut)**

STRAUCH: ***Lavatera × clementii* 'Barnsley'**

STRAUCH: ***Leptospermum scoparium* 'Kiwi' (Neuseelandmyrte)**

STRAUCH: ***Romneya coulteri* (Kalifornischer Strauchmohn)**

STRAUCH: ***Salvia rosmarinus* 'Sissinghurst Blue' (Rosmarin)**

PFLANZEN FÜR EXPONIERTE LAGEN

Am meisten setzt Pflanzen in exponierten Lagen der Wind zu. Er kann Wurzelballen lockern, Triebe und Äste abbrechen und das Laub versengen, weil er es schneller austrocknet, als die Pflanzen das Wasser ersetzen können. Wählen Sie für ungeschützte Standorte daher robuste Pflanzen oder zumindest solche, die sich im Wind biegen, statt steif und fest zu stehen. Gleichwohl sollte man nicht vergessen, dass sich selbst an exponierten Plätzen geschützte Bereiche für empfindliche Pflanzen anlegen lassen, indem man robustere Sträucher oder Bäume als Schutzschilde einsetzt.

BÄUME

Acer platanoides (Spitz-Ahorn)
Betula utilis var. *jacquemontii* (Weiße Himalaja-Birke)
Chamaecyparis pisifera 'Filifera Aurea' (Sawara-Scheinzypresse)
Crataegus laevigata 'Paul's Scarlet'
Fagus sylvatica (Rot-Buche)
Fraxinus excelsior 'Jaspidea' (Gemeine Esche)
Juniperus communis 'Hibernica' (Irischer Säulen-Wacholder)
Laburnum × *watereri* 'Vossii'
Picea breweriana (Siskiyou-Fichte)
Taxus baccata (Europäische Eibe)
Tsuga canadensis (Kanadische Hemlocktanne)

STRÄUCHER

Berberis thunbergii fo. *atropurpurea* 'Golden Ring'
Calluna vulgaris 'Kinlochruel' (Besenheide)
Corylus maxima 'Purpurea' (Blut-Hasel)
Cotinus coggygria Golden Spirit (Europäischer Perückenstrauch)
Cotoneaster salicifolius
Elaeagnus umbellata
Erica carnea 'Vivellii' (Schnee-Heide)
Hypericum olympicum
Lonicera pileata (Immergrüne Kriech-Heckenkirsche)
Philadelphus 'Virginal'
Potentilla fruticosa 'Abbotswood'
Pyracantha 'Watereri'
Sambucus nigra fo. *porphyrophylla* 'Guincho Purple' (Schwarzer Holunder)
Spiraea nipponica 'Snowmound'
Tamarix tetranda
Viburnum opulus 'Roseum' (Gewöhnlicher Schneeball)

STAUDEN

Aster alpinus
Brunnera macrophylla (Großblättriges Kaukasusvergissmeinnicht)
Dianthus gratianopolitanus (Pfingst-Nelke)
Euphorbia cyparissias (Zypressen-Wolfsmilch)

BAUM: *Cupressus macrocarpa* 'Goldcrest' (Monterey-Zypresse)

STRAUCH: *Escallonia* 'Apple Blossom'

STRAUCH: *Deutzia gracilis*

STRAUCH: *Dryas octopetala* (Weiße Silberwurz)

STRAUCH: ***Euonymus fortunei***
'Emerald Gaiety'

STRAUCH: ***Euphorbia mellifera***
(Honiggebende Wolfsmilch)

STRAUCH: ***Fuchsia magellanica***

STAUDE: ***Helianthemum***
'Fire Dragon'

STRAUCH: ***Olearia macrodonta*** **(Neuseeländischer Gänseblümchenstrauch)**

STRAUCH: ***Hippophae rhamnoides***
(Sanddorn)

STRAUCH: ***Lupinus arboreus***
(Baum-Lupine)

STRAUCH: ***Salix reticulata***

STRAUCH: ***Spartium junceum***

STRAUCH: ***Tamarix ramossisima***
'Pink Cascade'

REGISTER

Kursiv gesetzte Seitenzahlen verweisen auf Abbildungen.

A

B

C

G

H

S

T

BILDNACHWEIS

Der Verlag dankt folgenden Personen und Organisationen für ihre freundliche Genehmigung zum Abdruck von Fotos.
(Abkürzungen: o = oben, u = unten, m = Mitte, l = links, r = rechts, g = ganz)

Der Verlag hat nach bestem Wissen und Gewissen versucht, die Urheberrechtsinhaber zu nennen. Er bedauert unbeabsichtigte Unterlassungen und wird in solchen Fällen gern einen Hinweis in künftige Ausgaben einfügen.

8–9 Photolibrary: Pernilla Bergdahl;. **10–11** The Garden Collection: Jonathan Buckley (g); Derek Harris (u). **10** Marianne Majerus Garden Images: Gilbert Folschette (ml). **11** Marianne Majerus Garden Images: Mount Ephraim Gardens, Kent (r). **13** Dorling Kindersley: Lucy Claxton (mr, ul). **14** Garden World Images: Rita Coates (mr); MAP / Nicole et Patrick Mioulane (gl); Andrea Jones (ml); Flowerphotos / Leonard Vucinic (ul); Louise A. Heusinkveld (ur). **16** GAP Photos: Clive Nichols (ul). The Garden Collection: Andrew Lawson (gl). **17** The Garden Collection: Jonathan Buckley (ul); Andrew Lawson (gl); John Glover (gr); Nicola Stocken Tomkins (ur). **24** Dorling Kindersley: Alan Buckingham (gl). **28** Marianne Majerus Garden Images: Claire Mee Designs (g); Lowder Mill (u). **29** Photolibrary: Mark Bolton; (r). **30–31** Marianne Majerus Garden Images: The Fire Pit Garden, RHS Hampton Court Flower Show 2010, Arthur Northcott, John Gutteridge (um). Photolibrary: Lee Anne White; (gm). **32** Alamy Images: (ul). Marianne Majerus Garden Images: Nicola Gammon www.shootgardening.co.uk (ur). **32–33** Marianne Majerus Garden Images: Joe Swift (g). **33** Marianne Majerus Garden Images: Claire Mee Designs (ur). **34** Photolibrary: Ron Evans; (m). **34–35** Marianne Majerus Garden Images: Stuart Craine (gm). **36–37** Garden World Images: MAP / Arnaud Descat (g). **38** The Garden Collection: Andrew Lawson (ur). Marianne Majerus Garden Images: Kasteel Hex, Belgien (ml). **39** Garden World Images: Steffen Hauser (gr). **40–41** Marianne Majerus Garden Images: Ian Kitson (g). **40** The Garden Collection: Derek St Romaine (mru). **42–43** Alamy Images: Francisco Martinez (um). Marianne Majerus Garden Images: Claire Mee Designs (gm). **44** Garden World Images: Liz Cole (mlu). **44–45** GAP Photos: Elke Borkowski (g). **45** Garden World Images: Jayne Lloyd (um). Marianne Majerus Garden Images: Stuart Craine (ur). **46** GAP Photos: Fiona Lea (u). The Garden Collection: Nicola Stocken Tomkins (ml). **47** The Garden Collection: Jonathan Buckley (gr). **48–49** Marianne Majerus Garden Images: Bennet Smith (g). **50** Photolibrary: Mark Bolton (m). **50–51** Marianne Majerus Garden Images: It's Only Natural, RHS Hampton Court Palace Flower Show 2010, Marianne Krogh Ali (g). Photolibrary: Paul Hart (u). **54** Marianne Majerus Garden Images: The Old Vicarage, East Ruston, Norfolk (um). **54–55** Marianne Majerus Garden Images: Lynne Marcus und John Hall (gm); Sussex Prairie / Paul und Pauline McBride (um). **55** Garden World Images: Country Life / IPC Media Ltd. (gr). **57** Garden World Images: MAP / Nathalie Pasquel (ur). **58** The Garden Collection: Andrew Lawson (ul). Marianne Majerus Garden Images: Susanne Blair (l); Julie Toll (m). **58–59** Garden World Images: Jonathan Need (g). **59** The Garden Collection: Michael O'Hara, Designer: Chameleon Gardens; (gr). **61** Alamy Images: Joe Fox (ul). **62** The Garden Collection: Jonathan Buckley, Design: Helen Yemm, Ketley's; (ur); Nicola Stocken Tomkins (m); Derek Harris (mr); Andrew Lawson, Designer: Lesley Rosser (um). **64** Alamy Images: Sheila Halsall (g). Garden World Images: Dave Bevann (um); Jacqui Dracup (ur). **65** Alamy Images: CountrySideCollection – Homer Sykes (gl); vario images GmbH & Co. KG (ur). **67** Garden World Images: Nicholas Appleby (ul). Marianne Majerus Garden Images: Charney Well, Cumbria. Christopher Holliday (ur). **68** The Garden Collection: Andrew Lawson, Designer: Catherine Crouch (ul). **71** Marianne Majerus Garden Images: Bedfield Hall, Suffolk (g). **72** Garden World Images: Rowan Isaac (u). **75** GAP Photos: Jerry Harpur (mlu). Marianne Majerus Garden Images: Anita Schweig-Bourg (g). Photolibrary: Clive Nichols (u). **76** Alamy Images: Stephen Mulcahey (ur). Marianne Majerus Garden Images: Mathew Vincent (l). **77** Alamy Images: John Glover (u); Greg Ryan (m); Steffen Hauser / botanikfoto (mr). Clive Nichols: Design : Charlotte Rowe (ur). Photolibrary: Steven Wooster (g). **78** The Garden Collection: Jonathan Buckley, Design: Diarmuid Gavin (g). **79** The Garden Collection: Jonathan Buckley, Design: Kim Wilde und Richard Lucas – Chelsea 2005; (ul). Marianne Majerus Garden Images: Design: Lynne Marcus (gr); Palazzo Cappello, Malipiero, Barnabo, Venedig (gl); Design: Laara Copley-Smith (gm). **82** The Garden Collection: Nicola Stocken Tomkins (gu). **87** GAP Photos: Jerry Harpur (ur). **89** GAP Photos: Elke Borkowski (ml). **91** Dorling Kindersley: Design: Martin Thornhill, RHS Tatton Park 2008 (gr). 99 GAP Photos: FhF Greenmedia (ur). **100–101** GAP Photos: J. S. Sira. **102** GAP Photos: Jonathan Buckley (um); Fiona Lea (ur). **103** GAP Photos: Jerry Harpur (ml); Martin Schroder (r). **104** GAP Photos: Marion Brenner (ur, gul, ul, um, ur). **105** GAP Photos: Jo Whitworth / Design: Piet Oudolf (mu). **110** Marshalls Seeds: (u). **111** GAP Photos: Richard Bloom (mlu). clb). Dorling Kindersley: Mark Winwood / RHS Wisley (gor). **112** GAP Photos: Jonathan Buckley / Design: John Massey, Ashwood Nurseries (gr); Heather Edwards (ul). **113** GAP Photos: Lee Avison / 39 Osborne Street / Geoff und Heather Hoyle (gr); Rachel Warne / Location: Saling Hall, Essex (ul). **115** GAP Photos: Flora Press (mr). **118–119** Jane Thompson (g); GAP Photos: Hanneke Reijbroek / Ada Hofman Gardens, Loozen, Holland (u). **119** GAP Photos: Elke Borkowski (mu). **120** GAP Photos: Marcus Harpur (gr). **121** GAP Photos: Paul Debois (m); Jane Thompson (u). **122** 123RF.com: Nikolay Korzhov (gor). **123** GAP Photos: Elke Borkowski (ul, ur). **124–125** GAP Photos: Friedrich Strauß. **124** GAP Photos: Martin Hughes-Jones (m). **125** GAP Photos: Friedrich Strauß (ur). **126** GAP Photos: Jo Whitworth (ml). Photolibrary: J, S. Sira / Garden Picture Library (gm). **126–127** Marianne Majerus Garden Images: Marianne Majerus (g); Marianne Majerus / Kew Gardens (u). Dorling Kindersley: Brian North / Waterperry Gardens (r). **129** GAP Photos: Richard Bloom / Location: Merriments Garden, East Sussex (ml). **130** GAP Photos: Geoff Kidd (gr). **133** Photolibrary: Garden Picture Library (gl). **134–135** Marianne Majerus Garden Images: Marianne Majerus / Scampston Hall, Yorks / Piet Oudolf (u). **139** GAP Photos: Neil Holmes / Design: Piet Oudolf (ur, ul). Marianne Majerus Garden Images: Bennet Smith / Yvonne Inne und Olivia Harrison / From Life to Life: A garden for George, Chelsea Flower Show 2008 (gl, mro). **140** Fotolia: Elena Blokhina (ul). **141** Marianne Majerus Garden Images: Marianne Majerus / 'Eco Cjoc', Helios, RHS Chelsea Flower Show 2009 / Kate Gould (g). **142–143** GAP Photos: Elke Borkowski / Location: Patricia van Roosmalen Garden (u). Harpur Garden Library: Jerry Harpur / Design: Marcus Barnett, London (g). **143** GAP Photos: Clive Nichols / Location: Vale End, Surrey (m). Marianne Majerus Garden Images: Marianne Majerus (gr). **144** Corbis: Nigel Cattlin / Visuals Unlimited (mru). **145** GAP Photos: Howard Rice (mlu). **147** GAP Photos: Jerry Harpur (ul, ur). Photolibrary: Friedrich Strauß (gl, gr). **148–149** Clive Nichols: Vale End, Surrey. **150–151** The Garden Collection: Nicola Stocken Tomkins (g). **151** GAP Photos: Lynn Keddie (mu); Friedrich Strauß (mro). **152** Jungle Giants Bamboo Specialists, www.junglegiants.co.uk: (gr, ur). **155** RHS: Tim Sandall (go); Adrian Bloom (ul, ur). **156** GAP Photos: Marg Cousens (ul). **156–157** GAP Photos: Gerald Majumdar (g). **158** GAP Photos: Hanneke Reijbroek / Design: Jacqueline van der Kloet / Location: Mien Ruys gardens (mlu). Marianne Majerus Garden Images: Andrew Lawson (mro). **158–159** The Garden Collection: Nicola Stocken Tomkins (u). Harpur Garden Library: Jerry Harpur / Design: Nancy Heckler, USA (g). **159** Marianne Majerus Garden Images: Marianne Majerus (mr). **160** GAP Photos: Geoff Kidd (mlu). **161** Dorling Kindersley: Lucy Claxton (gm). **163** GAP Photos: Friedrich Strauß (um, ur). Marianne Majerus Garden Images: Marianne Majerus / Hadspen Garden / Nori & Sandra Pope (gl, mr). **164–165** GAP Photos: Friedrich Strauß. **166–167** GAP Photos: BBC Magazines Ltd. (u). Marianne Majerus Garden Images: Bennet Smith / RHS Hampton Court Flower Show 2009 (g). **167** GAP Photos: Carole Drake (gr). **168** Dorling Kindersley: Bethany Dawn (ul). **170** GAP Photos: Jenny Lilly (gm). **172** Getty Images: Marion Brenner (gul). iStockphoto.com: Olaf Simon (gl). Suttons Seeds: (ur, ul). **173** GAP Photos: Elke Borkowski (ul). **174–175** Photolibrary: Michael Paul / Garden Picture Library (g). **175** Marianne Majerus Garden Images: Marianne Majerus (gr). **176** GAP Photos: Michael King / Design: Marianne Krogh Ali (gr). **179** Harpur Garden Library: Jerry Harpur / Design: Ian und Morag Hughes, Essex (gr, mlo). **180–181** GAP Photos: Lynn Keddie / Design: Michael Littlewood – Ecodesignscape (g). **180** Marianne Majerus Garden Images: Marianne Majerus / Sir Seewoosagur Ramgoolam Botanical Gardens, Pamplemousses, Mauritius (ul). Photolibrary: John Glover / Garden Picture

Library (gr); Dan Kloeg / Garden Picture Library (ur). **181** GAP Photos: Jenny Lilly (ur). **182–183** GAP Photos: Elke Borkowski. **185** GAP Photos: Geoff Kidd (ul). Photolibrary: J. S. Sira / Garden Picture Library (r). **186** GAP Photos: Elke Borkowski (l); Juliette Wade (r). **187** GAP Photos: Elke Borkowski (gr, ul). **188** GAP Photos: Friedrich Strauß (gr); Graham Strong (ul). **189** GAP Photos: Elke Borkowski (ul, r); Jonathan Buckley (gl). **192** Alamy Images: Julian Marshall (gr). GAP Photos: Maxine Adcock (ul). Photolibrary: Mark Winwood (ur). **194** Dorling Kindersley: Alan Buckingham (ur). **195** GAP Photos: FhF Greenmedia (gl). **196** Photolibrary: Gary K. Smith / Garden Picture Library. **197** GAP Photos: Michael Howes (l). **198** GAP Photos: Hanneke Reijbroek (l). **207** GAP Photos: Elke Borkowski (mu). **208** Dorling Kindersley: Alan Buckingham (gr). **209** Photolibrary: Cora Niele / Garden Picture Library (mru). **213** GAP Photos: Graham Strong (gr). **221** Alamy Images: Steffan Hauser / botanikfoto (ur). Photolibrary: FoodCollection (ul). **223** Dorling Kindersley: Alan Buckingham (gr, ul, ur). **224** Alamy Images: Clive Sawyer (um). Photolibrary: Alexandre Petzold / Bios (ur). **230** GAP Photos: Fiona Lea (um); Mark Winwood (ur). **231** GAP Photos: BIOS / Gilles Le Scanff & Joelle-Caroline Mayer (mru). **233** Dorling Kindersley: Alan Buckingham (gl). **234** GAP Photos: Dave Bevan (um); Sharon Pearson (ul); Tommy Tonsberg (ur). **236** Dorling Kindersley: Alan Buckingham (ul). **238** Dorling Kindersley: Alan Buckingham (gr). **241** GAP Photos: Geoff Kidd (gr); S & O (mru). **242** Dorling Kindersley: Alan Buckingham (ur). **243** Dorling Kindersley: Alan Buckingham (ul). **244** GAP Photos: Maxine Adcock (gr); Martin Hughes-Jones (ul); Michael Howes (ur). **249** GAP Photos: Mark Winwood (ul). **250** GAP Photos: Rob Whitworth / Design: Claudia de Yong (gr). **252** GAP Photos: Elke Borkowski (g); Lynn Keddie (ur). **252–253** Photolibrary: Jonathan Buckley / Practical Pictures (g). **253** GAP Photos: Janet Johnson (gr). Photolibrary: Christopher Gallagher / Garden Picture Library (ur). **254** Dorling Kindersley: Alan Buckingham (gr). **256** GAP Photos: Pernilla Bergdahl. **257** The Garden Collection: Derek St. Romaine (r). **262** Blackmoor Nurseries: (u). **271** GAP Photos: Mark Winwood (gr). **276** GAP Photos: John Glover (ur). **281** Photolibrary: Claire Higgins (mro). **286–287** GAP Photos: Maayke de Ridder / Design: James Towillis. **290** FLPA: Gary K. Smith (mlu). Garden World Images: Sarah Lee (ur). **291** The Garden Collection: Liz Eddison (mlu). **293** Photolibrary: Leroy Alfonse (r). **299** Alamy Images: Brian Hoffman (mr); Holmes Garden Photos (m). GAP Photos: BBC Magazines Ltd. (ml). **300** Alamy Images: Mark Boulton (ul). **301** GAP Photos: (um). **308** GAP Photos: Lynn Keddie (gl). **309** Alamy Images: Pete Thomas (mlu). **327** Garden World Images: Liz Cole (um). **329** Garden World Images: John Swithinbank (ur). **336** Alamy Images: Steven May (ul). **343** Alamy Images: gardeningpix (ur). **345** Photolibrary: J. S. Sira; (ur). **346** GAP Photos: Fiona Lea (ul). **347** Alamy Images: Steve Welsh (gm). GAP Photos: Anne Green-Armytage (mr). **348–349** Photolibrary: Stephen Hamilton. **351** GAP Photos: Zara Napier (gl). **352** GAP Photos: Martin Hughes-Jones (gl). **353** Photolibrary: Bob Gibbons (gr); John Miller; (gl). Dorling Kindersley: Neil Fletcher (mr). **354** GAP Photos: Adrian Bloom (ul); Geoff Kidd (mr). Photolibrary: Carole Drake; (ur). **355** Dorling Kindersley: Alan Buckingham (gr, ul). FLPA: Nigel Cattlin (gl). GAP Photos: J. S. Sira (ur). **356** GAP Photos: Christina Bollen (gl). **357** Dorling Kindersley: Josef Hlasek (ur); Kim Taylor (mr). GAP Photos: Fiona Lea (ml). NatureSpot: Graham Calow (um). **358** FLPA: Nigel Cattlin (ur). GAP Photos: Dave Bevan (g). **359** Alamy Images: Grant Heilman Photography (g). GAP Photos: Simon Colmer (mu). **360** Dorling Kindersley: Alan Buckingham (mu). **362** Dorling Kindersley: Alan Buckingham (ul). **363** Dorling Kindersley: Alan Buckingham (mu, ur). **364** Dorling Kindersley: Alan Buckingham (ur). GAP Photos: Dave Bevan (ul). **366** Dorling Kindersley: Alan Buckingham (ur). GAP Photos: Dave Bevan (ul). **369** Alamy Images: Nigel Cattlin (um). Dorling Kindersley: Alan Buckingham (ur). **372** Dorling Kindersley: Courtesy of Unwins (gor). **373** Dorling Kindersley: Mark Winwood / Ball Colegrave (ur). **374** Dorling Kindersley: mit freundlicher Genehmigung des Lechlade Garden and Fuchsia Centre, Gloucestershire (ul). **377** Clive Nichols: (m). **380** Photolibrary: Jacqui Hurst (ur). **381** Dorling Kindersley: Emma Firth (gor). Science Photo Library: (um). **390** Garden World Images: MAP / Arnaud Descat (um). **418** GAP Photos: Adrian Bloom (ur). **419** GAP Photos: Adrian Bloom (ml). **423** GAP Photos: Martin Staffler (gom). **427** Photos Horticultural: Michael Warren (mu). **433** Photos Horticultural: Michael Warren / Photoshot (ur).

Alle weiteren Abbildungen
© Dorling Kindersley.
Weitere Informationen unter:
www.dkimages.com

Dank

Dank der Autorinnen und Autoren:
Zia Allaway dankt den Teams der RHS und von DK, insbesondere Sarah Ruddick, die das Projekt so gut geleitet hat, ferner Alison Donovan und Becky Tennant für ihr enormes gestalterisches Können.

Helena Caldon dankt dem Team von DK, weil es stets ruhig und freundlich geblieben ist, außerdem Nick, Tomas und Millie, die mit ihr so viel Geduld hatten.

Jenny Hendy möchte dem Redaktions- und Gestaltungsteam von DK für seine stetige gute Laune, Professionalität und Detailgenauigkeit danken.

Martyn Cox dankt seinen Eltern.

Dank des Verlags:
Der DK Verlag dankt Sarah Ruddick, Chauney Dunford, Caroline Reed, Becky Shackleton, Diana Vowles, Helena Caldon, Vicky Read, Alison Shackleton, Rebecca Tennant, Joanne Doran, Elaine Hewson, Mark Cavanagh, Joanna Byrne, Lucy Claxton, Sarah Hopper, Esther Ripley, Alison Donovan, Liz Wheeler, Jonathan Metcalf und Peter Luff für ihre Arbeit an der ersten Ausgabe, außerdem Fiona Wild und Ingrid Lock. Ein weiterer Dank geht an Simon Maughan, Rae Spencer-Jones, Guy Barter und Andrew Halstead bei der RHS für ihre unschätzbare Hilfe und Expertise.

Für die Arbeit an der aktuellen Ausgabe dankt der Verlag Zia Allaway, Simon Akeroyd und Martyn Cox, die die Überarbeitungen vorgenommen haben, Myriam Megharbi für die Bildrecherche, Andrew Salisbury und Leigh Hunt für die Überarbeitung des Kapitels über Schädlinge und Krankheiten sowie Simon Maughan und Guy Barter für ihre Unterstützung.

Illustrationen Vanessa Hamilton, ausgenommen S. 78 (Peter Thomas) und S. 84, 86, 88, 90, 94, 96 und 98 (Richard Lee).

Sonstige Fotografien Peter Anderson.

DK | Penguin Random House

Autoren Simon Akeroyd, Zia Allaway,
Helena Caldon, Martyn Cox, Jenny Hendy

DK London / Delhi

Lektorat
Amy Slack, Jane Simmonds, Lucy Philpott, Ruth O'Rourke, Mary-Clare Jerram, Janashree Singha, Ankita Gupta, Soma B. Chowdhury

Gestaltung und Bildredaktion
Glenda Fisher, Jessica Tapolcai, Christine Keilty, Maxine Pedliham, Pushpak Tyagi, Manish Upreti, Anurag Trivedi, Satish Gaur

Umschlaggestaltung
Nicola Powling, Lucy Philpott

Herstellung
David Almond, Samantha Cross, Sunil Sharma

Royal Horticultural Society
Fachliche Beratung Guy Barter
Lektorat Simon Maughan, Rae Spencer-Jones, Chris Young

Für die deutsche Ausgabe:
Projektbetreuung Manuela Stern
Herstellungskoordination Bettina Bähnsch
Herstellung Evely Xie

Titel der englischen Originalausgabe:
Complete Gardener's Manual

Übersetzung Reinhard Ferstl
Lektorat Christine Ritter

ISBN 978-3-8310-4620-1
5902-318175-22701-04

Druck und Bindung Foshan Nanhai Xingfa Printing Co. Ltd, China

FSC www.fsc.org MIX Papier | Fördert gute Waldnutzung FSC® C018179

www.dk-verlag.de

Hinweis
Die Informationen und Ratschläge in diesem Buch sind von den Autoren und vom Verlag sorgfältig erwogen und geprüft, dennoch kann eine Garantie nicht übernommen werden.
Eine Haftung der Autoren bzw. des Verlags und seiner Beauftragten für Personen-, Sach- und Vermögensschäden ist ausgeschlossen.